Paris
1861-1870

Beron, Pierre

Panépistème, ou ensemble des sciences physiques et naturelles et des sciences métaphysiques et morales, devenu possible

Tome 1

RÉFORME FONDAMENTALE

DES

SCIENCES PHYSIQUES

PRODUITE

PAR LA DÉCOUVERTE DE L'ORIGINE DES FAITS COSMIQUES.

I

RÉFORME DE LA PHYSIQUE PAR LA DÉCOUVERTE DE LA STŒCHIOMÉTRIE DES ÉQUIVALENTS ÉLECTRIQUES.

PAR

PIERRE BÉRON.

CET OUVRAGE PARAÎT CHAQUE MOIS PAR LIVRAISON DE 3 A 5 FEUILLES.

Prix de l'abonnement par an pour la France : 15 fr.

Chaque livraison se vend séparément 2 fr.

JANVIER ET FÉVRIER 1860.

PARIS.

MALLET-BACHELIER, GENDRE ET SUCCESSEUR DE BACHELIER,

IMPRIMEUR-LIBRAIRE DU BUREAU DES LONGITUDES ET DE L'ÉCOLE IMPÉRIALE POLYTECHNIQUE,

Quai des Augustins, 55.

PHYSIQUE SIMPLIFIÉE

PAR LA DÉCOUVERTE

DE L'ORIGINE DU MOUVEMENT ET DE L'AFFINITÉ.

ÉLECTROSTATIQUE

CONTENANT

L'EXPLICATION DES FAITS ÉLECTRIQUES ET ÉLECTROCHIMIQUES
PAR L'APPLICATION DE LA STOECHIOMÉTRIE ÉLECTRIQUE,

PAR

PIERRE BÉRON.

TOME I.

PARIS.

MALLET-BACHELIER, GENDRE ET SUCCESSEUR DE BACHELIER,
IMPRIMEUR-LIBRAIRE DU BUREAU DES LONGITUDES ET DE L'ÉCOLE IMPÉRIALE POLYTECHNIQUE,
55, quai des Augustins, 55.

1864

PANÉPISTÈME

OU

SCIENCES PHYSIQUES ET NATURELLES

ET

SCIENCES MÉTAPHYSIQUES ET MORALES.

I

PARIS. — IMPRIMÉ PAR E. THUNOT ET Cᵉ
rue Racine, 26, près de l'Odéon.

courant produit sur la Terre entre l'hélice froide décrite des rayons solaires l'hiver et le printemps, et l'hélice chaude décrite l'été et l'automne; ainsi ce courant a une direction hélicoïdale.

II. **Photostatique.** La lumière solaire est unie à une masse de vapeur brûlante renfermée dans une enveloppe sphérique de glace produite par le refroidissement de la couche superficielle de cette vapeur; la lumière, en pénétrant l'enveloppe verticalement, n'en éprouve aucune polarisation. Saturne ne diffère des autres planètes que par la forme qu'Herschel seul a déterminée fidèlement. Nous avons produit la même illusion d'optique en imitant la forme véritable de la planète; toutes les propriétés des faits optiques y ont trouvé leur explication. La seule erreur que nous avons commise est due à ce qu'au lieu de persister dans le mode de la production des couleurs prismatiques que nous avons constaté, nous avons accepté comme exactes les observations des autres qui n'y ont pas trouvé la production des couleurs, quand la lumière n'éprouve qu'une seule réfraction; car les couleurs ont apparu dans l'arrangement des lentilles.

III. **Thermostatique.** La chaleur obscure produit des effets correspondant aux températures; ceux qui résultent de la chaleur lumineuse correspondent à la température et à la quantité de lumière. Melloni a cru que cela résultait des couleurs de la chaleur. Sur les continents, la lumière se sépare et la chaleur obscure reste dans le sol nu et noir; en été le sol étant, à midi, imprégné de cette chaleur arrive au-dessus de 50°. La chaleur lumineuse pénètre à une grande profondeur dans l'eau de la mer; après midi, sur les continents, la température s'élève par la chaleur du sol. La chaleur lumineuse étant très-dense dans la mer, sépare un atome d'oxygène de quatre atomes d'eau; le résidu est un atome double d'azote qui, mêlé avec l'oxygène, est l'*air*. Dans l'atmosphère, le contact de l'air chaud avec l'air froid combine un atome d'*oxygène* avec un *double atome* d'*azote*, et il en résulte de l'*eau*, de la *chaleur* et des *espaces raréfiés*. L'effet de ceux-ci est : 1° l'affluence de l'air, la répétition du *vent* par bouffées, et 2° l'*abaissement du baromètre* à cause de ce vent ascendant. Il y a dans l'Europe occidentale trois vents dont le plus étendu vient de l'Atlantique, le plus chaud de la Méditerranée et le plus froid de l'océan Pacifique; l'origine des vents divergents est dans les régions des calmes où se trouve le maximum de hauteur barométrique. Dans les plantes, la chaleur lumineuse sépare trois atomes d'oxygène de quatre atomes d'eau, et le résidu est un atome double de carbone qui, en sa qualité de reste et non pas de combiné, est indécomposable. Cela a été prouvé aussi pour le *thalium*.

valents $\overset{+}{E}$ avec les moins denses des équivalents $\overset{-}{E}$ produisent : 1° les atomes de lumière, où entrent deux équivalents positifs et un équivalent négatif; 2° les atomes de chaleur, où entrent deux équivalents négatifs et un équivalent positif.

I. Les trois fluides amenés avec les corps ont engendré les organes des sens qui occupent les points de contact : la chaleur est amenée avec les corps à l'épiderme; l'électricité de contact est amenée à la langue et le barogène ou la masse des corps est amenée aux filets des muscles.

II. Les trois autres fluides qui arrivent en ondes sur les deux moitiés du corps ont produit les organes des sens pairs : les ondes de lumière ont produit les yeux, les ondes de l'échogène les oreilles, et les ondes de l'électricité négative les narines.

On ne pouvait expliquer les faits quand on ignorait : 1° que le mouvement se trouve emmagasiné dans les molécules μ, et 2° que ces molécules étant de densités différentes, se trouvent en équilibre rompu chaque fois qu'elles viennent en contact. Cet état correspond donc au mot *affinité*, et la pénétration spontanée des molécules denses dans l'espace des molécules moins denses est l'*action chimique*. L'ouvrage se compose de six livres : la production des faits, s'opérant comme nous venons de le dire, on a pu réduire leur explication à la loi connue de l'aérostatique; c'est ainsi que prirent naissance : l'*électrostatique*, la *photostatique*, la *thermostatique*, la *barostatique* et l'*échostatique*.

I. **Électrostatique**. Ce sont toujours les atomes de chaleur $q\overset{+}{E}\overset{-}{E}^2$ qu'il faut décomposer par les piles ou les machines pour obtenir l'électricité positive $q\overset{+}{E}$ en quantité égale à celle de l'électricité négative $q\overset{-}{E}$; de celle-ci l'excédant $q\overset{-}{E}$ se répand en produisant une odeur piquante. Les physiciens allemands, qui ignoraient la nature de cette odeur, ne surent que répondre aux physiciens français qui demandaient pourquoi, si les deux électricités résultent de la chaleur, elles ne reproduisent pas la chaleur seule, mais toujours la chaleur et la lumière.

Tous les faits électriques s'opèrent suivant la loi aérostatique et correspondent au calcul stœchiométrique. 1° La *polarisation électrique*, la *passivité du fer*, la *destruction des germes dans l'air*, sont l'effet d'un renversement de la direction de la poussée électrique; 2° L'*induction* est l'effet d'un raccourcissement de la voie que doit parcourir l'électricité accumulée dans le fil. 3° Les faits observés dans les *magnètes*, les *electromagnètes*, les *hélices mobiles*, le *diamagnétisme* et le *magnétisme terrestre* ont pour cause commune le

PRÉFACE.

L'ouvrage que nous publions traite de la science nommée *Panépistème*, qui embrasse tout ce qui se produit dans le monde et tout ce qui s'opère dans l'intelligence. Les quatre volumes terminés de cet ouvrage, publiés en brochures sous le titre de *Réforme fondamentale des sciences physiques et naturelles*, contiennent la *Physique*.

Aristote a reconnu que tout ce qui est dans l'intelligence se produit d'abord dans les organes des sens : les physiciens de nos jours ont constaté l'existence d'un fluide primitif engendrant tous les faits qui apparaissent dans le monde. Nous avons uni l'intelligence avec le monde, en prouvant qu'à chaque organe des sens correspond un fluide propre du monde : la lumière correspond aux yeux ; le fluide *échogène* aux oreilles ; l'électricité négative aux narines ; l'électricité positive à la langue ; la chaleur à l'épiderme, et le fluide *barogène* aux filets des muscles.

Les sentiments produits par la lumière achromale, par la chaleur et par la masse ou le barogène des corps ne varient que suivant les intensités ; mais ceux produits par les couleurs, les sons, les odeurs et les saveurs forment chacun une classe composée de sept espèces. Les éléments primitifs qui entrent dans ces quatre fluides sont donc au nombre de sept ; chaque élément diffère par sa grandeur, comme diffèrent les sept arcs ou segments d'un angle décrit par sept rayons différents.

I. Les molécules μ du fluide primitif entrent dans ces sept segments ou grandeurs en deux densités, et c'est ainsi que de leur ensemble résultent deux espèces d'équivalents : 1° L'ensemble des sept grandeurs contenant les molécules μ en densité supérieure $\delta + \delta'$ est un *équivalent positif* indiqué par le signe $\bar{\text{E}}$; ces équivalents produisent l'*électricité positive*. 2° L'ensemble des sept mêmes grandeurs contenant les molécules μ en densité inférieure δ est un équivalent négatif indiqué par le signe $\bar{\text{E}}$; ces équivalents produisent l'*électricité négative*.

II. Les mélanges des deux espèces de molécules denses μ des équi-

LE

FLUIDE ÉLECTRIQUE

RAMENÉ

COMME LES GAZ, AUX CALCULS STŒCHIOMÉTRIQUES
ET AUX LOIS AÉROSTATIQUES.

ÉLECTROSTATIQUE

CONTENANT

L'EXPLICATION DES FAITS ÉLECTRIQUES ET ÉLECTROCHIMIQUES
DE TOUTES LES SCIENCES,

SUIVIE D'UN

APPENDICE

SUR LA CAUSE PHYSIQUE DES MALADIES, DE LEUR GERME
ET DES PROPRIÉTÉS DYNAMIQUES DES MÉDICAMENTS,

PAR

PIERRE BÉRON.

PARIS.
MALLET-BACHELIER, GENDRE ET SUCCESSEUR DE BACHELIER,
IMPRIMEUR-LIBRAIRE DU BUREAU DES LONGITUDES ET DE L'ÉCOLE IMPÉRIALE POLYTECHNIQUE,
55, quai des Augustins, 55.

1861

IV. **Barostatique.** Le fluide barogène est composé des mêmes molécules μ du fluide primitif; combiné avec les équivalents électriques ou avec la chaleur lumineuse, il a produit les corps dont les trois états résultent, 1° de la répulsion expansive R exercée par les équivalents électriques sur le barogène β du corps, et 2° de la pression P exercée sur le barogène β de la part de celui qui afflue de l'espace.

V. **Échostatique.** Le fluide échogène, inconnu jusqu'à présent, nous a servi à rectifier l'erreur introduite par Pythagore, qui a admis un rapport direct entre la longueur des cordes et celle des ondes sonores. Par le calcul basé sur ce rapport, les résultats donnaient toujours des sons plus aigus que les sons observés. Au lieu d'imiter Pythagore, nous avons pris les diagonales des cordes, et en les introduisant dans les calculs, les résultats obtenus ne diffèrent pas de ceux de l'observation.

VI. **Physicophysiologie.** Par la liaison physiologique entre les organes des sens et les espèces des fluides, on a prouvé que chez les invertébrés l'organe de l'ouïe manque, parce que quand leurs couples primitifs se sont formés les ondes sonores manquaient dans l'atmosphère. Après l'apparition des insectes bourdonnants, l'organe de l'ouïe s'est produit, ce qui a fait changer tout le mécanisme antérieur des animaux. A la suite des poissons et des reptiles les animaux à sang chaud ont pris naissance. Ces animaux ont dans la respiration un appareil propre à contenir une quantité d'air chaud qui, en hiver, vient en contact avec l'air froid, d'où résultent une combinaison d'air et une production de chaleur et d'eau d'autant plus rapides que l'air inspiré est plus froid. C'est ainsi qu'on obtient la *chaleur* et l'*eau* qui manquent l'hiver chez les habitants des régions froides. Nous sommes aussi parvenu à faire connaître l'origine des animaux primitifs et celle du premier couple du genre humain.

RÉFORME FONDAMENTALE DES SCIENCES PHYSIQUES

PAR LA

DÉCOUVERTE DE L'ORIGINE DES FAITS COSMIQUES.

I

RÉFORME DE LA PHYSIQUE

PAR LA

DÉCOUVERTE DE LA STOECHIOMÉTRIE ÉLECTRIQUE.

A

ÉLECTROLOGIE

OU

STATIQUE DES FLUIDES IMPONDÉRABLES.

Notre intelligence ne perçoit les objets cosmiques que par l'intermédiaire des fluïdes impondérables qu'émettent ces mêmes objets : chaque espèce de ces fluides est transmis à l'intelligence par un organe spécial de sensation.

I. La *lumière* est le fluide transmis par l'organe de la vision sous des formes correspondantes à celles des objets.

II. La *chaleur* est le fluide transmis par l'organe du tact avec des densités correspondantes à celles de la chaleur des objets.

III. Les *ondes sonores* sont transmises par l'organe de l'ouïe en un accord parfait avec les oscillations des corps vibrants.

IV. Le fluide appelé *électricité résineuse* est transmis par l'organe de l'odorat : des quantités différentes des équivalents de cette électricité sont émises par les corps d'odeurs différentes.

V. Le fluide appelé *électricité vitrée* s'écoule par l'organe du goût au moment du contact d'un corps quelconque avec la langue.

VI. L'organe du tact est dans un état passif quand il sert à transmettre la chaleur qui arrive des corps ; le même organe est dans un état actif quand il sert à exercer une répulsion contre les corps. La résistance exercée de la part des corps, provient d'un fluide inconnu jusqu'aujourd'hui : ce fluide nouveau est la cause de la *pondérabilité* des corps, propriété qui l'a fait nommer *barogène*.

Chacune de ces six espèces de fluides sera traitée séparément, à l'exception des deux électricités qu'on ne saurait séparer. Les six espèces de fluides que les objets extérieurs transmettent à l'intelligence au moyen des six organes de sensation seront traitées dans cinq livres dont l'ensemble constitue la *physique*. Ces cinq livres ont chacun pour objet : Le Ier, l'*électrostatique* ; le IIe, la *thermostatique* ; le IIIe, la *photostatique* ; le IVe, l'*échostatique*, et le Ve, la *barostatique*. C'est par cette relation entre les fluides, et les organes de sensations qu'on est arrivé à connaître que les animaux privés de l'organe de l'ouïe ont dû être produits avant les classes d'animaux qui possèdent cet organe, mais non l'organe vocal ; car ce dernier organe n'existe que chez les animaux des classes supérieures et postérieures.

Au lieu donc de voir dans les organes de sensation des appareils construits d'une manière inconnue pour la réception des fluides, nous avons constaté dans les ouvrages que nous avons déjà publiés, que les organes de sensation ne sont qu'un produit des écoulements des fluides opérés suivant les lois physiques.

Les cinq autres espèces de fluides ont été produites dès

le commencement du monde, alors que les ondes sonores n'existaient pas. Il pouvait se trouver des espaces sans lumière et sans écoulements électriques, mais la chaleur et le barogène ou la pesanteur ne manquaient aux corps nulle part :

I. Pour cette raison c'est l'organe double du tact, qui est indispensable à l'existence animale.

II. L'organe du goût a été produit par le contact des corps hétéroélectriques avec les animaux précédents.

III. L'organe de l'odorat a été produit par l'écoulement de l'électricité résineuse accumulée dans les substances végétales, d'où elle s'est répandue.

IV. L'organe de la vision a été produit par la lumière écoulée vers les animaux qui avaient déjà l'organe du tact, l'organe du goût et l'organe de l'odorat. Là où arrive la lumière solaire, ne peuvent manquer aux corps, la chaleur, la pesanteur, l'électricité vitrée et l'électricité résineuse.

V. Pour la production de l'organe de l'ouïe, il a fallu les ondes sonores, qui ont été produites par les vibrations des ailes des scarabés et des mouches des différentes espèces. Les ondes sonores modifièrent les autres organes de sensations en produisant chez les animaux précédents l'organe de l'ouïe, et ainsi ont été produits les *poissons*.

De l'organe de l'ouïe, les ondes sonores se propagèrent dans l'intérieur des poissons : elles modifièrent tous les autres organes pour faire apparaître l'organe vocal chez certaines espèces d'amphibies et d'animaux terrestres : alors ont été produits les animaux terrestres et les *singes*.

L'organe vocal acquiert chez les oiseaux un plus grand perfectionnement ; et quand enfin a été produit l'*homme*, c'est alors que cet organe vocal arriva à un état de perfection bien supérieur à celui des oiseaux, en même temps que les organes de translation l'emportaient de beaucoup sur ceux des animaux terrestres.

Les corps ne sont pas d'une nature différente de celle des fluides impondérables, de même que ceux-ci ne sont pas

d'une nature différente entre eux. Les éléments primitifs sont : 1° l'électricité *vitrée* ou *positive*, fluide composé des équivalents représentés sous la forme $\overset{+}{E}$; 2° l'électricité *résineuse* ou *négative*, fluide composé des équivalents représentés sous la forme $\overset{-}{E}$; 3° le barogène est aussi un fluide composé des équivalents représentés sous la forme B ou β.

La lumière et la chaleur ne se décomposent pas seulement en sept espèces de couleurs dont elles sont formées, mais 1° la lumière Φ se décompose en deux équivalents positifs $\overset{+}{E}^2$ et un équivalent négatif $\overset{-}{E}$; 2° la chaleur Θ se décompose en un équivalent positif $\overset{+}{E}$ et deux équivalents négatifs; ainsi $\Phi = n\overset{+}{E}^2\overset{-}{E}$, $\Theta = n\overset{+}{E}\overset{-}{E}^2$.

Les équivalents électriques $\overset{+}{E}\overset{-}{E}$ appelés *iris*, combinés avec l'équivalent β du barogène, sont les combinés $n\overset{+}{E}\overset{-}{E}\beta$ pondérables ou les corps; ceux-ci entrent en répulsion avec les quatre espèces de fluides impondérables par leurs éléments homonymes $n\overset{+}{E}$ et $n\overset{-}{E}$. Les corps ne sont pas formés d'*atomes*, mais d'équivalents électriques $n\overset{+}{E}\overset{-}{E}$ et de barogène $n\beta$.

Cet ouvrage contient la description des faits observés, qui ne servent ici que comme exemple pour vérifier l'application des lois statiques bien connues à la production des faits observés. C'est précisément ainsi que font les mathématiciens dans leurs ouvrages élémentaires : ils exposent d'abord les quatre règles fondamentales de l'arithmétique, et comme exemples à l'appui, ils rapportent des opérations établies sur certains nombres pris arbitrairement.

Dans les ouvrages de ces mathématiciens on ne rencontre nulle part d'hypothèses : il n'y a que des lois mathématiques invariables et certains exemples : tel est l'ouvrage actuel où les lois statiques bien connues sont exposées dans la production des faits cosmiques dont le nombre est indéfini; on en peut ainsi rapporter un nombre plus ou moins grand comme exemples, et non pas comme preuves. Ce sont les faits qui dépendent des lois, et non pas celles-ci des faits.

B

ÉLECTROSTATIQUE

OU

ÉLECTRICITÉS RÉDUITES AUX LOIS AÉROSTATIQUES.

NOTIONS PRÉLIMINAIRES.

Le mot ἤλεκτρον signifie *ambre;* ce corps, frotté et rapproché des corps légers, les attire et ils viennent s'attacher à sa surface. Cette translation des corps légers a été attribuée à un fluide qui se détache de l'ambre pendant le frottement et qui, y affluant ensuite de nouveau, entraîne alors les corps légers.

Ce fluide, dont l'existence était constatée dans les faits produits et non pas dans son origine, a été appelé *fluide de l'ambre* (ἠλεκτρικὴ, sous-entendu ὕλη, matière), qui est l'*électricité.* Plus tard, l'électricité a été découverte dans tous les corps, et actuellement les physiciens sont tentés de rapporter la production de tous les faits cosmiques à l'écoulement des électricités.

Les hypothèses, même quand elles sont véritables, c'est-

à-dire d'accord avec les lois statiques, n'ont aucune valeur comme hypothèses, parce que ces lois sont invariables et indépendantes de l'intelligence de l'homme, ainsi que des hypothèses qui y prennent leur source : il est donc toujours indispensable que les faits soient disposés d'une manière étiologique, reliés entre eux par les lois physiques, comme causes et effets, et surtout que les hypothèses soient laissées de côté.

Les lois statiques s'observent dans la production des faits par l'écoulement des gaz ou des liquides; cette production est tellement liée avec les écoulements des fluides qu'elle a été représentée par des formules mathématiques. Les mathématiciens sont même parvenus à réduire en formules semblables quelques faits produits par l'écoulement de l'électricité.

Les causes qui empêchèrent les physiciens d'étendre l'application des lois statiques à la production de tous les faits furent toutes ces fausses hypothèses des *forces*, des *atomes*, de l'*attraction*, de l'*électricité neutre*, de l'*électricité polarisée*, etc. Nous avons, dans cet ouvrage, fait table rase de toutes ces suppositions; mais nous n'avons pas rejeté pour cela le mode de raisonnement et de recherches suivi par les mathématiciens. Ceux-ci, représentant leurs inconnues par x, y, φ, ψ..., basent sur ces termes tous les raisonnements mathématiques pour obtenir leur valeur a, b, c, d... Cette valeur, mise à la place des inconnues, prouve si elle est la véritable ou non. C'est comme des inconnues ou hypothèses de cette nature que le lecteur doit considérer les combinés suivants :

I. L'*électricité positive*, qui est un fluide composé des équivalents $n\ddot{E}$, où sont les éléments positifs des sept couleurs.

II. L'*électricité négative*, qui est un fluide composé des équivalents $n\ddot{E}$, où sont les éléments négatifs des sept couleurs.

III. La *chaleur*, qui est un fluide composé des combinés de la forme $n\ddot{E}\bar{E}^2$ et des éléments des sept couleurs.

IV. La *lumière*, qui est un fluide composé des combinés de la forme $n\overset{-}{E}^2\overset{+}{E}$ et des éléments des sept couleurs.

V. Les *corps*, qui sont un ensemble des combinés de la forme $\overset{+}{E}^v\overset{-}{E}^x\beta^n$.

VI. Chaque équivalent positif $\overset{+}{E}$ est égal en volume à chaque équivalent négatif $\overset{-}{E}$.

VII. Chaque équivalent positif $\overset{+}{E}$ contient la masse $e+e'$ du fluide primitif appelé *électre*, et chaque équivalent négatif $\overset{-}{E}$ n'en contient que la masse e.

Pour éviter tout malentendu, nous nous sommes vus dans l'absolue nécessité de rejeter les mots qui ne représentent aucun objet déterminé, ainsi que ceux qui ne présentent pas les objets dans leur véritable état. Ce sont des mots pareils, et sur le sens desquels on ne s'était pas préalablement entendu, qui sont devenus, entre les physiciens, la source d'interminables disputes qui n'ont abouti à aucun résultat positif. 1° Parmi eux, les uns admettaient une électricité et les autres en admettaient deux. 2° Ceux-ci admettaient un fluide magnétique composé comme l'électricité des deux espèces; ceux-là n'admettaient aucun fluide magnétique, mais ils attribuaient les faits magnétiques aux deux électricités. 3° Il y en avait quelques-uns enfin qui admettaient un état neutre des électricités et d'autres qui considéraient la chaleur comme un état également neutre. 4° La production des faits cosmiques a été attribuée aux *forces*, sans que l'on ait donné aucune description de leur nature. 5° Les combinaisons et les décompositions des équivalents chimiques ont été attribuées à une *affinité*, sans qu'on ait prouvé comment cette affinité fait apparaître, suivant les lois physiques, les faits observés. 6° La *cause motrice* était souvent attribuée aux *attractions*, sans que l'on ait bien constaté la possibilité de la production d'une attraction par la pression que produit un fluide à l'état statique ou l'écoulement de ce même fluide.

Pour établir aux yeux du lecteur la supériorité de cet

ouvrage sur tous ceux qui ont paru jusqu'aujourd'hui, nous allons nous servir des exemples suivants :

I. — Y A-T-IL UN SEUL FLUIDE ÉLECTRIQUE OU Y EN A-T-IL DEUX?

Réponse. Chacun des équivalents $n\overset{+}{E}$, dont se compose l'électricité positive, contient la masse $e+e'$ d'électre ; chacun des équivalents $n\overset{-}{E}$ qui composent l'électricité négative contient la masse e de même fluide appelé électre. A l'état stationnaire, il peut s'accumuler des quantités différentes $N\overset{+}{E}$ et $(N+N')\overset{-}{E}$ d'équivalents ; l'écoulement d'une espèce ne peut pas s'opérer seul, mais pour chaque équivalent $\overset{+}{E}$ qui s'éloigne de la source, il y arrive un équivalent hétéronyme $\overset{-}{E}$. En même temps que les équivalents $N\overset{+}{E}$, il s'éloigne de la source une masse $(e+e')N$ du fluide ou de l'électre ; et en même temps que les équivalents $N\overset{-}{E}$, il arrive à la source une masse eN d'électre.

Il y a donc : 1° égalité entre les quantités N d'équivalents écoulés, et 2° excès Ne' de fluide écoulé de la part de la source en dehors. Ainsi : I. Les traces que laisse souvent le nombre égal des équivalents attestent l'existence des deux espèces de fluides écoulés en directions opposées. II. Les faits mécaniques produits par le déplacement du magnète et des corps attestent l'écoulement de l'excès Ne' d'électre éloigné de la source.

II. — S'IL N'EXISTAIT PAS DE FORCES, QUELLE SERAIT LA CAUSE DES FAITS?

Réponse. Les deux électricités, la chaleur et la lumière, restent à l'état stationnaire comme les gaz, quand elles éprouvent du dehors une pression ou une résistance $r+r'$ supérieure à la répulsion r qu'exécutent les équivalents $N\overset{+}{E}$ et $N\overset{-}{E}$ entre eux. Mais quand cette répulsion devient

$r + r'$ et que la résistance est r, les équivalents s'écoulent en exerçant une répulsion, 1° sur les corps ou 2° sur les éléments des corps. Ces faits observés sont donc produits par l'écoulement des équivalents $\overset{+}{E}$, $\overset{-}{E}$, $\overset{+}{E}\overset{-}{E}^{2}$ ou $\overset{+}{E}^{2}\overset{-}{E}$ qui constituent les quatre espèces de fluides impondérables; l'écoulement de l'électre Ne' met le magnète en mouvement, comme l'air met en mouvement les moulins à vent et l'eau les moulins à eau.

III. — S'IL N'EXISTE PAS D'AFFINITÉS, COMMENT S'OPÈRENT LES ACTIONS CHIMIQUES?

Réponse. Les éléments des corps ont la forme $\overset{+}{E}^{v}\overset{-}{E}^{\alpha}B^{n}$, $\overset{+}{E}^{v'}\overset{-}{E}^{\alpha'}B^{n'}$, $\overset{+}{E}^{v''}\overset{-}{E}^{\alpha''}B^{n''}$... Entre deux corps C et C', la différence ne peut exister qu'en barogène B^{n} et B^{n+1}, ou en électre $N(e + e')$ et Ne'. 1° Par l'excès de barogène B, le corps C' devient plus pesant que le corps C; 2° par l'excès d'électre eN, le corps C contient ce fluide en densité supérieure, et pour cela, il apparaît *électropositif* ou *pycnoélectrique;* et le corps C' a le même fluide en densité inférieure, et, pour cela, il est électronégatif ou *aréoélectrique.*

Les deux corps C et C', mis en contact, n'éprouvent aucune modification dans leur barogène B^{n} et B^{n+1}; mais l'électre dense $N(e + e')$ dans le corps C s'écoule dans l'espace occupé par l'électre le moins dense Ne, pour y rétablir l'équilibre. En français, le mot *mélange* exprime : 1° la pénétration de l'électre Ne' dans l'espace le moins dense, et 2° l'état d'équilibre qui en provient. Pour éviter tout malentendu, nous avons emprunté les termes suivants dérivés du grec : *mixe* ou *zeuxe* et *migme* ou *zeugme.*

1° La pénétration du fluide dense dans l'espace occupé par le fluide le moins dense est le *zeuxe* qui correspond aux mots *action chimique.*

2° L'état d'équilibre produit par cette pénétration du

fluide dense dans l'espace occupé par le même fluide à l'état de densité moindre est le *zeugme*, qui correspond au mot *combiné*.

3° L'état d'*équilibre* produit par cette pénétration de l'électre dans l'espace le moins dense est ce qu'on doit entendre par le mot *neutre*.

4° Les deux *équivalents* chimiques d'un *zeugme* sont deux *syzygues*.

5° Des syzygues des corps de la forme $\overset{+}{E}^{y+1}\overset{-}{E}^{x}B^{n}$ et $\overset{+}{E}^{y}\overset{-}{E}^{x}B^{n+1}$, il n'y a d'*électropositif* que $\overset{+}{E}^{y+y}\overset{-}{E}^{x}B^{n}$ qui contient une plus grande quantité d'équivalents positifs $\overset{+}{E}^{y}$, et qui, par suite, a l'électre en densité supérieure; c'est donc pour cette densité de son électre qu'il a été appelé *pycnosyzygue*, et l'équivalent électronégatif $\overset{+}{E}^{y}\overset{-}{E}^{x}B^{n+1}$ a été appelé *aréosyzygue*, à cause de la densité inférieure de son électre.

6° L'inégalité des densités $D + d$ et D de l'électre dans les deux syzygues est appelée *anisopycnie*, qui correspond au mot *affinité*.

Quelques termes nouvellement introduits, mais toujours bien expliqués, ont été indispensables 1° pour l'explication des nouveaux faits découverts, et 2° pour remplacer d'anciens termes qui n'avaient aucune signification.

IV. — CLASSIFICATION DES ÉTATS DES DEUX ÉLECTRICITÉS.

Les physiciens, qui ignoraient l'origine des électricités, classaient, chacun différemment, les faits observés. Dans cet ouvrage, les faits observés sont déterminés d'après l'état des fluides et des lois physiques. Ces faits ne sont plus ici les guides qui conduisaient à la recherche de la nature et de l'origine des électricités, mais ils sont déterminés *à priori* et ils ne servent plus que comme exemples. Les faits produits par les écoulements des gaz ou des liquides sont également déterminés *à priori* par des calculs mathématiques.

Les deux électricités seront plus loin soumises aux calculs mathématiques, ainsi que le sont les vapeurs, pour lesquelles on ne prend pas la pesanteur en considération.

Les rayons solaires $N\overset{+}{E}{}^2\overset{-}{E} + N\overset{+}{E}\overset{-}{E}{}^2$ arrivés sur la surface de la Terre se répandent vers les régions qui exercent le minimum de résistance. Cette dispersion des éléments des rayons produit au milieu des corps tous les déplacements de leurs éléments $\overset{+}{E}{}^y\overset{-}{E}{}^x B^n$ électriques. Ce sont ces écoulements des fluides et ces déplacements des éléments matériels qui constituent la *vie de la Terre*. Pour comprendre ces déplacements des éléments matériels des corps, il est nécessaire de connaître les écoulements des fluides.

I. Dans la *première partie* de cet ouvrage, 1° se trouve indiqué le mode de décomposition des combinés $n\overset{+}{E}\overset{-}{E}{}^2$ de la chaleur et la production de l'électricité positive qui est $n\overset{+}{E}$ et de l'électricité négative qui est $n\overset{-}{E}$. 2° Ces électricités, obéissant toujours aux lois statiques, peuvent rester à l'état statique ; elles peuvent aussi prendre un mouvement en directions opposées pour rétablir l'équilibre détruit, ou les équivalents des deux électricités peuvent se rencontrer en très-grandes masses, et alors ils se combinent et produisent la lumière $n\overset{+}{E}{}^2\overset{-}{E}$ et la chaleur $n\overset{+}{E}\overset{-}{E}{}^2$. 3° Les écoulements des équivalents $3n\overset{+}{E}$ et $3n\overset{-}{E}$ peuvent s'opérer en chaque direction. Parmi ces directions, on distingue les hélicoïdales qui produisent des faits particuliers et qui, pour cela, sont appelées *magnétiques*. Le mot *magnétisme terrestre* ne signifie autre chose que l'existence des écoulements électriques en directions hélicoïdales autour de la Terre.

II. Dans la *seconde partie* de cet ouvrage sont indiqués, pour les corps, leurs déplacements ou les déplacements de leurs éléments matériels produits par les répulsions exercées de la part des équivalents $n\overset{+}{E}$ et $n\overset{-}{E}$ en écoulement. De même que cela a lieu pour les machines maintenues en mouvement par le vent ou par les fleuves.

La différence ne consiste qu'en ce que les gaz et les liquides, par leur écoulement, déplacent toujours les corps; tandis que l'écoulement des équivalents $n\overset{+}{E}$ et $n\overset{-}{E}$ déplace parfois les corps, et d'autres fois seulement leurs éléments : aussi dit-on, à cause de cela, que les gaz et les liquides en écoulement produisent des faits *mécaniques*, et que les équivalents électriques $n\overset{+}{E}$ et $n\overset{-}{E}$ en écoulement produisent tantôt des faits mécaniques et tantôt des faits chimiques.

La différence entre les équivalents électriques $n\overset{+}{E}$ et $n\overset{-}{E}$ ne provient ni de leur volume ni de leur nombre, mais de la masse $e + e'$ d'électre contenue dans chaque équivalent positif $\overset{+}{E}$, et de la masse inférieure e de même électre contenue dans chaque équivalent négatif $\overset{-}{E}$; ainsi l'électre $e + e'$ a une densité supérieure $D + d$ dans les équivalents positifs $\overset{+}{E}$ et dans l'*électricité positive* $n\overset{+}{E}$ qui, pour cela, a été appelée *pycnoélectricité* (πυκνοηλεκτρικὴ); l'électre e a une densité inférieure D dans les équivalents négatifs $\overset{-}{E}$ et dans l'*électricité négative* $n\overset{-}{E}$ qui, pour cela, a été appelée *aréoélectricité* (ἀραιοηλεκτρικὴ).

Les combinés $\overset{+}{E}{}^2\overset{-}{E}$, qui constituent le fluide de lumière $n\overset{+}{E}{}^2\overset{-}{E}$, ont été appelés *photozeugmes;* et les combinés $\overset{+}{E}\overset{-}{E}{}^2$, qui constituent la chaleur, ont été appelés *thermozeugmes*.

C

ORIGINE DES DEUX ÉLECTRICITÉS ET FAITS QUE PRODUISENT LEURS ÉCOULEMENTS.

I. L'état *neutre* des deux électricités n'existe nulle part : cet état a pu être admis quand les physiciens ignoraient que les mêmes équivalents électriques $n\ddot{E}$ et $n\bar{E}$ constituent les deux électricités, la lumière et la chaleur.

II. Il n'existe pas davantage de *fluide magnétique* composé de deux espèces ; un semblable fluide avait été aussi admis quand les physiciens ignoraient : 1° que les faits attribués aux deux espèces de fluide magnétique sont produits par les deux électricités, et 2° que la différence entre ces faits ne provient que des directions de l'écoulement de ces électricités.

Ces écoulements, quand ils sont bien en directions hélicoïdales, produisent les faits attribués aux fluides magnétiques ; et quand ils ont lieu en toute direction, ils produisent les faits attribués aux électricités.

III. L'*électricité polarisée* n'existe nulle part ; si les physiciens l'ont admise, c'est qu'ils ignoraient la cause par laquelle les équivalents électriques s'écoulent en arrière, quand les électrohodes viennent à être séparés de la source électrique.

IV. La quantité $n\ddot{E}\, n\ddot{E}$ d'équivalents écoulés en une unité T de temps, est égale à celle des équivalents écoulés en une seconde unité de temps. Ce cas ne se présente pas pour les écoulements en arrière produits par l'interruption de la communication de l'électrohode avec la source; car alors, pendant la première unité de temps, s'écoule la masse $n\ddot{E}\, n\ddot{E}$, et pendant la deuxième unité de temps s'écoule la masse $\frac{n}{m}\ddot{E}\ \frac{n}{m}\ddot{E}$, et pendant la troisième unité de temps s'écoule la masse $\frac{n}{mm}\ddot{E}\ \frac{n}{mm}\ddot{E}$, etc.

Les faits produits par les écoulements décroissants des équivalents électriques ont été ramenés à une origine dont on ne connaît absolument rien, si ce n'est le nom d'*induction* qu'on lui a donné.

Cette induction n'existe certainement nulle part; et les faits qu'on a observés sont invariablement produits par l'écoulement des équivalents $n\ddot{E}\, n\ddot{E}$, avec cette différence que, dans ce cas, cet écoulement s'opère en degrés décroissants.

V. Dans les magnètes, les deux électricités s'écoulent suivant les directions des deux hélices hétéronymes; dans les *électromagnètes*, les électricités s'écoulent suivant la direction d'une hélice; 1° les faits que produisent les écoulements des équivalents $n\ddot{E}\, n\ddot{E}$ par les magnètes, ont été attribués au *magnétisme*; et 2° les faits que produisent les écoulements des équivalents $n\ddot{E}\, n\ddot{E}$ par les électromagnètes, ont été attribués au *diamagnétisme*. Ce mot n'avait jusqu'à présent aucune signification, car les physiciens ignoraient que cette espèce de faits est causée par la direction hélicoïdale de l'écoulement des équivalents $n\ddot{E}\, n\ddot{E}$.

Tant qu'il ne s'agit que de la description des faits, tous les auteurs sont d'accord entre eux, et les lecteurs n'y rencontrent aucune difficulté et les comprennent aisément; mais il n'en est plus de même quand on arrive à l'explication de ces mêmes faits 1° par une ou deux électricités; 2° par les fluides magnétiques; 3° par les différentes espèces de forces; 4° par l'électricité polarisée; 5° par l'induction; 6° par le magnétisme et le diamagnétisme. C'est alors que tous les auteurs cessent de s'entendre, et que les lecteurs, ne comprenant plus rien à leurs hypothèses hasardées, n'hésitent pas à rejeter sur l'incapacité de l'auteur ce qui ne provient que de l'absence d'explications conformes aux lois physiques.

D

RÉFORMES PRODUITES PAR LA DÉCOUVERTE DE LA STŒCHIOMÉTRIE ÉLECTRIQUE.

En aucun endroit, l'électricité n'arrive à la Terre à l'état libre; elle y est toujours produite par la décomposition de la chaleur $\overset{+}{\ddot{E}}\overset{-}{\ddot{E}}^2$ en $n\overset{+}{\ddot{E}}\,n\overset{-}{\ddot{E}}^2$, ou par celle de la lumière $n\overset{+}{\ddot{E}}^2\overset{-}{\ddot{E}}$ en $n\overset{+}{\ddot{E}}^2\,n\overset{-}{\ddot{E}}$. Ces décompositions s'opèrent toujours par les résistances inégales r et $r+r'$ qu'éprouvent les équivalents $n\overset{+}{\ddot{E}}\,n\overset{-}{\ddot{E}}$ dans les corps dont les éléments matériels ont les formes $\overset{+}{\ddot{E}}^{y+1}\,\overset{-}{\ddot{E}}^{x}\,B^{n}\,\overset{+}{\ddot{E}}^{y}\,\overset{-}{\ddot{E}}^{x+1}\,B^{n+1}$. Pour qu'il se montre de telles résistances, il faut: 1° qu'il s'écoule la somme de chaleur $n\overset{+}{\ddot{E}}\overset{-}{\ddot{E}}^2$ ou de lumière $n\overset{+}{\ddot{E}}^2\overset{-}{\ddot{E}}$; si les corps sont en repos; 2° si les corps sont en mouvement, la chaleur ou la lumière peuvent être en repos, et 3° elles peuvent être aussi en mouvement. Parmi les divers corps: 1° les uns ont de petites quantités d'équivalents $\overset{+}{\ddot{E}}^{y}\,\overset{-}{\ddot{E}}^{x}$; ils laissent s'écouler facilement les équivalents $n\overset{+}{\ddot{E}}\,n\overset{-}{\ddot{E}}$ et s'appellent *électrohodes*; 2° les autres ont de grandes quantités d'équivalents $\overset{+}{\ddot{E}}^{yy'}\overset{-}{\ddot{E}}^{xx'}$; ils ne laissent pas s'écouler facilement les équivalents $n\overset{+}{\ddot{E}}\,n\overset{-}{\ddot{E}}$, et s'appellent pour cela *électrodyshodes*.

I. Les jours sereins, l'air est en repos et la chaleur solaire $n\overset{+}{\ddot{E}}\overset{-}{\ddot{E}}^2$ arrivée au sol, s'en éloigne pour remonter dans l'air de la couche C ambiante et dans celui de la couche supérieure C'.

Les équivalents $\overset{-}{E}n'$ contenus dans l'air exercent une résistance supérieure aux équivalents $n\overset{+}{E}$ de la chaleur, et ce ne sont que les équivalents $n\overset{+}{E}$ qui avancent seuls vers la couche supérieure C'.

II. Dans les machines il y a deux corps hétéroélectriques qui éprouvent des contacts successifs avec les éléments de la chaleur $n\overset{+}{E}\overset{-}{E}{}^2$; dont les équivalents positifs $n\overset{+}{E}$ s'accumulent sur le corps C' électronégatif où ils sont repoussés par le corps C électropositif ; sur celui-ci s'accumulent les équivalents négatifs $n\overset{-}{E}{}^2$; ils y sont repoussés par le corps électronégatif C'.

III. Dans les piles on rencontre les équivalents de la chaleur $n\overset{+}{E}\overset{-}{E}{}^2$ du liquide qui éprouvent des répulsions inégales r et $r + r'$ de la part des deux lames métalliques l et l'. Les équivalents $n\overset{+}{E}$ restent sur la lame l' la plus électronégative, et les équivalents $n\overset{-}{E}$ sont repoussés sur la lame l la moins électronégative.

IV. Les cristaux sont composés de lames symétriques ayant les deux faces à l'état hétéroélectrique. Une tourmaline AB est constituée par des lames l, l', l'', qui ont toutes la face positive f tournée vers l'extrémité A, et toutes les faces négatives f' tournées vers l'extrémité B. La chaleur $n\overset{+}{E}\overset{-}{E}{}^2$, introduite par l'extrémité A, éprouve des résistances dans les faces f, f... des lames par ses équivalents positifs $n\overset{+}{E}$ qui s'arrêtent, tandis que s'écoulent les équivalents négatifs $n\overset{-}{E}{}^2$. La chaleur $n\overset{+}{E}\overset{-}{E}{}^2$, par l'extrémité B, éprouve par ses équivalents négatifs $n\overset{-}{E}{}^2$ une résistance dans les faces f', f'... des lames l, l... ; ces équivalents s'arrêtent et les positifs $n\overset{+}{E}$ s'écoulent.

V. Les plantes consistent en un tissu composé de cristaux microscopiques ; les faces hétéroélectriques de ces cristaux produisent une décomposition de la chaleur, quand celle-ci s'écoule de la surface vers la moelle et la racine, ou quand elle se répand de l'intérieur des plantes vers leur surface froide. L'électricité des plantes a une relation directe avec celle des cristaux ; il faut toujours qu'il se produise une inégalité de température entre les racines et les branches pour qu'il s'opère un écoulement de chaleur et un chargement d'équivalents électriques, ainsi que cela se manifeste dans les cas suivants.

1° L'hiver, l'air est froid et le sol chaud : la chaleur remonte des racines, et les équivalents négatifs $n\bar{E}^2$ qui s'en éloignent, laissent s'écouler les équivalents positifs $n\ddot{E}$ vers le sol, ce qui interrompt la végétation.

2° Le printemps et l'été, l'air est chaud et le sol froid : la chaleur descend des branches vers les racines ; les équivalents négatifs $n\bar{E}^2$ qui arrivent à la terre végétale, provoquent l'écoulement des équivalents positifs $n\ddot{E}$ du sol par les plantes vers l'air, ce qui fait augmenter la végétation.

3° L'automne, le sol est chaud et l'air n'est pas froid ; l'écoulement *vertical* de la chaleur peut encore être provoqué ; mais l'écoulement horizontal peut l'être davantage, parce que les jours sont chauds et les nuits froides ; le jour, la chaleur s'écoule de la surface vers la moelle, et la nuit, la chaleur s'écoule de la moelle vers la surface froide. Par suite, les équivalents positifs $n\ddot{E}$ s'écoulent le jour vers la surface des plantes et de leurs fruits, et la nuit ils s'écoulent de la surface vers l'intérieur des plantes et de leurs fruits.

4° Ainsi donc, dans les pays où la température descend au-dessous de zéro, la végétation est : 1° interrompue en hiver ; 2° verticale au printemps et en été, et très-peu horizontale ; 3° horizontale et très-peu verticale en automne.

CHAPITRE PREMIER.

ÉLECTRICITÉ ATMOSPHÉRIQUE.

L'électricité ne se présente nulle part à l'état stationnaire ou en écoulement en masses aussi grandes que dans l'atmosphère. Les écoulements se manifestent pendant les orages, et l'état stationnaire pendant les jours sereins. Chacun de ces deux états a une relation directe avec la température de l'air ambiant à la surface du sol. 1° Pour les écoulements des grandes masses électriques dans l'atmosphère, il faut une température de plusieurs degrés au-dessus de zéro. 2° Pour l'accumulation des grandes masses d'électricité statique dans l'atmosphère, il faut une température au-dessous de zéro.

L'été et l'hiver, l'air reste le même sans éprouver d'autre changement que celui de sa température ; changement qui consiste toujours 1° en un écoulement d'une masse Θ de chaleur du sol dans l'air ambiant, et 2° en un écoulement d'une masse Θ' de chaleur de cet air ambiant vers la couche supérieure C'.

C'est donc d'après cet écoulement de masses de chaleur qu'il faut constater la production de l'électricité atmosphérique. 1° Les grandes masses d'électricité statique d'hiver sont produites par l'écoulement des grandes masses de chaleur Θ du sol chaud vers l'air froid. 2° Les petites masses d'électricité statique de l'été sont produites par des petites masses de chaleur Θ écoulées du sol peu chaud vers l'air chaud. 3° En été, l'air de la couche C autour du sol est chaud, tandis que la couche supérieure C′ est froide : c'est à ce moment qu'est le plus abondante la chaleur Θ′ qui s'écoule de la couche C dans la couche C′. 4° En hiver, la chaleur Θ′ qui monte dans la couche C′ est médiocre.

Il y a donc une correspondance mensuelle entre 1° les masses de chaleur écoulées du sol dans l'air ambiant ou de celui-ci dans l'air de la couche C′ supérieure, et 2° les quantités de l'électricité atmosphérique. Une correspondance pareille existe aussi, durant les jours sereins, entre 1° les densités de l'électricité atmosphérique diurne et 2° les masses de la chaleur écoulée.

1° Le thermomètre s'élève quand la chaleur Θ est supérieure à la chaleur $\Theta' = \Theta - \theta$; son élévation est rapide, quand est grande la différence $\Theta - (\Theta' - \theta) = \theta$, comme cela a lieu deux ou trois heures avant midi. 2° Le thermomètre baisse quand la chaleur Θ est inférieure à la chaleur $\Theta' = \Theta + \theta'$; son abaissement est rapide quand est grande la différence $\Theta' - (\Theta + \theta') = \theta'$ comme cela a lieu l'heure après le coucher du soleil. 3° Les chaleurs Θ et Θ′ deviennent égales pendant les deux *tropes* du thermomètre, dont l'une arrive après midi et l'autre après minuit. C'est vers ces deux époques qu'atteignent leur minimum 1° les différences θ et θ′ des deux quantités de chaleur Θ et Θ′, et 2° l'écoulement de celles-ci.

L'intensité de l'électricité atmosphérique, dans les jours sereins, a deux périodes dont 1° les maxima coïncident avec les maxima de la vitesse du mouvement du mercure dans le thermomètre, et 2° les deux minima coïncident avec les tropes thermométriques ou avec les minima de la vitesse du mouvement du mercure.

Ces correspondances entre les intensités de l'électricité atmosphérique et les vitesses du mouvement du mercure thermométriques sont représentées dans les figures 1 et 2. 1° La courbe mensuelle CC′ (fig. 1 B) des intensités électriques est le résultat de six années d'observations faites par Quételet à

Figure 1 A.

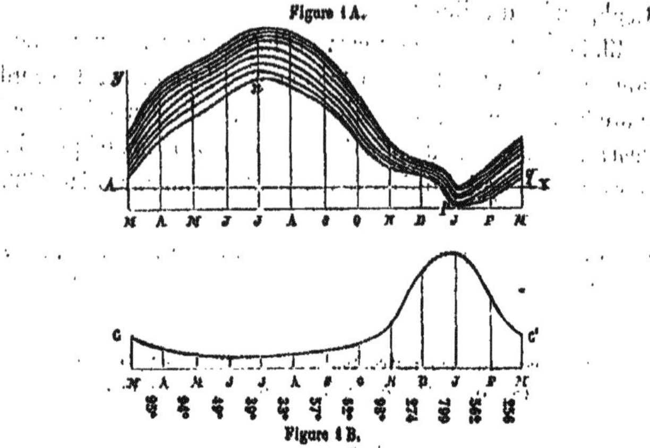

Figure 1 B.

Bruxelles et qui sont d'accord avec celles faites à midi à Londres et à Munich. 2° La courbe diurne (fig. 2 B) des intensités électriques est le résultat d'observations faites à Paris durant les jours sereins au mois d'août. 3° Les courbes thermométriques annuelles (fig. 1 A) sont les résultats des observations de plusieurs années. 4° Les courbes thermométriques diurnes (fig. 2 A) sont les résultats des 44 jours d'observation, dont 14 en juillet et 30 en août.

Figure 2 A.

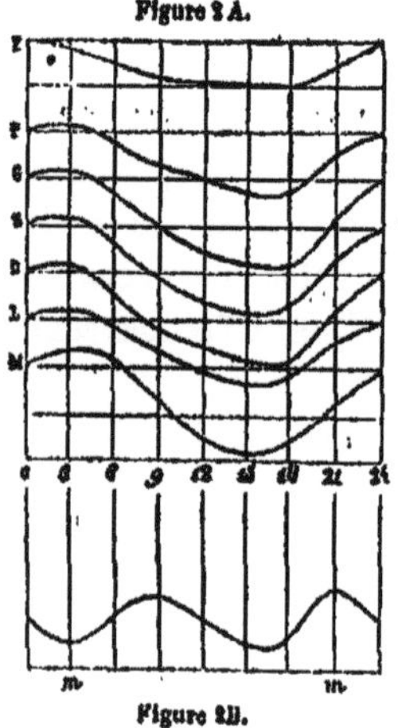

Figure 2 B.

I. Échelle de la figure 1 thermométrique diurne : 3 millimètres par heure comptés sur les abscisses, et 9 millimètres pour 8 degrés de portée sur les ordonnées.

F, courbe du Faulhorne ; P, de Paris ; G, de Genève ; Z, de Zurich ; B, de Berne ; L, de Lucerne, et M, de Milan.

II. Figure 4 A thermométrique mensuelle représentant la marche de la température à Halle, Gœttingue, Padoue, et Leith, près d'Édimbourg.

III. Les valeurs numériques de l'intensité mensuelle ci-dessous expriment, plus exactement que la courbe, l'accord entre la vitesse thermométrique et l'intensité. On doit surtout remarquer la petite flexion des courbes thermométriques des mois de mai et juin, qui correspondent aux nombres 49 et 39.

Mars.	Avril.	Mai.	Juin.	Juillet.	Août.	Septemb.	Octob.	Novemb.	Décemb.	Janvier.	Février.
95°	94°	49°	39°	35°	57°	62°	98°	274	799	562	256

Correspondance entre les vitesses thermométriques et les intensités électriques dans l'atmosphère.

I. Périodicité mensuelle.

Juin et juillet.

Vitesses thermométriques.	Intensités électriques.
Minimum de la vitesse mensuelle.	Minimum de l'intensité mensuelle.

Décembre et janvier.

Maximum de la vitesse mensuelle.	Maximum de l'intensité mensuelle.

II. Périodicité horaire.

D'une à quatre heures du soir.

Minimum de la vitesse du thermomètre.	Minimum de l'intensité électrique.

Après le coucher du Soleil.

Maximum de la vitesse du thermomètre.	Maximum de l'intensité électrique.

De minuit à trois heures du matin.

Minimum de la vitesse du thermomètre.	Minimum de l'intensité électrique.

L'heure du milieu entre le lever du Soleil et le midi.

Maximum de la vitesse du thermomètre.	Maximum de l'intensité électrique.

III. CHANGEMENTS DE TEMPS, COURANT DE CHALEUR.

Maximum de vitesse thermométrique.	Grande intensité électrique, aurores boréales et perturbations des lignes télégraphiques.

IV. COURANTS D'AIR ASCENDANTS.

Abaissement du baromètre.	Éclairs avec orages.
Abaissement rapide du baromètre.	Tempêtes ou trombes.

I. — ORIGINE DE L'ÉLECTRICITÉ STATIQUE DANS L'ATMOSPHÈRE.

La chaleur solaire traverse en plus grande partie l'atmosphère et elle arrive à la surface de la Terre, d'où elle se répand ensuite vers l'atmosphère. Cet écoulement de la chaleur du sol vers l'air n'éprouve d'autre modification que celle des masses de chaleur écoulées chaque heure ou chaque jour.

Dans le vide la chaleur s'écoule sans éprouver de résistance ; mais ce n'est plus le cas, quand elle doit parcourir une couche d'air. Nous avons dit déjà que la chaleur n'est pas un fluide simple, comme cela a été admis par les physiciens; mais qu'elle est un fluide composé des combinés des équivalents électriques de la forme $\overset{+}{E}\overset{-}{E}^2$; la lumière est également un fluide composé des combinés des équivalents électriques de la forme $\overset{+}{E}^2\overset{-}{E}$. Nous démontrerons dans la suite que, dans les équivalents électriques $\overset{+}{E}$ et $\overset{-}{E}$, sont contenus les éléments des sept couleurs.

L'air est électropositif, et les éléments $\overset{+}{E}n$ et $n\overset{-}{E}^2$ de la chaleur $n\overset{+}{E}\overset{-}{E}^2$, éprouvent de sa part une résistance inégale ; les négatifs $n\overset{-}{E}^2$ remontent à cause de la résistance inférieure, et les positifs $n\overset{+}{E}$ se trouvent arrêtés. De sorte que, pour qu'à chaque heure il s'arrête une plus grande quantité $(n + n')\overset{+}{E}$ d'équivalents, il faut que, du sol dans la couche C d'air ambiant, ou de cette couche C dans la couche C' élevée, il remonte une plus grande quantité $\Theta + \theta$ de chaleur.

Ainsi donc, la quantité $(n \pm n')\bar{E}$ des équivalents électriques arrêtés dans l'atmosphère par la chaleur ascendante Θ ou Θ', est en relation directe avec cette chaleur, et il est indifférent que cette chaleur Θ ou Θ' passe du sol dans la couche d'air C, ou de celle-ci dans la couche supérieure C'. L'écoulement de la chaleur du sol vers l'air dépend directement de l'écoulement de celle du Soleil vers le sol; celle-ci n'existe que pendant le jour : cependant elle ne s'éloigne pas tout entière immédiatement du sol, mais il en pénètre une partie jusqu'à une certaine profondeur, vers midi surtout; pendant la nuit, cette partie de chaleur s'écoule vers l'air ambiant en quantités qui vont toujours en diminuant.

L'écoulement de la chaleur de la couche C vers la couche supérieure C' dépend aussi de celle qui arrive du Soleil au sol. Quand en été cette masse de chaleur $(n + n')\bar{E}\bar{E}^2$ est grande dans le sol et dans la couche C de l'air ambiant, il s'écoule le jour de grandes masses de chaleur de la couche chaude C vers la couche la moins chaude C'.

A. Périodicité diurne de l'écoulement de la chaleur du sol.

A chaque heure du jour, depuis le lever du Soleil jusqu'à midi, la chaleur solaire arrive au sol en quantités croissantes; à partir de ce moment jusqu'au coucher du Soleil, la chaleur solaire arrive au sol en décroissant; pendant la nuit, une partie de cette chaleur s'écoule du sol : tels sont les éléments horaires des quantités de chaleur.

I. Après midi, le sol répand la chaleur Θ vers la couche de l'air ambiant, et cette chaleur est alors décroissante; car celle que le sol reçoit alors du Soleil décroît également; la chaleur Θ' s'éloigne en même temps de la couche C de l'air ambiant, et elle passe dans la couche C' élevée. Cette chaleur Θ' est décroissante à un moindre degré. Deux ou trois heures après midi, l'égalité s'établit entre les quantités Θ et Θ′ de chaleur, et c'est alors que le thermomètre atteint son maximum. La quantité de chaleur θ écoulée en chaque unité de temps diminue beaucoup dans la couche C, car sa température est égale à celle du sol ; pour cette raison l'intensité électrique dans l'atmosphère atteint à ce moment son minimum, analogue au minimum de chaleur θ écoulée.

II. La quantité Θ′ de la chaleur qui s'éloigne de la couche C d'air devient plus grande que celle Θ de la chaleur qui remonte du sol ; la température baisse lentement à cause de la petite différence Θ′—Θ. Après le coucher du Soleil, la différence Θ′—Θ augmente à cause de la diminution Θ de la chaleur dans le sol, et c'est pour cela que la couche C d'air perd subitement une grande quantité de chaleur qui, en s'écoulant, se décompose par l'air, et ainsi augmente dans l'atmosphère l'intensité électrique qui atteint son maximum, analogue au maximum de la chaleur écoulée.

III. La chaleur Θ du sol décroît et en même temps décroît plus rapidement encore la chaleur Θ′ qui remonte dans la couche C′ : c'est pour cette raison qu'on voit décroître la quantité θ de chaleur qui s'écoule à chaque heure par la couche C d'air, en même temps que décroît aussi l'intensité de l'électricité atmosphérique dont le minimum se maintient de minuit jusqu'à trois heures du matin, alors que deviennent égales les quantités Θ et Θ′ de chaleur : c'est à ce moment que le thermomètre atteint son minimum.

IV. Avant le lever du Soleil, la quantité Θ de chaleur décroissante devient supérieure à celle Θ′ qui décroît plus rapidement ; pour cette raison le thermomètre commence à monter très-lentement, et cela à cause de la petite quantité de chaleur écoulée par la couche d'air C. Après le lever du Soleil, le sol absorbe la chaleur consommée la nuit précédente, et la chaleur solaire ne commence à se répandre vers l'air ambiant que trois ou quatre heures après le lever du Soleil. A cet instant s'écoule une grande quantité Θ de chaleur du sol dans la couche d'air C; le thermomètre monte alors rapidement, et l'intensité électrique de l'atmosphère atteint son second maximum qui est supérieur à celui du soir; parce que la vitesse du mercure en élévation est à ce moment supérieure à celle du mercure en abaissements après le coucher du Soleil. Ces vitesses se trouvent représentées dans la figure 2B par les courbes de la marche diurne du mercure.

B. PÉRIODICITÉ ANNUELLE DE L'ÉCOULEMENT DE LA CHALEUR DU SOL.

L'inégalité des températures du sol et de la couche C de l'air ambiant diffère durant les quatre saisons, et elle devient la cause pour laquelle des masses de chaleur différentes s'écoulent par cette couche d'air.

I. En été le sol et l'air de la couche C sont échauffés; il y a donc un écoulement médiocre de chaleur Θ entre le sol et la couche C. Mais alors la couche C′ n'est pas très-chaude et les grands écoulements de chaleur s'opèrent dans la couche supérieure C′. L'intensité électrique de la couche C d'air est donc médiocre, et celle des couches supérieures ne se manifeste que pendant les orages d'été.

Dans les cas de longues sécheresses qui se présentent si fréquemment dans l'Europe orientale, en Afrique et dans plusieurs contrées de l'Asie, la couche C′ de l'atmosphère se charge de telles masses d'électricité, qu'elles suffisent à produire le soir des éclairs très-intenses.

II. En hiver le sol est chaud et l'air ambiant est froid; il s'écoule alors, pour cette raison, de grandes quantités de chaleur du sol vers l'air. Cette chaleur se décompose de la manière indiquée et la couche C d'air devient chargée d'électricité dont le maximum d'intensité est produit : 1° par des écoulements plus grands de chaleur Θ′ de la couche C vers la couche C′, écoulements qui correspondent aux plus rapides abaissements du thermomètre; et 2° par de plus grands écoulements de chaleur Θ du sol vers la couche C de l'air ambiant, écoulements qui correspondent aux plus rapides élévations du thermomètre, ainsi que ces phénomènes sont représentés dans la courbe CC' (fig. 1 B). Les courbes thermométriques mensuelles *Anpq* atteignent leur maximum d'inclinaisons ou de vitesse du mercure en décembre et en janvier, quand l'intensité électrique atteint aussi son maximum ; la concordance entre les deux courbes est très-exacte et représentée par les nombres 799 et 562.

II. — ORIGINE DES COURANTS ÉLECTRIQUES DANS L'ATMOSPHÈRE.

Franklin, et après lui tous les météorologistes, ont constaté que les éclairs ne sont que des étincelles électriques sur une grande échelle, de même que ces dernières ne sont que de petits éclairs. Les écoulements des masses électriques supposent toujours une accumulation de ces masses ; en effet, une accumulation pareille a lieu en hiver dans la couche C de l'air ambiant et en été dans la couche supérieure C'.

L'origine de cette électricité est l'écoulement de la chaleur : 1° en hiver, du sol vers l'air froid de la couche C, et 2° en été, du sol et de la couche d'air ambiant C, qui sont également chauds vers la couche supérieure C' de l'atmosphère qui n'est pas chaude.

1° La masse de chaleur θ écoulée du sol vers l'air ambiant et celle θ' écoulée de celui-ci vers la couche supérieure C' sont proportionnelles aux différences T — T' et T' — T'' des températures du sol et de l'air ambiant T — T', et de celle T' — T'' de cet air et de la couche supérieure.

2° Les masses θ et θ' de chaleur écoulées sont grandes quand les températures T, T' et T'' sont élevées, comme cela a lieu l'été ; elles sont petites quand ces mêmes températures sont basses.

En été, il arrive du Soleil au sol de grandes masses Q de chaleur dont une certaine quantité q demeure en réserve et est conservée pour l'hiver, tandis que tout le reste Q — q s'écoule vers la couche supérieure C'. En hiver, il arrive du Soleil au sol des masses médiocres Q' de chaleur qui s'écoule toute vers l'air ambiant, et avec cette chaleur Q' s'écoule aussi celle q qui était, comme nous l'avons dit plus haut, demeurée en réserve pendant l'été.

La chaleur Q du Soleil rencontre, en été, une résistance à la chaleur de l'air de la couche C, où elle s'arrête en grande partie pour remonter de là vers la couche C'; cela fait diminuer l'écoulement de la chaleur entre le sol et la couche C de l'air ambiant, et cet écoulement s'opère de la couche C vers la couche C'. En hiver, l'air de la couche C est froid, et la chaleur solaire Q' pénètre toute dans le sol pour s'en écouler ensuite vers l'air froid avec la chaleur q qui s'était amassée dans le sol durant l'été.

Les inégalités ou les différences T — T' et T' — T'' des températures changent l'hiver et l'été.

I. En hiver, 1° la différence T — T' est grande, car c'est la température T' de l'air qui baisse au-dessous de la température T, celle-ci étant la moyenne de la température annuelle du pays; et 2° la différence T' — T'' est faible, car la chaleur Q'' s'écoule lentement de la couche C vers les couches supérieures. Pour obtenir un abaissement de température d'un degré, il faut monter en hiver à 500 ou 1,000 mètres d'élévation; il y a même souvent des cas où la température du vent, à une élévation de 1,000 à 2,000 mètres, est supérieure à celle de la surface des plaines ambiantes.

II. En été, 1° la différence T — T' est petite, car c'est la température T' de l'air qui s'élève également avec la température T du sol; 2° alors la différence T' — T'' est grande, car la chaleur solaire s'écoule lentement de la couche C vers la couche C'. Pour obtenir un abaissement de température d'un degré en été, il suffit de monter à une élévation de 200 mètres les jours sereins; mais les jours orageux, la température de la couche C′ baisse jusqu'à zéro et même au-dessous, quand il y a une averse de grêle. Les masses de chaleur $N\overset{+}{E}\bar{E}^2$ écoulée, ainsi que les masses d'équivalents électriques $N\overset{+}{E}$ produits, sont analogues à ces inégalités des températures des masses d'air en contact.

Les électricités à l'état statique ne produisent ni lumière ni chaleur; il faut toujours qu'il y ait rencontre entre les deux électricités $3n\overset{+}{E}$ et $3n\bar{E}$, dont les équivalents hétéronymes se combinent de deux manières et produisent : 1° la lumière, qui est constituée par les combinés $n\overset{+}{E}^2\bar{E}$, et 2° la chaleur, qui est constituée par les combinés $n\overset{+}{E}\bar{E}^2$.

1° *L'électricité statique* est trouvée par le plan d'épreuve; 2° l'électricité en écoulement est trouvée par le rhoomètre, mais 3° les rencontres des deux électricités $3n\overset{+}{E}$ et $3n\bar{E}$ ne se manifestent que 1° par la lumière $n\overset{+}{E}^2\bar{E}$, dont la densité et l'étendue peuvent varier à tous les degrés possibles et 2° par la chaleur $n\overset{+}{E}\bar{E}^2$.

Quoique toutes les apparitions de lumière dans l'atmosphère aient pour cause les rencontres des deux électricités, elles ont reçu des noms différents, suivant leurs degrés de densité ou suivant l'étendue et la durée de la lumière. En commençant par les *aurores boréales*, la lumière se manifeste même dans les *nuages d'hiver*, quand les nuits sont assez lumineuses pour laisser distinguer les objets peu éloignés, et il devient ainsi possible de voyager, même dans les nuits couvertes; les éclairs des jours sereins et des jours orageux sont aussi produits par la rencontre des deux électricités, de même que les flammes qui apparaissent l'hiver sur les rameaux des arbres ou les étincelles qui s'échappent des cheveux quand on se peigne l'hiver dans l'obscurité.

Les bolides ou les globes lumineux apparaissent les jours sereins, atteignent un volume considérable et disparaissent subitement sans étincelles ou avec des étincelles. Ces corps sont des globes de glace vide au milieu; ils circulent autour de la Terre, et quand ils entrent dans l'atmosphère de notre planète, ils y éprouvent un frottement qui suffit pour les électriser. La lumière de ces corps est produite par les rencontres entre leur électricité 3nË négative et l'électricité 3nË positive de la couche C' ou même de la couche C, d'où proviennent la lumière nË²Ë et la chaleur nËË².

Le plus grand nombre de ces globes s'éloignent de l'atmosphère, et quelques-uns, repoussés vers la Terre par leur propre pesanteur, produisent une masse de chaleur NËË² suffisante pour vaporiser la croûte glaciale. Ces vapeurs deviennent alors visibles et présentent l'aspect d'une fumée. Au moment de leur rupture, l'air pénètre avec force dans ces bolides : c'est alors que, le vide se comblant, éclate un bruit qui se fait parfois entendre sur la Terre.

Ces faits sont traités en détail dans le *Texte de l'Atlas cosmobiographique*. Nous allons examiner ici les écoulements et les rencontres des deux électricités d'où proviennent les éclairs et les aurores.

III. — ÉCLAIRS.

L'écoulement des deux électricités par les électrohodes en directions opposées diffère des rencontres des équivalents 3nË et 3nË qui étant accumulés sur les surfaces *s* et *s'*, s'en séparent pour se combiner et produire la lumière nË²Ë et la chaleur nËË² qui se répandent sous la forme d'*éclairs* ou d'*aurores*.

Quoique ces éclairs soient toujours le résultat de semblables rencontres des équivalents électriques 3nË 3nË, ils sont distingués en éclairs avec orages, en éclairs des jours sereins après de longues sécheresses, en aurores et en clartés des nuages.

A. Éclairs avec orages.

La couche C′ se charge d'électricité positive 3nĒ à un plus haut degré l'été que l'hiver : c'est pourquoi les éclairs apparaissent si rarement en hiver, tandis que l'été, ils sont très-fréquents. Les éclairs des jours sereins sont moins fréquents que ceux des orages, et cette différence provient de la production de nouvelles masses d'électricité pendant les orages mêmes ; ce fait a lieu de la manière suivante.

Le courant ascendant d'air chaud de la couche C produit un contact entre cet air et l'air froid de la couche C′, vers laquelle il descend encore de l'air plus froid des couches supérieures C″ C‴... Ce courant ascendant soulève la poussière et les corps légers et il fait diminuer la pression de la colonne atmosphérique sur la surface de la Terre, comme cela devient manifeste par l'abaissement du baromètre.

Le courant ascendant acquiert, pendant les trombes, une vitesse suffisante pour soulever les toits des maisons. Dans les cas pareils, la pression atmosphérique diminue beaucoup comme cela devient évident par le fort abaissement du baromètre.

Ainsi donc, l'abaissement du baromètre avant les orages et les soulèvements de la poussière avec l'air chaud dans la couche C′ de l'air froid prouvent l'écoulement de grandes masses de chaleur NĒĒ², dont les équivalents NĒ² négatifs remontent dans la couche C″ d'air, et les équivalents NĒ positifs produisent un nouveau chargement électrique dans l'air de la couche C′.

Pendant l'abaissement du baromètre et l'élévation de l'air chaud, la couche C′ se charge d'électricité positive et la couche C″ supérieure d'électricité négative, par le susdit écoulement de la chaleur, et alors les éclairs n'apparaissent nulle part. Les approches d'un orage ne sont observées sur la mer qu'au moyen du baromètre. Mais sur les continents, il y a, outre cet abaissement du baromètre, l'enlèvement des corps légers, lorsque le courant ascendant s'approche du sol avec son extrémité inférieure.

Tous les pronostics d'un orage ont souvent lieu, sans que, pour cela, cet orage éclate immédiatement; mais alors c'est le lendemain qu'il éclatera avec une plus grande violence. Cela prouve que pour voir commencer les décharges électriques, des masses considérables d'électricités sont nécessaires, et en même temps la présence d'une quantité de vapeurs dans l'atmosphère. Quand celles-ci manquent, les décharges électriques et l'apparition des éclairs sont retardées; tandis que ces phénomènes ont lieu instantanément lorsque l'atmosphère est saturée de vapeurs.

La durée des éclairs ou des décharges électriques ne dépend que de la durée de l'ascendant indiquée par l'abaissement du baromètre; car la chaleur de l'air chaud élevé se décompose pour charger d'électricité positive $N\overset{+}{E}$ la couche C' et d'électricité négative $N\overset{-}{E}^{2}$ la couche supérieure C''.

Dès que le courant ascendant s'affaiblit, le baromètre commence à monter; la décomposition de la chaleur s'interrompt dans la couche C'; l'air n'est plus chargé d'électricité positive dans cette couche C' ni d'électricité négative dans la couche supérieure C''. Après les décharges des masses électriques entre les couches C'' et C'; entre celle-ci et la couche C ou le sol, l'apparition des éclairs ne peut avoir lieu de nouveau que par le renouvellement du courant ascendant.

Les météorologistes et les physiciens ont rendu le plus grand service à la science par la découverte de la cause immédiate de tous les changements opérés dans l'atmosphère; cette cause est la rencontre des masses d'air chaud avec les masses d'air froid. Cette vérité a été constatée par mille preuves différentes. Du reste il serait absurde d'admettre un changement quelconque dans l'état atmosphérique sans y reconnaître en même temps une cause physique.

Entre les couches C′ et C″ de l'atmosphère, les éclairs semblent naître entre des nuages superposés; tandis qu'entre la couche C′ d'air et le sol, les éclairs sont des colonnes de lumière produites par les combinaisons des équivalents $3n\ddot{E}$ et $3n\bar{E}$ des deux électricités. L'écoulement de celles-ci par l'air ne laisse après lui qu'un ébranlement; mais leur écoulement par les corps y laisse ces destructions mécaniques et chimiques qui sont attribuées à la *foudre*; celle-ci n'est que l'écoulement des équivalents électriques, qui fait éprouver aux corps une répulsion très-forte.

L'ébranlement de l'air et des vapeurs causé par l'arrachement des masses $3n\ddot{E}$ et $3n\bar{E}$ d'équivalent électrique, se propage en ondes sonores : c'est ce qu'on appelle les *tonnerres*.

Les physiciens n'ont pas manqué de donner l'explication d'un fait singulier que l'on a constaté dans le bruit des tonnerres. Celui-ci peut-être comparé à des décharges de grosses pièces de siége, et cependant il ne s'étend jamais à une distance d'une lieue, souvent pas même à la distance d'un *kilomètre*. Cette faible étendue dans les ondes sonores des tonnerres est un effet du courant ascendant qui, en conduisant l'air chaud dans la couche C′, y fait reculer les ondes sonores.

Pendant les orages, ces grands chargements d'électricité 1° ont été fréquemment observés par les voyageurs qui se trouvaient sur les Pyrénées, sur les Alpes. Je les ai observés moi-même sur les Carpathes; 2° ils ont été aussi observés par les *aéronautes* dans la couche C′ où ces voyageurs ont été soutenus plusieurs heures par le courant ascendant qui empêchait leur descente, quoiqu'ils eussent laissé s'échapper la plus grande partie du gaz de leur ballon.

B. Éclairs les jours sereins.

Nous avons démontré pour quelle raison cette espèce

d'éclairs n'apparaît qu'après de longues sécheresses, qui sont rares dans l'Europe occidentale, mais très-fréquentes dans l'Europe orientale, en Afrique et en Asie; où existent plusieurs pays qui sont entièrement déserts à cause du manque de pluies.

Tant que dure une sécheresse, la direction du vent ne change pas, surtout pendant les heures chaudes du jour; ce même vent se montre constamment animé d'une vitesse considérable, et tant que la direction du vent ne change pas, il est impossible qu'il survienne des pluies : aussi les pays sans pluies sont-ils généralement parcourus par un seul vent. Cet objet a été traité en détail dans le *Texte de l'Atlas météorologique*.

L'air de la couche C et en particulier de la couche C' est continuellement déployé par les vents, et il reste l'air supérieur de la couche C' et l'air de la couche C'' la plus élevée. L'air se charge d'électricité positive $3n\ddot{E}$ dans la couche C' et celui de la couche C'' reçoit l'électricité négative $3n\bar{E}^2$.

La plus grande masse de chaleur remonte le jour des couches C' et C vers la couche C'' : c'est donc le soir que les accumulations des équivalents électriques acquièrent leur maximum de densité, tandis que le matin cette densité est très-médiocre. Cette accumulation croît avec la durée de la sécheresse; car il ne s'opère alors aucune décharge électrique dans l'atmosphère produit des courants ascendants.

Le soir des jours sereins la vitesse du vent diminue, et l'humidité de l'air augmente, et, si la densité des équivalents électriques est assez grande, il s'écoule des masses de cette électricité positive $3n\ddot{E}$ vers l'électricité négative $3n\bar{E}$ du sol; elle s'écoule cependant en plus grandes masses vers l'électricité négative $3n\bar{E}$ de la couche supérieure C''.

Dans les rencontres de ces électricités $3n\ddot{E}$ et $3n\bar{E}$, les équivalents électriques se combinent et produisent la chaleur $n\ddot{E}\bar{E}^2$ et la lumière $n\ddot{E}^2\bar{E}$; celle-ci se répand et se manifeste sous l'apparence d'éclairs, qui ont toujours une durée limitée d'une ou de deux heures. Les éclairs commencent habituellement une heure après le coucher du soleil et disparaissent une ou deux heures avant minuit.

L'ébranlement de l'air est moins grand que celui des éclairs des orages, et cet air, ébranlé dans la partie supérieure de la couche C', ne produit pas un bruit assez fort pour être propagé jusqu'à la terre; pour cette raison le bruit du tonnerre ne se fait pas entendre pendant les éclairs des sécheresses.

C'est de la même nature que sont aussi les éclairs de la veille d'un orage; il a été prouvé que souvent le baromètre baisse, que le courant ascendant se manifeste, et cependant aucun orage n'éclate. C'est à de pareils jours qu'apparaissent quelquefois le soir des éclairs sans tonnerres; mais le lendemain, après un abaissement supérieur du baromètre, l'orage arrive alors, et l'apparition des éclairs sans tonnerres cesse aussitôt.

En Abyssinie, avant l'apparition des pluies, la couche C' de l'atmosphère prend un tel changement électrique, que parfois une flamme légère se montre à l'extrémité des fusils formés en faisceaux sur le sol. Tels écoulements électriques ont lieu aussi du sommet des montagnes en forme pyramidale.

Le mot *pyramide* (dérivé de πῦρ, feu, et ἅπτειν, toucher), prouve que les monuments qu'on nomme ainsi en Égypte n'ont pas été la cause de la formation de ce mot, mais qu'ils l'ont reçu à cause de l'effet météorologique qu'ils produisent et qui ne diffère pas de celui produit par les montagnes qui affectent cette forme.

Si aujourd'hui aucune lumière n'apparaît plus sur les sommets des pyramides, la cause en doit être attribuée : 1° à l'inégalité de leur surface, et 2° à la disparition des orages anciens du sol de l'Égypte, couvert autrefois de forêts sacrées conservées avec un soin religieux.

C. Aurores boréales.

Nous ne terminerons pas l'examen des phénomènes de l'électricité atmosphérique sans faire mention de la lumière produite dans l'atmosphère par un changement de temps. Pour arriver à l'origine de cette lumière, il ne faut que dire ce que c'est qu'un *changement de temps.*

Tant que la température reste la même, on ne dit pas que le temps a changé; il faut donc que cette température subisse un abaissement ou une élévation pour qu'il se manifeste ce qu'on nomme un changement de temps. Le Soleil, projetant ses rayons avec une admirable régularité, ne saurait jamais produire de pareils changements; il faut donc pour cela qu'il se produise un éloignement subit d'une masse M d'air et son remplacement par une masse M égale d'air, mais d'une température de n degrés différente.

Ces n degrés n'indiquent pas seuls le changement du temps, parce que si la température baisse ou s'élève lentement, ce changement s'opère insensiblement; il faut donc en même temps une courte durée nt de n unités de temps pour le changement de la température. Cela s'opère seulement par les remplacements subits des masses de l'air ambiant par d'autres, amenées par des vents. Les vents horizontaux sont donc la cause immédiate des changements de temps; et le vent ascendant est la cause des abaissements du baromètre et des éclairs.

L'effet immédiat du contact de l'air chaud ou de l'air froid n'est qu'un écoulement de chaleur de la masse chaude vers la masse froide, où s'opère la décomposition de la chaleur : l'électricité positive $3n\bar{E}$ s'accumule dans la partie d'où s'écoule la chaleur, et l'électricité négative $3n^2\bar{E}$ s'accumule dans la partie vers laquelle s'opère l'écoulement de la chaleur $n\bar{E}\bar{E}^2$.

Le sol n'est pas également chaud durant toutes les saisons; c'est vers la fin de l'été et de l'automne qu'il atteint son maximum de température; à cette époque un vent froid favorise l'écoulement des grandes masses de chaleur NĒĒ² vers l'air de la couche C où elle se décompose; ses équivalents négatifs NĒ² remontent dans la couche C′, et les équivalents positifs NĒ restent dans la couche C.

L'écoulement de ces équivalents est constaté dans les fils télégraphiques dont les uns éprouvent un simple affaiblissement dans leurs fonctions et les autres sont entièrement dérangés. Les rencontres entre les équivalents électriques 3*n*Ē et 3*n*Ē se manifestent par la lumière qui s'en répand, car cette lumière *n*Ē²Ē n'est que l'ensemble des combinés des équivalents électriques rencontrés; la chaleur *n*ĒĒ² produite en même temps peut être moins observée.

La densité de la lumière ne dépend que de celle des équivalents électriques; quand elle est grande, la lumière est perçue au loin, et quand cette densité est médiocre, la lumière n'est perçue qu'à de très-petites distances. Les changements de temps produisent donc des aurores ou des masses de lumières denses quand sont grandes les masses d'électricité qui sont produites par l'écoulement des grandes masses de chaleur; et cela n'a lieu que dans le cas des grandes inégalités des températures ou de grandes *anisothermies.*

Ainsi donc les apparitions des aurores ne sont pas également favorisées pendant toutes les saisons; par suite elles sont très-rares en été et très-fréquentes au printemps et surtout en automne. En automne, le sol est chaud et les aurores ont pour cause un vent froid; au printemps, au contraire, le sol est froid et les aurores sont favorisées par un vent chaud.

Ainsi dans certaines saisons, les aurores sont aussi favorisées par certaines conditions climatologiques propres aux pays. On remarquera surtout sous ce rapport les versants des montagnes scandinaves qui se distinguent de tous les autres pays de la Terre, et cela à cause de la grande différence qui règne entre les températures T et T' des versants de ces montagnes. Les aurores sont fréquentes sur le versant oriental qui est froid, et rares sur le versant occidental qui est chaud.

Un espace de temps d'une heure suffit aux masses chaudes de l'air pour qu'elles s'écoulent par-dessus un col quelconque du versant chaud sur le versant froid. Cette arrivée de l'air chaud laisse s'écouler sa chaleur $3N\overset{+}{E}\bar{\bar{E}}^2$ vers le sol, et en plus grandes masses vers la couche C' de l'air très-froid. Ainsi la couche C se charge des $3N\overset{+}{E}$, et la couche C' se charge des $3N\bar{\bar{E}}^2$ qui sont les deux électricités.

Après les décharges de ces couches d'air, les équivalents électriques se rencontrent et se combinent pour produire non plus la chaleur seule $3N\overset{+}{E}\bar{\bar{E}}^2$; mais la quantité $N\overset{+}{E}\bar{\bar{E}}^2$ de chaleur, les quantités $N\overset{+}{E}^2\bar{\bar{E}}$ de lumière, et il se dissipe une quantité $N\bar{\bar{E}}$ d'électricité négative qui fait arriver à sa place l'électricité positive dont est produite une masse supérieure de lumière.

En général, les aurores sont mieux favorisées dans l'Europe orientale sur le versant méridional et le versant oriental de chaque montagne que sur son versant occidental ou boréal. La cause en est que, dans l'Europe orientale, les vents froids conduisent l'air du Groënland ou de la mer Blanche. Il faut donc se trouver au sud ou à l'est du versant de la montagne pour voir l'espace où s'opèrent les rencontres des équivalents hétéronymes qui se combinent et produisent la chaleur et la lumière; j'ai observé au mois de novembre 1848 une semblable aurore sur le versant sud-est des Carpathes, lorsque je me trouvais à Krajova, en Valachie.

CHAPITRE II.

THERMOÉLECTRICITÉ ET SON ORIGINE.

L'inégalité des températures n'est que le résultat de l'inégale densité des combinés $n\overset{+}{E}\overset{-}{E}^2$ qui constituent la chaleur. Supposons deux corps égaux C et C′ et de la même substance : si C contient une masse de chaleur $N\overset{+}{E}\overset{-}{E}^2$, et que l'autre C′ en contienne une masse $2N\overset{+}{E}\overset{-}{E}^2$ ou $(N + N')\overset{+}{E}\overset{-}{E}^2$, la densité de chaleur étant D dans le corps C, elle est D+D′ dans le corps C′. Par suite, la répulsion entre les équivalents $\overset{+}{E}$ et $\overset{-}{E}^2$ étant R dans la chaleur $N\overset{+}{E}\overset{-}{E}^2$ du corps C, elle est R + R′ dans la chaleur $(N + N)\overset{+}{E}\overset{-}{E}^2$ du corps C′.

Si les deux corps C et C′ *anisothermes* viennent en contact, il se produit un écoulement de chaleur du corps C′ vers le corps C, absolument comme aurait lieu un écoulement d'air d'un vase V′ contenant une masse M + M′ d'air vers un vase V égal qui n'en contient qu'une masse M. Comme l'air est constitué par 1 équivalent d'oxygène et 2 équivalents d'azote, de même la chaleur $n\overset{+}{E}\overset{-}{E}^2$ est formée de $n\overset{+}{E}$ équivalents électropositifs et de $2n\overset{-}{E}$ équivalents électronégatifs. L'écoulement de la chaleur du corps C′ vers le corps C s'opère par une répulsion R + R′ et par une résistance inférieure R, précisément comme s'opère l'écoulement des gaz des densités différentes.

Outre la résistance R produite de la part de la chaleur du

corps C, il en est une autre qui est produite quand le corps C n'est pas de la même nature que le corps C'. Cette nouvelle résistance r ne tire pas son origine de la chaleur $N\overset{+}{E}\overset{-}{E}^2$ du corps C, mais de ses équivalents électriques $\overset{+}{E}^{\nu}\overset{-}{E}^{\alpha}B^{n}$, qui sont d'une quantité différente des équivalents électriques $\overset{+}{E}^{\nu'}\overset{-}{E}^{\alpha'}B^{n'}$ du corps C'.

Dans l'écoulement des combinés $N\overset{+}{E}\overset{-}{E}^2$ de la chaleur du corps C', les équivalents $N\overset{+}{E}$ ou $N\overset{-}{E}^2$ éprouvent une résistance $r+r'$ supérieure qui empêche leur progression, et ainsi s'opère la séparation de tous les équivalents positifs $N\overset{+}{E}$ et des équivalents négatifs $N\overset{-}{E}^2$, ou seulement d'une partie $n\overset{+}{E}$ et $n\overset{-}{E}^2$, et le reste $(N-n)\overset{+}{E}\overset{-}{E}^2$ de la chaleur s'écoule sans éprouver aucune décomposition.

De semblables décompositions de la chaleur s'opèrent de la part de tous les corps; mais c'est dans les cristaux qu'on peut le mieux les observer, parce que ceux-ci sont constitués par des lames symétriquement disposées dont une face f est électropositive et l'autre f' est électronégative.

Comme déjà nous avons exposé la décomposition de la chaleur qui s'écoule du sol vers l'atmosphère, nous allons maintenant exposer de même la décomposition de la chaleur qui s'écoule par les corps cristallisés, ainsi que par d'autres corps que l'on considère comme *amorphes*, à cause de la petite dimension des cristaux dont ils se composent.

I. — DÉCOMPOSITION DE LA CHALEUR PAR LES CRISTAUX.

De pareilles décompositions ont lieu dans tous les cristaux; et parmi eux, c'est la tourmaline qui se prête le mieux aux observations, à cause de la forme qu'elle affecte et qui est celle d'un prisme long à six pans terminé à l'une de ses extrémités A par trois facettes obliques, et par six à l'autre extrémité B.

Les lames qui constituent ces cristaux ont leur face électropositive f tournée vers l'extrémité A. Par suite :

I. Si la chaleur $N\hat{E}\bar{E}^2$ s'introduit par l'extrémité A, une portion $(N-n)\hat{E}\bar{E}^2$ de cette chaleur continuera son mouvement de progression en avant, tandis que l'autre portion $n\hat{E}\bar{E}^2$ sera décomposée en équivalents $n\hat{E}$ qui s'arrêteront et en équivalents $n\bar{E}^2$ qui avanceront.

II. Si la même chaleur $N\hat{E}\bar{E}^2$ s'introduit par l'extrémité B, la portion $(N-n)\hat{E}\bar{E}^2$ avancera, et la portion $n\hat{E}\bar{E}^2$ sera décomposée en équivalents $n\bar{E}^2$ qui seront arrêtés, et en équivalents $n\hat{E}$ qui avanceront, pour s'écouler par l'extrémité A.

III. Lorsque refroidit l'extrémité A de la chaleur $N\hat{E}\bar{E}$ de la tourmaline, il y arrive la quantité $(N-n)\hat{E}\bar{E}^2$ qui s'écoule avec la quantité $n\hat{E}$ d'équivalents positifs, et les négatifs $n\bar{E}^2$ restent arrêtés sur la tourmaline par les faces f' électronégatives.

IV. Lorsqu'est refroidie l'extrémité B, il s'y écoule la partie $(N-n)\hat{E}\bar{E}^2$ de chaleur et les $n\bar{E}^2$ équivalents négatifs, tandis que les équivalents positifs $n\hat{E}$ restent arrêtés sur la tourmaline. Dans tous ces cas l'électricité reste à l'état statique, et elle est observée par le plan d'épreuve, comme l'on fait en observant l'électricité atmosphérique les jours sereins.

V. Si l'on tient chaude la moitié Am du cristal, et en même temps froide l'autre moitié mB, la tourmaline entière se charge d'électricité positive, parce que la chaleur s'écoule de l'extrémité A vers l'extrémité B.

VI. Réciproquement, si l'on fait chauffer la moitié mB, et au même temps qu'on refroidisse la moitié Am, toute la tourmaline se charge d'électricité négative, parce que la chaleur s'écoule de l'extrémité B vers l'extrémité A.

VII. Une tourmaline froide placée dans un espace chaud laisse pénétrer la chaleur $N\hat{E}\bar{E}^2$ des deux extrémités A et B vers son milieu m; de cette chaleur $N\hat{E}\bar{E}^2$, une partie $(N-n)\hat{E}\bar{E}^2$ avance vers le milieu m, et le reste $n\hat{E}\bar{E}^2$ se décompose dans l'une et l'autre moitié. 1° Dans la moitié Am restent à l'état statique les équivalents positifs $n\ddot{E}$, et les négatifs $n\ddot{E}^2$ avancent vers l'autre moitié mB. Dans celle-ci restent à l'état statique les équivalents négatifs $n\ddot{E}^2$, et les positifs $n\ddot{E}$ avancent dans la moitié Am. Par le plan d'épreuve, on constate avec évidence que dans le milieu m de la tourmaline, où ont été repoussés les équivalents hétéronymes $n'\ddot{E}$ et $n'\ddot{E}^2$, il n'existe aucune électricité statique; mais en partant du milieu m vers l'extrémité A, on voit croître sensiblement la densité des équivalents positifs, jusqu'à ce qu'elle atteigne son maximum dans cette extrémité A; il en est de même pour l'électricité négative dans l'autre moitié mB.

VIII. La tourmaline chaude placée dans un espace froid devient électronégative dans sa moitié Am et électropositive dans sa moitié mB, parce que c'est par ces extrémités que s'écoule la chaleur dont une partie se décompose par les faces f et f' des lames.

IX. La tourmaline AB étant brisée en deux parties Am et mB, chacune d'elles possède les mêmes propriétés que le cristal entier. Ces morceaux chauffés deviennent électropositifs dans les moitiés $A\mu$, $m\mu'$, et électronégatifs dans les moitiés $m\mu$ et $\mu'B$: ce qui prouve que la décomposition de la chaleur ne dépend pas de la construction intégrale du cristal, mais des faces des lames qui constituent ce cristal.

X. A une température au-dessus de 150°, la tourmaline ne décompose plus la chaleur, quand elle est échauffée davantage : cela prouve un état d'équilibre entre les faces hétéroélectriques f et f' des lames et les équivalents électriques $N\ddot{E}$ et $N\ddot{E}^2$ qui y restent.

XI. La densité D des équivalents électriques trouvée par le plan d'épreuve sur les extrémités de la tourmaline n'a aucune relation avec la température à laquelle on opère, mais elle est analogue à la vitesse V du mouvement du mercure thermométrique, ou $D = V$. Cette vitesse V est aussi analogue aux masses $q\ddot{E}\bar{E}^2$ de chaleur écoulée sur la tourmaline en chaque unité de temps; par suite, D$=$Q$\bar{E}$ ou Q$\bar{E}$ et D$=q\ddot{E}\bar{E}^2$. On a trouvé la même relation entre l'intensité ou la densité électrique de l'atmosphère et la vitesse thermométrique.

XII. Dans un espace où la chaleur de la tourmaline se trouve en équilibre, celle-ci ne présente aucun vestige d'électricité; cette dernière n'apparaît que quand il y a un écoulement de chaleur; et on a déjà établi que la densité électrique est en rapport avec les masses de chaleur écoulée en chaque unité de temps.

XIII. Les lames des cristaux peuvent être comparées aux feuillets de ce livre où chaque page paire p est en face et en contact avec une page impaire p'; si les pages p étaient électropositives et les pages p' électronégatives, elles seraient attachées les unes aux autres et reproduiraient les phénomènes électriques observés dans la tourmaline.

II. — DÉCOMPOSITION DE LA CHALEUR PAR LES MÉTAUX.

La règle (fig. 3) qui soutient le pivot du magnète est en bismuth; la lame ac de cuivre, soudée en a et c au bismuth, se courbe pour passer par-dessus le magnète; la soudure est chauffée en a et refroidie en c. Les équivalents négatifs $n'\bar{E}^2$ de la chaleur $n\ddot{E}\bar{E}^2$ de la soudure a en se repoussant éprouvent une résistance supérieure R$+$R$'$ dans le cuivre et une résistance inférieure R$-$R$'$ dans le bismuth.

Figure 3.

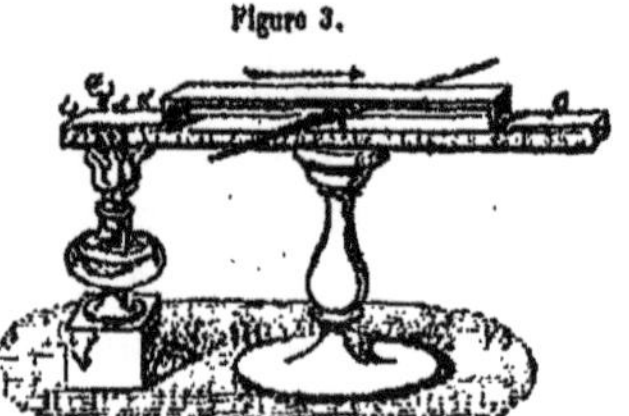

Les équivalents positifs $n'\ddot{E}$ séparés des équivalents négatifs $n'\bar{E}^2$ ne restent pas à l'état stationnaire dans la soudure a, mais ils s'écoulent par la lame de cuivre qui exerce une résistance R — R'. Ainsi donc, les équivalents $n'\dot{E}$ et $n'\bar{E}^2$, séparés dans la soudure *a*, s'écoulent les $n'\bar{E}^2$ par le bismuth et les $n'\dot{E}$ par le cuivre, pour arriver à la soudure *c*, où ils se combinent et reproduisent la chaleur $n'\dot{E}\bar{E}^2$ qui y fait monter la température.

La cause de cette combinaison des équivalents $n'\dot{E}$ et $n'\bar{E}^2$ est la résistance supérieure R + R' qu'éprouvent ces équivalents dans la soudure *c*; car le bismuth résiste aux équivalents $n'\dot{E}$ et le cuivre résiste aussi aux équivalents négatifs $n'\bar{E}$.

Peltier a constaté : 1° un *refroidissement* considérable dans la soudure S (fig. 4), quand le courant passe du bismuth B à l'antimoine A, et 2° un *réchauffement*, quand le courant passe de l'antimoine A au bismuth B. Ces faits, bien constatés, trouveront ici leur explication.

Figure 4 A.

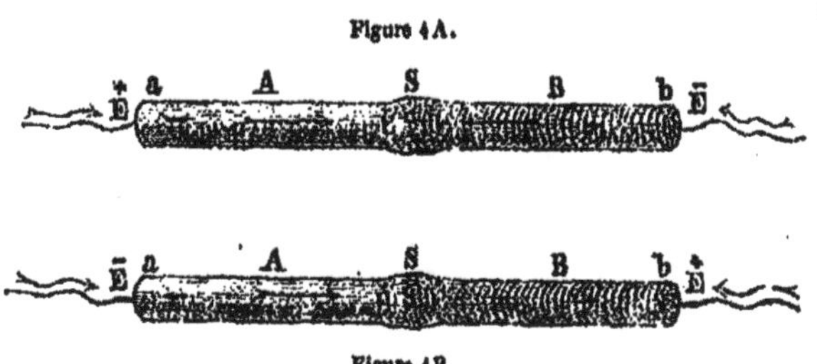

Figure 4 B.

I. *Cause du réchauffement.* Les équivalents électriques $n\dot{E}$ et $n\bar{E}^2$ s'écoulent par les métaux en directions opposées sans se combiner; mais arrivés à la soudure S (fig. 4 A), les $n\dot{E}$ qui viennent de l'antimoine *a* et les $n\bar{E}^2$ qui viennent du bismuth *b* y éprouvent une résistance R + R' qui empêche leur écoulement en masses considérables; ces masses $q\dot{E}$ et $q\bar{E}^2$ arrêtées, se combinent donc et forment la chaleur $q\dot{E}\bar{E}^2$, ou le réchauffement observé dans la soudure S.

II. *Cause du refroidissement.* En faisant passer, au moyen d'une pile faible, les équivalents positifs $q\dot{E}$ vers la soudure

S par le bismuth b, et les équivalents négatifs $q\overset{-}{E}$ vers la même soudure S (fig. 4 B) par l'antimoine a, on produit le froid en S par la décomposition de sa chaleur $n'\overset{+}{E}\overset{-}{E}^2$. Cette décomposition de chaleur s'opère de la manière suivante :

A chaque unité de temps, arrivent à la soudure S les quantités $q'\overset{+}{E}$ et $q'\overset{-}{E}$, à cause de la grande résistance $r + r'$ que les $q'\overset{+}{E}$ éprouvent au bismuth, et les $q'\overset{-}{E}$ à l'antimoine. Ces résistances diminuent dans la soudure S et deviennent $r - r'$, parce que les équivalents $q'\overset{+}{E}$ s'écoulent facilement dans l'antimoine, et que les équivalents $q'\overset{-}{E}$ s'écoulent dans le bismuth avec une égale facilité.

Cette absence de résistance sollicite donc l'écoulement des équivalents de la chaleur $q''\overset{+}{E}\overset{-}{E}^2$ de la soudure. Les équivalents $q''\overset{+}{E}$ de cette chaleur s'écoulent par l'antimoine, et les équivalents $q''\overset{-}{E}^2$ par le bismuth; et c'est ainsi que disparaît la quantité $q''\overset{+}{E}\overset{-}{E}^2$ de chaleur dans la soudure S (fig. 4B), ce qui amène le refroidissement observé.

III. — CHANGEMENT DES DIRECTIONS DES COURANTS.

Dans les cas où les équivalents électriques demeurent à l'état stationnaire, on peut les observer par le plan d'épreuve, et dans le cas où ils s'écoulent, on les observe par le rhoomètre. Les écoulements s'opèrent toujours dans la direction où la résistance est inférieure. Toute cause qui fait augmenter ou diminuer la résistance produit un changement dans la direction de l'écoulement des équivalents. Nous allons donner un certain nombre des cas où ont lieu des changements dans la direction de l'écoulement des équivalents positifs $n\overset{+}{E}$.

I. Prenons deux lames égales de platine l et l', l'une l froide et l'autre l' chaude, et plongeons-les dans de l'eau de source : les équivalents positifs $n\overset{+}{E}$ s'écouleront, par l'électrohode ll', de la lame froide l vers la lame chaude l'. Que les mêmes lames, au contraire, toujours dans les mêmes conditions, soient plongées dans un acide froid, et aussitôt les équivalents $n\bar{E}$ de la lame chaude l' s'écouleront, par l'électrohode $l'l$, vers la lame froide l.

II. Un fil AB de platine mis en contact par ses extrémités A et B avec un rhoomètre et chauffé dans son milieu m, ne produit aucune décomposition de chaleur et aucune trace d'électricité. Mais si l'on fait un nœud ou une spirale dans l'intervalle mA et qu'on chauffe ensuite le milieu m, les équivalents négatifs $n\bar{E}$ partant du point m échauffé, se dirigeront vers l'extrémité B, et les équivalents positifs $n\bar{E}$ s'écouleront par la spirale vers l'extrémité A.

Redressons maintenant le fil que nous avions tourné en spirale dans la moitié mA, et faisons une hélice dans l'autre moitié mB du fil, les équivalents positifs du milieu m échauffé s'écouleront par la spirale vers l'extrémité B. On obtient les mêmes résultats en opérant avec des fils de métaux différents.

III. Un fil de platine AB terminé en spirale à ses deux extrémités A et B, a la première A plongée dans l'alcool d'une lampe, et la seconde B placée dans la flamme de cette même lampe. Si l'on coupe en deux le fil AB au milieu en m, et qu'on mette ces deux moitiés en communication avec un rhoomètre, on voit, dans le magnète de celui-ci, que les équivalents électriques $n\bar{E}$ s'écoulent de la spirale froide A vers la spirale chaude B, tandis que les équivalents négatifs $n\bar{E}$ s'écoulent en direction opposée. En faisant cette expérience, M. Becquerel maintenait à zéro l'extrémité A, en entourant la lampe de glace; il avait de même placé à l'extrémité B un petit vase en platine aussi rempli de glace. Tant que cette dernière n'est pas entièrement fondue, il ne se produit pas de courants, parce que les deux extrémités sont à la même température; le courant n'apparaît qu'après la fusion de la glace.

IV. Une barre de fer AB, chauffée au milieu m, ne manifeste aucun indice de courant; mais qu'on trempe l'une de ses extrémités A, et la chaleur du milieu m donne à l'instant naissance à un courant dirigé vers l'extrémité B non trempée.

IV. — EXPLICATION DES CHANGEMENTS DE DIRECTION DES COURANTS.

Les résistances inégales R + R' et R' de la part des corps produisent la séparation des équivalents $n\overset{+}{E}$ et $n\overset{-}{E}^2$ de la chaleur $n\overset{+}{E}\overset{-}{E}^2$ qui s'écoule de la partie chaude vers la partie la moins chaude. Pour faire changer la direction de l'écoulement des équivalents $n\overset{+}{E}$, il faut que la résistance R augmente et devienne R + R', ou bien il faut que cette même résistance diminue de l'autre côté et devienne R — R'. Nous allons donner l'explication des faits décrits ci-dessus et qui pourront servir d'exemples pour tous les autres faits du même genre.

I. Deux lames l et l' sont plongées dans l'eau : la chaleur $n\overset{+}{E}\overset{-}{E}^2$ accumulée en l' s'écoule par l'eau et par le fil ll'. Les équivalents négatifs $n\overset{-}{E}^2$ éprouvent une résistance R inférieure dans le fil ll', et les équivalents positifs $n\overset{+}{E}$ qui restent, s'écoulent par l'eau dans la lame froide l d'où ils arrivent à la lame chaude l'.

Dans l'acide, les équivalents négatifs $n\overset{-}{E}^2$ éprouvent une résistance R — R' qui est inférieure à celle R qu'ils éprouvent dans le fil ll'. Pour cette raison, ils s'y écoulent vers la lame froide l, d'où ils arrivent ensuite à la lame chaude l'. Les équivalents positifs $n\overset{+}{E}$ qui sont restés sur cette lame s'écoulent par le fil dans la lame l.

II. La chaleur $n\overset{+}{E}\overset{-}{E}^2$ du milieu m du fil AB éprouve des résistances égales vers l'une et l'autre extrémité A et B : pour cette raison, il ne se produit aucune décomposition de chaleur. Pour parvenir à cette décomposition, il faut faire subir une modification à l'arrangement des éléments matériels du fil, en y formant un nœud ou une hélice dans une moitié mA.

Les équivalents $n\overset{+}{E}$ et $n\overset{-}{E}^2$ de la chaleur $n\overset{+}{E}\overset{-}{E}^2$, se repoussant mutuellement, n'éprouvent pas la même résistance dans les deux moitiés mA et mB du fil. Les équivalents négatifs $n\overset{-}{E}^2$ s'écoulent par la moitié directe où la résistance R est restée normale ; car dans l'autre moitié mA, la résistance est devenue $R - R'$. Les équivalents positifs $n\overset{+}{E}$ qui restent en m se répandent par le nœud ou par l'hélice et arrivent à l'extrémité A. Il est évident que, dans ce cas, le changement de la direction ne dépend que d'une cause mécanique sans qu'on puisse reconnaître nulle part l'intervention d'une action chimique.

III. La chaleur $n\overset{+}{E}\overset{-}{E}^2$ de la spirale plongée dans la flamme éprouve par ses équivalents négatifs $n\overset{-}{E}^2$ une résistance inférieure dans le fil à celle qu'y éprouvent les équivalents positifs $n\overset{+}{E}$. Il y a donc un écoulement des équivalents négatifs vers l'extrémité froide A. C'est dans ce cas que sont les combinés $n'\overset{+}{E}^2\overset{-}{E}$ de la lumière stationnaire qui reçoivent les équivalents négatifs, et se séparent de leurs équivalents positifs. De $n\overset{+}{E}^2\overset{-}{E}$ et $n\overset{-}{E}$ proviennent $n\overset{+}{E}\overset{-}{E}^2$ et $n\overset{+}{E}$, lesquels ne sont que la chaleur qui reste dans l'extrémité A, et les équivalents positifs $n\overset{+}{E}$ qui s'écoulent vers l'extrémité chaude B.

IV. La trempe consiste en un écoulement rapide des grandes masses de chaleur de la barre vers l'eau froide : dans cette circonstance, il s'opère un écoulement d'équivalents positifs de l'eau vers la barre : les éléments matériels ou les molécules de celle-ci, prennent alors une disposition analogue à celle des lames des cristaux.

Les équivalents $n\overset{+}{E}$ et $n\overset{-}{E}^2$ de la chaleur $n\overset{+}{E}\overset{-}{E}^2$ du milieu m de la barre se repoussent entre eux, et ils éprouvent dans la moitié mB non trempée la même résistance R que celle qu'ils y éprouvaient avant le trempage de l'extrémité A. Celle-ci prend dans ses éléments un arrangement tel qu'il lui devient possible d'exercer sur les équivalents négatifs $n\bar{E}^2$, une résistance inférieure R — R', et cela ne se peut que par une diminution de la chaleur stationnaire et des équivalents négatifs; ce fait a déjà été démontré avec les plus grands détails dans le *Texte de l'Atlas météorologique*.

V. — ÉLECTRICITÉ DES PLANTES.

L'existence de l'électricité dans les plantes est un fait que personne aujourd'hui ne révoque en doute. Citons à ce sujet les expériences suivantes :

I. M. Pouillet a semé des graines dans des capsules de verre vernissé, et il n'a remarqué nulle part la moindre *trace d'électricité, avant l'apparition des feuilles au-dessus* de la surface des terreaux : c'est seulement lorsque ces feuilles se sont montrées, que l'électricité négative s'est manifestée : on peut induire de là que l'écoulement de l'électricité positive a lieu dans l'air ambiant. On a pu constater ainsi une relation entre l'électricité négative statique trouvée dans les terreaux, et l'électricité positive également statique trouvée dans l'atmosphère.

II. M. Becquerel coupa la tige d'un jeune peuplier en pleine séve, et il trouva, non pas par le plan d'épreuve mais par le rhoomètre, que les équivalents positifs $\ddot{E}$ s'écoulent de la moelle vers l'épiderme, et que les équivalents négatifs $\bar{E}$ s'écoulent de l'épiderme vers la moelle. Quand au moyen du rhoomètre l'épiderme se trouve en contact avec le *cambium* (on nomme ainsi l'espace entre l'écorce et le bois), les équivalents positifs s'écoulent de l'épiderme vers le cambium, et les équivalents négatifs s'écoulent du cambium vers l'épiderme.

Ces deux observations sont d'accord, sauf cette seule différence que M. Pouillet trouva dans les terreaux, à l'état statique, les mêmes équivalents négatifs $n\bar{E}$, que M. Becquerel avait, lui, trouvés en mouvement et dirigés de la surface chaude de la plante vers les racines et les terreaux moins chauds. Il faut donc établir une distinction bien nette entre l'électricité statique trouvée dans le sol par le premier de ces savants, et l'écoulement de l'électricité positive $n\bar{E}$ du sol vers l'air par la surface des plantes, prouvé par le second. Sans cette distinction, on risquerait d'admettre à tort qu'il se rencontre une accumulation d'électricité positive dans les terreaux, tandis qu'ils ne contiennent que l'électricité négative, ainsi que des observations directes l'ont constaté.

Au printemps et en été, l'air étant chaud et le sol moins chaud, la surface des plantes est chaude et leurs racines sont moins chaudes : il y a donc, pendant les heures chaudes de la journée, un écoulement de chaleur $n\bar{E}\bar{E}^2$ de la surface des plantes vers leur moelle qui est moins chaude et vers leurs racines. Durant cet écoulement de la chaleur, ses équivalents positifs $\bar{E}$ éprouvent une résistance dans l'eau et dans les tissus des plantes où se trouvent des lames l, l', l''..., dont les faces f dirigées en haut sont électropositives, comme le sont les faces f des lames de la tourmaline dirigées de l'extrémité B vers l'extrémité A. Comme cette extrémité A de la tourmaline, lorsqu'elle est chauffée, se charge d'électricité positive $n\bar{E}$, de même la surface chaude des plantes et toutes les faces des lames végétales repoussent les équivalents positifs $q\bar{E}$ qui, loin de rester à l'état stationnaire, s'écoulent au contraire vers l'air ambiant; ainsi qu'on l'a constaté par des expériences pareilles à celles de M. Becquerel faites au printemps, les équivalents négatifs $q\bar{E}$ descendent dans les terreaux où les trouva M. Pouillet.

III. M. Liebig n'attribue pas la végétation à une électricité en écoulement ni à une électricité statique; il se borne à constater l'influence manifeste de la chaleur solaire du printemps, notamment sur l'écoulement de la séve qui se produit sur les ceps de vignes fraîchement taillés, et qu'on a nommé les larmes de la vigne. Chaque fois qu'un nuage vient à couvrir le soleil, cet écoulement s'arrête ; et il augmente au contraire aussitôt que ce nuage s'éloigne pour s'interrompre de nouveau la nuit en l'absence de la chaleur solaire.

Explication de l'origine et de l'état de l'électricité des plantes. Dans les métaux et dans les cristaux inégalement échauffés, la chaleur des parties chaudes s'écoule vers les parties les moins chaudes ; le même effet a lieu pour les parties inégalement chaudes ou *anisothermes* des plantes. La chaleur $n\ddot{E}\ddot{E}^2$ s'écoule toujours de la partie chaude vers la partie la moins chaude. Durant cet écoulement, les équivalents $n\ddot{E}$ ou $n\ddot{E}^2$ de la chaleur $n\ddot{E}\ddot{E}^2$ éprouvent une résistance $r+r'$ aux éléments matériels du corps, et cette résistance est cause qu'une espèce de ces équivalents s'arrêtent tandis que les autres avancent.

Le milieu m de la tourmaline AB est, quand on le chauffe, dans le même état où se trouve la soudure s entre le bismuth et le cuivre, avec la différence que les équivalents négatifs $n\ddot{E}$, arrêtés par les faces f' des lames de la tourmaline comme ils le sont par le cuivre, restent à l'état stationnaire dans la partie mB de la tourmaline, tandis qu'ils ne s'accumulent pas également au cuivre, mais s'en éloignent pour s'écouler par le bismuth qui leur oppose une résistance r inférieure. Cet écoulement des équivalents négatifs $n\ddot{E}$ par le bismuth vers le rhéomètre sollicite l'écoulement des équivalents positifs $n\ddot{E}$ de la soudure chaude par le cuivre vers ce rhéomètre.

La forme cristalline qu'affecte le tissu des masses végétales peut être constatée au moyen d'observations microscopiques : il résulte donc de ce fait constant que la chaleur $n\ddot{E}\ddot{E}^2$ de l'air éprouve une décomposition par son introduction dans les plantes ; car ses équivalents positifs $n\ddot{E}$ sont arrêtés, et il ne pénètre dans les racines et les terreaux que les équivalents négatifs $n\overset{=}{E}$. Chacun pourra aisément trouver ces derniers éléments en suivant les observations faites par M. Pouillet.

Ces équivalents négatifs $n\overset{=}{E}$ sollicitent dans le sol l'écoulement des équivalents $n\overset{+}{E}$ positifs vers la surface des plantes. On avait jusqu'ici admis que ces équivalents $n\overset{+}{E}$ existaient à l'état d'électricité neutre : mais cela n'est pas nécessaire aujourd'hui que l'on sait que la lumière consiste dans les combinés $\overset{+}{E}{}^2\overset{=}{E}$ qui restent à l'état stationnaire ou latent comme la chaleur. Chaque combiné $\overset{+}{E}{}^2\overset{=}{E}$ de lumière change un équivalent positif $\overset{+}{E}$ contre un équivalent négatif $\overset{=}{E}$, et ainsi un combiné $\overset{+}{E}{}^2\overset{=}{E}$ de lumière devient un combiné $\overset{+}{E}\overset{=}{E}{}^2$ de chaleur. Les équivalents négatifs $n\overset{=}{E}$ conduits de la surface des plantes dans le sol, deviennent la cause de la décomposition de la lumière $n\overset{+}{E}{}^2\overset{=}{E}$ en n équivalents positifs, qui remontent du sol par les racines vers la surface des plantes. Tels sont les équivalents positifs que trouva M. Becquerel au printemps quand le sol est froid et l'air chaud ; telle est la cause qui rend la lumière indispensable à la végétation.

M. Liebig est en parfait accord avec les deux physiciens précédents qui reconnaissent comme cause de l'électricité des plantes une température plus élevée dans l'air que dans l'intérieur des plantes pendant le jour, alors que la température des racines est aussi inférieure à celle de l'air. La nuit, la surface des plantes est toujours moins chaude que leur intérieur, tandis que la température des racines peut alors être inférieure ou supérieure. Les larmes abondantes que laisse écouler la vigne durant les heures les plus chaudes du jour sont une preuve évidente qu'elles sont entraînées par le courant ascendant que remarqueront tous ceux qui répéteront l'expérience ingénieuse de M. Becquerel, en prenant garde toutefois de ne conduire que les équivalents positifs des parties froides des plantes vers les parties exposées au soleil. Les expérimentateurs qui n'arriveraient pas aux mêmes résultats que M. Becquerel, peuvent être assurés qu'ils n'ont pas conduit au rhoomètre les équivalents positifs $n\bar{\bar{E}}$ des parties froides de la plante et les équivalents négatifs $n\bar{E}$ de leurs parties échauffées au soleil.

CHAPITRE III.

PRODUCTION D'ÉLECTRICITÉ PAR LES MACHINES.

Dans tous les cas où la chaleur s'écoule par l'air, les cristaux, les plantes et tous les autres corps, ses équivalents se séparent à cause des résistances inégales R et R+R′ qu'ils y éprouvent. Si ces équivalents séparés restent accumulés séparément, on les trouve par le plan d'épreuve comme électricité stationnaire; si ces équivalents séparés, loin de rester en repos, prennent au contraire leur écoulement, on les observe dans le rhoomètre.

La production de l'électricité par les machines s'opère toujours par la décomposition de la chaleur : celle-ci n'est pas ici en mouvement, comme dans le cas précédent, mais elle se trouve entre deux corps C et C′ en contact, dont l'un C repousse ses équivalents positifs $n\overset{+}{E}$ et reste chargé des négatifs $n\overset{-}{E}$, car ceux-ci sont repoussés du corps C′, qui se charge des équivalents positifs $n\overset{+}{E}$. Après la séparation des deux corps C et C′, ces équivalents $n\overset{+}{E}$ et $n\overset{-}{E}^{a}$ y restent séparés; alors leur état statique ou leur écoulement dépend des corps C et C′, qui peuvent être bons ou mauvais conducteurs *électrohodes* ou *électrodyshodes*.

Dans les corps *électrohodes*, les équivalents électriques s'écoulent, et ils sont observés par le rhoomètre; dans les corps *électrodyshodes*, les équivalents électriques s'accumulant, et ils sont observés par le plan d'épreuve. Si l'un de ces corps, C par exemple, est électrodyshode et l'autre C' électrohode, l'électricité $n\ddot{E}$ est à l'état statique et l'électricité $n\bar{E}^{2}$ est en écoulement.

Les machines électriques consistent en deux corps C et C' hétéroélectriques, dont l'un est bon et l'autre mauvais conducteur ; l'un de ces corps est en repos et l'autre en rotation ; il a pour cela la forme d'un plateau ou d'un cylindre. Dans le principe, on a fait des machines où le corps électrohode restait à l'état de repos, tandis que le corps électrodyshode était animé d'un mouvement de rotation : telles sont les machines électriques ordinaires. Le plateau ou le cylindre est en verre ou en résine, qui sont électrodyshodes ; le corps frottant ou le coussin est enduit d'un amalgame de zinc, ce qui le rend bon conducteur ou électrohode.

Arago a construit une machine électrique qui se rapproche des machines ordinaires, avec cette différence que le corps en rotation est en métal et par conséquent électrohode, tandis que le corps frottant est l'air qui est électrodyshode. Au lieu de donner au plateau une position verticale, il l'a placé horizontalement ; enfin il a communiqué le mouvement à ce plateau au moyen d'un appareil d'horloge et non d'une manivelle.

Arago, en présentant les faits obtenus par sa machine, s'abstint d'en donner l'explication : les autres physiciens, de leur côté, au lieu de reconnaître dans cet instrument une machine électrique différant seulement par un certain déplacement dans les parties constituantes, n'ont pas hésité à attribuer les faits observés à une propriété qui n'existe nulle part et pour cela inconnue qu'ils appelèrent *induction*. Ainsi l'appareil d'Arago, au lieu de servir à faire connaître l'origine de l'électricité des machines, a plutôt servi à éloigner de la véritable voie les savants qui ont passé leur temps à rechercher l'origine de cette prétendue induction qu'on ne rencontre nulle part. On voit par là que certains physiciens, par les vaines hypothèses qu'ils hasardent si légèrement, ne font qu'entraver les progrès de la science.

L'appareil hydroélectrique de M. Armstrong est considéré par les physiciens comme une machine électrique sans qu'il le soit véritablement ; car cet appareil décompose la chaleur par son écoulement et non pas par le frottement.

L'électrophore est une machine de frottement et en même temps un appareil qui décompose la chaleur par l'influence.

Les physiciens cherchaient l'origine de l'électricité des machines dans la décomposition des électricités neutres $n\overset{+}{E}\overset{-}{E}$ et non pas dans celle de la chaleur $n\overset{+}{E}\overset{-}{E}^2$; ils auraient cependant dû y être amenés par la nécessité où ils se trouvaient d'opérer dans des appartements d'une température ordinaire ; en effet, dans les appartements où la température était au-dessous de zéro, les mêmes machines produisent très-peu d'électricité, et dans le cas où cette température tombait encore plus bas, il devenait tout à fait impossible de produire la moindre trace d'électricité. L'état neutre des électricités ne peut pas être constaté nulle part, tandis que la chaleur est partout nécessaire pour la production des électricités.

1. — MACHINES ÉLECTRIQUES ORDINAIRES.

Parmi ces machines, on distingue : 1° celles à plateau de verre, où l'on recueille l'électricité vitrée $n\overset{+}{E}$, et 2° celles à cylindre de verre, où l'on recueille les deux électricités $n\overset{+}{E}$ et $n\overset{-}{E}^2$.

Cette espèce de machines, employée généralement en Angleterre, a été inventée par Nairne (fig. 5) ; elle se compose d'un cylindre en verre que l'on fait tourner autour de son axe *oo* au moyen de la manivelle *m*. De chaque côté de ce cylindre sont deux conducteurs *c* et *c'* isolés : l'un *c* porte un coussin F pressé par un ressort contre le cylindre de verre; l'autre c' est garni de pointes dirigées vers le cylindre. Dans les machines ordinaires à plateau de verre, le conducteur c' reçoit l'électricité $n\ddot{E}$ positive par des pointes pareilles, et l'électricité négative $n\bar{E}^2$ s'écoule des coussins jusque dans le sol au moyen d'une chaîne.

Figure 5.

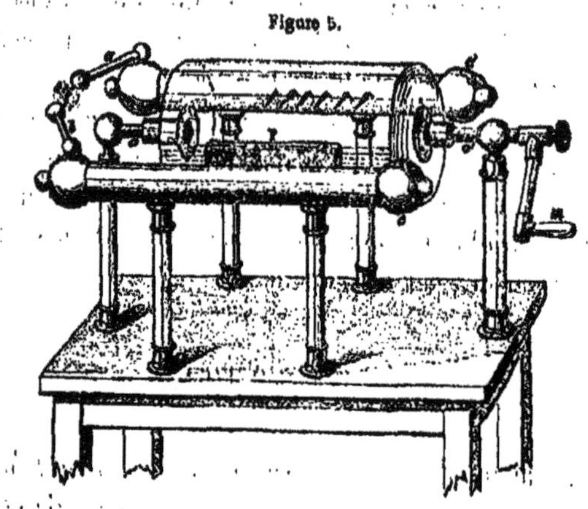

Explication. Aux points de contact entre le verre et les coussins, les équivalents positifs $n\ddot{E}$ de la chaleur $n\ddot{E}\bar{E}^2$ sont repoussés vers le verre le plus électronégatif, et les équivalents négatifs $n\bar{E}^2$ sont repoussés sur les coussins les moins électronégatifs. Si le cylindre est en résine, qui est moins électronégative que l'amalgame de zinc, les équivalents négatifs $n\bar{E}^2$ sont repoussés de celui-ci vers le cylindre qui se charge d'électricité négative, et l'électricité positive $n\ddot{E}$ reste sur les coussins.

L'électricité $n\ddot{E}$ s'écoule facilement des coussins vers le conducteur c, et l'électricité $n\ddot{E}$ est éloignée du cylindre, qui est un mauvais conducteur, par les pointes du conducteur c' qui en sont très-rapprochées. C'est dans ces pointes que se décompose la chaleur $q\ddot{E}\bar{E}^2$ dont les équivalents positifs $q\ddot{E}$ éprouvent une répulsion, tandis que les équivalents négatifs

$q\bar{E}^2$ s'en éloignent pour passer sur le cylindre ou sur le plateau de verre, de la part desquels ils n'éprouvent aucune résistance à cause de leur électricité positive $n\bar{E}$.

La chaleur se décompose aussi au conducteur *c* par la répulsion qu'éprouvent ses équivalents négatifs $q\bar{E}^2$, tandis que les équivalents positifs $q\bar{E}$ s'écoulent vers les coussins qui n'exercent aucune résistance à cause de leur électricité négative $n\bar{E}^2$. Les deux cylindres *c* et *c'* se chargent des équivalents $n\bar{E}$ et $n\bar{E}^2$ de la chaleur $n\bar{E}\bar{E}^2$ décomposée, sans qu'il soit nécessaire d'admettre pour cela un état neutre des deux électricités $n\bar{E}\bar{E}$, état qui, nous le répétons, n'existe pas. On a constaté, au contraire, qu'il faut une quantité suffisante de chaleur dans l'appartement où l'on veut produire l'électricité par les machines.

II. — MACHINE D'ARAGO.

Le plateau *ll*, en métal, est fixé en *z* sur le support *h* (fig. 6); la rotation de ce plateau s'opère en même temps que celle du support, qui est mis en mouvement par un appareil d'horlogerie portant le poids *k* (fig. 7). Le corps frottant est ici l'air qui oppose aux équivalents positifs $n\bar{E}$ de la chaleur $n\bar{E}\bar{E}^2$ une résistance plus grande qu'aux équivalents négatifs $n\bar{E}^2$, tandis que le plateau métallique oppose aux équivalents négatifs $n\bar{E}^2$ une répulsion plus

Figure 6.

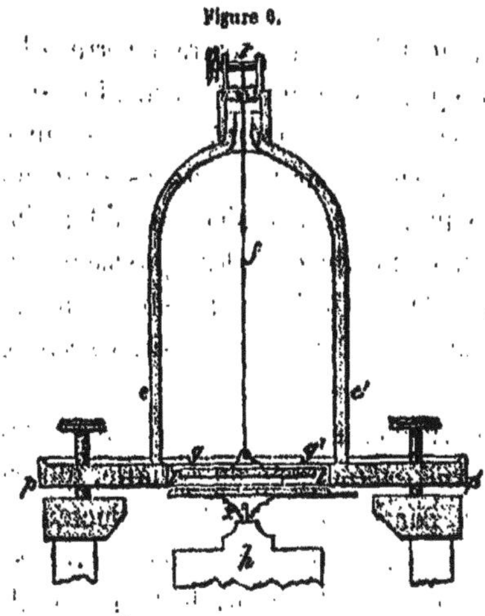

grande qu'aux équivalents positifs $n\ddot{E}$; ces derniers restent sur le plateau et les équivalents négatifs s'en éloignent.

Dans les machines ordinaires, l'électricité positive $n\ddot{E}$ reste aussi sur le plateau; la différence ne provient que de la matière qui compose ces plateaux : en effet, celui de verre est électrodyshode, et celui de métal est électrohode. L'électricité est éloignée du verre par des mâchoires, tandis qu'elle se répand de la périphérie du disque vers son centre, afin de rétablir l'équilibre, parce que le frottement est nul au centre, et pour cela y est nulle aussi la décomposition de la chaleur; ce frottement croît du centre vers la périphérie Π, où il atteint son maximum.

Figure 7.

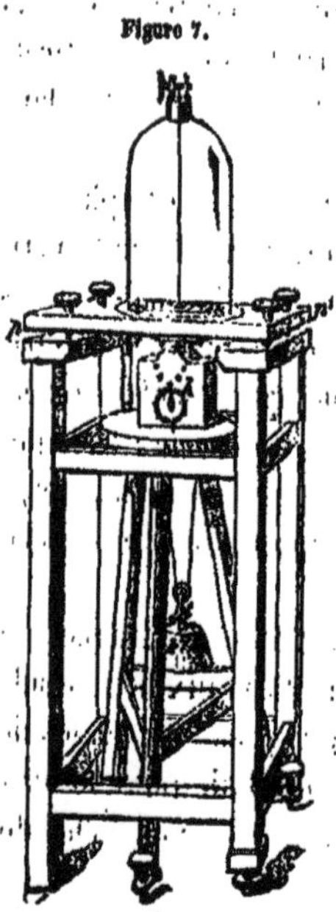

C'est donc dans la périphérie du disque qu'atteignent leur maximum et la décomposition de la chaleur, et la production de l'électricité positive $n\ddot{E}$; celle-ci n'éprouvant pas de résistance sur le disque, s'y répand pour rétablir l'équilibre : 1° Il y a donc un écoulement électrique *centripète* sur le disque, quand il est en rotation; 2° il y a aussi une répulsion R de la part de l'électricité de la périphérie Π contre l'air ambiant jusqu'à une petite distance *d*; 3° il y a enfin une répulsion R′ verticale de la part de l'électricité de la surface du disque vers la couche de l'air ambiant.

Figure 8.

Le plateau tournant dans le sens de la flèche *f* (fig. 8), les équivalents électriques qui partent de la périphérie Π du disque suivent ses rayons pour arriver au centre *a*, qui est immobile. 1° Du mouvement périphérique du disque et 2° du mouvement centripète de l'électricité $n\bar{\dot{E}}$, résulte un mouvement spiral *fac* qui suit le sens du mouvement du disque.

Arago constata : 1° une répulsion R centrifuge de la périphérie Π en dehors; 2° une répulsion R′ centripète de la périphérie Π vers le centre *c*; 3° une répulsion R″ verticale émanée de la surface du disque, et 4° une répulsion R‴ dans le sens de la rotation du disque.

La répulsion R centrifuge est nulle dans la périphérie π de la distance *r* du centre, et dans l'intérieur de cette périphérie elle est centripète R′. Ces répulsions, leurs directions et leurs intensités sont observées sur le magnète et non pas sur les autres corps; et cela parce que les magnètes émettent de leurs extrémités, appelées *pôles* ou *bouches* les équivalents électriques $q\dot{\bar{E}}$ et $q\bar{E}$, tandis que les autres corps n'émettent pas ces équivalents, mais les tiennent à l'état stationnaire.

Une mince lame métallique, insérée entre le magnète et le disque, ne fait subir aucune modification auxdites répulsions, parce que les équivalents électriques, repoussés de la surface du disque, pénètrent la lame d'air pour arriver sur la lame métallique où ils se répandent comme ceux du disque.

Tous les faits observés dans les déviations du magnète sont produits, suivant les lois statiques, par les répulsions qui ont lieu entre les équivalents électriques émanés du magnète, et ceux qui sont produits par la décomposition de la chaleur par le frottement du disque contre l'air.

A. RÉPULSIONS DANS LE SENS DES RAYONS DU DISQUE.

Ces répulsions ont été observées par Arago sur les déviations de l'inclinaison du magnète équilibré placé au sud du disque dans le prolongement de son diamètre sur le plan du méridien magnétique. Dans la figure 9, les lignes pointées sont verticales et les lignes pleines indiquent, non pas les degrés, mais seulement le sens des déviations, quand le magnète est au sud du disque et qu'il est rapproché de son centre.

Figure 9.

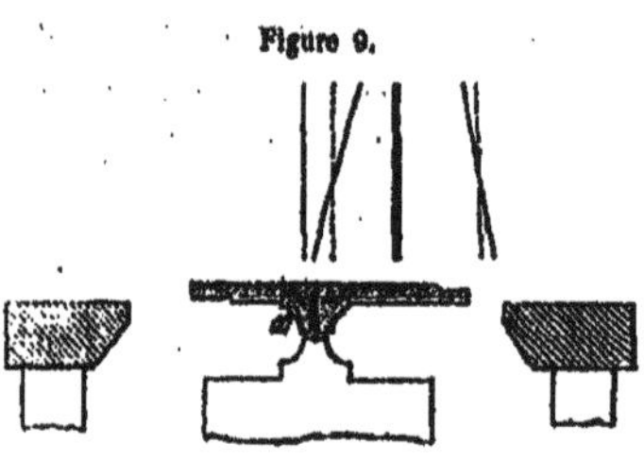

1° L'inclinaison n'éprouve aucun changement quand le magnète est à une distance $d + d''$ de la périphérie Π; elle commence à augmenter à la distance d, et cette augmentation atteint son maximum sur la périphérie Π du disque; ensuite l'inclinaison diminue et elle revient à son état normal dans la périphérie π qui est à la distance r du centre c.

2° Dans l'intérieur de cette périphérie l'inclinaison diminue et atteint son minimum dans la périphérie π' de la distance r' du centre; ensuite l'inclinaison croît et revient à son état normal au centre du disque.

Explication. Les déviations du magnète ont pour cause les répulsions opérées entre les équivalents électriques $n\dot{E}$ produits sur le disque par la décomposition de la chaleur $n\dot{E}\dot{E}^2$ et les équivalents électriques $q\dot{E}$ émanés de l'extrémité du magnète; ces répulsions sont distribuées de la manière suivante :

1° De la périphérie Π du disque s'opère la répulsion en dehors de la part de son électricité, et cette répulsion R centrifuge atteint son maximum sur la périphérie Π, où se rencontrent le maximum de la vitesse de rotation et le maximum du frottement. Entre les périphéries Π et π, il y a un anneau où la répulsion centrifuge R diminue et devient nulle dans la périphérie π, où se trouve la séparation divergente entre les équivalents électriques. C'est dans cette périphérie π des *calmes* que se trouve le maximum de la densité statique constaté par la répulsion verticale R″; cette périphérie π est comme un anneau électrique en équilibre.

2° Les équivalents électriques $q\bar{E}$ et $q'\bar{E}$ partent en directions divergentes de la périphérie π : les uns $q\bar{E}$ dépassent la périphérie Π du disque et sont sensibles jusqu'à la distance *d* au delà du disque comme un courant centrifuge; les autres $q'\bar{E}$ s'écoulent vers le centre *c* comme un courant centripète; mais au lieu de s'y arrêter, une partie $q''\bar{E}$ de ces équivalents s'écoule au delà du centre jusqu'à la distance *r'* comme un courant centrifuge.

Il y a donc entre le centre *c* et la périphérie π des calmes une autre périphérie π′ des rencontres du courant centripète et du courant centrifuge. Dans cette périphérie π′ des rencontres, le courant centripète atteint son maximum de densité, comme cela est prouvé par le maximum de la déviation du magnète dans cette périphérie π′.

La surface entre cette périphérie π′ et le centre est parcourue par deux courants opposés, et la déviation du magnète n'indique que la différence D entre les deux répulsions; cette différence est nulle au centre, où le magnète prend la position normale de son inclinaison.

B. RÉPULSION VERTICALE ÉMANÉE DU DISQUE.

Un magnète suspendu à l'un des fléaux d'une balance est ramené en équilibre, avec une de ses extrémités en repos tout près de la surface du disque. En cet état les équivalents $q\bar{E}$ émanés du magnète se répandent sur le disque sans éprouver de répulsion de sa part. Dès que le disque commence à tourner, le magnète éprouve une répulsion R″ émanée de ce disque, répulsion qui le force à s'en éloigner; cette répulsion R″ croît avec la vitesse de rotation; elle est en raison inverse du carré des distances entre le magnète et le disque et elle n'est pas égale à des différentes distances du centre.

Explication. Par la rotation du disque la chaleur se décompose, et il se charge d'électricité $n\ddot{E}$, dont les équivalents se rencontrent avec ceux $q\ddot{E}$ émanés du magnète : ces équivalents se repoussant mutuellement, produisent la répulsion R″ observée dans l'éloignement du magnète. Le degré de cette répulsion ne dépend pas des équivalents $q\ddot{E}$ émanés du magnète, mais de ceux $n\ddot{E}$ produits sur la surface du disque, et dont la densité augmente 1° quand diminue l'intervalle i entre le magnète et la surface du disque, et 2° quand augmente la vitesse de sa rotation. Pour la même raison, la répulsion R″ augmente aussi dans ces deux cas.

Quand l'intervalle i entre le magnète et le disque reste le même, et quand la vitesse V ne change pas, la répulsion R″ n'est pas égale sur toute la surface du disque, mais son maximum est dans la périphérie π située entre la périphérie du disque et le centre c. En partant de cette périphérie π, la répulsion R″ diminue également vers le centre c et vers la périphérie Π : on explique ce fait par l'inégale densité des équivalents électriques sur le disque.

C. Répulsion dans le sens des tangentes du disque.

Le magnète gg' (fig. 6) reste en repos quand il est suspendu sur le disque ll dans un petit intervalle gl ayant son milieu m au-dessus du centre c du disque. Dès que le disque commence à tourner avec une vitesse V constante, le magnète gg éprouve une déviation γ dans le sens de la rotation du disque indiqué par la flèche f (fig. 7). Cette déviation γ est un angle formé par le magnète et par le plan du méridien magnétique : 1° si la vitesse reste la même et si l'on fait diminuer l'intervalle i, la déviation γ augmente; 2° celle-ci augmente encore quand, l'intervalle i restant le même, la vitesse augmente et devient V+V′; 3° dès que la déviation γ atteint 90°, le magnète commence à tourner avec une vitesse en raison directe de la vitesse de rotation V ou V + V′ et en raison inverse du carré des intervalles i^2 ou $(i+i)^2$.

Explication. Les équivalents $n\ddot{E}$ du disque, en s'écoulant de sa périphérie vers le centre, suivent en même temps le mouvement rotatoire du disque ; ainsi ces équivalents décrivent une courbe spirale *fac* dans le sens de la rotation.

La branche nord *mg* du magnète a la face *f* ouest et la face *f′* est; et la branche *mg′* a la face F ouest et la face F′ est; la rotation du disque s'opère de l'est à l'ouest en passant par le nord ainsi que l'indique la flèche *f* (fig. 8), et les écoulements des équivalents électriques s'opèrent aussi en directions spirales dans le même sens *fac*.

La face *f′* orientale de la branche nord *mg* du magnète éprouve la pression *p* de la part des équivalents $n\ddot{E}$ qui s'écoulent vers le centre en suivant la direction spirale *fac*; en même temps, la face F occidentale de la branche sud *mg′* du magnète éprouve la même pression *p*.

Ces deux pressions égales *p* sont exercées dans le même sens sur les deux branches *mg* et *mg′* du magnète. Dès que les pressions $2p$ deviennent supérieures à la pression p' qui soutient le magnète, celui-ci est forcé d'abandonner sa position et d'en prendre une autre dans la déviation γ où il se trouve en équilibre entre la pression p' de la part des courants terrestres et les pressions $2\,p$ de la part des courants spiraux de la surface du disque.

La pression p' normale qui soutient le magnète est constante, mais les pressions $2p$ augmentent par trois causes différentes : 1° par une augmentation de la vitesse V; 2° par une diminution de l'intervalle *i*, et 3° par une diminution de la résistance r'' qu'éprouvent de la part du disque les équivalents électriques $n\ddot{E}$ qui s'y écoulent de la périphérie vers le centre *c*. Par suite, cette augmentation des pressions $2p$ latérales est évaluée d'après la déviation γ du magnète, et cela dans trois cas différents.

1° La déviation γ croît en raison directe de la vitesse de la rotation jusqu'au 90° degré : à ce moment le magnète commence à tourner dans le sens du disque avec une vitesse proportionnelle à celle de la rotation de ce disque, quand l'intervalle i reste invariable et quand le métal du disque ne change pas.

2° Si la vitesse de rotation reste invariable et que le métal du disque ne change pas, la déviation γ est en raison inverse du carré des intervalles i, i'...

3° Si la vitesse V de la rotation du disque reste la même, et si en même temps l'intervalle i n'éprouve aucun changement, les déviations γ sont proportionnelles aux conductibilités des métaux pour l'électricité positive $n\ddot{E}$. En admettant pour le disque en cuivre la déviation γ quand l'intervalle est i et la vitesse de rotation V, MM. Herschel et Babbage trouvèrent pour les autres métaux les déviations suivantes :

Cuivre.........	= γ	Zinc...........	= 0,95γ
Étain...........	= 0,46γ	Antimoine......	= 0,09γ
Plomb.........	= 0,25γ	Bismuth........	= 0,02γ

Lorsque le disque a des fentes dans le sens de ses rayons, l'écoulement spiral des équivalents électriques éprouve une interruption, qui empêche les pressions 2 p' exercées sur les deux branches du magnète dont la déviation diminue beaucoup. Cet écoulement spiral se rétablit si les bords de la fente sont rapprochées en contact, fussent-elles même ressoudées avec le bismuth, quand le disque est de cuivre, et alors la déviation γ acquiert presque le même degré que celui du disque sans fente.

Au lieu de ressouder les bords de la fente, qu'on remplisse cette dernière de poudre métallique ou de liquides tels que l'eau ou les acides, et les équivalents électriques ne pourront pas alors passer d'un bord de la fente à l'autre, et dans ce cas la déviation γ du magnète reste très-médiocre.

D. RÉPULSION VERTICALE DU MAGNÈTE SUR LE DISQUE.

Les lames métalliques, placées comme écrans entre le disque et le magnète, ne modifient point les répulsions exécutées entre les équivalents électriques $g\ddot{E}$ émanés du magnète et ceux $n\ddot{E}$ du disque. Pour la même raison, quand on rapproche l'extrémité d'un magnète au-dessus de la surface du disque entre le point f de la périphérie et le centre c (fig. 8), les équivalents $g\ddot{E}$ émanés du magnète repoussent leurs homonymes de la surface supérieure du disque dans sa surface inférieure représentés par la figure 8.

Dans cette figure sont représentées les directions des écoulements des équivalents de la surface inférieure du disque, quand il se trouve tout près de sa surface supérieure un magnète puissant.

1° Le petit cercle entre la périphérie f et le centre c représente la direction hélicoïdale décrite par les équivalents $g\ddot{E}$ émanés de la bouche du magnète.

2° Les deux flèches divergentes voisines de la périphérie représentent les directions de l'écoulement des équivalents $n\ddot{E}$ du disque repoussés de la part des équivalents émanés du magnète. Ces écoulements partent de la périphérie π des *calmes*.

3° Les deux flèches convergentes centrifuges représentent les directions de l'écoulement des équivalents $n\ddot{E}$ qui deviennent centrifuges en avançant au delà du centre. Ces équivalents arrivent à la périphérie π' qu'ils ne dépassent pas cependant.

III. — MACHINE HYDROÉLECTRIQUE DE M. ARMSTRONG.

Cet appareil (fig. 10) est une chaudière cylindrique à foyer intérieur; voici la légende des parties qui la composont : *s* est une soupape de sûreté ; *n*, le tube à niveau ; *p*, la porte du foyer, et C, la cheminée ; cette chaudière est isolée du sol par des piliers en verre. Un robinet *r* sert à donner issue à la vapeur, qui passe d'abord dans un réservoir cylindrique horizontal K d'où elle se rend, par des tubes, aux ajutages *a* formant chacun un canal pratiqué dans un tronc de cône en buis.

Figure 10.

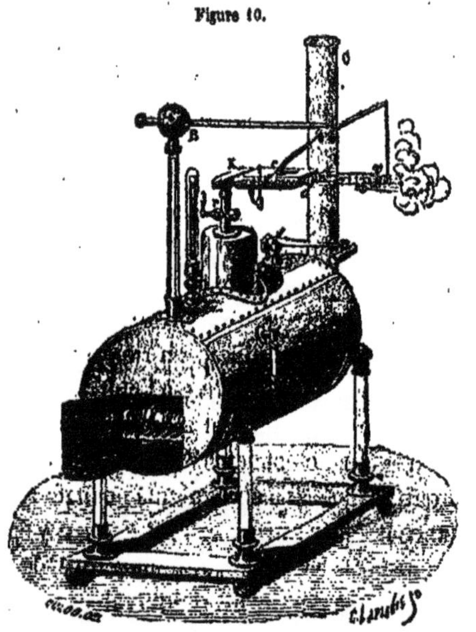

Pour faire écouler rapidement une grande quantité de chaleur dont une partie doit se décomposer, on refroidit par dehors les tubes qui conduisent les vapeurs du réservoir K aux canaux en buis d'où elles sortent chargées d'électricité positive. Cette électricité a été attribuée à un frottement qui s'exerce entre les globules de l'eau auxquels donne naissance le refroidissement des vapeurs, et les parois des canaux en buis.

Cette hypothèse n'est pas confirmée par d'autres faits

particuliers, si ce n'est par le fait observé; car nulle part il ne se produit d'électricité par le frottement de l'eau contre le bois, quand il n'existe pas un changement de température. Pour que les vapeurs acquièrent une pression de 5 à 6 atmosphères, leur température doit s'élever à 160° et encore, dans cette circonstance même, peut-il à peine s'échapper des tubes une quantité de chaleur suffisante pour réduire à l'état liquide un certain volume de vapeurs. Celles-ci ne se condensant que dans l'air, l'électricité positive n'est par suite que la quantité $n\ddot{E}$ d'équivalents positifs de la chaleur $n\ddot{E}\bar{E}^2$ décomposée dans son écoulement par l'air ambiant.

Les vapeurs chaudes du réservoir K éprouvent une déperdition de chaleur qui s'écoule rapidement par les tubes, et puis cet écoulement diminue dans les canaux en buis, pour augmenter au moment du contact des vapeurs très-chaudes avec l'air ambiant. Cet écoulement de chaleur des vapeurs ou des tubes vers l'air ne diffère en rien de l'écoulement de celle de l'eau qui, en hiver, arrive à l'état de congélation, et de celle qui passe du sol chaud au contact de l'air froid.

Dans ces trois cas, c'est la chaleur $N\ddot{E}\bar{E}^2$ qui s'écoule vers l'air de la part duquel les équivalents positifs $N\ddot{E}$ éprouvent une résistance R supérieure à celle $R-r$ qu'y éprouvent les équivalents négatifs $N\bar{E}^2$. De cette inégalité de résistance, résulte l'arrêt d'une partie $n\ddot{E}$ d'équivalents positifs qui se manifestent comme électricité positive : 1° sur la surface de l'eau en congélation ; 2° dans la couche C de l'air froid d'hiver quand le sol est chaud, et 3° dans les vapeurs chaudes échappées de la chaudière, et qui viennent en contact avec l'air froid.

Pour recueillir les équivalents $n\ddot{E}$ qui restent dans les vapeurs, on se sert du cadre v garni de pointes et fixé sur un globe isolé B. 1° Pour y recueillir une plus grande quantité d'équivalents $n'\ddot{E}$ en un espace de temps plus court, il faut rapprocher les pointes des orifices des canaux en buis.

2° Pour y recueillir également de grandes quantités d'équivalents $n'\ddot{E}$, mais d'une densité supérieure, il faut éloigner les pointes de ces orifices; mais dans ce cas, il faut un espace de temps plus long pour obtenir la densité supérieure des équivalents $n'\ddot{E}$ ou de l'électricité positive.

Si la distance D est faible entre les pointes et les orifices des canaux, les équivalents s'échappent promptement des pointes en arrière; de sorte que les décharges sont rapides et fréquentes; mais la densité est médiocre. Au contraire, si la distance D est grande, les équivalents électriques conduits par les pointes sur le globe B éprouvent dans l'air une résistance qui empêche leur écoulement en dehors, et ainsi augmente la densité qui est la cause de la tension ou de l'intensité électrique.

CHAPITRE IV.

PRODUCTION D'ÉLECTRICITÉ PAR L'ÉLECTRICITÉ.

Nous avons précédemment établi de quelle manière se décompose la chaleur $n\overset{+}{E}\overset{-}{E}^2$ par le frottement : nous avons également prouvé que les équivalents $n\overset{+}{E}$ et $n\overset{-}{E}^2$ de cette chaleur $n\overset{+}{E}\overset{-}{E}^2$, accumulés séparément dans les conductéurs c et c' de la machine de Nairne, sont les deux électricités. Nous allons montrer maintenant comment chacune de ces électricités des conducteurs ou des gaz sert à décomposer la chaleur $n\overset{+}{E}\overset{-}{E}^2$, pour faire apparaître séparément ses équivalents comme électricité positive et comme électricité négative.

Les faits de ce genre ont été jusqu'à présent connus sous les noms 1° d'électricité par influence ; 2° d'électricité d'électrophore, et 3° d'électricité de la pile de gaz. L'apparition de l'électricité s'opère toujours, dans ces trois cas, comme dans les cas précédents, c'est-à-dire par la décomposition de la chaleur $n\overset{+}{E}\overset{-}{E}^2$, avec cette différence que cette décomposition est produite par l'électricité déjà obtenue.

I. — ÉLECTRICITÉ PAR INFLUENCE.

Au moyen d'une machine électrique on charge le conducteur V (fig. 11) de l'une ou de l'autre électricité ; dans le cas présent on a admis l'électricité positive $n\overset{+}{E}$ qui sert à décomposer la chaleur $q\overset{+}{E}\overset{-}{E}^2$ et à faire apparaître les équivalents $q\overset{+}{E}^2$ et $q\overset{-}{E}$, comme deux électricités, sur le cylindre AB isolé.

Figure 11.

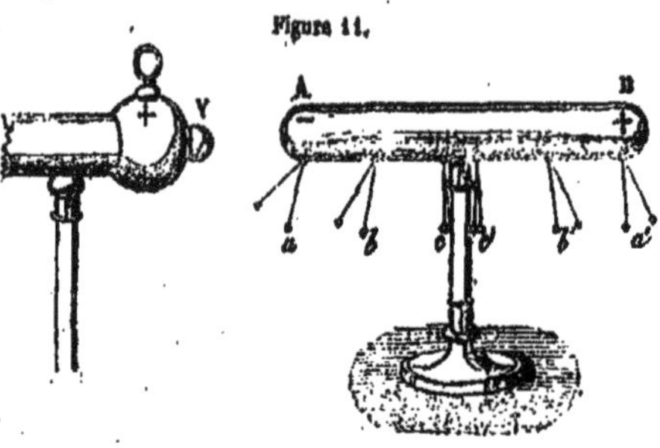

I. Le cylindre AB tient en suspension les globules *a*, *b*, *c*, *c'*, *b'*, *a'*, qui obéissent à leur pesanteur tant que ce cylindre, en métal et isolé, est loin du conducteur V ; mais aussitôt que celui-ci est rapproché du cylindre de manière à n'en être plus séparé que par une mince couche d'air VA, les globules éprouvent des répulsions divergentes, comme ils sont représentés dans la figure. Ces déviations disparaissent quand le conducteur V est de nouveau éloigné du cylindre. Par le plan d'épreuve on trouve l'électricité positive dans l'extrémité B éloignée, tandis que l'électricité négative est autour de l'extrémité A, au milieu *m* du cylindre les équivalents de la chaleur ne sont pas séparés ; aussi n'y remarque-t-on aucune décomposition de chaleur ni aucune électricité.

II. Si le cylindre AB est mis en communication avec le sol, les globules *a'*, *b'*, *c'* retombent dans la direction verticale, tandis que les globules *a*, *b* éprouvent une déviation supérieure vers le conducteur V. Ces faits ne se manifestent pas sur les cylindres en bois ou en verre qui sont mauvais conducteurs.

Explication. Les physiciens, reconnaissant les répulsions qui ont lieu entre les équivalents homonymes $n\overset{+}{E}$ ou $\overset{-}{E}$ des deux électricités, sont tous d'accord entre eux, parce qu'ils donnent à ces faits leur véritable explication basée sur la loi statique des fluides impondérables, loi qui ne diffère pas de la loi statique des gaz ; cependant les physiciens n'ont pas réussi à expliquer, par cette loi bien connue, tous les faits électriques observés, comme ils expliquent les faits produits par l'écoulement des gaz, et cela parce qu'ils ignoraient l'origine de l'électricité.

Ils ont admis un état neutre des deux électricités $q\overset{-}{E}\overset{+}{E}$, sans pouvoir dévoiler le moindre indice de son existence, et cela par une bonne raison, c'est qu'un état pareil n'existe nulle part. C'est ce qui fait que sur cette question même, les physiciens ne sont pas d'accord entre eux. En effet, parmi eux 1° les uns admettent deux électricités auxquelles ils attribuent une attraction mutuelle pour expliquer ce prétendu état neutre et 2° d'autres, notamment des physiciens anglais et américains, sentant la nécessité de rejeter cet état neutre dont ils reconnaissent l'absurdité, n'admettent qu'un seul fluide électrique.

I. Les équivalents $n\overset{+}{E}$ du conducteur V repoussent leurs homonymes de la chaleur $n\overset{-}{E}\overset{+}{E}^2$ qui est dans la couche d'air comprise dans l'intervalle VA, et cette répulsion se propage aux équivalents homonymes $n\overset{+}{E}$ de la chaleur $n\overset{+}{E}\overset{-}{E}^2$ du cylindre qui s'accumulent à son extrémité éloignée B. Les équivalents $n\overset{+}{E}^2$ de la chaleur $n\overset{+}{E}\overset{-}{E}^2$ décomposée restent à leur place, parce qu'ils n'éprouvent de la part du conducteur V aucune répulsion.

Cette séparation des équivalents de la chaleur est évidemment provoquée et favorisée par le voisinage du conducteur V, puisqu'elle cesse aussitôt que ce conducteur vient à être éloigné. L'électricité de chaque moitié du cylindre s'écoule par les fils vers les globules *a*, *b*, *c*, *c'*, *b'*, *a'*, dont les déviations indiquent de quel côté ils reçoivent la plus grande répulsion, l'attraction n'existant pas.

II. Les globules *a*, *b* éprouvent, de la part du conducteur V, la répulsion inférieure $R-r$, parce qu'ils n'ont pas d'équivalents positifs $q\overset{+}{E}$; au contraire, les globules a', b' éprouvent, de la part du même conducteur V, la répulsion $R + r$, parce qu'ils sont chargés des équivalents homonymes $q\overset{+}{E}$. La répulsion normale R provenant de toutes les autres parties ambiantes, est au contraire conservée; ainsi, suivant la loi statique, les globules a, b sont repoussés vers le conducteur V par la pression r, et les globules a', b' sont repoussés de ce conducteur V par la répulsion r.

III. Un fil placé entre le cylindre AB et le sol ne saurait provoquer l'éloignement des équivalents négatifs $q\overset{-}{E}$ de l'extrémité A, parce que ces équivalents ne sont pas repoussés de la part du conducteur V. Pour cette raison, de quelque point que ce soit du cylindre AB, le fil ne peut conduire vers le sol que l'électricité positive $q\overset{+}{E}$, laquelle décompose la chaleur $q\overset{+}{E}\overset{-}{E}^2$ du sol et fait remonter l'électricité négative $q\overset{-}{E}$ vers le cylindre. Les *iris* $q\overset{+}{E}\overset{-}{E}$ qui restent dans le sol se combinent avec les équivalents $q\overset{+}{E}$ et produisent les combinés $q\overset{+}{E}^2\overset{-}{E}$, qui constituent une lumière, trop raréfiée cependant pour être aperçue.

Le cylindre AB perd son électricité positive $q\overset{+}{E}$ et reçoit, en place de celle-ci, une quantité égale d'électricité négative $q\overset{-}{E}$; par suite, la densité de cette électricité $2q\overset{-}{E}$ se trouve doublée; elle fait diminuer la répulsion de la part du conducteur V sur les globules a, b, c; et cette répulsion devenant $R - 2r$, la déviation γ des globules s'accroît et devient presque 2γ.

II. — ÉLECTROPHORE.

Cet appareil consiste en un gâteau de résine coulé dans un moule en métal isolé *cd* (fig. 12); sur le gâteau est posé un plateau *ab* muni d'un manche en verre. Pour obtenir une quantité d'équivalents électriques, on frotte le gâteau avec une peau de chat qui est plus électronégative que la résine.

Les équivalents négatifs *n*Ē sont chassés sur le gâteau, et une partie des équivalents positifs de la chaleur reste sur la peau, tandis qu'une autre *q*Ē passe au moule isolé.

Figure 13.

Explication. Le rôle rempli dans le cas précédent par l'électricité du conducteur V est rempli ici par l'électricité *n*Ē du gâteau qui décompose la chaleur *n*ĒË² et fait éloigner les équivalents homonymes *n*Ē, tandis que les équivalents hétéronymes *n*Ë n'éprouvent aucune répulsion.

1° Le plateau *ab* placé sur le gâteau reçoit sur sa surface l'électricité négative *n*Ē, qui est repoussée de la part du gâteau. 2° Cette électricité *n*Ē est conduite par un fil *mn* vers le sol, où elle décompose les combinés stationnaires *n*Ë²Ē de la lumière, dont les *n*Ë remontent pour arriver au plateau *ab*. 3° En même temps, les iris *n*ËĒ qui restent se combinent dans le sol avec les équivalents *n*Ē et deviennent des équivalents de chaleur *n*ĒË². 4° L'électricité *n*Ē du plateau *ab* repousse celle *q*Ë du moule *cd* qui s'écoule dans le sol par un fil *m'n'*, et fait remonter au moule l'électricité négative *q*Ē. 5° On éloigne le plateau *ab*, qui est chargé d'électricité *n*Ë, pour faire éprouver à l'électricité négative *q*Ē du moule une répulsion R de la part du gâteau, et cette électricité *q*Ē peut en être éloignée par le fil *m'n'*, pour être remplacée de la part du sol par l'électricité positive *q*Ë.

III. — PILE A GAZ.

Cet appareil, inventé par Grove, était placé par les physiciens parmi ceux qui servent à décomposer la chaleur au moyen de deux lames métalliques et d'un liquide. Mais la décomposition de la chaleur s'opère dans cet appareil par les électricités contenues dans les gaz, absolument de la même manière qu'elle est décomposée par celle $n\bar{E}$ du conducteur V (fig. 11) dans le cylindre AB, et par celle $n\bar{E}$ du gâteau dans le plateau *ab* (fig. 12).

L'électricité positive $n\dot{E}$ est dans le gaz oxygène $n\bar{O}\bar{E}$, comme elle est sur le conducteur V; l'électricité négative $n\bar{E}$ est dans le gaz hydrogène $n\dot{H}\bar{E}$, comme elle est sur le gâteau de résine. Ces deux gaz sont contenus dans les tubes *o*, *o*, *o*..., *h*, *h*, *h*... (fig. 13), dont chaque couple *oh*, *oh*... contient une bande $\alpha\beta$ de platine; cette bande peut entrer, comme on le voit dans la figure, par les extrémités supérieures, ou elle peut être pliée pour y être introduite par les extrémités inférieures.

Figure 13.

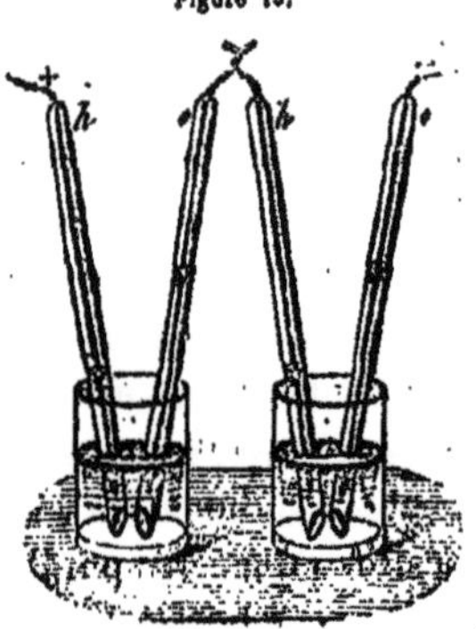

C'est la chaleur $n\dot{E}\bar{E}^2$ qui est décomposée ici sur les deux moitiés $p\alpha$ et $p\beta$ de la lame de platine $\alpha\beta$; dans la moitié αp plongée dans l'oxygène $n\bar{O}\bar{E}$, les équivalents $n\dot{E}$ de la chaleur $n\dot{E}\bar{E}^2$ éprouvent une répulsion R de la part de leurs homonymes; pour la même raison, les équivalents $n\bar{E}^2$ de la chaleur $n\dot{E}\bar{E}^2$ éprouvent, dans la moitié βp, une répulsion R de la part de leurs homonymes contenus dans l'hydrogène $n\dot{H}\bar{E}$.

Pour éloigner les équivalents positifs $n\dot{E}$ de la moitié αp plongée dans l'oxygène, on se sert d'un fil *mn*, appelé pour cela *électrohode*, qui est soudé à l'extrémité α de la moitié $p\alpha$ qui se trouve dans le tube *o* du dernier couple. On emploie de la même manière un autre fil *m'n'* comme électrohode; ce fil est soudé à l'extrémité β de la moitié $p\beta$ qui se trouve dans le tube *h* du couple de l'autre extrémité de la pile. Voici maintenant une série de faits parfaitement conformes aux causes prouvées.

Les extrémités m et m' des *électrohodes* mn et $m'n'$ sont soudés aux lames de platine $p\alpha$ et $p\beta$, et leurs extrémités n et n' sont libres. Ce sont ces extrémités que l'on appelait *pôles*, et que nous nommons *bouches*, parce qu'elles expirent l'une des électricités et aspirent l'autre 1° Par le *plan d'épreuve*, on trouve l'électricité positive $q\overset{+}{E}$ dans l'extrémité n de l'électrohode mn, comme on le trouve également dans l'extrémité B du cylindre (fig. 11). 2° Par le même plan, on trouve l'électricité négative $q\overset{-}{E}$ dans l'électricité n' de l'autre électrohode $m'n'$, comme on la rencontre aussi dans le plateau ab de l'électrophore (fig. 12).

II. En mettant les deux extrémités n et n' des électrohodes en communication avec un *rhéomètre*, on constate l'écoulement des équivalents positifs $n\overset{+}{E}$, qui sont expirés par la bouche n et aspirés par la bouche n', pendant que dans le même temps celle-ci expire les équivalents négatifs $n\overset{-}{E}$ qui sont aspirés par la bouche n. De la bouche n, les équivalents négatifs $n\overset{-}{E}$, aspirés par l'électrohode nm, sont conduits au tube o de l'oxygène, et de la bouche n', les équivalents positifs $n\overset{+}{E}$ aspirés par l'électrohode $n'm'$ sont conduits au tube h.

Figure 14.

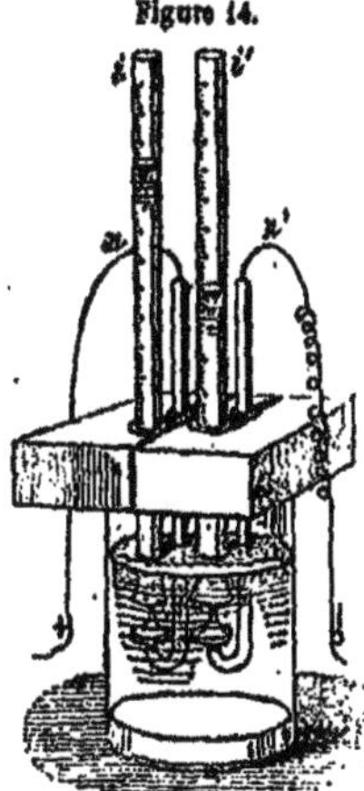

Pendant cet écoulement des équivalents $n\overset{+}{E}$ et $n\overset{-}{E}$ ou $3n\overset{+}{E}$ et $3n\overset{-}{E}$, les gaz diminuent dans les tubes o, o, o..., h, h, h... de tous les couples. Si le volume de l'hydrogène est double de celui de l'oxygène, les gaz disparaissent en même temps dans tous les tubes, et le rhéomètre indique alors une interruption de l'écoulement des équivalents électriques.

III. La figure 14 représente le *voltamètre*, qui consiste en un vase V rempli d'eau acidulée dans laquelle plongent deux cloches i et i' remplies aussi de cette eau, dont la fonction est d'être décomposée et d'indiquer ainsi, par les gaz produits, les *quantités* d'électricités $n\dot{E}$ et $n\bar{E}$ écoulées par cet appareil; comme la déviation du magnète du rhoomètre indique la *densité* des équivalents positifs $n\dot{E}$ qui s'écoulent.

La bouche n de l'électrohode mn plonge dans la cloche i, et la bouche n' de l'électrohode $m'n'$ plonge dans la cloche i'. 1° La bouche n expire les équivalents positifs $qq'\dot{E}$ et aspire en même temps les équivalents négatifs $qq'\bar{E}$; 2° la bouche n' au contraire expire les équivalents $qq'\bar{E}$ négatifs et elle aspire les équivalents positifs $qq'\dot{E}$.

En admettant pour les couples le nombre q', chacun d'eux décompose la quantité $q\dot{E}\bar{E}^2$ de chaleur et met en mouvement les équivalents $q\dot{E}$ $q\bar{E}$ qui s'accumulent tous dans les électrohodes mn et $m'n'$ pour pénétrer dans l'eau acidulée du voltamètre : cette eau se décompose et alors apparaissent les gaz oxygène et hydrogène dans les cloches i et i', au moment où disparaissent ceux qui étaient dans les tubes $o, o, o\ldots, h, h, h\ldots$

Le volume V de l'hydrogène produit dans la cloche i' est égal à la somme $v + v + v + \ldots$ des volumes qui disparaissent dans les tubes $h, h, h\ldots$ Le volume $\frac{1}{2}$V de l'oxygène produit dans la cloche i est aussi égal à la somme $\frac{1}{2}v + \frac{1}{2}v + \frac{1}{2}v + \ldots$ des volumes qui disparaissent dans les tubes $o, o, o\ldots$

Explication. Par le *plan d'épreuve* et par le *voltamètre*, on constate l'existence de deux espèces de fluides, et par le *rhoomètre* on constate l'écoulement d'un fluide dans la direction de l'électricité positive. Ces faits, ainsi que celui observé dans le perce-carte, ont servi de preuve à quelques physiciens pour affirmer l'existence de deux électricités; l'une, *vitrée*, obtenue par le frottement du verre; et l'autre, *résineuse*, obtenue par le frottement de la résine. D'autres physiciens ont trouvé, dans les faits observés sur le rhoomètre, la preuve de l'existence d'un seul fluide électrique.

Dans notre travail actuel, on voit disparaître cette discordance apparente entre les faits, et en même temps s'évanouit pour toujours cette longue discussion qui dure depuis la découverte de l'électricité. Les équivalents électriques unis sont des combinés $n\overset{+}{E}^2\bar{E}$ qui constituent la *lumière*, ou des combinés $n\overset{+}{E}\bar{E}^2$ qui constituent la *chaleur*. Ces équivalents séparés $3n\overset{+}{E}$ et $3n\bar{E}$ peuvent : 1° rester en repos ; 2° ils peuvent s'écouler par les électrohodes *mn* et *m'n'* en établissant une circulation, ou 3° ils peuvent se détacher des corps où ils sont accumulés pour se combiner et reproduire $n\overset{+}{E}\bar{E}^2$ et $n\overset{+}{E}\bar{E}^2$ qui sont les étincelles.

Les équivalents électriques $\overset{+}{E}$ et $\bar{E}$ positifs et négatifs ne diffèrent pas dans leur volume V qui est le même ; leur différence consiste dans les masses $e + e'$ et e' du fluide primitif appelé *électre* ; car dans chaque équivalent positif $\overset{+}{E}$ est contenue la masse $e + e'$, et chaque équivalent négatif $\bar{E}$ ne contient que la masse e. Par suite l'*électre* se trouve en densité $D + d$ dans les équivalents positifs et en densité inférieure D dans les équivalents négatifs. Toutes les espèces de faits observés trouvent de cette manière leur explication.

Figure 15.

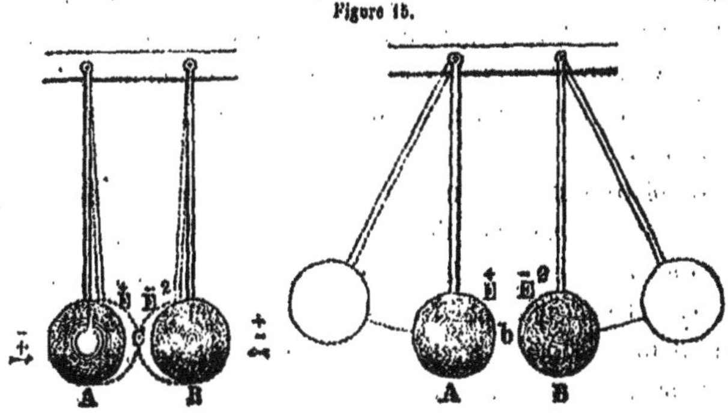

Les équivalents électriques positifs $n\overset{+}{E}$ ou négatifs $n'\bar{E}$ peuvent rester accumulés séparément dans toutes les relations. Pour connaître leur existence, on se sert de l'*électroscope* AB (fig. 15) qui consiste en deux globules ou fils métalliques suspendus à un petit cylindre, comme le sont ceux de la figure 11. Avec un petit plan d'épreuve de la forme du plateau ab (fig. 12), on touche le corps électrisé et on lui enlève une quantité $a\dot{E}$ ou $a\bar{E}$ d'équivalents; avec ce plan on touche le cylindre et on lui communique une quantité $a'\dot{E}$ ou $a'\bar{E}$ d'équivalents qui se propagent par les fils aux globules A et B. Ceux-ci se repoussent à cause des répulsions exercées par les équivalents homonymes des globules contre ceux de la chaleur de la couche d'air C qui les sépare. Au lieu des deux globules AB, on emploie mieux deux feuilles d'or, etc.

Cependant de cette manière on constate seulement l'existence d'une électricité, et non pas son espèce : pour atteindre ce dernier résultat, il faut frotter une tige de verre et l'approcher du cylindre. On sait que le verre obtient l'électricité vitrée $A\dot{E}$; si le cylindre et les globules possèdent la même électricité, ils en reçoivent encore et ainsi augmente la répulsion entre eux et en même temps leur déviation γ. Mais si le cylindre et les globules sont chargés de l'électricité résineuse $A\bar{E}$, elle s'écoule vers le verre qui contient l'électricité positive $A\dot{E}$, et il ne reste aucune électricité sur le cylindre et sur les globules. Alors ils ne se repoussent plus, mais obéissent à leur pesanteur, En ce dernier cas, si l'on frotte un morceau de résine et qu'on l'approche au cylindre, il produit une déviation supérieure chez les globules, preuve que la résine se charge par le frottement d'électricité résineuse ou négative.

1° Les globules ou les feuilles d'or prouvent, par leurs déviations, l'existence d'une électricité; 2° les degrés de l'angle γ de la déviation prouvent la densité des équivalents électriques; et 3° le rapprochement du verre ou de la résine frottés sert à montrer si l'électricité observée est positive ou négative.

Les équivalents électriques $n\dot{E}$ ou $n\bar{E}$ exercent entre eux une répulsion R, et leur écoulement s'opère toujours par les pointes où la répulsion augmente et devient R + R′. La résistance r du dehors est médiocre, quand est médiocre la quantité des équivalents électriques homonymes. Cette résistance externe r atteint son minimum dans l'espace occupé par les équivalents hétéronymes. Ainsi, pour les équivalents positifs $n\ddot{E}$, le minimum de résistance est l'espace occupé par les équivalents négatifs ; et ceux-ci éprouvent, pour la même raison, le minimum de résistance dans l'espace qu'occupent les équivalents positifs.

L'écoulement d'une espèce d'équivalents électriques est donc la cause de l'écoulement de l'autre espèce, sans qu'il soit nécessaire que les deux électricités se trouvent accumulées séparément. Nous avons déjà prouvé comment une électricité décompose la chaleur ambiante et fait apparaître l'électricité hétéronyme. Il s'opère aussi de pareils écoulements opposés entre deux vases remplis de gaz différents et communiquant par un tuyau.

Dans leurs écoulements, les électricités laissent deux espèces de traces : doubles ou simples. 1° Les traces doubles sont produites par le nombre égal d'équivalents $n\ddot{E}$ et $n\ddot{E}$ écoulés en directions opposées ; ces traces prouvent l'existence d'un fluide composé de $n\ddot{E}$ écoulé de la gauche vers la droite et l'existence d'un autre fluide composé d'un nombre égal $n\ddot{E}$ d'équivalents écoulé de la droite à la gauche. 2° Les traces simples sont produites par la différence $n(e+e')-ne=ne'$ d'électre qui s'écoule avec les équivalents positifs $n\ddot{E}$ de la gauche vers la droite.

Figure 16.

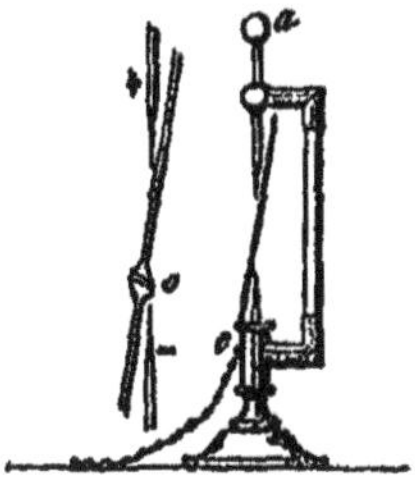

I. Deux expériences amènent à reconnaître l'existence de ces deux espèces d'électricité :

1° Une carte fixée entre les bouches des deux électrobodes ac (fig. 16) se trouve percée en un ou deux points, après la décharge électrique. Pour obtenir deux trous, il ne faut pas que les bouches soient en ligne droite, mais en directions divergentes. Dans le cas où il y a deux trous o et o', les filaments nF du premier o sont tirés vers la face f, d'où sont sortis les équivalents $n\overset{+}{E}$, et les filaments nF' de l'autre trou o' sont tirés vers l'autre face f' de la carte. Dans le cas où le trou est unique, les filaments nF et nF' sont tirés vers les deux faces en directions divergentes.

2° Dans le voltamètre, les équivalents positifs $n\overset{+}{E}$ produisent un nombre égal d'équivalents d'oxygène $n\overset{-}{O}\overset{+}{E}$, et les équivalents négatifs $n\overset{-}{E}$ produisent un nombre $n\overset{+}{H}\overset{-}{E}$ d'équivalents d'hydrogène.

3° Les déviations γ des globules prouvent aussi que la densité D des équivalents positifs $n\overset{+}{E}$ dans l'électrohode mn, de même que la densité D des équivalents négatifs $n\overset{-}{E}$ dans l'électrohode $m'n'$, sont égales, quand leurs bouches sont séparées.

II. Au contraire, on est amené à ne voir qu'un seul fluide électrique par les faits suivants, qui ne sont pas produits par les équivalents électriques, mais par la différence ne' de la masse d'électre écoulé avec les équivalents positifs $n\overset{+}{E}$ qui contiennent une masse $n(e+e')$ de ce fluide, tandis que les équivalents négatifs $n\overset{-}{E}$ n'en contiennent que la masse ne.

Il était donc impossible aux physiciens de reconnaître positivement, d'après ces faits, s'il y a deux espèces de fluides électriques, ou s'il n'en existe qu'une seule ; car ils ne pouvaient concevoir comment un fluide peut se montrer double dans quelques cas et simple dans quelques autres. Les faits suivants paraissent être produits par un seul fluide.

1° Le rhéomètre indique, par la déviation du magnète, l'existence, la direction et la densité des équivalents positifs $n\overset{+}{E}$, sans que se montre la trace d'une autre espèce d'électricité. 2° La rotation du tourniquet électrique montre aussi l'écoulement des équivalents positifs. 3° L'eau aussi est entraînée dans la direction de l'écoulement de l'électricité positive.

Parmi les physiciens, les uns soutenaient l'existence des deux espèces des fluides électriques, mais ils étaient impuissants pour expliquer les faits de leurs adversaires qui n'admettaient qu'un seul fluide électrique. Ceux-ci, de leur côté, n'étaient pas non plus en état d'expliquer les faits qui conduisaient à l'existence des deux fluides.

Ce n'est pas le hasard qui nous a amené à cette idée, singulière au premier abord, d'admettre l'état indiqué des équivalents égaux électriques, mais dont les positifs Ē contiennent la masse $e+e'$ d'électre, tandis que les négatifs n'en contiennent que la masse e. Dans notre ouvrage sur l'origine des sciences, nous avons énuméré la longue série des causes et des effets liés entre eux par les lois physiques, et nous n'avons pas eu besoin pour cela de recourir à des hypothèses ; ces dernières sont une ressource bien précaire, et, toujours, loin de favoriser les progrès des sciences, elles les font rétrograder. Aussi le lecteur peut croire que nous n'avons pas fait d'hypothèse, quand nous avons donné l'explication exacte des faits qui annoncent un fluide et des faits qui en annoncent deux.

CHAPITRE V.

ÉLECTRICITÉ ET DÉCOMPOSITION DE L'EAU ET DE LA CHALEUR.

Les différentes espèces d'appareils de ce genre seront traitées en détail dans la douxième partie de cet ouvrage; nous donnerons seulement ici comme exemple l'appareil de Smée, dont le couple consiste en une lame C (fig. 17) de platine platiné et en une lame Z égale de zinc amalgamé. Ces deux lames parallèles sont séparées par une couche mince d'eau acidulée. Au lieu des deux lames égales C et Z, on peut prendre une lame de platine plus grande et fixer à ces deux côtés deux lames de zinc moins grandes pour former un couple double d'une lame de platine.

(Figure 17.

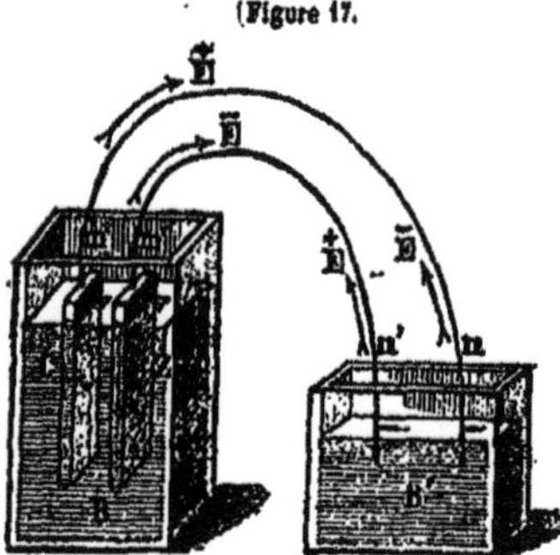

Il n'existe dans cet appareil ni écoulement de chaleur comme dans l'atmosphère, ni frottement comme dans les machines, ni électricité libre comme dans la production de l'électricité par influence. Le platine et le zinc sont électro-négatifs tous les deux; cependant le zinc l'est moins que le platine. Cette différence devient donc la cause motrice, ou la cause de la destruction de l'équilibre entre les équivalents de la chaleur de la lame de l'eau contenue entre les deux plaques.

La lame C de platine exerce par ses équivalents négatifs la répulsion $R + r$ sur les équivalents homonymes $\overset{-}{E}$ de la chaleur de la lame liquide ; tandis que ces mêmes équivalents négatifs de la chaleur éprouvent la répulsion inférieure R de la part de la lame Z de zinc. De cette manière les équivalents négatifs $\overset{-}{E}^2$ de la chaleur $\overset{+}{E}\overset{-}{E}^2$ sont sollicités vers le zinc et les équivalents positifs $\overset{+}{E}$ restent sur le platine. Cette répulsion de l'électricité négative de la lame de platine par le liquide vers le zinc ne diffère pas de celle exercée de la part du gâteau par le plateau vers sa surface externe, comme cela a lieu dans l'électrophore.

La destruction de l'équilibre n'est donc produite que par les inégales répulsions $R + r$ exercées sur les équivalents négatifs $\overset{-}{E}^2$ de la chaleur de la lame liquide, tous les faits des piles sont donc réduits à cette cause motrice permanente et inaltérable. Après avoir soudé sur la lame C de platine le fil de platine mn, et sur la lame Z de zinc le fil $m'n'$, il devient possible d'observer les trois états suivants des électricités.

I. Les extrémités n et n' des fils, ou des électrohodes mn et $m'n'$, sont chargées, l'un n, d'équivalents positifs $n\overset{+}{E}$, et l'autre n', d'équivalents $n\overset{-}{E}$. Ces équivalents sont constatés par le plan d'épreuve et par l'électroscope dont les globules A et B (fig. 15) s'écartent l'un de l'autre. Il ne se montre nulle part de changement, tant que les bouches n et n' restent séparées par une couche d'air, qui exerce une résistance $r + r'$ supérieure à la répulsion r communiquée aux équivalents électriques de la part de la plaque C de platine.

II. Quand les bouches n et n' sont unies aux branches d'un *rhoomètre*, les deux branches du magnéto sont entraînées dans le même sens par les équivalents positifs $n\overset{+}{E}$ qui de la bouche n s'écoulent par les branches et les tours du rhoomètre vers la bouche n'. 1° Le sens de la déviation du magnète montre le sens de l'écoulement des équivalents positifs $n\overset{+}{E}$, et 2° l'angle γ de la déviation ou son sinus montre la densité des équivalents $n\overset{+}{E}$, car leur vitesse est invariable.

III. Quand la bouche n de l'électrohode mn est plongée dans la cloche i du voltamètre (fig. 14), et que la bouche n' de l'autre électrohode $m'n'$ est plongée dans la cloche i', il se développe dans la cloche i' un volume V d'hydrogène double du volume $\frac{1}{2}$ V de l'oxygène produit dans la cloche i, prouve que le même nombre d'équivalents se trouve dans chacune des deux cloches.

1° La déviation du magnète dans le rhéomètre est un effet de la masse ne' d'électre qui s'écoule en quantité supérieure avec les équivalents positifs $n\overset{+}{E}$. 2° La quantité égale d'équivalents d'oxygène et d'hydrogène dans les deux cloches i et i' montre que, dans chacune de ces cloches, arrive la même quantité d'équivalents $n\overset{+}{E}$ et $n\overset{-}{E}$. 3° La déviation égale des globules de l'électroscope prouve que les équivalents positifs $n\overset{+}{E}$ et négatifs $n\overset{-}{E}$ sont en densité égale dans les deux électrohodes mn et $m'n'$; ce qui ne prouve pourtant pas que l'électre soit en même temps en quantité supérieure dans chaque équivalent positif $\overset{+}{E}$.

Dans le cas où les extrémités n et n' des électrohodes mn et $m'n'$ restent séparés, il ne s'opère aucun changement dans les couples ; mais les changements commencent également, aussitôt que les extrémités n et n' sont en contact ou quand elles plongent dans l'électrolyte ; preuve que les changements opérés dans les couples sont indépendants de ceux de l'électrolyte, et qu'ils sont un effet des équivalents électriques qui arrivent par les électrohodes, et ainsi ils ne diffèrent pas de ceux qui ont lieu dans l'électrolyte.

Ainsi donc les faits observés dans les couples sont du même genre que ceux produits dans l'électrolyte, car ils sont tous des effets des mêmes équivalents électriques maintenus en un équilibre détruit par la répulsion supérieure $(R+r)$ —

R=r qu'exerce le platine sur les équivalents négatifs $\bar{E}^2$ de la chaleur.

Nous avons établi, en parlant de l'appareil de Grove, le mode de décomposition de l'eau et de la chaleur de l'électrolyte et des couples ; nous allons maintenant appliquer les calculs stœchiométriques à l'explication des changements chimiques opérés dans le voltamètre et dans le couple de Smée.

I. — STŒCHIOMÉTRIE ÉLECTRIQUE DES ÉLECTROLYSES.

L'eau et les autres corps soumis à une décomposition opérée par les courants électriques sont appelés *électrolytes*, et cette espèce de décomposition s'appelle *électrolyse*. Celle-ci s'opère seulement sur les liquides qui contiennent une chaleur latente, parce que cette dernière se décompose en même temps que les combinés matériels ; l'eau =Aqθ est composée des éléments matériels $\dot{H}\bar{O}$ et des éléments électriques $\dot{E}\bar{E}^2$ (fig. 18).

Figure 18.

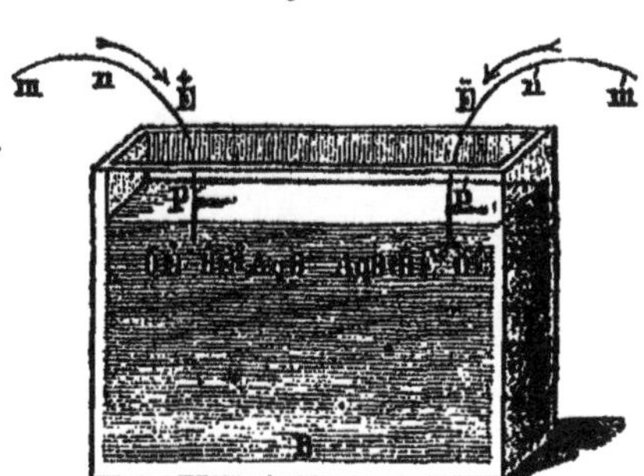

La décomposition de ces éléments d'eau s'opère par une destruction de l'équilibre produite de la part des équivalents électriques positifs $\dot{E}$ émanés de la bouche *n*, et de la part des équivalents négatifs $\bar{E}$ émanés de la bouche *n'*. Ces équivalents électriques sont maintenus en un équilibre détruit de la part des deux gaz $\bar{O}\ddot{E}$ et $\ddot{H}\bar{E}$ dans l'appareil de Grove, et de la part des deux plaques Z et C dans l'appareil de Smée.

Les effets de l'équilibre électrique détruit ne sont que des déplacements des équivalents électriques et matériels, déplacements opérés régulièrement suivant les lois statiques. Les faits chimiques, qu'un voile mystérieux avait couverts jusqu'aujourd'hui, ne diffèrent en rien de ceux des constructions architectoniques, où l'on peut remplacer des pièces en pierre par d'autres en métal ou en bois, pourvu qu'ils aient la même forme. D'après cette comparaison, il ne faudrait pas cependant que le lecteur en conclût que les faits chimiques dépendent des *formes* des éléments électriques ou matériels; au lieu des formes, le lecteur entendra l'état positif des équivalents électriques et des équivalents matériels et leur état négatif. Voilà les changements opérés pendant l'électrolyse et représentés dans les figures 18, 19 et 20.

Figure 19.

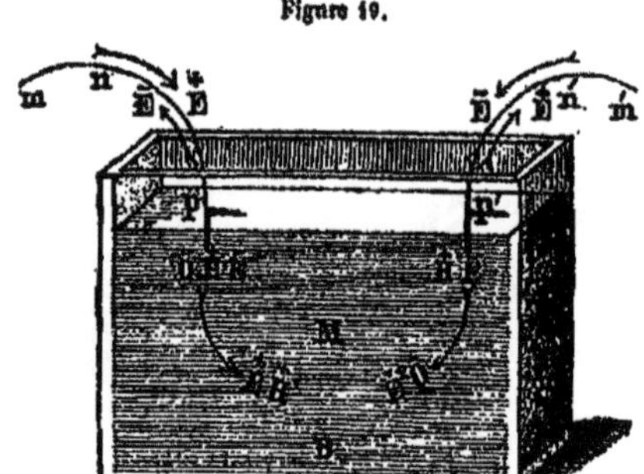

I. Au moment où la bouche p (fig. 18) émet dans l'électrolyte un équivalent positif $\ddot{E}$, les équivalents homonymes $\ddot{H}$ de l'eau $\ddot{H}\bar{O}$ et $\ddot{E}$ équivalent positif de sa chaleur $\ddot{E}\bar{E}^2$ latente en sont repoussés; et il ne reste autour de la bouche P que les équivalents négatifs $\bar{O}$ et $\bar{E}^2$ de l'eau $\bar{O}\ddot{H}$ et de la chaleur $\ddot{E}\bar{E}^2$ (fig. 19).

Au moment où la bouche émet l'équivalent positif $\overset{+}{E}$, elle aspire l'un $\bar{E}$ des deux équivalents négatifs; l'autre $\bar{E}$ et l'oxygène $\bar{O}$ se mêlent avec l'équivalent positif $\overset{+}{E}$ expiré et produisent le combiné $\bar{O}\overset{+}{E}\bar{E}$ qui diffère de l'oxygène naturel $\bar{O}\overset{+}{E}$. Ce combiné $\bar{O}\overset{+}{E}\bar{E}$ répand une odeur piquante qui a engagé M. Schoembein à appeler ce combiné *oxygène ozoné;* celui-ci devient naturel $\bar{O}\overset{+}{E}$ quand en est séparé l'équivalent négatif $\bar{E}$.

II. L'équivalent négatif $\bar{E}$ émané de la bouche P′ dans l'eau Aq9 $=$ $\overset{+}{H}\bar{E}^2\bar{O}\overset{+}{E}$ en repousse les équivalents homonymes $\bar{O}$ de l'eau $\overset{+}{H}\bar{O}$ et $\bar{E}^2$ de sa chaleur $\overset{+}{E}\bar{E}^2$ latente, et il ne reste autour de la bouche que les équivalents positifs $\overset{+}{H}$ et $\overset{+}{E}$. Celui-ci $\overset{+}{E}$ est aspiré de la bouche P′ au moment où elle émet l'équivalent négatif $\bar{E}$ qui se combine avec l'équivalent positif $\overset{+}{H}$ et produit le *gaz hydrogène*.

Figure 20.

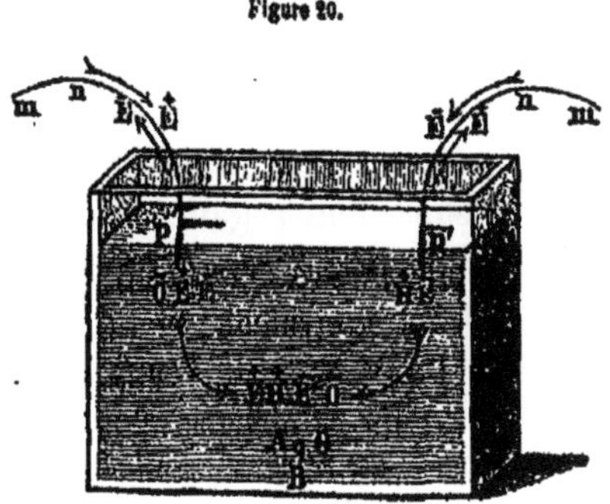

III. Les équivalents positifs $\overset{+}{E}$ et $\overset{+}{H}$ (fig. 19) repoussés de la bouche P, et les équivalents négatifs $\bar{E}^2$ et $\bar{O}$ repoussés de la bouche P′, viennent en rencontre (fig. 20), et en se combinant produisent l'eau $\overset{+}{H}\bar{O}$ et sa chaleur latente $\overset{+}{E}\bar{E}^2$, sans qu'il soit nécessaire, 1° que les équivalents positifs $\overset{+}{H}$ et $\overset{+}{E}$ aillent dans la bouche négative P′, et 2° que les équivalents négatifs $\bar{O}$ et $\bar{E}^2$ aillent dans la bouche positive P.

IV. Les changements suivants ont lieu en chaque unité

de temps. A. Dans la bouche P positive, il se décompose un équivalent d'eau $\overset{+}{H}\bar{O}$ avec sa chaleur $\overset{+}{E}\bar{E}^2$ latente : 1° les équivalents positifs $\overset{+}{E}$ et $\overset{+}{H}$ s'éloignent ; 2° l'équivalent négatif $\bar{E}$ est aspiré, et 3° l'équivalent positif $\overset{+}{E}$ expiré se combine avec les deux équivalents négatifs $\bar{O}\bar{E}$ et produit l'oxygène ozoné $\bar{O}\overset{+}{E}\bar{E}$. B. Dans la bouche P′ négative, il se décompose un équivalent d'eau $\overset{+}{H}\bar{O}$ avec sa chaleur latente $\overset{+}{E}\bar{E}^2$: 1° les équivalents négatifs $\bar{O}$ et $\bar{E}^2$ s'en éloignent ; 2° l'équivalent positif $\overset{+}{E}$ est aspiré, et 3° l'équivalent négatif $\bar{E}$ expiré se combine avec l'équivalent positif $\overset{+}{H}$ pour former le gaz hydrogène $\overset{+}{H}\bar{E}$. C. Les équivalents hétéronymes $\overset{+}{H}\bar{E}$ et $\bar{O}\bar{E}^2$ se rencontrent et se combinent au milieu de l'électrolyte.

Ainsi donc, en chaque unité de temps : 1° s'opère la décomposition des deux équivalents d'eau et de chaleur dans les deux bouche, et 2° s'opère la combinaison des éléments de l'eau et de la chaleur pour produire un équivalent d'eau et de chaleur au milieu de l'électrolyte. 3° Il reste dans le gaz oxygène l'équivalent positif $\overset{+}{E}$ émané de la bouche P, et il en est aspiré l'équivalent négatif $\bar{E}$ de la chaleur décomposée. 4° De la même manière, il reste dans le gaz hydrogène $\overset{+}{H}\bar{E}$ l'équivalent négatif $\bar{E}$ émané de la bouche P′, et celle-ci aspire l'équivalent positif $\overset{+}{E}$ de la chaleur décomposée. 5° Le seul équivalent négatif $\bar{E}$ qui reste en excès se trouve dans l'oxygène ozoné $\bar{O}\overset{+}{E}\bar{E}$.

Grotius et ensuite d'autres physiciens ont tenté d'expliquer la décomposition de l'eau, comme nous le faisons ici, par la loi statique ; ils n'ignoraient pas que l'électricité positive $\overset{+}{E}$ qui arrive au pôle P positif se combine avec l'élément négatif $\bar{O}$ de l'eau $\overset{+}{H}\bar{O}$ pour produire le gaz oxygène $\bar{O}\overset{+}{E}$, et que l'électricité négative $\bar{E}$ qui arrive au pôle P′ négatif se combine avec l'élément positif $\overset{+}{H}$ de l'eau pour produire le gaz hydrogène $\overset{+}{H}\bar{E}$. Mais ce qu'ils ne savaient pas, c'est la combinaison des équivalents $\bar{O}$ et $\overset{+}{H}$ au milieu de l'électrolyte, et surtout la décomposition de la chaleur en équivalents des deux électricités ; ils ignoraient également l'origine de l'oxygène ozoné, et ainsi il leur était impossible de connaître pourquoi il ne se produit dans l'électrolyte aucun changement de température.

. . . .

II. — STOECHIOMÉTRIE ÉLECTRIQUE DES COUPLES DES PILES.

. . . .

Nous avons constaté une destruction d'équilibre électrique entretenue par les répulsions $R + r$ et R qu'exercent les plaques C et Z (fig. 17) sur les équivalents négatifs $\bar{E}$ de la chaleur du liquide qui les sépare. Une destruction semblable d'équilibre est produite par les deux gaz dans l'appareil de Grove, et elle était restée inconnue aux physiciens. Quelques-uns de ces derniers admettent les actions chimiques comme cause de l'électricité des piles; d'autres admettent au contraire, comme cause, le contact de l'eau, sans que ni les uns ni les autres puissent en fournir des preuves basées sur les lois physiques. Dans notre travail, ces anomalies étranges disparaissent, parce que les faits sont présentés dans leur production suivant des lois physiques connues et invariables.

Après avoir prouvé l'origine de l'électricité des couples, nous en pourrons déduire que ceux-ci, recevant les équivalents électriques $\ddot{E}$ et $\bar{E}$ de la part des électrobodes, ne diffèrent en rien des électrolytes : ce résultat se manifeste, en effet, de toute évidence dans le parallélisme des faits qui se produisent dans les couples et des faits produits dans le voltamètre. Pour éviter les combinés secondaires, nous admettrons deux plaques C et Z (fig. 17) de platine dont l'une chaude et l'autre froide; et alors va se produire le fait secondaire dans le couple de Smée, quand il contient l'eau de source ou l'eau acidulée.

I. Dans la lame L chaude de platine, arrivent les équivalents négatifs $\bar{E}$ quand le liquide est un acide; et dans la lame L' froide, arrivent les équivalents positifs. Le gaz hydrogène $\overset{+}{H}\overset{-}{E}$ se développe dans la plaque L′ froide, et le gaz oxygène $\overset{-}{O}\overset{+}{E}\overset{-}{E}$ dans la lame L chaude; ce gaz est ozoné, comme il l'est dans le voltamètre, il l'est même dans les deux cas d'une quantité égale, précisément comme cela a lieu quand on introduit deux voltamètres dans le même circuit.

II. Dans le couple de Smée avec l'eau de source, l'oxygène ozoné ne reste pas à l'état libre, mais son élément matériel $\overset{-}{O}$ passe dans le zinc pour former l'oxyde ZnO; les deux équivalents électriques $\overset{+}{E}\overset{-}{E}$ de l'oxygène ozoné $\overset{-}{O}\overset{+}{E}\overset{-}{E}$ demeurent séparés, et ils se combinent avec l'équivalent négatif $\overset{-}{E}$ électrique qui s'éloigne du zinc pour céder la place à l'équivalent matériel $\overset{-}{O}$. Ainsi se forme le combiné $\overset{+}{E}\overset{-}{E}{}^2$ de chaleur, au moment où est produit l'oxyde de zinc; tandis que dans la lame C de platine (fig. 18 et 19), il se produit une même quantité d'hydrogène $n\overset{+}{H}\overset{-}{E}$ que celle $n\overset{+}{H}\overset{-}{E}$ de la cloche i' du voltamètre.

III. Si l'eau est acidulée dans le couple de Smée, il s'y produit : 1° un sel, et 2° de la chaleur, quand on y introduit un oxyde; il en est de même pour l'oxyde de zinc ZnO, dont la forme est $Zn\overset{-}{O}\overset{-}{E}{}^2$; la forme de l'acide sulfurique est $S\overset{-}{O}{}^3\overset{+}{E}$. De la combinaison des éléments matériels $ZnOSO^3$ se séparent les éléments électriques $\overset{+}{E}$ et $\overset{-}{E}{}^2$ qui se combinent en même temps et produisent la chaleur $\overset{+}{E}\overset{-}{E}{}^2$.

IV. En une unité de temps, 1° il se produit, dans le platine C et dans la cloche i' du voltamètre (fig. 13), un équivalent $\overset{+}{H}\overset{-}{E}$ d'hydrogène; mais 2° il s'est aussi produit dans la cloche i un équivalent $\overset{-}{O}\overset{+}{E}\overset{-}{E}$ d'oxygène ozoné, tandis que dans la plaque de zinc il s'est produit un équivalent ZnO oxyde de zinc et un équivalent $\overset{+}{E}\overset{-}{E}{}^2$ de chaleur. 3° Dans le cas où l'eau est acidulée, les équivalents $\overset{+}{E}\overset{-}{E}{}^2$ de chaleur sont au nombre de deux, et au lieu d'un oxyde il se produit le sel $ZnOSO^3$. 4° Les faits secondaires produisent une inégalité de température et un écoulement de chaleur dont proviennent des faits secondaires électriques, et ceux-ci produisent une inégalité entre les nombres des équivalents dans les couples et dans le voltamètre. Les cas semblables vont tous trouver leur explication dans la suite de ce travail.

Comme dans le voltamètre, il y a aussi dans les couples, en chaque unité de temps, deux équivalents d'eau $\overset{+}{H}\overset{-}{O}$ décomposés et deux équivalents de chaleur $\overset{+}{E}\overset{-}{E}^2$, et il se produit un équivalent d'eau et un équivalent de chaleur; il ne reste donc de décomposé qu'un équivalent $\overset{+}{H}\overset{-}{O}$ d'eau et un équivalent $\overset{+}{E}\overset{-}{E}^2$ de chaleur. Telle est la distribution des éléments de ces combinés $\overset{+}{H}\overset{-}{O}$ et $\overset{+}{E}\overset{-}{E}^2$.

1° L'équivalent $\overset{+}{H}\overset{-}{E}$ d'hydrogène est produit dans la plaque C de platine. 2° Dans la production de l'oxyde de zinc $Zn\overset{-}{O}$, il se sépare du métal un équivalent négatif $\overset{-}{E}$ qui cède la place à l'équivalent matériel $\overset{-}{O}$ également négatif, et 3° il se forme un équivalent de chaleur $\overset{+}{E}\overset{-}{E}^2$. En un mot, la chaleur $\overset{+}{E}\overset{-}{E}^2$ latente reste libre, et l'équivalent négatif $\overset{-}{E}$ contenu dans l'hydrogène $\overset{+}{H}\overset{-}{E}$ est celui qui a été éloigné du zinc pour y faire place à l'oxygène $\overset{-}{O}$.

M. Faraday est le premier qui a remarqué le même nombre d'équivalents dans un nombre n de voltamètres ou d'électrolytes du même circuit. Il a même constaté cette symétrie dans tous les n' couples qui constituent la pile. Ce grand chimiste ignorait la cause motrice des équivalents électriques, et il s'écarta de la voie de l'empirisme en admettant les faits chimiques comme cause de l'électricité, ignorant qu'ils n'en sont que des effets.

CHAPITRE VI.

DIFFÉRENCES ENTRE LES EXPLICATIONS EXPOSÉES ICI ET CELLES DES PHYSICIENS.

Il ne s'est jamais élevé ni de polémique ni de divergence d'opinions sur les faits observés ou sur les lois physiques, pour cette raison que les descriptions sont les mêmes dans tous les ouvrages des physiciens, de même que dans celui-ci. Parmi les explications de ces faits, celles qui ne sont autres que des descriptions des écoulements des fluides et des effets produits sur les corps, sont également les mêmes et dans tous les ouvrages précédents et dans le nôtre; mais les explications qui ne rentrent plus dans de pareilles descriptions présentent, dans tous les ouvrages des physiciens, des différences essentielles : ces explications ne se rencontrent pas dans cet ouvrage; aussi ne peut-il être, en aucune façon, mis en parallèle avec les ouvrages qui ont paru jusqu'aujourd'hui.

Quand nous décrivons des écoulements des fluides opérés suivant les lois physiques et des faits qui en proviennent, il nous serait impossible de donner, pour les mêmes faits, des descriptions différentes; tous les ouvrages sont donc d'accord en ce point, c'est-à-dire quand les auteurs se bornent à décrire les faits et les écoulements des fluides dont ils sont produits. Cela est passé à l'état d'*axiome* chez les anciens comme chez les modernes; mais personne n'a pu parvenir à connaître l'origine des fluides et celle des corps; aussi personne n'a pu relier les faits observés par les lois physiques aux écoulements des fluides inconnus.

Si les physiciens n'allaient pas plus loin que les faits observés, ils seraient tous d'accord; mais la recherche des nouveaux faits leur devient très-pénible, et les physiciens ont cru pouvoir découvrir l'origine des fluides et des corps par des combinaisons logiques basées sur les faits connus. Ces combinaisons ont été tentées dans toutes les directions par les philosophes anciens et modernes dont les ouvrages ne diffèrent entre eux que par de semblables raisonnements.

Les naturalistes modernes ont rejeté tous les raisonnements logiques et toutes les hypothèses qu'ils considéraient comme la source de toutes les erreurs, et ils ont proclamé bien haut qu'ils n'admettaient dans leurs ouvrages que les descriptions des objets cosmiques et celles qui concernent la production des faits s'opérant suivant les lois physiques par l'écoulement des fluides. Les physiciens et les chimistes, imitant les naturalistes, n'abandonnèrent cependant pas toutes les hypothèses; c'est pour cette raison que, tandis que les ouvrages des naturalistes présentent entre eux la plus parfaite concordance, ceux des physiciens et des chimistes, au contraire, diffèrent tellement que, parmi eux, 1° les uns admettent deux espèces de fluides électriques et deux espèces de fluides magnétiques; 2° les autres, seulement deux espèces de fluides électriques, auxquels ils attribuent les faits magnétiques, 3° et quelques-uns enfin n'admettent plus qu'un seul fluide électrique.

I. Ces fluides différents ont été admis à cause des faits où se manifeste l'écoulement des fluides; c'est pourquoi, au lieu d'attribuer ces faits aux écoulements des fluides, les physiciens, les naturalistes et les chimistes les ont attribués, d'accord en cela avec les anciens, aux *forces*, mot qui n'est qu'une expression vaine, puisqu'il n'existe nulle part d'objet qui lui corresponde ou qui en soit l'image, si ce n'est peut-être le cas où l'on veut entendre par ce mot l'écoulement d'un fluide.

Nous avons démontré que les fluides primitifs produisirent, par leur écoulement chez les animaux, les organes de sensations : 1° Sans l'écoulement des ondes sonores, aucune sensation ne pourra se produire sur l'organe de l'ouïe. 2° Sans l'écoulement des ondes de lumière, aucune sensation n'affectera l'organe de la vision. 3° Sans l'écoulement de l'électricité négative, aucune sensation n'arrivera à l'organe de l'odorat. 4° Sans l'écoulement de l'électricité positive, aucune sensation pour l'organe du goût. 5° Sans l'écoulement des ondes de la chaleur, aucun sentiment des changements de température ne se produira sur les corps; et 6° enfin sans l'écoulement du *barogène*, l'organe du tact ne saurait percevoir la résistance et de la dureté des corps.

II. Les déplacements des corps, de même que ceux des fluides, sont toujours l'effet d'une destruction de leur équilibre; et ces déplacements s'opèrent dans la direction où sont inférieures la résistance ou la pression. La pesanteur n'est que l'effet d'une pression inférieure entre les corps qui se font écran l'un à l'autre, comme cela a été démontré dans mon ouvrage sur l'*Origine des sciences*.

Les physiciens n'avaient aucune notion du *barogène* ni de l'origine des électricités : cependant, guidés par les lois statiques de l'écoulement des fluides, ils n'auraient jamais dû admettre l'*attraction*, comme l'ont fait déjà plusieurs d'entre eux.

III. Bien loin de reconnaître qu'il y a dans les éléments des corps deux fluides, le *barogène* B et les *iris* $n\overset{+}{E}\overset{-}{E}$, que par conséquent ceux-ci sont les éléments des corps et les éléments des électricités, de la chaleur et de la lumière, et que la différence entre ces fluides et les corps ne provient que du *barogène*, les physiciens considèrent les corps comme composés d'*ato-*

mes dont chacun doit occuper un espace limité et avoir une forme déterminée.

Pour appuyer cette hypothèse fausse, les physiciens ont été forcés d'en admettre plusieurs autres aussi absurdes, par exemple celle de la *porosité*. 1° Un centimètre cube d'air peut se dilater, de manière à remplir un espace vide indéfiniment grand, sans y laisser aucun espace sensible où il n'y ait point d'air. 2° On peut tirer de tous les points des corps célestes des lignes vers un point de la Terre, sans rencontrer nulle part un atome d'air dans l'atmosphère, pour empêcher les prolongements de ces lignes.

IV. Volta n'a pu soutenir l'hypothèse de la production des électricités par le contact des deux corps, parce qu'il eût fallu d'abord prouver : 1° en quel état elles se trouvent dans les corps ; 2° pourquoi un contact est nécessaire entre deux corps différents pour l'apparition des électricités ; 3° quelle est la différence entre les deux électricités.

V. Galvani n'a pu prouver l'origine de l'écoulement électrique par les nerfs des grenouilles et de toutes les espèces animales : il a pu encore moins prouver comment le fluide électrique produit des mouvements de contraction et d'extension dans les muscles *antagonistes*.

VI. Léopold Gmelin et plusieurs autres chimistes allemands ont essayé d'expliquer les électricités, comme nous le faisons dans cet ouvrage, par la décomposition de la chaleur ; ils ont en effet réussi à éclaircir plusieurs faits ; mais un grand nombre sont restés pour eux inexplicables ; aussi les physiciens français et anglais ont rejeté l'hypothèse de L. Gmelin.

Celui-ci et ses partisans admettaient dans la chaleur le même nombre d'équivalents électriques positifs $n\overset{+}{E}$ et d'équivalents électriques négatifs $n\ddot{E}$; ainsi ils admettaient dans la chaleur l'état $n\overset{+}{E}\ddot{E}$ des *iris*. Par suite il leur était impossible de se rendre compte pourquoi de la décomposition de la chaleur se produisent les deux électricités, et pourquoi de la combinaison de celles-ci se produisent la chaleur et la lumière. Dans notre ouvrage disparaissent toutes les difficultés semblables dans les phénomènes suivants.

1. — ÉLECTRICITÉ ATMOSPHÉRIQUE.

Après avoir constaté l'existence de l'électricité dans l'atmosphère, chaque physicien, à son tour, en a voulu connaître l'origine.

M. Pouillet, guidé par l'électricité négative qu'il trouva dans les racines des plantes et dans les terreaux circonvoisins, attribua l'électricité positive de l'air à une décomposition de l'électricité neutre opérée par les plantes; ce savant ignorait s'il existe un état neutre des deux électricités, et il ne savait pas davantage comment font les plantes pour séparer ces deux électricités.

Laplace et Lavoisier parmi les anciens, Matteucci parmi les modernes, ont attribué l'électricité de l'atmosphère à la vaporisation de l'eau. Ce dernier physicien étendit sur une plaque métallique isolée une couche épaisse de terre mouillée avec de l'eau salée, puis l'exposa au soleil après l'avoir mise en communication avec un électroscope (fig. 16). Au bout de quelques minutes, les globules A et B de l'électroscope s'éloignèrent l'un de l'autre par l'électricité négative. La déviation entre les globules augmentait quand on agitait l'air et qu'on faisait ainsi augmenter la vaporisation.

M. Becquerel trouva ces deux sources trop faibles relativement aux grandes masses d'électricité atmosphérique, et cela avec raison; car en hiver, l'électricité statique est dans l'atmosphère plus abondante que l'été (fig. 2), quoique la végétation et la vaporisation soient très-médiocres en hiver.

Jusqu'à présent, M. A. de la Rive est le seul qui a rattaché l'électricité atmosphérique à l'inégale distribution de la chaleur dans les couches de l'air. En effet, 1° en hiver, le sol est chaud et l'air ambiant froid; 2° en été, le sol et l'air ambiant sont chauds et l'air de la couche C' supérieure est froid.

Il a été constaté par l'expérience que la partie p' chaude d'un métal est électronégative et que la partie p, la moins chaude, est électropositive; c'est sur cette propriété même qu'on a construit le *multiplicateur*, appareil qui sert à conduire les équivalents positifs $n\bar{E}$ tout près d'un magnète pour le faire dévier de sa position, en suivant avec ses deux extrémités le sens de la direction de l'écoulement de ces équivalents. Cette déviation γ indique en même temps l'écoulement et la densité des équivalents $\bar{E}$, et l'appareil s'appelle pour cela *électromètre* ou *rhoomètre* : le terme *rhéomètre*, que nous avons vu employé quelque part, n'est pas composé suivant les règles étymologiques.

M. de la Rive savait que la déviation γ du rhoomètre est en raison directe avec l'*anisothermie* $T' = T + T' - T$ qui est la différence T' entre les températures $T + T'$ et T de deux corps c et c' ou des deux parties p et p' du même corps. Il ne lui a donc manqué, pour constater son principe, que de connaître ce qui vient d'être dit dans le premier chapitre, savoir : 1° qu'en hiver, une grande quantité de chaleur s'écoule du sol chaud vers l'air froid; 2° qu'en été, une petite quantité de chaleur s'écoule du sol chaud vers l'air également chaud.

Le *rhoomètre* indique, non pas l'écoulement de la chaleur, mais celui des équivalents positifs; et l'*électroscope* sert à constater : 1° l'existence d'électricité à l'état stationnaire, et 2° sa densité. C'est donc l'écoulement de la chaleur qui est indispensable pour que l'électricité manifeste son écoulement dans le rhoomètre, ou l'électricité statique dans l'électroscope.

Guidé, 1° par cet écoulement de chaleur qu'indique le thermomètre, et 2° par les équivalents électriques en écoulement ou à l'état stationnaire, M. de la Rive aurait pu, aussi bien que nous, constater la correspondance entre la quantité de chaleur $n\bar{\dot{E}}\dot{E}^2$ écoulée en une unité de temps et la quantité $n\dot{E}$ d'équivalents électriques. Cette correspondance est un effet évident de la loi statique, et son application aux résultats obtenus par l'observation ne sert qu'à contrôler l'exactitude des observations thermométriques et électrométriques. Ainsi les véritables guides aux progrès des sciences sont : 1° les faits empiriques, et 2° les lois physiques ; les hypothèses et les théories ont été reconnues comme nuisibles, et pour cela elles ont été abandonnées aux philosophes. Malheureusement certains chimistes se sont permis d'admettre des forces, des atomes, des affinités pour expliquer les faits observés ; ensuite ils sont allés si loin jusqu'à oser déclarer soixante corps simples par la seule raison qu'ils n'ont pas trouvé : 1° le moyen de les décomposer, ou 2° parce qu'ils ignorent la cause qui les rend indécomposables.

II. — ORIGINE DE LA THERMOÉLECTRICITÉ.

Sans reconnaître une décomposition de la chaleur, M. Becquerel et plusieurs autres chimistes, conduits par les faits, ont admis un écoulement d'électricité dans chaque propagation de la chaleur comme il se manifeste dans les métaux solides ; quand pour le mercure quelques physiciens y ont trouvé des traces, mais MM. Magnin et Matteucci n'ont trouvé aucun écoulement électrique avec celui de la chaleur. La seule différence est ici l'état liquide du mercure et l'état solide des autres métaux composé des cristaux microscopiques ou de cristaux de dimensions imperceptibles.

La chaleur $n\ddot{E}\dot{E}^2$, en se propageant, éprouve une décomposition de la résistance de la part des éléments de l'air ou de la part des faces f et f' des lames l des cristaux ; de cette manière l'écoulement de la chaleur par le milieu des gaz ou des corps solides est toujours accompagné par l'électricité en état stationnaire dans l'air et en écoulement dans les métaux qui sont des bons conducteurs.

Toutes les espèces d'apparitions électriques sur la tourmaline A... +|−+|−+|−...m...+|−+|−+|−...B trouvèrent leur explication dans l'arrangement symétrique des lames $l = \overset{+}{f}\overset{-}{f'}$ à deux faces f et f' dont la face f est électropositive et la face f' électronégative. Les cristaux microscopiques produisent sur les corps amorphes des effets analogues à ceux observés dans les tourmalines.

Basés sur les faits observés dans la tourmaline, MM. Becquerel, Faraday et plusieurs autres physiciens attribuèrent avec raison aux cristaux microscopiques l'apparition de l'électricité sur les métaux. Toutefois, même avec cette comparaison exacte, il restait toujours problématique comment s'opère une apparition de l'électricité à cause de la propagation de la chaleur par le milieu de l'air ou par le milieu d'un corps solide composé toujours de cristaux perceptibles ou des cristaux imperceptibles. C'est déjà une grande découverte que de considérer tous les corps solides, même les organisés comme une masse de cristaux, même dans les cas où leurs dimensions sont trop petites pour être visibles. Dans l'ouvrage sur l'*Origine des sciences* a été démontrée la cause des trois états des corps.

III. — ORIGINE DE L'ÉLECTRICITÉ DES MACHINES.

Cette origine étant inconnue, les physiciens se sont bornés à une description simple des faits, car personne ne pouvait parvenir à concevoir comment, suivant les lois physiques, proviennent les deux électricités à cause du frottement des deux corps c et c'. Les physiciens et les chimistes ne considéraient les corps que comme un amas d'*atomes* inertes, et il leur était absolument impossible de parvenir à constater comment ces atomes peuvent éprouver quelque changement de la part des fluides impondérables.

Les anciens attribuèrent ces changements à une δύναμις, mot qui est dérivé de δύειν, *pénétrer*, et αὔειν, *toucher*. Les modernes ont traduit ce mot grec par le mot *force;* il serait cependant difficile d'indiquer un objet quelconque qui correspondît exactement à ce mot. Cependant, à l'aide de leurs *atomes* et de leurs *forces* imaginaires logiquement combinés, les philosophes et les physiciens ont créé à l'envi une foule de systèmes qui, logiques au premier coup d'œil, n'offrent en fait aucune apparence de réalité : aussi ces systèmes ont-ils été aussi éphémères que le seront tous ceux qui n'auront pour bases que des hypothèses hasardées.

Heureusement cependant, les mathématiciens sont parvenus à prouver qu'il est possible d'appliquer les lois aérostatiques au fluide composé des équivalents positifs $\ddot{E}$ qui est l'électricité positive. Les densités $D-d$, D, $D+d$... sont analogues aux masses $(n-n')\ddot{E}$, $n\ddot{E}$, $(n+n')\ddot{E}$... quand elles se présentent sous le même volume V. Les calculs de Laplace, basés sur cette propriété commune aux gaz et à l'électricité, ont conduit à des résultats qui ne diffèrent en rien de ceux obtenus par Colombe au moyen d'observations directes.

Poisson est allé plus loin en restant toujours guidé par l'application des lois aérostatiques aux faits électriques, et grâce à ce qu'il a entièrement négligé les *atomes* et les *forces* sur lesquels les physiciens basaient leurs systèmes. Malheureusement la découverte de l'électricité n'était pas de la compétence des mathématiciens : sans cela, et en procédant de cette manière, ils auraient ramené les faits à un ordre tel, qu'ils eussent fondé l'*électrostatique* comme existe déjà l'*aérostatique*.

A. Machines ordinaires.

Nous avons constaté, et sans l'avoir cherché, la nature de l'*oxygène ozoné* qui a la forme $\overset{-}{O}\overset{+}{E}\overset{-}{E}$, tandis que l'oxygène naturel a la forme $\overset{-}{O}\overset{+}{E}$. Si l'on tire des étincelles très-longues, il se répand dans le local où l'on expérimente une odeur d'oxygène ozoné, dont la production a été constatée dans des appareils contenant de l'iodure de potassium et de l'oxygène, quand celui-ci est parcouru par des étincelles assez longues.

Les équivalents positifs $\overset{+}{E}$, accumulés au conducteur *c'* (fig. 5) d'une machine, ne peuvent pas se répandre sans provoquer l'écoulement d'une quantité d'équivalents négatifs en direction opposée, ainsi que ce fait a été constaté dans les électrolyses et dans l'électricité par influence. Les équivalents positifs $\overset{+}{E}$ du conducteur *c'*, en s'écoulant dans l'air ambiant et dans sa chaleur, en repoussent les équivalents homonymes $\overset{+}{E}$ de l'oxygène $\overset{-}{O}\overset{+}{E}$ et de sa chaleur $\overset{+}{E}\overset{-}{E}^2$, et il ne reste que les équivalents négatifs $\overset{-}{O}$ et $\overset{-}{E}^2$; l'un $\overset{-}{E}$ de ces deux équivalents s'écoule vers le conducteur *c'*, et se combine avec deux équivalents positifs $\overset{+}{E}^2$, pour produire les combinés $\overset{+}{E}^2\overset{-}{E}$ de la lumière de l'étincelle; l'autre équivalent $\overset{-}{E}$ reste avec l'oxygène $\overset{-}{O}$, et tous les deux se combinent avec un équivalent $\overset{+}{E}$ qui arrive du conducteur *c'* : ainsi se forme l'oxygène ozoné $\overset{-}{O}\overset{+}{E}\overset{-}{E}$.

Le phosphore est très-électronégatif; ses équivalents négatifs $\overset{-}{E}$ éprouvent une petite résistance de la part de l'oxygène $\overset{-}{O}\overset{+}{E}$, une certaine quantité de ces équivalents $\overset{-}{E}$ pénètre dans ce dernier gaz qui vient en contact, et ainsi se forme l'oxygène ozoné $\overset{-}{O}\overset{+}{E}\overset{-}{E}$. Nous allons traiter cet objet à part et dans tous les cas où il se présente de l'oxygène ozoné. On a remarqué que, dans les lieux frappés par la foudre, il se répand toujours une odeur piquante qui affecte vivement les organes : cette odeur n'est autre que celle de l'oxygène ozoné.

B. Machines d'Arago.

On s'étonnera peut-être de voir que l'appareil considéré comme la base de l'*induction* n'est qu'une machine simple électrique où l'air remplit la place du corps frottant. Quand le plateau est mauvais conducteur, l'électricité en est éloignée par les pointes des mâchoires; mais elle se répand sur les disques métalliques pour se mettre en équilibre, parce qu'il n'existe au centre aucun frottement et aucune production d'électricité, tandis que dans la périphérie le frottement est très-grand, et qu'en même temps l'électricité est la plus abondante.

Arago observa des répulsions entre, 1° les équivalents positifs $n\ddot{E}$ produits sur le disque par le frottement de l'air, et 2° les équivalents homonymes $n\ddot{E}$ émanés de la bouche du magnète mobile auquel se communique la répulsion, et dont sont produites les déviations observées.

Outre ces répulsions opérées suivant les lois aérostatiqes, M. Faraday constata, sans s'en douter, la direction hélicoïdale des équivalents $\ddot{E}$ émanés de la bouche d'un magnète puissant, rapproché du disque figure 8, pendant sa rotation. 1° Ce mouvement hélicoïdal est indiqué par les flèches du petit cercle entre le centre *c* et la périphérie *f* du disque au point qui est le moins éloigné de la bouche du magnète. 2° Entre la périphérie *f* du disque et le petit cercle on peut voir les flèches divergentes qui se trouvent dans la périphérie des calmes d'où partent les équivalents en directions divergentes. 3° Entre le centre *c* et la périphérie du petit cercle on voit les flèches convergentes qui sont produites par les équivalents électriques $\ddot{E}$ centrifuges. 4° La ligne spirale *fac* indique la direction produite par la rotation du disque et par l'écoulement centripète des équivalents $n\bar{E}$ produits par le frottement.

L'inclinaison du magnète rapproché du disque en rotation, 1° augmente jusqu'à la périphérie f de ce disque. 2° En avançant vers le centre elle diminue et devient normale dans la périphérie π des calmes où les flèches sont divergentes. 3° Dans l'espace occupé par le petit cercle l'inclinaison diminue pour atteindre un minimum dans la limite interne de sa périphérie. 4° Entre cette partie interne de la périphérie du petit cercle et le centre c, l'inclinaison croît pour atteindre au centre c sa position normale.

La déviation du magnète horizontal et sa rotation dans le sens de la rotation du disque est un effet du mouvement spiral fac des équivalents $n\bar{E}$: ce mouvement résulte du mouvement linéaire centripète et de la rotation du disque.

C. Origine de l'électricité de la machine hydroélectrique.

La température des vapeurs est au-dessus de 150° quand la pression s'élève à 5 ou 6 atmosphères. C'est à tort que l'on admet un abaissement de température de 50° et la formation des gouttelettes au moment où ces vapeurs parcourent les tubes réfrigérants avec une très-grande vitesse. Quoique la production de l'électricité ne soit nulle part constatée par le frottement des gouttelettes d'eau, une hypothèse pareille ne peut avoir trouvé place ici, où l'on fait voir une température des vapeurs au-dessus de 100°.

Les tubes donnent issue à l'écoulement d'une grande quantité de chaleur ; cet écoulement diminue dans les canaux de buis, et cette chaleur revient à un maximum d'écoulement quand les vapeurs arrivent en contact avec l'air. Pour cette raison les machines produisent en hiver une plus grande masse d'électricité qu'en été ; c'est précisément le contraire de ce qui a lieu pour les machines ordinaires, auxquelles il faut une température élevée pour produire une quantité supérieure d'électricité. Une température très-basse empêche, en effet, la production de l'électricité des machines.

La température des vapeurs échappées des canaux est de plusieurs degrés supérieure à 100°, ce qui a fait connaître qu'il n'existe pas de gouttelettes, et qu'à cette température les vapeurs n'ont aucune humidité; elles ne conduisent pas l'électricité, car à cette température, elles ne diffèrent point des gaz.

L'air donne, à l'écoulement des équivalents négatifs $\overset{-}{E}^{2}$ de la chaleur, une issue plus facile qu'à ses équivalents positifs $\overset{+}{E}$ dont il se charge dans l'espace compris entre les bouches des canaux et les pointes opposées.

Du reste, cette espèce de production d'électricité par le refroidissement ne diffère en rien de celle qui a été constatée dans l'origine de l'électricité atmosphérique. Les météorologistes eux-mêmes attribuent tous les orages aux rencontres des grandes masses d'air chaud et d'air froid; ils savent que dans des cas pareils, l'électricité s'écoule des parties froides vers les parties les moins froides : ils ne sont cependant pas parvenus à réunir tous ces faits comme causes et effets, à l'aide des lois physiques, comme cela a lieu ici.

IV. — ÉLECTRICITÉ PAR INFLUENCE OU PAR UNE AUTRE ÉLECTRICITÉ.

Aucun fait électrique n'est aussi simple et aussi bien expliqué que la production d'une électricité par l'existence de l'autre; et cela parce que ces explications sont basées sur la loi statique qui est connue dans l'aérostatique et dans l'hydrostatique. Cette partie de l'électrologie m'a été de la plus grande importance, parce qu'elle nous a servi à prouver ici comment tous les faits électriques ont été ramenés à la loi statique pour donner naissance à l'*électrostatique*.

La pile de Grove se prête très-bien à constater l'électricité par influence produite non pas seulement par une électricité accumulée sur un conducteur (fig. 14), mais même par celle qui est accumulée dans les gaz oxygène et hydrogène. 1° La chaleur de la lame l de platine se décompose par l'électricité positive de l'oxygène, de même que se décompose la chaleur de la couche VA d'air et dans le conducteur AB; les équivalents négatifs $\bar{E}^2$ restent et les positifs $\bar{E}$ en sont repoussés. 2° La chaleur de la lame l' de platine se décompose aussi par l'électricité négative de l'hydrogène, précisement comme le gâteau de résine de l'électrophore décompose par son électricité négative la chaleur $\bar{E}\bar{E}^2$, en repoussant les équivalents homonymes $\bar{E}$ sur la surface du plateau (fig. 12).

Ce qui surprendra le plus le lecteur, c'est la *stœchiométrie électrique*, qui n'est pas d'une importance moindre que celle des équivalents chimiques. L'apparition de l'oxygène ozoné $\ddot{O}\bar{E}\bar{E}$ et ses élements électriques est une preuve des progrès véritables qui se présentent spontanément, et des faits pareils servent à prouver que la statique est le seul guide véritable dans les recherches et dans les explication des faits cosmiques.

Il m'était impossible, dès le commencement de cet ouvrage, de prouver à mes lecteurs que j'ai rejeté loin de moi toutes les hypothèses, et que je n'admets que les faits empiriques et la loi statique qui ni l'un ni l'autre ne dépendent de moi, pas plus que les faits politiques ne dépendent des historiographes, et que les portraits des individus ne subissent la loi des photographes.

Les physiciens à venir pourront faire entrer dans leurs ouvrages une foule de faits empiriques différents de ceux contenus dans cet ouvrage, ainsi que le font les mathématiciens dans leurs opérations arithmétiques ou algébriques; mais la loi statique restera éternellement la même, immobile comme les règles mathématiques. En effet, les faits empiriques ne servent que comme exemples.

On opère le changement du voltamètre en un couple et des couples en voltamètre (fig. 10), par le plongement des lames *l* et *l'* de platine dans les cloches et des bouches *n* et *n'* des électrohodes dans les tubes *n, n, n*..., *o, o, o*..., remplis d'eau acidulée. Rien n'est plus évident ici que la cause qui produit la destruction de l'équilibre dans les équivalents de la chaleur.

L'électrohode *mn* part de la lame L plongée dans l'oxygène et arrive au tube *o* où est produit l'oxygène. Les équivalents positifs Ē de la chaleur éprouvent une répulsion des deux parties de l'oxygène; mais la répulsion R s'exerce sur la surface S de la lame L dans la cloche *i* avec une force d'autant plus grande que cette surface S est supérieure à la surface *s* de la bouche *n* plongée dans l'oxygène du tube *o*.

Le rhoomètre sert à constater que les équivalents positifs Ē s'écoulent toujours du côté où l'oxygène est en contact avec la lame, 1° vers le côté où est l'hydrogène, ou 2° vers celui de la bouche *n* plongée dans l'eau. Ainsi cet écoulement s'opère aussi bien lorsque les extrémités *n* et *n'* des électrohodes sont plongées dans l'électrolyte que lorsqu'elles sont en contact.

V. — ORIGINE DE L'ÉLECTRICITÉ DES PILES.

L'appareil de Grove a servi à prouver comment, de l'électricité contenue dans les gaz oxygène et hydorgène, se produit l'électricité par influence. Le même appareil prouve en même temps ici que même l'électricité des piles est une électricité par influence; car les métaux des piles ne servent qu'à décomposer la chaleur, ainsi qu'elle est décomposée par les deux gaz susdits.

Dans le couple de Smée (fig. 17), 1° le platine correspond

à l'hydrogène du tube *h* du couple de Grove; 2° le zinc correspond à l'oxygène du tube *o*, et 3° la lame d'eau existant entre ces deux plaques correspond aux lames *l* et *l'* de platine plongées dans les deux gaz; 4° la chaleur se décompose dans les lames *l* et *l'* de platine, à cause des répulsions inégales qu'éprouvent ses équivalents $\ddot{E}$ et $\bar{E}^2$ de la part de leurs homonymes contenus dans l'oxygène et dans l'hydrogène; 5° la chaleur se décompose dans la lame liquide entre les deux plaques à cause des répulsions inégales qu'éprouvent ses équivalents de la part de leurs homonymes contenus dans les plaques de zinc et de platine; 6° les équivalents positifs $\ddot{E}$ repoussés de l'oxygène, s'écoulent de la lame *l* de platine dans l'électrohode *mn* qui y est soudé, et les équivalents négatifs $\bar{E}$ repoussés de l'hydrogène s'écoulent de la lame *l'* dans l'électrohode *m'n'*. 7° Le même effet a lieu dans le couple de Smée où les équivalents négatifs sont repoussés de la part des deux plaques, mais plus fortement de la part du platine, dans lequel restent les équivalents positifs $\ddot{E}$, tandis que les négatifs $\bar{E}$ passent au zinc et de là à l'électrohode *m'n'* qui y est soudé. En même temps les équivalents positifs $\ddot{E}$ restés sur le platine s'écoulent vers l'électrohode *mn* qui y est soudé.

Si nous mettons en parallèle le couple de Smée et le voltamètre, nous trouverons dans les deux instruments les mêmes faits chimiques. 1° L'hydrogène est produit dans la cloche *i'* de voltamètre (fig. 10) comme il est produit dans la surface du platine (fig. 20). 2° L'oxygène est produit dans la cloche *i* du voltamètre comme il est produit dans la plaque du zinc. 3° L'oxygène produit est ozoné et il a la forme $\bar{O}\ddot{E}\bar{E}$ sous laquelle il reste dans la cloche *i*; mais 4° cet oxygène se trouvant en contact avec le zinc se combine avec lui pour former l'oxyde $Zc\bar{O}$. Il se sépare du zinc un équivalent négatif électrique $\bar{E}$ qui se combine avec les équivalents électriques $\ddot{E}\bar{E}$ devenus libres, et ils produisent ensemble la chaleur $\ddot{E}\bar{E}^2$. 5° L'oxyde de zinc se conserve quand l'eau est alcaline ou provenant d'une source; mais si l'eau est acidulée, l'oxyde se combine avec l'acide comme il se combine même hors du couple. Alors se séparent deux équivalents $\bar{E}^2$ négatifs de l'oxyde et un équivalent positif $\overset{+}{E}$ de l'acide qui se combinent et produisent la chaleur $\overset{+}{E}\bar{E}^2$. 6° Pour un équivalent de zinc sont produits deux équivalents de chaleur dont l'un est celui qui était latent dans l'eau, et l'autre est produit de l'équivalent positif $\overset{+}{E}$ de l'acide et des deux équivalents négatifs de l'oxyde. 7° Le troisième équivalent négatif du zinc se trouve dans le gaz hydrogène; car la forme des métaux est $M\bar{E}^3$, et elle est $Zn\bar{E}^3$ pour le zinc.

Comme le zinc et tous les métaux, le carbone et le soufre sont des combinés électrosomatiques de la forme $M\bar{E}^3$, où est positif l'élement matériel qui est combiné avec trois équivalents négatifs $\bar{E}^3$. Les actions chimiques, loin d'être des causes, ne sont que des effets directs des écoulements des deux électricités. Alors qu'était inconnue la nature des actions chimiques, chacun, ne voulant pas avouer son ignorance, empruntait à ces actions tout ce qui était nécessaire à l'explication de certains faits, en y employant les lois logiques et non pas les lois physiques.

L'application des calculs mathématiques a été faite par Laplace et Poisson à un nombre très-restreint de faits électriques. Dans le présent ouvrage, ces calculs trouvent leur application à toutes les espèces des faits électriques, et ainsi a été formée l'*électrostatique*, de la même manière que s'étaient formées l'*aérostatique* et l'*hydrostatique*.

CHAPITRE VII.

STOECHIOMÉTRIE ÉLECTRIQUE APPLIQUÉE AUX COMBUSTIONS.

Cette stœchiométrie est basée sur les mêmes lois que celles des équivalents matériels. Jusqu'ici le lecteur pouvait considérer les équivalents de la chaleur comme une hypothèse ou comme une inconnue des équations mathématiques; mais les deux équivalents de la chaleur et leur relation sont ici mathématiquement déterminés, et ainsi la chaleur est un fluide composé des combinées $n\overset{+}{E}\overset{-}{E}^2$, comme l'eau est composée de deux volumes d'hydrogène et d'un volume d'oxygène.

L'existence de la chaleur latente dans des liquides et des gaz est connue; cette chaleur latente $\overset{+}{E}\overset{-}{E}^2$ est décomposée avec l'eau HO dans les électrolytes, sans que soient consumés les équivalents $n\overset{+}{E}$ et $n\overset{-}{E}$ qui arrivent des couples des piles aux électrolytes. Cette chaleur latente ne manque pas dans les solides, qui pourtant ne peuvent pas être électrolytes parce qu'elle y est médiocre.

Chaque *combustion* est la séparation, l'écoulement et la combinaison 1° des équivalents négatifs $n\overset{-}{E}$ des combustibles qui sont pour cela tous *électronégatifs*, et 2° des des équivalents positifs $n'\overset{+}{E}$ des corps qui entretiennent la combustion, qui pour cela sont tous *électropositifs*. Mais telles sont aussi les combinaisons des équivalents $n\overset{+}{E}$ et $n\overset{-}{E}$ des deux électricités accumulées dans les conducteurs c et c' de la machine électrique ; de sorte que les combustions des corps peuvent être assimilées à une lente décharge électrique, et celle-ci n'est qu'une combustion instantanée.

A la fin de ce chapitre, on trouvera dans deux tableaux les résultats qu'a obtenus Dulong de la combustion de plusieurs espèces de combustibles, et d'autres résultats plus complets obtenus par Favre et Silbermann. Ces résultats, dans leur état brut, ne présentent aucune régularité, et sont restés jusqu'à présent isolés sans être reliés aux corps soumis à la combustion ou à l'oxygène qui y a été consumé.

I. CHALEUR LATENTE DANS LES PRODUITS DE LA COMBUSTION.

La chaleur $n\bar{E}\bar{E}^2$ est toujours produite de la quantité $n\bar{E}$ d'équivalents positifs contenus dans un gramme $n\bar{O}\bar{E}$ d'oxygène ; car les équivalents négatifs $n\bar{E}^2$ sont fournis par les combustibles qui sont en excès. 1° Cependant, si 1 gramme d'oxygène produit, terme moyen, 4500 unités de chaleur quand il brûle l'hydrogène, l'oxyde de carbone, le cyanogène, le fer, l'étain, le protoxyde ; 2° quand 1 gramme d'oxygène brûle des liquides tels que l'alcool, l'éther sulfurique, l'essence de térébenthine, le gaz des marais et le gaz oléfiant, on a obtenu la quantité de 3400 unités comme terme moyen de chaleur ; 3° dans les cas où les combustibles sont à l'état solide et le produit à l'état des vapeurs, on a obtenu la quantité de 2700 unités de chaleur, comme cela a lieu pour le charbon et le soufre,

Admettant dans ces trois cas, comme cela doit être, qu'un gramme d'oxygène a constamment produit la même quantité Θ, il s'ensuit que : 1° dans la combustion des liquides, il a une perte de chaleur de θ' devenue latente dans les vapeurs, et 2° dans la combustion des solides, pour obtenir un produit à l'état vaporeux, il y a une perte plus grande de chaleur $\theta + \theta'$. De cette somme de chaleur, devient latente : 1° la partie θ' à l'état liquide, et 2° la partie θ à l'état gazeux.

L'acide carbonique est produit : 1° par la combustion du charbon solide ; 2° par celle de l'alcool, de la térébenthine, etc., où le carbone est à l'état liquide, et encore 3° par la combustion de l'oxyde de carbone, où celui-ci se trouve à l'état de gaz. 1° La chaleur Θ produite par 1 gramme oxygène reste tout entière à l'état de liberté, quand l'oxygène brûle l'oxyde de carbone. 2° Mais quand le carbone brûle à l'état liquide, alors une portion de la chaleur Θ, représentée par θ', devient latente dans les vapeurs, et il ne reste à l'état libre que la différence $\Theta - \theta'$ 3°. Quand, enfin, brûle le carbone solide, une portion de la chaleur Θ produite, représentée par la quantité θ, devient latente pour le produit à l'état liquide, et une autre portion θ' devient latente pour le produit à l'état de vapeurs ; il ne reste par suite à l'état libre que la différence $\Theta - \theta - \theta'$ qu'on observe dispersée.

1° La chaleur Θ est obtenue dans les cas où le combustible et son produit se trouvent dans le même état ; ces cas sont notamment tous ceux où l'on a obtenu la quantité $4500 = \Theta$ d'unités de chaleur. 2° La chaleur $\Theta - \theta' = 3400$ est obtenue dans la combustion des liquides parmi lesquels sont compris les gaz des marais et le gaz oléfiant. Enfin 3° la chaleur $\Theta - \theta - \theta' = 2060$ est obtenue dans la combustion des solides, quand les produits sont à l'état de vapeurs, comme le sont le charbon et le soufre.

De cette manière la valeur de Θ étant 4500, celle de θ' est approximativement $4500 - 3408 = 1100$, et la valeur de $\theta' + \theta$ est $4500 - 2700 = 1800$. La chaleur latente varie beaucoup dans les différents liquides et aux vapeurs ; cependant ces variations se trouvent au delà des limites entre lesquelles sont considérés les résultats obtenus qui servent ici à prouvor la cause des différentes quantités de chaleur obtenue de la consommation d'une même quantité d'oxygène.

. . . .

II. — CHALEUR LATENTE DANS LE GAZ ENTRETENANT LA COMBUSTION.

L'oxygène matériel Ö conserve le même poids dans tous les états; mais cela n'arrive plus avec les équivalents électriques; car 1° à l'état gazeux, l'oxygène est ÖË et est un combiné électrosomatique; 2° à l'état vaporeux de l'acide carbonique ou du deutoxyde d'azote, il forme un combiné somatique C^2O^4 ou AzO^2 qui contient une quantité θ'' ou θ''' de chaleur latente; 3° dans le deutoxyde AzO^2 l'oxygène conserve ses équivalents électriques $\ddot{E}^2$ comme le combustible AzË conserve les siens Ë; 4° l'acide carbonique $C^2O^4\ddot{E}$ ne peut pas entretenir la combustion, parce que dans les O^4 n'est contenu qu'un équivalent positif Ë, et les trois autres $\ddot{E}^3$ s'en sont séparés dans la combustion.

1° Dans la formation de l'acide carbonique C^2O^4, se séparent les équivalents négatifs $3n\ddot{E}^2$ du carbone $nC^2\ddot{E}^6$, et ils se combinent avec les équivalents positifs $3n\ddot{E}$ de l'oxygène pour produire la chaleur Θ. 2° Au contraire, dans la formation du deutoxyde d'azote AzO^2, il faut une élévation de température et la présence du charbon ou des métaux destinés à séparer un nombre d'équivalents d'oxygène de l'acide azotique ou azoteux, et ainsi ce qui reste sont des vapeurs dans lesquelles se trouve la chaleur latente et les équivalents positifs 2Ë de l'oxygène 2ÖË; ces équivalents 2Ë existent même dans l'acide azotique, car il n'est pas produit par une combustion comme l'est l'acide carbonique.

L'hydrogène, l'oxyde de carbone, le charbon peuvent brûler avec le deutoxyde d'azote $AzO^2\ddot{E}^2$ comme ils brûlent avec l'oxygène, parce qu'il y a des équivalents positifs 2Ë; mais ils ne peuvent pas brûler dans l'acide carbonique $CO^4\ddot{E}$

où se trouve l'oxygène $O^4\ddot{E}$ avec un seul équivalent électrique $\ddot{E}$. Dans les combustions opérées avec l'oxygène se produit la chaleur Θ, tandis que dans les combustions de mêmes combustibles opérés avec le deutoxyde d'azote, se produit la somme $\Theta+\theta'+\theta$ de chaleur; car la chaleur latente $\theta+\theta'$ ne reste plus dans l'azote, et la chaleur Θ est la même que celle qui est produite quand les combustibles sont brûlés avec l'oxygène.

I. En faisant brûler 1 litre d'hydrogène avec du deutoxyde d'azote, on a eu une production de 5220 unités de chaleur; 1 litre d'oxyde de carbone avec ce deutoxyde d'azote a donné 5543; dans les deux expériences, il s'est produit de l'acide nitreux. Ces quantités de chaleur forment ensemble la somme $\Theta+\theta+\theta'$, tandis que dans la combustion de l'hydrogène avec l'oxygène, il est produit la chaleur $\Theta=3106$; cette chaleur est $\Theta=3130$ dans la combustion de l'oxyde de carbone : $\theta+\theta'=5220-3106=2114$, et $\theta+\theta'=5545-3130=2419$.

II. Un litre de vapeur de charbon, en se combinant avec l'oxygène pour donner de l'acide carbonique, donne 3929 unités de chaleur; 1 litre de vapeur de carbone, pris à l'état d'oxyde de carbone, dans 1 litre de cet oxyde, donne aussi, par sa combustion, 1 litre d'acide carbonique; mais il dégage 3130 unités de chaleur; la différence 3929—3130 est de 799; ainsi donc, le litre de vapeur de carbone, en se combinant avec 1 demi-litre d'oxygène, pour former 1 litre d'oxyde de carbone, n'a dû développer que 755 unités de chaleur. Réciproquement, quand 1 litre d'acide carbonique retombe à l'état de l'oxyde de carbone en se combinant avec 1 litre de vapeur de carbone pour former 2 litres d'oxyde, il absorbe 2331 unités de chaleur.

Explication. En rapprochant 1° la différence 3130—799=2333, et 2° la différence 5549—3130=2419, qu'on a obtenues, on voit qu'il existe une certaine approximation entre les valeurs de la somme $\theta+\theta'$ de chaleur latente. Si l'on veut maintenant obtenir des observations mathématiquement exactes, il faut attribuer à la suroxygénation de l'azote, non pas la quantité 2419, mais le petit excédant représenté par $2419-2331=88=\theta''$ de chaleur; et alors la chaleur latente $\theta+\theta'$ a pour valeur 2331, aussi bien dans l'oxyde de carbone que dans le deutoxyde d'azote.

Cette valeur 2331 des $\theta+\theta'$ diffère de celle $2114=5220-3104$ obtenue par la différence des quantités 5220 et 3106 de chaleur de la combustion de l'hydrogène avec le deutoxyde d'azote et avec l'oxygène. On ne doit pas attribuer la différence $2331-2114=217$ à une erreur d'observation, mais à une production moindre de chaleur θ'' par la suroxygénation de l'azote dans la combustion de l'hydrogène avec le deutoxyde d'azote.

III. — ÉQUIVALENTS ÉLECTROSOMATIQUES.

On connaît soixante corps qui sont indécomposables : ce n'est pas à dire pour cela qu'on puisse les appeler corps simples; car pour qu'un corps ne soit pas simple, il n'est pas nécessaire qu'il soit produit par la combinaison d'un certain nombre d'éléments des corps simples; en effet, le plus souvent, il se sépare un équivalent d'oxygène de plusieurs équivalents d'eau, et alors le reste Aq^n-O est un corps qui n'est ni simple ni produit par une combinaison des éléments O^{n-1} avec H^n. Le corps $Aq^n-O=Aq^{n-1}H$, n'étant donc pas le produit d'une combinaison, est un corps indécomposable.

Les corps semblables, c'est-à-dire qui restent indécomposables, sont connus aujourd'hui au nombre de soixante; les équivalents de ces corps sont des combinés électrosomatiques, comme le sont l'oxygène $\bar{O}\ddot{E}$ et l'hydrogène $\ddot{H}\bar{E}$. Pour soutenir un équivalent électrique positif $\ddot{E}$, il faut que l'équivalent matériel $\bar{O}$ soit électronégatif, et alors le combiné est un corps *électropositif;* dans les corps *électronégatifs*, tels que l'hydrogène, le charbon et les métaux $\ddot{H}\ddot{E}$ $C\ddot{E}^{3}$ $M\ddot{E}^{3}$, l'équivalent électrique $\ddot{E}$ est négatif, tandis que les équivalents matériels H, C, M sont positifs.

Parmi les corps indécomposables : 1° sont *électropositifs* ceux $Aq^{n-m}O^{m}$ qui ont été produits par la séparation de *m* équivalents d'hydrogène d'un nombre *n* d'équivalents d'eau Aq^{n}; tels sont ceux qui entretiennent la combustion : l'oxygène, le fluor, le chlore, le brome, l'iode et le sélène; 2° sont *électronégatifs* les corps $Aq^{n-m}H^{m}$ qui ont été produits par la séparation de *m* équivalents d'oxygène, d'un nombre *n* d'équivalents d'eau Aq^{n}, tels sont les combustibles, l'hydrogène, le charbon, le soufre, le phosphore, le bore ou tous les métaux, et l'azote.

Les *combinaisons chimiques* ne sont que des mélanges opérés entre les masses $n(e+e')$ et ne d'électre contenues dans un même volume d'équivalents hétéronymes; c'est donc l'inégalité des densités ou l'*anisopycnie* qui fait pénétrer une partie $\frac{1}{4}e'$ d'électre de l'espace de l'équivalent positif dans celui de l'équivalent négatif. Cette anisopycnie est donc ce qu'on doit entendre par le mot *affinité*.

Les corps hétéroélectriques ont toujours la forme $O\ddot{E}$ et $\ddot{H}\ddot{E}$ ou $Az\ddot{E}$, $Az\ddot{E}O^{2}\ddot{E}^{2}$ et $C\ddot{E}^{3}$: 1° si le mélange s'opère seulement entre les éléments matériels, comme dans le deutoxyde d'azote, les équivalents électriques y restent et le combiné a la forme $Az\ddot{E}\bar{O}^{2}\ddot{E}^{2}$; mais 2° si le mélange s'opère en même temps entre les éléments électriques $\ddot{E}$ et $\ddot{E}$, ceux-ci se séparent des éléments matériels pour se combiner entre eux et produire la chaleur seule $\ddot{E}\ddot{E}^{2}$, ou la chaleur et la lumière $\ddot{E}^{2}\ddot{E}$, comme cela a lieu dans la production de l'acide carbonique.

La chaleur latente devient toujours libre quand les éléments de la vapeur ou du liquide changent le mode de leur combinaison pour obtenir l'état solide.

I. L'acide carbonique prend l'état liquide ou solide en se combinant avec les oxydes; la chaleur $\Theta + \theta$ produite est : 1° Θ qui provient de l'équivalent positif de l'acide $\dot{C}^{2}O^{4}\ddot{E}$

et des deux équivalents négatifs $\bar{E}^2$ séparés d'un ou des deux équivalents d'oxyde $M\bar{O}\bar{E}^2$; 2° l'autre partie θ se trouve à l'état latent dans les vapeurs de l'acide carbonique.

II. La chaux vive se combine, pour devenir un hydrate, avec un équivalent matériel d'eau et en expulse la chaleur latente Θ' qui devient libre.

La chaleur Θ'' est donc dégagée : 1° des vapeurs et des liquides où elle se trouvait à l'état latent quand leurs équivalents matériels n'étaient pas désagrégés. Ici trouvent leur explication les lois établies par M. Andrews sur la production de la chaleur par voie liquide.

1° *Loi des acides.* — Un équivalent de divers acides combiné avec *la même base* produit à peu près la même quantité de chaleur.

2° *Loi des bases.* — Un équivalent des *différentes bases* combiné avec le même acide, produit des quantités de chaleur différentes.

3° *Loi des sels acides.* — Lorsqu'un sel neutre se convertit en sel acide en se combinant avec un ou plusieurs équivalents d'acide, on n'observe aucun changement de température.

4° *Loi des sels basiques.* — Lorsqu'un sel neutre se convertit en sel basique, la combinaison est accompagnée d'un dégagement de chaleur.

Explication. 1° Les bases où les oxydes qui ont la forme $M\bar{O}\bar{E}^2$ correspondent aux combustibles électronégative; les acides ont la forme $m\bar{O}\bar{E}$ électropositive, et ils correspondent à l'oxygène $\bar{O}\bar{E}$ qui entretient les combustions. Des mêmes bases ou des mêmes nombres d'équivalents négatifs $n\bar{E}$ est produite la même quantité de chaleur $\Theta = \frac{1}{2} n\ddot{E}\bar{E}^2$ avec chaque espèce d'acide, qui ont tous les équivalents positifs $\ddot{E}$.

2° Les bases comme les combustibles ne contiennent pas le même nombre d'équivalents négatifs $\bar{E}^x$; en se combinant avec le même acide, ils produisent une quantité de chaleur d'autant plus grande, qu'ils contiennent un plus grand nombre d'équivalents négatifs.

3° Un sel est dit neutre parce qu'on n'y trouve pas d'excès d'équivalents positifs ou négatifs; s'il reçoit une quantité d'équivalents positifs, il deviendra électropositif, sans être pourtant devenu capable de produire de la chaleur.

4° Il n'en est pas de même avec les sels basiques, dont les équivalents négatifs Ē se combinent avec les équivalents positifs des acides et produisent une quantité de chaleur, de la même manière que les bases ou les oxydes.

5° Le peroxyde de mercure dégage la même chaleur Θ avec l'acide azotique et l'acide acétique; mais avec les acides chlorhydriques, cyanhydrique et iodhydrique, il dégage 3Θ, 5Θ, 9Θ de chaleur. Les excédants 2Θ, 4Θ et 8Θ, sont la chaleur latente de l'acide hydrique. On voit que toutes les anomalies s'évanouissent ici et que la stœchiométrie électrique trouve partout son application; nous aurons par la suite mille occasions de le constater, comme a été constatée la stœchiométrie matérielle dans toutes les combinaisons chimiques.

IV. — PRODUCTION DE LA CHALEUR ANIMALE.

Les animaux terrestres entretiennent leur existence par la nourriture et par la respiration, et leur température propre est presque indépendante de celle de l'air ambiant. Lavoisier, Dulong, Despretz et plusieurs autres chimistes, physiciens et physiologues prirent à tâche de démontrer qu'il n'existe pas d'*innervation*, mais que toute la chaleur consommée est restituée par la combustion de la nourriture qui consiste toujours en substances végétales combustibles ou électronégatives.

Cette combustion s'opère dans les poumons desquels l'air, inspiré sec et pur, sort 1° plus humide; 2° une partie de l'oxygène est remplacée par l'acide carbonique; 3° une autre portion de l'oxygène disparaît; 4° il disparaît aussi une partie de l'azote : cette disparition devient plus considérable quand est basse la température de l'air.

La quantité de chaleur produite par la combustion de l'hydrogène et du carbone contenus dans les aliments a été trouvée égale à la quantité qui est en même temps consommée dans l'air ambiant, et ainsi aucune *innervation* n'est plus nécessaire.

Remarques. Les observations chimiques ci-dessus rapportées sont exactes, mais la conclusion qu'en tirent les chimistes ne le paraît pas pour les causes suivantes tant chimiques que physiologiques.

I. La quantité de carbone trouvée dans l'air expiré ne produit pas de différence dans le carbone que contient le sang artériel de l'aorte, non plus que dans le sang des veines. De même il n'existe pas plus d'excès d'azote dans le sang artériel que dans celui des veines : cet excès devrait, d'ailleurs, s'accroître quand l'expérience se fait à une basse température, à cause de la disparition d'une quantité supérieure d'azote dans l'air expiré.

II. En Sibérie, les soldats russes reçoivent les mêmes rations l'hiver et l'été; ils respirent l'été un air dont la température s'élève de 10° à 20°; l'hiver ils respirent l'air de — 20° à — 30°, et cela non pas pendant quelques heures seulement, car, dans leurs changements de garnison, ils restent souvent des semaines entières en route, exposés à toutes les intempéries de la saison; j'ai vu des bergers passer l'hiver avec leur troupeau autour d'amas de foin, quand la température s'était abaissée au-dessous de — 36°; tel est l'usage en Russie, en Valachie et en Bulgarie.

La température de l'air expiré n'est pas inférieure à 36°; et cet air est en même temps saturé de vapeurs, tandis que l'hiver l'air de l'atmosphère est très-sec. La quantité d'air de chaque inspiration ne dépend pas de sa température; elle varie chez les individus avec la largeur de la poitrine. Ceux dont la poitrine est étroite, vivent difficilement dans les pays froids, ce qui prouve qu'il faut inspirer des grandes masses d'air froid, pour que l'existence se maintienne dans ces climats rigoureux, d'où effectivement s'éloignent en automne tous les oiseaux, et parmi les animaux terrestres même, il ne reste en hiver, dans les pays froids, que ceux qui ont la poitrine large.

En admettant comme minimum 1 litre d'air pour chaque aspiration et 15 respirations par minute, on voit que, durant l'espace de vingt-quatre heures, est inspirée la quantité d'air suivante, savoir : 15.60.24=21600 litres à une température de 20° l'été et de — 30° l'hiver, et qu'en été comme en hiver cet air est expiré à une température de 37°. Mais sans demander davantage aux chimistes et aux physiologues, et sans qu'il soit nécessaire d'admettre une innervation, on trouvera l'explication de ces faits dans mon ouvrage sur l'*Origine des sciences*, ouvrage que devront étudier les chimistes et les physiologues, s'ils tiennent connaître l'explication de l'origine véritable de chaleur animale.

On remarquera encore que dans les pays froids où gèlent constamment les rivières et les fleuves, les animaux ne boivent presque pas ; les hommes eux-mêmes boivent très-peu ; et les moutons restent plusieurs mois sans boire : on n'ira pas pour cela jusqu'à supposer qu'ils mangent de la neige ; car celle-ci est pour eux un véritable poison ; comme cela a été observé chez les animaux et chez l'homme.

V. — MODES DES COMBUSTIONS.

I. Si l'on brûle la même quantité de charbon dans deux fourneaux F, F' égaux dont l'un F' a la porte fermée et l'autre F l'a ouverte, il se produit une plus grande quantité de chaleur dans le fourneau F', où la porte est fermée, que dans celui F, où la porte est ouverte ; mais la lumière est plus intense dans le fourneau F à la porte ouverte que dans celui F′ à la porte fermée.

II. Si l'on brûle la même quantité de gaz avec un excès d'oxygène ou avec l'air condensé en excès, il se produit beaucoup de lumière et peu de chaleur ; mais si l'on brûle ce gaz avec une quantité médiocre d'oxygène, il se produit au contraire peu de lumière et beaucoup de chaleur, tout le gaz doit se consommer, et il ne faut pas le laisser s'échapper sans être brûlé.

III. Les mêmes quantités des deux électricités peuvent se combiner pour 1° produire beaucoup de lumière comme dans les cas où l'on tire des étincelles très-longues et où l'on ressent à peine la chaleur, ou 2° produire beaucoup de chaleur et peu de lumière, comme dans les cas où les deux extrémités des électrohodes ont les deux *bouches* *a* et *b* (fig. 5), séparées par un intervalle *e* très-petit, appelé ici *foyer*.

Tout près de la bouche *a* est un excédant de lumière, et tout près de la bouche *b* est un excédant de chaleur. Ainsi le *foyer* *e* est plus éclairé au-devant de la bouche *a* d'où émanent les équivalents positifs $\overset{+}{E}$, et il est plus échauffé au-devant de la bouche *b* d'où émanent les équivalents négatifs $\overset{-}{E}$.

Explication. De la combinaison des équivalents isarithmes $6n\overset{+}{E}$ et $6n\overset{-}{E}$ provient toujours la quantité égale de lumière $2n\overset{+}{E}^2\overset{-}{E}$ et de chaleur $2n\overset{+}{E}\overset{-}{E}^2$. 1° Pour faire disparaître toute la chaleur il faut un grand excès d'équivalents positifs ; s'il est possible d'obtenir dans les étincelles $12n\overset{+}{E}$ et $6n\overset{-}{E}$, il s'y produit le maximum $6n\overset{+}{E}^2\overset{-}{E}$ de lumière et point de chaleur. 2° Pour faire disparaître toute la lumière, il faut un grand excès d'équivalents négatifs ; s'il est possible d'obtenir dans les rencontres $6n\overset{+}{E}$ et $12n\overset{-}{E}$, il se produit le maximum $6n\overset{+}{E}\overset{-}{E}^2$ de chaleur et point de lumière.

Entre ces deux limites se trouvent les faits ci-dessus constatés dans la combustion du charbon, dans celle du gaz d'éclairage et dans les rencontres des équivalents électriques entre les deux *bouches* des électrohodes. Il n'est besoin d'avoir ici recours à aucune hypothèse, car les faits ne le permettent pas : ceux-ci se disposent comme causes et effets liés entre eux par la loi statique qui trouve aussi bien son application aux fluides impondérables et aux gaz.

Les résultats obtenus par les combustions des substances différentes avec l'oxygène ou avec le deutoxyde d'azote sont d'accord entre eux, parce que les combustions ont été faites de la même manière ; mais ces résultats deviennent très-différents selon qu'on opère la combustion avec un courant d'oxygène très-dense, ou qu'on l'opère avec une petite quantité d'air. L'hydrogène brûlé avec de l'oxygène dense donne beaucoup de lumière et peu de chaleur ; la même quantité d'hydrogène brûlé avec l'oxygène de l'air produit peu de lumière et beaucoup de chaleur, surtout s'il est comprimé.

VI. — CHALEUR LATENTE DES PRODUITS DES COMBUSTIONS ET DES COMBUSTIBLES.

La quantité de chaleur produite dans les combustions est la somme $\Theta + \theta$, et la quantité de chaleur Θ' observée est la différence $\Theta + \theta - \Theta''$.

1° La quantité Θ de chaleur est produite par les combinaisons des équivalents électriques $\bar{E}$ des combustibles et $\bar{E}$ de l'oxygène.

2° La quantité θ est la chaleur latente contenue dans les combustibles ou dans le corps qui entretient la combustion.

3° La quantité Θ'' est la chaleur qui disparaît et devient latente dans les produits de la combustion. Voilà quelques exemples de l'équation $\Theta' = \Theta + \theta - \Theta''$.

I. Un litre d'acide carbonique est produit : 1° par 2 litres d'oxygène qui brûle 1 litre de vapeur de charbon, ou 2° par 1 litre d'oxygène qui brûle 1 litre d'oxyde de carbone; la chaleur Θ observée est 3929 dans la combustion des vapeurs de charbon avec 2 litres d'oxygène, et elle est 3130 dans la combustion de l'oxyde opérée avec 1 litre d'oxygène. 1° La chaleur latente Θ″ est la même dans les deux combustions qui ont le même produit. 2° La chaleur latente θ existe dans l'oxyde et elle manque dans le charbon. 3° Dans la combustion de 1 litre de vapeur de charbon avec 2 litres d'oxygène, la chaleur 2Θ est double de celle Θ qui se produit dans la combustion de 1 litre d'oxyde de carbone avec 1 litre d'oxygène; mais l'oxyde contient la chaleur latente $\theta = 2331$ qui manque dans les vapeurs du charbon.

II. Un gramme d'oxyde de carbone brûlé donne la chaleur $\Theta' = 2490$, et un gramme d'hydrogène donne 14 $\Theta' = 34610 + 259$; un équivalent de l'oxyde $CO\bar{E}$ pèse 14 et contient un équivalent électrique $\bar{E}$; celui-ci est contenu aussi dans un équivalent d'hydrogène $\bar{H}\bar{E}$ qui ne pèse qu'un; pour cette raison, il faut prendre 14 grammes de l'oxyde pour avoir autant d'équivalents électriques $\bar{E}$ que contient un gramme d'hydrogène, et produire autant de chaleur qu'en produit un gramme d'hydrogène. Le petit excédant $259 : 14 = 19$ peut être considéré comme une erreur de l'expérience ou comme un produit de la chaleur latente θ du charbon. Cet excédant devient 357 quand on adopte pour l'hydrogène la valeur 34462, obtenue par MM. Favre et Silbermann.

III. Le charbon $C\bar{E}^3$ et le soufre $S\bar{E}^3$ ont trois équivalents négatifs dans un équivalent matériel. Celui-ci pèse 6 dans le charbon et 16 dans le soufre. En brûlant un gramme de charbon et un gramme de soufre, il se produit la chaleur Θ par les équivalents négatifs $\frac{3\bar{E}}{6}$ du charbon et $\frac{3\bar{E}}{16}$ du soufre; la chaleur latente étant θ dans le charbon, et θ′ dans le soufre, elle est Θ″ dans l'acide carbonique CO^2 et Θ‴ dans l'acide sulfureux SO^2. La chaleur observée dans la combustion du charbon est $\Theta'=\Theta+\theta-\Theta''=7295$ et elle est dans la combustion du soufre $\Theta'=\Theta+\theta''-\Theta'''=2601$.

Si l'on multiplie l'une de ces équations par 6 et l'autre par 16, la différence est $(6\theta-16\theta'')+(16\Theta'''-6\Theta'')=43770-43056=714$. Le soufre a une chaleur latente θ' supérieure à celle θ du charbon, mais l'acide carbonique a une chaleur latente Θ'' supérieure à celle Θ''' de l'acide sulfureux, qui donnent la différence $\frac{714}{96}$.

IV. Un gramme de charbon brûlé dans le deutoxyde d'azote produit la chaleur observée qui est $\Theta'=\Theta+\theta'-\Theta''=11157$; le même charbon brûlé dans l'oxygène donne $\Theta'=\Theta+\theta-\Theta''=7295$; si l'on soustrait l'une de ces équations de l'autre, on obtient $\theta'-\theta=3862$, c'est-à-dire la différence entre les chaleurs latentes θ' de l'oxyde et θ du carbone.

V. Un gramme de cyanogène C^2Az contient 26 fois moins d'équivalents qu'un gramme d'hydrogène, mais chaque équivalent de celui-ci ne contient qu'un équivalent électrique $\bar{\bar{E}}$, tandis que l'équivalent du cyanogène en contient $6\bar{\bar{E}}$, car la forme de l'hydrogène est $H\bar{\bar{E}}$ et celle du cyanogène $AzC^2\bar{\bar{E}}^6$. Un gramme de cyanogène brûlé dans l'oxygène donne la chaleur observée $\Theta'=\Theta+\theta-\Theta''=5244$; un gramme de cyanogène contient $\frac{12}{26}$ parties de charbon dont la combustion produit les $\frac{12}{26}$ de la chaleur 7295 d'un gramme de charbon qui est $\frac{12}{26}.7295=3367$. La chaleur latente Θ'' de l'acide carbonique est la même dans les deux cas; il n'y a que la chaleur latente qui diffère dans les deux combustibles; ainsi si elle est θ dans le charbon, elle est $\theta+(5244-3367)=\theta+1877$ dans le cyanogène.

Métaux. Nous avons vu que la chaleur est composée dans les autres combustibles, c'est-à-dire la chaleur Θ' dégagée 1° de celle Θ qui provient des combinaisons des équivalents électriques, et 2° de celle θ qui est latente dans les combustibles; il en est de même pour la chaleur produite par les combustions des métaux; dont les oxydes MO produits ont aussi une chaleur Θ'' latente qui n'est pas égale à tous les oxydes.

Person trouva les relations suivantes entre les points de fusion des corps, leurs chaleurs spécifiques et leurs chaleurs latentes.

NOMS DES SUBSTANCES.		POINT de fusion.	CHALEUR SPÉCIFIQUE à l'état		CHALEUR LATENTE	
			liquide.	solide.	trouvée.	calculée.
Eau		0	1,0000	0,5040	79,25	79,20
Phosphore		44,2	0,2045	0,1788	5,08	5,34
Soufre		115,0	0,2340	0,2020	9,37	9,35
Azotate de soude		310,5	0,4130	0,2782	62,98	63,10
Azotate de potasse		339,0	0,3319	0,2388	47,37	46,16
Chlorure de calcium		28,5	0,5550	0,3450	40,70	39,58
Phosphate de soude		36,1	0,7407	0,4077	66,80	66,18
Métaux.	Étain	235,0	0,0637	0,0562	14,25	250 et 350
	Bismuth	270,5	0,0363	0,0308	12,64	280 et 380
	Plomb	334,0	0,0402	0,0314	5,37	450 et 450
	Zinc	433,3	»	0,0956	28,13	»
	Cadmium	328,0	0,0642	0,0567	13,58	»
	Argent	»	»	0,0570	21,07	»

Dans le tableau de Dulong, les quantités de chaleur produites par les combustions des métaux se présentent en proportion directe avec la chaleur latente trouvée par Person; un gramme d'oxygène produit 5275 unités de chaleur du zinc et 4531 de l'étain, parce que la chaleur latente du zinc est presque double de celle de l'étain. Un gramme d'oxygène produit la chaleur 2591, quand il produit le peroxyde CuO en brûlant le métal Cu, et il produit la chaleur 2179 quand il produit le même peroxyde en brûlant l'oxyde Cu^2O, presque une moitié de la chaleur produite devient latente dans le peroxyde CuO de cuivre.

VII. — APPLICATION DES CALCULS STŒCHIOMÉTRIQUES AUX ÉQUIVALENTS ÉLECTRIQUES.

I. Les combustibles consistent : 1° en équivalents matériels positifs ; 2° en équivalents électriques négatifs $\bar{E}$, et 3° en une certaine quantité θ de chaleur latente.

II. Les corps qui entretiennent la combustion consistent : 1° en équivalents matériels électronégatifs ; 2° en équivalents électriques positifs $\dot{E}$, et 3° en une certaine quantité θ' de chaleur latente.

III. Les produits matériels des combustions contiennent : 1° la somme des équivalents matériels du combustible et du corps qui a été employé pour entretenir la combustion ; 2° une quantité Θ'' de chaleur latente, et souvent un excès d'équivalents négatifs, tels que les oxydes $M\bar{O}\bar{E}^2$, ou un excès d'équivalents positifs, tels que les acides $SO^3\dot{E}$, $C^2O^4\dot{E}$.

IV. Les produits électriques des combustions sont : 1° la somme $\theta + \theta'$ de la chaleur latente du combustible et du corps qui entretient la combustion ; 2° les combinés de chaleur $\dot{E}\bar{E}^2$ et de lumière $\dot{E}^2\bar{E}$ formés des équivalents électriques négatifs $\bar{E}$ du combustible et des équivalents électriques positifs $\dot{E}$ du corps qui contient la combustion.

Tous ces différents changements opérés dans chaque combustion sont exprimés dans l'équation $\Theta' = \Theta + \theta + \theta' - \Theta'' - \Phi$, dans laquelle : 1° Θ est la chaleur produite des n équivalents positifs $\dot{E}$ de l'oxygène $n\bar{O}\dot{E}$ ou du deutoxyde d'azote $\frac{n}{2}AzO^2$, et de $2n$ équivalents négatifs $\bar{E}$ du combustible ; 2° $\theta + \theta'$ est la somme de chaleur latente θ du combustible CO et de celle θ' du deutoxyde d'azote ; 3° Θ'' est la chaleur qui reste latente dans les produits de la combustion ; cette chaleur Θ'' peut être supérieure ou inférieure à la somme $\theta + \theta'$ de chaleur latente devenue libre ; enfin 4° la lumière Φ étant composée des mêmes équivalents électriques que la chaleur, elle se trouve avec celle-ci en raison inverse.

La stœchiométrie chimique a été déduite par les comparaisons des poids des bases et des acides, qui disparaissent avec les poids des sels produits; le même effet a lieu ici où disparaissent les équivalents électriques des combustibles et de l'oxygène, et où apparaît la chaleur qui a été observée par plusieurs chimistes. Si les résultats ne sont pas parfaitement les mêmes dans les deux tableaux suivants, cela tient moins à un défaut d'exactitude dans les observations qu'à un mode inégal des combustions; car en celles-ci la chaleur diminue si la lumière augmente. On trouvera ici les calculs stœchiométriques basés sur les résultats obtenus par Favre et Silbermann avec des combustibles des formes suivantes :

1° nC^2H^2, 2° $nC^2H^2 + H^2$, 3° $nC^2H^2 + 2HO$, 4° $nC^2H^2 + O^2$, 5° $nC^2H^2 + O^4$,
6° $nC^2H^2 + O^2 + C^4$, 7° $nC^2H^2 + C^4$.

Dans le tableau sont marquées les quantités de chaleur observée dans la combustion de ces combustibles. La valeur de cette chaleur est exprimée dans la formule

$$\Theta' = \frac{8n + m}{14n + p} \cdot 34600 + \theta + \theta' - \Theta'' = \Theta + \theta + \theta' - \Theta''.$$

1° La somme $\theta + \theta'$ est la chaleur latente, θ celle du combustible et θ' celle de l'oxygène; celle-ci peut être considérée ici comme nulle, parce qu'elle est la même dans toutes les combustions.

2° Il en est de même pour la chaleur latente Θ'' des produits qui sont la vapeur de l'acide carbonique et celle de l'eau dans tous les cas.

3° La relation $\frac{8n+m}{14n+p}$ est celle entre la quantité $8n + m$ des équivalents négatifs électriques $\bar{E}$ contenus dans un combiné $nC^2H^2 + H^2$ qui a un poids exprimé par $14n + p$. Dans l'hydrogène est contenu un équivalent négatif $\bar{E}$ et l'unité du poids; cet hydrogène brûlé avec l'oxygène donne, suivant Dulong, la quantité 34600 de chaleur, qui doit être multipliée par la relation $\frac{8n+m}{14n+p}$ pour obtenir un produit qui exprime la chaleur Θ formée des équivalents négatifs $(8n+m)\bar{E}$ du combustible et des équivalents positifs $(4n+\frac{1}{2}m)\bar{E}$ de l'oxygène.

Dans les sept cas précédents, les relations sont :

$$1^\circ\ \frac{8n}{14n},\quad 2^\circ\ \frac{8+2}{16},\quad 3^\circ\ \frac{8n}{14n+18},\quad 4^\circ\ \frac{8n}{14n+16},\quad 5^\circ\ \frac{8n}{14n+32},$$

$$6^\circ\ \frac{8n+18}{14n+56+16},\quad 7^\circ\ \frac{8n+12}{14n+24}.$$

A. Chaleur des hydrocarbures nC^2H^2.

La relation $\frac{8n}{14n}$ est $=\frac{4}{7}$ pour toutes ces espèces; cette quantité $\frac{4}{7}$, multipliée par 34600, produit $\frac{4}{7}\cdot 34600 = 19771 = \Theta$; la chaleur observée a pour valeur $\Theta' = \Theta + \theta - \Theta''$; θ est la chaleur latente du combustible, et Θ'' est la chaleur latente des vapeurs produites qui sont les mêmes pour toutes les espèces. La chaleur Θ' observée augmente ou diminue donc avec la chaleur θ latente des combustibles. Mais cette chaleur θ diminue quand augmente le nombre n du combiné C^2H^2, qui sert comme élément; par suite, la chaleur Θ' répandue est en raison inverse avec la valeur de n dans les espèces différentes des hydrocarbures, comme cela devient évident dans tous les cas suivants :

Gaz oléfiant.	$n = 2$,	$\Theta' = 10928 + 950$
Paramylène.	$n = 5$,	$\Theta' = 10928 + 565$
Amylène.	$n = 10$,	$\Theta' = 10928 + 377$
Id.	$n = 11$,	$\Theta' = 10928 + 358$
Cétène.	$n = 16$,	$\Theta' = 10928 + 150$
Métamylène.	$n = 20$,	$\Theta' = 10928$

B. Chaleur du gaz des marais $C^2H^2H^2$.

La relation $\frac{8n+2}{14n}$ est $\frac{10}{14} = \frac{5}{7}$, parce que la valeur de n est

4 ; la valeur de la chaleur produite est $\frac{5}{7}.34600+\theta' = 24714+\theta'$. La chaleur observée est $\Theta' = 24714+\theta'-\Theta'' = 13063 = \Theta+\theta'-\Theta''$.

La chaleur latente Θ'' peut être considérée comme égale dans les vapeurs produites par la combustion de gaz des marais C^2H^4, et dans celles produites par le gaz oléfiant C^4H^4. Par suite, ces valeurs disparaissent dans l'équation

$$\Theta'' = 19771 - 10928 + 950 + \theta = 24714 - 13063 + \theta', \quad \theta - \theta' = 3738.$$

La chaleur latente θ du gaz oléfiant est donc de 3738 unités supérieure à la chaleur latente θ du gaz des marais.

C. Chaleur des hydrocarbures hydratés de forme $nC^2H^2 + H^2O^2$.

La chaleur Θ est représentée par $\frac{8n}{14n+18}.34600$ dans toutes les espèces d'hydrocarbures hydratés qui ne diffèrent que par la valeur de n. La chaleur observée ici n'est pas, comme dans les hydrocarbures, en raison inverse avec la valeur de n, mais elle en est en raison directe ; comme on le voit par la relation $\frac{8n}{14n+18}$, qui diminue et qui augmente avec la valeur de n, comme cela a lieu pour tous les cas suivants :

Esprit de bois... $n=1$, $\Theta = \frac{8}{14+18}.34600 = 8650$, $\Theta' = 8650+\theta'-\Theta'' = 5301$

Alcool de vin... $n=2$, $\Theta = \frac{16}{28+18}.34600 = 12035$, $\Theta' = 12035+\theta-\Theta'' = 7184$

Éther sulfurique. $n=4$, $\Theta = \frac{32}{56+18}.34600 = 14962$, $\Theta' = 14962+\theta-\Theta'' = 9027$

Alcool valérique. $n=5$, $\Theta = \frac{40}{70+18}.34600 = 15727$, $\Theta' = 15727+\theta-\Theta'' = 9858$

Ether valérique. $n=10$, $\Theta = \frac{80}{140+18}.34600 = 17507$, $\Theta' = 17507+\theta-\Theta'' = 10188$

Alcool éthalique. $n=16$, $\Theta = \frac{128}{212+18}.34600 = 18302$, $\Theta' = 18302+\theta-\Theta'' = 10629$

Dans tous ces combustibles liquides, les deux équivalents d'eau ne produisent dans la combustion aucune chaleur, et ils en absorbent en se transformant en vapeur. La quantité de la chaleur latente Θ'' est donc relativement grande, quand est petite la quantité $\frac{8n}{14n+16}\cdot 34600$ de la chaleur produite Θ, et cette quantité est en raison directe avec la valeur de n; mais il ne s'opère pour cela aucun changement dans la valeur absolue de la chaleur latente Θ'' qui est égale dans tous les produits; on peut ainsi trouver aisément les différences $\theta' - \theta$ entre les chaleurs latentes des combustibles. Par la soustraction de la première équation de la deuxième, on obtient :

$$7184 - 5301 = 12055 - 8050 + \theta - \theta', \quad \theta' - \theta = 503;$$

et par la soustraction de la première équation de la dernière, on obtient :

$$10020 - 5301 = 18302 - 8650 + \theta - \theta', \quad \theta' - \theta = 4324.$$

La valeur de n est donc ici, comme dans les hydrocarbures nC^2H^2, en relation inverse avec la chaleur latente θ' et θ.

D. Chaleur des hydrocarbures oxygénés de forme $nC^2H^2+O^2$.

La chaleur produite est représentée, comme dans les cas précédents, par $\Theta = \frac{8n}{14n+16}\cdot 34600$. L'oxygène ne produit dans la combustion aucune chaleur; pour cette raison, les combustibles produisent d'autant moins de chaleur qu'ils contiennent relativement plus d'oxygène, précisément comme dans les cas où l'eau est contenue dans les combustibles; il en est de même dans les cas suivants :

Acétone. . . . . . . $n = 3$, $\Theta = \frac{24}{42+16}\cdot 34600 = 14317$, $\Theta' = 14317 + \theta' - \Theta'' = 7305$

Aldéhyde éthalique. $n = 16$, $\Theta = \frac{8.16}{14.16+16}\cdot 34600 = 18456$, $\Theta' = 18456 + \theta - \Theta'' = 10342$

Aldéhyde stéarique. $n = 19$, $\Theta + \frac{8.19}{14.19+16}\cdot 34600 = 18649$, $\Theta' = 18649 - \Theta'' + \theta = 10496$

En supposant égale la valeur de la chaleur Θ'' des vapeurs produites, on trouve les différences $\theta' - \theta$ de la chaleur latente des combustibles :

$$\Theta'' = 18156 + \theta - 10342 = 14517 + \theta' - 7305, \quad 8114 - 7012 = \theta' - \theta = 1102;$$

de même :

$$\Theta'' = 18645 - 10491 + \theta = 7012 + \theta', \quad 8153 - 7012 = \theta' - \theta = 1141.$$

La valeur de n est de même ici en raison inverse avec la chaleur latente θ ou θ'.

E. Chaleur des hydrocarbures oxygénés de forme $nC^2H^2 + O^4$.

La chaleur produite ne dépend pas de l'état électropositif ou de l'état électronégatif des combustibles de cette forme; cette chaleur est supérieure dans la combustion des combustibles alcalins, parce qu'ils contiennent une quantité supérieure de chaleur latente dont dépend leur état électronégatif; au contraire, les combustibles deviennent électropositifs lorsque diminue leur chaleur latente, comme cela devient évident dans les cas suivants.

La chaleur produite par ces combustibles est représentée par la formule $\Theta = \frac{8n}{14n+32} . 34600$; la chaleur observée Θ' est $= \Theta + \theta - \Theta''$.

Nous allons exposer ici les valeurs de la chaleur latente θ des combustibles acides et des combustibles alcalins composés de mêmes équivalents matériels.

1° $C^4H^4O^4$ *formiate de méthylène et acide acétique.*

Chaleur produite. . . . . $\Theta = \frac{16}{28+32} . 34600 = 9227$

Chaleur observée { pour l'acide acétique. . . . . . $\Theta' = 9227 + \theta - \Theta'' = 5505$
{ pour le formiate de méthylène. $\Theta' = 9227 + \theta' - \Theta'' = 4197$

En retranchant une équation de l'autre, on obtient $\theta' - \theta = 692$; la chaleur latente θ de l'acide acétique est donc de 692 unités inférieure à celle θ' du formiate.

2° $C^8H^8O^4$ *éther acétique et acide butyrique.*

Chaleur produite. . . . . $\theta = \frac{52}{56+52} . 34600 = 12582$

Chaleur observée { pour l'acide. . . . . $\theta' = 12582 + \theta - \theta'' = 5625 + \theta - \theta''$
Chaleur observée { pour l'éther. . . . . $\theta' = 12582 + \theta' - \theta'' = 6295 + \theta' - \theta''$

Donc $\theta' - \theta = 670$.

3° $C^{10}H^{10}O^4$ *butyrate de méthylène et acide valérique.*

Chaleur produite. $\theta = \frac{5.8}{5.14+52} . 34600$

Chaleur observée { pour le butyrate. . . . . $\theta' = \theta + \theta' - \theta'' = 6798$
Chaleur observée { pour l'acide. . . . . $\theta' = \theta + \theta - \theta'' = 6439$

D'où provient $\theta' - \theta = 359$.

4° F *chaleur du térébène et des essences.*

Chaleur produite. $\theta = \frac{8n+12}{14n+24} . 34600$

Chaleur observée. $\theta' = \theta + \theta - \theta'' = 10665$, ou $10665 + 189$, ou $10665 + 296$

Les différences 189 et 296 sont la chaleur latente contenue dans les deux essences et qui manque dans le térébène.

RÉSUMÉ.

Dans les équivalents chimiques, ne se trouve pas déterminé le poids absolu mais seulement le poids relatif, de même dans les équivalents électriques n'est pas déterminée leur densité absolue, mais leur densité relative, qui est observée 1° quand les électricités sont à l'état stationnaire, 2° quand elles sont en écoulement, et 3° quand elles sont en combinaisons.

I. Les *électricités stationnaires* sont observées par l'électroscope, dont les globules où les feuilles d'or éprouvent une déviation, lorsqu'on y transporte, au moyen du plan d'épreuve, une quantité d'équivalents électriques enlevés au corps électrisé. Laplace, Poisson et plusieurs autres mathématiciens ont constaté que les pressions p p' externes de la part de l'air ou les répulsions mutuelles r r' entre les équivalents électriques, sont proportionnelles aux carrés de l'épaisseur de la couche de ces équivalents. En soumettant cette répulsion électrique aux lois aérostatiques, ces mathématiciens ont obtenu par leurs calculs des résultats parfaitement conformes à ceux qu'obtiennent les physiciens par les observations directes. Preuve évidente de l'existence d'équivalents électriques analogues aux équivalents qui constituent les gaz.

II. Les *électricités en écoulement* sont observées sur le rhéomètre et sur le voltamètre ; celui-ci sert à constater le nombre égal d'équivalents positifs et d'équivalents négatifs écoulés en directions opposées. Faraday prouva que le nombre d'équivalents écoulés en une unité de temps est égal dans tous les points du circuit, et ainsi il trouva la même quantité d'équivalents chimiques, dans les électrolytes de n voltamètres compris dans le même circuit.

Le rhoomètre n'indique pas l'écoulement des deux espèces d'équivalents, mais il indique l'excès ne' de la masse d'électre qui s'écoule avec les n équivalents positifs qui sont du même nombre que les équivalents négatifs. Pour cette raison la déviation du rhoomètre et la quantité de gaz du voltamètre sont proportionnelles.

III. *Combinaisons des équivalents électriques.* Lorsque ce fait se produit, les deux électricités disparaissent, et à leur place se montre une quantité de chaleur ou une quantité de lumière, ou toutes les deux en même temps. Les mesures de la chaleur sont plus exactes que celles de la lumière; pour cette raison, il est possible de déterminer par la chaleur observée, la quantité d'équivalents électriques consumés pour sa production opérée par la combustion.

Les équivalents électriques qui deviennent libres dans les combustions sont maintenus par les équivalents somatiques, et pour cela on ne peut les éloigner avec le plan d'épreuve pour les faire passer dans l'électroscope; mais pendant la combustion les équivalents électriques se séparent des équivalents matériels, et en se combinant, ils produisent la lumière et la chaleur; de ces deux produits, on n'observe que la chaleur Θ', qui n'est pas celle qui vient d'être produite par les équivalents électriques consumés, mais sa valeur est représentée par $\Theta + \theta - \Theta''$, formule dans laquelle Θ est la chaleur produite par les équivalents électriques, θ est la chaleur latente des corps en combustion, et Θ'' est la chaleur latente des produits, chaleur qui disparaît.

Nous avons parlé ici de la stœchiométrie électrique parce qu'elle nous servira, dans la suite de cet ouvrage, à expliquer tous les faits électriques et tous les faits électrosomatiques; faits analogues à celui de l'oxygène ozoné $\ddot{O}\ddot{E}\ddot{E}$. Comme il est impossible aux chimistes d'écarter de leurs ouvrages la stœchiométrie chimique, de même il m'est impossible d'écarter de cet ouvrage la stœchiométrie électrique que je viens de découvrir.

Tableau des quantités de chaleur dégagée par la combustion d'après Dulong.

SUBSTANCES.	CHALEUR PRODUITE PAR			
	1 litre.	1 gramme de combustible.	1 litre d'oxygène.	1 gramme d'oxygène.
Hydrogène	3106	34601	6212	4325
Gaz des marais	9587	13350	4793	3557
Oxyde de carbone	3130	2490	6260	4358
Gaz oléfiant	15338	12203	5113	3560
Alcool absolu	14375	6962	4792	3336
Charbon	3929	7295	3929	2755
Essence de térébenthine	70607	11567	5045	3511
	66145	10836	4710	3279
Éther sulfurique	33553	10042	5770	3878
	31335	9431	5256	3659
Cyanogène	12270	5244	6135	4271
Huile d'olive	»	9862	»	»
Soufre	»	2601	»	2600
Fer	»	»	6216	4327
Étain	»	»	6508	4551
Protoxyde d'étain	»	»	6477	4509
Cuivre	»	»	3722	2591
Protoxyde de cuivre	»	»	3150	2179
Antimoine	»	»	5484	3828
Zinc	»	»	7577	5275
Cobalt	»	»	5721	3983
Nickel	»	»	5325	3706

Tableau des quantités de chaleur dégagée par la combustion d'après Favre et Silbermann.

NOMS DES SUBSTANCES.	FORMULES.	QUANTITÉ de chaleur donnée par gramme de combustible.
Hydrogène à 15°		34462
Charbon de C à CO^2		8080
Id. de sucre de C à CO^2		8039
Id. de cornues à gaz		8047
Graphite naturel, n° 1		7811
Id. des hauts fourneaux, n° 1		7781
Id. naturel, n° 2		7785
Diamant		7770
Graphite des hauts fourneaux, n° 2		7737
Diamant chauffé		7878
Oxyde de carbone à CO^2		2402
Gaz des marais	C^2H^4	13063
Id. oléfiant	C^4H^4	11858

NOMS DES SUBSTANCES.	FORMULES.	QUANTITÉ de chaleur donnée par gramme de combustible.
Paramylène	$C^{10}H^{10}$	11491
Amylène	$C^{10}H^{20}$	11303
Id.	$C^{22}H^{22}$	11262
Cétène	$C^{32}H^{32}$	11078
Métamylène	$C^{40}H^{40}$	10928
Ether sulfurique	$HO^{2} + C^{8}H^{8}$	9027
Id. valérique	$HO^{2} + C^{20}H^{20}$	10188
Esprit de bois	$HO^{2} + C^{2}H^{2}$	5301
Alcool de vin	$HO^{2} + C^{4}H^{4}$	7184
Id. valérique	$HO^{2} + C^{10}H^{10}$	8959
Id. éthalique	$HO^{2} + C^{32}H^{32}$	10629
Acétone	$C^{6}H^{6} + O^{2}$	7303
Aldéhyde éthalique	$C^{32}H^{32}O^{2}$	10342
Id. stéarique	$C^{36}H^{36}O^{2}$	10196
Formiate de méthylène	$C^{4}H^{4}O^{4}$	4197
Acétate de méthylène	$C^{6}H^{6}O^{4}$	5342
Formiate d'alcool	$C^{6}H^{6}O^{4}$	5279
Ether acétique	$C^{8}H^{8}O^{4}$	6293
Butyrate de méthylène	$C^{10}H^{10}O^{4}$	6798
Ether butyrique	$C^{12}H^{12}O^{4}$	7090
Valérate de méthylène	$C^{12}H^{12}O^{4}$	7270
Id. d'alcool	$C^{14}H^{14}O^{4}$	7835
Acétate d'alcool valérique	$C^{14}H^{14}O^{4}$	7971
Ether valéramilique	$C^{20}H^{20}O^{4}$	8543
Acide formique	$O^{4} + C^{2}H^{2}$	2000
Id. acétique	$O^{4} + C^{4}H^{4}$	3505
Id. butyrique	$O^{4} + C^{8}H^{8}$	5625
Id. valérique	$O^{4} + C^{10}H^{10}$	6439
Id. éthalique	$O^{4} + C^{32}H^{32}$	9420
Id. stéarique	$O^{4} + C^{36}H^{36}$	9920
Id. phrénique	$C^{12}H^{6}O^{2}$	7842
Térébène	$C^{20}H^{16}$	10663
Essence de térébenthine	$C^{20}H^{16}$	10852
Id. de citron	$C^{20}H^{16}$	10959
Soufre natif ou fondu		2221
Id. cristallisé à l'instant		2258
Sulfure de carbone		3400
Charbon brûlant dans le peroxyde d'azote à 10°		11158
Décomposition du peroxyde d'azote		11090
Id. de l'eau oxygénée, 1 gramme oxygène		1303

La décomposition de l'oxyde d'argent absorbe . . . . — 22

Le spath d'Islande en CO^{2} et C à O absorbe . . . . — 308

L'arragonite
- 1° en se combinant, donne . . . . + 38
- 2° en se désagrégeant, absorbe . . . . — 308
- 3° désagrégée, après combinaison, absorbée . . . — 270

II

RÉFORME

PRODUITE

PAR LA DÉCOUVERTE DE LA CAUSE DE LA POLARISATION ET DE L'INDUCTION ÉLECTRIQUE.

L'écoulement de chaque fluide a pour cause la destruction de l'équilibre, et un équilibre est toujours produit par deux répulsions opposées et égales. De ces répulsions 1° l'une R, *centrifuge* ou expansive provient des répulsions mutuelles qui s'exercent entre les équivalents électriques homonymes; 2° l'autre R', *centripète* ou comprimante, n'est pas d'une nature différente, car elle est, comme la précédente, une répulsion centrifuge des autres foyers ambiants.

Pour que l'écoulement des équivalents électriques commence, il est nécessaire qu'il existe une inégalité quelconque entre les répulsions R et R', et cet écoulement ne s'opère que par le point *p* où se montre cette inégalité entre les deux répulsions. Ce point *p* détermine donc en même temps l'écoulement des équivalents et leur direction.

Dans chaque écoulement 1° la même quantité $q\ddot{E}$ des équivalents écoulés se maintient constamment en chaque unité de temps, 2° cette quantité peut être croissante $(q+q'+\ldots)\ddot{E}$ ou 3° elle peut être croissante $(q-q'-q''\ldots)\ddot{E}$. Les faits que produisent les écoulements des équivalents somatiques des liquides et des gaz ont été attribués aux quantités de ces masses écoulées, tandis que les faits que produisent les écoulements des équivalents électriques n'ont pas été attribués aux masses de ces équivalents, mais aux *forces*, mot qui, comme nous l'avons dit déjà, n'a aucune signification, et qui cependant n'a pas été, jusqu'à présent, remplacé par le terme plus juste d'*écoulement* des fluides impondérables.

L'écoulement existant 1° à l'état permanent; 2° à l'état croissant, ou 3° à l'état décroissant fut cause que les physiciens attribuèrent ces trois états aux *forces*, qui sont considérées comme permanentes, comme croissantes ou comme décroissantes.

Les forces n'étant que des écoulements des équivalents des fluides, on ne saurait admettre plus d'espèces de forces, qu'il n'y a d'espèces des fluides; mais chaque espèce de ces écoulements pouvant se présenter sous un des trois états susdits, les équivalents de chaque fluide peuvent s'écouler avec toutes les densités possibles.

Les équivalents $\overset{+}{E}{}^2\overset{-}{E}$ de la lumière, comme ceux $\overset{+}{E}\overset{-}{E}{}^2$ de la chaleur, s'écoulent comme les liquides et les gaz en formant un courant simple; mais il n'en est plus ainsi pour les écoulements des équivalents électriques $\overset{+}{E}$ et $\overset{-}{E}$, dont une espèce sollicite l'écoulement de l'autre en direction opposée; et cela parce que les équivalents électriques sont partout à l'état stationnaire comme rayons $\overset{+}{E}{}^2\overset{-}{E}$ et $\overset{+}{E}\overset{-}{E}{}^2$ ou comme iris $n\overset{+}{E}\overset{-}{E}$.

Les équivalents $n\overset{+}{E}$ ou $n\overset{-}{E}$ accumulés en un point quelconque repoussent, parmi les rayons stationnaires $\overset{+}{E}{}^2\overset{-}{E}, \overset{+}{E}\overset{-}{E}{}^2$, ceux qui sont homonymes, et les hétéronymes qui restent prennent une direction opposée. Le même effet a lieu entre deux gaz contenus dans deux vases qui sont mis en communication par un tuyau. L'écoulement des deux gaz s'opère simultanément par ce tuyau en directions opposées, jusqu'au rétablissement d'un parfait équilibre entre les deux gaz, comme cela a lieu aussi pour les deux électricités dont les équivalents homonymes se repoussent mutuellement, tandis que les hétéronymes n'ont aucune action les uns sur les autres.

Dans leurs écoulements, les équivalents de la chaleur, $\overset{+}{E}\overset{-}{E}^2$ comme ceux $\overset{+}{E}^2\overset{-}{E}$ de la lumière, éprouvent une résistance R dans leurs homonymes stationnaires; le même effet a lieu pour les écoulements des équivalents électriques. Cette résistance R diffère dans chaque corps parce que les quantités des rayons stationnaires y diffèrent également.

Les fluides impondérables se répandent 1° au moment où ils sont produits ou 2° ces fluides ont été produits dès le commencement, et ils ne font que se répandre, en densités décroissantes, de la surface des masses des vapeurs brûlantes.

A. Dans la terre la lumière et la chaleur sont toujours produites par les combinaisons des équivalents électriques; ceux-ci sont accumulés comme électricité $3n\overset{+}{E}$ positive et électricité négative $3n\overset{-}{E}$, ou 1° les négatifs $\overset{-}{E}$ sont combinés avec les éléments matériels positifs pour former les corps électronégatifs qui sont les combustibles, et 2° les positifs $\overset{+}{E}$ sont combinés avec les éléments matériels négatifs pour former l'oxygène et les autres corps électropositifs qui entretiennent les combustions.

B. Les rayons où la chaleur et la lumière sont condensés en grandes masses dans les vapeurs brûlantes contenues au milieu de la croûte glaciale du soleil et des astres, fait que j'ai constaté dans le texte de l'*Atlas cosmobiographique.*

L'écoulement des fluides impondérables au travers des corps ne s'opère pas en traversant des *pores* ou des trous assez spacieux pour qu'il soit possible au fluide de pénétrer des masses considérables sans y rencontrer des résistances de la part des atomes; des pores très-petits existent dans les solides, mais non pas dans les liquides et les gaz.

Ces deux espèces de fluides ne s'écoulent au travers des corps solides que quand ces derniers en sont pour ainsi dire imbibés; alors les équivalents incidents exercent une pression sur les équivalents stationnaires qui s'écoulent et cèdent leur place à leurs homonymes, sans que l'état du corps solide change en rien; ainsi pénètre l'air pressé au travers des murs en briques.

Le même effet a lieu pour les fluides impondérables dont les corps sont imbibés; ils cèdent leur place à leurs homonymes quand ils arrivent comme des incidents qui exercent une pression P. Si donc les équivalents stationnaires éprouvent de la part des éléments matériels une résistance R inférieure à la pression P, ils cèdent leur place aux équivalents incidents pour s'écouler du côté opposé. Cet objet sera traité en détail dans l'optique; nous exposerons ici les écoulements inverses qui ont pour cause 1° la pression P qui maintient les écoulements directs, et 2° la résistance R exercée de la part des équivalents stationnaires contre les équivalents en écoulement.

La quantité q d'équivalents Ė ou Ë arrêtés pendant l'écoulement électrique dépend de la longueur et de la conductibilité de l'électrohode; quand l'écoulement s'interrompt par la suppression de la pression P de la part des équivalents incidents, ces équivalents arrêtés commencent à s'écouler en arrière. La cause de ce nouvel écoulement est toujours la répulsion mutuelle entre les équivalents homonymes. Pour cette raison cet écoulement en arrière commence avec un maximum de densité et celle-ci va en décroissant rapidement.

Cet écoulement en arrière des équivalents électriques s'opère avec une densité d fois supérieure, et en un espace de temps d fois inférieur : ce fait a lieu de la manière suivante : au lieu de laisser l'électrohode étendu ou replié en hélice dont les tours seraient séparés par un intervalle d'un ou de deux millimètres, ce fil est enveloppé de soie et puis replié en hélice dont les tours sont en contact l'un avec l'autre.

Les équivalents incidents exercent la pression P sur les équivalents homonymes stationnaires, et ceux-ci leur cèdent la place, parce qu'ils éprouvent de la part des éléments matériels la résistance $R = P - p$. Des équivalents incidents $(q + q')\ddot{E}$, la quantité $q\ddot{E}$ reste arrêtée, et le reste $q'\ddot{E}$ s'écoule.

Au moment de l'interruption de la pression P, les équivalents arrêtés $q\ddot{E}$ exercent une répulsion entre eux, et ainsi ces mêmes équivalents électriques commencent à s'écouler en arrière par l'extrémité *m* de l'électrohode *mn* par lequel ils viennent d'être introduits.

L'écoulement inverse des équivalents électriques ne s'opère pas le long de l'électrohode, comme cela a lieu quand ces mêmes équivalents y pénètrent par l'introduction directe; mais ils sautent d'un pli à l'autre qui est en contact pour arriver à l'extrémité *m* par la voie la plus courte. De cette manière, si le fil a *d* plis, la densité des équivalents devient *d* fois supérieure, mais la durée de l'écoulement inverse ne devient pas pour cela *d* fois inférieur, parce que cet écoulement inverse devient indéfiniment décroissant, et que, pour cette raison, l'écoulement de tous les équivalents $q\ddot{E}$ ne peut se terminer qu'en un espace de temps indéfiniment long.

Au lieu que l'électrohode *mn* soit replié de manière à former une bobine vide au milieu, il peut être replié sur un cylindre de fer doux qui se séparant peut former deux moitiés qui restent unies par l'électrohode couvert de soie replié pour former deux bobines.

Les équivalents électriques introduits dans l'électrohode s'écoulent comme dans le cas où les deux bobines sont vides au milieu, mais ces équivalents exercent une répulsion sur leurs homonymes contenus dans le fer doux et leur font prendre un écoulement parallèle.

En même temps les éléments matériels du fer s'arrangent de manière à exercer le minimum de résistance, et il s'arrête ainsi dans le fer une quantité $q\bar{E}$ d'équivalents, de même qu'une autre quantité égale s'arrête dans l'électrohode. Ainsi, cet appareil, appelé *électromagnète*, provoque l'accumulation d'une double quantité d'équivalents arrêtés, lesquels s'écoulent simultanément en arrière, quand le circuit vient à être rompu.

Il y a donc trois espèces d'écoulements : 1° celui de l'électrohode déployé ; 2° celui de l'électrohode replié en hélice, et 3° celui de l'électromagnète.

Les physiciens connaissaient l'écoulement inverse, mais ils en ignoraient la cause ; aussi se sont-ils trouvés hors d'état d'analyser et de séparer les cas différents dans lesquels se sont produits les faits observés, qui sont aussi différents. Cependant, pour ne pas trop nous éloigner de la terminologie, il faut indiquer à quelles causes ou à quelles propriétés ont été attribués les faits observés.

1° L'écoulement inverse décroissant des équivalents est appelé *électricité polarisée*, quand l'électrohode est déployé, ou mieux quand les deux électrohodes mn et $m'n'$, plongés dans un électrolyte B (fig. 17), sont détachés des lames Z et C pour être plongés m' dans la cloche t' (fig. 11) du voltamètre, et m dans la cloche t. En ce cas, les équivalents suffisent pour décomposer l'eau et produire les gaz. Cependant cette décomposition atteint tout d'abord en commençant son maximum, et, après avoir diminué rapidement, elle s'interrompt.

2° L'écoulement inverse et également décroissant des équivalents reçoit le nom d'*induction*, quand l'électrohode est replié en une hélice dont les tours sont en contact ; il est indifférent que l'hélice forme une bobine vide au milieu ou qu'il se trouve à son milieu un cylindre de fer doux ; ce cas diffère du précédent par la densité supérieure des équivalents écoulés.

3° Quand le cylindre de fer doux est séparé en deux moitiés, il y a alors deux bobines, et un écoulement des équivalents électriques se montre entre les deux bases en face des deux cylindres. Cet écoulement ne s'opère pas en lignes droites parallèles aux axes des deux cylindres, mais il suit une direction hélicoïdale parallèle à celle des plis. Le fer doux acquiert, à cause de cette direction, quelques-unes des propriétés du magnète, ce qui a fait donner à cet appareil le nom d'*électromagnète*, qui diffère de la polarisation et de l'induction par l'écoulement continuel des équivalents des densités invariables.

Dans cette section seront expliqués des faits attribués à une électricité naturelle, à une électricité polarisée, et ceux attribués à une induction; ces derniers sont produits par des bobines vides, par des bobines simples ou par des bobines doubles, telles que celles des électromagnètes.

CHAPITRE PREMIER.

COURANTS DIRECTS OU ÉLECTRICITÉ NATURELLE.

On considère dans l'écoulement d'un fluide : 1° la cause qui maintient l'écoulement; 2° la cause qui détermine la direction, et 3° la cause de la vitesse.

I. Dans tous les fluides, la cause motrice est l'électricité de leurs équivalents, électricité qui est due à la tendance naturelle de ces équivalents pour augmenter en volume. Cette tendance se manifeste comme une répulsion R qui s'exerce entre les équivalents; ces derniers ne peuvent pas se répandre, quand la résistance R′ est supérieure ou égale.

II. L'écoulement des équivalents commence à s'opérer du point *o* où la résistance R′ est inférieure à la répulsion R, et ce point *o* détermine la direction de l'écoulement.

III. La vitesse n'est pas un effet des équivalents $\overset{+}{E}$ et $\overset{-}{E}$ positifs et négatifs qui peuvent prendre tous les degrés de densité, mais elle est l'effet de l'*électre* contenu dans ces équivalents; et cet électre possède la densité supérieure $d+d'$ dans les équivalents positifs $\overset{+}{E}$ et la densité d dans les équivalents négatifs $\overset{-}{E}$. Par suite, la vitesse est invariable dans l'écoulement des équivalents électriques; elle est aussi invariable dans l'écoulement des rayons $\overset{+}{E}{}^2\overset{-}{E}$ $\overset{+}{E}\overset{-}{E}{}^2$; mais ceux-ci s'écoulent 10,000 fois plus lentement que les équivalents électriques $\overset{+}{E}$ et $\overset{-}{E}$. Le *barogène* s'écoule avec une vitesse

10,000 fois plus grande que l'électricité; la cause de ces vitesses sera établie clairement dans la suite de cet ouvrage. Il suffit pour le moment d'indiquer que l'électre à l'état simple n'existe que dans le *barogène*, car dans les équivalent $\overset{+}{E}$ et $\bar{E}$ se trouvent les éléments des sept couleurs; et ces équivalents constituent la lumière et la chaleur.

Dans le vide, les fluides et les corps célestes ne rencontrent aucune résistance; il n'en est pas de même quand les écoulements s'opèrent par le milieu des corps. En ce cas, quelques physiciens admettent dans les corps des *pores* très-spacieux, tandis que les autres, prouvant l'absurdité d'une telle hypothèse, admettent l'existence d'un fluide appelé *éther* dont les corps sont pénétrés, précisément comme ils le sont ici par les rayons ou par les équivalents des deux électricités.

Les physiciens ayant admis le même *éther*, ou un autre pareil, pour expliquer la translation de la chaleur, étaient naturellement amenés à faire la même chose pour expliquer la translation les électricités au travers des corps. Le mode de l'écoulement des fluides au travers des corps a conduit à connaître que les mêmes éléments existent à l'état stationnaire dans ces corps.

Au lieu de quatre espèces d'éléments primitifs pour les quatre espèces du fluides, il n'y en a ici que deux, parce que de ces deux espèces, qui sont les équivalents positifs $\overset{+}{E}$ et les équivalents négatifs $\bar{E}$, sont composés 1° les combinés $\overset{+}{E}{}^2\bar{E}$ qui constituent la lumière, et 2° les combinés $\overset{+}{E}\bar{E}^2$ qui constituent la chaleur.

Il n'existe nulle part dans l'atmosphère ni éther, ni vide, ni pores; mais les éléments somatiques de l'air sont imbibés de lumière et de chaleur ou des rayons $\overset{+}{E}{}^2\bar{E}$ $\overset{+}{E}\bar{E}^2$. Dès que les rayons solaires arrivent aux limites de l'atmosphère, ils exercent sur leurs homonymes la pression P qu'eux-mêmes éprouvent de la part de leurs homonymes contenus dans le soleil. Les rayons stationnaires éprouvent de la part de l'air une résistance R=P—r inférieure à la pression P, et, cédant leur place aux rayons incidents, ils commencent à s'écouler dans le sol.

Pendant leur écoulement, une quantité des rayons s'arrête dans l'atmosphère par suite de la pression P et de la résistance R, et ces rayons s'écoulent en arrière après le coucher du soleil, quand cette pression P a cessé d'agir.

L'écoulement de l'électricité diffère de celui des rayons, et cela parce que les corps ne sont pas imbibés d'électricité positive $n\dot{E}$ et d'électricité négative $n\ddot{E}$, mais seulement des rayons qui ont pour éléments les combinés $\dot{E}^2\ddot{E}$, $\dot{E}\ddot{E}^2$, dont les équivalents sont les éléments des deux électricités.

Ainsi donc, l'incidence des équivalents positifs $\dot{E}$ dans un corps C exerce une pression P sur les équivalents homonymes stationnaires, qui sont en plus grande quantité dans les combinés $\dot{E}^2\ddot{E}$ de la lumière. De même, dans l'électricité par influence, les équivalents négatifs $\ddot{E}$ de la lumière $\dot{E}^2\ddot{E}$ et de la chaleur $\dot{E}\ddot{E}^2$ deviennent libres, et en se repoussant entre eux, ils s'écoulent vers le côté d'où ils éprouvent une résistance inférieure. De sorte que, pour chaque équivalent positif $\dot{E}$ qui avance, il y a un équivalent négatif $\ddot{E}$ qui recule, ou qui va en direction opposée.

De cette manière, la lumière et la chaleur s'écoulent, comme l'eau, suivant la loi statique; mais dans les équivalents électriques, l'écoulement d'une espèce décompose les combinés $\dot{E}^2\ddot{E}$, $\dot{E}\ddot{E}^2$ stationnaires des deux fluides précédents, et c'est ainsi que cet écoulement d'une espèce d'équivalents électriques devient la cause physique de l'écoulement de l'autre espèce d'équivalents en direction opposée.

Parmi les faits produits par l'électricité : 1° les uns prouvent l'écoulement d'un seul fluide : tels sont le mouvement du magnéto dans les rhéomètres, celui du tourniquet électrique, la translation de l'eau, etc. 2° Les autres faits prouvent l'existence des deux espèces de fluides : tels sont l'électroscope, le voltamètre, le perce-carte, etc.

Les physiciens connaissent l'écoulement des deux espèces d'équivalents ou directions opposées et ils expliquent facilement les faits de l'électroscope, du voltamètre, du perce-carte, etc., mais ce qu'ils ignorent, c'est que ces équivalents égaux contiennent des masses inégales de l'*électre* primitif. Il a donc un excès de cet électre qui s'écoule avec les équivalents positifs, et ainsi les corps mobiles cèdent à l'écoulement suivi des équivalents positifs.

Les corps C chauffés dans un fourneau, ceux C′ exposés au soleil et ceux C″ parcourus par l'électricité, se chargent de différents fluides réduits à l'état stationnaire par la pression P, et ils les répandent en arrière, quand cette pression est interrompue; 1° le corps C répand la chaleur quand il est placé dans un espace froid : 2° le corps C′ insolé répand la lumière quand il est transporté dans un lieu obscur, et 3° l'électrohode C″ laisse s'écouler les équivalents électriques positifs Ë ou négatifs Ë en arrière par l'extrémité d'où ils ont été introduits.

De cette manière, l'écoulement direct des fluides devient la cause d'un écoulement inverse qui apparaît au moment de l'interruption de l'écoulement précédent.

CHAPITRE II.

ÉLECTRICITÉ POLARISÉE OU COURANTS INVERSES.

Au moment de l'interruption de l'écoulement des équivalents électriques, il apparaît à l'extrémité *m* dans un électrohode *mn* un écoulement inverse des mêmes équivalents. Si les mêmes faits étaient produits par l'un et par l'autre de ces deux écoulements, le précédent serait appelé *courant direct*, et le postérieur, *courant inverse*.

Mais tel n'est pas le cas; car les faits produits par le courant direct en une unité de temps ne diffèrent pas de ceux produits dans l'unité suivante, tandis que le courant inverse produit, dans la première unité de temps, des faits supérieurs à ceux que pourrait produire le courant direct; ces faits ne se soutiennent pas, mais ils diminuent rapidement pour disparaître en quelques moments.

Les faits pareils restaient inexpliquables pour les physiciens, et ils ont reconnu dans les courants inverses des propriétés qui n'existent pas dans les courants directs. Pour cette raison, on a donné à cet écoulement inverse un nom insignifiant, on l'a appelé *électricité polarisée*, sans bien se rendre compte en quoi consiste la différence entre celle-ci et l'*électricité naturelle* dont la nature était également inconnue.

Nous montrerons ici que les écoulements inverses sont un effet physique des écoulements directs ; ceux-ci s'opèrent par la différence $P - R = p$ qui n'est autre que celle qui existe entre la pression P exercée sur le fluide ou sur le corps de la part de leurs homonymes, et la résistance R exercée sur le même fluide ou sur le même corps de la part de leurs homonymes qui se trouvent sur leur passage à l'état stationnaire; les faits matériels ne diffèrent pas des faits électriques.

La résistance R croît avec la longueur du tuyau ou de l'électrohode que doivent parcourir les corps ou les équivalents électriques, et en même temps que cette résistance, augmente aussi la masse réduite à l'état stationnaire, et diminue la masse μ écoulée chaque unité de temps. Ces faits deviennent très-évidents dans les corps élastiques qu'on introduit par l'extrémité M dans le tuyau MN au moyen d'une pression constante P.

Avant que l'écoulement commence par l'extrémité N, il faut une masse m pour remplir le tuyau; dès que l'écoulement de la masse μ commence à s'opérer, en chaque unité de temps une quantité égale μ pénètre dans le tuyau par l'extrémité M. Les parties introduites par M n'arrivent à l'extrémité N qu'après l'éloignement de toute la masse contenue dans le tuyau. C'est d'une manière semblable que s'opère l'écoulement de toutes les espèces des fluides.

Si le tuyau est long d'un mètre, et qu'il faille mille unités de temps à la partie c pour arriver de l'extrémité M à l'autre N, il n'en faut pas conclure pour cela que la partie c parcourra exactement un millimètre en chaque unité de temps, et voici pourquoi :

La masse totale m contenue dans le tuyau n'y est pas distribuée en densité égale, mais elle a une densité médiocre à l'orifice postérieur N; à partir de ce point, cette densité commence à croître avec l'éloignement, et elle atteint son maximum à l'orifice M de l'introduction. Si dans la moitié postérieure du tuyau est contenue la masse $\frac{1}{4}m$, la masse $\frac{3}{4}m$ sera contenue dans la moitié antérieure. Pour la même raison, si la partie c parcourt la première moitié du tuyau en 750 unités de temps, elle n'employera que 250 unités de temps pour parcourir l'autre moitié.

Il faut donc distinguer dans les écoulements des fluides 1° la masse μ qui s'écoule en une unité de temps; 2° la masse m stationnaire dans les tuyaux ou dans les électrohodes. Ceux-ci sont des tuyaux où s'écoulent les équivalents électriques des rayons $\bar{E}^2E$, $\bar{E}E^2$ limités par l'air; car celui-ci exerce sur les équivalents électriques une résistance analogue à celle qu'exercent les parois des tuyaux sur les corps solides, et poussés d'un orifice vers l'autre; il faut distinguer ici l'inégale densité de la masse m contenue dans l'électrohode. Ces faits servent à l'explication de l'écoulement inverse et de ses effets.

Au moment de l'interruption de la pression P s'interrompt également l'introduction de nouvelles masses, et en même temps l'écoulement de la masse μ; il se trouve en ce moment dans le tuyau MN, ou l'électrohode mn, la masse m dont le le maximum de densité D est dans l'extrémité M ou m de l'introduction.

Les équivalents homonymes exercent entre eux une répulsion r, qui est produite dans la première unité de temps par la densité D; ainsi, à cause de l'absence de la pression P, il s'écoule en cette première unité de temps, le maximum q des équivalents, et ceux qui restent s'étendent et occupent la place des équivalents éloignés : pour cette raison la densité diminue et devient $D - d$; car l'espace ε reste le même.

Dans la deuxième unité de temps s'écoule une autre quantité inférieure $\frac{1}{2}q$ d'équivalents et l'espace ε est occupé par la différence $m - q - \frac{1}{2}q$; aussi la densité diminue davantage, et devient $D - d - d'$. Dans la troisième et la $n^{ième}$ unité de temps, s'écoulent les quantités décroissantes $\frac{1}{2^2}q \dots \frac{1}{2^n}q$ d'équivalents, et l'espace ε est occupé par la différence $m - q - \frac{1}{2}q - \frac{1}{2^2}q \ldots - \frac{1}{2^n}q$; ainsi la densité diminue continuellement et devient $D - d - d' \ldots - nd$, sans cependant jamais disparaître entièrement.

Les écoulements inverses sont composés des mêmes éléments que les écoulements directs, et la différence ne consiste que dans les quantités de ces mêmes éléments qui sont égales en chaque unité de temps dans les écoulements directs, tandis qu'elles ne le sont pas dans les écoulements inverses ; il s'écoule au contraire, dans la première unité de temps, le maximum $n\mu$ qui surpasse de n fois la quantité μ qui s'écoulait en chaque unité de temps par le courant direct. Pendant les unités suivantes de temps, il s'écoule les quantités décroissantes $\frac{1}{2}n\mu$, $\frac{1}{2^2}n\mu$, $\frac{1}{2^3}n\mu \ldots \frac{1}{2^n}n\mu$.., sans que jamais cet écoulement disparaisse totalement.

Ainsi par le mot *électricité polarisée*, on doit entendre un écoulement inverse des équivalents électriques en quantités décroissantes et d'une durée indéfinie. De sorte que l'état physique de l'électrohode mn, avant d'être parcouru par le courant direct, n'est plus le même que celui auquel il est amené après l'interruption de ce courant. Cet électrohode montrera aux siècles à venir les traces de l'écoulement des équivalents électriques qui y resteront de la massse totale m.

Le même corps peut servir un nombre indéfini de fois comme électrohode aux écoulements divers des équivalents électriques; chacune des interruptions laisse à perpétuité ses traces propres. On peut retrouver dans les fils télégraphiques les traces de toutes les interruptions qui y ont eu lieu depuis leur établissement.

Nous n'avons constaté jusqu'ici que la cause de la durée perpétuelle des écoulements inverses des équivalents électriques; nous allons montrer maintenant l'effet de ces écoulements par l'explication de la reproduction des plantes et des animaux; reproduction restée jusqu'à présent un mystère : cette explication s'offre ici spontanément à l'auteur et sans qu'il l'ait cherchée.

Cet objet, de la plus haute importance pour la physiologie, a été exposé par nous dans un ouvrage intitulé : *Vie des plantes avant et après le Déluge.*

CHAPITRE III.

INDUCTION OU AUGMENTATION DE L'INTENSITÉ ÉLECTRIQUE.

Un ou deux couples (fig. 17) produisent dans les électrohodes *mn* et *m'n'* une quantité d'équivalents électriques médiocre et qu'on peut évaluer : 1° par l'électroscope aux électrohodes *mn* et *m'n'* séparés ; 2° par le voltamètre quand ces électrohodes arrivent aux cloches *i* et *i'* du voltamètre ; 3° par le rhoomètre quand les extrémités *n* et *n'* sont unies avec ses branches, et 4° par l'étincelle qui apparaît chaque fois que les extrémités *n* et *n'* des électrohodes viennent en contact ou se séparent.

Si le couple reste le même, cette étincelle devient plus forte si l'on ajoute à l'un ou aux deux électrohodes un fil de 100 à 200 mètres étendu ou roulé sur lui-même, de manière que les tours soient éloignés l'un de l'autre.

Si ce fil additionnel $\mu\nu$ couvert de soie est replié en hélice ou enroulé sur une bobine, l'étincelle produite par la fermeture du circuit reste la même que dans le cas où le fil $\mu\nu$ était étendu, mais l'étincelle produite au moment de l'ouverture du circuit est 100 fois plus forte ; son éclat est fort grand et son bruit en proportion.

Ce fait nouveau, différent de ceux observés dans l'électricité polarisée aux écoulements inverses, est évidemment produit par le contact des tours de l'hélice, parce que, du moment que ces tours sont éloignés l'un de l'autre, l'étincelle de la fermeture diffère peu de celle de l'ouverture du circuit. Les physiciens ont donné à ce fait le nom insignifiant d'*induction*, sans pouvoir expliquer et probablement sans savoir en quoi consiste cette prétendue induction.

Le contact entre les tours ne peut avoir d'autre effet que de faciliter l'écoulement inverse des équivalents pour arriver à la rupture par la voie la plus courte, en passant directement sans parcourir circulairement n tours l'un après l'autre. Par suite, les équivalents $ng\bar{\text{E}}$ s'écoulent en une unité de temps avec une densité nd, quand les tours sont en contact, et les mêmes $ng\bar{\text{E}}$ équivalents s'écoulent en n unités de temps avec une densité d, quand les tours ne sont pas en contact.

Ce passage d'un tour à l'autre ne s'opère pas dans l'écoulement direct des équivalents dont la densité d' est sensiblement inférieure à la densité d de l'écoulement inverse du fil déplié. La soie sert à empêcher le contact immédiat des tours, car alors les équivalents du courant direct passent d'un tour dans l'autre s'ils sont en contact.

Il faut donc mettre les tours en contact pour faciliter l'écoulement inverse des équivalents $ng\bar{\text{E}}$ qui s'opère en une unité de temps avec une densité nd. Il faut en même temps envelopper le fil de soie pour obtenir que les équivalents s'écoulent le long de tout le fil de m jusqu'à n, et cela pour que les équivalents $ng\bar{\text{E}}$ s'arrêtent; parce que, si les tours ne sont pas séparés par la soie, les n tours n'en formeront qu'un seul, et au lieu de $ng\bar{\text{E}}$ équivalents, il n'y aura d'arrêtée que la quantité $g\bar{\text{E}}$, dont l'écoulement en arrière ne peut avoir qu'une densité d pareille à celle qu'ont ces équivalents quand ils s'écoulent par des tours éloignés l'un de l'autre.

Ainsi la différence entre l'électricité polarisée et l'induction se réduit à l'écoulement inverse produit dans un cas par les tours séparés et dans l'autre par des tours en contact, quand on opère sur les électrohodes couverts de soie; mais quand les extrémités n et n' (fig. 17) sont plongées dans un électrolyte, en les y laissant on détache les extrémités m et m' des lames C et Z et on les plonge dans les cloches t et t' du voltamètre, où au commencement l'eau se décompose d'abord rapidement, puis ensuite plus lentement, jusqu'à ce que cette décomposition s'arrête entièrement.

Dans la bobine d'induction, on peut comparer chaque tour à un conducteur de machine électrique chargé d'équivalents électriques. La décharge successive de n conducteurs pareils produit la même répulsion et la même déviation au rhéomètre que produit la décharge d'un seul conducteur; la différence ne consiste que dans la durée qui est dans un cas de n unités de temps, tandis que dans l'autre cas, elle n'est que d'une seule unité de temps.

La quantité des équivalents arrêtés peut augmenter avec un fer doux quand il est entouré des tours d'un hélice; en ce cas augmente la densité des équivalents du courant inverse. Les bobines *armées* sont celles où l'électrohode est replié autour d'un cylindre de fer, et les bobines *vides* sont celles où est vide l'espace intérieur des tours. Telle est toute la différence entre les bobines armées et les bobines vides.

Les équivalents électriques de l'électrohode sont séparés dans les tours par deux couches de soie, tandis qu'ils ne sont séparés de la surface du fer que par une seule couche de soie. Les équivalents de l'électrohode exercent sur leurs homonymes dans le fer doux une répulsion et leur font prendre un écoulement parallèle. En même temps une certaine quantité d'équivalents s'arrête dans le fer doux, comme ils sont restés arrêtés dans l'électrohode.

Dans la bobine vide s'arrêtent les équivalents $ng\bar{E}$; dans la bobine armée ces équivalents arrêtés deviennent à leur tour la cause qui fait arrêter une autre quantité égale. L'écoulement hélicoïdal des équivalents dans les tours de l'électrohode s'opère aussi dans le fer, et c'est en cette direction que consiste la propriété magnétique qui se montre dans ce fer, comme cela sera démontré dans la section suivante.

En admettant le même nombre de tours et les mêmes dimensions dans une bobine vide et dans une autre armée, et ces bobines mises en communication avec des couples du même nombre 1° il se produit dans la bobine vide, par la rupture du circuit, un écoulement de $ng\ddot{E}$ équivalents électriques, et 2° dans la bobine armée il se produit l'écoulement inverse d'une double quantité d'équivalents $2ng\ddot{E}$.

Comme on ignorait la cause de l'induction, on ne pouvait pas connaître l'effet obtenu par l'armature de la bobine. Encore moins pouvait-on connaître l'accroissement des effets, quand les fils sont moins bons conducteurs et les couples plus nombreux. Dans des cas pareils, en effet, augmente la résistance r de la part des électrohodes, résistance qui doit être surmontée par un plus grand nombre de couples dans la pile. Avec la résistance r augmente aussi la quantité des équivalents $g\ddot{E}$ arrêtés dans chaque tour ; aussi les ruptures du circuit, produisent-elles, dans ces cas, des faits plus considérables.

Pour donner une idée des différences entre les résistances qu'opposent les équivalents stationnaires à l'écoulement de leurs homonynes, il suffit de citer le résultat obtenu par M. Pouillet d'une dissolution saturée de sulfate de cuivre dont la résistance r' a été trouvée 2,546,680 ou deux millions et demi de fois plus grande que celle r du platine.

Le choix du métal est différent pour l'électrohode ; mais non pas pour l'armature de la bobine qui doit toujours être en fer ; cela tient à un arrangement particulier des éléments matériels du fer qui se disposent de manière à opposer le minimum de résistance aux équivalents en écoulement. Cet arrangement des éléments matériels est le même que celui des lames des cristaux, qui ont une relation directe avec la résistance exercée sur les équivalents électriques en écoulement.

La décomposition d'un corps ne peut pas commencer sous l'influence d'un courant très-faible, et cela parce qu'il existe une pression P′ coercitive, que nous appelons ici *conservatrice*, qui maintient l'état présent de chaque corps. Pour provoquer quelque changement dans un corps, il est absolument nécessaire qu'il s'y exerce une répulsion suffisante pour surmonter cette pression P′. Nous pourrions comparer ce fait à celui d'une forteresse sur laquelle des milliers de balles arrivant successivement ne laissent aucune trace, tandis que quelques pièces de gros calibre déchargées simultanément suffisent pour ouvrir une large brèche.

1° Les courants directs exercent une répulsion de longue durée, mais faible; 2° les courants inverses simples attribués à l'électricité polarisée exercent une répulsion supérieure à celle du courant direct, et produisent des faits qu'on ne saurait obtenir de ce dernier courant; les courants inverses des bobines vides sont supérieures, mais d'une moindre durée que les courants de l'*électricité polarisée*; 4° les courants inverses des bobines armées exercent les chocs les plus rudes; les faits de ces courants ont été attribués par les physiciens à l'*induction*, mot qui n'avait pour eux aucune signification réelle.

Les faits que produit le même couple deviennent très-différents quand ils sont produits par le courant direct, par le courant inverse par la bobine vide ou par la bobine armée. Ces différences entre les faits n'existeraient pas, si la pression P′ coercitive manquait et n'agissait pas sur les corps; car alors chaque répulsion de la part du courant se communiquerait aux corps et pourrait ainsi être observée. Sans s'arrêter à cette distinction, les physiciens ont admis l'électricité polarisée et l'induction, ce qui n'a servi qu'à les éloigner davantage de la vérité.

Parmi les faits que produisent les bobines vides et les bobines armées, on distingue 1° ceux qui proviennent de la diminution de la résistance entre les équivalents électriques hétéronymes Ē et Ë, lesquels se trouvent en écoulements ou directions opposées; et 2° ceux qui proviennent de l'augmentation de la densité des équivalents électriques.

Entre chaque tour de l'électrobode et le fer doux diminue la répulsion *r* entre les équivalents électriques sans qu'il s'opère aucun changement dans la pression P' coercitive; par suite cette pression se répète dans chaque tour dont le nombre est *n*, et ainsi la pression totale exercée par les *n* tours sur le fer devient représentée par *n*P', et pour la vaincre il faut une répulsion égale *nr*; au moment de la rupture apparaît la répulsion *nr* en degrés décroissants et d'une durée égale à celle de la rupture.

La densité des équivalents écoulés en arrière, augmente en raison directe avec les *n* tours de la bobine vide, et cette densité devient double dans la bobine armée. Ces équivalents peuvent avoir, dans leurs écoulements inverses, des durées plus ou moins courtes; et les faits ont une relation directe avec ces durées et avec les intervalles de leurs interruptions obtenues par des appareils différents.

Dans les cas où les durées des écoulements sont courtes, mais où les ruptures des circuits sont longues, les rencontres des équivalents se prêtent à produire beaucoup de lumière et peu de chaleur; ces décharges sont comparables à celles des machines et elles ne conviennent pas à la décomposition de l'eau. Au contraire, quand les durées des écoulements sont longues et les durées des ruptures courtes, les décharges sont moins fortes, mais plus longues; et ce sont de semblables décharges qui se prêtent le mieux à la décomposition de l'eau, parce qu'elles s'approchent des courants des piles et de ceux de l'électricité polarisée.

Les appareils suivants ont été employés pour produire les faits qui ont été attribués à l'*induction;* ces faits trouvent ici leur explication dans la loi statique qui est la seule suivant laquelle s'opèrent tous les faits produits par l'écoulement des équivalents électriques.

I. — APPAREIL A DÉCOMPOSER L'EAU DE M. DE LA RIVE.

Les électrohodes *mn* et *m'n'* d'un couple ZC (fig. 17) ne sont pas conduits directement dans le vase B de l'électrolyte, mais l'un *m'n'* enveloppé de soie est replié pour former une bobine autour d'un cylindre en fer (fig, 21) et son extrémité *n'* arrive à l'électrolyte ou à la cloche *i'* du voltamètre. L'autre électrohode *mn* est coupé en deux, de manière à ce qu'une partie s'élève pour rompre le circuit en *b*, et celui-ci se ferme quand retombe la partie soulevée.

Figure 21.

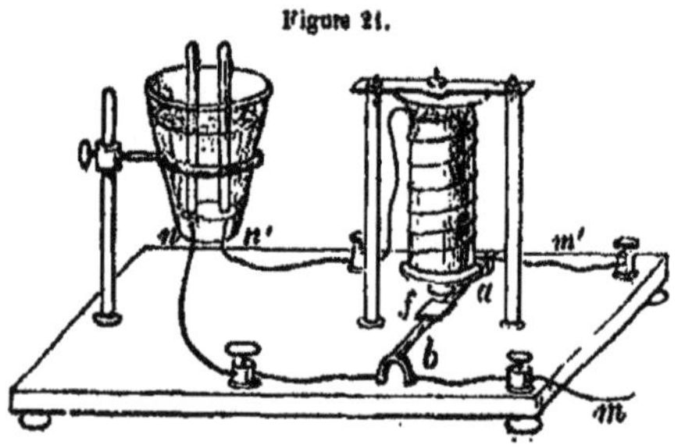

Cette élévation de la partie *mb* de l'électrohode *mn* est produite par un morceau de fer attaché au cuivre soudé sur la partie *mb* de l'électrohode *mn*. Quand le courant passe par l'électrohode *m'n'*, il magnétise le cylindre et lui donne la vertu de faire venir à lui le morceau de fer *b* qui soulève la partie *mb* de l'électrohode, et il se produit ainsi une rupture du circuit en *b*.

Les équivalents électriques positifs $\overset{+}{E}$ reculent vers la rupture de la part de l'électrolyte et les équivalents négatifs $\overset{-}{E}$ reculent vers la même rupture de l'électrolyte par l'électrohode *n'm'*, arrivent dans le couple, et par là sont conduits par la partie *mb* de l'électrohode *mn* à la rupture *b* où s'opère la rencontre de ces équivalents, d'où résulte une petite quantité de lumière visible dans l'obscurité.

En ce moment le cylindre en fer perd son magnétisme, et ne soutenant plus le morceau *b* de fer le laisse tomber pour fermer le circuit et laisser passer les équivalents électriques par le point *b*. Le cylindre se magnétise de nouveau et il produit une seconde rupture. De cette manière les ruptures et les fermetures se répètent fréquemment par seconde; la production des gaz augmente dans les cloches et devient quatre ou cinq fois supérieure à celle qui est produite par le même couple, quand les électrohodes *mn* et *m'n'* se rendent directement dans l'électrolyte, ainsi qu'on le voit dans la figure 17.

Explication. Les équivalents électriques éprouvent toujours la *répulsion r* de la part des lames C èt Z du couple, dans la figure 17 cette répulsion suffit à peine pour vaincre la pression P' coercitive des équivalents de l'eau, pour les faire se séparer, et ainsi se perd la plus grande partie de la répulsion *r*.

Les interruptions du circuit ne servent qu'à produire des écoulements inverses des équivalents abondants, suffisants pour vaincre la pression coercitive P' et pour décomposer en un court espace de temps une quantité supérieure d'équivalents d'eau.

En opérant dans le voltamètre avec les électrohodes directs *mn* et *m'n'*, on obtient en une minute dans la cloche *i* le volume *v* d'oxygène et dans la cloche *i'* le volume 2*v* d'hydrogène. En opérant de la même manière avec les électrohodes par des interruptions indiquées, l'hydrogène diminue dans la cloche *i'* et devient 2*v* — 2*v'*, et il s'y produit la quantité de 4 ou 5*v* volumes d'oxygène; au contraire, dans la cloche *i*, l'oxygène diminue et devient *v* — *v'*, et il s'y produit la quantité de 8 ou 10*v* volumes d'hydrogène.

Si l'appareil restant le même, le nombre des couples augmente, la relation indiquée des deux gaz change dans les cloches : il reste dans la cloche i' presque le même volume de 4 ou 5v d'oxygène, tandis que la quantité d'hydrogène y augmente; et dans la cloche i il reste presque la même quantité de 8 ou 10v d'hydrogène, mais c'est la quantité d'oxygène qui augmente : preuve évidente que l'appareil n'a pas pour effet d'augmenter la masse des équivalents électriques, mais de diminuer la perte de leur répulsion r.

II. — APPAREIL POUR PRODUIRE LA LUMIÈRE, DE M. RUHMKORFF.

Au lieu d'un cylindre en fer, on emploie ici un faisceau de gros fils de fer ; sur ce faisceau est replié d'abord un gros fil cc' de cuivre couvert de soie, qui est l'électrohode de la pile; et sur lui est replié un autre fil fin hh' de plus de 1,000 mètres de longueur : ce fil a l'extrémité inférieure h' en contact avec le gros fil cc', et l'autre extrémité h supérieure est sur la surface de la bobine. Les deux extrémités h et h' aboutissent dans une cloche vide, où s'opèrent les décharges et les rencontres des équivalents hétéronymes $\overset{+}{E}$ et $\overset{-}{E}$.

Figure 22.

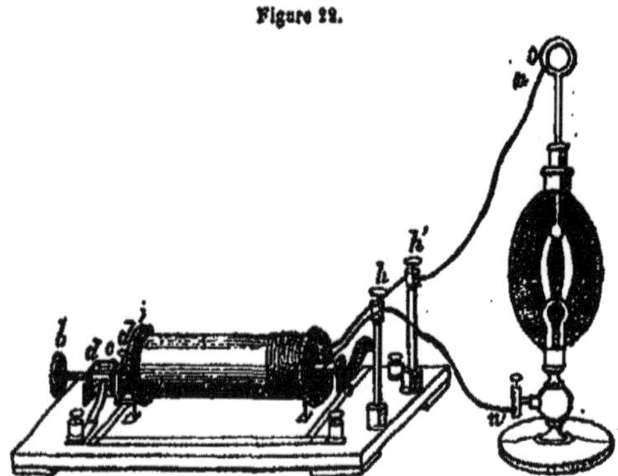

Dans l'appareil précédent la rupture b s'opère entre le

couple et l'électrolyte dans l'électrohode direct *m'n'*; de même ici la rupture s'opère, par le mécanisme de l'appareil précédent, dans le gros fil qui est un électrohode dont les deux extrémités communiquent avec le couple; cette partie s'appelle *interrupteur*. Il y a une autre partie dans l'axe du faisceau appelée *commutateur* qui sert à changer la direction du courant en faisant passer les extrémités de l'électrohode d'une lame du couple à l'autre.

Les deux extrémités du fil fin *h'h* d'induction sortent par deux trous pratiqués dans le disque de verre qui termine la bobine du côté de l'interrupteur; l'extrémité *h'* de la couche inférieure vient à la colonne de verre *h'*, l'autre *h* de la couche extérieure vient à la colonne *h*; de ces colonnes les deux extrémités sont conduites dans l'éprouvette destinée à les recevoir.

Si l'on raréfie l'air dans l'éprouvette, il s'y produit avec un seul couple de Bunsen une masse de lumière étincelante qui surpasse celle qu'on peut obtenir par les plus grandes machines électriques. Le flux de lumière arrivant de la bouche positive a des teintes rouges plus ou moins vives; l'autre qui part de la bouche négative a l'aspect d'enveloppes successives teintées de bleu plus ou moins foncé. De la colonne *h* se détache une étincelle quand on y approche le doigt, tandis que la colonne *h'* ne produit rien.

Explication. Des équivalents électriques du couple parcourent facilement le gros fil *cc'* et il met en mouvement parallèle leurs homonymes contenus dans le faisceau, tandis qu'ils ne font dans le fil fin *hh'* que déplacer leurs homonymes. Au moment de l'interruption, ceux-ci se déplacent et leur écoulement inverse s'opère dans la cloche par les extrémités ou les bouches du fil *hh'*. L'écoulement des équivalents positifs éprouve une résistance moindre que celui des équivalents négatifs.

Cette différence des résistances dans les rencontres favorise bien mieux la production des combinés $\ddot{E}^2\bar{E}$ de lumière que celle des combinés de chaleur ËË² qui est presque insensible. La quantité des équivalents consumés dans la production de nË²Ë combinés de lumière par unité de temps est celle qui est produite par la décomposition des 2nËË² combinés de chaleur. Pour cette raison au lieu d'une élévation de température on doit plutôt y chercher un abaissement.

La lumière observée est composée d'étincelles très-denses qui correspondent aux intervalles très-courts des ruptures du circuit cc'. L'excès d'équivalents positifs dans la bouche h positive y produit les teintes rouges, et leur quantité inférieure dans la bouche négative h' produit les teintes bleues. L'apparence d'enveloppes successives est l'effet des rencontres des équivalents hétéronymes qui prennent une divergence en s'écoulant de la bouche par des décharges qui dépassent le nombre de 100 par seconde.

L'accumulation des équivalents nË dans la colonne h est un effet 1° de la résistance qu'éprouvent ces équivalents pour se répandre sur le verre, et 2° de la résistance qu'ils éprouvent pour reculer dans le long fil cc'.

L'air et les vapeurs exercent des résistances aux écoulements des équivalents électriques et alors diminue la production de la lumière entre les bouches; mais celle-ci augmente de nouveau chaque fois que l'air devient raréfié.

III. — APPAREIL A PROUVER LES COURANTS ET LEUR DIRECTION, DE M. HENRY.

I. Deux fils mn et $m'n'$ parallèles couverts de soie sont repliés pour former une bobine (fig. 23); les extrémités m et n de l'un de ces fils mn, qui est l'électrohode, communiquent avec les lames C et Z d'un couple (fig. 17), et les extrémités m' et n' du fil d'induction $m'n'$ communiquent avec un rhoomètre : celui-ci reste en repos, et la déviation du magnète est nulle quand le circuit est fermé avec le fil *mn* ou quand il est ouvert.

Figure 23.

Le magnète éprouve, au moment de l'interruption du circuit, une déviation de γ degrés vers l'est, et il retourne immédiatement sur le plan magnétique. Au moment de la fermeture du circuit, le magnète éprouve la même déviation γ, mais vers l'ouest, et il retourne immédiatement sur le plan magnétique.

II. Au lieu de replier les fils *mn* et *m'n'* de manière à former une seule bobine, M. Henry les sépara et il forma de l'électrohode *mn* une bobine *a* (fig. 24) et du fil *m'n'* une autre bobine double *c* et *b*. En laissant, comme dans le cas précédent, communiquer les extrémités *m* et *n* de la bobine *a* avec le couple, et les extrémités *m'*, *n'* de la bobine d'induction *cb* avec le rhéomètre, il plaça la bobine *b* au-dessus de celle *a*. Le magnète éprouve en ce cas les mêmes déviations à l'est et à l'ouest que dans le cas précédent, à chaque fermeture ou ouverture du circuit.

Figure 24.

Au lieu de déplacer les équivalents électriques dans le fil d'induction *m'n'* au moyen de ceux déplacés dans l'électrohode *mn*, on peut produire les mêmes déplacements par les équivalents *nE* qu'émet un magnète puissant *ab* (fig. 25). Celui-ci, introduit dans le vide de la bobine, produit, de sa part au magnète *m* du rhéomètre qui communique avec les extrémités *m* et *n*, une déviation γ vers l'est, et puis ce magnète *m* retourne sur le méridien magnétique, comme dans le cas précédent, et il y reste en repos tant que le magnète *ab* reste dans la bobine. Au moment de l'éloignement du magnète *ab*, celui *m* du rhoomètre éprouve une déviation γ' vers l'ouest, et de là il retourne de nouveau dans sa position normale.

Figure 25.

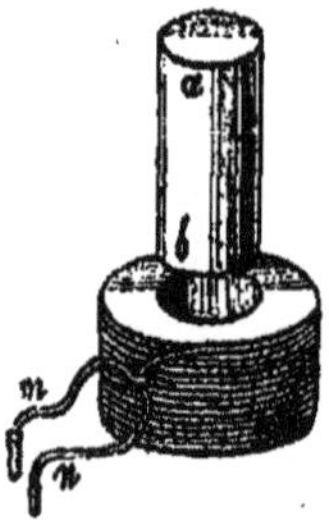

Si l'on renverse le magnète *ab* pour introduire dans la bobine l'autre extrémité *a*, le magnète *m* du rhoomètre dévie vers l'ouest; tandis qu'il dévie vers l'est quand le magnète *ab* est éloigné du milieu de la bobine *b*. Le même effet est produit chez le magnète *m* si, après avoir renversé le magnète *ab*, on introduit l'extrémité précédente *b* de l'ouverture inférieure de la bobine.

III. Le même magnète *ab* ne produit pas cet effet sur le magnète *m* du même rhoomètre quand la bobine *mn* reste la même et quand on ne change que la vitesse avec laquelle s'approche le magnète *ab*; si celui-ci s'approche d'une manière vive et rapide, la déviation γ' est grande; celle-ci est médiocre, au contraire, s'il s'approche lentement. Le même effet a lieu pour la déviation produite par l'éloignement du magnète *ab*. Il devient ainsi possible de produire des déviations inégales dans l'un ou dans l'autre sens, en employant des vitesses inégales dans le rapprochement et dans l'éloignement du magnète *ab*.

IV. Si l'on unit avec un second rhoomètre le fil *mn* de la bobine *a* (fig. 24), leurs magnètes *m* et *m'* éprouvent des déviations égales quand on ferme ou quand on ouvre le circuit; mais si l'on tient dans ses deux mains les extrémités $\mu\nu$ de l'électrohode *mn* coupé, on éprouve un choc ou une forte commotion, quand le circuit *mn* s'ouvre; tandis qu'on ressent à peine l'impression produite par la fermeture. C'est le contraire qui a lieu pour la commotion produite quand on tient dans ses mains les extrémités *m'* et *n'* du fil d'induction de la bobine *c* et *b*. La commotion y est forte quand on ferme le circuit du fil *mn*, et elle est à peine sensible quand on ouvre ce circuit.

A ces commotions correspondent aussi les effets de l'aimantation des aiguilles placées dans la spire magnétisante des fils *mn* ou *m'n'*; dans un cas ces aiguilles n'éprouvent aucun changement, et dans l'autre elles sont aimantées jusqu'à saturation complète.

V. Avec le nombre des couples augmente aussi la commotion produite par la fermeture, surtout si la longueur de l'électrohode diminue et si son épaisseur augmente; dans ces cas, la commotion de la rupture reste la même ou même elle diminue, si la longueur de l'électrohode diminue, de sorte qu'on obtient des effets presque égaux en faisant la comparaison entre les déviations, les commotions et l'aimantation.

Explication. Rien n'est plus instructif que les faits observés et produits par l'appareil de M. Henry; ces faits se présentent avec une netteté telle qu'ils ont permis aux physiciens d'établir toutes sortes de fausses hypothèses : la seule chose qu'ils ont négligé, et par la bonne raison qu'ils l'ignorait, c'est la loi statique qui sert à expliquer les faits électriques.

I. Les équivalents électriques repoussés des lames métalliques du couple s'écoulent dans le circuit composé d'un électrohode *mn* (fig. 23 et 24), et cet écoulement est aisément constaté, quand ce circuit est coupé au milieu pour produire deux électrohodes *mμ* et *nν* dont on joint les deux extrémités libres avec un rhéomètre, afin de prouver que son magnète *m* ne retourne pas, après la déviation γ, dans sa position normale sur le plan du méridien magnétique, mais que, tant que dure la fermeture, l'écoulement des équivalents électriques se maintient et la déviation γ aussi.

Au moment de la rupture du circuit, le magnète *m* éprouve la déviation γ pour retourner à sa position normale, qu'il dépasse même de la somme $-\gamma$, sans pourtant s'y arrêter;

car il revient immédiatement sur lui-même et s'arrête à sa position sur le plan du méridien magnétique.

La déviation négative $-\gamma$ est produite par l'écoulement inverse de la quantité QË d'équivalents électriques, comme cela vient d'être constaté dans l'électricité polarisée et dans les appareils d'induction. Les déviations momentanément observées dans le rhoomètre entre les extrémités *m'* et *n'* (fig. 23) prouvent que, pendant la fermeture, il n'existe pas dans ce fil un écoulement continuel d'équivalents électriques ; il s'y opère seulement des oscillations en un sens au moment de la fermeture du circuit *mn*, et en sens opposé au moment de l'ouverture de ce circuit.

Les déviations γ et $-\gamma$ en sens divergents prouvent l'égale quantité de l'électre écoulé par les équivalents QË déplacés au moment de la fermeture et au moment de l'ouverture du circuit.

II. Supposons le fil *m'n'* replié séparément pour former une bobine *b* (fig. 24); cette bobine *b* placée sur celle *a* formée par l'électrohode *mn* éprouve entre ses extrémités *m'n'* les mêmes oscillations d'équivalents électriques que celles qui avaient lieu dans le cas précédent (fig. 23).

1° Quand le magnète *ab* (fig. 25) s'approche de la bobine, on voit se produire la même oscillation que produit sur la bobine *b* (fig. 24) la fermeture du circuit *mn*; 2° l'éloignement du magnète *ab* (fig. 25) produit l'oscillation $-\gamma$ divergente, comme cela a lieu au moment de l'ouverture du circuit *mn* (fig. 24). La masse d'électre *qe'* s'écoule donc à l'est et à l'ouest, et produit les déviations égales γ et $-\gamma$ du magnète *m* du rhoomètre.

Il faut que la quantité QË d'équivalents positifs s'écoule pour que puisse s'écouler aussi, dans la même direction, le superflu de la masse *qe'* d'électre; mais les équivalents QË exercent, dans le fil *m'n'* d'induction et dans l'électrohode *mn*, le déplacement d'une égale quantité de leurs homonymes, déplacement qui a pour effet les commotions et les aimantations. Cette distinction des effets de l'électre *qe'* et des équivalents QË et QĒ a été remarquée aussi entre les faits observés sur le rhéomètre, l'électroscope et le voltamètre : 1° le rhéomètre n'indique le superflu de la masse *qe'* de l'électre écoulé avec les équivalents QË ; 2° les deux autres appareils ne servent qu'à déterminer la quantité Q des équivalents électriques Ë et Ē écoulés en une unité de temps. Ces équivalents sont ceux qui produisent la commotion et l'aimantation correspondantes à la densité instantanée des équivalents écoulés QË et QË ; tandis que l'excès *qe'* d'électre écoulé à gauche ou à droite produit les déviations γ et $-\gamma$ du magnéto *m*.

III. Les déplacements des équivalents électriques s'opèrent dans le fil *mn* : 1° par la pression P exercée sur les équivalents de la chaleur par les lames C et Z du couple (fig. 17), et 2° par la résistance R qu'exercent les faces *f* et *f'* des lames cristallines de l'électrohode *mn*. La quantité QË d'équivalents est, pendant la fermeture, momentanément arrêtée, et ne reprend son cours qu'au moment de la rupture ; mais quand cette quantité QË est arrêtée dans le fil *mn*, elle repousse une quantité égale QË du fil *m'n'* et la fait s'écouler de ses extrémités *m'* et *n'* en dehors, en produisant un choc ou un courant inverse. Ainsi donc le courant direct de la fermeture de l'électrohode ou du fil *mn* produit un courant inverse dans le fil d'induction *m'n'* replié dans la même bobine (fig. 23) que le fil *mn*, ou dans une bobine séparée *b* et *c* (fig. 24).

Au moment de la rupture du fil *mn*, s'écoulent les équivalents arrêtés QË en arrière, et ils laissent en ce moment s'écouler directement les équivalents QË déplacés en dehors du fil *m'n'* d'induction de la bobine *b* et *c* (fig 24) ou de la bobine (fig. 23).

L'écoulement direct dans le fil *mn*, qui est l'électrohode, correspond donc à l'écoulement inverse dans le fil *m'n'* d'induction et *vice versâ* l'écoulement inverse de l'électrohode *mn* correspond au courant direct du fil *m'n'* d'induction.

L'écoulement direct dans l'électrohode *mn* s'opère graduellement, et de la même manière s'opère la suppression des équivalents QË qui font s'écouler en dehors un fil *m'n'* la quantité QË dans la même proportion. La densité de l'écoulement direct des équivalents QË dans l'électrohode *mn*, correspond donc à celle de l'écoulement inverse dans le fil *m'n'* de la même quantité des équivalents.

Dans la rupture du fil *mn* les équivalents QË se précipitent dans l'électrohode *mn* instantanément en arrière et ils occasionnent une précipitation directe aux équivalents égaux QË, qui, étant dehors, pénètrent dans le fil d'induction *m'n'* en y produisant un choc égal à celui qui est produit dans la rupture du fil *mn* par l'écoulement inverse de la même quantité QË d'équivalents.

IV. Les équivalents *q*Ë émis du magnète *ab* (fig. 25) ne produisent pas dans le fil *mn* un écoulement continuel d'équivalents pareil à celui qui est produit dans l'électrohode par le couple, mais ces équivalents *q*Ë du magnète exercent un déplacement des équivalents homonymes dans le fil *mn*; ces mêmes équivalents *q*Ë s'écoulent en sens inverse au moment de l'éloignement du magnète *ab*.

Le rapprochement et l'éloignement rapide du magnète *ab* produisent des écoulements prompts des équivalents électriques, et alors les secousses sont violentes; au contraire, celles-ci sont à peine sensibles quand le rapprochement ou l'éloignement du magnète *ab* se fait lentement.

V. Ainsi qu'on a placé la bobine *b* sur la bobine *a* (fig. 24), on peut en placer une troisième *d* sur la deuxième *c* et une quatrième *f* sur la troisième *e*, et ainsi de suite. Les équivalents électriques de toutes ces bobines éprouvent un déplacement en sens inverse les uns des autres, toujours par la répulsion exercée entre les équivalents électriques.

1° La fermeture du circuit dans l'électrohode *mn* fait qu'il s'y arrête la quantité QË d'équivalent; 2° ces équivalents supprimés dans le fil mn permettent à une égale quantité QË de s'écouler en dehors du fil $m'n'$ des bobines b, etc.; 3° cet écoulement en dehors des équivalents QË du fil $m'n'$ de la bobine c fait pénétrer une quantité égale d'équivalents QË dans le fil $m''n''$ de cette même bobine ; 4° les équivalents déplacés dans le fil $m''n''$ par la pression de ceux du fil $m'n'$ font s'écouler en dehors des équivalents QË du fil $m'''n'''$ de la bobine f, et ainsi de suite; en g est le fil $m'''n'''$ replié en spirale, où l'on place les aiguilles qui doivent être aimantées.

Les courants induits sont de la même nature que les courants primitifs et produisent les mêmes effets; la différence ne consiste que dans l'origine de la cause motrice à laquelle obéissent les équivalents électriques QË dont la densité change à cause de la durée inégale de leurs écoulements en avant ou en arrière.

CHAPITRE IV.

ÉLECTROMAGNÈTE ET SES EFFETS.

Cet appareil consiste en une barre de fer doux autour de laquelle est replié un électrohode long *mn* (fig. 26) couvert de soie. Cette barre, divisée en deux moitiés égales, laisse apparaître les deux bases *b* et *b'* des barres ou des cylindres qui sont en face et qui sont appelées *bouches*, parce que

Figure 26.

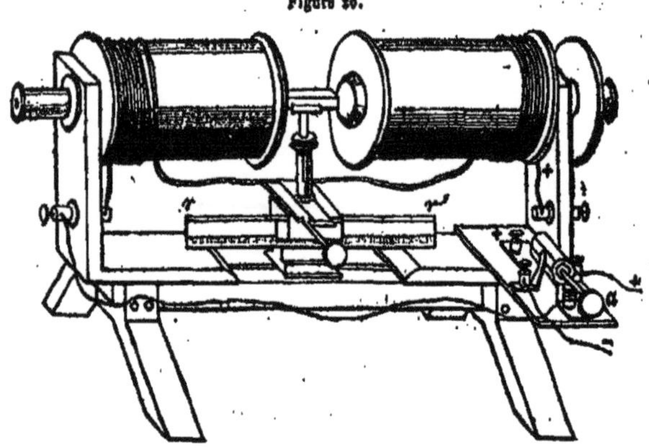

par ces faces ou par les armatures y adaptées s'écoulent les équivalents électriques $n\ddot{E}$ et $n\bar{E}$. Les deux bobines ne communiquent entre elles que par l'électrohode *mn* qui n'éprouve aucune interruption et qui unit le couple C d'une extrémité de la pile avec le couple C′ de l'autre extrémité; les extrémités m et n' se déplacent d'un couple C à l'autre C′ par le commutateur a.

L'intervalle i, qui sépare les deux bouches, s'appelle ici *anastomose*, et la ligne qui unit les sommets des deux bouches s'appelle *axiale*. Si les deux bouches b et b' des barres sont mises en communication avec un rhoomètre, son magnète m dévie, et dans cette déviation γ il reste la preuve que les équivalents électriques s'écoulent d'un cylindre dans l'autre et dans le même sens que ceux qui s'écoulent par l'électro hode mn qui peut être aussi mis en communication avec un autre rhoomètre dont le magnète m' éprouve la même déviation γ.

Les barres ou les cylindres (fig. 26) de fer doux ne doivent donc pas être comparés aux bobines des fils $m'n'$ d'induction parallèles ou superposées qui ne laissent pas un écoulement continuel aux équivalents électriques, mais ceux-ci y éprouvent seulement une oscillation produite par les ouvertures et les fermetures du circuit.

Les bobines sont appelées *vides* quand le fil est replié autour de lui-même ou sur un morceau de bois, et elles sont *armées* quand le fil est replié autour d'une barre de fer doux. Les électromagnètes sont des bobines doubles et armées.

Au lieu de séparer la barre de fer en deux, on peut lui faire prendre la forme d'un fer à cheval, et après que l'électrohode a été replié autour de ses deux branches, la barre devient un électromagnète à bouches horizontales et non pas opposées comme dans le cas précédent. Pour leur rendre cette position, on se sert des armatures adaptées sur les deux faces horizontales.

L'électromagnète *jumeau* (fig. 27) consiste en deux électromagnètes en fer à cheval : chacun de ces deux électromagnètes est composé de deux bobines formées des électrohodes mn et $m'n'$ couverts de soie.

Les faits sont produits par les écoulements des équivalents entre les bouches des barres qui sont des bobines armées, quand les équivalents électriques sont introduits par les électrohodes *mn* et *m'n'*, mais ces faits sont aussi produits par les électrohodes quand les équivalents sont introduits par les bobines armées, et non pas directement d'une pile.

Figure 27.

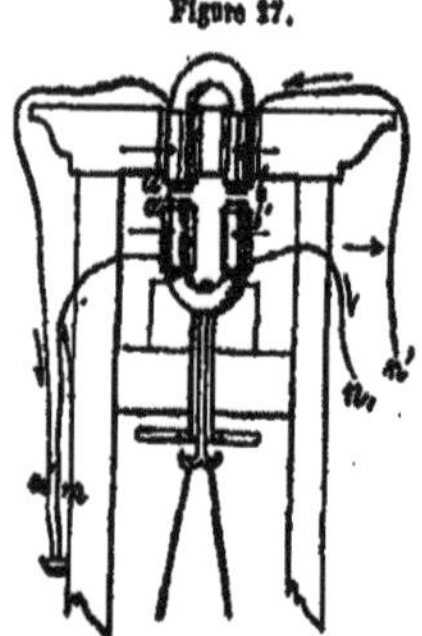

En un mot un électromagnète n'est autre chose que deux bobines armées et égales, unies entre elles par l'électrohode ayant les bases à des distances médiocres pour pouvoir vaincre, par la répulsion de leurs équivalents électriques, la résistance R qu'ils éprouvent de la part de la couche d'air de l'intervalle *i*.

Les équivalents électriques suivent la même direction hélicoïdale dans l'intervalle *i* et dans les barres *b* et *b'* que celle qu'ils suivent dans l'électrohode replié en hélice; comme cela devient évident dans l'aimantation des barres durant cet écoulement hélicoïdal des équivalents électriques dans l'électrohode.

1. — ÉLECTROMAGNÈTE DE RUHMKORFF.

Cet appareil (fig. 26) consiste en deux bobines armées et égales ayant leur axe sur la même ligne; les bases *b* et *b'* en face sont les pôles appelées ici *bouches*. Sur ces faces se vissent des pièces différentes de fer doux de diverses formes afin de mieux approprier ces bouches aux faits qu'on veut produire par l'écoulement des équivalents électriques : précisément comme l'on fait dans l'orifice des jets-d'eau pour donner à l'écoulement de l'eau des formes diverses.

Les équivalents électriques écoulés d'une pile par l'électrohode maintiennent l'écoulement des équivalents électriques entre les bouches ; pour cette raison leur densité est égale dans l'électrohode et entre les bouches, quand celles-ci ont la même épaisseur que l'électrohode.

La direction de l'écoulement est *hélicoïdale* entre les bouches, comme elle l'est dans l'électrohode ; c'est pourquoi les répulsions des directions hélicoïdales exercées sur les corps par les bouches diffèrent de celles exercées par les mêmes équivalents écoulés dans la rupture $\mu\nu$ opérée dans l'électrohode *mn*, où les répulsions sont rectilignes.

Les bobines ne peuvent être armées que de barres de fer et non pas d'autres métaux, car les faces des lames de fer sont les seules qui cèdent aux écoulements des équivalents électriques et prennent un arrangement hélicoïdal propre à exercer le minimum de résistance. Dans la section suivante nous expliquerons la nature des magnètes, et c'est alors que ressortira avec une pleine évidence la différence entre les magnètes et les électromagnètes.

Les faits produits par les équivalents électriques dans l'intervalle sur les corps sont de deux espèces : 1° les uns proviennent de la répulsion entre les équivalents homonymes, et 2° les autres, des combinaisons de ces équivalents entre eux : tels sont par exemple les faits suivants.

I. Avant de fermer le circuit on dispose sur la règle *r r'* (fig. 26) un support auquel est suspendu par un gros fil de soie le cube solide de cuivre (fig. 28) ; on donne à ce fil une forte torsion, de manière que le cube tourne entre les deux bouches avec une grande vitesse. Ce mouvement s'arrête à l'instant où l'on ferme le circuit, et il ne recommence qu'au moment que le circuit est ouvert, pour s'arrêter de nouveau si le circuit devient fermé.

Figure 28.

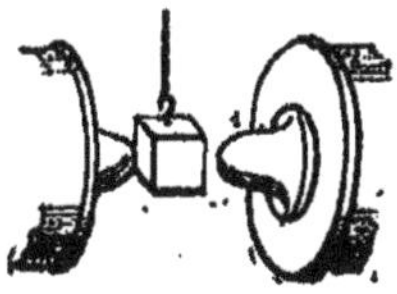

II. Les métaux, les moins bons conducteurs des fluides

électriques ne jouissent pas de cette propriété au même degré; les corps qui, comme le bois, ne conduisent pas l'électricité restent parfaitement insensibles.

III. Au lieu d'un cube massif, M. Metteucci en composa un de trois paires *a a'*, *b b'*, *c c'* de lames carrées de cuivre très-minces, séparées l'une de l'autre par un vernis non conducteur. Quand les lames verticales *a a'* ou *b b'* sont dans la ligne axiale, le cube vide est arrêté dans son mouvement comme le cube solide. Mais si lesdites lames sont parallèles à la ligne axiale, ou si les lames horizontales *c* et *c'* des bases sont au même niveau que cette ligne, le cube vide ne s'arrête pas.

IV. Un tore de bronze de 7 à 800 grammes parfaitement équilibré par un axe d'acier a été mis par M. Foucault en rotation au moyen d'une machine à engrenages, de manière à faire aisément 150 tours par seconde dans la ligne axiale, quand est ouvert le circuit. A l'instant où l'on ferme le circuit, on commence à éprouver à la manivelle une assez forte résistance, et il faut beaucoup augmenter la force pour produire 75 tours par seconde. Le mouvement du tode s'arrête au moment ou l'on abandonne la manivelle; si ce mouvement a duré 3 ou 4 minutes, la température du tore s'élève à 45°, celle du local où l'on opère étant 18°.

V. Le même appareil (fig. 26) produit une *détonation* par la rupture du circuit de la manière suivante. Les extrémités *n* et *n'* des deux électrohodes *mn* et *m'n'* restent unis quand on fait les expériences précédentes. Ces extrémités peuvent servir à fermer ou à ouvrir le circuit, et alors s'y produit les écoulements inverses comme dans les bobines simples. Si la pile consiste en un petit nombre de couples, il n'apparaît au moment de la fermeture, ni bruit ni étincelle; mais au moment de l'ouverture, on entend une véritable détonation, presque comparable à un coup de pistolet. Ces détonations peuvent être répétées rapidement; elles sont d'autant plus fortes que le point de jonction et de séparation des extrémités n et n' des mn et $m'n'$ électrohodes est plus voisin de la ligne axiale ; cependant l'effet est encore sensible quand ce point de jonction en est écarté de plusieurs centimètres et même de quelques décimètres.

En même temps la lumière de l'étincelle prend un grand développement : elle paraît comme une flamme allongée.

Explication des faits. 1° Les mouvements arrêtés sont l'effet d'une pression exercée de la part de l'écoulement des équivalents électriques ; 2° de même effet a lieu pour les vibrations des tours de l'électrohode qui produisent le bruit. 3° La lumière et la chaleur sont des produits de la combinaison des équivalents électriques.

I. L'écoulement des équivalents électriques éprouve dans le cube solide une résistance $R - r - r'$ moindre que celle $R - r'$ dans le cube vide, et cela à cause de l'air contenu dans ce cube, car l'air, à cause des équivalents positifs $\ddot{E}$ de son oxygène $\bar{O}\ddot{E}_{n}$ exerce la résistance supérieure R.

1° En admettant la quantité $q\ddot{E}$ d'équivalents électriques écoulés par l'espace ε d'air égale à celui occupé par les cubes C et C' dont l'un C solide et l'autre C' vide, 2° il s'écoule par le même espace la quantité $(q + q')\ddot{E}$ d'équivalents électriques quand cet espace est occupé par le cube vide C', et 3° la quantité $(q + q' + q'')\ddot{E}$ d'équivalents, quand il est occupé par le cube solide C.

1° Si la pression P est exercée sur l'air parcouru par la quantité $q\ddot{E}$ d'équivalents, 2° la pression $P + p$ est exercée sur le cube C' vide et sur l'air qu'il contient et qui est parcouru par les équivalents $(q + q')\ddot{E}$ en une unité de temps; 3° enfin la pression $P + p + p'$ est exercé sur le cube massif, parce qu'il laisse s'écouler par son milieu la quantité supérieure $(q + q' + q'')\ddot{E}$ d'équivalents en une unité de temps.

Les cubes solides C'', C'''... des métaux moins bons conducteurs laissent s'écouler des quantités $(q + q')\ddot{E}$ inférieures d'équivalents, qui exercent une résistance $R - r'$ et éprouvent pour cela une pression $P + p$ comme le cube C' vide.

La loi statique se laisse aisément constater dans chaque production d'une destruction d'équilibre, ou dans chaque pression $P, P + p, P + p + p'$... qui sont toujours proportionnelles aux quantités des équivalents Ē écoulés. Cet objet sera traité en détail et séparement, car les physiciens ont attribué les faits de cette nature au *diamagnétisme*.

II. Le bruit est aussi un fait mécanique qui a pour cause le renversement de la direction des équivalents électriques écoulés par les barres et les bobines. L'ébranlement produit entre les tours et la surface des barres est à son maximum quand la rencontre électrique s'opère sur la ligne axiale. Cet ébranlement diminue quand la rencontre en est éloignée, et il disparaît entièrement quand elle se produit à une distance de quelques décimètres de la ligne axiale.

Le bruit des séparements électriques est l'effet de l'ébranlement entre les tours de l'électrohode et la surface des barres. Cet ébranlement est communiqué à l'air ambiant où se forment les ondes sonores. Le *tonnerre* aussi n'est autre que les ondes sonores produites par l'ébranlement opéré dans l'air et les vapeurs des nuages, dont se séparent les équivalents électriques.

III. La résistance exercée sur le tore est de la même nature que celle qui est exercée sur le cube massif. La production de chaleur a pour cause : 1° les équivalents positifs Ē accumulés sur la surface du tore par le frottement contre l'air, et 2° les équivalents négatifs Ē écoulés de la bouche b'. Dans la machine d'Arago sont également produits les équivalents positifs Ē, mais il n'y a pas d'équivalents négatifs Ē pour produire une chaleur comme ici.

IV. Parmi les faits que produisent les équivalents électriques de cet appareil, on a donné à un grand nombre une autre origine, savoir le *diamagnétisme*. Ces faits vont être ici expliqués séparément, parce qu'ils se présentent détachés de même qu'ils le sont dans les ouvrages des physiciens ;

par ce moyen nous en rendrons l'explication plus facile pour ceux qui les connaissent déjà.

II. — ÉLECTROMAGNÈTE JUMEAU DE M. POUILLET.

Deux électromagnètes *ab* et *a'b'* (fig. 27) égaux présentent deux fers à cheval qui ont les branches *a*, *b'* et *b*, *a'* opposées. L'électrohode *mn* a son extrémité *n* soudée au couple C qui est le premier de la pile, et après qu'on en a roulé une moitié sur une branche *a'* et une autre moitié sur l'autre branche *b'* du fer, son extrémité *m* plonge dans le mercure d'un godet. L'électrohode *m'n'* a son extrémité *n'* soudée au dernier couple C' de la pile, et après que l'on a enroulé autour des deux branches *a* et *b* de l'autre fer à cheval, il arrive avec son extrémité *m'* au mercure du même godet. La longueur de chaque électrohode est d'environ 1000 mètres, et le nombre des couples de la pile est de 24 à 30.

Ces deux électromagnètes n'obéissent qu'à leur pesanteur, quand ils ont les branches *ab'* et *ba'* en contact et quand le circuit est ouvert; mais dès que le circuit est fermé, quatre des branches s'attachent si fortement l'une à l'autre, qu'il faut souvent presque un poids de 1000 kilos pour détruire leur adhérence.

En soulevant les extrémités *m* et *m'* des électrohodes pour les faire sortir du mercure et rompre le circuit, il apparaît une large étincelle, tandis que les électrohodes courts de la même pile ne donnent qu'une étincelle à peine visible. Si l'on prend avec les mains un peu humides les deux extrémités *m* et *m'* des électrohodes pour les tirer hors du mercure, on reçoit une commotion presque foudroyante.

Explication. Les faits observés sont mécaniques et électriques; les premiers ont pour cause la diminution de la résistance entre les tours et les barres, diminution produite par les équivalents hétéronymes qui s'écoulent en éprouvant du dehors la pression normale P′ de la part de leurs homonymes, tandis qu'ils n'exercent entre eux presque aucune répulsion.

I. Les quatre branches des deux électromagnètes éprouvent de la part des équivalents ambiants la pression invariable P′, qui est toujours la même, que le circuit soit fermé ou bien ouvert; l'adhérence entre les branches n'a pas lieu dans le circuit ouvert, parce qu'alors la même pression P′ est exercée de tous les côtés. Après la fermeture cette pression disparaît du milieu des tours et des barres de fer, et par suite de cette destruction d'équilibre par défaut de répulsion intermédiaire, les quatre branches éprouvent une pression nP' qui est proportionnelle au nombre n des tours et à leur périphérie π.

II. Les larges étincelles qui se montrent dans l'ouverture du circuit sont produites par les écoulements inverses des masses $Q\bar{E}$ et $Q\bar{E}$ d'équivalents électriques supprimés et réduits à l'état stationnaire dans les électrohodes, ils s'écoulent en arrière vers la rupture, où vient de s'évanouir la pression P qu'exerçaient sur ces équivalents les couples de la pile; cette pression P est tout à fait différente de la pression P′ produite de la part des équivalents électriques ambiants; elle est connue sous le nom de *force coercitive*.

III. — ÉLECTROMAGNÈTE DE CLARKE.

Cet appareil se compose d'un magnète *ab* fixe en fer à cheval: devant ce magnète tourne l'électromagnète *mn* (fig. 29) dont les deux bobines sont faites avec 40 mètres d'un fil de cuivre de 1 millimètre d'épaisseur. Cet électromagnète se visse sur l'axe de rotation, qui est lui-même mis en mouvement au moyen de la grande roue *d* et de la petite poulie *f* sur laquelle passe la corde *g*.

L'une des extrémités du fil qui forme la bobine communique avec l'axe *h*, et l'autre extrémité avec l'espèce de virole *i* qui est isolée de l'axe : ainsi l'axe *h* et la virole *i* sont les deux bouches de l'électrohode. Dans le support *u* se trouvent deux caisses en cuivre *r* et *k* remplies de mercure : lorsque ces caisses communiquent au moyen du fil *t* et qu'en même temps le ressort *x* amène à la caisse *r* l'électricité de la virole *i* à l'extrémité du fil *y* qui communique avec l'axe où est l'autre bouche de l'électrohode.

Figure 29.

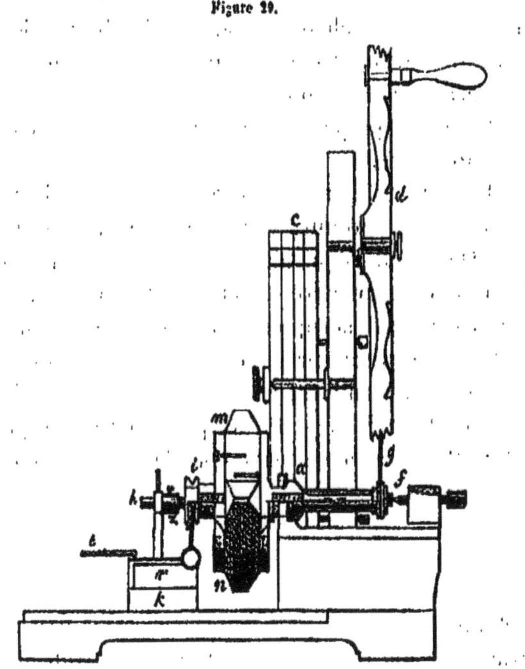

En montant sur l'axe une pièce excentrique *z*, celle-ci vient en contact à de courts intervalles avec le fil *y* et alors le circuit se ferme; mais ce contact s'interrompt, et le circuit se rouvrant ainsi, l'on voit briller une vive étincelle à chaque demi-révolution de l'axe; pour obtenir le maximum d'effet, le contact doit cesser à peu près quand l'électromagnète est vertical. Un fil de platine très-fin devient rouge quand il est placé entre les deux bouches. . . . .

1° Si les bobines de l'électromagnète sont faites d'un fil très-fin de 1500 mètres de longueur, et 2° si la pièce excentrique de l'axe établit la communication entre les deux bouches pendant une demi-circonférence, de manière que la rupture et la fermeture du circuit aient une durée égale, les électricités émanées des deux bouches décomposent l'eau, et produisent des commotions proportionnelles à la vitesse de la rotation de l'électromagnète. . . . .

Explication. Les équivalents électriques qui s'écoulent des bouches de l'électrohode n'y arrivent pas, comme dans les appareils précédents, d'une pile pour être communiqués à la barre de fer; mais c'est le contraire qui a lieu ici; les équivalents électriques passent ici du fer dans l'électrohode, et ils arrivent à ce fer par suite de son frottement contre l'air précisément comme dans la machine d'Arago; le magnète ne fait autre chose que d'exercer, au moyen des équivalents qu'il émet une répulsion sur les équivalents produits par la décomposition de la chaleur que le frottement a opérée. .

De cette manière il y a, quant à l'origine de l'électricité, identité entre cet appareil de Clarke et celui d'Arago; mais les distributions des équivalents électriques s'opèrent très-différemment, et pour cela les faits produits diffèrent également. Dans l'appareil d'Arago, tous les faits sont observés par le magnète mobile qui obéit aux écoulements des équivalents électriques. . . . . .

Dans l'appareil de Clarke, le magnète est fixe : les équivalents électriques mutuellement repoussés ne pouvant pas déplacer le magnète, se déplacent eux-mêmes; ils pénètrent dans l'électrohode, et ne trouvant d'issue nulle part, ils s'écoulent entre les deux extrémités de cet électrohode.

Dans cet appareil, se montre avec évidence la comparaison

entre les faits produits par les décharges des conducteurs des machines et les faits produits par l'écoulement des équivalents électriques dans les circuits des piles. 1° Dans le cas où s'opère une interruption très-courte de l'écoulement entre les deux bouches, les décharges sont fortes et la production de lumière abondante. Ces décharges ne diffèrent en rien de celles que produisent les conducteurs des machines. 2° Dans le cas où sont égales la durée des fermetures et celle des ouvertures, et où, en même temps, la durée des écoulements inverses augmente avec la longueur de 1500 mètres de l'électrohode, les décharges deviennent moins fortes et les effets se rapprochent de ceux produits par les piles, effets qui se manifestent dans la décomposition des électrolytes.

IV. — ÉLECTROMAGNÈTE DE VERDET.

A la place des deux barres de fer doux comme armature des bobines, on emploie ici deux magnètes égaux qu'on peut éloigner à volonté pour les remplacer par deux solénoïdes. La chaleur est décomposée, comme dans les appareils précédents, par le frottement entre l'air et une plaque *pp'* (fig. 30) qui tourne au-devant des pôles ou bouches hétéronymes *a* et *b* des deux magnètes *ac* et *bd*.

Les extrémités *v* et *v'* de l'électrohode communiquent avec les branches *u* et *u'* d'un rhoomètre par une bande longitudinale et parallèle à l'axe au moyen duquel tourne la plaque *pp'*. Cette bande passe sous le ressort *r* pendant un temps d'autant plus long qu'elle est plus large. Pendant ce passage l'électrohode *vv'* des deux bobines se trouve, à ses extrémités *v* et *v'*, en communication avec le rhoomètre par ses deux branches *u* et *u'*.

Les deux magnètes des bobines peuvent être remplacés par deux solénoïdes de mêmes dimensions, sans que les effets éprouvent beaucoup de changement.

Si la plaque rotatoire est une plaque de fer doux à laquelle on imprime une rotation rapide en présence des deux solénoïdes ou des deux magnètes, M. Verdet a constaté d'abord, par les déviations rhoométriques, que le courant induit des bobines ne change pas de signe à l'instant précis où ce phénomène devrait s'accomplir.

Figure 50.

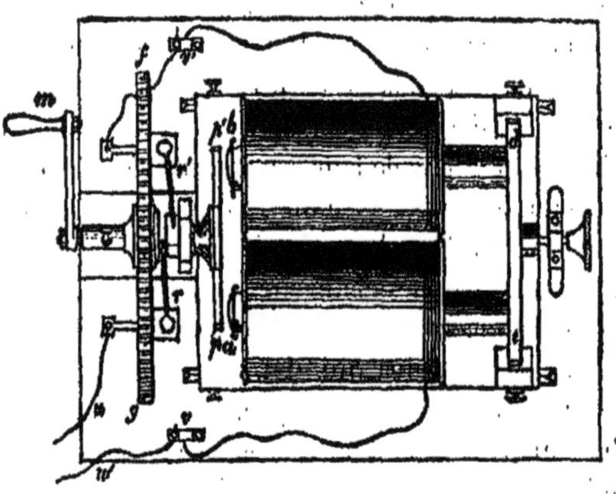

Toutefois l'effet n'est pas le même quand la plaque se meut en présence des solénoïdes et en présence des magnètes : les effets que ceux-ci éprouvent quand le fer s'approche ou s'éloigne donnent naissance à une induction plus intense dans les bobines que celle qui résulte de la plaque tournante elle-même au devant de ces bobines vides.

Pour les métaux non magnétiques, argent, cuivre, plomb, antimoine, bismuth, les faits sont analogues; c'est l'intensité seule qui diminue rapidement avec la conductibilité électrique; de plus, l'influence du temps sur la résultante, c'est-à-dire sur la position de la plaque où le courant change de signe, devient aussi plus marquée, surtout à mesure que la vitesse de rotation augmente.

Explication. Cet appareil produit l'électricité par le frottement entre l'air et la plaque, comme cela a lieu pour les appareils précédents. Les équivalents électriques repoussés entre eux de la surface de la plaque et de l'armature *cd* passent dans l'électrohode *vv'* des deux bobines et se propagent de là aux extrémités *v* et *v'* dont l'une est en communication avec la branche *u* du rhoomètre et l'autre se met en communication avec son autre branche *u'* par des intervalles déterminés par la largeur de la bande longitudinale qui passe sous le ressort *r*.

Les équivalents électriques Ē et Ē repoussés entre eux s'écoulent par des intervalles dans les branches du rhoomètre, et il provoque la déviation du magnète qui sert à déterminer leur densité et le sens de leur écoulement. Ce sens de direction dépend de l'extrémité *v* ou *v'* de l'électrohode qui communique avec la branche *u'* du rhoomètre.

L'intervalle entre les changements des sens de directions et les positions correspondantes des plaques dépend du maximum de répulsion qui détermine l'éloignement des équivalents électriques de la plaque *pp* au travers de la couche d'air vers les bobines; pour cette raison ce retard dépend de la vitesse de la rotation de la plaque, de sa conductibilité électrique et de l'épaisseur de la couche d'air qui sépare la plaque *pp'* des magnètes *bd*, *ac*.

CHAPITRE V.

ÉLECTRICITÉ DISSIMULÉE ET SES PROPRIÉTÉS.

Quoique les physiciens ignorassent la nature de l'électricité, les diverses modifications qu'éprouvent les faits les ont cependant conduits à admettre pour ces faits une cause différente. Après avoir expliqué, suivant la loi statique, l'électricité par influence, ces savants ont cru que l'électricité dissimulée avait une autre origine, et cela à cause de certains faits qui se manifestaient à eux sous différents aspects.

Dans l'électricité par influence, le conducteur V (fig. 11) est chargé d'équivalents positifs $q\ddot{E}$; il est séparé du cylindre AB par une couche d'air AV dont la chaleur $\ddot{E}\ddot{E}^2$ subit une décomposition à cause de la répulsion qu'éprouvent ses équivalents positifs de la part de leurs homonymes ; et cette répulsion se propage jusqu'aux équivalents homonymes du conducteur AB, d'où ils peuvent être conduits au sol et être remplacés dans le conducteur par une quantité égale d'équivalents négatifs $q\ddot{E}$.

Figure 31.

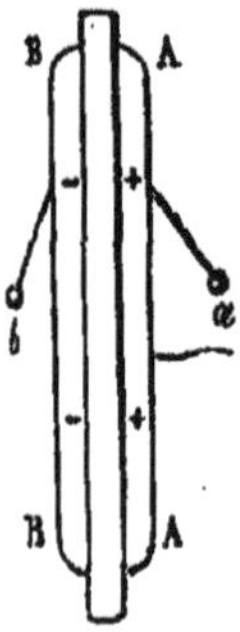

1° A la place de la couche d'air supposons une lame u' (fig. 31) de verre ; 2° à la place du conducteur V un disque A de métal chargé d'électricité positive, et 3° à la place du cylindre AB, un autre disque B. Il n'y a aucun doute que les équivalents positifs $q\ddot{E}$ du disque A repoussent leurs homonymes de verre *u* et du disque B vers sa surface externe où l'on peut les trouver au moyen de l'électroscope, précisément comme on les trouve dans l'extrémité B (fig. 11) du conducteur AB.

En mettant le disque B en communication avec le sol, on voit s'écouler les équivalents positifs $q\dot{E}$ repoussés par leurs homonymes du disque A, précisément comme on les a vus s'écouler du cylindre AB, et ainsi remontent les équivalents négatifs $q\ddot{E}$ qui se répandent sur le disque B, en faisant diminuer la répulsion R des équivalents hétéronymes de la part de la lame *cc'* de verre, parce qu'il n'y a que des équivalents positifs; tandis que la pression P' reste en son état normal de la part de l'air ambiant.

Le même effet a lieu pour le disque A qui éprouve de la part des équivalents électriques homonymes de l'air la pression normale P', tandis que dans la lame *cc'*, il n'éprouve presque aucune répulsion de la part des équivalents hétéronymes $q\ddot{E}$ du disque B. L'adhérence des deux disques, produite par la pression ambiante P', ne diffère point de celle produite entre les branches des deux électromagnètes jumeaux (fig. 27).

Si l'on approche du disque A une machine électrique même d'une faible puissance, il apparaît une étincelle composée des équivalents positifs $3q\dot{E}$ de la machine et des équivalents $3q\ddot{E}$ du disque, dont sont formées la lumière $q\dot{E}^2\ddot{E}$ de la chaleur $q\dot{E}\ddot{E}^2$ de l'étincelle, et sur le disque A restent les équivalents positifs $3q\dot{E}$ qui repoussent leurs homonymes vers le disque B, d'où ils sont transportés au sol pour en faire remonter une quantité égale d'équivalents négatifs $3q\ddot{E}$.

En répétant les charges du disque A et les décharges du disque B, on fait augmenter beaucoup l'accumulation des deux électricités sur les deux faces de la lame *cc'*, où elles se maintiennent mutuellement en équilibre, non pas en vertu d'une attraction que nous avons prouvé n'exister nulle part, mais à cause d'une diminution de répulsion.

Au début de l'expérience, les pendules *a* et *b* obéissent à leur pesanteur, comme le font ceux du cylindre AB (fig. 11).

1° Quand le disque A est chargé par les équivalents positifs *q*E, le disque B s'en charge aussi ; mais en quantité moindre, ainsi que l'indique la déviation supérieure du pendule *a*; de pareilles déviations ont lieu chez les pendules *abc*, *c'b'a'* du cylindre AB (fig. 11).

2° Quand l'électricité positive du disque B est remplacée par l'électricité négative du sol, les pendules *a* et *b* baissent pour prouver que les équivalents électriques repoussés par leurs homonymes contenus dans l'air ambiant, se trouvent accumulés sur les deux faces de la lame *cc'*, d'où elles ne s'éloignent pas séparément l'une de l'autre ; et pour cette raison cet état a été appelé *électricité dissimulée* ou *latente* et on l'a attribué à une attraction, au lieu de l'attribuer au défaut de répulsion entre les équivalents électriques hétéronymes.

I. — CONDENSATEURS ET BOUTEILLES DE LEYDE.

Nous avons déjà fait voir comment, avec une machine faible, il était possible d'obtenir une accumulation considérable d'électricité sur les deux faces de la lame *cc'* isolante ; c'est pour cette raison que les appareils de ce genre ont été appelés *condensateurs ;* on a donné le nom de *disque collecteur* au disque A qui reçoit l'électricité de la machine. Les décharges du condensateur produisent des faits bien plus marqués que celles de la machine par laquelle ils ont été chargés.

En changeant la forme de ces condensateurs on en a changé le nom : quand la lame isolante a été remplacée par une bouteille, les disques ont dû être remplacés par des armatures qui produisissent le même effet. 1° Le disque B est remplacé par une feuille d'étain dont est revêtu l'extérieur de la bouteille jusqu'à une certaine hauteur ; 2° le disque A est remplacé par l'eau ou par des feuilles d'or qui sont mises en communication avec la machine par un bouton B fixé sur une tige de métal qui pénètre par une colonne de gomme laque pour arriver à l'intérieur de l'eau ou au milieu des feuilles d'or.

En tenant la bouteille par l'armature externe, si l'on approche le bouton B d'une faible machine, on en tire plusieurs étincelles qui vont en décroissant jusqu'à ce qu'elles disparaissent : on sait que la bouteille a été chargée jusqu'à saturation. L'électricité positive, introduite de la machine dans la bouteille, repousse son homonyme vers l'armature externe qui est en contact avec le sol par la main de l'expérimentateur : ainsi cette électricité repoussée se trouve remplacée par l'électricité négative.

L'accumulation des deux électricités atteint son maximum quand l'électricité de la machine ne peut plus pénétrer dans le bouton, à cause de la résistance qu'oppose la même électricité déjà accumulée dans l'intérieur de la bouteille.

II. — CORPS DIÉLECTRIQUES.

M. Faraday a donné ce nom aux corps qui possèdent les deux électricités, et exercent par celles-ci une résistance à l'écoulement de leurs homonymes ; les corps doués de cette propriété étaient appelés auparavant *mauvais conducteurs ;* on eût pu les nommer *électrodyshodes*, puisque les bons conducteurs ont été appelés *électrohodes.*

M. Faraday est parvenu à constater directement les degrés de répulsion qu'exercent entre eux les corps diélectriques ; ce physicien attribue à une attraction ce qui provient d'une répulsion ; il appelle *pouvoir inductif* la faculté d'obtenir une quantité d'équivalents électriques, tandis que le nom seul de ces corps eût dû le porter à considérer comme un effet de résistances inégales la division inégale de la quantité totale $3q\bar{\text{E}}$ d'équivalents du bouton et de la bouteille B dans les deux bouteilles B et B′ de la manière suivante.

Comme armature externe, prenons ici une sphère métallique composée de deux calottes *ab* (fig. 32) qui présentent le disque B. L'armature interne est aussi un globe *c* de métal soutenu par une tige terminée en un bouton B isolé de l'armature externe comme dans la bouteille de Leyde. L'espace qui sépare les deux armatures *c* de *ab* peut être rempli d'air, de gaz ou même de corps solides.

Figure 32.

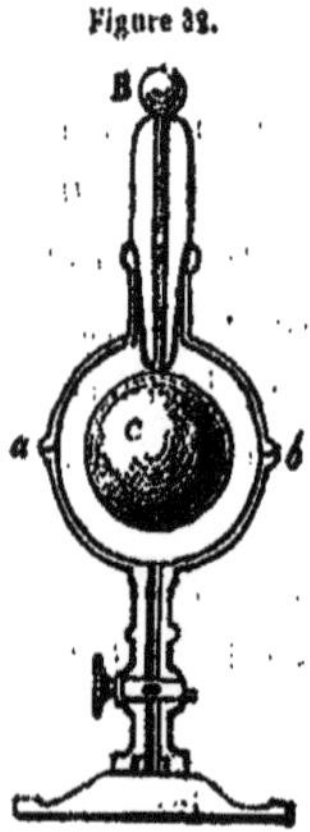

On obtient les relations entre les répulsions qu'exercent les corps diélectriques sur les équivalents électriques au moyen de deux bouteilles B et B′ parfaitement égales, dont l'une est chargée jusqu'à saturation par une machine électrique, et d'après la déviation de l'électroscope, on juge de la densité ou de la tension T des équivalents accumulés $3q\bar{\text{E}}$.

Si la bouteille B chargée ainsi a pour lame isolatrice une couche d'air, et si la bouteille B′ vide d'électricité a pour lame isolante deux calottes de gomme laque, au moment du contact des boutons B et B′, il s'écoule une partie $q'\bar{\text{E}}$ des équivalents $3q\bar{\text{E}}$ de la bouteille B dans la bouteille B′. Cet écoulement n'a pas pour cause une prétendue attraction de la part de la gomme laque, mais il est un effet naturel de la répulsion qu'exercent les équivalents électriques contre eux-mêmes et contre ceux de l'air. La quantité $q'\bar{\text{E}}$ des équivalents électriques transférés est donc proportionnelle à la somme $r+r'$ de la répulsion r qu'exercent les équivalents entre eux, et de celle r' qu'éprouvent les mêmes équivalents de la part de leurs homonymes contenus dans l'air.

Sans la répulsion r', la division de la quantité $3q\ddot{E}$ d'équivalents serait égale, mais cette répulsion r' fait passer dans la bouteille B la quantité $2q\ddot{E}$ d'équivalents qui éprouvent une répulsion inférieure $r'-r''$ de la part de la gomme laque. Cette inégale distribution des équivalents $3q\ddot{E}$ est constatée par les déviations γ et 2γ obtenues dans l'électroscope par le bouton B et par celui B'.

D'après ce résultat, M. Faraday eût dû reconnaître que l'air exerce contre l'électricité une répulsion supérieure à celle de la gomme laque; et cependant il a admis une attraction supérieure dans la gomme laque; cette attraction étant 100 pour l'air, il a trouvé 200 pour la gomme laque, et 224 pour le soufre; si ce savant eût opéré sur le mercure, il eût trouvé, quant à l'attraction, un résultat nul pour l'air, et presque infinitésimal pour le mercure.

Voici les relations que l'on obtient de la manière que nous avons indiquée, pour les corps diélectriques différents :

Air.	Verre.	Gomme-laque.	Résine.	Soufre.	Poix.	Cire d'abeilles.
100	170	200	177	224	180	186

Veut-on, de ces valeurs d'attraction, tirer celles de répulsion, on prendra les relations inverses qui correspondent à tous les faits observés.

Air.	Verre.	Gomme-laque.	Résine.	Soufre.	Poix.	Cire d'abeilles.
$\frac{1}{100}$	$\frac{1}{170}$	$\frac{1}{200}$	$\frac{1}{177}$	$\frac{1}{224}$	$\frac{1}{180}$	$\frac{1}{186}$

III. — DÉCHARGES DES BOUTEILLES ET DES CONDENSATEURS.

Les deux électricités sont repoussées vers le milieu de la lame de verre qui les sépare; leurs équivalents exercent des répulsions mutuelles entre eux, mais ils éprouvent du dehors une résistance r ou une pression P' dans leurs homonymes contenus dans l'air, tandis que de la part de la lame

cc' (fig. 31), la résistance $r - r'$ est inférieure. Cette destruction d'équilibre empêche l'écoulement de l'une et de l'autre électricité séparément de la part des deux disques en dehors.

L'appareil *e* (fig. 33), qu'on appelle *excitateur*, a deux branches en métal qui communiquent entre elles par l'articulation *e*. Quand l'une de ces branches touche le disque B, le petit excès d'électricité libre dans l'excitateur passe jusqu'à son autre extrémité. Pour faire passer cette petite quantité d'électricité dans le disque A, il faut rapprocher beaucoup de ce disque l'extrémité de l'arc; l'écoulement commence du côté de l'excitateur vers le disque A, quand les équivalents électriques y éprouvent une résistance inférieure à celle qu'ils éprouvent entre eux dans la lame cc'. Et cela n'est pas possible autrement qu'en rapprochant très-près du disque A la branche de l'excitateur; par suite, il ne se produit par ces décharges qu'une étincelle très-courte et à peine perceptible, quelque abondante que soient les masses électriques écoulées.

Figure 33.

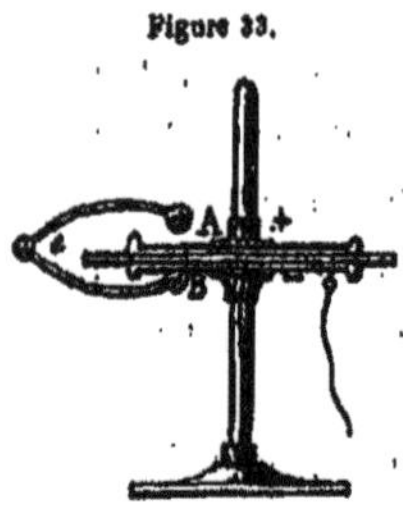

L'effet de l'écoulement de ces masses se manifeste dans la commotion que ressentent les personnes qui touchent de la main les deux disques, ou le bouton B de la bouteille et son armature externe. Ces commotions correspondent à l'écoulement des deux masses considérables d'électricité. Et dans ce cas où est peu favorisée la production de la lumière, il y a un excès de chaleur.

Pour éviter la commotion, on adapte aux branches de l'excitateur deux manches en verre qui empêchent l'écoulement vers les mains des électricités de l'arc.

Si l'on éloigne les deux disques A et B de la lame *cc*, toutes les masses des deux électricités restent sur les deux faces *f* et *f'* de la lame, comme cela est constaté par l'électroscope, car il ne s'éloigne presque rien avec les disques.

En cet état les électricités ne peuvent pas être éloignées des deux faces de la lame par un excitateur, comme dans les cas précédents, quand les disques sont sur la lame. Ces disques servent à conduire les équivalents électriques de toute la surface de la lame vers le point de contact de l'arc ou de la branche de l'excitateur.

Dans le cas où les disques sont éloignés, les équivalents électriques se trouvent en contact avec l'air et avec le verre qui sont tous les deux des mauvais conducteurs : 1° l'air exerce une répulsion $\frac{r}{100}$ contre les équivalents électriques répandus sur la surface de la lame, et 2° le verre exerce une répulsion $\frac{r}{170}$.

Les décharges des condensateurs diffèrent peu des chocs produits par les écoulements inverses des équivalents accumulés dans les électrohodes repliés sur les bobines; car dans les deux cas il y a une accumulation d'équivalents électriques dont l'écoulement s'opère instantanément ; mais 1° l'accumulation de ces équivalents s'opère dans les condensateurs par la diminution de la résistance entre les équivalents électriques; 2° tandis que l'accumulation par la suppression des équivalents s'opère dans les électrohodes par une compression qu'exerce : 1° la résistance R de la part de l'électrohode, et 2° la pression P de la part de la pile.

Les faits de ces décharges correspondent exactement aux causes qui les produisent : 1° dans les condensateurs et les bouteilles de Leyde les commotions sont très-fortes et les étincelles sont petites; 2° au contraire dans les bobines les étincelles sont considérables et les commotions peu sensibles.

CHAPITRE VI.

DIFFÉRENCES ENTRE NOS EXPLICATIONS ET CELLES DONNÉES PAR LES PHYSICIENS.

Les ouvrages des physiciens ne contiennent guère de vrai et d'exact que la description qu'ils donnent des faits physiques. Ces faits sont les mêmes dans tous les ouvrages et dans le mien. C'est pour cette raison qu'une grande réputation a été le partage des savants qui ont découvert quelque fait nouveau; car ce sont des faits semblables qui pouvaient seuls servir de guides sûrs et infaillibles pour la découverte de la loi physique suivant laquelle ils se produisent.

Le nombre des observateurs est considérable; aussi les faits découverts se multiplièrent à un degré tel que ce serait, pour l'intelligence d'un homme un lourd fardeau, s'il lui fallait les embrasser tous et les retenir : de là est venue la nécessité de diviser artificiellement et de subdiviser des faits découverts qui sont cependant tous reliés par une même loi physique et qui ne devraient subir aucune séparation : c'est en effet par leur ensemble qu'on est conduit à la découverte de l'origine commune de tous les faits cosmiques.

Les courants électriques se trouvent constatés, au moyen du rhéomètre, dans les ouvrages des physiciens; cependant ces derniers se sont tellement éloignés de leur point de départ, qu'au lieu d'attribuer les faits chimiques à ces courants, ils ont au contraire admis ces faits comme origine des courants. Il n'est donc pas étonnant qu'il ne se rencontre rien de véritable, ni même rien de vraisemblable, dans les explications des faits que les physiciens ont essayé de donner dans leurs différents Traités. Citons par exemple les faits qui vont suivre.

1. — COURANTS DIRECTS DES ÉLECTRICITÉS.

Les écoulements qui éloignent les équivalents électriques de leur source ont été appelés *directs*, afin de les distinguer des écoulements *inverses* qui conduisent en arrière les équivalents précédemment éloignés.

D'après les traces laissées de la part des équivalents positifs Ē et négatifs Ē, les physiciens savaient que les deux électricités s'écoulent simultanément en directions opposées, mais ils ne pouvaient se rendre compte de l'origine d'une cause motrice qui imprime un tel mouvement aux deux espèces d'équivalents; ces savants ont même, autant qu'ils l'ont pu, évité de s'attacher à des questions de cette nature, car ils les considéraient comme dépassant les bornes de l'intelligence humaine. Laplace et Poisson parvinrent cependant à obtenir, au moyen de calculs, des résultats identiques avec ceux qu'obtint Colomb par des observations empiriques; ce qui prouve avec évidence que les faits électriques sont produits par la loi statique qui a servi de base aux calculs par lesquels on est arrivé aux résultats des observations empiriques.

On ignorait complétement en quoi consiste la différence entre les deux électricités, et surtout la cause qui rend nécessaire l'écoulement simultané de l'électricité hétéronyme. C'est pour résoudre cette difficulté que Franklin et plusieurs physiciens anglais ont cherché à ramener les faits électriques à un état pareil à celui observé au rhoomètre et qui prouve l'existence d'un seul fluide.

Nous démontrerons plus loin 1° comment ont été produits les équivalents électriques, 2° pourquoi les positifs ont le même volume que les négatifs, et 3° pourquoi la masse $e+e'$ d'*électre* est contenue dans chaque équivalent positif $\bar{\bar{E}}$, et la masse e dans chaque équivalent négatif $\ddot{E}$; car nous n'avons pas pour habitude d'avancer quelque chose sans en donner immédiatement la preuve : seulement ces preuves ne pouvant être données ici toutes à la fois, chacune d'elles viendra en son temps.

Cette découverte fondamentale a été expliquée en détail dans notre ouvrage intitulé : *Origine des sciences physiques et naturelles et des sciences métaphysiques et morales.*

II. — ÉLECTRICITÉ POLARISÉE.

L'écoulement inverse des équivalents a été constaté par le rhoomètre chaque fois qu'un courant direct est interrompu. Au lieu donc de chercher la cause de l'écoulement inverse dans les équivalents arrêtés de l'écoulement direct, M. Becquerel a attribué les écoulements inverses à un état électropositif ou acide des lames négatives des couples, et à un état électronégatif ou alcalin des lames positives des mêmes couples, et il n'a appuyé cette hypothèse sur aucun autre fait que celui qu'il voulait expliquer.

M. Pouillet avait mathématiquement prouvé que la dissolution saturée de sulfate de cuivre exerce contre les équivalents électriques, durant leur écoulement, une résistance deux millions et demi de fois supérieure à celle qu'exerce le platine; ce savant connaissait aussi l'existence d'une pression P qui sollicite l'écoulement des équivalents électriques : il n'y manquait donc rien. Tous ces faits conduisent à une suppression d'une quantité QË d'équivalents dans l'électrohode dont les éléments ou les faces des lames exercent la résistance R, car celle-ci est en raison directe de la longueur de l'électrohode.

Un fil additionnel $\mu\nu$ fait augmenter la résistance et il augmente en même temps aussi la densité des équivalents de l'écoulement inverse : mais ce n'est pas tout, et l'écoulement inverse, qui commence toujours avec un maximum, va ensuite en décroissant pour devenir bientôt insensible.

La durée de l'écoulement inverse est longue quand il se trouve dans le circuit une dissolution de sel ou d'eau acidulée qui jouent le rôle d'électrolytes, et qui exercent contre les équivalents électriques une résistance R qui surpasse un million de fois celle r qu'éprouvent ces équivalents dans les électrohodes métalliques.

III. — INDUCTION.

Le fil additionnel $\mu\nu$, dans un circuit enveloppé de soie et replié en forme de bobine, fait augmenter la commotion et l'étincelle produites par la rupture du circuit, tandis que ceux produits dans la fermeture restent les mêmes dans les trois cas suivants : 1° lorsque manque le fil $\mu\nu$ additionnel, 2° quand ce fil y est déployé, et 3° quand le même fil $\mu\nu$ est replié pour former une bobine.

Dans le cas où le fil additionnel $\mu\nu$ n'est pas dans l'électrohode, mais hors du circuit et seulement en contact avec l'électrohode replié en forme de bobine, si ses deux extrémités μ et ν sont jointes avec les poignées d'un rhoomètre, les équivalents qË s'écoulent de l'extrémité μ de la bobine par le rhoomètre, et ils y repoussent son magnète m au moment de leur passage, quand ces équivalents qË sont repoussés de la part de leurs homonymes émanés d'un magnète M ou d'un électrohode en contact. Après cette déviation γ, le magnète *m* revient à sa position normale où il se maintient tant que la bobine reste en contact avec le magnète *M* ou avec l'électrohode dont les équivalents exercent une pression P sur les équivalents déplacés, auxquels ils ne permettent de reculer en arrière qu'après l'éloignement du magnète M de la bobine ou la rupture du circuit (fig. 23, 24, 25).

En ce moment les équivalents $q\ddot{E}$ déplacés reculent, et en s'écoulant par le rhoomètre, ils repoussent le magnète qui éprouve la déviation γ égale à la précédente, mais en sens contraire. Après cet écoulement le magnète *m* du rhoomètre reprend sa position normale.

Ces deux écoulements des équivalents $q\ddot{E}$ vers la gauche et vers la droite de l'extrémité μ du fil $\mu\nu$ sont produits vers la gauche par la répulsion *r*, et vers la droite par l'interruption de cette répulsion *r*. Pour cette raison la quantité des équivalents $q\ddot{E}$ qui s'écoule dans l'une et l'autre direction, est exactement la même, et avec ces équivalents c'est la masse qe' d'électre qui s'écoule dans les mêmes directions et produit les déviations γ et $-\gamma$ du magnète *m*.

Les déviations égales γ et $-\gamma$ du magnète de rhoomètre ont été attribuées par les physiciens aux écoulements des masses égales d'électricités en sens opposés : cependant ils ignoraient la cause qui imprime un pareil mouvement à ces masses, ce qui ne les a pas empêchés de donner un nom à cette cause inconnue qu'ils ont appelée *induction;* et ils ont cru ensuite avoir parfaitement expliqué tous les faits de la même nature en disant qu'ils étaient un *effet de l'induction.*

Ce moyen, employé fréquemment par M. Faraday, donne aux faits l'apparence d'une explication séduisante, mais qui a le tort d'arrêter dans sa route le savant consciencieux qui aurait dirigé ses recherches vers l'origine de la cause motrice qui imprime des mouvements pareils aux équivalents électriques.

Comme le mot *induction* est appliqué à une cause inconnue, chaque physicien n'a pas craint de lui attribuer les faits qui lui étaient inexplicables. M. Faraday a pu impunément faire dériver de l'induction tous les faits produits par l'appareil d'Arago, et ceux produits par les électro-magnètes ; et les autres physiciens ne croyant pouvoir mieux faire que de l'imiter, ont également mis au compte de l'induction les faits produits par les bobines simples et par les bobines armées.

A. — Induction par l'appareil d'Arago.

Au lieu de reconnaître dans cet appareil une machine électrique, M. Faraday attribue à l'induction tous les faits décrits par Arago : ce regrettable savant s'est toujours, dans ses expériences, attaché principalement aux faits, et a combattu les hypothèses comme nuisibles aux sciences et à leurs progrès. Il accueillait avec bienveillance les observations toutes simples que lui soumettaient des personnes sans chercher à les étayer d'aucune hypothèse. Arago est mort physicien parce qu'il est resté fidèle à la vraie science ; qu'il a rejeté l'usage de ces hypothèses toujours hasardées, qui ne sont permises tout au plus qu'aux théologiens et aux philosophes, dont les ouvrages éphémères paraissent et disparaissent comme les nuages du printemps.

Si les ouvrages des physiciens, qui ne contiennent que de pures descriptions de faits, venaient à disparaître, ils seraient remplacés par d'autres qui contiendraient aussi des descriptions d'autres faits semblables ; ainsi dans les opérations de l'arithmétique, chaque nombre peut être remplacé indifféremment par une foule d'autres, mais les quatre règles restent invariables ; de même les faits observés peuvent être remplacés par d'autres, mais les lois physiques suivant lesquelles ils sont produits ne changent jamais.

Dans les ouvrages à venir, les auteurs pourront sans doute modifier ou changer les descriptions des faits contenus dans cet ouvrage; mais aucune des lois découvertes ne saurait éprouver la moindre modification; elles sont éternelles, et tel sera cet ouvrage sous ce rapport. Voyons maintenant les faits observés dans l'appareil d'Arago.

Le magnète étant mobile dans le sens de l'inclinaison, dans le sens de la déclinaison et dans le sens vertical à celui de la déclinaison, il indique toutes les directions des répulsions et des écoulements des équivalents électriques. M. Faraday ignorait que les magnètes laissent échapper de leur surface et surtout de leurs extrémités les mêmes équivalents électriques qui constituent les deux électricités. Pour cette raison, il lui a été aussi impossible qu'à Arago de donner l'explication des faits.

Celui-ci sachant bien que le mot *induction* et la chose qu'il est censé exprimer, n'étaient que des chimères, n'a jamais voulu en faire usage; au lieu de s'attacher à la loi statique et à connaître par les déviations du magnète ses équivalents électriques, résultat auquel conduisent les faits décrits par Arago, M. Faraday a élevé, en proposant son hypothèse, une barrière infranchissable, et empêché les jeunes physiciens de parvenir à cette découverte. Le fait sur lequel s'appuie M. Faraday pour constater son hypothèse, sert précisément à mieux prouver comment les équivalents électriques émanent des bouches des magnètes en directions hélicoïdales.

Lorsque l'on suspend au-dessus du disque tournant un magnète fixe et énergique, on reconnaît que le disque est traversé par ses courants électriques. Les directions de ces courants sont produites par les répulsions mutuelles qui s'exercent : 1° entre les équivalents homoïdes produits sur le disque par le frottement, et 2° entre ceux qui émanent de la bouche du magnète approchée du disque.

Les trois paires de flèches (fig. 8) indiquent : 1° des écoulements convergents qui partent du centre C vers la périphérie du petit cercle; 2° des écoulements spiraux dans ce cercle, et 3° des écoulements divergents partant de l'autre extrémité de ce petit cercle. Ces trois espèces de directions des équivalents électriques n'indiquent que les répulsions qui les produisent suivant la loi statique. Ces répulsions ont été découvertes et mathématiquement constatées de la manière suivante.

En opérant au moyen du magnète équilibré, on constate : 1° un maximum d'inclinaison quand l'extrémité N du magnète vient du côté sud sur la périphérie f du disque; en s'éloignant de cette périphérie vers le centre c, l'inclinaison diminue pour reprendre sa position normale au-dessus du centre du petit cercle. 2° En avançant vers le centre c du disque, l'inclinaison diminue pour atteindre un minimum dans la périphérie du petit cercle. 3° Ensuite cette inclinaison augmente de nouveau pour revenir à sa position normale sur le centre c du disque.

Ces déviations permettent de constater : 1° un écoulement décroissant des équivalents électriques vers la périphérie du disque de la part d'une périphérie Π, qui a pour rayon la distance r entre le centre c du disque et le centre du petit cercle. 2° C'est à partir de cette périphérie Π que commence l'écoulement centripète qui atteint son maximum dans la périphérie Π' du cercle qui a pour rayon r' presque la moitié de la distance entre le centre du petit cercle et celui du disque. Ainsi la périphérie Π est celle des *calmes* dont partent les équivalents électriques en directions divergentes. 3° Entre cette périphérie Π et le centre c du disque se trouve la périphérie Π' des rencontres des équivalents électriques centripètes avec les centrifuges, parce que ces équivalents, après être arrivés jusqu'au centre, avancent au delà.

Explication. 1° Les deux flèches divergentes prouvent l'existence d'une répulsion de la part des équivalents émanés du magnète contre leurs homonymes dirigés vers la périphérie du disque. 2° Les deux flèches convergentes prouvent une résistance de la part des équivalents du magnète contre leurs homonymes dirigés de la part du centre *c* du disque vers la périphérie II'. 3° Les flèches en sens hélicoïdal prouvent l'écoulement des équivalents électriques de la part du magnète en direction hélicoïdale.

La rotation du magnète suspendu horizontalement tout près du disque est aussi un effet des répulsions mutuelles entre les équivalents électriques émanés du magnète et ceux produits sur le disque par le frottement. Les équivalents électriques $q\ddot{E}$ restent répandus comme une atmosphère autour des branches *b* et *a* du magnète, tandis que les équivalents $Q\ddot{E}$ du disque s'écoulent de la périphérie vers le centre où ils n'arrivent relativement du magnète qu'après avoir décrit un arc en spirale *fac* (fig. 8) dans le sens de la rotation du disque. La courbure de cet arc *fac* devient grande quand augmente la vitesse de la rotation.

Ces équivalents entraînent alors leurs homonymes des deux branches du magnète, et celui-ci s'arrête dans une déviation γ du méridien magnétique, quand il éprouve vers ce méridien une pression P supérieure à la répulsion R exercée sur ses équivalents $q\ddot{E}$ de la part des équivalents $Q\ddot{E}$ qui décrivent les arcs spiraux *fac*. Mais par une vitesse supérieure, ces arcs prennent une courbure supérieure et exercent des répulsions presque verticales sur les branches du magnète; alors se trouve surmontée la pression P, et le magnète tourne en obéissant aux répulsions exercées suivant les arcs spiraux *fac* des équivalents $Q\ddot{E}$ du disque.

B. — Induction par les bobines vides.

Les bobines isolées du circuit ne reçoivent pas, des magnètes ou des électrohodes, les équivalents électriques en écoulement; leur équivalents électriques n'éprouvent qu'un déplacement par le choc de la part des équivalents $q\overset{+}{E}$ réduits à l'état stationnaire autour de la bouche du magnète ou dans l'électrohode en contact. La quantité $q\overset{+}{E}$ de ces équivalents arrêtés amène donc dans la bobine le déplacement en dehors d'une quantité égale $q\overset{+}{E}$ d'équivalents homonymes. Les premiers restent arrêtés tant que dure la pression P de la part du magnète ou de la part de la pile; et ils ne s'écoulent en arrière qu'au moment de l'interruption du courant ou de l'éloignement du magnète. Au même instant, les équivalents égaux $q\overset{+}{E}$ de la bobine s'écoulent en avant et produisent sur le magnète m du rhéomètre une répulsion égale à celle qu'ils ont déjà produite en s'écoulant en dehors.

L'*induction*, mot vide de sens, n'a plus rien à faire ici, quand on connaît la répulsion ou la pression P de la part de la pile sur les équivalents $q\overset{+}{E}$ arrêtés par la résistance R de la part des équivalents homonymes stationnaires dans les faces des lames de l'électrohode. Mais ces équivalents $q\overset{+}{E}$ arrêtés exercent entre eux une répulsion R' égale à la résistance R qui les arrête, et cette répulsion R' se communique aux équivalents homonymes de la chaleur de la bobine qui ne peuvent pas traverser le fil $m'n'$ pour s'écouler de l'extrémité n' à cause de la résistance r de la part de l'air; ils s'accumulent alors en dehors et en arrière par l'extrémité m', où ils n'éprouvent qu'une résistance moindre $r - r''$.

Les magnètes repoussent, comme les couples de piles, les équivalents électriques de leur surface et des bobines, mais ceux-ci éprouvent une résistance de la part de l'air, comme cela a lieu aux circuits ouverts; pour cette raison, il faut que le magnète se rapproche ou bien s'éloigne avec rapidité pour produire sur les bobines vides des déplacements oscillants d'une quantité $q\overset{+}{E}$ d'équivalents électriques.

C. — Induction de l'appareil de M. de la Rive.

Des deux électrohodes *mn* et *m'n'* soudés par leurs extrémités *m* et *m'* aux lames Z et C (fig. 17) du couple, 1° l'un *m'n'* va directement dans l'électrolyte, qui est l'eau acidulée; cet électrohode est coupé au milieu en *b* (fig. 21), pour qu'une partie puisse s'élever et produire ainsi une rupture du circuit; 2° l'autre électrohode *mn* est enveloppé de soie et roule autour une barre de fer doux, de manière à former un grand nombre de tours l'un sur l'autre en plusieurs couches superposées, et son extrémité *n* est plongée dans le même électrolyte, mais dans une cloche séparée.

Les équivalents électriques du circuit sont utilisés pour décomposer l'eau et en même temps pour produire les ruptures du circuit, car les fermetures s'opèrent par la pesanteur de la pièce mobile *b*.

Les équivalents électriques, en s'écoulant par les tours de l'électrohode, repoussent leurs homonymes contenus dans le fer, et ceux-ci ne commencent à s'écouler que lorsque ses éléments matériels ont pris un arrangement propre à exercer le minimum de résistance. De la barre, cet arrangement se propage à l'appendice de fer *b* soudé au cuivre du fil de l'électrohode *m'n'*.

Quand les équivalents $q\bar{E}$ et $q\bar{E}$ du couple sont repoussés vers les électrohodes *mn* et *m'n'*, ils repoussent dans la barre de fer leurs homonymes qui y prennent des directions parallèles et font diminuer la résistance entre la barre et l'appendice, parce que les équivalents électriques de celle-ci n'éprouvent qu'une faible répulsion de la part de leurs homonymes contenus dans la barre.

L'ouverture du circuit s'opère par le soulèvement de la partie mobile *b* de l'électrohode *m'n'*, et en ce moment s'interrompt la pression P qu'exerce le couple sur les équivalents électriques en mouvement et sur ceux $q\bar{E}$ réduits à l'état stationnaire dans la barre et dans le circuit, à cause de la résistance R que leur opposent leurs homonymes.

Au moment de la rupture, la résistance R reste la même et elle est égale à la répulsion R′ qui a lieu mutuellement entre les équivalents électriques; à ce moment de la rupture disparaît la pression P, et alors s'opère l'écoulement inverse des équivalents $q\bar{E}$ arrêtés. En ce moment cesse aussi l'écoulement et la pression P des équivalents électriques dans la barre, dont s'écoulent en arrière les équivalents arrêtés, et l'appendice *b* éprouve de la part de cette barre la répulsion normale; elle obéit, pour cette raison, à la pression de la pesanteur et tombe pour fermer le circuit, comme il l'était au commencement avant la fermeture entre l'électrohode et le couple.

Celui-ci, par sa répulsion médiocre P, ne produit directement qu'une très-petite quantité de gaz dans les deux cloches; mais au moyen de l'appareil, cette quantité des gaz se multiplie. La relation $G:g$ entre la masse G de gaz produit par l'appareil et la masse g produit directement se conserve, quand le nombre des couples diminue, aussi bien que quand ce nombre augmente. Dans ce dernier cas, la masse totale de gaz augmente, et, dans le cas précédent, elle diminue; mais ces deux cas offrent encore la différence suivante.

En opérant avec un ou deux couples, les ruptures par seconde sont N, et en opérant avec n couples, le nombre des ruptures devient $N + N'$; par suite, les masses de gaz G et G′ sont proportionnelles aux ruptures $N + N'$ qui ont lieu par seconde, car la quantité $q\bar{E}$ d'équivalents électriques en oscillation reste la même quand la longueur de l'électrohode ne change pas.

L'augmentation de la quantité du gaz a été attribuée à l'induction qui, nous ne nous lassons pas de le répéter, n'a aucune signification réelle; si quelques physiciens ont eu recours à ce moyen, c'est pour se faire illusion à eux-mêmes, et pour dissimuler à leurs lecteurs l'ignorance dans laquelle ils étaient relativement à la cause des faits observés.

Explication. La pression P′ ambiante, appelée *force coercitive* des corps, doit toujours être surmontée, si l'on veut obtenir leur décomposition. Les répulsions *r*′ produites par des quantités médiocres d'équivalents électriques d'un couple restent sans résultat, et c'est pour cela qu'il est nécessaire qu'il s'accumule de grandes quantités de ces équivalents pour pouvoir facilement vaincre la résistance de la pression P′ et produire la décomposition des équivalents de l'eau.

Dans le cas où l'on opère avec un grand nombre des couples suffisants alors pour vaincre la pression P′ ambiante, cet appareil, au lieu d'une augmentation, ne produit qu'une diminution des gaz obtenus, et cela à cause des interruptions de circuit et de perte de quantités des équivalents qui se combinent dans la rupture pour former de la lumière facilement visible dans l'obscurité.

Le circuit ne peut pas trop augmenter sans qu'en même temps augmente le nombre des couples, parce qu'il est nécessaire qu'il y ait, de la part de la pile, une pression suffisante pour vaincre la résistance R totale du circuit; car sans cela une circulation des équivalents ne saurait s'établir.

L'explication de cet appareil se réduit donc à constater l'existence de la compression ambiante P′ appelée force coercitive; ce n'est pas ici une hypothèse, comme l'induction, que nous mettons en avant, mais c'est un effet physique de la répulsion mutuelle des équivalents homonymes électriques qui sont les éléments primitifs des corps et des fluides impondérables. Au lieu du terme insignifiant de *force coercitive*, cette pression P′ peut être appelée *conservatrice*.

D. — Induction de l'appareil de M. Ruhmkorff.

Cet appareil ne sert pas, comme le précédent, à décomposer l'eau, mais à produire des décharges d'équivalents électriques positifs en quantités supérieures aux équivalents négatifs, parce que dans la production des combinés $\overset{+}{\bar{E}}{}^{8}\bar{E}$ de lumière, il faut une quantité supérieure d'équivalents positifs; tandis que la décomposition de l'eau et des autres électrolytes exige des quantités égales des deux espèces d'équivalents.

Cet appareil diffère du précédent par la bobine autour de l'électrohode cc' (fig. 22) qui communique avec la pile, et les ruptures s'y opèrent comme dans l'électrohode précédent par la barre de fer doux sur losquelles est replié cet électrohode $c\,c'$.

La bobine externe, formée d'un fil hh' très-fin et long, a ses deux extrémités dans le vase d'observation f. Cet appareil, ainsi que le précédent, exige pour fonctionner une quantité de couples suffisante pour exercer sur les équivalents électriques de l'électrohode cc', une pression P capable de vaincre la résistance R et de mettre ces équivalents électriques en circulation.

Dans la décomposition de l'eau il est nécessaire de vaincre la force coercitive ou la compression conservatrice P'; cela n'est pas nécessaire ici, mais il faut faire un vide, car les décharges électriques de la bobine $h\,h'$ s'opèrent plus facilement dans l'espace raréfié que dans l'air qui leur oppose une résistance.

La quantité de lumière produite correspond 1° à la quantité des équivalents électriques qui oscillent dans le fil hh' de la bobine externe, 2° à la fréquence des ruptures dans l'électrohode cc', 3° à la raréfaction de l'air du récipient où s'opèrent les décharges des deux électricités, et 4° à la chaleur décomposée pour les quantités $q\overset{+}{E}^2 + q\overset{-}{E}$ d'équivalents de la lumière $q\overset{+}{E}^2\overset{-}{E}$ qui se répand en une unité de temps.

C'est par l'influence de l'électricité de l'électrohode cc' qu'apparaît l'électricité dans la bobine du fil hh'; les interruptions fréquentes du circuit produisent l'oscillation des équivalents électriques dans le fil de la bobine hh'. Ces équivalents exercent des décharges électriques dans le récipient f, et ainsi ils se combinent et produisent les combinés $\overset{+}{E}^2\overset{-}{E}$ qui constituent la lumière qui se répand.

L'effet des ruptures sont deux oscillations. 1° L'une dans l'électrohode cc' où sont dirigés les équivalents $q\overset{+}{E}$ et $q\overset{-}{E}$ vers sa rupture b et, 2° l'autre dans le fil hh'. Cette oscillation est un effet de la précédente; quand les équivalents $q\overset{-}{E}$ se dirigent vers la rupture de l'électrohode cc, les équivalents homonymes $q\overset{-}{E}$ s'éloignent des extrémités du fil hh' de la bobine; au contraire, quand les équivalents électriques s'éloignent de la rupture b de l'électrohode cc', ils repoussent leurs homonymes dans le fil hh', et font qu'ils se déchargent dans le récipient de l'air raréfié.

Le fil gros cc' peut être parcouru par les équivalents électriques dans l'un ou dans l'autre sens : ce sont toujours les équivalents positifs qui parcourent les couches supérieures de la bobine du fil hh', et cela parce que c'est la chaleur qui est décomposée dans la bobine, et ses équivalents positifs sont repoussés de la part de leurs homonymes de l'électrohode cc', où restent les équivalents négatifs. Dans le récipient f où s'opèrent les décharges, les équivalents $q\overset{+}{E}$ arrivent toujours par la colonne h, et les équivalents $q\overset{-}{E}$ par la colonne h'.

Après ces décharges, les combinés de la lumière se répandent immédiatement, tandis que ceux de la chaleur se décomposent afin de fournir les équivalents égaux aux deux bouches pour les faire s'éloigner du récipient et y revenir ensuite de nouveau pour reproduire les mêmes combinés. La lumière se répand et c'est pour cela qu'il y a une décomposition d'une grande quantité de chaleur, cela fait 1° qu'il ne se manifeste, dans le vase *f*, aucune élévation de température, et 2° que la colonne *h* reste chargée d'électricité positive.

E. — INDUCTION DE L'APPAREIL DE M. HENRY.

Comme dans l'électricité polarisée, de même ici on a constaté un écoulement d'équivalents électriques dans la rupture du circuit. Cet écoulement est en directions inverses dans l'électrohode *mn*, qui communique avec la pile, et il y a en même temps un écoulement direct dans la bobine qui est en contact avec l'électrohode; cela est observé dans la déviation γ du magnète *m* du rhoomètre placé entre les extrémités *m'* et *n'* du fil de la bobine (fig. 23, 24, 25).

En suivant la loi statique, les déplacements des équivalents électriques dans la bobine sont directement produits de ceux de l'électrohode de la pile. Celle-ci exerce sur les équivalents électriques de l'électrohode *mn* une pression P suffisante pour vaincre la résistance R et faire circuler la quantité $q\bar{E}$ d'équivalents, comme cela est constaté par la déviation constante γ du magnète *m*, du rhoomètre *mn'* joint à l'électrohode *mn*.

I. Au moment de la rupture, le magnète *m* recule et fait en sens opposé un angle $-\gamma$, et, sans s'y arrêter, il revient à sa position normale où il reste tant que dure la rupture du circuit. Dès que le circuit est fermé, le magnète reprend comme précédemment la déviation γ.

II. Dans le rhoomètre joint au fil *m'n'* de la bobine, le magnète ne dévie pas pendant la durée de l'écoulement des équivalents électriques dans l'électrohode *mn*, preuve qu'il n'existe pas un écoulement des équivalents électriques dans le fil *m'n'*. Mais le magnète *m* dévie pour un instant en un sens au moment de la rupture, et il dévie en sens divergent au moment de la fermeture du circuit de la pile. Preuve que ces déviations dans la bobine sont un effet des équivalents électriques QÉ réduits à l'état stationnaire dans l'électrohode *mn* par sa résistance R, et qui s'écoulent en arrière au moment de la rupture.

En formant de l'électrohode *mn* une bobine *a* (fig. 24) et du fil *m'n'* une autre *b* placée sur la précédente, on obtient un appareil semblable à celui de Ruhmkorff (fig. 22), si l'on conduit les extrémités *m'* et *n'* du fil mince *m'n'* de la bobine *b* dans un récipient raréfié où les décharges produisent des étincelles très-longues au moment de la rupture et au moment de la fermeture du circuit *mn*. Pour faire augmenter la lumière, il ne faut que diminuer les intervalles entre les fermetures et les ouvertures du circuit comme cela s'opère dans l'appareil (fig. 22).

Au lieu de voir dans les déplacements des équivalents arrêtés dans l'électrohode *mn* la véritable cause des déplacements des équivalents homonymes dans les fils des bobines en contact, les physiciens attribuèrent ces déplacements à l'induction : erreur qu'il leur était difficile, sinon impossible de reconnaître, parce qu'il n'existe nulle part de fait qu'on puisse appeler *induction*, pas plus qu'il n'existe de faits appelés *forces*.

Il n'en est plus de même avec le fer doux du milieu de la bobine *a* formée par l'électrohode *mn* que parcourent les équivalents de la pile; car il se produit dans ce fer un écoulement continuel parallèle à celui de l'électrohode, sans que pour cela celui-ci éprouve ni résistance ni diminution.

Ce fait est de la plus haute importance, et la cause en sera dévoilée plus loin, surtout quand nous donnerons l'explication de la nature des magnètes et du diamagnétisme.

IV. — INDUCTION DES ÉLECTROMAGNÈTES.

Les bobines armées de l'appareil de MM. de la Rive et Ruhmkorff donnent à la barre la propriété d'attirer à elle l'appendice de fer. Deux bobines pareilles et égales, formées d'un électrohode *mn*, sont parcourues comme celui-ci par des équivalents électriques en directions parallèles. Ces écoulements font diminuer d'un côté la pression P' intermédiaire entre les tours des bobines, tandis que de l'autre, cette pression P' reste normale du dehors : ce qui produit une compression par laquelle les deux bobines sont sollicitées l'une vers l'autre.

Cette compression des bobines armées l'une vers l'autre, qui dure tant que dure le courant électrique, a été la cause pour laquelle on a nommé *électromagnètes* les appareils de ce genre qui diffèrent des magnètes, car les bobines vides elles-mêmes sont pressées l'une vers l'autre, tout comme les bobines armées avec les barres de fer.

Les physiciens attribuaient à l'induction tous les faits qui leur paraissaient inexplicables, comme si ces faits pouvaient pour cela être considérés comme expliqués. De tels faits sont produits par des électromagnètes de constructions différentes, dont un certain nombre seront rapportés ici, pour montrer comment a été employé le mot *induction* aux explications des faits.

A. Induction de l'électromagnète de Ruhmkorff.

Les équivalents électriques d'une pile puissante parcourent l'électrohode *mn* et produisent un écoulement pareil des équivalents homonymes contenus dans les deux barres dont les bases *b* et *b'* sont en face, et les équivalents s'écoulent de l'une de la bouche *b* formée de la base *b* dans l'autre formée de la base *b'*.

Cet écoulement continuel des équivalents électriques entre les bouches a été attribué à une induction, comme le sont les écoulements oscillants des équivalents électriques des bobines *b* et *c*, *d* et *e* (fig. 24) en contact avec la bobine *a* parcourue par le courant de la pile dont elle est l'électrohode.

Les faits obtenus par cet électromagnète correspondent aux répulsions qu'exercent des masses considérables d'équivalents électriques produits par 24 à 30 couples de Bunsen. L'électrohode *mn* est parcouru par une quantité d'équivalents électriques égale à celle qui parcourt les deux barres. Si le milieu μ de cet électrohode *mn* est amené sur la ligne axiale pour y provoquer une rupture, celle-ci sollicite l'écoulement inverse des équivalents électriques du fil qui se trouvent en directions opposées avec leurs homonymes qui s'écoulent dans les barres.

Par l'effet de ces répulsions mutuelles entre les équivalents électriques, les tours de l'électrohode et la surface des barres éprouvent un ébranlement analogue, qui produit une détonation forte, mais d'une durée très-courte. Ce fait acoustique eût pu aussi bien être attribué à l'induction ; mais M. Pouillet a préféré convenir qu'il en ignorait la cause, plutôt que de chercher à se tromper lui-même par des explications illusoires.

La détonation s'affaiblit par l'éloignement de la rupture μ de la ligne axiale, et cela parce qu'en s'écoulant, les équivalents de μ doivent alors parcourir la distance D qui sépare cette rupture μ des barres et de la ligne axiale : cela fait diminuer les rencontres des équivalents denses homonymes entre les tours de l'électrohode et la surface des barres ; les répulsions s'y affaiblissent alors et les détonations aussi.

Les équivalents électriques s'écoulent directement entre les bouches *n* et *n'* des électrohodes *mn* et *m'n'* dans l'air ou dans les électrolytes ; mais il n'en est plus de même pour la direction des écoulements des équivalents électriques entre les deux bouches *b* et *b'* des barres des électromagnètes. En effet, ces directions sont hélicoïdales comme le sont celles des tours de l'électrohode parcouru par les équivalents de la pile.

Cette direction hélicoïdale des écoulements fait subir aux faits une modification analogue. Les faits de cette espèce, observés sur les corps et non pas sur les écoulements électriques, ont été attribués à une cause inconnue à laquelle M. Faraday a donné le nom de *diamagnétisme*, et ce chimiste considéra comme suffisamment expliqués tous les faits qui peuvent être ramenés à cette cause inconnue, mais qui ont un nom donné par lui.

M. Rhumkorff exposa simplement les faits produits sur les corps placés entre les deux bouches de l'électromagnète, tandis que plusieurs autres physiciens, adoptant les dénominations de M. Faraday, attribuèrent une partie des faits produits à l'électricité et l'autre au diamagnétisme, considéré comme une découverte nouvelle.

Sans l'intrusion dans la science de tous ces noms nouveaux qui, comme les *forces*, etc, ont la prétention d'indiquer les causes inconnues, les faits eussent été décrits simplement et dans l'état naturel où ils s'offrent à l'observateur, et ils se fussent naturellement disposés de manière a être reliés entre eux par les lois statiques comme causes et effets. Mais maintenant que ces faits ont été groupés arbitrairement et suivant des causes inconnues, il est nécessaire de les démêler pour pouvoir les ranger dans leur ordre. C'est pourquoi cette habitude sophistique et déplorable d'encombrer le vocabulaire scientifique d'une foule de termes vides de sens a eu pour résultat inévitable d'éloigner de plus en plus les savants de la vraie origine des faits, connaissance à laquelle on ne parviendra jamais tant qu'on ne voudra pas observer attentivement les faits et les lois physiques qui les lient avec leur cause.

B. Induction de l'électromagnète de M. Pouillet.

Cet appareil produit des faits mécaniques sur une plus grande échelle que tous ceux qu'on a pu obtenir au moyen des autres appareils électriques. Cependant ces faits ne sont pas le résultat d'un écoulement d'équivalents électriques, mais d'une diminution de résistance qui y a pour cause la diminution de la pression conservatrice P'. C'est pour cette raison qu'on ne peut employer cette diminution de résistance comme une cause motrice; tous les cas de cette nature ont été attribués par les physiciens au phénomène prétendu de l'*attraction*, qu'on peut ranger, pour l'utilité, dans les classes des mots *forces*, *induction*, etc.

Les chocs et les commotions obtenus par la rupture du circuit sont un effet de l'écoulement inverse des équivalents QË et QĒ arrêtés dans les électrohodes *mn* et *m'n'* : cet effet ne diffère point de ceux attribués à l'électricité polarisée.

C. Induction de l'électromagnète de Clarke.

Les faits obtenus par cet appareil changent quand les bobines de l'électromagnète sont formées d'un gros fil de 40 mètres de longueur, ou d'un fil fin mais d'une longueur de 1,500 mètres, et quand en même temps la durée très-courte de l'interruption est remplacée par une plus longue.

Dans les appareils précédents, les équivalents électriques passent de la pile dans l'électrohode des bobines et produisent un écoulement des équivalents homonymes dans la barre de fer. Ici c'est le contraire qui a lieu. Par le frottement opéré entre l'air et la barre, l'électricité se produit dans ses bases *b* et *b'*; cette électricité ou ces équivalents électriques éprouvent une répulsion de la part de leurs homonymes au moment où les bases *b* et *b'* de la barre sont en face du magnète fixe. Cette répulsion est nécessaire pour mettre en mouvement les équivalents électriques obtenus par le frottement.

Dans l'appareil de M. Ruhmkorff, la lumière est produite entre les extrémités de la bobine externe *hh'*; dans l'électromagnète de Clarke, les deux bobines ne sont pas externes, parce que le fil est parcouru par les équivalents électriques, comme le sont les électrohodes mn et $m'n'$ de l'appareil de M. de la Rive. Il y a pourtant cette différence que, dans l'électrohode des bobines de l'appareil de Clarke, les équivalents électriques sont en oscillation continuelle, comme le sont les équivalents électriques dans la bobine externe de l'appareil de Ruhmkorff.

L'appareil de Clarke peut, pendant l'espace de $2t$ d'une évolution de l'axe, reste fermé, ou bien avoir une moitié t fermée et l'autre ouverte. Il peut encore, pendant un intervalle très-court $\frac{2}{n}t$, rester ouvert, et le reste du temps $\frac{2n-2}{n}t$ fermé. Ces deux cas produisent des faits analogues. 1° Quand l'ouverture est longue t, l'écoulement des équivalents électriques est également long, mais son intensité est médiocre; 2° quand, au contraire, la fermeture est longue $\frac{2}{n}t$ et l'ouverture courte $\frac{2n-2}{n}t$, il s'accumule une grande quantité d'équivalents électriques qui se déchargent en un espace de temps très-court avec une grande intensité.

Le premier cas peut être comparé aux écoulements des équivalents électriques des piles, et le deuxième cas doit être comparé aux décharges de l'électricité des machines. Les faits obtenus dans un cas correspondent à ceux obtenus par l'électricité des piles, et les faits obtenus dans l'autre cas correspondent à ceux obtenus par l'électricité des machines.

L'appareil de Clarke produit donc ces deux espèces de faits, quand il a les ouvertures d'une longue durée ou quand il a ces ouvertures d'une durée courte.

D. Induction de l'électromagnète de Verdet.

Deux magnètes égaux et parallèles, avec deux bobines et unis par une armature ab, remplacent le magnète fixe de l'appareil précédent. Ces magnètes servent comme armatures aux bobines, et l'on peut les enlever pour les remplacer par deux solénoïdes. Une plaque de fer fixée sur un axe tourne à la place de la barre de fer pliée en fer à cheval de l'appareil précédent. La rotation de cette plaque produit par le frottement contre l'air une quantité d'électricité, précisément comme celle qui est produite dans l'appareil d'Arago par la rotation du disque.

Cette électricité repousse celle des magnètes ou des solénoïdes et la fait osciller dans les bobines. Quand les magnètes et les solénoïdes sont éloignés pour laisser vider les deux bobines, celles-ci éprouvent par leurs tours antérieurs la pression de la part des équivalents électriques accumulés sur la plaque. Cette répulsion est directe, sans pour cela différer de celle produite par la présence des magnètes ou des solénoïdes, quand la répulsion arrive aux bobines par ces armatures; mais en ce cas, les tours des bobines, exposés à la répulsion que produit la plaque en rotation, présentent une surface peu étendue, et cela fait diminuer la densité des équivalents électriques dans les bobines.

Les intervalles augmentent entre les changements des sens de directions et les positions correspondantes de la plaque, quand on fait augmenter le nombre des tours de la bobine exposés à la rotation de la plaque, parce que, en ce cas, augmente aussi la durée de l'écoulement des équivalents électriques entre les bouches ou les extrémités du fil des deux bobines; mais ces intervalles sont trop courts pour pouvoir être observés. Cependant il n'en est plus de même de l'espace de temps nécessaire pour que les équivalents électriques de la plaque passent par la couche d'air dans les bases *a* et *b'* des magnètes; c'est de là que provient le retard observé.

V. — ÉLECTRICITÉ DISSIMULÉE OU LATENTE.

Les accumulations des équivalents électriques sur les deux faces des lames de verre ont été attribuées à *l'attrac-*

tion, mot sans signification, comme l'induction, le diamagnétisme, les forces, etc. En général les physiciens attribuent à l'attraction chaque diminution des résistances qui ne leur est cependant pas toujours inconnue.

Le barogène B afflue de l'espace céleste et il exerce une pression des corps l'un vers l'autre, parce que chaque corps par la masse β de barogène qu'il contient supprime une quantité égale du barogène incident, et fait ainsi écran aux corps dans la direction de son diamètre, comme cela a été prouvé dans l'ouvrage sur l'*Origine des sciences*.

La pesanteur n'est pas l'effet d'une attraction entre les corps, mais elle est l'effet de la diminution de la pression externe de la part des corps qui se font écran mutuellement l'un à l'autre. De même les deux espèces d'équivalents électriques exercent entre eux une répulsion inférieure à celle qu'ils éprouvent du dehors de la part de leurs homonymes. Ainsi ces équivalents ne peuvent pas s'éloigner des deux faces de la lame de verre, parce qu'ils en éprouvent une répulsion inférieure à la pression P′ externe et ambiante.

Il faut qu'il y ait une lame de verre ou de résine ou même d'air qui ne laisse pas les équivalents électriques pénétrer comme ils pénètrent par les métaux, parce qu'en ce cas ces équivalents se combinent et les deux électricités disparaissent.

Les faits obtenus par M. Faraday dans les comparaisons des quantités des équivalents électriques écoulées d'une bouteille dans l'autre ont été attribués par ce physicien à une attraction, au lieu d'être attribués à une diminution de résistance.

Il est évident que les équivalents électriques n'éprouvent de la part d'aucun corps une résistance aussi grande que de la part de l'air, et que cette résistance n'est de la part d'aucun corps aussi faible que de la part des métaux. Les faits obtenus conduisent donc à connaître cette vérité qui est le résultat unique suivant les lois physiques.

Le mode des décharges des électricités dissimulées sert aussi à montrer que c'est la pression externe qui empêche leur écoulement; car celui-ci ne peut être obtenu que par une diminution de la résistance entre les équivalents éloignés des deux faces de la lame par les contacts des deux disques, puis ensuite éloignés de ces disques par deux conducteurs métalliques qui doivent s'approcher beaucoup l'un de l'autre pour y produire une résistance $r' - r''$ inférieure à celle r' qu'éprouvent ces équivalents de la part de leurs homonymes contenus dans la chaleur de la lame qui sépare les disques.

VI. — ÉLECTRICITÉ NEUTRALISÉE.

Cette expression *électricité neutralisée* est encore un de ces termes qui, comme ceux d'*induction*, d'*attraction*, de *diamagnétisme*, etc., n'ont aucune signification : tous ces noms tirent leur origine de diverses espèces de faits observés, et pour cela, devraient être attribués aux causes des espèces différentes. Après avoir admis une cause qui n'a qu'une existence nominative, les physiciens lui attribuent, entre autres propriétés, celle de ne révéler son existence par aucun signe; c'est un moyen assez commode de se mettre à l'abri de toute objection.

Au moment de la disparition des deux électricités, apparaissent la lumière et la chaleur : les physiciens pensent que ces deux fluides sont produits par l'ébranlement d'un autre fluide de nature inconnue, appelé *éther*, et que les deux électricités se confondent mutuellement pour prendre un état d'une nature aussi inconnue que l'est celle de l'*éther*.

Nous renonçons à comprendre, et nous pensons que le lecteur nous dispensera de lui donner, comme les physiciens, l'explication d'un fait non connu au moyen de deux autres qui ne le sont pas davantage. Comme dans la disparition de l'oxygène et de l'hydrogène l'eau qui apparaît est considérée comme un combiné des éléments des gaz qui disparaissent, de même dans la disparition des deux électricités la lumière et la chaleur qui apparaissent sont ici considérées comme deux espèces de combinés produits par des nombres inégaux d'équivalents qui constituent ces deux électricités $3n\overset{+}{E} + 3n\overset{-}{E} = n\overset{+}{E}^2\overset{-}{E} + n\overset{+}{E}\overset{-}{E}^2$.

Tous les physiciens auraient dû protester énergiquement contre celui qui a émis ces étranges assertions que les deux gaz qui disparaissent se réduisent en un état neutre, ne donnent plus aucun signe de leur existence, et que l'eau apparait née d'un fluide inconnu et répandu dans l'espace. Cependant bien des savants sont en encore suspens, et ont peine à se décider à l'abandon de leurs chères hypothèses, c'est-à-dire à l'existence des électricités neutres et à celle de l'éther.

Les longues séries de faits, exposés en un ordre tel qu'ils soient reliés entre eux par la loi statique comme causes et effets, est une preuve naturelle qu'il ne faut jamais s'écarter des lois physiques et des faits observés produits suivant ces lois. Il faut rester ferme sur ce principe, et l'on verra bientôt s'évanouir les nuages qui obscurcissent la science. Faisons donc disparaître des ouvrages, tous ces mots qui ne signifient rien, et donnons aux faits des noms convenables tels que, dans l'avenir, personne n'en puisse trouver de meilleurs.

Dans le présent ouvrage, les faits trouvent leur explication naturelle dans leur disposition et dans leur liaison suivant les lois physiques. C'est là ce que ne peuvent faire les physiciens qui ignoraient que tous les fluides impondérables et même les corps sont formés de deux espèces d'équivalents électriques dont l'origine est commune.

Toutes les sciences physiques et naturelles, métaphysiques et morales peuvent se résumer ici en une seule que nous nommerons *parépistème*, et qui, basée sur des lois physiques invariables, est susceptible d'être soumise aux plus rigoureux calculs mathématiques. Les résultats que fournissent ces calculs sont toujours d'accord avec ceux qu'on obtient au moyen d'observations exactes; de même que dans la *géodésie*, les résultats graphiques ne diffèrent en rien de ceux obtenus par les formules algébriques de la trigonométrie.

VII. — RÉSUMÉ.

CHANGEMENTS PHYSIQUES DES CORPS.

Avant de terminer cette section, nous ferons remarquer qu'après chaque interruption d'écoulement des équivalents électriques, l'écoulement inverse est produit par la répulsion mutuelle des équivalents électriques réduits à l'état stationnaire. La densité de ces équivalents diminue graduellement, ce qui fait aussi diminuer la quantité des équivalents écoulés et augmenter la durée de ces écoulements; de sorte que pour l'éloignement de tous les équivalents il faut un espace de temps indéfiniment long.

Ce qui vient d'être dit pour les équivalents d'un écoulement interrompu a lieu pour l'interruption de tout autre écoulement; les mille et mille interruptions qui, depuis l'établissement des télégraphes, ont eu lieu dans leurs fils, y ont laissé chacune un reste d'équivalents électriques qui s'écoulent tous vers les stations. Dans l'avenir le nombre des écoulements inverses se multipliera sans que, à cause de cela, il y ait d'augmentation dans la densité des équivalents contenus, car ils se raréfient en même temps. Les écoulements inverses qui sont actuellement connus sous le nom d'*électricité polarisée*, ne sont pas entièrement disparus alors que le rhéomètre ne les indique plus. En cas pareil, il suffit de raréfier l'air pour faire apparaître de nouveau le courant inverse qui était devenu insensible.

Les corps chauffés répandent, dans un espace froid, des masses de chaleur en directions inverses, et les diamants exposés au soleil et transportés ensuite dans un local obscur répandent en arrière de la lumière. Le changement physique continuel des corps consiste en masses d'équivalents électriques qui s'y arrêtent et qui s'écoulent ensuite en arrière sans pouvoir jamais être entièrement évacués.

Ce qu'il importe de considérer ici, ce n'est pas la quantité totale d'équivalents électriques, mais seulement le nombre des écoulements inverses qui croît toujours ; car depuis l'apparition des corps, il est resté conservé dans chacun d'eux les écoulements inverses de chaque écoulement électrique direct.

Ce résultat, obtenu ici suivant la loi statique, nous viendra en aide dans la suite pour l'explication de la reproduction des plantes et des animaux, parce que la semence provenant des individus actuels contient tous les écoulements inverses qui ont été transmis à cet individu par tous les précédents, depuis l'apparition du premier individu qui a commencé la généalogie de cette espèce.

Dans notre ouvrage sur la *vie des plantes*, on trouve cette explication de la reproduction des plantes et des animaux, et cela sert à prouver la portée des faits et des lois physiques qui se répètent sous mille formes différentes dans des objets qui paraissent, au premier coup d'œil, n'avoir entre eux aucune ressemblance.

Qu'il nous suffise pour le moment d'avoir prouvé par quelle cause se conservent perpétuellement les espèces d'écoulements électriques directs dans leurs écoulements inverses. Cette propriété des écoulements des équivalents électriques servira, dans la métaphysique, à l'explication de mille faits qui paraissent dépasser les limites qu'il est permis d'atteindre à l'intelligence humaine.

III

RÉFORME

PRODUITE

PAR LA DÉCOUVERTE DE L'ORIGINE DU MAGNÉTISME ET DES PROPRIÉTÉS DES MAGNÈTES.

Les Grecs ont donné le nom de μάγνης au minerai d'oxyde de fer qui a la propriété de diriger toujours l'une de ses extrémités vers le nord, et l'autre vers le sud : vient-il à être accidentellement déplacé, il revient spontanément à sa position de même que le niveau d'un liquide se rétablit spontanément après qu'on l'a détruit ; cette action des *magnètes* est appelée *magnétisme ;* et cependant personne ne sait pourquoi, parmi tous les corps, il n'y a que le fer qui jouisse de cette propriété; de même qu'on ne sait pas davantage pourquoi, parmi les trois états des corps, ce sont les liquides qui prennent spontanément leur niveau.

Après la découverte des deux électricités qui se manifestent dans tous les corps, les physiciens ont admis deux fluides magnétiques, et ils ont attribué aux écoulements de ceux-ci les mouvements observés dans les magnètes; par la position stable qu'affectent ces derniers, on a été amené à connaître : 1° l'existence de l'écoulement des fluides de régions polaires vers l'équateur, ou 2° l'existence de l'écoulement des fluides de l'est à l'ouest; mais dans ce dernier cas, il a fallu considérer le magnète comme composé des éléments matériels arrangés de la même manière que le sont les tours d'une hélice formée d'un fil de métal : en effet, celle-ci équilibrée et parcourue par un courant électrique, acquiert la propriété qui caractérise les magnètes, c'est-à-dire qu'elle dirige l'une de ses extrémités vers le nord et l'autre vers le sud.

Les physiciens ont été conduits, par la loi statique, à reconnaître que le fluide s'écoule de l'est à l'ouest, parce que les électrohodes équilibrés prennent toujours une position telle qu'ils ont le courant électrique dans cette direction. Ces faits ont conduit aussi plusieurs physiciens à reconnaître que le fluide terrestre doit être de la même nature que le fluide électrique.

Ampère est même allé plus loin : il a découvert que les magnètes peuvent être représentés ou remplacés par un électrohode équilibré et replié de manière à former une hélice. Cette découverte très-importante amena la distinction des hélices en deux espèces, dont l'une, appelée *dextrorsum*, est nommée par nous *dexiostrophe* (δεξιόστροφος), et l'autre, *sinistrorsum*, est appelée ici *aristérostrophe* (ἀριστερόστροφος).

Ampère savait bien que les rayons du Soleil déposent sa chaleur en forme des nappes dont la direction dépend de celle de la marche de l'astre. 1° Quand celui-ci s'éloigne de l'hémisphère nord, les nappes de chaleur sont superposées et forment une hélice *dexiostrophe*, et 2° quand le Soleil s'éloigne de l'hémisphère sud, les nappes de chaleur amenées par ses rayons sont superposée, et forment une hélice *aristérostrophe*.

Ces deux hélices hétéronymes autour de la Terre composées des nappes de chaleur superposées, et les deux hélices hétéronymes qui jouissent des propriétés de magnètes, conduisaient directement et sûrement à l'origine du magnétisme terrestre. Ampère, ou quelqu'un de ses successeurs, aurait saisi la relation entre les nappes de chaleur des deux hélices et les courants thermoélectriques pour arriver à l'origine du magnétisme terrestre, comme les oscillations d'un lustre ont dévoilé à la haute intelligence de Galilée les propriétés du pendule.

Au lieu de rester attaché aux faits observés dans les hélices et à la loi statique, qui sont les seuls guides sûrs, Ampère et les autres physiciens voulurent aller trop vite : sans aucune raison, et même contre les lois logiques, ils déclarèrent *périphéries circulaires* les tours des hélices ; dès ce moment ils commencèrent à s'éloigner de la vérité. Il était temps encore de reconnaître l'erreur et de s'arrêter dans cette voie. Bien loin de là, les physiciens furent entraînés fatalement dans mille autres erreurs, et aujourd'hui, dans aucune branche de la physique, il n'existe autant de controverses, de difficultés et d'incertitudes que dans les explications des faits magnétiques.

Rien de semblable dans notre ouvrage, où toutes ces difficultés s'évanouissent ; car les faits observés s'y trouvent disposés dans un ordre étiologique et reliés entre eux par la loi statique dans laquelle chaque fait est un effet des précédents et une cause des suivants. Nous n'avons eu recours à aucune hypothèse, car les faits cosmiques sont produits suivant les lois physiques, et ils sont parfaitements indépendants de l'intelligence de l'homme.

Dans les sections précédentes on a constaté la décomposition des combinés $\hat{E}\bar{E}^2$ de chaleur pendant son écoulement, et un écoulement de chaleur est inévitable chaque fois qu'il existe une inégalité de température. Tel est précisement l'état de la couche supérieure de la Terre ; elle est composée des lames dont la température en partant de la surface va l'été en décroissant et l'hiver en croissant vers les lames inférieures. Jamais ces lames terrestres ne possèdent la même température ; aussi ne se produit-il jamais d'interruption dans l'écoulement de la chaleur, dont se produit l'écoulement des équivalents électriques terrestres.

Les nappes de chaleur ne sont pas superposées parallèlement comme le sont les lames terrestres ou aquatiques, mais elles affectent une direction telle qu'elles forment deux hélices hétéronymes. L'épaisseur des lames terrestres est égale, tandis que la densité de la chaleur des nappes change chaque jour et chaque saison.

L'écoulement de la chaleur entre les lames terrestres ne dépend que de sa densité qui est distribuée en directions telles qu'elle forme deux hélices hétéronymes. De cette direction de l'écoulement de chaleur dépend la distribution des équivalents électriques produits; la direction même de l'écoulement de ces équivalents dépend de la distribution des parties chaudes et des parties moins chaudes de la Terre qui forment deux hélices hétéronymes.

Si les lames de la couche superficielle de la Terre ne recevaient que les nappes de chaleur superposées de la manière indiquée, les écoulements des équivalents électriques auraient dû être également répartis dans les mêmes latitudes des deux hémisphères. Mais les causes météorologiques qui sont les vents, modifient beaucoup la densité de chaleur des nappes superposées.

Cette chaleur est interrompue durant des semaines entières dans les pays où le ciel est couvert : les vents transfèrent la chaleur d'une latitude à l'autre, les mêmes faits produisent les courants maritimes de l'eau chaude ou de l'eau froide.

Le sol boisé et ombragé reste froid parce qu'il n'est pas exposé au soleil, mais il s'échauffe aussitôt qu'il est converti en champs fertiles. Par l'augmentation des populations en Europe et en Amérique, la superficie boisée diminue, et augmente celle des champs cultivés. Il n'existe nulle contrée de l'Europe ou de l'Amérique où les habitants disparaissent et où le sol cultivé et chaud fasse place au sol boisé et froid.

Le sol des volcans éprouve une élévation de température par le soulèvement de la lave brûlante; une partie de cette chaleur se répand et fait apparaître l'écoulement des équivalents thermoelectriques.

De cette manière les faits *polyarithmes* et *polyides* du magnétisme prennent ici un arrangement suivant la loi thermostatique, sans présenter nulle part la moindre difficulté.

CHAPITRE PREMIER.

ECMAGNÉTOSE DE LA TERRE PAR LE SOLEIL.

Le mot ἐκμαγνήτωσις est formé du mot *magnète* pour représenter la transformation du fer en magnète, comme ont été formés les mots *exaérose* et *exhydatose* des mots ἀήρ et ὕδωρ, pour représenter la transformation de l'eau en air et de l'air en eau ; ainsi le mot *aimantation* est ici remplacé par le mot *ecmagnétose*.

La Terre est ecmagnétosée par le Soleil de la manière suivante : les rayons solaires, conduisant la chaleur à la surface de la Terre en forme de nappes, déposent ces nappes dans la direction hélicoïdale suivie par la marche du Soleil.

Ces nappes de chaleur pénètrent dans le sol quand leur densité $\Theta + \theta$ est supérieure à la densité Θ de la chaleur du sol, comme cela a lieu en été. Mais en hiver, la densité de la chaleur $\Theta + \theta$ du sol surpasse celle Θ des rayons ; alors cette chaleur Θ s'éloigne du sol en recevant une quantité θ' de l'excès θ de la chaleur de celui-ci.

La couche supérieure de la Terre est continuellement parcourue par la chaleur qui s'en éloigne durant six mois et qui y afflue durant six autres mois. Cette affluence s'opère toujours par les nappes de chaleur que déposent les rayons solaires en formant des tours d'hélice dirigés suivant la marche du Soleil.

L'effet immédiat de l'écoulement de la chaleur ou de ses éléments $\overset{+}{E}\bar{E}^2$ est sa décomposition en équivalents négatifs $\bar{E}$ qui s'éloignent et font se décomposer les éléments $\overset{+}{E}{}^2\bar{E}$ de la lumière d'où les équivalents positifs $\overset{+}{E}$ s'éloignent et s'écoulent en direction opposée de la chaleur. De pareils écoulements électriques ou thermoélectriques existent dans la Terre et y suivent la direction opposée de l'écoulement de la chaleur, comme cela a été constaté pour l'atmosphère.

I. Dans l'*hémisphère nord*, pour obtenir la direction des courants terrestres thermoélectriques, il faut déterminer la direction de l'écoulement de la chaleur qui s'opère toujours des parties chaudes vers les parties les moins chaudes et les moins éloignées. On sait qu'en été et en automne, quand le Soleil s'éloigne de l'hémisphère nord, ses rayons et les courants d'air chaud rendent la surface du sol plus chaude que quand, en hiver et au printemps, le Soleil s'éloigne de l'hémisphère sud, et que les courants d'air sont plus froids dans l'hémisphère nord.

1° Il faut donc qu'il existe un écoulement de chaleur $\Theta + \theta'$ des tours de l'hélice décrite par les rayons du Soleil en été et en automne vers les tours les plus froids et les moins éloignés de l'hélice décrite par les rayons solaires en hiver et au printemps. 2° Cet écoulement de chaleur dans la direction indiquée détermine un écoulement des équivalents électriques dont la direction est opposée à celle de la chaleur; cette direction suit les tours de l'hélice décrite par les rayons solaires qui montent du nord-est pour redescendre comme le Soleil vers le sud-ouest.

II. Dans l'*hémisphère sud*, l'hélice décrite par les rayons du Soleil est chaude quand celui-ci s'en éloigne; c'est vers les tours de cette hélice que s'écoulent les équivalents électriques terrestres en suivant la marche du Soleil qui monte du sud-est pour descendre vers le nord-ouest.

Ces directions des écoulements des équivalents terrestres déterminent autour de l'hémisphère nord une hélice dont les tours suivent la marche du Soleil quand il s'éloigne de l'hémisphère nord. 1° Cette *géohélice* des tours indiqués par ladite marche du Soleil a été appelée par les physiciens *dextrorsum*, et par nous *dexiostrophe*. 2° La *géohélice* des tours décrits par la marche diurne du Soleil quand il s'éloigne de l'hémisphère sud a été appelée par les physiciens *sinistrorsum* et par nous *aristérostrophe*. L'état de la Terre ecmagnétosée n'est qu'une inégalité perpétuelle des températures des parties chaudes et des parties froides distribuées sous forme de deux géohélices hétéronymes.

CHAPITRE II.

ECMAGNÉTOSE DU FER DOUX PAR LA TERRE.

Deux barres F et F′ égales de fer doux qu'on laisse à leur place resteront toujours dans le même état ; mais si l'une F reste à sa place et que l'autre F′ soit suspendue dans la position du magnète équilibré, au bout de quelques jours elle devient *ecmagnétosée* et acquiert les propriétés d'un magnète, parce que, éloignée de la position magnétique, elle y revient spontanément; tandis que l'autre barre F suspendue dans la position magnétique, n'y retourne pas quand elle en est éloignée.

Si cette barre F reste dans la position magnétique et que l'autre F′ ecmagnétosée soit abandonnée à elle-même, au bout de quelques jours c'est la barre F qui se trouve ecmagnétosée, tandis que l'autre F′ ne l'est plus et a été ramenée à l'état de fer doux.

Pour empêcher la perte des propriétés magnétiques de la barre F′ ecmagnétosée et abandonnée, il faut lui donner tous les jours quelques coups de marteau : opération évidemment mécanique qui n'a d'action que sur les éléments matériels du fer. Cette opération n'a d'autre effet que d'empêcher ces éléments matériels de revenir à leur état amorphe antérieur.

L'aimantation ou l'ecmagnétose dans le fer n'est donc qu'un arrangement de ses éléments matériels; l'état du fer aimanté n'est autre que cet arrangement. Il faut donc distinguer : 1° l'action qui est toujours l'écoulement d'un fluide, et 2° l'effet conservé dans l'arrangement des éléments matériels. Il faut encore distinguer la signification du mot *ecmagnétose*, quand il est appliqué à la Terre et quand il est appliqué au fer.

Parmi les corps c'est le fer, et, à des degrés inférieurs, le cobalt et le nickel seuls, qui sont susceptibles d'une *ecmagnétose :* les autres métaux peuvent rester des années entières dans la position magnétique sans éprouver aucun changement, car déplacés de cette position, ils n'y retournent pas spontanément.

Les équivalents thermoélectriques terrestres suivent partout la direction de la géohélice dexiostrophe qui est parallèle à celle que décrivent sur la Terre les rayons solaires d'été et d'automne. Ces équivalents thermoélectriques atteignent tous les corps terrestres et ils ne parviennent à déplacer que les éléments matériels du fer : il faut donc prouver les changements qui peuvent se produire dans les éléments du fer pour qu'il acquière la propriété de revenir spontanément à la position du magnète équilibré.

Explication. Il a été prouvé que la tourmaline et les autres cristaux consistent en lames parallèles de plusieurs systèmes ayant une face f chargée d'équivalents positifs $\dot{E}$ et l'autre f' chargée d'équivalents négatifs $\ddot{E}$. Ces équivalents hétéronymes sont la cause d'une diminution de la répulsion r, 1° qui reste au dehors en son état normal, et 2° qui, entre les faces f et f' hétéroélectriques, est réduite à $r - r'$.

Le fer, comme tous les corps solides et liquides, est composé de cristaux de toute dimension, parce que les éléments matériels s'arrangent spontanément de manière à exercer entre eux le minimum de résistance. Les éléments matériels des corps ne sont pas les atomes, mais l'*électre* dont les masses différentes $e + e' + e''$, $e + e'$ et e, contenues dans des volumes égaux, se présentent sous la densité $D + d + d'$,

D + *d* et D, et à cause de ces densités différentes le même fluide apparaît comme trois espèces de fluides. On remarque la même différence quand les masses $m + m' + m''$, $m + m'$ et m d'air deviennent comprimées dans trois volumes V, V', V'' égaux dont chacun contient l'air ; mais l'air d'un volume n'est pas parfaitement le même que l'air des deux autres volumes.

Les éléments matériels de chaque corps consistent en équivalents de la forme $\overset{+}{E}^{\chi}\beta^{\varphi}\theta^{\psi}\overset{-}{E}^{\gamma}$, où les indices χ, φ, ψ, γ, représentent le nombre, 1° des équivalents électriques $\overset{+}{E}$ et $\overset{-}{E}$; 2° des combinés $\overset{+}{E}\overset{-}{E}^2$ qui constituent la chaleur stationnaire, et 3° du barogène β.

Les mots *aimantation* ou *ecmagnétose* indiquent l'action ou l'écoulement des équivalents thermoélectriques terrestres dans la direction d'une hélice dexiostrophe par le milieu des éléments matériels des corps. Cet écoulement ou cette action reste sans effet sensible pour nous dans les éléments matériels des autres corps, car ils n'en éprouvent aucun déplacement.

Les éléments matériels du fer sont les seuls qui soient agités par l'écoulement des équivalents électriques, comme s'agite le sable par l'écoulement de l'eau au fond des rivières. Suivant la loi statique, les éléments ne peuvent prendre une position stable que par une disposition qui leur permette d'opposer audit écoulement un minimum de résistance.

Par cet arrangement, 1° des éléments matériels, la quantité $(q + q)\overset{+}{E}$ d'équivalents électriques écoulés augmente en chaque unité de temps, et 2° les lames cristallines, sans éprouver de déplacement, tournent leurs faces négatives f' contre ledit écoulement des équivalents terrestres, parce que ce sont ces faces qui exercent le minimum de résistance.

Cette disposition particulière des faces des lames reste conservée et c'est ce qu'on doit entendre par le mot barre de fer *aimantée* ou *ecmagnétosée*. Il est impossible, par des observations directes, de rendre visible cette disposition ; cependant elle n'en est pas pour cela moins véritable, de même qu'on ne saurait nier l'existence de l'air parce qu'il n'est pas visible.

Je le répète, 1° l'*aimantation* est l'action ou l'écoulement hélicoïdal des équivalents électriques terrestres par le milieu des lames cristallines du fer qui cèdent à la pression de cet écoulement et prennent ainsi une disposition hélicoïdale qui exerce le minimum de resistance; 2° le fer *aimanté* est celui dont les faces f' des lames ont pris un arrangement tel qu'il laisse s'écouler les équivalents terrestres avec le minimum de resistance, et pour cela en maximum de quantité.

I. — ÉTAT DU FER AIMANTÉ.

Comme tous les métaux, le fer consiste en petits cristaux disposés à l'état amorphe; aussi le fer qui n'a pas subi d'écmagnétose ne diffère pas sous ce rapport des autres métaux. Ceux-ci, suspendus dans la position magnétique, n'éprouvent dans leurs lames aucun déplacement, tandis que les lames des cristaux de fer prennent un arrangement tel qu'ils ont leur face f' électronégative contre les équivalents terrestres qui, dans leurs écoulements, suivent toujours la direction d'une hélice dexiostrophe.

Les faces f' électronégatives du fer aimanté forment donc une hélice dexiostrophe dont, 1° la surface s' des tours regarde vers le nord-est, contre la direction suivie par les équivalents positifs Ë, et 2° la surface s composée des faces f électropositives des tours regarde vers le sud-ouest, contre la direction suivie par les équivalents négatifs Ë terrestres.

Le fer aimanté suspendu revient dans la position magnétique, parce que c'est la seule position qui permette de s'écouler à la quantité $(q+q')$Ë d'équivalents électriques terrestres, et que ce sont ces équivalents qui sollicitent le fer déplacé à reprendre la position magnétique où se trouve le minimum $r - r'$ de résistance ou de répulsion, tandis que, du dehors, cette dernière reste invariable et est toujours r.

Les coups de marteau ne font que rapprocher davantage les lames, et empêcher ainsi le déplacement de leurs faces quand elles reçoivent l'écoulement des équivalents électriques terrestres qui suivent toujours leur direction; mais alors la barre n'est plus dans la position magnétique.

De même que ces coups de marteau empêchent la destruction de l'arrangement hélicoïdal des faces f et f' des lames, ils ont aussi pour effet d'empêcher l'ecmagnétose d'une barre suspendue dans la position magnétique, surtout si ces coups sont répétés tous les jours.

II. — MAGNÈTES AUTOCHTHONES ET MAGNÈTES HÉTÉROCHTHONES.

Comme les images photographiées ne dépendent que des objets, de même des tours de l'hélice obtenue dans l'arrangement des faces des lames des cristaux du fer ne dépendent que des tours de l'hélice décrite par l'écoulement des équivalents terrestres.

Dans ces deux cas, ce sont les écoulements des fluides impondérables qui influent sur l'arrangement des éléments matériels; ces arrangements ne dépendent point de la volonté du *photographe* ni de celle de l'*électrographe;* aussi est-ce pour cette raison que les arrangements matériels obtenus servent à faire connaître la direction de l'écoulement des équivalents électriques.

Si les écoulements des équivalents terrestres suivaient dans toutes les parties de la Terre la direction des parallèles géographiques ou celle des rayons solaires, il eût nécessairement fallu que les mêmes tours et les mêmes hélices fussent partout imprimés aux barres de fer ecmagnétosées. En un cas pareil, la barre F ecmagnétosée à Paris serait identique à celle F′ ecmagnétosée à Saint-Pétersbourg ou à celle F″ ecmagnétosée au Pérou.

Des observations fréquentes ont permis de constater le fait suivant : supposons une barre F qui possède, dans le pays P d'où elle provient, la résistance R + R′; on transporte cette barre F dans le pays P′, et on la compare avec une barre égale F′ provenant de ce dernier pays P′ : on remarquera que les deux barres F et F′ n'exercent pas la même résistance R + R′, comme cela semblerait devoir être, mais que la résistance de la barre F′ indigène ou *autochthone*, est toujours R + R′ + R″, et par conséquent supérieure.

Qu'on porte maintenant la barre F′ dans le pays P, d'où vient la barre F, la résistance R + R′ de celle-ci deviendra alors supérieure à la résistance R + R′ + R″ de la barre hétérochthone F′.

Si les deux barres F et F′ sont portées dans un autre pays P″ dont les barres aimantées F″ exercent une résistance R+R‴, cette résistance est supérieure à celles R+R′ et R+R′ des deux barres F et F′ hétérochthones.

I. Il n'est pas exact de dire que *chaque magnète exerce la plus grande résistance dans son pays natal;* ce qui est vrai, c'est que, *dans chaque pays les magnètes autochthones sont toujours, à dimensions égales, plus puissants que les hétérochthones.*

II. Pour comparer la disposition des tours des géohélices des deux pays P et P′, on porte les barres F et F′ aimantées dans un autre pays P″, et d'après la perte qu'éprouvent ces barres dans leurs résistances R + R′ — *r* et R + R″ — *r′*, on peut juger dans lequel des deux pays P et P′ les tours d'hélice s'écartent le moins, dans leurs directions, de celles des tours du pays P″.

III. Si l'on veut que le même état des tours persiste dans les barres de fer doux, il faut leur appliquer des coups de marteau ; ou, comme on fait habituellement, ce sont les magnètes des pays différents que l'on emploie pour de pareilles comparaisons.

IV. Les résistances R, R + R', R + R''... des magnètes, appelées *tensions* par les physiciens, sont proportionnelles aux quantités $q\bar{E}$, $(q+q')\bar{E}$, $(q+q'+q'')\bar{E}$..... d'équivalents électriques qui s'écoulent en excédant par le milieu de ces magnètes. Cet excédant n'est pas le même en chaque pays pour les mêmes magnètes, parce que la densité des équivalents électriques terrestres n'est pas égale dans toutes les parties de la Terre, ainsi que nous le prouverons dans la suite.

Par leurs écoulements, les équivalents électriques terrestres produisent, dans les éléments de l'eau, certains arrangements qui se manifestent dans le plantes. Cette espèce d'arrangement est la cause de la production primitive des plantes : nous traiterons amplement cet objet, qui présente de l'analogie avec l'ecmagnétose du fer, dans la physiologie, où nous établirons comment ont été produits les individus primitifs des plantes, des animaux et des races humaines.

III. — TREMPE DU FER OU ECCHALYBOSE.

La transformation du fer en acier est appelée *ecchalybose*, du mot grec χάλυψ, qui signifie *acier*.

La barre F de fer, chauffée au rouge, se charge d'une chaleur très-dense, qui s'écoule en grande masse quand cette barre est plongée dans l'eau froide. Les équivalents négatifs $\bar{E}$ se séparent de la chaleur $\bar{E}\bar{E}^2$ et s'écoulent en produisant une décomposition des combinés $\dot{\bar{E}}^2\bar{E}$ de la lumière stationnaire, dont les équivalents positifs $\dot{E}$ s'écoulent contre la chaleur pour pénétrer dans la barre F''.

Il s'opère ainsi, d'une part, dans la barre une combinaison des équivalents positifs $\overset{+}{E}$ avec les *iris* $\overset{+}{E}\overset{-}{E}$ de la chaleur, et il en résulte les combinés de la lumière $n\overset{+}{E}{}^2\overset{-}{E}$ qui se répandent ; et, d'autre part, dans l'eau les équivalents négatifs $\overset{-}{E}$ se combinent avec les *iris* $\overset{+}{E}\overset{-}{E}$ de la lumière, et il en résulte les combinés de chaleur $\overset{+}{E}\overset{-}{E}{}^3$ qui restent dans l'eau où l'on trempe le fer brûlant.

Les lames des cristaux de fer repoussées par les équivalents électriques $\overset{+}{E}$ positifs affluents prennent un arrangement qui correspond à l'affluence concentrique des équivalents $\overset{+}{E}$; et la barre F″ est ainsi transformée en un grand cristal composé des lames des petits cristaux.

Suspendue dans la position magnétique, cette barre F″ ne s'ecmagnétose pas, y restât-elle des années entières. Ainsi, 1° la trempe ramène le fer à un état pareil à celui dans lequel se trouvent les autres corps relativement aux courants électriques terrestres ; 2° elle donne en même temps au fer une *dureté* très-grande et une *élasticité* qui n'existaient dans le fer doux qu'à un degré très-médiocre.

Ces trois nouvelles propriétés trouvent, 1° dans l'arrangement concentrique des éléments matériels, et 2° dans la diminution de la chaleur statique qui est θ dans le fer doux et $\theta - \theta'$ dans l'acier, une explication toute naturelle et qu'il n'y a pas eu besoin de chercher longtemps.

I. Élasticité. — Les lames des petits cristaux du fer doux se trouvent toutes, par la trempe, arrangées concentriquement pour former un grand cristal. Dans cet arrangement, les faces hétéroélectriques des lames se trouvent disposées dans l'ordre suivant :

$$f \ldots + | - + | - + | - + | - \ldots + | - \ldots m \ldots + | - \ldots + | - + | + + | - + | - \ldots f'.$$

Les équivalents hétéroélectriques $\overset{+}{E}$ et $\overset{-}{E}$ entre les lames arrangées n'exercent pas de répulsions entre eux. Ces lames obéissent aux équivalents électriques et non pas au barogène B qui sollicite leur séparation, et cela à cause de la petite répulsion mutuelle $r - r'$ et à cause de la pression P′ qu'éprouvent les mêmes équivalents électriques hétéronymes de la part de leurs homonymes ambiants et externes.

II. Dureté. — Le fer doux a pour chaleur stationnaire $\theta = n\ddot{E}\bar{E}^2$ dont les équivalents électriques exercent sur leurs homonymes des faces f et f', la répulsion R. La chaleur $\theta - \theta' = (n - n)\ddot{E}\bar{E}^2$ est inférieure dans le fer trempé; la même infériorité existe pour cette raison dans la répulsion R — R′ entre ces équivalents électriques de la chaleur et ceux des faces f et f'.

Les lames des petits cristaux du fer doux sont les mêmes dans le fer trempé; pour cette raison il n'y a aucun changement dans la pression P ambiante qu'exerce le barogène B sur le barogène $\beta\Psi$ des lames du fer et de l'acier; mais les lames de celui-ci exercent une répulsion R — R′, tandis que celles du fer doux exercent la résistance supérieure R contre la pression P.

Ainsi donc la pression P produit sur les lames de l'acier un effet supérieur exprimé par la différence R—(R—R′)=R′, et cet excès de pression, qui n'est que l'effet d'un défaut de résistance, est la cause de la dureté de l'acier et des autres corps.

III. Les équivalents électriques terrestres exercent dans leur écoulement la pression P sur les faces des lames de fer doux et sur les faces des lames de fer trempé, mais la résistance r que présente le fer doux est inférieure, tandis que la résistance $r' + r$ que présente l'acier est supérieure; aussi le fer trempé ne peut-il pas s'ecmagnétoser, comme il s'ecmagnétose avant la trempe.

IV. — ECMAGNÉTOSE DE L'ACIER.

Il y a deux moyens de vaincre la résistance $r + r'$ qu'exercent les lames de fer trempé contre la pression P produite sur ces lames de la part des équivalents électriques en écoulement. 1° La pression externe P peut augmenter et devenir $P + p$ si l'on touche l'acier avec un magnète. 2° La résistance $r + r'$ peut diminuer et devenir $r - r'$ par l'écoulement d'une quantité d'équivalents électriques par le milieu de l'acier.

Dans l'un et dans l'autre cas, ce sont toujours les équivalents terrestres qui déterminent par leur écoulement l'arrangement des équivalents homonymes des faces f et f' des lames pour exercer le minimum de résistance, précisément comme cela s'opère dans l'ecmagnétose directe du fer doux.

I. Dans la position magnétique, les équivalents électriques terrestres exercent la pression P sur les équivalents homonymes des faces f et f' des lames du fer doux, aussi bien que sur les équivalents homonymes des faces f et f' des lames du fer trempé. 1° Les lames du fer doux cèdent à la pression P parce que leurs faces qui éprouvent cette pression éprouvent en même temps la répulsion $r + r'$ de la part des équivalents homonymes $n\ddot{E}\ddot{E}^2$ de la chaleur θ stationnaire. 2° Les lames de fer trempé ne cèdent pas à la même pression P, parce que leurs faces éprouvent de la part des équivalents homonymes $(n - n')\ddot{E}\ddot{E}^2$ de la chaleur $\theta - \theta'$ stationnaire une répulsion $r - r'$ médiocre.

Le contact entre la barre F″ trempée avec une autre F′ ecmagnétosée fait écouler une plus grande quantité d'équivalents électriques terrestres $(n + n)\dot{E}$ de la barre F′ dans la barre F″. Cette quantité supérieure d'équivalents électriques exerce, sur les équivalents homonymes, des faces f et f' la pression $P + p$, pression qui parvient à vaincre la résistance $r + r'$; les faces et les lames cèdent à l'écoulement des équivalents terrestres $(n + n')\dot{E}$ amenées de la terre directement et en plus grandes parties encore du milieu de la barre F′. De cette manière, il s'opère dans la barre trempée F″ le même arrangement des lames qui a lieu dans la barre F′ de fer doux.

Cet arrangement des lames subsiste dans la barre trempée F″ quand elle est abandonnée dans toute autre position, parce que ses lames ne cèdent pas à la pression P que reçoivent les faces f et f' de la part des équivalents terrestres en écoulement.

Pour détruire cet arrangement *magnétique* des lames, il faut en même temps détruire l'arrangement produit par la touche et celui produit par la trempe, et cela s'opère en soumettant à une chaleur intense la barre F″ ecmagnétosée, qu'on laisse ensuite se refroidir lentement pour éviter l'écoulement concentrique des équivalents électriques indispensables à la production de l'acier.

II. La répulsion r qu'exercent sur le fer doux les équivalents $n\bar{\bar{E}}\bar{E}^2$ de la chaleur θ est réduite à $r - r'$ dans le fer trempé dont la chaleur stationnaire est $\theta - \theta'$. Mais il est possible d'obtenir dans l'acier même une répulsion r ou $r + r'$, en y introduisant une quantité considérable non plus de chaleur, mais d'équivalents $\bar{\bar{E}}$ et $\bar{E}$ écoulés latéralement ou perpendiculairement.

Au moment de l'écoulement de ces équivalents électriques en contact ou à distance de la barre trempée F″, les équivalents terrestres y pénètrent en même temps en suivant leur direction hélicoïdale, et ils déterminent ainsi l'arrangement des faces et des lames pour exercer le minimum de résistance, et cela n'est possible que par l'exposition des faces f' électronégatives des lames contre la direction hélicoïdale de l'écoulement des équivalents terrestres.

V. — ECMAGNÉTOSE PAR DES ÉLECTROHODES HÉLICOÏDAUX.

L'écoulement indiqué des équivalents électriques par un électrohode tenu à distance ou mis en contact immédiat avec l'acier, ne suffit qu'à ecmagnétoser des aiguilles minces d'acier NS et N'S'. La direction hélicoïdale des équivalents terrestres est constatée de la manière suivante.

Lorsque le courant électrique va du sud au nord, si l'on tient suspendu un magnète tout près du courant, il ne reste pas dans une position qui le maintienne parallèle au courant, mais son extrémité sud est repoussée d'une manière qui rend évident l'arangement hélicoïdal des lames de ce magnète.

1° Si celui-ci est tenu au-dessus du courant, son extrémité sud se dirige vers l'ouest; 2° si le magnète est tenu à l'est du courant, son extrémité sud s'élève; 3° lorsque le magnète est au-dessous, la même extrémité tourne vers l'est, et 4° si l'on tient le magnète à l'ouest du courant, son extrémité descend.

Au lieu d'un magnète, si l'on tient deux aiguilles d'acier l'une au-dessus du courant et l'autre au-dessous en direction parallèle, et si ces aiguilles arrivent en contact avec le courant, elles deviennent ecmagnétosées et décrivent les mêmes arcs que ceux qu'on a indiqués pour les magnètes tenus dans les mêmes positions. L'extrémité sud de l'aiguille A tenue au-dessous tourne à l'est, et l'extrémité de l'aiguille A' tenue au-dessus, tourne à l'ouest.

Ces aiguilles A et A' se trouvent ecmagnétosées; car après l'interruption du courant, elles décrivent des arcs convergents pour venir se placer dans le méridien magnétique, parce qu'en cette position elles laissent s'écouler par leur milieu le maximum des équivalents terrestres.

La direction hélicoïdale de l'écoulement des équivalents électriques terrestres est constatée directement de la manière suivante :

Autour des deux tubes T et T' de verre (fig. 33 A et 33 B) maintenus dans la position magnétique, sont repliés deux fils *ab*, *a'b'* ou *f* et *f'* de métal, de façon à imiter, 1° avec les tours du fil F (fig. 33 A) la marche diurne du soleil quand il s'éloigne de l'hémisphère nord, et 2° avec les tours du fil

F′ (fig. 34 B) la marche diurne du soleil lorsqu'il s'éloigne de l'hémisphère sud. Ainsi on enroule le fil F ou *ab* (fig. 34 A) sous forme d'une hélice *dexiostrophe*, et le fil F′ ou *a′b′* (fig. 34 B) sous forme d'une hélice aristérostrophe.

Figure 34 A.

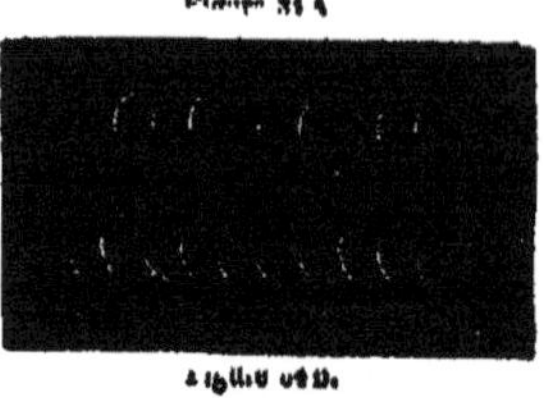

Aiguille ab.

On place au milieu de ces tubes les barres B et B′ de fer trempé et on fait passer par les fils F et F′ le même courant par la décharge d'une bouteille de Leyde ou d'une machine. Les deux barres B et B′ se trouvent ecmagnétosées : 1° la barre B qui était dans le tube T (fig. 34 A) reste dans la même position où elle se trouvait; tandis que 2° la barre B′ qui était dans le tube T′ (fig. 34 B) décrit une demi-révolution, et ainsi elle reste arrêtée dans la position magnétique ayant l'extrémité *a* vers le sud.

Explication. Les courants électriques produisent sur l'acier deux espèces d'ecmagnétoses : une simple et une double. Comme ecmagnétose simple, on peut considérer celle des aiguilles minces A A′ dont les lames ayant été repoussées par les équivalents électriques du courant, se trouvent arrangées en hélice dexiostrophe par l'écoulement des équivalents électriques terrestres.

L'ecmagnétose est produite par les électrohodes *ab* et *a′b′* repliés en hélices pour opérer sur les lames des barres B et B′ un arrangement hélicoïdal parallèle aux tours de ces électrohodes *ab* et *a′b′*. En ce cas les équivalents électriques terrestres s'écoulent parallèlement avec leurs homonymes par le tube T de l'hélice dexiostrophe (fig. 34 A), mais ils se trouvent en opposition avec leurs homonymes dans le tube T′ de l'hélice aristérostrophe (fig. 34 B).

1° La barre B prend dans ses lames un arrangement tel que les faces *f′* électronégatives sont dirigées contre le courant des tours du fil F et des équivalents terrestres; 2° la barre B′ prend dans ses lames un arrangement tel que les faces f' électronégatives sont dirigées aussi contre le courant des tours du fil F', dont les équivalents électriques exercent une répulsion supérieure à leurs homonymes des courants terrestres, qui sont en ce cas en direction opposée avec les tours de l'hélice aristérostrophe.

La barre B reste ecmagnétosée de manière qu'elle se maintient dans la position où elle se trouve. Mais cela n'arrive plus avec la barre B' dont les lames ont pris un arrangement tel que leurs faces f' électronégatives sont exposées au sud-est et ses faces f électropositives exposées au nord-est contre l'écoulement des équivalents électriques terrestres.

Pour exercer le minimum de résistance, la barre B' décrit une demi-révolution et vient se placer de façon que ses faces f' électronégatives soient exposées contre la direction de l'écoulement hélicoïdal des équivalents électriques terrestres, comme cela a lieu pour les faces f' des lames de la barre B.

VI. — ECMAGNÉTOSE EN SENS INVERSES PAR LE MÊME ÉLECTROHODE.

Les barres B et B' ont été ecmagnétosées en sens inverses à cause des deux hélices hétéronymes formées des fils F et F' des deux électrohodes autour des tubes T et T' dans lesquels ont été placées les barres ; une cause pareille n'existe pas pour les aiguilles fines d'acier aimantées directement par les équivalents électriques terrestres, quand elles sont parcourues par les équivalents de l'électrohode voisin.

Néanmoins deux aiguilles A et A' égales prennent une ecmagnétose hétéronyme, quand l'une A est à la distance d de l'électrohode, et que l'autre A' est à la distance supérieure $d+d'$. Pour mieux faire comprendre les effets produits selon les différentes distances d et $d+d'$, établissons les faits suivants.

Lorsqu'un courant est vertical à l'horizon et ascendant,

il fait rester immobile le magnète *ee'* (fig. 35), quand il passe par un point de la périphérie *acbd*, ou par un point de la perpendiculaire *ll'* tirée par le milieu *m* du magnète.

Figure 35.

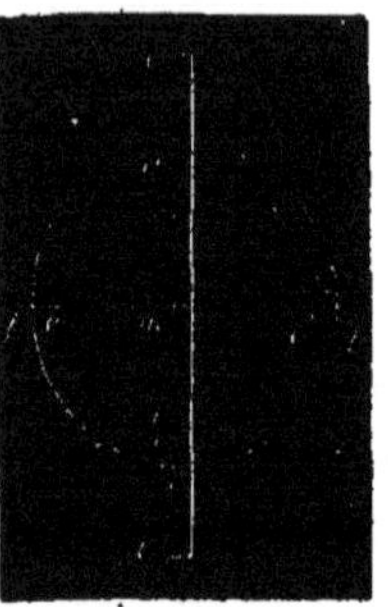

Dans toutes les autres positions du courant, le magnète éprouve des déviations qui sont en sens inverse quand le courant passe du dedans de la périphérie *acbd*, et quand le même courant passe du dehors. Les distances $d + d'$ entre l'aiguille A' et l'électrohode, de même que celles entre la périphérie *acbd* et le diamètre *cab*, dépendent : 1° de l'intensité des décharges ou de la densité des équivalents électriques ; 2° de la longueur de l'électrohode; 3° de son diamètre, et 4° de l'épaisseur du magnète.

Lorsque l'électrohode passe à l'ouest du magnète par les cadrans *amc* et *bmc*, il fait approcher du magnète la branche voisine *ma* ou celle *mb*, et si l'électrohode est hors de ces deux cadrans, il fait éloigner les mêmes branches.

Lorsque l'électrohode passe à l'est du magnète par les cadrans *amd* et *bmd*, il fait éloigner la branche voisine *ma* ou celle *mb* du magnète : et si cet électrohode est hors des cadrans, il fait approcher de lui les mêmes branches du magnète.

Explication. Le magnète équilibré *el* forme avec le magnète horizontal *me* un angle $lem = \Gamma$, qui est appelé *inclinaison magnétique*. En faisant descendre une perpendiculaire *lm* de l'extrémité *l* du magnète équilibré sur le magnète horizontal, on obtient le *triangle magnétique lme*.

L'hypoténuse *le* est composée des tours d'une hélice dexiostrophe qui a la surface *s'* électronégative dirigée au nord-est contre la direction de l'écoulement des équivalents terrestres. Dans le magnète horizontal qui forme le côté *me* du triangle, les tours hélicoïdaux ne sont pas parallèles à ceux parcourus par les équivalents terrestres, mais les plans des tours du magnète horizontal forment l'angle Γ avec les plans des tours de la géohélice.

I. Le rapprochement et l'éloignement du *magnète équilibré* et produits par le courant électrique ascendant a constamment lieu dans le même sens dans toutes les distances d ou $d + d'$. Dans ce cas, le courant repousse le magnète qui est à l'est et il fait approcher de lui le magnète qui se trouve à l'ouest, parce que 1° dans le premier cas le courant est contre l'écoulement des équivalents terrestres, et il atteint la surface électropositive s des tours de l'hélice magnétique; 2° cette hélice a sa surface électronégative s' du côté oriental où est le courant ascendant; la résistance est alors faible et fait approcher de l'électrohode le magnète mobile.

II. Lorsque le magnète est horizontal, les déviations précédentes ne sont conservées que dans le cas où l'électrohode se trouve hors de la périphérie *acbd* (fig. 35) dont les points ne sont pas à une distance égale du magnète; pour cette raison la distance $d + d'$ n'est pas constante, mais change avec les points de la périphérie *acbd*.

Le prolongement de la surface s électropositive des tours de l'hélice magnétique est atteint par les équivalents positifs du courant, lorsque l'électrohode est à l'ouest du magnète et hors de la périphérie *acbd*. Mais 1° si cet électrohode se trouve dans les cadrans *acm* et *bcm*, il se trouve dans le prolongement de la surface s' électronégative des tours de la même hélice magnétique; 2° le contraire a lieu quand le magnète horizontal est à l'ouest du courant ascendant. Ces prolongements des surfaces s et s' des tours de l'hélice magnétique, se trouvent en relations telles avec l'écoulement vertical des équivalents électriques du courant, à cause de leur divergence dans leur éloignement.

Telle est la cause de l'ecmagnétose inverse d'une mince aiguille d'acier quand elle est tenue à la distance D ou à la distance $D + d'$ de l'électrohode. C'est Savary qui le premier a observé ces faits qui paraissaient inexplicables.

CHAPITRE III.

ÉLÉMENTS MAGNÉTIQUES.

On donne ce nom à trois espèces de faits observés sur le magnète; celui-ci ne diffère du fer doux ou de l'acier que par l'arrangement des lames cristallines en une direction telle qu'elles présentent leurs faces f' électronégatives contre l'écoulement des équivalents terrestres. Ceux-ci décrivent dans leur écoulement une hélice dexiostrophe, et pour cette raisón les lames du magnète se disposent de façon à former une hélice pareille. Ainsi, c'est dans cet arrangement des tours et de leurs faces hétéroélectriques f et f' que consiste l'état magnétique de l'acier.

Le magnète équilibré prend spontanément une position qu'il n'abandonne que si le fil qui le soutient vient à prouver une torsion d'un angle Γ, lequel angle sert à connaître la résistance r ou la pression p qui maintient le magnète dans sa position. Cette position est déterminée par la direction de l'écoulement des équivalents électriques terrestres dont la plus grande quantité $(g+g')\ddot{E}$ s'écoule par le milieu du magnète; celui-ci est maintenu en cette position par l'excédant $g'\ddot{E}$ d'équivalents écoulés par son milieu.

Cet excédant $g'\ddot{E}$ n'est pas toujours le même, car il est proportionnel aux densités D ou D + d des équivalents électriques terrestres, ce qui fait aussi que l'angle Γ de torsion du fil n'est pas le même pour tous les pays.

I. On appelle *force* ou *tension magnétique* la pression p qu'éprouve le magnète par l'excédant gË d'équivalents électriques écoulés par son milieu ; cette pression p est évaluée en degrés de l'angle Γ de la torsion nécessaire pour déplacer le magnète.

Au lieu de la torsion Γ on emploie aussi les oscillations qui affectent les mêmes magnètes dans les pays différents ou dans le même pays, mais pendant des saisons et pendant des heures du jour différentes. 1° Le nombre d'oscillations exécutées en une minute par le même magnète est grand $n+n'$ dans les pays où le magnète éprouve une pression médiocre $p+p'-p''$ de la part des équivalents $(g+g'-g'')$Ë terrestres écoulés par le milieu du magnète ; 2° ces oscillations sont médiocres $n-n'$ ou n dans les pays où il s'écoule la quantité supérieure $(g+g')$Ë d'équivalents électriques par le milieu des magnètes.

Les oscillations O sont en raison inverse des angles Γ de torsion et en raison inverse des densités D, $D+d$ des équivalents électriques terrestres des pays où ses observations s'opèrent. Par le moyen de ces deux procédés différents, on peut constater non-seulement l'existence d'une différence quelconque entre les densités des équivalents électriques terrestres, mais aussi les degrés de cette densité.

II. La direction des écoulements des équivalents électriques terrestres est déterminée par la position du magnète équilibré. Mais cette position ne peut être fixée que par deux plans : 1° par celui qui passe par le triangle magnétique, et 2° par l'horizon. Le plan de triangle *lem* (fig. 54), qui s'appelle *méridien magnétique*, forme un angle γ avec le méridien géographique.

A. On appelle *déclinaison* cet angle γ entre le méridien géographique et la position du magnète horizontal. Si l'extrémité N nord du magnète est à l'ouest du méridien d'un pays, l'angle γ est positif $+\gamma$; et si la même extrémité N est à l'est du méridien, l'angle est négatif $-\gamma$.

Les physiciens ont conservé ces signes pour représenter la déclinaison de chaque pays de l'un et de l'autre hémisphère. Dans notre ouvrage ce mode n'est conservé que pour l'hémisphère nord; et les déclinaisons de l'hémisphère sud sont comptées de la même manière, mais en y considérant l'extrémité *s* sud du magnète, comme donnant une déclinaison positive $+\gamma'$ quand elle est à l'ouest du méridien géographique, et une déclinaison négative $-\gamma'$ quand elle en est à l'est.

B. On nomme *inclinaison* l'angle $\Gamma = lem$ formé par le magnète *el* équilibré, et le magnète *me* horizontal. L'inclinaison est nulle sur l'*équateur magnétique* et elle est de 90° aux deux *pôles magnétiques*. Ni l'équateur ni les pôles magnétiques ne coïncident avec l'équateur ou les pôles géographiques.

Il a été prouvé que les magnètes autochthones sont les seuls qui présentent entre eux un parfait accord ; ces mêmes magnètes, transportés dans un autre pays, ne seront plus d'accord avec les magnètes de ce pays, et cela a lieu surtout quand il s'agit de déterminer la tension magnétique, parce qu'en ce cas les magnètes autochthones donnent toujours pour chaque pays une valeur de tension supérieure à celle des magnètes hétérochthones.

CHAPITRE IV.

DISTRIBUTION DE LA DENSITÉ DES ÉQUIVALENTS ÉLECTRIQUES TERRESTRES OU DE LA TENSION MAGNÉTIQUE.

Grâce à des observations directes fréquemment répétées sur toutes les parties de la surface de la Terre, on a pu déterminer la tension ou la densité des équivalents électriques qui maintiennent le magnète dans sa position. En joignant les pointes de même tension, les physiciens ont obtenu des courbes appelées *isodynames*.

Ces courbes ne suivent pas les parallèles géographiques; elles ne suivent non plus les courbes isothermes qui unissent les pays de la même température annuelle ou mensuelle.

Les courbes isodynames représentent l'existence sur la Terre de six régions, où la tension et la densité des équivalents électriques sont supérieures : elles représentent aussi quatre régions où cette tension et cette densité sont inférieures.

I. — DISTRIBUTION DES SIX GRANDES TENSIONS MAGNÉTIQUES.

Les trois régions de grande tension magnétique sont continentales et les trois autres sont maritimes.

I. La tension magnétique terrestre est grande 1° dans

l'Amérique du Nord, 2° en Sibérie, et 3° à l'extrémité méridionale de l'Australie.

II. La tension magnétique maritime est grande : 1° dans les parages des côtes orientales de l'Amérique du Nord, 2° dans les parages du Cap de Bonne-Espérance, et 3° dans l'archipel des Galapagos, comme cela est représenté dans mon atlas magnétique.

II. — DISTRIBUTION DES TENSIONS MÉDIOCRES MAGNÉTIQUES.

I. Dans l'*hémisphère nord* la tension magnétique est faible : 1° dans l'Atlantique Orientale et dans l'Europe Occidentale ; 2° dans le Pacifique Oriental et dans l'Amérique Occidentale.

II. Dans *l'hémisphère sud* la tension magnétique est faible 1° sur les côtes occidentales d'Afrique et sur l'Atlantique, et 2° au milieu de l'Océan Pacifique.

Explication. Les grandes tensions magnétiques ou les grandes densités des équivalents électriques terrestres sont l'effet de l'écoulement des grandes quantités ou des grandes densités de chaleur ; de même les tensions médiocres magnétiques sont l'effet de l'écoulement de quantités médiocres de chaleur.

La chaleur s'écoule en grande quantité et en grande densité toujours d'une partie chaude vers les parties les moins chaudes et les moins éloignées ; elle s'écoule en quantité inférieure d'une partie peu chaude vers les parties les moins chaudes mais éloignées.

La masse et la densité de chaleur θ en écoulement est : 1° en raison directe avec la différence $T'-T$ entre les températures T' et T des deux parties anisothermes P et P' et, 2° en raison inverse avec les distances D ou $D+d$ qui séparent ces parties *anisothermes;* la différence $T'-T$ entre les températures est ici appelée *anisothermie*.

Il y a donc une relation directe entre 1° l'anisothermie T′—T, dont dépend la chaleur θ en écoulement, et 2° la tension magnétique ou la densité des équivalents électriques. Par suite il suffit de connaître les régions terrestres des grandes anisothermies T′—T pour trouver celles des grandes tensions magnétiques, et *vice versa*, celles-ci conduisent à connaître les régions de la Terre où est grande ou petite l'anisothermie T′—T.

En effet, dans toutes les six régions de grande tension magnétique l'anisothermie T′—T est grande, et celle-ci est petite dans toutes les régions de tension magnétique médiocre.

I. *Grandes anisothermies* T′—T *continentales*. Dans l'Amérique du Nord, en Sibérie et à l'extrémité Sud de l'Australie, les amplitudes thermométriques annuelles ou les anisothermies T′—T sont grandes : en ces pays 1° l'été est chaud à cause des vents chauds qui y arrivent des latitudes inférieures, et 2° l'hiver est froid à cause des vents froids qui y arrivent des latitudes supérieures.

En été la surface du sol est chaude, tandis qu'est froide la couche inférieure du sol ; en hiver la surface du sol est froide, tandis qu'est moins froide la couche inférieure du sol. Jamais la température ne devient égale dans toute l'épaisseur de la couche supérieure de la Terre. L'anisothermie T′—T y existe toujours et avec elle existe nécessairement l'écoulement de chaleur des parties ou des couches chaudes vers les couches les moins chaudes.

La tension magnétique est proportionnelle dans ces pays aux amplitudes thermométriques annuelles, amplitudes qui ne dépendent pas de l'inégalité Θ′—Θ″ de chaleur qui arrive à ces pays du Soleil l'hiver et l'été, mais de l'inégalité T′—T des températures produites par les vents chauds et par les vents froids.

Telle est la relation entre l'état climatologique des continents et leur état magnétique, relation basée sur la loi physique constatée dans la production des équivalents électriques en écoulement par l'écoulement de la chaleur, écoulement qui a toujours pour cause l'anisothermie T'—T.

Les vents chauds d'été et les vents froids d'hiver d'un pays sont la cause 1° de la grande amplitude thermométrique ou de la grande anisothermie T'—T annuelle, 2° de l'écoulement de grandes masses de chaleur, 3° de la production de l'écoulement dense d'équivalents électriques terrestres, et 4° des grandes tensions magnétiques.

II. *Grandes anisothermies* T'—T *maritimes*. La température T' de l'eau du *Gulfstream* surpasse de plus de 10 degrés la température T moyenne des côtes. Au contraire la température T des parages du cap de Bonne-Espérance et celle de l'archipel des Galapagos est inférieure de plus de 10 degrés à celle T' des côtes et des eaux de l'Océan qui l'avoisinent.

De même que sur les continents les vents produisent les anisothermies T'—T, ainsi sur les mers les courants d'eau produisent les anisothermies maritimes. Celles-ci, comme les précédentes, ne dépendent pas de l'inégalité Θ'—Θ'' de chaleur que le Soleil dispense à ces parages en été et en hiver.

Telle est la relation entre l'état *thalassothermométrique* et l'état magnétique : les courants maritimes chauds et les courants froids sont également la cause 1° des grandes amplitudes thermoélectriques ou des grandes anisothermies T'—T locales ; 2° des écoulements des grandes masses de chaleur ; 3° de la production de l'écoulement dense d'équivalents électriques, et 4° de la grande tension magnétique.

III. *Anisothermies médiocres* T'—T. En Europe et dans l'Amérique occidentale, sur la moitié orientale de l'Atlantique et de l'océan Pacifique, les amplitudes thermométriques annuelles ou les anisothermies T'—T sont médiocres.

L'été de ces régions est assez chaud, mais l'hiver ne devient pas très-froid, et cela à cause des vents qui conservent dans cette saison la même direction que durant l'été. En ces régions l'anisothermie T′—T ne dépend que de l'inégalité Θ′—Θ″ de chaleur qui arrive du Soleil en été et en hiver.

Les vents permanents pendant l'été et l'hiver sont la cause 1° des petites amplitudes thermométriques ou des petites anisothermies T′—T annuelles; 2° de l'écoulement de petites masses de chaleur; 3° de la production de l'écoulement peu dense d'équivalents électriques terrestres, et 4° des tensions médiocres magnétiques.

Les directions de l'écoulement des équivalents électriques terrestres et leurs densités produisent sur le magnète les mêmes effets que les vents sur une girouette. De même que cette dernière indique la direction du vent, ainsi le magnète indique 1° la direction de l'écoulement du fluide, et 2° par sa tension, il indique aussi la densité de ce fluide en écoulement.

Je n'ai ici pour but que de constater l'application de la loi statique aux fluides électriques, comme les anciens l'ont fait pour les liquides, et les physiciens modernes pour les gaz; jusqu'aujourd'hui on a connu l'*hydrostatique* et l'*aérostatique;* plus tard, outre ces deux statiques, on connaîtra l'*électrostatique.*

La loi statique peut s'appliquer également aux trois espèces de fluides dont tous les faits peuvent être représentés au moyen de calculs mathématiques du même genre.

CHAPITRE V.

DÉCLINAISON ET DISTRIBUTION DE LA SURFACE DE LA TERRE EN ÉPICRATIES MAGNÉTIQUES.

Dans certaines régions des deux hémisphères, la déclinaison est $+\gamma$ ou occidentale, et dans certaines autres elle est $-\gamma$ ou orientale; ces régions sont séparées par une série de pays où la déclinaison est 0°, car en ces pays la direction du magnète coïncide avec celle du méridien géographique.

Les lignes AB, A'B', A"B", qui unissent les pays pareils s'appellent *lignes sans déclinaison*. Ces lignes seront nommées ici *axes*.

De pareilles lignes sans déclinaison ou de pareils *axes* sont au nombre de quatre dans l'hémisphère nord, et de deux dans l'hémisphère sud, soit six en tout. Les physiciens considéraient la Terre comme un grand magnète, et croyaient que les lignes sans déclinaison sont de la même nature, et que celles d'un hémisphère se prolongent dans l'autre : aussi et pour cette raison, ont-ils considéré comme déclinaison dans les deux hémisphères la déviation de l'extrémité nord du magnète.

De ces six lignes sans déclinaison, les trois premières AB, A'B', A"B", passent 1° par la Sibérie, 2° l'Amérique du Nord et 3° l'extrémité sud de l'Australie; les trois autres CD, C'D',

C″D″, passent entre les précédentes. Pour les distinguer entre elles, on a donné le nom d'*axes magnétiques* aux trois lignes sans déclinaison AB, A′B′, A″B″, qui passent par les pays de grande amplitude thermométrique annuelle ; et le nom d'*axes isomagnétiques* aux trois autres lignes CD, C′D′, C″D″, sans déclinaison, qui passent entre les précédentes. Voici la différence entre les *axes magnétiques* et les *axes isomagnétiques*.

I. *Axes magnétiques* AB, A′B′, A″B″. Les déclinaisons γ sont comptées dans l'hémisphère nord sur l'extrémité nord N du magnète, et dans l'hémisphère sud elles sont comptées sur son extrémité australe S.

En s'éloignant des axes magnétiques AB, A′B′, A″B″, à l'est, la déclinaison devient occidentale $+\gamma$; en s'éloignant à l'ouest, la déclinaison devient orientale $-\gamma$.

II. *Axes isomagnétiques* CD, C′D′, C″D″. En s'éloignant de ces axes à l'est, la déclinaison devient orientale $-\gamma$; en s'éloignant à l'ouest, la déclinaison devient occidentale $+\gamma$.

Pour arriver d'une ligne sans inclinaison à l'autre, il faut passer par une série de points de latitude différente sur lesquels la déclinaison $+\gamma$ ou $-\gamma$ atteint son maximum. Il y a quatre de ces séries de maxima dans l'hémisphère nord, et trois seulement dans l'hémisphère sud. Les lignes EF, E′F′, E″F″, E‴F‴, *ef*, *e′f′*, *e″f″*, qui unissent ces maxima $+\gamma$ ou $-\gamma$ sont appelées *lignes limitrophes magnétiques*.

Dans l'Atlas du magnétisme terrestre les lignes *isoecclitiques* unissent les pays de la même déclinaison $+\gamma$ ou $-\gamma$. Jusqu'à présent la cause de ces déclinaisons était restée inconnue, et pour cela il était impossible de découvrir l'ordre qui règne entre ces lignes en apparence très-anomales.

Explication. Le magnète n'indique par sa position que la direction de l'écoulement des équivalents électriques terrestres. Pour que cette position coïncide avec le méridien géographique d'un pays, il faut qu'il y arrive une densité égale d'équivalents électriques du nord-est et du nord-ouest ;

ou il faut qu'il s'en éloigne des équivalents électriques en densité égale vers le sud-est et le sud-ouest.

Ces équivalents électriques terrestres ont leur source dans les écoulements de la chaleur; celle-ci, dans les régions de grande amplitude thermométrique, s'écoule en grandes masses, ainsi que dans les régions de grande *anisothermie* T'—T, et c'est de semblables régions que se répandent les équivalents électriques terrestres.

I. *Axes magnétiques* AB, AB', A'B'. 1° Dans l'hémisphère nord les équivalents Ē de la Sibérie et de l'Amérique se répandent en directions divergentes vers le sud-est et le sud-ouest; 2° dans l'hémisphère sud les équivalents électriques Ē de l'extrémité sud de l'Australie se répandent vers le nord-est et le nord-ouest.

Cette divergence des équivalents terrestres Ē dans leur écoulement est égale aux points qui constituent les trois axes magnétiques AB, A'B', A''B''. Pour cette raison, à l'est de chacun de ces axes, la déclinaison est $+\gamma$ ou occidentale, et à l'ouest elle est $-\gamma$ ou orientale.

II. *Axes isomagnétiques* CD, C'D', C''D''. 1° Dans l'hémisphère nord les équivalents électriques Ē de la Sibérie et de l'Amérique affluent du nord-est et du nord-ouest vers les extrémités orientales de l'Europe CD; de même les équivalents électriques de ces deux pays affluent vers les extrémités orientales C'D' de l'Asie; 2° dans l'hémisphère sud, les équivalents électriques du sud-est et du sud-ouest se rencontrent dans l'Atlantique en C''D''.

Cette convergence des équivalents électriques terrestres dans leur écoulement est égale aux points qui constituent les trois lignes sans déclinaison qui sont les trois *axes isomagnétiques* CD, C'D', C''D''. Pour cette raison, à l'est de chacun de ces trois axes, la déclinaison est $-\gamma$ ou orientale, et à l'ouest elle est $+\gamma$ ou occidentale.

III. *Lignes limitrophes* EF, E'F', E''F'', E'''F''', *ef*, *e'f'*, *e''f''*. 1° Dans l'hémisphère nord, si l'on s'éloigne de l'axe magnétique sibérien AB à l'ouest, la déclinaison croît jusqu'à certaines longitudes géographiques où elle atteint des maxima différents à des latitudes différentes; le même effet a lieu pour une série de pays à l'est de l'axe AB. Les lignes *ef* et EF qui unissent ces deux séries de pays, indiquent qu'au delà de ces limites le magnète commence à éprouver la répulsion produite par les équivalents électriques venant de l'Amérique.

I. En partant de l'axe magnétique sibérien AB à l'est et l'ouest, le magnète n'éprouve donc d'autre répulsion que celle produite par l'écoulement des équivalents électriques sibériens jusqu'aux lignes limitrophes EF occidentale et *ef* orientale.

II. Le même effet a lieu à l'est et à l'ouest de l'axe magnétique américain A'B' où le magnète n'éprouve d'autres répulsions que celles produites par l'écoulement des équivalents électriques américains, jusqu'aux lignes limitrophes E'F', et *e'f'*.

III. De même, à l'est et à l'ouest de l'axe magnétique austral A''B'', le magnète n'éprouve d'autres répulsions que celles qui sont produites par l'écoulement des équivalents électriques australiens jusqu'aux lignes limitrophes E'''F''', *e'''f'''*.

La surface de la terre, à l'est et à l'ouest de chaque axe magnétique jusqu'aux lignes limitrophes, forme les trois parties centrales des trois *épicraties magnétiques;* elles sont séparées par les trois *parties mixtes* de mêmes épicraties magnétiques.

I. En partant de l'axe isomagnétique *européen* CD, à l'est et à l'ouest, la déclinaison croît jusqu'aux lignes limitrophes EF et E'F', le magnète éprouve les répulsions de l'écoulement des équivalents électriques sibériens et américains. La densité des équivalents croît du côté vers lequel on avance, et elle décroît de l'autre dont on s'éloigne pour devenir nulle dans la ligne limitrophe.

II. En partant de l'axe isomagnétique *asiatique* C'D', à l'est et à l'ouest, la déclinaison croît jusqu'aux lignes limitrophes *ef* et *e'f'* ; en cet espace, le magnète éprouve les répulsions de l'écoulement des équivalents électriques sibériens et américains. Cet accroissement de la déclinaison est un effet, 1° de la diminution de la densité des équivalents électriques de la part de l'épicratie dont on s'éloigne, et 2° de l'augmentation de la densité des équivalents électriques de la part de l'épicratie dont on va atteindre l'axe magnétique où se trouve son milieu.

III. En partant de l'*axe isomagnétique* atlantique C''D'', 1° la déclinaison croît à l'est, et elle atteint son maximum sur les côtes E'''F''' occidentales d'Afrique ; à partir de ces côtes, la déclinaison commence à diminuer pour atteindre l'axe magnétique australien A''B'' ; 2° la déclinaison croît aussi à l'ouest de l'axe isomagnétique atlantique D''C'', et elle atteint son maximum vers les parages des côtes occidentales d'Amérique.

Au delà de ces parages, la déclinaison diminue pour atteindre son minimum sous la longitude ouest 130°. Au delà de ces limites PP' des minima la déclinaison croît de nouveau pour atteindre les maxima de la ligne limitrophe *e'''f'''*, à l'est de l'Australie.

I. — ÉPICRATIES MAGNÉTIQUES DE L'HÉMISPHÈRE BORÉAL.

I. On en compte deux : l'épicratie sibérienne composée, 1° des deux moitiés centrales qui se trouvent entre l'axe AB et les lignes limitrophes EF et *ef*, et 2° des deux moitiés mixtes comprises entre les lignes limitrophes EF, E'F', et *ef*, *e'f'*.

II. L'épicratie magnétique américaine est composée aussi, 1° des deux moitiés centrales entre l'axe magnétique A'B' et les lignes limitrophes *e'f'*, E'F', et 2° des deux moitiés mixtes comprises entre les lignes limitrophes E'F', EF et *e'f'*, *ef*.

III. Par le milieu de chaque épicratie centrale passe son *axe magnétique*, et par le milieu des parties mixtes passe l'*axe isomagnétique*.

IV. Il y a dans l'hémisphère nord huit *lignes magnétiques* à distinguer : 1° deux axes magnétiques AB et A'B'; 2° deux axes isomagnétiques CD et C'D', et 3° quatre lignes limitrophes EF, E'F', *ef* et *e'f'*.

II. — ÉPICRATIES MAGNÉTIQUES DE L'HÉMISPHÈRE AUSTRAL.

Il y en a aussi deux, comme dans l'hémisphère boréal ; mais au lieu d'être séparés, c'est l'épicratie australe qui s'étend sur toute la surface de l'hémisphère, et c'est sur une partie de cette surface que se trouve l'*épicratie des Galapagos*.

De même que des continents à grandes amplitudes thermométriques ou à grandes anisothermies T'—T, se répandent les équivalents électriques vers les régions ambiantes les moins froides et les moins éloignées, ainsi les équivalents positif Ē de l'archipel froid des Galapagos s'éloignent vers les régions ambiantes les moins froides et les moins éloignées ; de sorte que la surface parcourue par ces équivalents et par ceux qui arrivent de l'Australie est une partie mixte des deux épicraties.

Ainsi l'épicratie des Galapagos ne diffère des trois autres qu'en ce qu'elle ne contient pas une partie centrale propre à elle seule, mais qu'elle est composée seulement de deux moitiés mixtes. Par suite, dans cette épicratie l'axe magnétique *a* coïncide avec les deux lignes limitrophes E''F'', *e''f''*, qui indiquent les maxima de la déclinaison orientale et de la déclinaison occidentale.

Entre la ligne limitrophe $e''f''$ qui passe par les Galapagos et la ligne $e'''f'''$ homonyme qui passe par Zéeland, se trouve l'*axe isomagnétique* réduit en un point C qui n'atteint pas le zéro, mais un minimum de déclinaison ; de pareils minima forment une série PP' au nord et au sud du point central C.

II. L'épicratie australienne est composée, comme les deux épicraties de l'hémisphère boréal : 1° des deux moitiés centrales entre l'axe magnétique A″B″ et les deux lignes limitrophes $E'''F'''$ et $e'''f'''$, et 2° des deux moitiés mixtes qui ne sont pas séparées, mais qui se touchent dans les parages occidentaux de l'Amérique, au milieu de l'épicratie magnétique des Galapagos.

III. Par le milieu de l'épicratie centrale de l'Australie passe son axe magnétique A″B″; un tel axe manque dans le milieu de l'épicratie des Galapagos, et cela parce qu'il n'y a pas d'épicratie centrale. Par le milieu de la moitié mixte passe dans l'Atlantique l'axe isomagnétique C″D″; mais par le milieu de l'autre moitié mixte à l'ouest des Galapagos, et à l'est de l'axe magnétique A″B″ de l'Australie, il n'existe pas d'axe isomagnétique, car les déclinaisons, loin d'y devenir nulles, y atteignent seulement un minimum dans la longitude 130° ouest où se trouve le point C. En partant de cette longitude PP' qui présente les points d'un *axe isomagnétique*, la déclinaison croît à l'est et à l'ouest.

IV. Il n'y a dans l'hémisphère austral que six *lignes magnétiques* à distinguer et non pas huit comme dans l'hémisphère boreal, et cela à cause de la coïncidence des deux lignes limitrophes E″F″, $e''f''$ avec l'axe *a* dans l'archipel des Galapagos.

Au lieu des deux axes isomagnétiques, il n'y en a qu'un C″D″ dans l'Atlantique, tandis que l'autre, dans l'océan Pacifique, n'est qu'une série de points des minima de déclinaison.

Les deux lignes limitrophes E'''F''' et e'''f''', à l'est et à l'ouest de l'axe magnétique A''B'' de l'Australie, ne diffèrent point dans leur position des lignes homonymes de l'hémisphère boréal.

CHAPITRE VI.

DISTRIBUTION DES INCLINAISONS MAGNÉTIQUES.

La position du magnète équilibré dépend simultanément, 1° de la direction de l'écoulement des équivalents électriques terrestres, et 2° du degré de leur densité δ. Ces deux états des équivalents terrestres viennent d'être observés, 1° dans les nombres n, n', n'' des oscillations du magnète dans différents pays, et 2° dans les angles $+\gamma$ et $-\gamma$ des déclinaisons.

Le magnète équilibré *ed* (fig. 35) forme avec le magnète horizontal *em* un angle $dem = +\gamma'$, dans la rencontre *e* de leurs moitiés *me* et *de*, qui a lieu dans l'hémisphère boréal. Ces deux magnètes forment un angle $-d'e'm = -\gamma'$ dans la rencontre de leurs moitiés *me'* et *de'* qui a lieu dans l'hémisphère austral. L'angle $+\gamma'$ est l'*inclinaison boréale*, et l'angle $-\gamma'$ est l'*inclinaison australe*.

I. — ÉQUATEUR MAGNÉTIQUE.

On nomme ainsi la ligne qui unit les points de la surface de la Terre où est nulle l'inclinaison, et ainsi les magnètes équilibrés *de* et les magnètes horizontaux *me* y sont parallèles.

I. Cette position du magnète est indépendante de la direction des équivalents terrestres ; pour cette raison, en certains points de l'équateur magnétique, la déclinaison est nulle, tandis qu'en certains autres elle est positive ou négative.

II. La position de l'équateur magnétique est aussi indépendante de la densité δ des équivalents électriques terrestres, parce qu'il passe par les régions des Galapagos où la densité δ est très-grande, et par les parages occidentaux d'Afrique où cette densité δ' est médiocre.

III. Le magnète horizontal reste sur la direction du méridien géographique et la déclinaison est nulle quand il subit des pressions égales de la gauche et de la droite. Le magnète équilibré prend la position horizontale lorsque sont égales la répulsion r exercée sur sa moitié sud me' de la part des équivalents électriques de l'hémisphère boréal, et la répulsion r' exercée sur sa moitié nord me de la part des équivalents électriques de l'hémisphère austral.

L'équateur magnétique se trouve au sud de l'équateur géographique dans les régions où est grande la densité $\delta + \delta'$ des équivalents électriques de l'hémisphère boréal, et où est petite la densité δ des équivalents électriques de l'hémisphère sud, ainsi que cela a lieu dans l'Atlantique et l'archipel des Galapagos.

Au contraire l'équateur magnétique se trouve au nord de l'équateur géographique dans les régions où est grande la densité $\delta + \delta'$ des équivalents électriques de l'hémisphère austral, et où est médiocre la densité δ des équivalents électriques de l'hémisphère boréal ; ainsi que cela a lieu au nord et au nord-ouest de l'Australie.

Pour que le magnète représente plus facilement la moitié sud me', la moitié nord me, la face f' orientale, la face f occidentale, la face F' supérieure dirigée vers le ciel, et la face F inférieure qui regarde vers le sol, on a comparé ce magnète à un reptile qui aurait, 1° la tête e ou N tournée vers le nord, 2° la queue e' ou S vers le sud, 3° le ventre vers la Terre, 4° le dos vers le ciel, 5° les membres droits vers l'est, et 6° les membres gauches vers l'ouest.

En s'éloignant de l'équateur magnétique vers le nord, la queue du magnèto s'élève à cause de la répulsion $r+r'$ qu'elle éprouve de la part des équivalents de l'hémisphère boréal et de la répulsion inférieure $r-r'$ qu'éprouve sa tête de la part des équivalents électriques de l'hémisphère austral. Le contraire a lieu quand on s'éloigne de l'équateur magnétique vers le sud.

II. — POLES MAGNÉTIQUES.

Le capitaine Ross est parvenu à atteindre un point où sa boussole était exactement verticale ; ce point, trouvé dans l'île Bootia-Felix, a été appelé *pôle magnétique boréal*. Un autre point pareil est supposé exister à l'extrémité sud de la terre Victoria ; mais ce point est resté jusqu'aujourd'hui inabordable : c'est le *pôle magnétique austral*.

Le magnèto est horizontal aux deux points p et p' où l'équateur magnétique se rencontre avec le méridien qui passe par Bootia Felix ou par le pôle magnétique. Pour arriver à cette île des deux points indiqués, il faut d'un côté traverser l'Amérique et de l'autre la Sibérie, où les densités $\delta+\delta'+\delta''$, $\delta+\delta'$ des équivalents électriques sont supérieures à celle δ de Bootia-Felix.

Pour que le magnèto reste vertical et la tête en bas sur le méridien de Bootia-Felix, il doit éprouver dans son ventre de la part de la Sibérie, une répulsion r égale à celle r', qu'éprouve son dos de la part de l'Amérique. En même temps le magnèto doit éprouver latéralement du côté droit une répulsion R égale à celle R' qu'éprouve son côté gauche.

La construction des boussoles, en présentant une position

produite par l'égalité des répulsions r et r', n'indique pas en même temps l'égalité ou la différence des répulsions latérales R et R', car pour cela il faut tourner cette boussole. Si cette observation a été faite exactement par le capitaine Ross, comme les physiciens ne font pas difficulté de l'admettre, elle ne peut manquer d'être vérifiée et reconnue plus tard par d'autres voyageurs qui visiteront Bootia-Felix, île qui n'est pas inabordable.

III. — DISTRIBUTION DE L'INCLINAISON ET DE LA TENSION ENTRE L'ÉQUATEUR MAGNÉTIQUE ET LES POLES.

Si l'on s'éloigne, en suivant le méridien de Bootia-Felix, des points p et p' de l'équateur magnétique, on voit en même temps croître la densité $\delta + \delta'$ des équivalents électriques et l'inclinaison. La densité atteint un maximum en Sibérie et un autre plus grand à New-York, où elle produit une tension magnétique égale à 1,803.

En avançant de ces deux pays vers Bootia-Felix, la tension magnétique n'augmente plus, elle diminue même et elle devient 1,624 à Bootia-Felix où l'inclinaison atteint son maximum. Il y a donc, 1° une augmentation en raison directe entre l'inclinaison et la tension magnétique depuis l'équateur magnétique jusqu'aux régions T et T' où la tension atteint son maximum; 2° cette relation a été considérée comme générale pour tous les pays; c'est pourquoi les physiciens se sont trouvés arrêtés par mille difficultés quand ils ont voulu expliquer les faits observés entre Bootia-Felix et les régions T et T' où les inclinaisons et les tensions magnétiques sont entre elles en raison inverse.

Dans les intervalles entre la région T de l'Amérique et Bootia-Felix, le magnète M d'Amérique s'incline davantage parce qu'il éprouve, de la part des équivalents électriques américains, une répulsion *r* vers le nord : en ces pays le magnète n'est incliné au sud qu'à cause de la répulsion *r—r'* oblique qu'il reçoit en même temps de la part des équivalents électriques sibériens.

De même entre la région T de Sibérie et Bootia-Felix, le magnète M de la Sibérie s'incline davantage par la répulsion *r* vers le nord de la part de la Sibérie ; en ces pays le magète n'est incliné au sud qu'à cause de la répulsion *r—r'* oblique qu'il reçoit de la part des équivalents électriques américains en cette direction.

Ainsi la position verticale du magnète est un effet d'équilibre produit par les répulsions opposées qu'exercent sur lui les équivalents électriques des deux épicraties de l'hémisphère boréal.

CHAPITRE VII.

VARIATIONS PÉRIODIQUES, SÉCULAIRES ET ANORMALES DES ÉLÉMENTS MAGNÉTIQUES.

Après avoir constaté que l'écoulement de la chaleur du sol est la cause primitive de l'apparition des écoulements des équivalents électriques, il ne reste plus aucun doute que toutes les causes qui font augmenter ou diminuer la densité de la chaleur d'un pays font en même temps changer la densité de la chaleur θ écoulée en une unité de temps. Cette chaleur devient $\Theta \pm \Theta'$, et la densité δ des équivalents électriques en écoulement devient $\delta \pm \delta'$.

I. Les masses de chaleur Θ arrivées du Soleil augmentent et deviennent $\Theta + \Theta'$, 1° par la présence du Soleil pendant le jour; 2° par l'éloignement de l'air froid et son remplacement par l'air chaud; 3° par le défrichement des forêts et la transformation du sol ombragé en champs fertiles, et 4° par le soulèvement des laves brûlantes à l'approche d'une éruption volcanique.

II. Les masses de chaleur Θ d'un pays diminuent et deviennent $\Theta - \Theta'$, 1° par l'éloignement du Soleil pendant la nuit; 2° par l'éloignement de l'air chaud et son remplacement par l'air froid; 3° par l'augmentation de la superficie des forêts et la diminution des champs cultivés, et 4° par les neiges perpétuelles des montagnes.

III. La chaleur θ en écoulement devient grande $\theta + \theta'$, si l'anisothermie $T' + T$ est grande, et cela n'a lieu que, 1° quand il arrive subitement une quantité d'air froid sur un sol très-chaud, ou 2° quand il arrive une quantité d'air chaud sur un sol très-froid.

IV. La chaleur θ en écoulement devient médiocre $\theta - \theta'$, si l'anisothermie $T' - T$ est petite et que la distance D reste la même, ou si l'anisothermie reste la même, mais que la distance $D + D'$ devienne grande, comme cela est produit par le défrichement des forêts.

I. — VARIATIONS DIURNES DES ÉLÉMENTS MAGNÉTIQUES.

I. Dans chaque pays le Soleil échauffe le matin son hémisphère oriental, et il échauffe le soir son hémisphère occidental. Relativement avec Londres et Paris, la température s'élève le matin en Russie et en Allemagne, où l'on a midi; et le soir elle s'élève en Amérique, où l'on a alors midi. Ces anisothermies $T' - T$ diurnes entre ces différentes capitales et leurs deux hémisphères produisent : 1° le matin un écoulement de chaleur de sud-est au nord-ouest, et 2° le soir un écoulement de chaleur de sud-ouest au nord-est.

II. La densité de chaleur θ écoulée du sol vers l'air n'est pas égale pour chaque heure; elle croît le matin trois ou quatre heures après le lever du Soleil, et le soir durant l'heure qui suit son coucher. En même temps qu'ont lieu ces changements de l'écoulement de chaleur en direction et en densité, a également lieu un changement pareil dans les écoulements des équivalents thermoélectriques quant à leur direction et leur densité. Ces changements se manifestent dans les trois éléments magnétiques soumis aux variations périodiques.

A. VARIATION DIURNE DE LA DÉCLINAISON.

Quand, le matin, la chaleur $\theta+\theta'$ s'écoule du sud-est, où est l'hémisphère chaud, vers le nord-ouest, où est l'hémisphère le moins chaud, les équivalents électriques $(q+q')\bar{E}$ s'écoulent par Paris et Londres en direction opposée, et ils font dévier l'extrémité nord du magnète vers l'ouest, et ainsi l'angle $+\gamma$ de déclinaison devient $\gamma+\gamma'$.

Quand, le soir, la chaleur $\theta+\theta'$ s'écoule du sud-ouest, où est alors l'hémisphère chaud, vers le nord-est, où est l'hémisphère le moins chaud, les équivalents électriques $(q+q')\bar{E}$ s'écoulent par les mêmes villes en direction opposée, et ils font dévier l'extrémité nord du magnète vers l'est; ainsi l'angle $+\gamma$ de déclinaison devient $\gamma-\gamma'$.

L'angle $2\gamma'$ est l'amplitude de la variation diurne de la déclinaison; cette amplitude n'est jamais la même deux jours consécutifs, en général elle est grande; 1° l'été et petite l'hiver; 2° plus grande les jours sereins que les jours couverts; 3° plus grande dans les pays placés sur un *axe magnétique*, et médiocre dans les pays placés sur un *axe isomagnétique*.

Explication. L'amplitude $2\gamma'$ est proportionnelle à la direction et à la densité $(q+q')\bar{E}$ des équivalents électriques et à celle $\theta'+\theta$ de chaleur qui s'écoulent. Ces densités diminuent quand, le matin, le ciel est serein à Paris et couvert en Russie et en Allemagne. De même, le soir, l'amplitude $-\gamma'$ est médiocre à Paris si le ciel est couvert en Amérique, et si à Paris arrive un vent chaud le matin ou le soir.

L'amplitude 2γ est au contraire grande quand, le matin ou le soir, souffle à Paris un vent froid, et que le temps est couvert, tandis que le ciel est serein en Russie et en Allemagne le matin, et en Amérique le soir.

Pour connaître les déviations de l'amplitude γ', il faut, par une série d'observations, déterminer pour chaque saison une déviation ou une amplitude γ'' moyenne ; on considérera comme déviations magnétiques les trop grandes ainsi que les trop petites amplitudes diurnes.

B. Variation diurne de l'inclinaison et de l'intensité magnétique.

Nous avons démontré la cause de la double périodicité de l'inclinaison et de la tension magnétique produite par la double périodicité diurne de l'écoulement de la chaleur $\theta + \theta'$ le matin du sol vers la couche C de l'air ambiant, et le soir de cette couche d'air vers la couche supérieure C'.

Cet écoulement de la chaleur $\theta + \theta'$ opéré aux heures indiquées, est déterminé par la vitesse du mouvement du mercure dans le thermomètre, lequel monte le matin avec une vitesse $V + V'$, et baisse le soir avec une vitesse $V + V' - v$. L'écoulement rapide de la chaleur $\theta + \theta'$ par l'air provoque la séparation des équivalents négatifs $\bar{E}$ qui s'éloignent en haut, et restent dans la couche C d'air les équivalents positifs $\bar{E}$ indiqués par le magnète.

Les amplitudes des deux périodes diurnes diffèrent entre elles dans les saisons et dans les pays différents, de même que diffèrent les vitesses de mouvement du mercure thermométrique. Arago trouve pour Paris les plus grandes amplitudes des variations diurnes en avril et en octobre ; les plus petites en février, tandis que le minimum moyen a lieu en mars et le maximum en juillet.

Ces faits ne sont pas en opposition avec les amplitudes mercurielles obtenues par les observations faites à midi à Bruxelles, à Londres et à Munich, et qui ont servi à constater la relation intime entre l'écoulement de θ ou $\theta + \theta'$ de chaleur et les tensions magnétiques τ ou $\tau + \tau'$.

Explication. Tous ces faits, en apparence très-compliqués, s'arrangent comme causes et effets, quand on prend en considération : 1° la vitesse thermométrique, et 2° la position magnétographique de chaque pays. Grâce à cette double considération, on peut aisément s'expliquer les grandes amplitudes qui ont lieu à Paris en avril et en octobre, quand les changements de temps sont fréquents. Cependant le maximum moyen a été trouvé en juillet, alors que, dans la même ville, l'amplitude diurne thermométrique était à son maximum.

A cause de la double période de l'inclinaison et de la simple période de la déclinaison, le sommet du magnète décrit : 1° une ligne le matin de l'est à l'ouest, et 2° le soir une autre de l'ouest à l'est. 3° Le même sommet monte depuis le lever du soleil durant trois ou quatre heures ; 4° il descend jusqu'au moment de la *trope* thermométrique du soir ; 5° puis il commence à monter une heure encore après le coucher du soleil ; 6° et il descend ensuite jusqu'au moment de la *trope* thermométrique du matin.

1° Dans les deux déviations de la déclinaison sont représentées les anisothermies T'—T de l'hémisphère oriental et de l'hémisphère occidental.

2° Dans les quatre déviations verticales sont représentées les vitesses thermométriques. Le sommet du magnète ne décrit pas une courbe fermée comme le disent certains physiciens, mais il en décrit deux qui diffèrent entre elles de forme et de dimensions pour chaque jour, pour chaque saison et pour chaque pays de position différente magnétographique.

A Saint-Pétersbourg, les déviations diurnes de chaque déclinaison sont presque insensibles, et à Port-Bowen elles surpassent souvent 1° 30'. Dans l'épicratie des Galapagos placée sur l'épicratie de l'Australie, la déclinaison a deux périodes diurnes. Saint-Pétersbourg est placé sur l'axe isomagnétique, tandis que Port-Bowen est sur l'axe magnétique ; ce pays est dans la partie propre de l'épicratie américaine et Saint-Pétersbourg est au milieu de la partie magnétique mixte.

II — PERTURBATIONS MAGNÉTIQUES ET CHANGEMENTS DE TEMPS.

On donne ce nom aux variations des éléments magnétiques qui ne suivent pas les règles des variations périodiques moyennes obtenues par une longue série d'observations.

Les perturbations des éléments magnétiques sont, pour chaque heure et pour chaque saison, évaluées par la différence M — M' des éléments M magnétiques moyens et des éléments M' observés. Cette différence n'est valable que pour le pays où des observations précédentes ont été faites, car chaque pays a une position magnétographique différente, comme il a une position géographique différente propre.

Les perturbations des éléments magnétiques ont toujours pour cause un changement de temps, qui n'est produit que par l'éloignement de l'air précédent et son remplacement par des masses nouvelles d'une température différente. Cette différence T — T' entre les températures de l'air qui s'en va et de l'air qui arrive, est le degré de l'anisothermie ou du changement de temps.

Les grands et les médiocres changements de temps ne sont pas déterminés simplement par les degrés T'—T de l'anisothermie entre la température actuelle T et la température T' précédente ; mais il faut considérer aussi l'espace de temps écoulé entre l'état de l'atmosphère de température T' et celui de température T.

Les grands changements de temps sont marqués par des mouvements rapides du thermomètre qui sont accompagnés par ceux du baromètre et par ceux des éléments magnétiques. Les changements médiocres de temps sont marqués par des mouvements du thermomètre qui s'opèrent lentement. Les cas pareils ne sont pas accompagnés nécessairement par des mouvements barométriques, et les éléments magnétiques éprouvent une perturbation très-médiocre.

A. Changement de temps.

Tout le monde croit connaître ce que c'est qu'un changement de temps ; il devient chaud ou le plus souvent il devient froid, et cela parce qu'il apparaît un vent froid. Quand la chaleur devient étouffante et que le baromètre baisse sans qu'il se manifeste pourtant sur le thermomètre de changement sensible, on annonce que le temps va changer ; et si l'abaissement du baromètre est rapide, on dit qu'un orage va éclater dans peu d'heures ou dans quelques minutes, et cela arrive en effet.

Une averse de forte pluie ou de grêle fait monter le baromètre et baisser le thermomètre, parce qu'une masse d'air froid a remplacé l'air chaud éloigné. Dans les pays limitrophes on n'a eu ni nuages ni pluies ; le vent y a été plus fort : 1° dans les pays du côté du nord, ce vent a été nord et froid ; 2° dans les pays du côté du sud, le vent a été méridional et chaud : il y a eu un changement de temps.

Dans les pays plus éloignés, ces vents chauds ou froids ne sont pas sensibles : il n'y a donc pas de changement de temps, mais seulement des changements et des perturbations des éléments magnétiques qui indiquent l'apparition au loin d'un changement de temps.

Tous les instruments météorologiques sont mis en mouvement : 1° dans les pays éloignés, 2° dans les pays limitrophes, et 3° dans le pays où l'averse a eu lieu. 1° La girouette indique un écoulement horizontal de l'air, 2° le baromètre, par son abaissement, montre le courant d'air ascendant; 3° la vitesse thermométrique montre 1° l'écoulement de la chaleur du sol vers l'air de la couche C ou 2° de celui-ci vers l'air de la couche C' supérieure, et 4° le magnète montre les écoulements des équivalents électriques terrestres, leur direction et leur densité.

La cause motrice de tous ces instruments est celle qui produit le changement de temps, et c'est l'écoulement des équivalents électriques dans l'atmosphère qui fait qu'un équivalent double d'azote qui est $Az^2 = Aq^3\ddot{\bar{H}}\bar{E}^2\theta^3$ se combine avec un équivalent simple d'oxygène qui est $\bar{O}\ddot{E}$, pour produire quatre équivalents d'eau avec sa chaleur latente $Aq^3\ddot{\bar{H}}\bar{E}^2\theta^3 + \bar{O}\ddot{E} = Aq^4\theta^4$.

L'espace A occupé par la masse M d'air devient occupé par une M' égale des vapeurs qui n'exercent qu'une résistance *r* très-médiocre à l'air ambiant, et ainsi cet espace A devient raréfié, et pour cela s'appelle *aréome*. L'air ambiant y afflue, et cette affluence d'air est la cause, 1° du courant d'air ascendant qui fait baisser le baromètre; 2° du vent horizontal qui conduit l'air ambiant vers le courant ascendant; 3° du mouvement thermométrique qui indique si l'air qui arrive est plus chaud ou plus froid que l'air qui s'éloigne, et 4° des perturbations des éléments magnétiques qui indiquent l'écoulement des équivalents électriques produits par l'écoulement de la chaleur.

Tous ces mouvements des instruments ont entre eux une relation intime, et l'on peut s'en servir utilement pour connaître le temps dans les pays voisins, l'état électrique qu'on note dans les éléments magnétiques et leurs déviations annoncent les changements du temps qui peuvent avoir lieu dans les pays éloignés et qui peuvent être immédiatement contrôlés, grâce à la rapidité des communications télégraphiques. On peut connaître enfin de cette manière toute espèce de perturbations magnétiques.

Peut-être m'accusera-t-on de revenir trop souvent sur ce

sujet; mais il était entièrement inconnu malgré son importance, et nous allons y trouver le moyen de prévoir les changements de temps sur terre et sur mer.

B. Aurores boréales.

La lumière des éclairs ne diffère guère des étincelles des machines électriques; la lumière des aurores est mieux représentée par celle de la machine hydroélectrique, car celle-ci provoque la diffusion de la chaleur des vapeurs vers l'air, lequel laisse s'écouler les équivalents négatifs $\bar{E}^2$ de la chaleur et se charge des équivalents positifs $\bar{E}$ qui s'écoulent en grandes densités; la lumière $\bar{E}^2\bar{E}$ est alors produite par la combinaison d'un double équivalent positif $\bar{E}^2$ avec un équivalent simple négatif $\bar{E}$.

Comme cela a lieu dans cette machine hydroélectrique, c'est aussi un écoulement de chaleur qui est la cause de la lumière des aurores boréales; mais un pareil écoulement de chaleur n'a lieu que dans un changement de temps, où la masse d'air A ou de chaleur Θ est remplacée par une autre masse d'air A′ égale à celle qui s'éloigne, tandis que la chaleur $\Theta \pm \theta$ de cet air n'est pas égale à celle de l'air A éloigné.

Il y a donc un écoulement de chaleur 1° du sol vers l'air ou 2° de celui-ci vers le sol et vers la couche C′ supérieure, comme il y en a entre les vapeurs chaudes de la machine hydroélectrique et l'air ambiant. On peut constater que l'air s'est chargé d'une électricité positive : 1° par sa dispersion au loin par le milieu du sol qui produit les perturbations de la déclinaison, et 2° par sa densité qui produit une augmentation de tension magnétique.

Deux causes favorisent les fréquentes apparitions des aurores : l'une est météorologique et l'autre climatologique; chacune de ces causes fait s'écouler rapidement de grandes masses de chaleur, et il se produit de grandes masses d'équivalents électriques et de lumière.

I. L'apparition des aurores boréales ne dépend ni du froid ni de la chaleur, mais seulement des changements rapides de température, et cela n'arrive qu'avec les changements de temps. Les 3,243 aurores observées ont été distribuées de la manière suivante.

Nombre des aurores boréales dans chaque mois.

Janvier	229	Juillet	87
Février	307	Août	217
Mars	440	Septembre	405
Avril	312	Octobre	497
Mai	184	Novembre	285
Juin	65	Décembre	225

Il y a dans l'apparition des aurores deux maxima annuels qui coïncident avec les maxima des changements de temps; de même leurs deux minima coïncident avec les minima des changements de temps; mais ceux-ci sont moins fréquents en été qu'en hiver : pour cette raison, le minimum 65 de l'été est inférieur à celui 225 de l'hiver, de même que le maximum 495 de l'automne est supérieur à celui 440 du printemps.

Les perturbations des lignes télégraphiques produites par les vents sont également mieux favorisées en automne et au printemps qu'en hiver; elles sont très-rares au milieu de l'été, époque où les perturbations produites par de violents orages sont au contraire très-fréquentes.

• Un été très-chaud, comme celui de 1859, produit une grande élévation de température du sol dans tous les pays. Pour qu'une aurore apparaisse en automne, il faut un affaissement rapide de température qui n'est possible que par un vent conduisant l'air froid des régions polaires vers les latitudes inférieures.

En Europe les vents froids n'apparaissent en automne

qu'à la suite des grandes pluies sur la Méditerranée et autour de ses côtes. Dans les pays parcourus par les masses d'air froid, ont lieu des écoulements de chaleur du sol vers l'air, qui produisent des masses d'équivalents électriques dont l'écoulement produit des masses de lumière, des aurores et des perturbations télégraphiques.

A. L'élévation de température du sol est générale en été; mais l'abaissement de température que produit un vent froid accidentel est entièrement local : c'est pour cela que dans l'automne de 1859, les lignes télégraphiques n'éprouvèrent aucune perturbation en Allemagne, en Autriche et dans l'empire byzantin, pays où l'été dernier fut aussi chaud qu'ici, tandis que dans l'Europe occidentale la perturbation magnétique était universelle. Cette perturbation se manifestait dans la direction du vent froid nord-ouest à un degré plus élevé que dans la direction transversale du vent ou dans les lignes dirigées de l'ouest à l'est.

Les aurores boréales amènent toujours avec elles une perturbation des éléments magnétiques, sans que pour cela une perturbation télégraphique doive s'ensuivre nécessairement, comme cela a eu lieu sur le Danube en Bulgarie, au sud-est des Carpathes, dans l'automne de 1859.

Les aurores apparaissent habituellement après le coucher du soleil, précisément aux heures où l'abaissement du thermomètre est très-rapide, et elles disparaissent après minuit, quand cet abaissement a atteint son minimum.

B. Après un hiver qui avait été très-froid, la température du sol se trouva très-basse au printemps de 1860; un vent chaud du sud occasionna l'écoulement des grandes masses de chaleur de l'air vers le sol et vers la couche C' supérieure. Ainsi l'air se trouva chargé d'équivalents électriques abondants qui, en s'écoulant, produisent des apparitions locales d'aurores et quelques perturbations, mais assez faibles, dans les lignes télégraphiques.

II. Les aurores boréales sont locales sur le versant des

montagnes Scandinaves, et cela à cause d'une différence de température de plus de 10 degrés; le versant nord-ouest a une température qui surpasse toujours celle du versant sud-est. Le sol d'un versant est chaud et celui de l'autre est froid. Pour que l'air d'un versant vienne en contact avec le sol de l'autre, il ne faut qu'un changement de temps ou une translation d'air qui s'opère en quelques minutes et occasionne l'écoulement rapide des grandes quantités de chaleur, qui produit des équivalents électriques, dont l'écoulement se manifeste sous la forme d'aurores boréales et par des perturbations magnétiques.

III. — VARIATIONS SÉCULAIRES DES ÉLÉMENTS MAGNÉTIQUES.

Nous avons jusqu'ici constaté la liaison intime entre l'écoulement de la chaleur et la multiplication des équivalents électriques dans le sol et dans l'air dont l'écoulement occasione, par sa température, les changements observés dans les éléments magnétiques.

On remarque que, depuis les siècles précédents, une diminution continuelle a eu lieu dans l'inclinaison observée à Paris et à Londres. Les résultats qui ont été conservés, et qui portent des dates différentes, en font foi. Cette diminution d'inclinaison est accompagnée d'une diminution de la tension magnétique. Nous pouvons penser que les choses se sont passées de même pour les siècles encore plus reculés, où cette tension n'était pas observée directement.

La déclinaison ne présente pas cette uniformité de l'inclinaison, car l'extrémité nord du magnète se dirige actuellement chaque année de l'ouest à l'est, aussi bien à Paris qu'à Londres, tandis que les siècles précédents cette extrémité nord du magnète se dirigait de l'est à l'ouest dans les mêmes villes.

Les amplitudes annuelles sont actuellement moins différentes qu'elles ne l'étaient dans les siècles antérieurs; cette différence dépend jusqu'à un certain degré de l'exactitude des observations actuelles; mais on peut facilement constater l'existence des causes physiques qui rendaient ces amplitudes quelquefois grandes et le plus souvent très-petites.

La déclinaison éprouve tous les jours deux déviations, dont celle du matin correspond à celle qui a eu lieu les siècles précédents, et celle du soir correspond à celle qui a lieu actuellement pour Paris et Londres.

L'inclinaison éprouve aussi tous les jours deux diminutions qui correspondent à la diminution actuelle et à celle des siècles précédents; l'inclinaison éprouve aussi deux augmentations diurnes, mais de telles augmentations séculaires n'existent pas.

A. Variation séculaire de la déclinaison.

Les observations de la déclinaison magnétique datent de l'an 1580 : alors la déclinaison était orientale, de 10° 30′ pour Paris, et de 11° 15′ pour Londres. Depuis cette époque l'extrémité nord du magnète dévia vers l'ouest (comme elle le fait le matin tous les jours) avec une vitesse annuelle variable jusqu'au commencement du siècle actuel : elle oscilla durant quelques dizaines d'années, et actuellement elle va avec une vitesse peu variable de l'ouest à l'est, comme cela a lieu le soir tous les jours.

LONDRES.			PARIS.		
Années de l'observation.	Déclinaisons observées.	Changements moyens annuels.	Années de l'observation.	Déclinaisons observées.	Changements moyens annuels.
1580.	11° 15′ E.	7′ 5″	1580.	11° 30′ E.	5′ 3″
1622.	6 0	9 6	1618.	8 0	10 40
1634.	4 6	10 0	1663.	0 0	6 0
1657.	0 0	10 2	1678.	1 30 O.	12 11
1665.	1 22 O.	9 7	1700.	8 10	8 1
1672.	2 30	10 5	1767.	19 16	9 48
1692.	6 0	6 0	1780.	19 55	25 0
1723.	14 17	8 1	1785.	22 00	0 1
1748.	17 40	9 5	1814.	22 34	— 0 — 4
1773.	21 9	4 7	1816.	22 25	— 1 — 4
1787.	23 19	1 2	1835.	22 4	»
1795.	23 57	0 7	COPENHAGUE.		
1802.	24 6	2 10	1649.	1° 30′ E.	12 51
1805.	24 8	0 25	1656.	0 0	15 26
1817.	24 36	— 1	1672.	3 35 O.	6
1820.	24 34		1806.	18 25	— 2 —40
			1817.	17 56	»

Ces chiffres servaient à indiquer une déviation du magnète vers l'ouest jusqu'au commencement du siècle actuel, et une déviation actuelle vers l'est; pour l'année 1835, la déclinaison était de 22° 4′, et pour l'année 1853, elle était de 20° 17′. Cependant cela n'a lieu que pour l'Europe occidentale qui se trouve à l'ouest de l'*axe isomagnétique* dans la partie mixte de l'épicratie sibérienne et de l'épicratie américaine.

Dans la partie centrale de l'une et de l'autre épicratie, les éléments magnétiques éprouvent des changements tout à fait différents.

Les nombres du tableau paraissaient l'effet des changements cosmiques ou des changements géologiques; personne n'a pensé qu'un jour puisse arriver où l'homme découvrira dans ces nombres les faits historiques opérés à l'est et à l'ouest de la France et de l'Angleterre.

La variation de la déclinaison des siècles précédents avait une cause pareille à celle de la déclinaison homonyme du matin ; cette cause commune est une élévation de température en Russie et en Allemagne.

La variation de la déclinaison actuelle a une cause pareille à celle de la déclinaison homonyme diurne du soir ; cette cause commune est une élévation de température en Amérique.

L'élévation de température diurne a pour cause la présence du Soleil le matin en Russie et en Allemagne, et sa présence le soir en Amérique.

L'élévation de température du sol dans les siècles précédents, en Russie et surtout en Allemagne, a eu pour cause le défrichement des forêts vierges qui couvraient le sol de ce dernier pays, forêts dont parle fréquemment César dans ses Commentaires. Le sol germanique, primitivement ombragé et froid, a été converti en champs fertiles exposés au Soleil ; c'est pourquoi ce sol a, depuis les derniers siècles, continuellement reçu un excédant de chaleur, comme cela a lieu tous les jours quand les rayons du Soleil se répandent en Russie et en Allemagne avant de passer par les méridiens de Paris et de Londres.

A partir du siècle actuel, si un changement s'est produit dans la déviation de la déclinaison il ne faut pas attribuer cet effet à ce que les forêts germaniques auraient commencé à se constituer, mais bien à ce que le sol américain a commencé à se dégager de ses forêts vierges, et à être converti en champs cultivés et conséquemment exposés au Soleil. Cette élévation de température du sol américain produit, à Paris et à Londres, la déviation de la déclinaison, déviation qui est de même nature que celle qui est produite le soir dans lesdites capitales par la présence du Soleil en Amérique.

Ces faits nous serviront par la suite à connaître, au moyen des variations qu'éprouvent les éléments magnétiques à Paris, les élévations ou les abaissements de température qui ont lieu en Allemagne, en Russie ou en Amérique.

B. DIMINUTION SÉCULAIRE DE L'INCLINAISON ET DE L'INTENSITÉ MAGNÉTIQUE.

L'inclinaison magnétique a éprouvé à Paris et à Londres les changements suivants :

PARIS.			LONDRES.		
Années de l'observation.	Inclinaisons observées.	Changements moyens annuels.	Années de l'observation.	Inclinaisons observées.	Changements moyens annuels.
1671.	75° 0'	2' 0"	1781.	72° 5'	»
1754.	72 15	−0 28	1787.	72 5	1' 0"
1779.	72 25	+9 0	1788.	72 4	9 0
1780.	71 48	5 0	1789.	71 55	1 0
1791.	70 52	8 26	1790.	71 54	39 0
1798.	69 51	4 52	1791.	71 21	3 15
1800.	69 12	3 32	1795.	71 11	6 0
1810.	68 50	3 30	1797.	70 59	4 0
1814.	68 36	2 0	1798.	70 55	3 0
1816	68 40	−2 −30	1799.	70 52	8 0
1818.	68 35	+2 30	1801.	70 36	2 0
1820.	68 30	4 30	1803.	70 32	5 30
1822.	68 11	−0 −10	1805.	70 21	»
1825.	68 00	+4 +30			
1829.	67 40	0 30			
1831.	67 40	3 12			
1835.	67 24	3 4			
1851.	66 35	3 30			
1853.	66 28	»			

Depuis 1671 l'inclinaison continue à diminuer ; l'élévation indiquée pour l'année 1816 devait servir comme coïncidant avec celle de la déclinaison, et c'est précisement la cause qui rend douteuse cette observation, surtout quand un changement pareil n'est pas indiqué pour Londres ; cependant tel n'est plus le cas pour l'année 1754, où une cause pareille n'existait pas, et où la diminution de l'inclinaison de cette époque est très-médiocre à Londres.

L'inclinaison diminue pendant le siècle actuel avec une vitesse presque constante, preuve que le déboisement avance vers les latitudes supérieures, et force ainsi à s'éloigner les régions froides qui font diminuer la densité de chaleur 9 qui s'y écoule des latitudes inférieures, en même temps que diminue la densité des équivalents électriques qui s'écoulent du sol resté boisé et froid vers les latitudes inférieures.

Les observations magnétiques donnent des résultats très-différents pour les pays éloignés l'un de l'autre, et cela à cause de leur position géographique et magnétographique; Saint-Pétersbourg, par exemple, se trouve dans ce cas.

I. Au nord de ce pays il n'existe pas de continents cultivables : la température se maintient au même degré aussi bien sur le sol de la Nouvelle-Zemble que sur celui de la Laponie et des montagnes Scandivanes.

II. Les variations diurnes de l'inclinaison diffèrent aussi pour chaque pays, et elle est fidèlement indiquée par les courbes thermométriques diurnes qui diffèrent aussi pour chaque saison.

C. VITESSES DES CHANGEMENTS SÉCULAIRES DES ÉLÉMENTS MAGNÉTIQUES.

Dans les deux tableaux précédents se trouvent aussi les changements annuels des déclinaisons et des inclinaisons, qui sont très-inégaux pour tous les temps; mais depuis la fin du siècle précédent et le commencement du siècle actuel, on trouve un long intervalle où les changement annuels de la déclinaison seule sont à leur minimum 1″. Avant et après cet intervalle les changements annuels sont considérables : les uns ont été vers l'ouest, les autres vont actuellement vers l'est avec une vitesse qui atteint presque 6′ par an.

Dans les inclinaisons se rencontrent deux renversements de signes, mais ils n'ont été que momentanés, et l'on ne trouve nulle part un minimum qui se prolonge pendant un grand intervalle; les changements annuels se maintiennent absolument dans le siècle présent comme ils se maintenaient durant les siècles antérieurs.

Explication. L'espace de temps écoulé depuis 1580 est rempli par des événements historiques dont plusieurs ont eu une influence directe sur les variations séculaires des éléments magnétiques, en même temps que sur les degrés des changements opérés chaque année.

Lorsque la densité de la population germanique augmentait, la culture s'étendait de même, ce qui avait lieu par des empiétements successifs sur le sol boisé, ombragé et froid. La superficie des forêts diminuant ainsi, et celle des champs augmentant, il restait chaque année un excédant de chaleur dans le sol germanique.

Au contraire, pendant les années où sévissaient les guerres ou les épidémies, la densité de la population diminuait et la culture du sol voyait ses progrès arrêtés, si même elle ne rétrogradait ; au contraire, la culture du sol prenait pendant la paix un rapide essor, surtout quand le gouvernement lui accordait aide et protection.

Mais un événement d'une autre nature amena la plus complète révolution dans les courants électriques terrestres : nous voulons parler de l'Amérique, qui commença vers la fin du siècle dernier, et qui, depuis cette époque, s'est merveilleusement accrue. Les colons font aujourd'hui en Amérique ce que leurs ancêtres ont fait jadis en Allemagne, et leur travail produit à Paris et à Londres des effets magnétiques pareils à ceux que le Soleil produit vers le soir, effets qui sont pour ces deux capitales diamétralement opposés à ceux du matin.

Le minimum de la vitesse des changements séculaires de la déclinaison se trouve entre les années 1785 et 1814, précisément pendant l'espace de temps où eurent lieu les événements historiques qui sont nécessaires pour produire le plus grand bouleversement sur les directions des écoulements des équivalents électriques des courants terrestres.

La guerre dévastait l'Europe occidentale, diminuait le nombre des habitants ; elle arrêtait les progrès de la culture, tandis que la paix régnait en Amérique ; la densité de la population augmentait sur ce continent et la culture faisait de grands progrès. C'est par un hasard assez singulier que l'année 1814, époque historique pour la France et le monde entier, l'a été aussi pour la magnétologie; *en l'année 1814, le magnète de Paris commença à dévier vers l'est pour ne plus retourner vers l'ouest dans les siècles postérieurs.*

CHAPITRE VIII.

MOUVEMENTS DES MAGNÈTES PAR LES ÉLECTROHODES.

Un mouvement ne peut être produit dans le magnète que par la destruction de l'équilibre qui le maintient dans sa position, parce que l'état d'inertie et d'*adranie* n'existe nulle part. 1° Le magnète équilibré est maintenu en sa position par la quantité $(q+q)\bar{\bar{E}}$ d'équivalents électriques de la Terre qui s'écoulent par son milieu. 2° Toute autre position du magnète laisse s'écouler une quantité inférieure de ces équivalents; par le magnète horizontal s'écoule la quantité $q\bar{E}$ de ces équivalents, tandis que 3° par le magnète renversé il ne s'écoule qu'une quantité médiocre $(q-q')\bar{\bar{E}}$.

Les magnètes servent, dans l'électrostatique, à indiquer la direction de l'écoulement des équivalents électriques, comme dans l'aérostatique la girouette sert à montrer la direction de l'écoulement des équivalents électriques. Si la girouette a la forme d'un tube, elle laissera s'écouler par son milieu la plus grande quantité $(g+g')$A d'air, quand elle se trouve en équilibre avec la direction du vent.

Chaque déviation s'opère avec une résistance, et elle fait diminuer la quantité d'air qui s'écoule au travers du tube. Si ce tube prend la position verticale à l'écoulement de l'air, celui-ci ne s'écoule plus par son milieu, et le tube alors est dans son équilibre instable, car il éprouve par ses deux branches la pression de l'air, pression qui ne peut jamais se soutenir sur les deux branches en une égalité parfaite, et le tube revient spontanément dans sa position stable qui est parallèle à l'écoulement de l'air.

Les premières observations sur la girouette ont été faites à une époque où l'on ignorait l'existence et la nature de l'air, de même les observations magnétiques ont eu lieu dans le principe, alors qu'était encore inconnue l'existence des écoulements des équivalents électriques terrestres; aussi, et pour cette raison, les directions de l'écoulement de ces équivalents étaient-elles moins connues. Les observateurs se sont servis du mot de *tension* pour indiquer l'état du magnète qui exerce une certaine résistance quand on veut le déplacer, précisément comme en exerce la girouette en cas pareil. Ce mot *tension* a été souvent remplacé par le mot *attraction*, qui n'indique que l'effet produit par la quantité supérieure du fluide écoulé par le milieu de la girouette ou du magnète, et il en résulte parmi les physiciens une confusion de termes et un malentendu perpétuel; c'est pour éviter tous ces inconvénients que je me suis attaché, autant que possible, à éviter l'emploi du mot *attraction*.

Les faits somatiques produits par l'écoulement de l'air ont été attribués par les physiciens anciens à une cause inconnue appelée *δύναμις* ou *potentia;* quand les physiciens modernes eurent découvert la nature des gaz, ils expliquèrent la production de ces faits, suivant la loi *aérostatique*, par l'écoulement de l'air, comme les anciens avaient déjà expliqué les faits produits par l'écoulement de l'eau suivant la loi *hydrostatique*.

Les faits somatiques produits par l'écoulement des équivalents électriques sont attribués par les physiciens modernes à une cause inconnue appelée *force;* mais aujourd'hui qu'on a découvert la nature des équivalents électriques, la production de ces faits s'explique, suivant la loi *électrostatique*, par l'écoulement de ces équivalents, comme les physiciens modernes ont expliqué, suivant la loi aérostatique, les faits produits par l'écoulement des gaz.

Les physiciens modernes ont abandonné la cause nommée *δύναμις* ou *potentia*, qu'ils ont remplacée par les mots *écoulement d'air* dans les ouvrages des physiciens anciens ; de même les physiciens modernes doivent aujourd'hui se résigner à voir disparaître de leurs ouvrages le mot *force* qu'il faudra remplacer par les mots *écoulement des équivalents électriques.*

L'écoulement des équivalents électriques terrestres est produit par une destruction d'équilibre qui a pour cause la distribution des rayons solaires sur la terre. Pour cette raison cet écoulement ne s'interrompt pas plus que sa direction ne change. Les équivalents électriques terrestres en écoulements rencontrent dans les magnètes une résistance inférieure à cause de l'arrangement hélicoïdal des lames cristallines qui constituent l'acier, arrangement par lequel les faces négatives *f'* sont exposées contre la direction hélicoïdale de l'écoulement des équivalents terrestres.

Le magnète NS diffère de la girouette AB en ce que, si celle-ci est un tube, elle peut avoir également du côté du vent l'extrémité A et celle B, tandis que les tours de l'hélice magnétique doivent toujours avoir la surface négative *s'* exposée contre les équivalents électriques positifs $\bar{E}$ en écoulement hélicoïdal.

La disposition des faces *s'* et *s* des tours de l'hélice magnétique peut être représentée par une bande NS de papier coloré différemment sur les deux surfaces. Cette bande, enroulée en forme d'une hélice prolongée, aura, par exemple, la surface *s'* du dehors bleue et la surface *s* du dedans rouge. Si les équivalents électriques positifs $\bar{E}$ sont repoussés par le rouge, ils s'écouleront en suivant les tours de la surface *s'* bleue, et si celle-ci repousse les équivalents négatifs $\overline{E}$, ceux-ci s'écouleront par la surface *s* rouge, en direction opposée avec les équivalents hétéronymes.

Quand le magnète se maintient en équilibre dans sa position, il n'en peut être déplacé que dans le seul cas où il est réduit en un équilibre détruit, et cette destruction ne peut être produite que par l'écoulement des équivalents électriques ou par une pression mécanique.

La direction des équivalents des piles ou des machines en écoulement est déterminée par celle des fils métalliques qui deviennent alors *électrohodes*. Ceux-ci sont parcourus par des équivalents électriques, comme le sont les magnètes, et alors se présentent les deux cas suivants :

1° Si les écoulements s'opèrent dans une direction telle qu'ils forment un angle obtus $90°+\gamma$, les équivalents électriques homonymes exercent entre eux une répulsion $r+r'$ qui se communique au magnète NS aussi bien qu'à l'électrohode *ns*, lesquels s'écartent l'un de l'autre quand ils sont tous les deux mobiles ; mais si l'un d'eux est fixe, c'est l'autre qui s'écarte.

2° Si lesdits écoulements forment par leurs directions un angle aigu $90°-\gamma$, les équivalents électriques homonymes se trouvent facilités mutuellement dans leur écoulement, car ils éprouvent du dehors et en arrière une pression supérieure $p+p'$ qui rend inférieure la répulsion mutuelle $r-r'$. La pression $p+p'$ se communique également au magnète et à l'électrohode qui s'approchent l'un de l'autre, quand ils sont mobiles tous les deux ; mais si l'un est fixe, c'est l'autre qui s'approche.

Les directions produites dans 1° l'écartement, 2° le rapprochement ou 3° la rotation du magnète, par la répulsion des équivalents électriques de l'électrohode, servent ici à constater la disposition hélicoïdale des tours formés par les lames cristallines de l'acier, et en même temps l'exposition de la surface négative *s'* de ces tours contre la direction de l'écoulement des équivalents électriques terrestres, écoulement qui s'opère suivant la marche que suit le Soleil quand il s'éloigne de l'hémisphère nord.

I. — ROTATION DES MAGNÈTES PAR LES ÉLECTRODES.

Dans un vase rempli de mercure plonge un magnète *ab* (fig. 36) lesté avec un morceau *p* de platine pour que son extrémité *a* dépasse de quelques millimètres le niveau du mercure. La coupe *a* du magnète contient aussi du mercure dans lequel plonge la tige *t* qui communique avec l'électrode *m'n'* d'une pile, dont l'autre électrode *mn* aboutit à un anneau *oo'* de cuivre flottant sur le mercure, et ayant le magnète *a* dans son centre.

Figure 36.

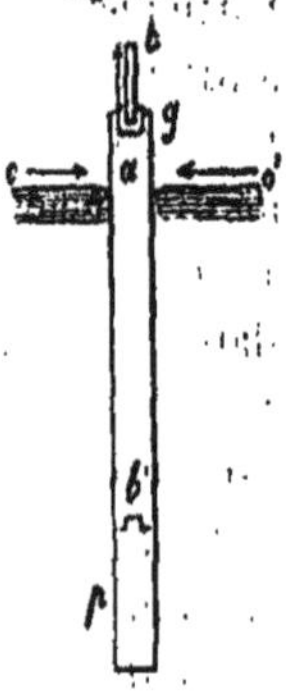

1° Le magnète commence à tourner dès que le circuit est fermé, et si celui-ci s'ouvre le magnète s'arrête. 2° Le sens de la rotation change quand le magnète est renversé de façon, que son extrémité *a* soit en contact avec le platine et son extrémité *b* en haut. 3° Le sens de rotation change également quand l'électrode négatif *m'n'* est mis en communication avec l'anneau *oo'*, et l'électrode positif *mn* en communication avec la tige *t*.

Figure 37 A.

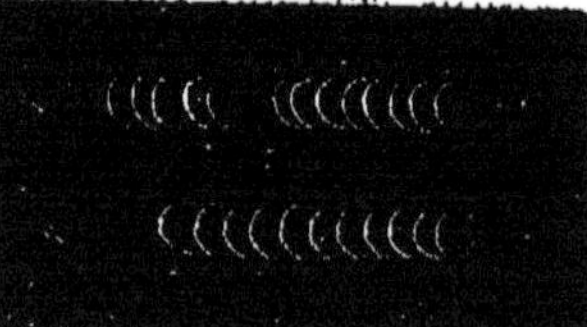

Figure 37 B.

Figure 38.

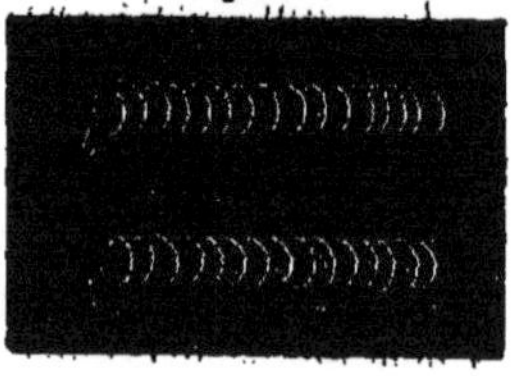

Explication. Les magnètes sont des hélices dexiostrophes (fig. 37 et 38) qui ont les tours disposés de telle manière que

1° la surface électronégative s' soit tournée vers l'extrémité nord a, 2° que la surface électropositive s soit tournée vers l'extrémité sud b. Dans le magnète vertical ab (fig. 36) la surface électronégative s' des tours est vers son extrémité a; les équivalents, y affluant de l'anneau oo', forment un angle aigu $90°-\gamma'$ avec la surface s' électronégative des tours; par cette surface s', s'écoulent les équivalents électriques terrestres.

Les équivalents de l'anneau affluent en densité égale vers le magnète et sont les seuls qui ne produisent aucune destruction d'équilibre. Arrivés à la surface du magnète, ils n'y rencontrent pas une résistance égale de tous les côtés, comme cela a lieu pour les autres métaux; mais comme il se présente une résistance inférieure dans la direction de l'est à l'ouest en passant par le nord, c'est dans cette direction que les équivalents affluant s'écoulent.

La pression P' qu'éprouve le magnète est supérieure de tous les autres côtés, et elle le fait suivre la direction dans laquelle les équivalents électriques éprouvent le minimum de résistance: telle n'est pas non plus la direction des équivalents électriques terrestres, mais ils s'y écoulent à cause de la résistance inférieure $r-r'$.

Pour changer le sens de la rotation il suffit que les équivalents électriques de la pile soient dirigés vers la surface électropositive s des tours de l'hélice formée par les lames cristallines de l'acier.

Les équivalents électriques positifs conduits par la tige dans une direction opposée à celle des flèches, viennent en rencontre avec les équivalents homonymes de la surface s des tours, et la répulsion $r+r'$ qui a lieu entre ces équivalents se communique aux tours voisins du magnète qui se voient forcés de reculer; c'est ainsi qu'il se produit un mouvement du magnète en sens inverse.

Sans changer la direction des équivalents électriques dans le circuit, cette rotation du magnète en sens inverse peut encore être obtenue par le renversement de celui-ci, de façon que son extrémité *b* soit tournée vers le ciel. Alors les équivalents qui affluent de l'anneau y rencontrant d'un côté une résistance des équivalents homonymes de la surface *s*, et exerçant entre eux la répulsion $r + r'$ qui est communiquée à la surface *s* des tours, le magnète prend alors, pour cette raison, une rotation en sens inverse, ainsi que cela a eu lieu par le changement de la direction des équivalents électriques dans le circuit.

En opérant avec un électrohode enroulé en forme d'une hélice dexiostrophe on obtient une rotation dans le même sens que celle du magnète qui a son extrémité *a* en haut, quand le courant de l'hélice est descendant. Ce même courant, conduit par un électrohode mobile roulé en forme d'une hélice aristérostrophe (fig. 37 B) fait tourner cette hélice en sens inverse, de même que tourne le magnète *ab* qui a son extrémité *b* en haut. Si le courant subsiste et que les hélices soient renversées, le sens de la rotation ne change pas, comme cela a lieu dans le renversement du magnète.

II. — DÉVIATIONS DU MAGNÈTE HORIZONTAL PAR L'ÉLECTROHODE VERTICAL.

En décrivant par un point *a* du magnète *ee'* (fig. 35) une périphérie *acbd*, on obtient une série de points par lesquels peut passer un courant ascendant ou un courant descendant sans faire subir aucune destruction d'équilibre au magnète horizontal *ab* qui reste en repos.

Si le courant reste ascendant, il produit sur le magnète des déviations dont le sens change 1° quand le courant est dans l'intérieur de la périphérie *acbd* ou hors d'elle; 2° quand ce courant est à l'ouest ou à l'est du magnète.

I. Si le courant est à l'ouest du magnète 1° dans les cadrans *acm* et *bcm*, il force la branche voisine du magnète à s'approcher de lui; 2° en dehors de ces cadrans, le même courant repousse loin de lui la branche voisine du magnète.

II. Si le courant est à l'est du magnète 1° dans les cadrans *amd* et *bmd*, il repousse loin de lui la branche la moins éloignée; 2° si le même courant est hors de ces cadrans, il force à s'approcher de lui la branche du magnète la moins éloignée.

Explication. Ce cas se rattache au cas précédent de la rotation du magnète, avec la différence que le courant est ici en direction verticale, et que le magnète est horizontal et moins libre dans ses mouvements que le magnète vertical *ab* plongé dans le mercure. Le sens de la rotation du magnète change avec son renversement ou avec le changement de la direction du courant. Ici changent les déviations des deux branches du magnète selon les distances différentes entre le magnète et le courant; la limite entre ces déviations inverses est la périphérie dont la longueur *ab* du magnète est le diamètre. Les deux points seuls *c* et *d* de cette périphérie sont également éloignés des deux branches *me* et *me'* du magnète. Au nord et au sud de la ligne *cd* tous les points se trouvent à des distances différentes des deux branches du magnète.

Le magnète équilibré *ed* laisse s'écouler la quantité $(q+q')\bar{E}$ des équivalents électriques, parce que ces équivalents se rencontrent dans leur écoulement avec la surface *s'* électronégative des tours de l'hélice formée par les lames cristallines de l'acier. Les plans de tours de l'hélice coïncident avec ceux de la géohélice.

Si ce magnète équilibré *ed* est ramené à une position horizontale *me* ou *ee'*, on voit disparaître cette coïncidence des plans des tours des deux hélices; ces plans s'inclinent et se coupent sous l'angle Γ de l'inclinaison du pays; cet angle Γ, nul à l'équateur magnétique, atteint 90° aux pôles.

Le courant ascendant se trouve en différentes relations avec la surface électronégative *s'* des tours de l'hélice de magnète, quand celui-ci est équilibré et quand il est horizontal. Cette différence n'est pas sensible quand le courant est hors de la périphérie *acbd*, où les déviations restent dans les mêmes sens sur le magnète équilibré et sur le magnète horizontal.

Les déviations du magnète ne changent que dans le cas où le courant passe par l'intérieur de la périphérie *acbd*; car, en ce cas, ses équivalents électriques rencontrent en un sens leurs homonymes de la partie μe du magnète, et en sens contraire ils rencontrent leurs homonymes de l'autre partie $\mu e'$ du magnète; μ indique ici le point du magnète le moins éloigné du courant.

Ces déplacements des tours dans le magnète horizontal produisent les faits qu'a observés Savary dans l'aimantation en sens inverse des aiguilles égales A et A', quand les distances D et D + *d* entre elles et l'électrohode sont différentes.

III. — DÉVIATIONS DU MAGNÈTE HORIZONTAL PAR L'ÉLECTROHODE PARALLÈLE.

Le magnète mobile, porté autour d'un électrohode, éprouve des déviations qui sont en sens contraire 1° quand la direction du courant reste la même, et que la position du magnète est orientale ou occidentale, au-dessus ou au-dessous; 2° quand la direction du courant devient opposée.

I. *Direction du courant du nord au sud.* 1° A l'est de l'électrohode l'extrémité nord du magnète baisse; 2° au-dessus de l'électrohode, elle tourne à l'est; 3° à l'ouest de l'électrohode, l'extrémité nord du magnète s'élève; 4° au-dessous de l'électrohode, elle tourne à l'ouest.

II. *Direction du courant du sud au nord.* 1° A l'est de l'électrohode, l'extrémité sud du magnète s'élève; 2° au-dessus de l'électrohode, elle tourne à l'ouest; 3° à l'ouest de l'électrohode, l'extrémité sud du magnète baisse; et 4° au-dessous de l'électrohode, elle tourne à l'est.

Explication. Pour que le magnète s'approche de l'électrohode, comme cela a lieu quand le courant va du nord au sud, il est nécessaire qu'il y ait une répulsion $r - r'$ inférieure à la pression interne P' entre les équivalents homonymes qui s'écoulent par le magnète et par l'électrohode, et cela a lieu quand les directions de ces écoulements forment entre elles un angle aigu $90° - \gamma$.

Pour que le magnète s'éloigne de l'électrohode, comme cela a lieu quand le courant va du sud au nord, il est nécessaire qu'il y ait une répulsion $r + r'$ supérieure à la pression externe P' entre les équivalents homonymes, et cela a lieu quand les directions des écoulements de ces équivalents du magnète et de l'électrohode forment entre eux un angle obtus $90° + \gamma$.

Les directions de la déviation du magnète indiquent, autour du courant dirigé du nord au sud, la direction hélicoïdale de la surface électronégative s' des tours qui constituent le magnète. Cette direction des tours correspond aux tours de l'hélice dexiostrophe décrite par le Soleil, quand il s'éloigne de l'hémisphère nord. M. Ampère a replié un électrohode mobile en forme d'une hélice dexiostrophe m (fig. 37), et il a obtenu autour du courant électrique les mêmes déviations que celles qu'on obtient par le magnète. Les rapprochements de l'hélice vers le courant servent à prouver l'arrangement hélicoïdal des lames cristallines de l'acier dans les magnètes.

Les éloignements de l'extrémité sud du magnète sont produits par la répulsion $r + r'$ exercée entre les équivalents homonymes Ē : 1° du courant dirigé vers le nord, et 2° du magnète parcouru par les équivalents électriques terrestres dirigés vers le sud-ouest. Les mêmes déviations sont éprouvées par l'hélice dexiostrophe équilibrée et parcourue par un courant du nord au sud.

Au lieu d'une hélice, Ampère en a mis deux dexiostrophes *ab* et *a'b'*, et il a obtenu des déviations pareilles à celles qu'il avait observées en approchant le magnète de l'électrohode.

Les adversaires d'Ampère produisirent les mêmes déviations sur l'hélice *m* (fig. 37 B) et sur l'hélice double *ab*, *a'b'* (fig. 38), quand ils laissaient les courants dans leurs directions et qu'ils ne renversaient que les hélices. En ce cas, Ampère a été conduit à remplacer l'hélice dexiostrophe (fig. 34 A) par une hélice aristérostrophe (fig. 34 B).

Ainsi Ampère a reconnu que le magnète ne peut pas être reconstitué exactement par une seule hélice, mais qu'il en faut deux : 1° la *dexiostrophe*, qui représente la marche du Soleil quand il s'éloigne de l'hémisphère nord, et 2° l'*aristérostrophe*, qui représente la marche de cet astre quand il s'éloigne de l'hémisphère sud, comme ces marches sont indiquées dans l'atlas magnétique.

Sur les magnètes, les déviations se produisent en sens inverse par la distribution des équivalents électriques hétéronymes des faces *f* et *f'* des lames cristallines de l'acier; ces lames forment une hélice dexiostrophe qui a la surface positive *s* vers le sud-ouest et la surface négative *s'* vers le nord-est.

1° Dans l'hémisphère nord, les équivalents terrestres s'écoulent du nord-est au sud-ouest, et ils rencontrent une résistance médiocre *r*—*r'* à la surface négative *s'* des tours; 2° dans l'hémisphère sud, les équivalents terrestres s'écoulent du sud-est au nord-ouest, et ils rencontrent une résistance médiocre *r*—*r'* à la surface négative *s'* des tours, qui dévie peu pour prendre la direction sud-est, sans qu'il soit besoin d'un renversement total des surfaces *s'* et *s* de tours de l'hélice magnétique.

IV. — APPROCHEMENTS OU ÉLOIGNEMENTS ENTRE LES MAGNÈTES.

Après avoir attribué l'éloignement entre les extrémités homonymes des magnètes à une augmentation de répulsion entre elles, les physiciens n'allèrent cependant pas, comme ils l'auraient dû pour rester conséquents, jusqu'à attribuer le rapprochement des extrémités hétéronymes à une diminution de répulsion; mais contre toute espèce de raison, ils attribuèrent ce rapprochement à une attraction dont la production ne peut avoir lieu par l'écoulement des fluides que par suite d'une diminution de répulsion entre les équivalents homonymes, comme cela arrive quand ces équivalents s'écoulent en directions convergentes.

Cette diminution de répulsion devient évidente dans l'intervalle *m* (fig. 37 A), entre les deux extrémités *a* et *b*, où les équivalents provenant de l'extrémité *a*, en direction hélicoïdale dexiostrophe, ne rencontrent une résistance inférieure nulle part ailleurs que dans l'extrémité *b* de l'autre hélice, qui n'est qu'un prolongement de la précédente (fig. 37 B).

Cette diminution de répulsion $r - r'$ entre les équivalents électriques dans l'intervalle *m*, et la conservation de pression normale P′ partout ailleurs, produisent une destruction d'équilibre dont l'effet est de rapprocher jusqu'au contact les deux extrémités *a* et *b*.

On peut produire des rapprochements et des contacts pareils au moyen de deux tubes qui font l'office de girouette, ou qu'on arrête à la surface d'un fleuve où ils flottent librement dans l'axe du courant; si ces tubes ont leurs extrémités en forme d'entonnoir, les rapprochements ne se produisent que plus facilement.

Pour obtenir une répulsion $r + r'$ supérieure à la pression normale P′, il faut faire arriver les équivalents électriques dans l'intervalle m en directions opposées, ce qui n'est possible dans les électrohodes que s'ils sont repliés en hélices homonymes comme a et b, et on en fait provenir simultanément les équivalents électriques homonymes en directions opposées.

Cette répulsion se produit entre les extrémités homonymes des magnètes de la manière suivante : Les magnètes M et M' sont composés par les tours d'une hélice dexiostrophe; ces tours sont formés d'une bande dont la surface s', dirigée vers le nord-est, est électronégative, et celle dirigée vers le sud-ouest est électropositive. L'écoulement des équivalents positifs s'opère donc avec une diminution $r - r'$ de résistance quand la surface s' regarde vers le nord-est; au contraire, la résistance augmente et devient $r + r'$ quand la surface s est tournée vers le nord-est.

Les magnètes M et M' ne peuvent avoir les extrémités homonymes en contact et sur la même ligne sans que la surface positive s de l'un d'eux soit exposée au nord-est. Par suite, les équivalents électriques $(q + q')\text{Ë}$ expirés de l'extrémité sud S du magnète M, au lieu de pénétrer dans l'extrémité S' de l'autre magnète M', y rencontrent la surface positive s qui leur fait éprouver une contre-répulsion $r + r'$ supérieure à la pression normale P' ambiante.

Cette destruction d'équilibre de la pression P' ambiante et la répulsion $r + r'$ qui s'exerce entre les extrémités homonymes des magnètes se manifeste par l'éloignement des extrémités homonymes S et S' des magnètes M et M'.

Les mêmes répulsions sont produites entre les extrémités rapprochées a et b (fig. 37 A) de l'hélice dexiostrophe, quand les équivalents électriques sont expirés simultanément de l'extrémité a et de l'extrémité b. Le même fait est produit si, en laissant l'écoulement des équivalents électriques dans la même direction, les hélices a et b sont hétéronymes, et que l'une soit dexiostrophe (fig. 34 A) et l'autre aristérostrophe (fig. 34 B).

CHAPITRE IX.

RÉPULSION EXERCÉE PAR LA TERRE ET LES MAGNÈTES SUR LES ÉLECTROHODES MOBILES.

Dirigé par la loi statique des gaz et par les déviations indiquées du magnète par les électrohodes, Ampère obtint les déviations en sens inverse, en employant des magnètes immobiles et des électrohodes équilibrés et mobiles; on peut même obtenir des déviations divergentes ou des rapprochements réciproques quand on opère à la fois sur des électrohodes et sur des magnètes mobiles.

Les électrohodes mobiles ont servi à mettre au jour l'existence d'équivalents électriques terrestres en écoulement; mais la direction de cet écoulement a été admise comme étant de l'est à l'ouest, et non pas du nord-est, en haut, et puis vers le sud-ouest dans le sens de la marche diurne du Soleil quand il s'éloigne de l'hémisphère nord.

Ce défaut de connaissance a été la cause pour laquelle on n'a pu parvenir, tout en suivant les lois statiques, à donner une explication mathématique des faits produits par l'écoulement des équivalents électriques, comme cela va avoir lieu ici.

I. — DIRECTIONS DES ÉLECTROHODES PAR LES COURANTS TERRESTRES.

La figure 39 représente deux colonnes en cuivre *v* et *t* fixées sur un pied de bois ; à leur extrémité supérieure elles se courbent en *potence* et viennent se terminer par les deux coupes *y* et *x*, dont les centres sont dans la même verticale. Ces colonnes sont isolées l'une de l'autre, et par un appareil particulier chacune d'elles peut être mise en communication avec l'un ou l'autre électrohode *mn* ou *m'n'* d'un couple ou d'une pile.

Figure 39.

Pour mettre en communication les deux colonnes, on met en supension les deux extrémités d'un électrohode O, qui plongent dans le mercure des coupes *y* et *x*. Les équivalents électriques conduits de la pile par l'électrohode *mn* remontent la colonne *v*, traversent l'électrohode O mobile et arrivent à l'autre colonne *t* pour s'en éloigner vers la pile. Le circuit se ferme par les contacts des électrohodes *mn* et *m'n'* avec les colonnes. Il n'est pas indispensable que l'électrohode mobile O affecte la forme circulaire ; il peut avoir toute autre forme *aba'b'* (fig. 40).

Figure 40.

I. Les électrohodes mobiles n'obéissent qu'à leur pesanteur quand le circuit est ouvert, mais dès que le circuit est fermé, les équivalents électriques parcourent l'électrohode O qui, en même temps, conduit les équivalents électriques terrestres ; mais ceux-ci suivent une direction invariable, et pour obtenir le minimum de résistance dans leur écoulement, il faut que l'électrohode O se place dans la direction que suivent ces équivalents terrestres, et cela parce que ceux-ci éprouvent dans cet électrohode O une répulsion moins forte que dans l'air ambiant.

Les équivalents électriques terrestres arrivent à la partie orientale *bb'* de l'électrohode O et s'en éloignent par sa partie occidentale *aa'* en parcourant la moitié inférieure *b'a'* de l'électrohode qui ne présente pas une interruption pareille à celle de la partie supérieure *be'* et *e'a*.

1° Si les équivalents du circuit passent de la coupe *y* (fig. 39) dans l'hélectrohode O, ils s'écoulent, suivant les flèches, de l'ouest à l'est, et ainsi cet électrohode ne s'arrête pas contre la direction de l'écoulement des équivalents terrestres qui passent par la moitié inférieure de l'électrohode O.

2° Par le déplacement des électrohodes *mn* et *m'n'* de la pile, les équivalents électriques de la pile arrivent à la colonne *v*, et de la coupe *x* ils pénètrent dans l'électrohode O dans une direction contraire à celle des flèches qui va de l'est à l'ouest dans la partie inférieure *b'ea'* de l'électrohode (fig. 40).

Au lieu d'une augmentation de résistance comme dans le cas précédent, il apparaît au contraire une diminution à cause de la rencontre opérée dans la moitié inférieure entre les équivalents homonymes terrestres et artificiels. Cette extrémité inférieure décide la position de l'électrohode parce qu'elle n'est pas interrompue comme l'extrémité supérieure.

L'électrohode O se trouve en un équilibre détruit dans le cas précédent, car la direction du courant terrestre n'est pas périphérique, mais hélicoïdale; pour cette raison, la partie *e* de l'hélectrohode éprouve la contre-répulsion de la part de ses équivalents électriques, et, en cédant, passe vers le nord, et décrit une demi-révolution pour aller se placer à l'ouest. Si maintenant on déplace de nouveau les électrohodes *mn* et *m'n'* de la pile, l'électrohode O décrit de la même manière une demi-révolution pour se placer de façon à avoir sa moitié inférieure parcourue par les équivalents de la pile de l'est à l'ouest.

II. Pour empêcher l'écoulement des équivalents de produire une destruction d'équilibre par la diminution ou par l'augmentation de répulsions réciproques entre eux, on se sert de l'appareil $ab\,a'b'$ (fig. 41), dont une moitié de chaque côté produit une diminution et l'autre produit une augmentation de répulsion égale et en sens inverse.

Figure 41.

Cet appareil sert aussi à prouver directement que les électrohodes mobiles simples (fig. 39, 40) sont réduits en un équilibre instable; quand celui-ci consiste en un maximum de répulsion égale des deux moitiés, l'électrohode ne peut pas rester dans cette position; au contraire, quand la destruction de l'équilibre est un effet de la diminution de répulsion sur les deux moitiés, l'électrohode reste stable dans sa position, et pour s'en éloigner il faut une pression suffisante pour vaincre la pression externe P′ (fig. 35).

III. L'appareil *abde* (fig. 42) sert à constater les faits observés dans les deux appareils précédents. Cet appareil se compose de deux vases cylindriques de cuivre; l'un *ab* supérieur et l'autre *ed* inférieur. Ces vases sont percés en leur milieu, et dans l'ouverture passe la tige *t* qui se termine par une coupe *c*. La traverse *hh′* est de substance non conductrice; elle porte dans son milieu une pointe par laquelle elle repose en équilibre sur le fond de la coupe *c* rempli de mercure.

Figure 42.

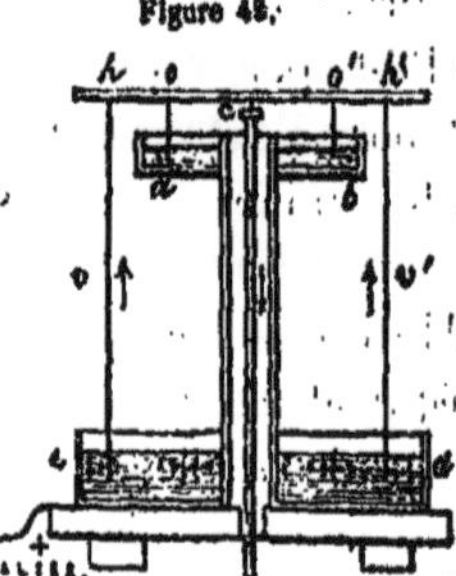

Les fils *v* et *v′* attachés à la traverse *hh′* sont recourbés en *oo'* pour plonger dans l'eau acidulée du vase *ab* supérieur ; les extrémités *e* et *d* des fils *ohv* et *o'h'v'* plongent dans l'eau acidulée du vase inférieur *ed*. Une petite languette en métal soudé sur le fond du vase *ab* plonge dans le mercure de la coupe *c* pour établir une communication entre l'eau et la tige.

Les équivalents électriques conduits au vase inférieur pénètrent l'eau acidulée, remontent, suivant les flèches, les fils verticaux *v* et *v'* pour entrer par leurs extrémités *o* et *o'* dans l'eau acidulée du vase *ab* d'où ils pénètrent par la languette dans la coupe *c* et descendent par la tige *t*.

Les fils *vho* et *v'h'o'* n'obéissent pas aux écoulements des équivalents électriques terrestres, car l'un d'eux produit une diminution et l'autre une augmentation de répulsion dont il résulte toujours un équilibre dans chaque position, et non pas en une seule, comme dans les appareils (fig. 39 et 40) qui sont simples.

Il suffit de supprimer la circulation des équivalents de la pile dans l'une des moitiés *ove* ou *o'v'd* (fig. 42), en éloignant l'extrémité *e* ou *o* du fil *ohve* de l'eau acidulée ; c'est alors que l'autre fil *o'h'v'* se place à l'est ayant sa partie supérieure parcourue également par le courant terrestre et par celui de la pile.

Si, au contraire, on supprime le courant dans le fil *o'h'v'*, c'est l'autre fil *ohv* qui se place à l'est, parce qu'il y est parcouru également par le courant terrestre et par celui de la pile qui y exercent entre eux le minimum de résistance.

Dans tous les cas, la position stable est produite par le minimum de résistance entre les équivalents électriques des courants terrestres et des courants de la pile, et pour cela il faut une inégalité de la longueur de l'électrohode O ; dans le fil *vho* ou *v'h'o'*, c'est la partie horizontale *ha* ou *h'o'* qui doit être dans cet appareil à l'est, parce que, dans le vase inférieur *ed*, il n'y a pas une partie horizontale du fil.

L'appareil figure 43 est un vase de cuivre analogue aux précédents. Le fil horizontal *ab*, terminé par les boules *c* et *d*, est en équilibre stable sur sa pointe *m* qui repose dans la coupe centrale remplie de mercure, et deux appendices *a* et *b* plongent dans l'eau acidulée du vase.

Figure 43.

1° Si le courant entre par la tige dans la coupe, il s'en éloigne en directions divergentes vers les appendices *a* et *b* pour descendre dans l'eau acidulée et s'éloigner par le vase; alors le fil *cd* acquiert une rotation de l'est à l'ouest par le nord.

2° Si le courant de la pile entre par le vase dans l'eau acidulée pour s'écouler par les appendices *a* et *b* vers la coupe *m* et descendre par la tige, alors le fil *cd* prend une rotation en sens inverse, et va de l'ouest à l'est par le nord.

V. L'appareil (fig. 44) flottant est une feuille de zinc Z qui passe dans un morceau de liége : elle est soudée en *s* à un fil de cuivre C; après avoir décrit une circonférence suivant les flèches, ce fil de cuivre vient à son tour passer dans le liége flottant et plonger dans l'eau acidulée à une petite distance de la feuille de zinc; ces deux métaux forment ainsi un couple qui produit les équivalents électriques qui circulent suivant les flèches par le fil de cuivre.

Figure 44.

Explication. Les faits observés dans les appareils décrits s'arrangent tous suivant la loi statique, et prouvent que la direction de l'écoulement des équivalents électriques terrestres a une direction hélicoïdale suivant la marche diurne du Soleil quand celui-ci s'éloigne de l'hémisphère nord, et non pas en directions périphériques comme l'admettaient les physiciens.

De même que par les écoulements de l'air ou de l'eau et la construction des appareils est déterminée leur position ou la direction de leur mouvement, ainsi la position ou la direction des mouvements des appareils décrits sont ici déterminés *à priori* par la connaissance de la direction des écoulements des équivalents électriques de la Terre et de la pile.

Il est toujours nécessaire qu'il y ait une destruction d'équilibre dans la production d'un mouvement, de même que chaque repos n'est que le résultat d'un équilibre, et non pas celui d'une *inertie*, qui n'existe nulle part ; nous allons en donner quelques exemples.

I. Les électrohodes O (fig. 39 et 40) sont également repoussés dans leurs moitiés orientales et dans leurs moitiés occidentales, qui se trouvent en équilibre dans chaque position ; mais tel n'est plus le cas pour la moitié supérieure *c'* (fig. 40) qui est interrompue et la moitié inférieure *c* qui est unie ; par suite elles ne peuvent pas se trouver en équilibre dans chaque position, mais l'électrohode prend une position stable déterminée par la faible résistance qui existe entre les équivalents terrestres et ceux de la pile.

Cet électrohode exerce sur les équivalents électriques terrestres une répulsion inférieure à celle de l'air ; il est donc sollicité par celle-ci à se placer de manière à laisser écouler le maximum des équivalents terrestres dans leur direction normale. Une différence ne peut pas être obtenue par les moitiés égales orientale et occidentale, mais seulement par les moitiés *c'* et *c* supérieures et inférieures, parce que celles-ci ne subissant pas d'interruption laissent s'écouler une quantité d'équivalents terrestres par une étendue supérieure où la résistance est inférieure. C'est donc la moitié inférieure de l'électrohode qui détermine sa position en se plaçant dans la direction de l'écoulement des équivalents terrestres.

II. Ce fait est constaté par la position de l'électrohode flottant O de l'appareil figure 44 ; les moitiés orientale et occidentale sont ici égales comme dans l'électrohode précédent, mais ici c'est la moitié inférieure qui est interrompue et moins longue que la moitié supérieure. Il faut donc que celle-ci se place dans la direction de l'écoulement des équivalents terrestres pour exercer le minimum de résistance.

III. L'appareil figure 40 sert à constater que dans le cas où manque une destruction d'équilibre, il ne peut pas se produire de mouvement. Dans cet appareil cet équilibre est produit par ses deux moitiés qui se trouvent l'une et l'autre en une égale destruction d'équilibre; ainsi ces destructions d'équilibre sollicitent les deux moitiés à des mouvements en sens opposés et produisent l'équilibre en chaque position.

IV. L'appareil figure 41 est comme le précédent, mais il a l'avantage d'être réduit en un équilibre détruit par l'interruption de l'écoulement des équivalents de la pile dans l'une ou l'autre moitié. Alors il devient possible de constater les deux faits suivants :

1° Les équivalents terrestres s'écoulent par les électrohodes quand ils sont parcourus par les équivalents des piles; et 2° la branche parcourue de ceux-ci doit être à l'est, parce qu'il n'existe pas de branche pareille dans la moitié inférieure.

V. L'appareil figure 41 sert à mieux constater les directions hélicoïdales des écoulements des équivalents terrestres, qui y sont d'une nécessité absolue, car les directions périphériques ne peuvent pas maintenir une destruction d'équilibre continuelle; en voici la preuve.

Soit l'est de la droite *d* de l'appareil et l'ouest de sa gauche *c*, les flèches indiquent la direction divergente et centrifuge des équivalents de la pile; 1° la branche orientale *md* se trouve en position d'exercer le maximum de résistance aux équivalents terrestres et elle en est repoussée par une augmentation $r + r'$ de résistance. 2° La branche *mc* au contraire se trouve en position d'exercer une résistance qui est exprimée par $r - r'$. Cette inégalité $2r$ est produite par la position hélicoïdale de l'écoulement des équivalents terrestres, parce que, quand la branche orientale *md* est sur le plan de l'hélice, la branche occidentale *mc* se trouve au nord du plan du prolongement du même tour de l'hélice.

Et, *vice versâ*, quand la branche occidentale *mc* se trouve sur le plan du tour de l'hélice, la branche orientale *md* doit nécessairement se trouver au nord du plan du même tour.

A. Ce dernier cas est représenté dans la figure par les flèches ; la branche occidentale *mc* se place sur le plan du tour suivi par le courant terrestre, l'autre branche *md*, se trouvant au nord du plan du même tour, conduit les équivalents de la pile contre leurs homonymes terrestres. Ces équivalents exercent une répulsion réciproque $r + r'$ qui est communiquée à la branche *md*, et cette répulsion est suffisante pour vaincre la diminution $r - r'$ de résistance de la branche occidentale *mc*.

L'effet de cette destruction d'équilibre est la répulsion de la branche orientale *md* vers le nord qui fait passer la branche occidentale vers le sud ; et c'est ainsi que se produit la rotation observée de l'est à l'ouest, en partant par le nord.

B. Lorsque les équivalents de la pile sont convergents vers la tige *m* et en directions opposées aux flèches, c'est la branche orientale *md* qui se place la première sur le plan du tour de la géohélice, et ainsi l'autre branche *mc* se trouve au nord du plan du même tour γ, où se trouvent en directions opposées les écoulements des équivalents homonymes de la Terre et de la pile. La répulsion $r + r'$ communiquée à la branche *mc* la fait dévier vers le nord, et en même temps l'autre branche *md* va vers le sud, et ainsi provient la rotation de l'est à l'ouest par le sud qui est observée ; telle est aussi la cause des déviations déterminées des électrohodes O produits par les changements des électrohodes dans les colonnes *s* et *t* (fig. 39).

II. — DIRECTION DES ÉLECTROHODES MOBILES PAR LES MAGNÈTES.

De même que dans la Terre, ainsi dans les magnètes les équivalents terrestres s'écoulent en directions non pas périphériques, comme l'admettaient les physiciens, mais en directions hélicoïdales. Les directions périphériques ne peuvent pas produire une rotation des corps, comme le font les directions hélicoïdales. Les appareils suivants acquièrent des mouvements inverses par les deux extrémités des magnètes, preuve que la répulsion est produite par les tours d'une hélice et non pas par une périphérie.

I. Un vase de zinc *zz* (fig. 45), percé en son milieu *s*, porte une petite traverse sur laquelle est soudé en *s* une tige de cuivre *sc*; dans la coupe *c* qui termine cette tige se trouve le mercure, où est posé en équilibre l'électrohode mobile O, qui a les deux branches descendantes terminées dans la périphérie d'un ruban de cuivre plongé dans l'eau acidulée du vase de zinc *zz*. Il se forme ainsi un couple donnant naissance aux équivalents électriques qui remontent suivant les flèches pour arriver au mercure de la coupe *c*, descendent ensuite ensemble par la tige *cs* dans l'eau acidulée, et de là passent en directions divergentes vers le ruban.

Figure 45.

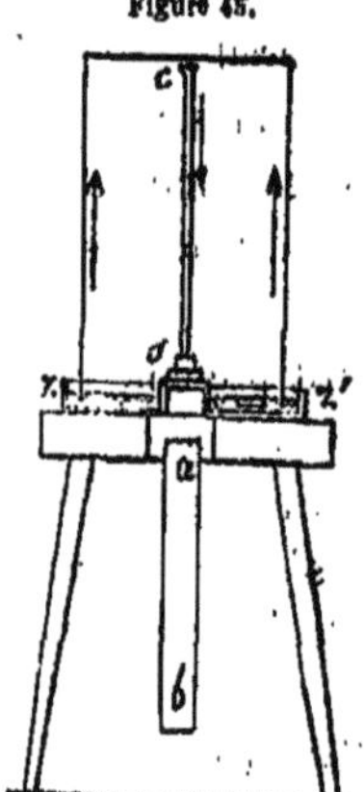

Un magnète puissant *ab*, approché de la base du vase *zz*, produit sur le ruban une rotation qui se communique au fil; cette rotation se fait sur la pointe posée dans le mercure de la coupe *c*. Si l'on renverse le magnète pour rapprocher son extrémité *b* de la base du vase *zz*, on fait changer le sens de la rotation.

II. Les électrohodes mobiles des appareils (fig. 41, 42, 43 et 44) sont tous rapprochés du magnète, quand on leur présente une extrémité de celui-ci, et ils en sont repoussés et éloignés quand on leur présente l'autre extrémité du magnète.

III. L'électrohode mobile (fig. 43) se met en une position telle qu'il laisse passer de l'est à l'ouest les équivalents électriques du couple et ceux de la Terre. Mais quand cet écoulement s'opère ainsi dans une branche *mb*, il y a une inégale résistance dans l'autre *ma*.

En admettant dans cet appareil les équivalents électriques de la pile sur les branches *mb* et *ma* en directions divergentes indiquées par les flèches, la rotation s'opère de l'est à l'ouest par le nord. En y approchant du dessous ou du dessus l'extrémité sud S ou l'extrémité nord N d'un magnète puissant, on obtient les résultats suivants en variant les distances entre le magnète et l'appareil.

1° L'extrémité sud S d'un magnète étant présentée *au-dessous* de l'appareil en rotation, celle-ci prend une vitesse supérieure qui croît avec la diminution de la distance *d* entre le vase et l'extrémité S du magnète.

2° La même extrémité S du magnète étant présentée *au-dessus* de l'appareil en rotation, celle-ci prend une diminution de vitesse, et en continuant de faire diminuer la distance, on parvient à une distance δ où la rotation s'arrête. Si cette distance diminue pour devenir $\delta - \delta'$, la rotation commence à s'opérer en sens inverse, de l'est à l'ouest par le sud, et sa vitesse croît avec la diminution de la distance $\delta - \delta'$.

3° L'extrémité nord N du même magnète produit des résultats isodynames aux précédents, mais en sens inverse.

IV. Sur une couche épaisse de mercure est versée une couche d'eau acidulée; les deux bouches *n* et *n'* des électrohodes *mn* et *m'n'* viennent plonger verticalement dans le mercure; si le circuit est fermé on n'observe aucun phénomène; mais dès qu'on approche la bouche d'un puissant magnète, le mercure semble d'abord agité et tournoyant, et bientôt après, toute la masse acquiert un mouvement de rotation très-rapide autour de chaque fil comme autour d'un axe : la direction de ces mouvements est déterminée : 1° par celle du courant; 2° par la position, et le nom de la bouche du magnète qu'on lui présente. La rotation est plus accélérée lorsqu'on approche les bouches hétéronymes des deux magnètes l'une au-dessus et l'autre au-dessous du mercure et hors de l'intervalle central qui sépare les deux électrohodes.

V. Les deux électrohodes *mn* et *m'n'* traversent le fond du vase et une partie égale à 20 millimètres de la couche totale de 24 millimètres de mercure. Pour éviter la communication latérale entre les électrohodes, ceux-ci sont enduits de cire, excepté à leur extrémité supérieure. Le circuit d'une pile puissante ayant été fermé, la surface du mercure s'élève au-dessus de chaque électrohode en forme de petits cônes, d'où s'échappent de petites ondes. Le seul point sans agitation est le milieu de l'intervalle qui sépare les bouches des électrohodes. Ensuite, lorsqu'on approche graduellement au-dessus de l'un de ces cônes la bouche d'un magnète puissant, son sommet s'affaisse et il retombe au niveau, et à une moindre distance le mercure est déprimé et il détermine une espèce d'entonnoir mobile dont le sommet descend presque jusqu'à l'extrémité du fil.

Des faits du même genre peuvent être produits dans l'étain en fusion et même dans l'eau acidulée.

Explication. Les magnètes sont des conduits de forme spirale, qui laissent s'écouler facilement les équivalents électriques terrestres qui suivent la direction d'une hélice dexiostrophe pareille à celle que suit le Soleil dans son mouvement diurne en s'éloignant de l'hémisphère nord. Ampère, en reconstituant le magnète par une hélice équilibrée parcourue par un courant, obtint les mêmes déviations, avec la seule différence que l'hélice renversée produit les mêmes faits tandis que les deux extrémités du magnète produisent des faits inverses.

Il est impossible d'obtenir des résultats semblables ou analogues par l'écoulement de quelque autre fluide ou par l'écoulement des équivalents électriques par les autres corps ou par les hélices. Cela tient à la disposition particulière des faces *f* et *f'* des lames des cristaux qui forment l'acier, et qui s'arrangent de façon à formuler, 1° une surface *s'* électronégative aux faces des plis exposés au nord-est, et 2° une surface *s* électropositive aux faces des plis exposés au sud-ouest.

L'écoulement des équivalents électriques positifs terrestres par l'hélice dexiostrophe est facilité par la petite résistance que présente la surface *s'* électronégative des plis, et l'écoulement des équivalents négatifs est facilité par la petite résistance de l'autre surface *s* électropositive des mêmes plis.

Les équivalents électriques terrestres s'écoulent suivant une hélice dexiostrophe dans l'hémisphère nord et suivant une hélice aristérostrophe dans l'hémisphère sud, en suivant toujours la direction du Soleil. Ces équivalents s'écoulent facilement par le milieu des magnètes qui sont composés d'une hélice à deux faces *s* et *s'* hétéroélectriques.

Les hélices artificielles diffèrent physiquement des magnètes, car ceux-ci déterminent la direction de l'écoulement des équivalents électriques par une diminution de résistance, tandis que la direction de l'écoulement des équivalents électriques s'opère par la pression exercée de la part des piles. En déplaçant les électrohodes *mn* et *m'n'* d'une pile d'une extrémité de l'hélice *ab* dexiostrophe (fig. 34 A) ou de l'hélice *ab* (fig. 34 B) aristérostrophe, l'écoulement s'opère de la même manière qu'il s'opère lorsqu'on maintient les électrohodes dans leur position, et on renverse les hélices.

Les faits exposés ci-dessus ont été expliqués dans le

même ordre pour qu'ils fussent plus clairs et plus faciles à concevoir.

I. La rotation de l'appareil zz' (fig. 45) s'opère dans la direction de l'est à l'ouest par le sud quand le magnète est placé comme il est indiqué dans la figure. Ladite direction fait connaître que les équivalents électriques du couple comme ceux de la Terre rencontrent en cette direction hélicoïdale dexiostrophe un minimum de résistance.

Dans l'appareil (fig. 30), le magnète *ab* se trouve dans la même position verticale que dans l'appareil (fig. 45) ; si le magnète devient ici mobile au milieu du turban immobile comme il l'est dans le mercure (fig. 30) au milieu de l'anneau *cd'*, il doit commencer à tourner dans une direction divergente de l'est à l'ouest par le nord.

Les deux appareils servent ici à contrôler les directions de la rotation du magnète avec celle de l'électrohode mobile, quand la position du magnète est la même dans les deux cas.

II. Comme l'appareil zz' (fig. 45) équilibré obéit à l'écoulement des équivalents terrestres dans le magnète *ab*, de même les électrohodes figure 41 et 42 obéissent au même écoulement, quand le magnète est présenté dans la même position. Cet écoulement s'arrête et produit une contre-répulsion, quand le magnète est renversé, et alors change le sens de la direction.

III. Dans l'appareil figure 43, nous admettrons que l'écoulement des équivalents électriques de la pile a lieu dans la direction des flèches, d'où se produit la rotation de l'est à l'ouest par le nord, direction déterminée par la résistance inférieure qu'offrent en ce sens les équivalents électriques terrestres.

Si les équivalents terrestres suivaient la direction des parallèles géographiques ou un autre système de plans circulaires, la traverse *cd* aurait dû coïncider avec le plan et avec le courant des équivalents électriques terrestres, alors la destruction d'équilibre serait nulle et par conséquent la rotation nulle également.

Ici la cause de la destruction de l'équilibre est déterminée, et en même temps la cause de la direction de la rotation. Les équivalents électriques en s'éloignant de la tige par les branches *md* et *mc*, ne sont pas en équilibre avec les équivalents électriques terrestres écoulés du nord-est en haut pour descendre au sud-est.

Les équivalents de la branche *mc* dirigés à l'ouest coïncident avec leurs homonymes terrestres de la même direction, et ainsi cette branche *mc* prend position sur le plan du tour de la géohélice ; par suite, la branche *md* se trouve au nord du plan du même tour, et encore les équivalents homonymes y sont en directions opposées, et ils y exercent une répulsion mutuelle, qui se communique à la branche *md* repoussée au nord, pour prendre alors la rotation indiquée.

1° Ce sens de rotation est supprimé par le magnète *droit* dans la position de l'appareil *zz* (fig. 45), et elle est sollicitée par le même magnète en direction renversée pour avoir l'extrémité *b* en haut. Par l'extrémité *a* s'écoulent les équivalents terrestres dans les magnètes et ils sont émis par leur extrémité *b*. Par suite, les équivalents électriques sont en direction centrifuge dans l'appareil et dans le magnète, et cela fait augmenter la vitesse de la rotation.

2° La même extrémité *b* du magnète étant au-dessus de l'appareil, elle émet comme précédemment les équivalents électriques terrestres qui pénètrent dans ce magnète *droit* par son extrémité *a*; la seule différence existe dans la direction des équivalents émis qui est, dans ce cas, en opposition avec celle suivie par les équivalents électriques terrestres.

La rotation de la traverse *cd* reste dirigée par les écoulements obliques des équivalents terrestres, tant que la pression ambiante P en ce sens est supérieure à la résistance

$r - r'$ de la part de la répulsion mutuelle entre les équivalents électriques homonymes.

Cette répulsion augmente quand arrivent les équivalents électriques émis du magnète en direction opposée à celle suivie par les équivalents terrestres. Quand la traverse *cd* éprouve ces deux répulsions opposées à un égal degré, elle se trouve en équilibre et en repos, et quand la répulsion de la part du magnète devient supérieure, le sens de la rotation change, et la branche *md* orientale de la traverse passe par le sud pour arriver à l'ouest.

En ce cas, si le magnète était mobile, et la traverse *cd* fixe, c'est le magnète qu'aurait dû commencer à tourner de l'est à l'ouest par le nord. D'après la distance δ ou $\delta - \delta'$ entre le magnète et la traverse *cd*, on peut évaluer la relation entre la densité *d* des équivalents terrestres écoulés par l'air et celle $d + d'$ écoulés par le magnète.

3° En tous les cas, et pour les mêmes distances $\delta, \delta - \delta' \ldots$ entre le magnète et l'électrohode, les sens de rotation produite par l'extrémité *a* ou par l'extrémité *b* du magnète sont inverses, et cela parce que les équivalents électriques terrestres pénètrent en direction hélicoïdale dans les magnètes par l'extrémité *a*, et qu'ils sont émis dans la même direction d'une hélice dexiostrophe par l'extrémité *b*.

IV. Le mercure est un électrohode équilibré dans l'appareil que nous avons décrit, et dans lequel, vu l'absence de destruction d'équilibre, il n'apparaît nulle part aucun mouvement ; mais cet état change par la présence d'un magnète *ab* qui y produit des effets analogues à ceux qui viennent d'être observés dans les appareils précédents. (Fig. 39, 40.)

La bouche *b* ou l'extrémité sud du magnète émet les équivalents électriques terrestres dans la direction d'une hélice dexiostrophe, 1° si les équivalents de la pile parcourent la partie voisine du mercure dans cette direction : la rotation s'opère de l'est à l'ouest par le nord ; mais si les équivalents de la pile parcourent la partie du mercure de l'ouest à l'est, la rotation s'opère de l'est à l'ouest par le sud.

Par des bouches hétéronymes des deux magnètes la destruction de l'équilibre devient double, quand l'une est au-dessus et l'autre au-dessous du mercure et hors de l'intervalle qui sépare les deux électrohodes. Au contraire ces deux magnètes produisent un équilibre quand leurs bouches homonymes *b* et *b'* ou *a* et *a'* sont approchées au-dessus et au-dessous du mercure.

V. Quand les équivalents électriques arrivent au bain de mercure, celui-ci sert comme électrohode mobile entre les bouches *n* et *n'* des électrohodes d'une puissante pile. Mais les équivalents électriques s'écoulent plus facilement dans les électrohodes que dans le mercure ; pour cette raison des accumulations d'équivalents positifs et négatifs s'opèrent sur les bouches *n* et *n'* des électrohodes ; ils soulèvent le mercure par leur répulsion mutuelle et celui-ci se maintient ainsi sous la forme de deux petits cônes d'où s'échappent des petites ondes.

L'extrémité ou la bouche boréale *b*, rapprochée de la bouche *n* de l'électrohode, sollicite l'éloignement des équivalents positifs ; il s'y produit une diminution de répulsion entre ces équivalents, et le niveau du mercure retombe par sa pesanteur. Le même effet est produit par l'extrémité australe *a* du magnète dont sont émis les équivalents électriques vers le sommet du cône que maintiennent les équivalents homonymes de la pile. La bouche *a* du magnète approché émet les équivalents homonymes verticaux en densité supérieure à celle des équivalents homonymes émis de la bouche *n* de l'électrohode. Cette inégalité des densités des équivalents électriques se reconnaît à la dépression du cône qui disparaît, et prend même une position inverse qui lui donne l'apparence d'un entonnoir mobile.

Dans les appareils exposés les bouches ou les extrémités hétéronymes des magnètes produisent des effets contraires, et dans ce dernier cas, cette différence ne se présente pas à des degrés pareils. La cause est dans les équivalents terrestres dont l'écoulement a toujours lieu dans le sens d'une hélice dexiostrophe dans les deux extrémités des magnètes.

Les effets opposés des magnètes sont donc produits par l'écoulement des équivalents terrestres, et non pas par ceux des piles. Les deux cônes presque égaux sur les deux électrohodes *n* et *n'* proviennent évidemment des équivalents positifs et des équivalents négatifs émis en nombre égal, et sur lesquels les équivalents terrestres n'exercent aucune destruction d'équilibre.

Par suite, le magnète ne sert en ce cas qu'à éloigner ou à accumuler les équivalents électriques aux bouches *n* et *n'* des électrohodes.

IV

RÉFORME

PRODUITE

PAR LA DÉCOUVERTE DE LA CAUSE DU DIAMAGNÉTISME.

On connaissait déjà plusieurs espèces de faits produits par l'électromagnète, quand, en 1845, M. Faraday prouva que, parmi les corps, les uns sont repoussés et que les autres éprouvent une pression vers les bouches *b* et *b'* de l'électromagnète, ou mieux vers la ligne *bb'* qui unit ces bouches et qui, pour cela, est appelée ici *anastomose;* les physiciens lui ont donné le nom de *ligne axiale*, et celui de *lignes équatoriales* aux perpendiculaires élevées dans toutes les directions sur la ligne axiale.

Si l'on prépare des cylindres égaux des corps différents et qu'on les suspende par leur milieu dans l'anastomose au moyen d'un fil *f* très-mince, une partie de ces cylindres ainsi suspendus restent dans l'anastomose, et les autres prennent une direction perpendiculaire pour aller se placer dans la ligne équatoriale.

Ces positions se maintiennent tant que le circuit est fermé, et pour faire sortir ces cylindres de l'une ou de l'autre position, il faut employer une torsion *t*, *t'*... des fils qui sou-

.20

tiennent chaque cylindre C, C'... Les torsions t, t'... servent à évaluer les pressions p, p'... qui soutiennent les cylindres dans leur position.

Ces pressions p, p'... ont leur cause dans l'écoulement des équivalents électriques par l'anastomose, parce qu'elles disparaissent dès que le circuit est interrompu. Il s'agit donc ici de constater, suivant les lois statiques, la différence entre les corps qui, ayant la même forme et placés dans la même anastomose, ne restent pas indifférents à la pression p des équivalents, mais ne se comportent pas également : en effet, les uns restent sur l'anastomose et les autres prennent la direction équatoriale.

On a opéré dans l'air pour distinguer les corps qui s'éloignent de l'anastomose et qui prennent la direction verticale de ceux qui restent sur l'anastomose, comme fait notamment le fer; on appela *magnétiques* les corps qui restent sur l'anastomose et *diamagnétiques* les corps qui prennent la direction équatoriale.

Les physiciens ne s'étaient jusqu'ici nullement douté que les corps magnétiques et les corps diamagnétiques eussent des éléments différents qui sont la cause des faits observés, de sorte que les éléments du fer exposés au courant font que ce fer reste sur l'anastomose, et que les éléments du bismuth exposés au même courant font que ce bismuth s'éloigne de l'anastomose.

Au lieu d'attribuer la cause de ces faits à cette différence essentielle entre les éléments des corps, les physiciens introduisirent encore, selon leur habitude, des dénominations insignifiantes dans le vocabulaire scientifique : ils appelèrent *magnétisme* la cause qui fait prendre au fer la direction axiale, et *diamagnétisme* la cause qui fait prendre au bismuth la direction équatoriale. Ils crurent ensuite avoir amplement expliqué les faits : 1° quand ils eurent déclaré que ceux-ci sont produits par le *magnétisme*, qui doit être une attraction entre les pôles; ou 2° que les faits observés sont produits par le *diamagnétisme* qui est une répulsion exercée de la part de l'anastomose.

Les physiciens ne pouvaient pas concevoir d'où proviennent les pressions p, p'... qui, agissant sur les corps, maintiennent les uns sur l'anastomose et les autres sur sa perpendiculaire. Encore moins pouvaient-ils concevoir pourquoi il n'existe aucune position intermédiaire entre ces deux seules.

Il me serait impossible de donner une explication satisfaisante des faits de ce genre, si je ne faisais succinctement connaître, I comment se communique aux corps le mouvement de la chaleur, et II la relation entre 1° la chaleur latente, 2° les trois états des corps, 3° et la cause de leur pondérabilité.

I. — NOTIONS PRÉLIMINAIRES.

L'origine du mouvement n'a jamais été admise comme existant dans les corps mêmes; elle a été attribuée aux *forces*. Dans notre ouvrage, nous avons démontré que les faits, attribués à ces prétendues forces, sont *tous* produits par les écoulements des fluides impondérables. C'est pourquoi à la place donc du mot *force*, nous avons écrit *écoulement*, et ainsi il devient possible d'appliquer les lois statiques des gaz aux faits attribués autrefois aux forces ou à des causes inconnues.

Les fluides impondérables, les deux électricités $\breve{E}$ et $\bar{E}$, la lumière $\breve{E}^2\bar{E}$ et la chaleur $\breve{E}\bar{E}^2$ ont pour éléments primitifs les équivalents $\breve{E}$ et $\bar{E}$; les mêmes équivalents combinés avec le barogène β sont les éléments des corps.

Ces trois espèces d'équivalents $\breve{E}$ β et $\bar{E}$ sont constitués par le même fluide primitif appelé *électre*; ils ont même un volume égal et il n'existe entre eux d'autre différence que celle qui provient des différentes quantités d'électre

$e+e'$, $e+e'-e''$ et e, contenues dans lesdits équivalents : 1° une quantité supérieure $e+e'$ est contenue dans les équivalents positifs $\overset{+}{E}$; 2° une quantité inférieure e est contenue dans les équivalents négatifs $\overset{-}{E}$; et 3° une quantité moyenne $e+e'-e''$ est contenue dans les équivalents β du *barogène.*

Ces quantités inégales $e+e'$, $e+e'-e''$ et e du même fluide contenues dans trois volumes égaux se trouvent comprimés de manière à avoir trois densités différentes $d+d'$, $d+d'-d''$ et d. Aussi l'électre se présente-t-il comme trois fluides différents dans l'électricité positive $n\overset{+}{E}$, dans l'électricité négative $n\overset{-}{E}$, et dans le barogène $n\beta$.

Les équivalents $\overset{+}{E}$ et $\overset{-}{E}$ des deux électricités se trouvent 1° comme éléments $\overset{+}{E}\overset{-}{E}\beta$ dans les équivalents matériels des corps, 2° d'autres nouveaux équivalents $q\overset{+}{E}$ et $q\overset{-}{E}$ arrivent à la Terre avec les rayons des étoiles, et 3° surtout avec ceux du Soleil.

Les équivalents du barogène $n\beta$ ou b sont contenus dans les corps terrestres, la masse $N\beta$ ou B des équivalents de ce barogène afflue de l'espace vers la Terre, et la masse $(N-N')\beta$ ou $B-b$ d'équivalents du même barogène est émise de la Terre vers l'espace, parce que la masse $n\beta$ ou b du barogène B incident est arrêtée par la masse b égale contenue dans les corps qui constituent la Terre.

Le barogène β contenu dans un corps C terrestre sur la surface de la Terre se trouve en un équilibre détruit, parce que 1° il reçoit de la part de l'espace la pression P qu'exerce la masse B de barogène, et 2° le même barogène β reçoit de la part de la Terre la pression $P-P'$ qu'exerce la masse inférieure $B-b$ de barogène.

Ainsi la pesanteur n'est plus une *force* inconnue; mais, comme toutes les autres forces, c'est tout simplement l'écoulement du barogène en densité supérieure B vers la Terre et en densité inférieure $B-b$ de la Terre vers l'espace.

Ces préliminaires étaient d'une nécessité absolue pour l'explication des faits produits par l'écoulement des électricités ou de la chaleur. Cet objet de la pesanteur sera traité avec détail, et si le lecteur ne trouve pas dans cette exposition succincte une explication satisfaisante, qu'il ne l'attribue qu'à l'auteur, mais qu'il ne doute pas un instant que la véritable cause de la pesanteur soit différente de celle qui vient d'être indiquée : c'est là un fait irrévocablement acquis à la science.

II. — CHALEUR LATENTE, PESANTEUR ET TROIS ÉTATS DES CORPS.

Dans la fusion de la glace il disparaît une quantité θ' de chaleur ; une autre quantité plus grande de chaleur θ'' disparaît quand l'eau se transforme en vapeur. Ces masses de chaleur ne sont pas perdues pour cela, car la chaleur θ'' reparaît aussitôt que la vapeur reprend l'état liquide et la chaleur θ' reparaît également dès que l'eau revient à l'état solide.

Cette coexistence des faits ainsi exposés a été considérée comme l'explication naturelle : 1° des trois états des corps qui ont pour cause la chaleur latente, et 2° de la chaleur latente qui a pour cause le changement de l'état des corps. Ici s'évanouissent ces cercles qui n'ont jamais servi qu'à masquer l'ignorance des auteurs, et dont les lecteurs n'ont jamais retiré le moindre profit pour leur instruction.

A. Corps solides.

L'état solide des corps n'est autre chose que la permanence de leurs éléments matériels dans leur arrangement réciproque. Aucun de ces éléments ne peut ni se séparer ni se placer différemment ; car ils éprouvent du dehors une pression P—P', et une autre P supérieure, à la répulsion mutuelle R qui s'exerce entre ces éléments.

Les éléments matériels ĒĒβ ont eux-mêmes pour éléments

1° les équivalents $\overset{+}{E}$ et $\overset{-}{E}$ des deux électricités, et 2° le barogène β. Ces équivalents se soutiennent mutuellement par leur propre électre qui est en trois densités $d+d'$, $d+d'-d''$ et d dans les trois espèces d'équivalents; la masse la plus dense pénètre dans l'espace occupé par les masses les moins denses; et cette pénétration est ce qu'on doit entendre par le mot *combinaison* des éléments $\overset{+}{E}\,\overset{-}{E}$ et β dont est produit l'élément matériel $\overset{+}{E}\overset{-}{E}\beta$.

1° Les éléments électriques $\overset{+}{E}$ et $\overset{-}{E}$ de chaque élément matériel $\overset{+}{E}\overset{-}{E}\beta$ reçoivent la répulsion R qu'exerce l'écoulement des équivalents homonymes contenus dans la chaleur $\overset{+}{E}\overset{-}{E}^2$. Cette répulsion R est communiquée au barogène β mêlé avec les équivalents électriques $\overset{+}{E}$ et $\overset{-}{E}$.

2° Le barogène β reçoit la pression P de la part de la masse B de barogène dense affluent vers la Terre, et la pression $P-P'$ de la part de la masse $B-b$ de barogène moins dense émergent de la surface de la Terre. Ces pressions exercées sur le barogène β sont communiquées aux équivalents électriques $\overset{+}{E}$ et $\overset{-}{E}$ mêlés avec ce barogène.

Les pressions P et $P-P'$ sont permanentes et invariables; il n'y a de changement que dans la répulsion R exercée entre les équivalents électriques $\overset{+}{E}\overset{-}{E}^2$ de la chaleur en écoulement et les équivalents électriques $\overset{+}{E}\overset{-}{E}\beta$ des éléments matériels.

1° Cette répulsion R est, dans les solides, inférieure à la pression $P-P'$, et la pression P. 2° La répulsion $R+R'$, dans les liquides, est supérieure à la pression $P-P'$, et elle est inférieure à la pression P. 3° La répulsion $R+R'+R''$, dans les vapeurs, est supérieure à la pression $P-P'$ et supérieure aussi à la pression P.

Les éléments matériels des solides ne peuvent changer la place qu'occupe chacun d'eux, à cause des pressions extérieures qui les maintiennent en une espèce de repos.

B. Corps liquides.

Si la chaleur en écoulement Θ′ acquiert une densité suffisante pour faire subir une répulsion R + R′ aux éléments matériels ĒĒβ, la quantité θ′ de chaleur se trouve arrêtée dans son écoulement par le milieu des éléments matériels, et cela parce que ceux-ci, en recevant la pression P—P′, la font servir comme résistance à la répulsion R + R′ produite par l'écoulement de la chaleur Θ′. Ainsi s'arrête la quantité θ′ de la chaleur Θ′ en écoulement et elle devient insensible, comme devient insensible le vent quand l'écoulement de l'air est suspendu.

Les éléments matériels ĒĒβ ayant été poussés également de la part de la chaleur Θ′ en écoulement et de la part de la masse B—b de barogène émergeant de la Terre, n'obéissent plus qu'à la pression supérieure P de la part de la masse B de barogène affluent.

Ainsi la propriété caractéristique des liquides est l'arrangement de leurs éléments pour prendre un niveau; arrangement reproduit spontanément chaque fois par la pression P quand le niveau est détruit.

C. Vapeurs.

La forme des liquides est ĒĒβθ′, parce que la quantité θ′ de la chaleur Θ′ en écoulement est arrêtée et non pas mêlée avec ces équivalents. Si la densité de la chaleur Θ′ en écoulement augmente, on voit augmenter en même temps la répulsion R + R′ exercée contre les équivalents électriques ĒĒ des éléments matériels ĒĒβ auxquels la masse de barogène β ne fait éprouver que la pression P.

Quand la densité de chaleur Θ′ en croissant devient suffisante pour exercer la répulsion $R + R' + R''$ contre les éléments matériels $\ddot{\bar{E}}\ddot{E}\beta$ qui reçoivent en même temps la pression égale P, une quantité de chaleur θ'' reste arrêtée sans s'écouler davantage, et le volume V des équivalents matériels $\ddot{\bar{E}}\ddot{E}\beta$ augmente et devient U; la formule des équivalents des vapeurs est $\ddot{\bar{E}}\ddot{E}\beta\theta'\theta''$.

La propriété caractéristique des vapeurs est de ne plus obéir qu'aux répulsions exercées sur les équivalents électriques de leurs éléments $\ddot{\bar{E}}\ddot{E}\beta\theta'\theta''$ de la part de l'écoulement de masses de chaleur Θ plus dense que celles θ' et θ'' réduites à l'état stationnaire.

D. GAZ.

Les éléments matériels $\ddot{\bar{E}}\ddot{E}\beta$ se mêlent avec les équivalents électriques positifs $\ddot{\bar{E}}$ ou négatifs $\ddot{E}$ et prennent la forme $\ddot{\bar{E}}\ddot{E}\beta^{s}\ddot{\bar{E}}$ comme l'oxygène $\ddot{O}\ddot{E}$, ou la forme $\ddot{\bar{E}}\ddot{E}\beta\ddot{E}$ comme l'hydrogène $\ddot{H}\ddot{\bar{E}}$. Les équivalents électriques $\ddot{\bar{E}}\ddot{E}$ de l'élément matériel $\ddot{\bar{E}}\ddot{E}\beta$, en se repoussant contre leurs homonymes 1° $\ddot{\bar{E}}$ dans l'oxygène $\ddot{O}\ddot{E}$ ou 2° $\ddot{E}$ dans l'hydrogène $\ddot{H}\ddot{\bar{E}}$ éprouvent de leur part une contre-répulsion $r + r' + r''$ qui est égale ou supérieure à la pression P qu'exercent sur eux la masse B de barogène affluent.

Les gaz comme les vapeurs obéissent à l'écoulement de la chaleur et augmentent en volume, ou celui-ci diminue quand diminue la densité de la chaleur. Toutefois leur état ne change pas comme celui des vapeurs, parce que les gaz ne jouissent pas de la faculté de supprimer l'écoulement de la chaleur pour la rendre latente.

L'état des gaz ne change que par l'éloignement des équivalents électriques $\ddot{\bar{E}}$ de l'oxygène $\ddot{O}\ddot{E}$ et $\ddot{E}$ de l'hydrogène $\ddot{H}\ddot{\bar{E}}$; ainsi l'état d'élasticité subsiste dans les gaz à toutes les températures basses, tandis que les vapeurs ne possèdent les propriétés des gaz qu'aux températures supérieures à celle de l'ébullition du liquide dont elles sont produites.

Les éléments de l'eau $\ddot{E}\bar{E}\beta + \ddot{E}\bar{E}\beta^{8}$ prennent les quatre états suivants :

I. Gaz hydrogène $\ddot{E}\bar{E}\beta\ddot{E}$. . . . . . . gaz oxygène $\ddot{E}\bar{E}\beta^{8}\ddot{E}$,
répulsion $R+R'+R''$.
II. Vapeur. . . . $\ddot{E}\bar{E}\beta\ddot{E}\bar{E}\beta^{8}\theta'\theta''$. . . répulsion $R+R'+R''$.
III. Eau . . . . . $\ddot{E}\bar{E}\beta\ddot{E}\bar{E}\beta^{8}\theta'$. . . . répulsion $R+R'$.
IV. Glace. . . . . $\ddot{E}\bar{E}\beta\ddot{E}\bar{E}\beta^{8}$ . . . . répulsion R.

III. — MOUVEMENT DES CORPS PAR CELUI DE LA CHALEUR.

Ce problème, de la plus haute importance pour l'industrie actuelle, était resté insoluble pour les chimistes et les physiciens qui ignoraient à la fois les éléments primitifs des corps et ceux de la chaleur. Mieux eût valu pour les savants qu'ils eussent été dans une ignorance complète ; car alors, en l'absence d'idées préconçues, ils auraient eu certainement moins de difficultés pour parvenir au but et découvrir la vérité dont les éloignaient sans cesse leurs fausses hypothèses sur l'existence des *atomes* et des *forces*.

C'est contre ces vains *fantômes* que luttèrent en vain les savants de tous les siècles précédents et ceux du siècle actuel. Malheureusement pour moi et pour la science, mes lecteurs sont tous des *atomistes* et des *dynamistes* trop invétérés pour se décider à devenir les humbles *esclaves* des lois physiques invariables suivant lesquelles se produisent et se reproduisent les faits cosmiques.

Un certain nombre de faits doit être préalablement connu pour servir à la découverte des lois ; et dès que ces lois deviennent connues, les faits ne servent plus alors qu'à indiquer l'application de ces lois. Supposons que mes lecteurs, au lieu d'être atomistes ou dynamistes, fussent de simples empiristes, nous osons affirmer qu'ils auraient facilement saisi l'application générale des lois physiques à tous les faits observés.

Mais les savants d'aujourd'hui luttent, nous le répétons, contre deux fantômes qu'ils ne peuvent ni saisir ni chasser : aussi n'ai-je guère l'espoir d'être compris et de trouver des adhérents que dans les pays où l'instruction n'étant pas parvenue à ce haut point où nous la voyons ici, les esprits se sont vus affranchis des erreurs des dynamistes et des atomistes, erreurs plus nuisibles à l'homme social que toute calamité physique passagère.

Pour réfuter d'avance toutes les objections, nous expliquerons ici la production du mouvement des convois sur les chemins de fer, où il suffit d'un appareil fort simple et de la combustion d'une quantité q de charbon par heure ou par unité de temps. De la chaleur Θ produite dans le fourneau, une quantité θ s'échappe par la cheminée avec les vapeurs, la quantité θ' pénètre dans les parois du fourneau, et il ne pénètre par la chaudière dans l'eau que la différence $\Theta - \theta' - \theta = \Theta'$.

De cette chaleur Θ', la quantité θ'' s'arrête pour transformer l'eau en vapeur, et la différence $\Theta' - \theta'' = \theta'''$ s'écoule par le milieu des vapeurs vers les parois de la chaudière dont une partie intégrante est la base o du piston.

Celui-ci se met en mouvement quand il n'oppose plus à la répulsion R des vapeurs qu'une résistance inférieure $R - R'$. Si cette résistance $R + R'$ est supérieure à la répulsion R et si en même temps les parois de la chaudière exercent une résistance égale $R + R'$, la chaleur θ''' continue de s'écouler par la surface de la chaudière et elle est remplacée par une autre égale θ''' qui entre du fourneau dans la chaudière.

L'explosion n'arrive que quand la résistance $R + R'$ du piston o est supérieure à celle R des parois de la chaudière, et quand en même temps la répulsion de la part des vapeurs devient $R + r$, c'est-à-dire supérieure à la résistance R des parois de la chaudière.

Cette simple description des faits avait jusqu'aujourd'hui été considérée comme une explication, sans qu'on ait prouvé comment il se fait que l'écoulement de la chaleur devient la cause motrice des corps.

Explication. 1° La quantité θ' de chaleur arrêtée dans son écoulement pour maintenir l'eau à l'état liquide, et 2° la quantité θ'' arrêtée aussi pour maintenir les vapeurs à l'état élastique, exercent une répulsion égale à la pression P qu'exerce sur le barogène β la masse de barogène dense B affluant.

Les vapeurs $\dot{\bar{E}}\ddot{\bar{E}}\beta^{9}\theta'\theta''$ de la chaudière sont parcourues par la chaleur θ''' qui entre du fourneau et sort de la surface de la chaudière. Pour parcourir l'espace de la chaudière occupé par des vapeurs, il faut une répulsion $R + R' + R'' + R'''$ supérieure à celle $R + R' + R''$ qu'exerce la somme $\theta' + \theta''$ de la chaleur arrêtée par les vapeurs.

Cette grande répulsion $R + R' + R'' + R'''$ est également exercée sur les équivalents électriques $\dot{\bar{E}}\ddot{\bar{E}}$ par les éléments matériels $\dot{\bar{E}}\ddot{\bar{E}}\beta^{9}$ des vapeurs. Leur barogène β^{x} communique cette répulsion au barogène β^{x} de la base *o* du piston et à celui des parois de la chaudière.

Le piston reçoit une pression $P + P'$: 1° de la part du barogène B de l'espace, et 2° de la part du barogène B' du corps C placé dans l'axe du piston. Cette pression $P + P'$ de la part de la masse $B + B'$ de barogène est surmontée dans la base *o* du piston, de la part du barogène β^{x} des vapeurs auquel est communiquée la répulsion $R + R' + R'' + R'''$ qu'exerce la chaleur arrêtée contre les équivalents électriques $\dot{\bar{E}}\ddot{\bar{E}}\beta^{x}$ des éléments matériels.

L'écoulement de la chaleur θ''' par le milieu des vapeurs est ce qu'on doit entendre par le mot *force* d'une machine à vapeur. La quantité $q\dot{\bar{E}}\ddot{\bar{E}}^{2}$ de cette chaleur écoulée est en raison directe avec la masse M élevée à 1 mètre de hauteur en une unité de temps ; ainsi on a $q\dot{\bar{E}}\ddot{\bar{E}}^{2} = M$.

Cet écoulement de la chaleur θ''' dépend de l'excès $T' - T$ entre la température T' du fourneau et la température T de l'air. Cet excès T′ — T croît de deux manières : 1° quand la température T′ dans le fourneau s'élève jusqu'à T′ + *t* et que celle de l'air reste la même T; ou 2° quand la température du fourneau reste le même T′, et que celle de l'air T — *t* baisse.

On est ainsi conduit à un fait nouveau qui échappa à toute cette foule d'employés aux machines à vapeur. Tout le monde croyait que 1° pour obtenir une pression d'une atmosphère, il faut une température T′ de 100° dans le fourneau; 2° que pour une pression de 10 atmosphères, il faut une température T′ de 181°,6; 3° que pour une pression de 15 atmosphères, il faut une température T′ de 200°, etc.

Ces faits ont été obtenus, nous en convenons, au moyen d'observations incontestables, mais ce n'est pas une raison pour que les observateurs en arrivent à cette conclusion, savoir : que les relations indiquées étant obtenues à une température d'air de + 20°, doivent nécessairement être les mêmes que celles qui sont obtenues quand on opère à une température de — 20°.

Au premier abord chacun est disposé à admettre pour l'hiver une plus grande consommation de combustibles que pour l'été; en effet, on emploie dans les fabriques plus de charbon l'hiver que l'été; il est vrai qu'il faut faire entrer en compte celui qu'on emploie au chauffage des appartements. Mais il n'en est plus de même avec les chemins de fer; là il n'y a plus de locaux à chauffer.

La résistance à vaincre sur les rails est plus grande en hiver qu'en été; la neige, la gelée, l'humidité, la contraction des métaux, etc., sont autant d'obstacles qui n'existent pas l'été. En hiver se consomme double quantité d'huile qu'en été. La température de l'air qui entre dans le fourneau, celle des combustibles, celle de l'eau et des parties de la machine sont en hiver de 20 à 30 degrés plus basses qu'en été.

Pour obtenir une telle élévation de température dans le fourneau, il faudra sans doute par heure une quantité considérable de charbon; peut-être va-t-il falloir doubler celle de l'été : on serait du moins porté à le penser. Eh bien, non, et, chose surprenante, les directeurs de chemins de fer qu'on a questionnés à ce sujet ont répondu qu'ils ne trouvent pas sur leurs registres une consommation de charbon plus grande en hiver qu'en été; ce serait plutôt le contraire qui a lieu : il faut l'hiver moins de charbon que l'été pour produire les mêmes effets mécaniques.

Pour épargner aux physiciens la peine de se mettre en frais d'objections et aux lecteurs l'ennui d'être arrêté par elles, je répète ici la loi fondamentale de la statique : *Les quantités* q, q', q''... *des fluides écoulées en une unité de temps sont proportionnelles aux masses* M, M', M''... *élevées à la hauteur de 1 mètre.*

Le fluide en écoulement est ici la chaleur θ'''; les quantités écoulées q, q', q''... dépendent du degré de l'excès $T' - T$ entre la température T' du fourneau et la température T de l'air. Il ne faut pas pour cela conclure que l'effet soit le même entre l'excès 200° — 150° et celui 150° — 100°. Ce sujet sera traité dans la Thermostatique.

En hiver, l'écoulement de la chaleur θ''' du fourneau a lieu avec une température T' vers l'air dont la température est zéro. L'été, au soleil, la même quantité θ''' de chaleur doit s'écouler du fourneau avec une température $T' + 25°$ vers l'air dont la température est de 25°. Il faut plus de combustibles l'été que l'hiver pour obtenir les mêmes résultats mécaniques, et cela parce que le fourneau exige en hiver la température T' et en été la température $T' + 25°$.

Ce sujet sera traité séparément sous cette face nouvelle, pour prouver les vices profonds existant aujourd'hui dans la construction des appareils et dans l'emploi des combustibles. Il suffit pour le moment d'avoir ouvert au lecteur la voie, inconnue jusqu'à ce jour, par laquelle se mettent en communication les mouvements des fluides impondérables et ceux des corps.

IV. — RELATION ENTRE LES FLUIDES IMPONDÉRABLES ET LES CORPS.

Tous les changements et les déplacements des corps ou ceux de leurs éléments ËĒβ sont l'effet de l'écoulement des équivalents électriques; ces écoulements ont pour cause constante une destruction d'équilibre, et les effets observés sont toujours : 1° des déplacements des corps qui s'appellent, en ce cas, *mécaniques;* ou 2° des déplacements des éléments des corps qui alors s'appellent *chimiques.*

Que le lecteur n'aille pas croire que le fluide barogène est admis ici comme l'était l'éther par les physiciens pour expliquer les faits observés; je le dis une fois pour toutes : il n'y a dans mes ouvrages aucune hypothèse, quoique parfois il semble y en avoir l'apparence, et cela à cause de l'impossibilité de tout dire à la fois. Dans mon ouvrage intitulé *Origine des sciences*, nous avons prouvé l'origine du barogène et ses effets.

Les faits attribués au diamagnétisme sont produits par l'écoulement des équivalents électriques contre les corps qui contiennent les mêmes équivalents, et ainsi ces corps sont sollicités à prendre des positions sous lesquelles ils exercent le minimum *r* de résistance.

Ces positions sont au nombre de deux : 1° la position *axiale* ou *anastomose* qu'affectent généralement les corps qui exercent une répulsion inférieure à celle du fluide ambiant, et 2° la position *équatoriale*, où sont repoussés les corps qui exercent une répulsion supérieure à celle qu'exerce sur eux le fluide ambiant.

CHAPITRE PREMIER.

FAITS ATTRIBUÉS AU DIAMAGNÉTISME OBSERVÉS SUR LES CORPS SOLIDES.

L'espace *bb'* qui sépare les deux pôles, appelés ici *bouches*, d'un électromagnète est parcouru par les équivalents électriques $\overset{+}{E}$ positifs émis de la bouche *b* et par les équivalents électriques $\overset{-}{E}$ négatifs émis de la bouche *b'*.

Ces équivalents électriques $\overset{+}{E}$ et $\overset{-}{E}$ ne sont pas émis en lignes droites suivant la ligne axiale *bb'* appelée ici *anastomose*, mais ils suivent une direction hélicoïdale qui a pour cause l'écoulement des équivalents électriques dans l'électrohode roulé en hélice autour de deux cylindres en fer.

Il y a donc une différence dans les écoulements des équivalents électriques 1° entre deux bouches *n* et *n'* des deux électrohodes, et 2° entre deux bouches *b* et *b'* d'un électromagnète. Les faits attribués au diamagnétisme ont été obtenus par l'écoulement hélicoïdal des équivalents électriques dans l'anastomose *bb'*.

Ces faits ne sont pas des répulsions et des attractions, mais ce sont des répulsions $r + r'$ et des répulsions $r - r'$, car ce qui paraît une attraction n'est qu'une répulsion $r—r'$ inférieure à la répulsion *r* produite par les équivalents ambiants. Cette répulsion r ambiante est connue des physiciens sous le nom de *force coercitive*.

Quand les équivalents électriques émis de la bouche b s'écoulent par un cylindre C de fer tenu en suspension dans l'anastomose en y éprouvant la résistance $r - r'$, si les mêmes équivalents électriques éprouvent dans l'air ambiant la résistance r, l'écoulement s'opère en quantité $(q+q')\bar{E}$ d'équivalents par le cylindre de fer et en quantité $q\bar{E}$ par le même espace occupé par l'air.

La quantité $q'\bar{E}$ d'équivalents en excès qui s'écoulent par le cylindre C exerce une pression p quand elle y afflue, et pour l'en éloigner, il faut vaincre cette pression p par une torsion t du fil qui tient le cylindre.

Au contraire, si par l'espace qu'occupe l'air s'écoule la quantité $q\bar{E}$ d'équivalents électriques, et que, par le même espace de l'anastomose qu'occupe le cylindre C', s'écoule la quantité inférieure $(q - q')\bar{E}$ d'équivalents, ce cylindre est repoussé et va prendre la position équatoriale dans laquelle il ne présente au courant que le diamètre de sa base O, qui était exposée au courant quand ce cylindre C' se trouvait sur l'anastomose.

La pression p' sur le cylindre C' est l'effet de la quantité $(q-q')\bar{E}$ inférieure d'équivalents écoulés par l'espace qu'occupe le cylindre C'. Pour l'en déplacer, il faut faire subir une torsion T' au fil qui tient ce cylindre en suspension.

Les cylindres C, C', C''... de substances différentes et de même volume, suspendus dans le vide entre les deux bouches de l'électromagnète, indiquent par leur position non pas leur nature chimique, mais seulement la différence $q'\bar{E}$ d'équivalents électriques $(q + q')\bar{E}$ écoulés par l'espace vide de l'anastomose et de ceux $q\bar{E}$ qui s'écoulent par le cylindre C' ou C'' tenu dans cet espace.

Le vide n'est jamais parfait, toutefois les cylindres des corps solides différents sont poussés dans la ligne équatoriale; preuve que le vide exerce le minimum de résistance.

Au lieu d'un cylindre, si l'on emploie un tube très-mince et d'un diamètre de 1 centimètre, ces tubes se tiennent dans la direction de l'anastomose.

Ce fait échappa aux physiciens, qui ont cependant constaté qu'une balle de bismuth (fig. 46), maintenue en contact latéral avec les bouches, en est repoussée, et que la même balle reste sur la ligne axiale, si elle est placée entre deux pièces hémisphériques adaptées aux bouches de l'électromagnète pour leur servir comme de pôles.

Figure 46.

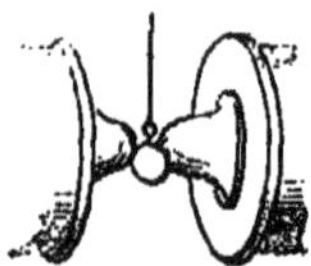

Un cube de cuivre solide (fig. 47) est tenu en suspension par un fil qui vient de subir une torsion assez forte. En cet état, s'il est abandonné dans l'anastomose quand le circuit est ouvert, le cube suit un mouvement de rotation qui s'arrête dès le moment de la fermeture du circuit; en ce moment, le cube est repoussé sur la bouche négative b', et pour l'en éloigner, il faut appliquer une pression p considérable.

Figure 47.

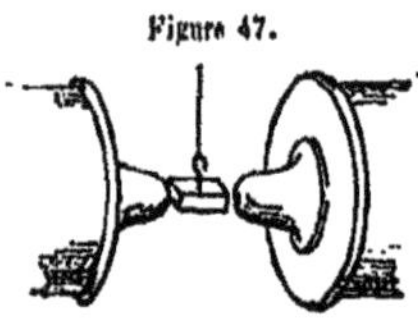

A la place d'un cube solide, si l'on en emploie un autre de la même grandeur, mais formé de six lames de cuivre très-minces, ce cube est également repoussé vers la bouche négative b', cependant avec une pression inférieure quoique son poids soit beaucoup inférieur à celui du cube solide.

M. Foucault imprima à un tore, au moyen d'une petite machine à engrenage, une vitesse telle qu'il faisait aisément 150 tours par seconde; ce tore est de bronze, du poids de 7 à 800 grammes, parfaitement équilibré sur un axe d'acier. On l'a placé dans l'anastomose sans toucher les bouches. Tant que le courant ne passe pas, le tore accomplit ses 150 tours par seconde; à l'instant où le courant passe, on éprouve dans la manivelle une résistance considérable, la vitesse décroît et il faut faire un grand effort sur la manivelle pour maintenir une vitesse moitié moindre, ou 75 tours par seconde. Quand on abandonne la manivelle, le mouvement s'arrête immédiatement. Alors la température du tore est de 45°, celle de l'appartement étant de 18°. C'est à cette élévation de température que M. Foucault attribua la résistance produite dans la manivelle.

Cette explication n'est basée sur aucune loi physique, mais simplement sur la coexistence de l'élévation de température et sur la résistance qui se manifeste dans la manivelle. Telles sont toutes les explications des phénomènes météorologiques : l'apparition de la chaleur qui produit partout ailleurs le mouvement, le supprime ici.

M. Faraday établissait une comparaison 1° entre les faits obtenus dans les dissolutions du sel de fer en concentrations différentes, ainsi que nous allons l'exposer, et 2° entre les faits obtenus par les mêmes corps dans le vide et dans l'oxygène, annonça ce gaz comme un corps *très-magnétique*. Son opinion, ou plutôt son erreur, a été suivie par les physiciens français. De son côté, M. Plücker, opérant avec la balance sur l'oxygène, rencontra une résistance supérieure à celle qu'exerce l'air et déclara ainsi que l'oxygène est un gaz *très-diamagnétique*.

Explication. Les mots *magnétisme* et *diamagnétisme* sont des mots qui ont ici plus de retentissement que de véritable signification; aussi les avons-nous soigneusement écartés de nos explications qui sont toujours basées sur les lois physiques. En effet, d'après ces lois, tout mouvement des corps est produit par le mouvement des équivalents électriques ou de la chaleur, et tout repos des corps est le résultat d'un équilibre produit par les écoulements de ces mêmes fluides et du barogène en directions opposées.

Nulle part les équivalents électriques Ē en écoulement n'éprouvent une résistance nulle si ce n'est dans le vide, et cela à cause des équivalents homonymes Ē qui manquent dans le vide et qui sont contenus en excès dans l'oxygène

OÉ = ÉÉβ³É et dans les autres corps électropositifs. La résistance est également nulle dans le vide, comme dans les gaz où ne se rencontre pas un excès d'équivalents positifs É.

Les corps solides et liquides consistent en lames à deux faces f et f' hétéroélectriques dont les électropositives f opposent une résistance R aux équivalents électriques positifs É. Pour cette raison, la résistance R + R′ de l'oxygène est égale dans toute direction, tandis que celle R des cristaux atteint un maximum dans la grande diagonale des faces des lames et un minimum dans leur petite diagonale, ainsi que l'a trouvé M. Knoblauch.

Les tubes de verre ouverts et ceux dont les orifices sont bouchés par des lames très-minces ne peuvent pas être considérés comme deux substances de nature différente des cylindres solides en verre, et cependant dans le vide les tubes restent dans l'anastomose, et il faut une torsion de 7°,50 pour les en éloigner; les cylindres solides sont repoussés sur la ligne perpendiculaire, et il faut également une torsion assez grande pour les en éloigner.

En opérant avec les mêmes tubes ou mieux avec d'autres pareils plus grands et ouverts dans un courant d'air et dans un courant d'eau d'un diamètre inférieur à celui des tubes, on obtient les mêmes résultats :

1° Le courant d'air ou d'eau entre dans les tubes ouverts par l'orifice O, et sort par l'autre O′; il faut exercer une pression p sur le tube quand on veut l'éloigner de l'anastomose. 2° Le même courant d'air ou d'eau projeté sur la base O du cylindre massif ou du tube bouché y exerce une répulsion et le fait s'éloigner et tourner pour prendre la direction verticale où il est atteint par le fil du fluide en densité inférieure et seulement dans la direction du diamètre de son épaisseur.

La balle de bismuth est repoussée de l'anastomose parce qu'elle exerce une résistance supérieure à celle de l'air.

Le cube solide de cuivre oppose aux équivalents électriques une résistance R — R′ inférieure à celle R qu'exerce l'air; pour cette raison, ces équivalents s'écoulent par le cube d'espace qu'occupe le cuivre en masse $(q+q')\bar{E}$ supérieure à la masse $q\bar{E}$ écoulée par le cube égal d'espace qu'occupe l'air contenu dans un cube égal construit de lames minces de cuivre.

Le tore en rotation est une machine électrique d'Arago, qui concentre une quantité d'équivalents électriques positifs par le frottement de sa surface contre l'air. Cependant dans la machine d'Arago le disque n'exerce aucune augmentation de résistance, et il n'éprouve, durant sa rotation, aucune élévation de température, comme le rode.

Ces deux faits correspondent aux deux causes différentes dont ils proviennent :

I. La résistance R du rode qu'exerce l'oxygène contre le courant n'apparaît qu'avec celui-ci et elle est communiquée comme pression p au tore; dans la machine d'Arago, une résistance pareille manque, parce qu'il n'y existe pas de courant.

II. La chaleur $n\dot{E}\bar{E}^2$ est un produit 1° des équivalents électriques positifs $n\dot{E}$ dont se charge le disque, de même que se charge le tore par le frottement contre l'air, et 2° des équivalents négatifs $2n\bar{E}$ écoulés de la bouche négative b' sur le tore.

Cette chaleur augmente graduellement, parce que, pour sa production, il faut tout d'abord une quantité d'équivalents positifs $\dot{E}$ qui sont obtenus par la rotation. Dans la machine d'Arago ces équivalents positifs $n\dot{E}$ existent, mais on n'y trouve pas les équivalents négatifs $2n\bar{E}$ qui sont nécessaires à la production de la chaleur $n\dot{E}\bar{E}^2$ observée dans le tore.

Au lieu d'observer les répulsions R, R′ entre les équivalents électriques et l'oxygène $\bar{O}\bar{E}$ de l'air qui sont ensuite communiquées aux corps suspendus, M. Pouillet a employé la poussière très-fine de fer et de bismuth qu'il a répandue sur deux feuilles f et f' de papier et exposées au même courant électromagnétique.

Dès que le circuit a été fermé, on a remarqué sur les feuilles f et f' la différence suivante : 1° la feuille f avec la poussière de fer en a reçu une accumulation dans la direction de l'anastomose, au contraire ; 2° sur la feuille f' la poussière de bismuth a été toute dispersée loin de cette ligne axiale qui est restée vide.

Ces faits sont de la même nature que ceux observés entre le bismuth et le cuivre suspendus dans l'anastomose. 1° L'air ou son oxygène exerce contre le courant la résistance R qui est supérieure à celle R—R' qu'exercent le cuivre et le fer, et qui est inférieure à celle R + R' qu'exerce le bismuth.

La poussière de fer laisse s'écouler par le même espace une plus grande quantité d'équivalents électriques $(q+q)$ È que l'air ; pour cette raison, 1° les équivalents électriques, en déviant de l'air vers l'anastomose, y entraînent la poussière qui exerce la résistance R—R'. 2° Les mêmes équivalents électriques éprouvent dans la poussière de bismuth une résistance R + R' supérieure à celle R qu'ils éprouvent dans l'air, et ils repoussent cette poussière de l'anastomose pour en faire occuper la place par l'air à cause de sa résistance inférieure R.

Les faits attribués a une origine inconnue appelée *diamagnétisme* s'arrangent ici, à la manière de tous les faits précédents, comme causes et effets liés par la loi statique de l'écoulement des équivalents électriques entre les deux bouches de l'électromagnète. Les faits obtenus dans le vide diffèrent de ceux obtenus dans l'air et dans l'oxygène, parce que, dans ce dernier cas, les équivalents électriques n'arrivent aux corps solides qu'après avoir parcouru la couche d'air ou de gaz où ils éprouvent des résistances différentes.

CHAPITRE II.

FAITS OBSERVÉS DANS LES LIQUIDES ET ATTRIBUÉS AU DIAMAGNÉTISME.

Les éléments matériels $\ddot{E}\bar{E}\beta$ dés corps sont les mêmes dans les solides et dans les liquides, et l'excès de la chaleur θ' des liquides ne produit aucun effet sur le courant de l'anastomose. Mais tel n'est plus le cas quand il s'agit de la forme de ces corps, car nous avons montré les différents résultats que l'on obtient avec les mêmes substances solides selon qu'elles sont sous la forme de cylindre ou sous celle de tube. Des liquides ne peuvent pas être amenés à prendre la forme tubulaire, mais seulement la forme cylindrique quand ils sont contenus dans des tubes.

L'espace entre la surface de la bouche ou du pôle peut être en contact immédiat avec des gaz ou des liquides différents, et dans ces gaz ou dans ces liquides se trouvent des corps solides ou des corps liquides qui sont exposés à la pression P, qui n'est pas produite directement, mais qui, comme dans les cas précédents, est toujours le résultat de la différence R — R' de la résistance R du liquide en contact et de celle R' du liquide dans le tube.

I. En versant des dissolutions de sel de fer, de nickel et de cobalt dans des verres de montre, M. Plücker les posa sur des pièces convenablement adaptées (fig. 48), et au moment où il ferma le circuit, le niveau a été relevé au milieu et déprimé des deux côtés dans les liquides qui correspondaient au arêtes des pièces de contact. La dissolution de protochlorure du fer, est celle dont la surface se montre le plus profondément impressionnée.

Figure 48.

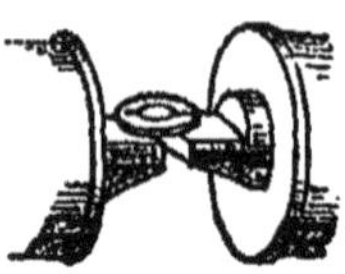

II. Les faits suivants ont été constatés par M. Faraday au moyen du protosulfate de fer en dissolution très-étendue; ce liquide prend la forme d'un cylindre quand il est renfermé dans un tube mince de verre et suspendu entre les bouches de l'électromagnète. Les équivalents électriques s'écoulent par le milieu du liquide en y éprouvant une résistance R — R′ inférieure à celle R qu'ils éprouvent de la part de l'air. Le liquide se maintient dans l'anastomose, car l'espace qu'il y occupe exerce une résistance R — R′ et sollicite l'écoulement de la quantité $(q+q')\bar{E}$ d'équivalents électriques; tandis que le même espace occupé par l'air exerce la résistance R et sollicite l'écoulement de la quantité $q\bar{E}$ d'équivalents électriques.

Une petite cuvette de verre remplie d'eau est disposée entre les bouches de telle sorte que le tube de sulfate qu'on y plonge se retrouve alors au milieu de ce liquide, dans la même position qu'il avait dans l'air; aussitôt que le courant passe, il est de nouveau poussé, et reprend la position axiale qu'il avait tout à l'heure.

Mais, sans déranger la cuvette de verre, qu'on substitue à l'eau une dissolution de sulfate de fer plus concentrée que celle qui remplit le tube, et celui-ci sera remis exactement en place dans ce nouveau liquide; alors, quand on ferme le circuit, le tube de sulfate est repoussé; au lieu de rester dans la direction de l'anastomose, il tourne dans la ligne perpendiculaire et se maintient là avec une résistance très-remarquable.

Explication. Ces deux faits prouvent que le cylindre de liquide prend toujours la position dans laquelle il exerce le minimum de résistance : 1° dans l'air, qui exerce la résistance R, le liquide se maintient dans l'anastomose par sa résistance inférieure R—R′; 2° dans la dissolution concentrée, qui exerce la résistance R — R′— R″, le même liquide prend la direction perpendiculaire à cause de sa résistance R — R supérieure à celle R —R′— R″ du liquide externe.

CHAPITRE III.

FAITS OBSERVÉS DANS LES VAPEURS ET LES GAZ ET ATTRIBUÉS AU DIAMAGNÉTISME.

Il existe, entre les résultats obtenus par les différents expérimentateurs, une concordance parfaite, ce qui rend facile l'arrangement de ces faits comme causes et effets liés entre eux par la loi statique; il n'avait, jusqu'à présent, manqué que cet arrangement, qui suffit pour rendre évidente la production des faits. Toutes les fausses hypothèses s'évanouissent d'elles-mêmes. En effet, quelle raison pourrait avoir M. Becquerel pour admettre qu'un cylindre de charbon est égal à un cylindre d'air ou d'oxygène, et cela parce qu'il en condense environ 8 ou 9 volumes? Les faits ont été obtenus de deux manières, par la torsion d'une part, et de l'autre par la balance; les faits produits par la torsion ont été reconnus comme plus exacts : ce sont ceux que nous rapportons ici.

Une éprouvette en verre est fermée en haut par une pièce en métal qui porte : 1° latéralement des robinets pour faire le vide et introduire les gaz; et 2° au milieu une pièce conique bien rodée à laquelle est attaché le fil d'argent dont la torsion doit donner la mesure des résistances ou des poussées exercées sur le tube que porte ce fil, qui a une assez grande longueur et un diamètre de 4 centièmes de millimètre; son degré de torsion est marqué en haut par un cercle gradué.

L'aiguille suspendue au fil de torsion est d'abord un petit tube de verre de 35 millimètres de longueur sur 7 millimètres de diamètre, pesant 0gr,742. Le repère que porte l'extrémité A étant sous le fil de la lunette, on ferme le circuit qui conduit les équivalents électriques d'une pile de 30 couples de Bunsen. L'aiguille se place sur l'anastomose, et il faut tordre le fil de 6°,35 pour ramener le repère sous le fil de la lunette.

Alors on fait le vide dans l'éprouvette, et l'on remarque que le tube est maintenu plus fortement dans l'anastomose, car il faut une torsion de 7,50 pour ramener le repère sous le fil de la lunette. Ces faits ne diffèrent pas, 1° de celui observé dans le tube rempli d'air, et 2° de celui observé dans la position axiale du cylindre de liquide étendu que contient le tube suspendu dans la cuve de la dissolution concentrée. Cependant le tube de verre se maintient également dans l'anastomose quand l'éprouvette contient l'air et quand elle est vide; tandis que le tube rempli de la dissolution étendue est repoussé dans la direction équatoriale, et cela à cause de la dissolution concentrée du sel de fer contenue dans la cuve, qui oppose aux équivalents électriques une résistance R—R′—R″ inférieure à celle R—R′ qu'oppose la dissolution étendue du même sel.

Dans une éprouvette contenant l'oxygène, le tube reste toujours dans la direction de l'anastomose, mais pour l'en éloigner, il a suffi d'une torsion de 1°,75.

II. Un autre série d'observations a été faite par M Becquerel avec un cylindre de charbon de chêne de 35 millimètres de longueur sur 10 millimètres de diamètre, et pesant 1gr,410. Ce cylindre ayant été recuit au rouge dans du sable et soumis à l'expérience dans l'éprouvette, a donné les résultats suivants :

1° Dans le vide le cylindre est repoussé dans la direction

équatoriale, et pour le ramener sous le fil de la lunette, il a fallu une torsion du fil de —3°,85; le même effet a lieu dans l'acide carbonique, l'azote, l'hydrogène et le protoxyde d'azote AzO.

2° Dans l'oxygène le cylindre se trouve pressé dans la direction axiale, et pour le ramener sous le fil de la lunette, il a fallu une torsion du fil de 18°,55, différence totale 18°,55+3°,85=22°,40 entre la résistance précédente et la résistance actuelle.

3° Dans l'air le cylindre reste encore dans la direction axiale, mais il en est déplacé par une torsion du fil de 1°,20; cette résistance diffère de celle —3°,85 obtenue dans le vide de 5°,05=1,20+3,85.

III. Daprès M. Plücker, 1° l'oxygène jouit de la même propriété;

2° Le bioxyde d'azote se comporte comme si l'oxygène Ö²Ë² et l'azote AzË étaient simplement mélangés;

3° L'acide azoteux, à l'état de gaz, se comporte comme le bioxyde, mais à un degré inférieur; à l'état liquide, il est repoussé dans la direction équatoriale.

4° L'acide hypoazotique à l'état de gaz, est à peu près insensible; mais à l'état liquide, il est fortement repoussé sur la ligne équatoriale.

Observation. Avant d'entrer dans l'explication des faits observés, il faut faire voir au lecteur l'origine de la discordance qui existe, 1° entre les différents modes d'observations, et 2° entre les hypothèses qu'on a admises dans ces observations.

I. M. Faraday part du fait que les corps sont attirés dans la ligne axiale quand ils sont magnétiques, comme le fer, le cobalt et le nickel, et qu'ils sont repoussés dans la ligne équatoriale pour deux causes : 1° quand ils y sont repoussés directement, ou 2° quand il se trouvent dans un milieu qui est attiré; cependant ce savant ne peut expliquer en quoi consiste cette attraction et en quoi elle diffère d'une répulsion de degré inférieur.

II. M. Becquerel, partant, comme M. Faraday, du même principe, trouve que le cylindre de charbon est repoussé dans la direction équatoriale quand l'éprouvette est vide, précisément comme l'est le tube de la dissolution étendue tenu dans la dissolùtion concentrée. Dans l'air le cylindre se place dans la direction axiale, précisément comme s'y place le tube avec la dissolution étendue.

Cette position est attribuée par M. Faraday à une attraction qui aurait lieu entre le fer de la dissolution et le courant électrique. D'un autre côté, la position axiale du cylindre en charbon est attribuée par M. Becquerel à une quantité d'oxygène absorbée et condensée dans le charbon, et qui lui rend cette propriété, comme si l'on y avait attaché quelques parties de fer.

III. M. Plücker obtint pour le gaz de bioxyde d'azote, d'acide azoteux et d'acide hypoazotique, des répulsions analogues à celles de l'oxygène; de semblables répulsions ont été obtenues pour l'état liquide de l'acide en opérant dans le vide sur des tubes qui contenaient ces liquides en forme de cylindre.

IV. Le verre qui constitue le tube sur lequel opéra M. Becquerel restait sur l'anastomose, et s'y maintenait avec un maximum de pression dans le vide, et avec un minimum de pression dans l'oxygène; par suite le verre présentait évidemment, dans le vide, une attraction plus forte que dans l'oxygène, comme la dissolution concentrée présenta une attraction plus forte que la dissolution étendue. Un cylindre de verre observé par M. Faraday dans le vide a été reconnu comme diamagnétique, parce qu'il a été repoussé dans la direction équatoriale.

Tous ces faits sont véritables, et la discordance qu'on semble y remarquer n'est qu'apparente; car elle ne repose que sur quelques hypothèses fausses.

I. M. Becquerel a admis un changement physique produit dans le charbon par les masses de gaz qui se condensent en volumes différents sur sa surface à la pression ordinaire.

Volumes.		Volumes.	
1,75	d'hydrogène.	35	d'acide carbonique.
7,50	d'azote.	40	de peroxyde d'azote.
9,25	d'oxygène.	85	d'acide chlorhydrique.
9,42	d'oxyde de carbone.	90	de gaz ammoniac.

II. En opérant dans le vide, dans l'air, dans l'oxygène et dans tout autre gaz, avec la même pile et le même électromagnète, sur un tube de verre, comme l'a fait M. Becquerel, on ne peut obtenir que les résultats que ce physicien a obtenus.

III. De même en opérant de la manière indiquée sur un cylindre, comme l'a fait M. Faraday pour le verre, et même M. Becquerel pour les métaux, ces cylindres se trouveront tous repoussés dans la ligne équatoriale.

IV. Le cylindre de charbon enveloppé dans le verre ou plongé préalablement dans l'acide carbonique pour qu'il ne condense plus l'oxygène, exerce dans l'oxygène la même résistance, quoiqu'il ne contienne pas d'oxygène.

Explication. L'anastomose est parcourue par les équivalents électriques, comme on peut s'en convaincre en mettant les deux branches d'un rhéomètre en communication avec les deux bouches d'un électromagnète.

Les corps qui possèdent des équivalents électriques positifs, comme l'oxygène OË et tous les corps solides ou liquides, opposent une résistance à l'écoulement des équivalents homonymes Ë; les gaz qui n'ont pas d'équivalents positifs, ou ceux qui ont des équivalents électriques négatifs, de même que le vide lui-même, n'opposent aucune résistance à l'écoulement des équivalents électriques.

I. Un tube T avec les extrémités ouvertes s'appelle *tube ouvert*, et un tube égal T' avec les extrémités fermées s'appelle *tube fermé* : ces deux tubes opposent presque la même résistance aux équivalents électriques Ë du courant dans le vide. 1° Le tube ouvert laisse plus facilement s'écouler les équivalents par son milieu en opposant, par la périphérie de sa base, une résistance r aux équivalents peu denses de la surface du courant. 2° Le tube fermé oppose, par la surface de sa base O, une résistance supérieure $r+r'$ aux équivalents électriques; mais il reste dans la direction axiale où il exercera, par son espace vide, une résistance inférieure.

II. Un tube T″, rempli d'une dissolution étendue de sel de fer, est repoussé dans la direction équatoriale, quand il se trouve dans une cuve remplie d'une dissolution du même sel, mais plus concentré. C'est une preuve évidente que les équivalents électriques du courant éprouvent, dans la dissolution concentrée, une résistance moins forte que dans la dissolution étendue.

Le même tube T″ prend la direction axiale quand l'éprouvette est remplie d'oxygène, et il s'y maintient avec une résistance cinq fois supérieure à celle qui se manifeste quand l'éprouvette contient de l'air. Cette comparaison se fera en y introduisant la résistance $-r$ exercée dans la position équatoriale, comme cela a été indiqué dans la comparaison des résistances du cylindre de charbon.

III. Le tube vide, fermé ou ouvert T et le tube T″ contenant la dissolution, se comportent dans l'air et dans l'oxygène d'une manière diamétralement opposée : 1° Le tube T oppose, dans l'oxygène, une résistance cinq fois moins grande que dans l'air; au contraire, 2° le tube T″ avec la dissolution oppose, dans l'oxygène, une résistance cinq fois plus grande que dans l'air. 3° Le cylindre de charbon, quand il est placé dans le vide, dans l'air ou dans l'oxygène, exerce le même genre de répulsion que le cylindre de verre T′ et le tube T″ contenant la dissolution.

Principe d'Archimède. Ce célèbre savant parvint un jour, tandis qu'il prenait un bain, à résoudre un problème que lui avait proposé Hiéron, tyran de Syracuse : 1° les corps de même volume, pesés dans l'air et dans l'eau, perdent, dans ce dernier milieu, le même poids p ; 2° les corps de même poids p dans l'air prennent dans l'eau les poids $p-p'$ et $p-p'-p'$ qui sont en raison inverse des poids spécifiques $\frac{1}{p-p'}$ et $\frac{1}{p-p'-p''}$ de ces corps. D'après ces poids spécifiques de corps reconnus comme purs, il est facile de retrouver, dans un alliage de deux corps connus, les quantités q et q' de chacun de ces corps. Hiéron soupçonnait que sa couronne d'or avait été falsifiée avec un autre métal, le cuivre ou l'argent. Voyons maintenant si nous pourrons faire aux faits exposés ici l'application de ce procédé.

I. *Vide.* 1° Des tubes minces et larges de bismuth même étant ouverts laissent s'écouler les équivalents électriques par leur milieu, et ils se maintiennent dans la direction axiale avec un *maximum* de *résistance*; *tous* les cylindres solides, égaux, sont repoussés dans la direction équatoriale.

2° *Bouches périphériques.* Des tubes minces dont la base est égale à la périphérie de la bouche étant ouverts ou fermés, sont répoussés dans la direction équatoriale, et étant solides et cylindres restent sur la direction axiale.

II. *Oxygène.* Les équivalents positifs de l'oxygène $\ddot{O}\bar{E}$ opposent à l'écoulement de leurs homonymes une résistance R qui est supérieure à celle que pourrait opposer tout autre gaz, et cela, parce qu'à volume égal, c'est l'oxygène qui contient la plus grande quantité d'équivalents positifs $\bar{E}$. Pour que la quantité $q\bar{E}$ d'équivalents s'écoule en une unité de temps pour l'anastomose, la pression P se communique au barogène β^8 de l'oxygène $\ddot{O}\bar{E}$, à cause de son équivalent positif $\bar{E}$.

III. *Corps solides.* Les métaux sont tous électronégatifs, mais ils sont formés de lames de petits cristaux, et ces lames sont une face f chargée d'équivalents positifs $\bar{E}$ et l'autre f' chargée d'équivalents négatifs $\bar{E}$. La résistance R' produite par les faces f électropositives correspond à celle R qu'exerce l'oxygène par les équivalents $\bar{E}$.

IV. *Corps liquides.* Parmi les liquides, les uns opposent une résistance R″ à l'écoulement des équivalents électriques, et cette résistance augmente quand la dissolution d'un sel de fer est étendue d'une plus grande quantité d'eau.

V. *Oxygène et corps solides.* Un cylindre de charbon, ou de verre ou d'un métal quelconque, oppose, par les faces *f* de ses lames aux équivalents électriques $\ddot{E}$ du courant, la résistance R—*r*, et l'oxygène, par ses équivalents $\ddot{E}$, oppose la résistance R. La poussée exercée sur le corps solide n'est pas celle d'un courant d'air, elle est la même que celle qu'exerce l'écoulement de la chaleur dans la chaudière contre la chaleur latente des vapeurs.

Les équivalents électriques $\ddot{E}$ repoussés mutuellement dans l'oxygène, ne trouvent une résistance inférieure que dans le cylindre qui est pour cela entraîné à occuper le maximum de l'espace de l'anastomose. Autant est grande la quantité *r*, autant diminue la résistance R—*r* dans le cylindre, et autant est grande la poussée P sur ce cylindre : cette poussée P est égale à la différence *r* entre les résistances R et R+*r*; et c'est cette poussée qu'on doit entendre par les mots *attraction magnétique*, ou *principe d'Archimède.*

Si le cylindre exerce une résistance R+*r*, il est repoussé par la poussée P′, et prend une direction qui lui permet d'exercer le minimum de résistance; cela n'est possible que dans la position perpendiculaire où ce cylindre n'expose au courant que son diamètre.

VI. *Air et corps solides.* La résistance des corps solides reste la même R—*r*, mais celle de l'air est $\frac{1}{5}$R ; par suite la poussée qu'exerce l'air contre les mêmes corps est cinq fois moins grande, et si la résistance R—*r* est supérieure à $\frac{1}{5}$R, le cylindre qui était dans l'oxygène sur l'anastomose prend dans l'air la direction perpendiculaire.

VII. *Liquides et liquides.* Le tube T″ avec la dissolution étendue oppose aux équivalents électriques $\ddot{E}$ du courant la résistance R—*r* inférieure à celle de l'air $\frac{1}{5}$R et à celle de de l'eau $\frac{1}{5}$ R $-r$: elle est cependant supérieure à la résistance R $-r-r'$ qu'exerce la même dissolution, mais moins étendue. C'est donc à cause de l'excédant r' de résistance que le tube T'' est repoussé dans la direction perpendiculaire.

VIII. *Densités des équivalents électriques du courant.* Nous avons jusqu'ici admis une même pile unie avec un électro-magnète, et les angles γ et γ' des torsions t, t' ont servi à évaluer la poussée qui maintient les corps dans l'une ou l'autre position.

Si, tout en conservant la même disposition, on porte le nombre n des couples de la pile à $n+n'$, la densité des équivalents Ē du courant augmente et devient D + D'. M. Becquerel, après avoir fait passer le courant sur une boussole des sinus, afin d'en avoir l'intensité dans chaque expérience, a reconnu qu'elle est proportionnelle aux racines carrées des torsions t, t', et il a ainsi obtenu la relation

$$\frac{t}{t'}=\frac{\gamma \sin^2 d}{\gamma \sin^2 d'};$$

d et d' sont les déviations du magnète de la boussole des sinus pendant la première et la seconde expérience.

La poussée du courant est en raison directe avec les densités D et D + D' de ses équivalents électriques. Ceux-ci, étendus en un plus large espace s et $s+s'$ pour prendre des densités égales, s'écoulent par ces surfaces s et $s+s'$ en quantités égales, comme ils s'écoulent par une surface s égale, mais en densités différentes D et D + D'. Ces surfaces s et $s+s'$ sont entre elles comme les carrés des rayons ou des sinus des angles égaux. Pour cette raison les carrés des sinus des déviations de la boussole sont proportionnels aux angles des torsions observées.

IX. Le principe d'Archimède n'existe nulle part; la poussée P primitive est donnée par les couples aux équivalents du courant; ceux-ci parcourent l'anastomose sans y éprouver de résistance dans le vide, et en y éprouvant une très-grande résistance quand l'anastomose est occupée par l'oxygène ŌĒ.

La poussée *p* ne se manifeste pas dans le vide à cause du défaut de résistance, mais elle se manifeste à son maximum dans l'oxygène ŌĒ de l'épreuve, qui oppose, par ses équivalents Ē, la résistance R à leurs homonymes. Le volume de l'oxygène n'éprouve dans cette poussée *p* aucune diminution, parce que la poussée s'exerce sur le corps : 1° au moment du passage des équivalents électriques de l'oxygène dans les corps, et 2° non pas au moment où ces équivalents sont émis de la bouche *b* vers l'oxygène.

Cet arrangement des causes et des effets liés entre eux par la loi statique rend inutile tout raisonnement logique, et plus inutiles encore tous les raisonnements sophistiques que le lecteur devra apprendre à connaître pour pouvoir s'en préserver. Commençons par la *pesanteur*.

Au lieu de constater, suivant les lois statiques, l'équilibre détruit, dans lequel se trouve un corps qui tombe, les physiciens viennent nous dire : « Sans une telle destruction d'équilibre les corps ne sauraient être mis en mouvement; nous appelons *pesanteur* cette destruction d'équilibre ou la cause de la chute des corps. » Après cela ils pensent avoir tout dit, et considèrent un mouvement comme suffisamment expliqué, quand ils ont déclaré doctoralement qu'il provient de la pesanteur.

Ce sont de pareils sophismes qu'ont employés les physiciens modernes quand ils ont introduit dans leurs explications certains termes pour représenter une espèce de faits observés : tels sont, par exemple, l'*électricité polarisée*, l'*induction*, l'*électrisme*, le *magnétisme*, le *diamagnétisme*, l'*affinité*, la *pondérabilité*, la *porosité*, et tant d'autres.

A quoi arrive-t-on, cependant, avec une pareille manière d'expliquer les phénomènes physiques, si ce n'est à se tromper soi-même et à tromper en même temps les lecteurs, en leur fermant la seule voie où ils pourraient trouver la cause des faits observés? C'est ainsi, pour ne citer qu'un cas entre mille, que les physiciens n'auraient jamais pu deviner pourquoi, dans l'anastomose, les corps ne peuvent prendre que deux positions verticales : l'axiale et l'équatoriale.

Les faits que présentent les répulsions exercées par les équivalents électriques sur les corps solides, liquides ou vaporeux, servent ici à constater que les mêmes équivalents électriques se trouvent dans les corps qui exercent une résistance, et que les corps qui sont insensibles ne contiennent en excès que des équivalents négatifs $\overset{-}{E}$ qui laissent s'écouler les équivalents électriques sans résistance, comme ils s'écoulent dans le vide.

1° Il a été prouvé comment les équivalents électriques de la chaleur produisent, par leur répulsion contre les équivalents électriques $\overset{+}{E}\overset{-}{E}\beta$ des corps, leurs trois états. 2° Il a aussi été prouvé comment l'écoulement de la $\overset{+}{E}\overset{-}{E}^2$ du fourneau par le milieu des vapeurs de la chaudière vers sa surface produit le mouvement du piston qui cède à la répulsion communiquée au barogène β des vapeurs.

On constatera également ici que les équivalents positifs $q\overset{+}{E}$ écoulés en une unité de temps par l'anastomose opposent une répulsion r à leurs homonymes contenus dans l'oxygène $O\overset{-}{E}$ ou dans les éléments $\overset{+}{E}\overset{-}{E}\beta^x\overset{+}{E}$ des autres corps, et cette répulsion r est communiquée au barogène β^x inséparable de ses équivalents électriques $\overset{+}{E}\overset{-}{E}\overset{+}{E}$.

L'absence de diminution dans le volume de l'oxygène prouve que la résistance est universelle, aussi bien dans l'anastomose que dans le circuit au milieu des cylindres; car en faisant augmenter la résistance $R + r$ par l'éloignement des bouches l'une de l'autre, on parvient à y supprimer l'écoulement des équivalents électriques, tandis que se maintient celui de l'électrohode replié autour des deux barres de l'électromagnète.

1° En opérant sur le tube de verre dans le vide, dans l'air et dans l'oxygène, la résistance 1°,75 dans l'oxygène est cinq fois moins forte que celle qu'on observe dans l'air 6°,35, en prenant pour unité la différence 7°,50—6°,35 =1°,15.

2° En opérant sur le cylindre de charbon dans le vide, dans l'air et dans l'oxygène, la résistance 18°,55 dans l'oxygène est presque cinq fois supérieure à celle 1°,20 de l'air en prenant en considération dans les deux cas la somme de la résistance 3°,85 dans le vide suivant la direction équatoriale, et la résistance 1°,20 dans l'air ou 18°,55 dans le vide suivant la direction axiale 3°,85 + 18°,55 = 22°,40 =5.5°,05 — 2°,85; 5°,05 est = 1°,20 + 3°,85.

Cette petite différence de 2°,85 ne doit pas être attribuée à une inexactitude d'observation, mais plutôt à une inexactitude dans les calculs, car l'air n'est pas composé de 80 parties d'azote et de 20 parties d'oxygène, mais de 79 parties d'azote et 21 parties d'oxygène; ainsi, au lieu de multiplier la quantité 5°,05 par 5, il faut la multiplier par $\frac{100}{21}$.

Nous avons vu déjà pourquoi, dans ces deux expériences, la pression dans l'oxygène est, dans un cas, cinq fois inférieure et, dans l'autre, cinq fois supérieure à celle qu'on observa dans l'air : ce fait, qui provient de la forme tubulaire du verre, offre à l'esprit un *dilemme* qui occupa beaucoup les physiciens, et dont ils ne purent se tirer, parce que, dans leurs explications, ils avaient recours à toutes sortes de sophismes, au lieu de s'appuyer sur les lois physiques.

CHAPITRE IV.

FAITS OBSERVÉS SUR LES FLAMMES ATTRIBUÉS AU DIAMAGNÉTISME.

La flamme d'une bougie est introduite pour monter perpendiculairement dans l'anastomose quand le circuit est ouvert ; dès que celui-ci est fermé, la direction de la flamme dévie, elle est repoussée à gauche et à droite et en même temps de la bouche *b* vers la bouche *b'*, comme on le voit dans la figure 49.

M. Quet présenta dans l'anastomose, entre les deux bouches de l'électromagnète, le jet de la flamme que donne le courant entre les deux pointes de charbon, et a obtenu une déviation ou un effet de chalumeau des plus intenses. La direction du dard dépend de celle du courant ; les physiciens y ont, avec raison, vu une preuve de l'existence des mêmes éléments dans la lumière et dans le courant électromagnétique.

Figure 49.

Explication. *La flamme électrique* est toujours une masse des combinés $\bar{E}^2\bar{E}$ de lumière qui n'éprouve d'autres modifications que celle d'une densité supérieure ou inférieure, dont la déviation ne dépend que de celle des équivalents positifs $\overset{+}{E}$ du courant et de sa direction.

La flamme des combustibles est également une masse des combinés $\overset{+}{E}^2\bar{E}$ de lumière qui prend des densités différentes; mais dans cette masse de lumière existe aussi une quantité de chaleur θ qui dépend de la quantité des équivalents électriques négatifs $\bar{E}$ dans les combustibles. L'hydrogène en a beaucoup et la résine moins : pour cette raison la flamme de l'hydrogène est moins repoussée du courant que la flamme de la résine.

La flamme composée des combinés $\overset{+}{E}^2\bar{E}$ de lumière est toujours électropositive, et les déviations observées sont de la même nature que celles de l'oxygène $\bar{O}\overset{+}{E}=\overset{+}{E}\bar{E}\beta^8\overset{+}{E}$; car la flamme de la bougie est formée par les combinés $\overset{+}{E}^2\bar{E}$ où entrent les équivalents $\overset{+}{E}$ de l'oxygène de l'air et les équivalents $\bar{E}$ de l'hydrogène ou du carbone. Avec les flammes composées de $\overset{+}{E}^2\bar{E}$ sont produites simultanément les vapeurs $\overset{+}{H}\bar{O}$ d'eau ou de l'acide carbonique $C\bar{O}^2$.

L'oxygène matériel $\bar{O}$, séparé de son équivalent positif $\overset{+}{E}$, n'oppose plus aucune résistance aux équivalents électriques du courant, mais cette résistance n'est pas pour cela anéantie, elle a été constatée dans les combinés $\overset{+}{E}^2\bar{E}$ de la flamme.

La flamme électrique n'arrive pas dans l'anastomose comme celle de la bougie, car les équivalents $\overset{+}{E}$ positifs émis de l'électrohode *mn* éprouvent une répulsion de leurs homonymes émis de la bouche *b*, et au lieu d'être dirigés 1° comme précédemment vers la bouche *n'* de l'électrohode *m'n'*, ou 2° être repoussés vers la bouche *b'* négative de l'électromagnète, ces équivalents $\overset{+}{E}$ affectent une direction diagonale.

Dans cette direction s'opère la rencontre et la combinaison avec une quantité d'équivalents négatifs $\bar{E}$, et on y voit apparaître la flamme déviée. On croit que ces deux faits sont identiques, et comme est repoussée la flamme de la bougie, de la même manière est aussi repoussée la flamme électrique, sans qu'on puisse concevoir pourquoi la flamme de la bougie se divise, tandis que celle des deux électricités produit un chalumeau.

CHAPITRE V.

FAITS OBSERVÉS SUR LES CRISTAUX ET LES LAMES ET ATTRIBUÉS AU DIAMAGNÉTISME.

L'écoulement et la pression de la part des équivalents électriques $\overset{+}{E}$ et $\overset{-}{E}$ émis dans l'anastomose des deux bouches ne peut se manifester que dans les déviations et dans les compressions observées sur les corps placés dans l'anastomose.

Nous venons d'établir les influences de l'air, de l'oxygène et du vide sur les degrés de la pression exercée sur les cylindres solides et les tubes de verre; nous allons démontrer ici l'influence de la distribution des équivalents électriques sur les surfaces externes F, F' des deux lames l, l' dont les faces f, f' sont en contact.

Avant d'exposer systématiquement les faits constatés par l'observation, il faut faire voir que la *cohésion* à laquelle est attribuée la solidification des cristaux n'a ici aucune signification : les équivalents électriques hétéronymes se trouvent en un état dissimulé autour de l'équivalent β de barogène dans chaque équivalent somatique; et c'est ainsi que se produit la solidification en même temps que la cristallisation.

De pareils équivalents somatiques forment les lames des cristaux et même les lames artificielles des corps amorphes.

Le clivage est facile dans les directions où les équivalents électriques sont dissimulés à un degré supérieur, et il est moins faciles dans les directions où les équivalents électriques sont dissimulés à un degré inférieur.

Les observations ont été faites, 1° sur des lames des cristaux, et 2° sur des lames faites de corps amorphes. Pour obtenir des faits magnétiques, on a étendu de la poudre de fer sur des feuilles de papier; et pour obtenir des faits diamagnétiques, on a répandu de la poudre de bismuth sur ces mêmes feuilles.

Au lieu d'exposer les lames à la pression de l'écoulement des équivalents électriques dans l'anastomose d'un électromagnète, ces lames ont été exposées à la pression de l'écoulement des équivalents terrestres dirigés des pays froids vers les pays chauds et moins éloignés.

L'arrangement des faces *f*, *f'* des lames *l*, *l*, *l*... qui constituent le fer, produit une diminution de résistance 1° dans l'écoulement des équivalents électriques de l'électromagnète, et 2° en même temps dans celui des équivalents terrestres; ceux-ci font apparaître dans le fer une résistance inférieure à celle du vide.

1. — REMPLACEMENT DES MAGNÈTES PAR LES CRISTAUX.

I. Un magnète qui peut porter une quinzaine de kilogrammes suffit pour diriger un cristal de bismuth. Le même effet produit une hélice magnétisante; la face de clivage se place perpendiculairement à l'axe de l'hélice, et les plans des tours de celle-ci sont parallèles à la face du clivage. Ce n'est pas tout encore, car M. Faraday a observé un cristal de bismuth se dirigeant sous l'influence de la Terre, mais très-faiblement.

II. M. Plücker observa cette propriété dans un cristal de

cyanite, qui, comme le magnète, restait avec le même point toujours vers le nord ou vers le sud. Ce phénomène est observé à un degré plus élevé dans les cristaux de l'oxyde d'étain, dont non-seulement l'axe se place dans le méridien magnétique, mais qui peuvent même faire dévier un petit magnète suspendu par un fil de cocon.

III. Il n'y a pas jusqu'à l'action de la Terre sur certains cristaux qui ne puisse être reproduite par les systèmes artificiels. M. Rieu a formé un prisme rectangulaire au moyen de bandes de papier un peu magnétique ou contenant des particules de fer superposées verticalement suivant la longueur AB du prisme, et serrées les unes contre les autres par des bandes de soie. Ce système suspendu par un fil de coton, se dirige dans le méridien magnétique.

Un prisme semblable, formé de feuilles perpendiculaires à la longueur AB du prisme, se dirige de l'est à l'ouest, de manière que, dans ce cas comme dans le précédent, les lames et le clivage se maintiennent toujours dans le plan magnétique. Le contraire a lieu quand la poudre de bismuth est dispersée sur les feuilles de papier dont on forme des prismes pareils.

II. — DIRECTION DES LAMES DES CRISTAUX PAR L'ÉLECTROMAGNÈTE.

I. Les propriétés électriques de la tourmaline ont été expliquées dans toute leur étendue page 40; M. Plücker tailla des plaques de tourmaline parallèlement à l'axe AB de ce corps; 1° quand ces plaques sont suspendues par l'extrémité A ou B de l'axe dans l'anastomose, la largeur *mm'* reste sur cette anastomose; 2° si ces plaques sont suspendues par le milieu *mm'* dans l'anastomose, leur longueur AB où est l'axe de cristal se place sur la ligne équatoriale.

II. Le spath calcaire ne contient pas de fer comme la

tourmaline et il est diamagnétique; les plaques taillées parallèlement à l'axe et suspendues dans l'anastomose par les extrémités A ou B, ont la largeur *mm'* sur la direction équatoriale, et suspendues par le milieu *mm'*, elles ont la longueur AB, où se trouve l'axe dans l'anastomose.

III. Un cristal cubique de bismuth suspendu dans l'anastomose est repoussé vers l'une des deux bouches si les faces des lames sont verticales; le même cube reste en repos s'il est suspendu par le milieu de sa face horizontale qui est en même temps parallèle à l'anastomose. Des cristaux d'antimoine et d'arsenic donnent les mêmes résultats.

Il est à remarquer que la pression se manifeste seulement sur celui des côtés qui prend une autre direction, sans qu'en même temps change le centre de gravité; de plus, que la direction se manifeste sous la répulsion produite des équivalents électriques positifs émis d'une bouche de l'électromagnète; ainsi un cristal AB peut se placer indifféremment avec l'une ou l'autre extrémité vers la bouche qui émet les équivalents positifs.

Toutes ces observations doivent être faites sur des pièces polaires à surfaces planes, car alors il y a une grande uniformité dans l'anastomose appelée en ce cas *champ magnétique*. Lorsque les pièces sont terminées en cône, il se produit, dans les points du cristal les plus rapprochés, des répulsions locales qui troublent les résultats, à moins que l'on n'éloigne le cristal, ce qui rend alors les pressions locales insensibles.

IV. MM. Tyndall et Knoblauch ont constaté que c'est le plan de clivage qui détermine la position des lames des cristaux dans l'anastomose: 1° dans les substances magnétiques le plan de clivage est dans l'anastomose; 2° dans les substances diamagnétiques, ce plan est dans la direction équatoriale.

V. Les mêmes physiciens ont fait une pâte *f* de poudre d'oxyde de fer et une autre *b* de bismuth avec de l'eau et de la gomme; ils en formèrent deux barreaux *f'* et *b'*, dont *f'* a été arrêté sur l'anastomose, et *b'* sur la ligne équatoriale. Ayant ensuite comprimé ces barreaux jusqu'à les transformer en disques *f''* et *b''*, les positions ont changé, le disque *b''* se plaça sur l'anastomose et le disque *f''* sur la ligne équatoriale.

VI. M. Matteucci laissa tomber goutte à goutte sur un marbre du bismuth fondu; il en prépara des lames minces dont il a formé des cubes et des barreaux; ces corps suspendus dans l'anastomose prennent une position telle que les lames se trouvent sur la direction équatoriale et perpendiculaire à l'anastomose.

VII. Les substances à structure fibreuse, chez lesquelles les équivalents somatiques sont plus rapprochés suivant les fibres que dans la direction transversale aux fibres, manifestent des effets semblables : des cylindres d'ivoire et de gutta-percha fibreuse se placent de manière que la direction des fibres soit transversale à la ligne axiale ou à l'anastomose.

III. — EXPLICATION DES FAITS OBSERVÉS.

Parmi les grandes découvertes que la physique peut revendiquer, est celle qui à permis de constater : 1° la relation intime existant entre les plans de clivage et la position des cristaux dans l'anastomose ou dans sa perpendiculaire, et 2° la position des lames déterminée par l'écoulement des équivalents terrestres. Tout ce qui a été dit sur l'origine et la nature du magnétisme en général et du magnétisme terrestre sert à expliquer ici les faits diamagnétiques, qui de leur côté, vérifient tout ce qui a été dit précédemment.

I. Le cristal électropositif de bismuth est repoussé par les équivalents électriques aussi bien quand il est dans l'anastomose que quand il est tout près d'un magnète, ou quand il est suspendu et exposé à l'écoulement des équivalents électriques terrestres.

II. Plusieurs autres cristaux se comportent comme les magnètes en se plaçant dans le méridien magnétique, dans lequel ils reviennent chaque fois qu'ils en sont éloignés; ils font même dévier de petits magnètes, dont ils ne diffèrent qu'en ce que leur extrémité nord se maintient également vers le sud.

III. Les prismes composés de feuilles de papier d'émeri ou de papier sur lequel on a fait adhérer la poudre de bismuth, peuvent être considérées comme des cristaux artificiels ayant les équivalents électriques distribués d'une manière analogue, comme cela se manifeste dans les faits observés; néanmoins il faut toujours se rappeler que le prisme AB qui se place sur le méridien magnétique avec l'extrémité A au nord peut également s'y soutenir avec cette extrémité au sud. De même dans l'anastomose, on peut aussi présenter à la bouche positive l'extrémité A ou B.

Les prismes qui contiennent quelques parties d'oxyde de fer se placent avec les plans des faces ou de clivage sur l'anastomose, parce que ces faces opposent aux équivalents électriques une résistance $r - r'$ inférieure à celle de l'air et du papier. Les plans des faces 6 contenant la poudre de bismuth opposent aux équivalents électriques une résistance $r + r'$ qui est supérieure à la résistance r exercée par l'air et le papier.

Les faces 6 de poudre de bismuth se trouvent en un équilibre instable dans l'anastomose et elles ne peuvent acquérir de stabilité que dans la direction équatoriale, où la pression p est distribuée également sur toutes les faces à la fois, et où elles exercent la résistance $r + r'$.

Les faces f de l'oxyde de fer se trouvent en un équilibre instable dans la direction équatoriale; elles ne peuvent obtenir de stabilité que dans l'anastomose.

En exposant ces prismes à l'écoulement des équivalents

terrestres, ils affectent également des positions où ils prennent de la stabilité. Celle-ci est obtenue : 1° pour le prisme *f* dans le sens de la direction des lames du prisme et des équivalents terrestres, et 2° pour le prisme *b* la stabilité a lieu dans la direction verticale à celle de l'écoulement des équivalents électriques terrestres.

IV. Cette stabilité des lames dans l'anastomose ou dans sa perpendiculaire change de position suivant la forme qu'affectent les corps, soit celle de cylindres, de disques, de lames simples ou de lames superposées.

A. Avec la pâte *f* de poudre d'oxyde de fer on a façonné un cylindre *f'* et un disque *f''*; avec une autre pâte *b* de poudre de bismuth on a également fait un cylindre *b'* et un disque *b''*. Ces corps, placés dans l'anastomose, changent de stabilité selon leur forme : 1° Le cylindre ou le barreau *f'* de fer exerce une résistance moindre que l'air, et pour cela il occupe dans l'anastomose le maximum de l'espace afin de faciliter l'écoulement des équivalents électriques; ce cylindre ou barreau joue le rôle d'un tube qui faciliterait l'écoulement d'un fluide et qui trouve sa stabilité dans la direction de cet écoulement.

Sous forme de disque, la même masse facilite également l'écoulement du fluide; toutefois il est en équilibre instable dans l'anastomose à cause des quelques inégalités inévitables entre les deux moitiés du disque. Mais dans la direction équatoriale celui-ci reprend toute sa stabilité, parce que l'écoulement du fluide est également facilité par sa face entière.

2° Le cylindre ou le barreau *b'* de bismuth exerce une résistance $r + r'$ supérieure à celle de l'air, et cette résistance a son minimum quand le cylindre est dans la direction équatoriale où il est stable; car dans l'anastomose, l'une de ses moitiés n'est pas précisément autant repoussée que l'autre.

Sous forme de disque, la résistance n'est pas inférieure quand cette masse est sur l'anastomose, mais la stabilité s'y produit; car dans la direction équatoriale une moitié du disque n'éprouve pas exactement le même degré de répulsion que l'autre, et ainsi l'équilibre y est instable, bien que la résistance soit moindre que dans l'anastomose.

B. Les plaques taillées suivant l'axe AB de la tourmaline sont composées des lames dont les plans de clivage sont perpendiculaires à la surface des plaques AB. Celles-ci, suspendues par une des extrémités A ou B ou par le milieu mm', restent toujours avec les plans de clivage sur l'anastomose.

Le même effet a lieu pour un prisme f formé des feuilles de papier d'émeri, qui se place avec les plans de clivage sur l'anastomose. Un prisme b égal fait de feuilles de papier simple couvert de poudre de bismuth, se place sur la direction équatoriale avec les plans de clivage.

Faisant la comparaison entre les positions stables des prismes f et b et celles des disques f'' et b'', il se manifeste une anomalie, car la stabilité du plan du disque f'' est sur la direction équatoriale, tandis que les plans de clivage de la tourmaline et du prisme f ont sur l'anastomose leur stabilité.

La même anomalie se présente dans la comparaison de la position stable du disque b'' de bismuth et des plans de clivage du prisme b ou des cristaux de spath calcaire.

Ces anomalies ne sont pas réelles, mais elles ont leur cause dans la comparaison des corps différents. La masse métallique d'oxyde de fer ou de bismuth est la seule qui compose les disques f'' et b'', tandis que, dans les cristaux et dans les prismes, cette masse se trouve dans les plans de clivage entre les masses non métalliques.

Il faut donc faire de même avec les disques f'' et b''; pour cela, ils devaient être placés chacun entre deux planches, ou, comme l'a fait M. Matteucci, il faut superposer plusieurs disques pour obtenir des plans de clivage pareils à ceux des lames des cristaux.

V. Les tableaux suivants contiennent une partie des résultats obtenus par MM. Faraday et Becquerel. La lettre B indique que le nombre a été obtenu avec la balance, et la lettre T, par la torsion. Ce dernier moyen a été seul employé dans le cas des liquides. Les résultats sont relatifs à des volumes égaux, et le magnétisme spécifique ou la résistance qu'exerce l'eau sur les équivalents électriques, est pris pour unité.

IV. — TABLEAU DE M. FARADAY.

Protoammoniure de cuivre. . .	+ 1,390	Camphre.	— 0,855
Perammoniure de cuivre. . . .	+ 1,240	Camphine.	— 0,850
Oxygène.	+ 0,181	Huile de lin.	— 0,880
Air.	+ 0,035	Huile d'olive.	— 0,886
Gaz oléfiant.	+ 0,006	Cire.	— 0,887
Azote.	+ 0,003	Acide azotique.	— 0,911
Acide carbonique.	0,000	Ammoniaque liquide.	— 1,010
Hydrogène.	— 0,001	Bisulfure de carbone.	— 1,031
Gaz ammoniacal.	— 0,005	Azotate de potasse saturé. . .	— 1,050
Cyanogène.	— 0,009	Acide sulfurique.	— 1,081
Verre.	— 0,118	Soufre.	— 1,221
Zinc pur.	— 0,772	Chlorure d'arsenic.	— 1,200
Ether.	— 0,797	Borate de plomb fondu. . . .	— 1,413
Alcool absolu.	— 0,815	Bismuth.	—20,309
Essence de citron.	— 0,828		

V. — TABLEAU DE M. BECQUEREL.

SOLIDES.		Magnétisme spécifique dans l'air.	LIQUIDES.		Poids spécifique.	Magnétisme spécifique dans l'air.
Eau.	T	— 1	Eau.		1	— 1
Zinc.	T	— 0,25	Alcool.		0,8059	— 0,97
Cire blanche.	T	— 0,57	Dissol. de	Ammoniaque.	»	— 1,02
Soufre fondu.	T	— 1,11		Sel marin.	1,2081	— 1,13
Cuivre galvanoplastique.	B	— 1,11		Chlorure de magnésium.	1,3197	— 1,21
Cuivre pur.	B	— 1,08	Sulfure de carbone.		»	— 1,33
Plomb d'œuvre.	T	— 1,53	Dissolution de	Sulfate de cuivre. . . .	1,1205	+ 0,81
Phosphore.	T	— 1,64		Sulfate de nickel. . . .	1,0827	+ 2,10
Sélénium.	T	— 1,65		Protosulfate de fer. . .	1,1728	+18,02
Argent pur.	B	— 2,32		*Id.*	1,1923	+21,12
Or (pépite).	B	— 2,41		Protochlorure de fer. .	1,0695	+ 9,19
Or pur.	B	— 3,47		*Id.*	1,2707	+30,07
Bismuth.	T	—21,76		*Id.*	1,1331	+65,81
Bismuth	B	—22,67				

Pour trouver le magnétisme ou la relation entre la résistance r du fer et celle R de l'eau, M. Becquerel a employé le calcul suivant : un centimètre cube de protochlorure de fer en dissolution renferme $0,2=\frac{1}{5}$ de milligramme de fer et exerce la résistance $+658,13$, tandis que l'eau sous le même volume exerce la résistance -10, la relation $\frac{-10}{+658,13}=-0,0152$ multipliée par $0,2$ doit exprimer une résistance équatoriale produite par la quantité $0,0152.0,2=0^{s},003$ de fer par centimètre cube. Chaque centimètre cube de fer massif pesant $7^{s},788$, les résistances r, r' et $-r''$ du fer, du protochlorure de fer et de l'eau seront, à volume égal, $0,000001=r$, $\frac{1}{25,7}=r'$ et $\frac{1}{0,4}=-r''$; et, à poids égal, $0,000001=r$, $\frac{1}{140}=r'$ et $\frac{1}{5}=-r''$; M. Becquerel admet pour les résistances r, r', r'' les valeurs $+1000000=r$, $+25,7=r'$ et $0,4=r''$, et cela parce que r exprime alors la quantité QÊ des équivalents écoulés par l'anastomose.

VI. — OBSERVATIONS DES TABLEAUX.

Les résultats obtenus par des modes différents d'observations diffèrent trop peu pour qu'on révoque en doute l'existence des faits diamagnétismes. Ceux-ci sont même en accord parfait avec l'écoulement des équivalents électriques qui les produit.

Les quelques différences qu'on remarquera entre ces tableaux serviront précisément à mieux constater l'exactitude des observateurs. M. Faraday trouva le verre repoussé dans la direction équatoriale, où il est maintenu dans le vide par une pression évaluée à $-0,118$, celle de l'eau étant -1. M. Becquerel trouva le tube de verre maintenu dans l'anastomose avec une pression de $+7°,50$ dans le vide, de $+6°,35$ dans l'air et $+1°,75$ dans l'oxygène.

Quand le tube de verre était rempli de cire, il a été repoussé dans la direction équatoriale où il a été maintenu par une pression évaluée à —0,2675 dans l'oxygène, à —0,1746 dans l'air, à —0,1145 dans le vide, et à +0,7033 quand le tube était dans l'eau. Pour cette raison, dans le tableau de M. Becquerel, on ne trouve pas de valeur affectée au verre.

La valeur de la cire est —0,88 dans un tableau, et —0,57 dans l'autre; cette différence est produite par le tube et n'est pas le résultat d'observations inexactes.

Sauf les dissolutions de sels de fer et du sulfate de cuivre, tous les corps exercent une résistance plus grande que le vide; le tableau de M. Faraday contient plusieurs substances, surtout l'oxygène et l'air, qui doivent exercer une résistance moindre que le vide; ces gaz ne sont pas dans le tableau de M. Becquerel.

Ce physicien trouva la relation 100 : 21 entre la résistance $r+r'$ de l'oxygène et celle r de l'air, par trois procédés différents : 1° par un tube de verre, 2° par un tube de verre rempli de cire, et 3° par un cylindre de charbon.

Parmi les métaux c'est le zinc qui exerce le minimum de résistance trouvée de —0,25 par M. Becquerel, et de —0,77 par M. Faraday, c'est au contraire le bismuth qui exerce le maximum de résistance $r+r'=-22{,}65$. Entre ces deux extrêmes —0,25 et —22,64 viennent se placer les résistances décroissantes d'autres métaux, tels que l'or, l'argent, le plomb et le cuivre.

Dans la série obtenue par les métaux électropositifs et électronégatifs, le bismuth est le plus électropositif et le zinc est très-électronégatif; les moins électronégatifs sont l'argent, l'or, le cuivre et le plomb. La grande résistance du bismuth est donc un effet de son état électropositif.

De même l'oxygène $\bar{O}\bar{E}$ exerce une grande résistance par ses équivalents positifs $\bar{E}$, et loin d'être rapprochée du fer et du vide qui exercent un minimum de résistance, l'oxygène doit être placé à côté du bismuth, comme cela résulte de toutes les observations quand on considère la grande résistance qu'oppose l'oxygène à l'écoulement des équivalents électriques.

Ainsi s'explique la diminution de la résistance aux températures élevées, qui dépend, non pas du changement de l'état solide en état liquide ou vaporeux, mais de la densité de chaleur $\overset{+}{E}\overset{-}{E}^2$ dont les équivalents négatifs $\overset{-}{E}$ en excès font diminuer la résistance $r+r'$ produite par les équivalents positifs des solides à la température ordinaire.

CHAPITRE VI.

MOTEURS ÉLECTROMAGNÉTIQUES.

Quelques physiciens, sans avoir la moindre idée de la cause motrice, ni des machines à vapeur, ni de celle des écoulements des équivalents électriques, ont tenté de remplacer 1° les fourneaux chauffés avec le charbon au moyen de couples de piles, et 2° la vapeur par les équivalents électriques. Il ne paraît pas jusqu'à présent qu'ils aient réussi dans leurs tentatives pour faire une pareille découverte; on peut dire à leur excuse que les notions nécessaires leur manquaient. Ceux de ces physiciens qui sont d'une opinion contraire, n'ont pas de preuve directe pour convaincre d'erreur leurs adversaires et les faire renoncer à perdre leur temps à des recherches pareilles.

Ce grand problème se trouve ici résolu spontanément de la manière suivante : l'origine du mouvement des corps se trouve toujours dans le mouvement des fluides impondérables, et ceux-ci ne peuvent se mettre en mouvement avant d'être ramenés à l'état d'équilibre détruit ou d'*anisorrhopie*.

I. La destruction de l'équilibre de chaleur écoulée pour mettre les machines en mouvement s'opère par la production des masses nouvelles de chaleur par la combinaison des équivalents positifs $\bar{E}$ de l'oxygène $\bar{O}\bar{E}$ de l'air conduit dans le fourneau où se trouvent les équivalents négatifs $\bar{E}$ du charbon $C\bar{E}^3$. Le torrent *thermotique* a donc sa source dans le fourneau et son embouchure dans la surface de la chaudière dont la base du piston fait partie intégrante. L'origine du mouvement de ces masses de chaleur se trouve dans l'élasticité ou dans l'*orgasme* des équivalents électriques $\dot{E}\bar{E}^2$, *orgasme* qui n'est qu'une tendance naturelle à augmenter indéfiniment de volume. Nous prouverons même dans la suite l'origine de cette tendance, car ici tous les faits cosmiques sont ramenés à une cause primitive, qui est l'action suprême, qui divisa le fluide primitif appelé *électre* en deux masses inégales $M + M'$ et M, et en les comprimant également elle les a réduits en deux volumes égaux où ces masses se trouvèrent, l'une $M + M$ en densité $D + d$, et l'autre M en densité inférieure D.

II. La destruction de l'équilibre des équivalents électriques écoulés pour mettre en mouvement les machines électromagnétiques a son origine dans la répulsion mutuelle des équivalents électriques homonymes contenues dans la chaleur $\dot{E}\bar{E}^2$ des liquides des couples et dans leurs masses solides métalliques ou non métalliques.

L'écoulement des équivalents électriques s'opère comme celui de la chaleur; il y a d'une part éloignement d'équivalents électriques du circuit, et ces équivalents éloignés sont remplacés par d'autres en masses égales qui entrent dans le circuit.

Ce qu'on appelle le *travail d'une machine* est la pression P qu'exercent les équivalents de l'eau, de l'air, de la chaleur ou de l'électricité sur les corps, en une unité de temps, par la quantité Q d'équivalents du fluide en écoulement. Dans les machines à l'eau, à l'air, à la chaleur et à l'électricité, le travail est exprimé par la quantité Q du fluide écoulé; pour obtenir un travail supérieur il faut faire en sorte que cette quantité augmente et devienne $Q + Q'$.

Pour la chaleur il y a deux moyens de faire augmenter

cette quantité : 1° si la température de l'air reste constante, il faut élever celle du fourneau, ou 2° si la température du fourneau reste constante, il faut baisser celle de l'air ambiant. Dans ces deux cas, la quantité Q d'équivalents électriques en écoulement augmente, à cause de l'inégalité des températures qui croît des deux manières indiquées.

L'écoulement des équivalents électriques dans le circuit augmente également de deux manières pareilles : 1° si les corps qui sollicitent l'éloignement des équivalents électriques du circuit restent les mêmes, l'écoulement des équivalents augmente quand leur production devient plus grande ; 2° si les corps qui produisent les équivalents électriques restent les mêmes, l'écoulement des équivalents augmente également, quand leur éloignement devient plus grand.

III. La destruction électromagnétique de l'équilibre produite par l'interruption du courant fait augmenter le travail ; non pas cependant qu'il y ait augmentation réelle d'équivalents électriques écoulés, parce que l'interruption fait même qu'il se perd une quantité d'équivalents avant de parcourir le circuit. Le travail augmente en ce cas par la diminution de sa perte qui a lieu quand ce travail est produit par l'écoulement directe des équivalents électriques dont une quantité Q″ est ramenée à l'état stationnaire par la résistance qu'ils éprouvent dans leurs homonymes.

Les appareils peuvent faire accumuler les équivalents électriques d'un couple et les laisser s'écouler à de courts intervalles, pour vaincre dans les corps la force ou la compression *coercitive* P′, qui maintient et conserve chaque corps dans l'état où il existe. Quand cette compression coercitive P′ est supérieure à la pression P, tout le travail est perdu ; pour éviter cette perte, il faut faire la pression P supérieure à la compression P′.

Pour obtenir une grande pression P électrique dans un circuit, la première condition est d'y introduire des grandes masses d'équivalents électriques qui doivent toujours se séparer des équivalents de chaleur $\bar{E}\bar{E}^2$. Ainsi la chaleur, dont l'écoulement est la cause motrice des machines à vapeur, fournit les équivalents électriques utilisés pour le mouvement des machines électriques.

Sous ce point de vue M. Liebig a tenté d'expliquer le travail des animaux comme un effet des éléments électriques contenus dans la nourriture, et qui se combinant, au moyen de la combustion, avec l'air dans les poumons, produisent une quantité de chaleur suffisante pour faire apparaître ce travail. En tout cas, dès qu'on arrive à constater dans la décomposition de la chaleur l'origine des électricités, il devient évident qu'il est plus avantageux d'utiliser directement l'écoulement de la chaleur, que de chercher à la décomposer et à utiliser l'écoulement de ses équivalents comme cause motrice.

Dans l'explication de l'origine de la chaleur animale en hiver et dans les régions polaires, nous avons prouvé que l'air chaud contenu dans les poumons, vient en contact et se combine avec l'air froid inspiré. Cette combinaison de masses d'air à des températures différentes produit l'eau et tous les phénomènes atmosphériques.

Peut-être sommes nous à la veille d'un immense progrès : peut-être nous sera-t-il donné d'utiliser comme cause motrice, cette transformation en eau des masses d'air anisothermes.

Cette grande découverte, dont nos lecteurs ont déjà pressenti l'importance, changera la face du monde scientifique et celle du monde industriel.

V

RÉFORME DE LA PHYSIQUE

PAR

LA DÉCOUVERTE DE LA CAUSE DE L'OXYGÈNE OZONÉ ET DU FER PASSIF.

Ces deux objets, quoique de nature différente, vont être ici traités ensemble, parce que, découverts par M. Schoenbein, ils ont été présentés en deux séries de phénomènes isolés qui ont excité au plus haut degré la curiosité des physiciens.

Les travaux nombreux dont ces phénomènes ont été l'objet n'ont servi qu'à mieux mettre au jour la profonde ignorance de l'homme : cette ignorance, du reste, dont les anciens s'étaient rendu un compte exact, les modernes, grâce à la multiplicité des faits par eux découverts, se sont en vain flattés de l'avoir fait cesser.

Les deux séries de phénomènes sur les propriétés de l'oxygène et sur celles du fer passif ne se trouvent en aucun point d'accord avec les hypothèses avancées par les physiciens et les chimistes sur la relation entre les actions chimiques et la production de l'électricité. Toutefois entraînés par leurs premières erreurs, et voulant les cacher à tout prix, les chimistes furent fatalement amenés à en commettre de nouvelles : en effet, en adoptant des hypothèses sans base et

24

sorties de leur imagination, ils se mirent dans l'impossibilité de découvrir la vraie loi physique.

Ainsi cette foule de faits découverts ne pouvaient en aucune façon être condensés comme les faits mathématiques, dans quatre règles fondamentales; on essaya de les disposer par groupes; puis, dans chacun de ces groupes composés de faits cosmiques amorphes, on voulut voir un nouveau système, que dis-je? toute une science nouvelle que l'on fit sonner bien haut. Le nombre, si ce n'est la qualité, devait être une preuve incontestable du progrès réalisé.

Cependant en augmentant le nombre de ces sciences prétendues, on n'augmenta pas pour cela celui des faits qui meublent l'intelligence de l'homme, et les savants dans une science restèrent plus que jamais ignorants dans les autres.

Si l'on n'avait pas créé cette foule d'hypothèses sur la nature des fluides impondérables, il me serait bien facile de *faire connaître* leur *origine* commune, leur mode de production et la différence qui les caractérise.

Si les faits cosmiques étaient produits groupe par groupe comme ils se trouvent actuellement dans l'intelligence de quiconque a déjà embrassé une science, il me serait facile de donner séparément l'explication de chacun des groupes pareils, et je pourrais être compris des personnes cultivant séparément chaque science.

Mais c'est d'une origine commune que sont sortis les fluides impondérables; et c'est le fluide, inconnu jusqu'à présent et appelé ici *barogène*, qui est la cause de la pondérabilité des combinés dans lesquels on le rencontre.

On voit donc qu'il est absolument impossible que je puisse m'entendre avec les savants; car forcé d'exposer les faits dans l'état où ils se trouvent, je ne puis pas les présenter dans l'état ou dans l'ordre que les lecteurs *désireraient*. Aussi n'est-ce que parmi la jeunesse, âge où le jugement n'a pas encore été faussé par des idées préconçues, que je puis espérer voir mes ouvrages pénétrer d'abord.

Quelque explication que j'aie à donner, je ne puis le faire sans prouver une fois de plus que la production des faits a lieu par l'écoulement des fluides impondérables ; c'est un fait que je ne puis me borner à constater purement et simplement, car l'esprit des savants étant imbu d'idées fausses, il faut d'abord s'attacher à les combattre et à réfuter les hypothèses généralement admises.

Le lecteur verra comment des phénomènes en apparence bizarres peuvent s'arranger de manière à former une série où les faits sont liés entre eux par les lois physiques comme causes et effets.

I. — NOTIONS PRÉLIMINAIRES SUR L'OXYGÈNE OZONÉ.

Les chimistes, tout en connaissant les changements qui ont lieu dans les équivalents somatiques des combinés, ont cependant à peine quelque notion de ces équivalents qui constituent les deux électricités $n\overset{+}{E}$ et $n\overset{-}{E}$; le symbole $\overset{+}{E}$ indique les équivalents qui constituent l'électricité positive $n\overset{+}{E}$, et $\overset{-}{E}$ indique les équivalents qui constituent l'électricité négative $n\overset{-}{E}$; ces équivalents sont appelés ici *syzygues*.

Les combinés appelés ici *zeugme* (ζεῦγμα) consistent en syzygues électropositifs appelés *pycnosyzygues* et en syzygues électronégatifs appelés *aréosyzygues*.

Si, dans un combiné ou *zeugme*, les équivalents ou les syzygues hétéronymes sont égaux, ce zeugme est *isozygue* comme l'eau $\overset{+}{H}\overset{-}{O}$; si, au contraire, les syzygues hétéronymes sont inégaux, le zeugme est *peritlozygue* comme l'eau oxygénée $\overset{+}{H}\overset{-}{O}^2$ et la chaleur $\overset{+}{E}\overset{-}{E}^2$; tel est aussi l'oxygène ozoné $\overset{-}{O}\overset{-}{E}\overset{+}{E}$ ou $\overset{+}{E}\overset{-}{O}\overset{-}{E}$.

Les chimistes n'ont pas manqué de reconnaître un état

semblable entre l'oxygène ozoné, l'eau oxygénée, le chlore, l'iode et l'hydrogène obtenu dans le galvanomètre au moyen d'une lame à la place d'un fil. En effet, cet hydrogène est un combiné de forme $\overset{+}{H}\bar{E}^2$. On a donné à tous les combinés semblables le nom de *thermoïde*, pour prouver que ce genre de *zeugmes* a des équivalents hétéronymes inégaux, comme le sont ceux de la chaleur.

Les combinés ou zeugmes *photoïdes* sont ceux dans lesquels un syzygue est négatif et deux positifs, comme dans les combinés $\overset{+}{E}\bar{E}$ qui constituent la lumière; de pareils combinés somatiques n'existent pas, mais leur forme se trouve dans les acides.

L'odeur que répand l'oxygène ozoné est un effet des équivalents $\bar{E}$ négatifs répandus par la répulsion qu'ils exercent entre eux. Ainsi les odeurs sont l'effet de ce fluide, comme les couleurs le sont de la lumière.

II. — NOTIONS PRÉLIMINAIRES SUR LA PASSIVITÉ DU FER.

L'opinion des physiciens est partagée sur la cause de la passivité du fer : 1° Les uns admettent, comme pour l'oxygène ozoné, un état électrique différent; 2° les autres croient qu'il se forme sur le fer un oxyde de nature inconnue qui empêche l'oxydation; ces deux opinions n'accordent en ce point que, des deux parts, on avoue une égale ignorance sur la cause véritable de la passivité de fer; toutefois les chimistes, en ce cas même, ne conviennent pas qu'ils ignorent également la cause de l'activité du fer et des autres métaux.

Comme dans l'oxygène on a constaté dans le fer un état électrique qui, en certains cas, empêche totalement l'oxydation, tandis qu'en certains autres celle-ci apparaît périodiquement à de courts intervalles. Cette périodicité des décharges produites par l'accumulation des équivalents électriques, nous servira, dans le traité de la Pathologie, pour expliquer les fièvres et les douleurs périodiques, qui ne sont que l'effet de pareils écoulements d'équivalents électriques, écoulements qui entretiennent la vie chez les plantes et chez les animaux.

CHAPITRE PREMIER.

OXYGÈNE OZONÉ, SA FORMATION ET SES ÉLÉMENTS.

I. — DESCRIPTION DES FAITS OBSERVÉS.

1° Vers 1786, Van-Marum ayant fait passer un grand nombre d'étincelles électriques à travers du gaz oxygène ÖË renfermé dans une éprouvette placée sur le mercure, trouva que ce gaz avait acquis une odeur piquante se rapprochant de celle de l'acide sulfureux, de l'acide nitreux et du phosphore; cette odeur, produite par les étincelles électriques, ne pouvait être considérée que comme un effet électrique, sans que l'on connût ni la nature des étincelles ni le mode suivant lequel ces étincelles font prendre à l'oxygène cette odeur pénétrante; alors comme à présent on ne connaissait pas la nature du fluide que répandaient des corps qui émettent une odeur quelconque, Van-Marum reconnut aussi que l'oxygène odorant avait acquis la propriété d'oxyder très-rapidement le mercure à froid.

2° Vers 1840, M. Schœnbein remarqua que l'oxygène, dans l'électrolyse de l'eau acidulée au moyen d'électrohodes en or ou en platine, possède une odeur pénétrante : une odeur pareille se répand autour des machines électriques en activité.

3° L'air ou l'oxygène humides amenés sur les fragments

de phosphore deviennent ozonés; l'oxygène ordinaire sec et séparé des autres gaz est incapable de prendre, par le phosphore, l'odeur pénétrante.

5° Les gaz acide carbonique, hydrogène et azote, secs ou humides, ne reçoivent du phosphore aucune odeur; mais l'oxygène sec, mêlé avec ces gaz, devient ozoné quand il arrive en contact avec les fragments de phosphore, comme il le devient quand il est humide.

5° Le phosphore ne répand de lueur ni dans l'oxygène sec ni dans les gaz ci-dessus nommés, mais seulement dans l'oxygène humide ou mêlé avec ces gaz; en un mot cette lueur est intimement liée avec la production de l'oxygène ozoné; ce fait, de la plus haute importance, trouve ici son explication.

6° L'oxygène ozoné n'apparaît dans l'électrolyse de l'eau que quand l'électrohode est inoxydable et quand l'eau est mêlée avec les acides sulfurique, azotique ou phosphorique ou contient certains sels oxygènes.

7° L'oxygène ozoné ne se produit pas par l'eau acidulée avec les hydroacides ou mêlée avec les chlorures, bromures, iodures.

8° Cet oxygène est produit par l'électrolyse de l'eau dans le vide, sans que la présence de l'azote soit pour cela nécessaire.

9° L'oxygène ordinaire devient ozoné au moyen de l'électrisation par influence, quand il est contenu dans un tube scellé à la lampe et placé entre les pointes d'un excitateur universel. On fait passer entre ces pointes une série d'étincelles qui lèchent la surfate externe du tube. L'oxygène devenu ozoné fait bleuir le papier amidonné et ioduré renfermé dans le tube.

10° Si l'on remplace l'oxygène par un autre gaz le papier ne se colore pas; cela prouve que l'oxygène ordinaire ÕË seul devient, par l'électricité, apte à se combiner avec le potassium et à en séparer l'iode.

11° Toute la quantité d'oxygène ordinaire contenue dans un tube ne peut devenir ozonée qu'à mesure que les portions qui le sont déjà sont éliminées; autrement l'odeur pénétrante est produite d'une très-petite particule d'oxygène ozoné, qui peut être évaluée d'après la petite quantité d'iode qui a été reproduite de l'iodure de potassium exposé à cet oxygène.

12° L'oxygène de l'air, exposé aux décharges fréquentes de l'électromagnète de Ruhmkorff, se combine avec l'azote et fait apparaître l'acide azoteux; cet acide devient azotique quand il est renfermé avec l'oxygène pur et soumis aux courants électriques.

13° Un volume d'azote avec trois volumes d'hydrogène contenus dans un tube se combinent et forment l'ammoniaque quand le tube est exposé aux mêmes décharges de l'électromagnète.

14° De même que les fragments de phosphore, ainsi les essences de térébenthine, de citron, de menthe, de lavande, font devenir ozoné l'oxygène ordinaire, qui est produit en quantités supérieures dans les forêts à arbres résineux, et qui est très-rare dans les villes peuplées et éloignées des grandes forêts de pins.

15° L'oxygène ozoné disparaît subitement et revient à l'état d'oxygène ordinaire, quand on projette dans le flacon de la poussière de charbon.

16° L'oxygène ozoné, sans être réduit à l'état d'oxygène ordinaire, s'en sépare pour se combiner avec le métal oxydable réduit en poudre ou avec le mercure qu'on jette dans le flacon. En ce cas, de même que précédemment, une très-petite quantité d'oxygène se trouve ozoné.

17° Ainsi que le charbon, de même une température élevée fait perdre son odeur à l'oxygène ozoné, et lui fait acquérir la propriété de l'oxygène ordinaire. Mais il faut pour cela une température au-dessus de 250°; une température de 100° agit très-lentement.

18° Les vapeurs d'eau changent immédiatement l'oxygène ozoné en oxygène ordinaire.

19° L'air humide, sous l'influence d'une vive lumière, fait prendre à l'oxygène de l'air la propriété de l'oxygène ozoné : deux éprouvettes renfermant des bandes de papier ioduré ayant été suspendues sous une cloche pleine d'air humide et exposées aux rayons solaires, le papier bleuit dans l'une d'elles, et resta blanc dans l'autre qui était rendue opaque par une enveloppe de papier noir.

Tous ces faits et mille autres de nature très-différente n'ont pu cependant être disposés de manière à montrer comment l'oxygène de l'électrolyse, celui parcouru par les étincelles et celui qui a été en contact avec le phosphore ou les essences, acquièrent des propriétés chimiques et physiologiques si bien constatées.

Si je ne possédais d'autres ressources que les moyens ordinaires déjà connus des physiciens, je ne serais certainement pas plus qu'eux en état d'en dire plus long que ce qui a été dit par les personnes compétentes. Mais j'ai un moyen infaillible d'expliquer tous les faits décrits, et je n'aurai pour cela recours à aucune hypothèse. Et ce qui paraîtra plus surprenant, c'est que l'explication de faits pareils est d'autant plus aisée qu'ils sont, pour ainsi dire, à l'état brut et qu'ils n'ont pas été défigurés par des hypothèses fausses et des *noms* vides de sens.

Chaque fait est ici présenté 1° dans sa production toujours opérée par l'écoulement des équivalents électriques, et 2° dans la conservation de son état actuel, non pas en vertu d'une prétendue inertie, mais par un équilibre qui est produit par les résistances mutuelles entre les fluides composés d'équivalents homonymes.

Les faits énumérés suivant l'ordre de leur découverte peuvent être classés de la manière suivante : 1° ceux de la production de l'oxygène ozoné, 2° ceux de la production simultanée des nouveaux corps par la production de l'oxygène ozoné ou de l'hydrogène d'une forme pareille, et 3° ceux qui sont produits par l'oxygène ozoné et par les corps formés, comme celui-ci, d'un équivalent électropositif et de deux équivalents électronégatifs.

II. — EXPLICATION DES FAITS DÉCRITS.

Nous allons premièrement exposer et expliquer le mode suivant lequel, d'après les lois physiques, l'oxygène, l'hydrogène, l'eau et plusieurs corps ordinaires, dont les éléments consistent en un équivalent positif et un négatif, reçoivent encore un équivalent négatif pour prendre une forme thermoïde pareille à celle des combinés $\overset{+}{E}\overset{-}{E}^2$ qui constituent la chaleur.

A. Formation de l'oxygène ozoné et des thermoïdes.

Les combinaisons binaires des équivalents somatiques hétéronymes, comme ceux de l'eau $\overset{+}{H}\overset{-}{O}$, correspondant aux iris $\overset{+}{E}\overset{-}{E}$; les combinés produits d'une *iris* et d'un équivalent négatif $\overset{-}{E}$ forment la chaleur qui se soutient plus facilement que la lumière composée des combinés $\overset{+}{E}^2\overset{-}{E}$ dans lesquels entrent deux équivalents positifs et un équivalent négatif.

I. *Déplacements des équivalents et formation des nouveaux corps*. Un combiné $\overset{+}{E}\overset{-}{E}^2$ de chaleur est *électrique*, parce que ses trois équivalents sont tous impondérables; ce combiné est un thermoïde *somatique* comme l'eau oxygénée $\overset{+}{H}\overset{-}{O}^2$ où l'équivalent positif $\overset{+}{E}$ est remplacé par l'hydrogène somatique $\overset{+}{H}$, et les deux équivalents négatifs $\overset{-}{E}^2$ sont remplacés par l'oxygène somatique $\overset{-}{O}^2$.

En remplaçant dans cette eau oxygénée les équivalents somatiques $\overset{+}{H}\overset{-}{O}$ hétéronymes par des équivalents électriques ou par une *tris* $\overset{+}{E}\bar{E}$, de l'eau oxygénée $\overset{+}{H}\bar{O}^2$ il se produit l'oxygène ozoné $\bar{O}\overset{+}{E}\bar{E}$ qui est un thermoïde *électrosomatique* ou une thermoïde non composée.

Si dans l'eau oxygénée on remplace les deux équivalents négatifs $\bar{O}^2$ par deux équivalents homonymes électriques, on obtient l'hydrogène $\overset{+}{H}\bar{E}^2$ thermoïde produit dans le voltamètre quand le fil négatif est remplacé par une lame.

Les métalloïdes, tels que le chlore, l'iode, le brome et le fluor, sont tous des combinés électrosomatiques thermoïdes comme l'oxygène ozoné, avec la différence que celui-ci $\bar{O}\overset{+}{E}\bar{E}$ consiste en une *tris* $\overset{+}{E}\bar{E}$ combinée avec un équivalent somatique négatif $\bar{O}$, tandis que les quatre métalloïdes ci-dessus consistent en un équivalent positif électrique $\overset{+}{E}$ et un équivalent négatif somatique double, analogue à $\bar{O}^2$. De sorte que ces métalloïdes sont thermoïdes comme l'eau oxygénée $\overset{+}{H}\bar{O}^2$ où l'hydrogène $\overset{+}{H}$ est remplacé par un équivalent électrique $\overset{+}{E}$ homonyme; en exprimant par $\bar{\mu}$ l'équivalent somatique négatif, la forme du chlore est $\bar{\mu}\bar{\mu}\overset{+}{E}$; il en est de même pour le brome, l'iode et le fluor.

L'oxygène ordinaire devient ozoné quand les équivalents négatifs $\bar{E}^2$ de la chaleur éprouvent un déplacement pour se mêler avec l'oxygène qui se combine en pareils cas ou se mêle seulement avec ces équivalents négatifs $\bar{E}$ pour les laisser se répandre par leur répulsion mutuelle et produire l'odeur piquante.

A. De l'oxygène produit par la décomposition de l'eau, il ne reste à l'état ozoné qu'une quantité toujours très-médiocre, et celle-ci se conserve si elle n'est pas éloignée par une combinaison avec l'électrohode oxydable ou avec l'hydroacide et les dissolutions des iodures, chlorures, etc.

B. Le plus souvent l'oxygène ozoné des expériences différentes a été produit par les étincelles des machines ou par celles des électromagnètes. Les décharges des équivalents positifs $\overset{+}{E}$, en pénétrant l'air, en repoussent leurs homonymes $\overset{+}{E}$ de la chaleur $\overset{+}{E}\bar{E}^2$ et de l'oxygène $\bar{O}\overset{+}{E}$; l'un $\overset{+}{E}$ des équivalents négatifs $\overset{=}{E}^2$ se mêle avec deux équivalents positifs $\overset{+}{E}^2$ et forme un combiné de lumière $\overset{+}{E}^2\overset{=}{E}$ qui constituent les étincelles; l'autre équivalent $\overset{=}{E}$ se mêle avec l'oxygène $\bar{O}\overset{+}{E}$ pour le rendre thermoïde $\bar{O}\overset{+}{E}\overset{=}{E}$ ou ozoné.

Si l'on opère avec une grande machine, l'odeur produite dans l'appartement disparaît en quelques minutes par la dispersion des équivalents négatifs $\overset{=}{E}$. Mais si l'air est renfermé dans un tube dans lequel ou autour duquel s'écoulent les masses d'équivalents positifs $\overset{+}{E}$, leurs hétéronymes $\overset{=}{E}$, séparés de la chaleur, restent mêlés avec l'oxygène, parce que dans ce cas ils ne peuvent pas se disperser à cause de la résistance r qu'exerce le verre.

Toutefois, quand des équivalents négatifs arrivent à un certain degré de densité, la répulsion $r + r'$ entre eux augmente et devient suffisante pour vaincre la résistance r du verre; alors la quantité de l'oxygène ozoné, au lieu d'augmenter, s'arrête, et diminue même jusqu'à un certain degré.

C. *Production de l'oxygène ozoné par la lumière.* Les équivalents positifs des machines produisent la décomposition de la chaleur pour laisser passer ses équivalents négatifs $\overset{=}{E}$ à l'oxygène $\bar{O}\overset{+}{E}$; les équivalents positifs $\overset{+}{E}$ denses de la lumière solaire, repoussent de la chaleur $\overset{+}{E}\overset{=}{E}^2$ leurs homonymes $\overset{+}{E}$, et une quantité des équivalents négatifs $\overset{=}{E}$ n'est pas suffisante pour se mêler avec l'oxygène et y rester conservée; mais les deux équivalents négatifs $\overset{=}{E}$ et $\bar{O}$ remplacent dans le potassium l'équivalent d'iode qui est égal à deux équivalents $\bar{O}^2 = \bar{\mu}\bar{\mu}$ négatifs.

L'effet identique produit par la lumière et par les étincelles électriques prouve ici l'identité des éléments de la lumière $\overset{+}{E}^2\overset{=}{E}$ et des décharges électriques; cet effet, loin de soulever quelque difficulté dans l'explication, confirme au contraire tout ce qui a été dit sur les éléments de la lumière.

Cette production et consommation simultanée de l'oxygène ozoné produite par la lumière est aussi produite par les décharges électriques en présence des corps qui sollicitent la combinaison de l'oxygène ozoné ; tels sont les cas suivants :

1° Si l'éprouvette contient l'oxygène ordinaire $\bar{O}\overset{+}{E}$ et les acides azoteux $Az\bar{O}^4$ ou sulfureux $S\bar{O}^2$, une partie de l'oxygène disparaît, et les acides deviennent azotique AzO^6 et sulfurique SO^3. Ces faits ainsi exposés semblent enveloppés de mystère, parce qu'on ne voit pas comment s'opèrent ces déplacements d'équivalents. Pour s'en rendre bien compte, il faudrait connaître la formation des sels par la combinaison de ces acides, par exemple quand l'éprouvette contient une base forte comme la potasse et une quantité d'air humide.

2° L'azote Az^2 est un corps indécomposable sans pour cela être simple; il est tel parce qu'il est un reste de la séparation d'un équivalent d'oxygène $\bar{O}\overset{+}{E}$ des quatre équivalents d'eau $\overset{+}{H}^4\bar{O}^4\overset{+}{E}^4\bar{E}^8$. L'équivalent double Az^2 d'azote est :

$$\overset{+}{H}^4\bar{O}^4\overset{+}{E}^4\bar{E}^8 - \bar{O}\overset{+}{E} = \overset{+}{H}^4\bar{O}^3\overset{+}{E}^3\bar{E}^8 = Az^2 ;$$

les $\overset{+}{E}^4\bar{E}^8$ sont la chaleur latente des quatre équivalents d'eau $Aq^4\theta^4 = \overset{+}{H}^4\bar{O}^4\overset{+}{E}^4\bar{E}^8$.

Les équivalents électriques positifs $\overset{+}{E}$ qui viennent de la machine ou de l'électromagnète repoussent leurs homonymes $\overset{+}{E}$ de l'oxygène $\bar{O}\overset{+}{E}$ et de la chaleur $\overset{+}{E}\bar{E}^2$, ainsi les $\bar{E}^8$ équivalents de l'azote $Az^2 = \overset{+}{H}^4\bar{O}^3\overset{+}{E}^3\bar{E}^8$ se combinent avec 8 équivalents d'oxygène $8\bar{O}\overset{+}{E}$, et il en résulte le combiné

$$Az^2O^8 = \overset{+}{H}^4\bar{O}^3\overset{+}{E}^3\bar{O}^8\overset{+}{E}^8\bar{E}^8 = \overset{+}{H}^3\bar{O}^3\overset{+}{E}^3\bar{E}^6\overset{+}{H}\bar{E}^2\bar{O}^8\overset{+}{E}^8.$$

A cause de la présence de la base $M^2\bar{O}^2\bar{E}^4$, il s'en sépare également des équivalents négatifs $\bar{E}^4$ dont $\bar{E}^2$ sont remplacés par deux équivalents $\bar{O}^2$ d'oxygène somatique et $\bar{E}^2$ par les éléments somatiques de l'acide Az^2O^8. Les quatre équivalents négatifs $\bar{E}^4$ de la base $M^2\bar{O}^2\bar{E}^4$ et les deux autres qui se trouvaient dans les deux équivalents d'oxygène $2\bar{O}\overset{+}{E}\bar{E}$ ozonés se combinent avec les deux équivalents positifs $\overset{+}{E}^2$ de cet oxygène $2\bar{O}\overset{+}{E}\bar{E}$ et avec un équivalent positif $\overset{+}{E}$ de l'acide $Az^2\bar{O}^8\overset{+}{E}^3$; ainsi sont produits trois équivalents de chaleur $\overset{+}{E}^3\bar{E}^6$ et deux équivalents d'azotate

$$M^2O^2H^4O^3E^2O^{10} = M^2O^2Az^2O^{10} = 2MOAzO^5.$$

3° Si l'éprouvette contient un volume d'azote et trois volumes d'hydrogène, il se combine six équivalents $\overset{+}{H}^6\overset{+}{E}^6$ d'hydrogène avec les six équivalents négatifs de l'équivalent double d'azote $Az^2 = \overset{+}{H}\bar{E}^2\overset{+}{H}^3\bar{O}^3\overset{+}{E}^3\bar{E}^6$; et ainsi se forment deux équivalents d'ammoniaque $Az^2H^6 = \overset{+}{H}\bar{E}^2\overset{+}{E}^3\bar{O}^3\overset{+}{E}^3\overset{+}{H}^6\bar{E}^{12}$, d'une odeur très-pénétrante et provenant des sept thermoïdes $7\overset{+}{H}\bar{E}^2$, qui est un *hydrogène ozoné*.

D. *Production de l'oxygène ozoné par le phosphore et les essences*. L'oxygène, en ce cas, doit être humide ou mêlé avec les gaz azote, hydrogène ou acide carbonique ; pendant cette production d'oxygène ozoné, une lueur se maintient constamment autour du phosphore. L'oxygène humide devient également ozoné par son contact avec les essences des plantes différentes.

Personne n'a remarqué jusqu'à présent que les trois espèces de gaz ci-dessus nommés sont précisément ceux qu'on a trouvés les moins diamagnétiques ; encore moins pouvait-on deviner le rapport de ces gaz avec les faits observés, qui sont la lueur du phosphore et la formation de l'oxygène ozoné.

Parmi les corps indécomposables les plus électronégatifs est le phosphore, et comme tel il est très-combustible ; il repousse de sa surface les équivalents négatifs $\bar{E}$ de la chaleur $\overset{+}{E}\bar{E}^2$ et laisse y affluer les équivalents positifs $\overset{+}{E}$.

Parmi les gaz c'est l'oxygène $\bar{O}\overset{+}{E}$ qui oppose la plus grande résistance à l'écoulement de l'électricité positive, comme cela a été prouvé dans l'explication du diamagnétisme ; au contraire, cette électricité n'éprouve aucune résistance dans le vide, dans l'hydrogène, l'acide carbonique et l'azote ; le même effet a lieu pour les vapeurs d'eau.

Pour arriver à la surface du phosphore, les équivalents positifs Ë ambiants ne doivent pas parcourir un espace occupé par l'oxygène; pour cette raison cet espace doit être occupé par un des gaz nommés ci-dessus ou par les vapeurs. Mais pour qu'une lueur se produise autour du phosphore, il faut qu'il s'opère une combinaison des deux équivalents positifs $\ddot{E}^2$ avec un équivalent négatif Ē.

Il y a donc une série de faits qui s'arrangent comme causes et effets et sont liés entre eux par les lois physiques.

1° L'oxygène sec ne devient pas ozoné par le contact avec le phosphore, et cela parce qu'il exerce une résistance $r + r'$ très-grande contre les équivalents positifs Ë, ainsi que cela devient évident dans le cas où cet oxygène est mêlé avec les vapeurs, l'hydrogène, l'azote ou l'acide carbonique qui n'exercent aucune résistance, et ainsi diminue la résistance précédente $r + r'$. Si dans l'éprouvette il y a moitié oxygène et moitié d'un autre gaz, la résistance est réduite à $\frac{r + r'}{2}$.

2° D'un équivalent Ë positif affluant sur le phosphore et d'un iris ËĒ de chaleur $\ddot{E}\bar{E}^2$ décomposé sont produits un équivalent $\ddot{E}^2\bar{E}$ de lumière, et l'autre équivalent Ē négatif de la chaleur se combine avec un équivalent ËŌ d'oxygène pour le rendre ozoné ŌËĒ; telle est la cause qui fait apparaître en même temps : 1° la lueur du phosphore et 2° l'odeur de l'oxygène ozoné; et cela non pas dans l'oxygène sec, mais seulement quand celui-ci est mêlé avec la vapeur d'eau qui conduit les équivalents électriques positifs Ë, ou avec les gaz qui n'opposent presque aucune résistance à ces équivalents Ë, et dont la présence est même nécessaire pour faire diminuer la résistance produite sur les équivalents électriques Ë de la part de l'oxygène ŌË.

3° Les essences sont très-électronégatives, et c'est pour cela qu'elles rendent l'oxygène ozoné, comme le fait le phosphore. Les *ozonoscopes* ont montré l'existence de l'oxygène ozoné dans les forêts à arbres résineux qui sont plus électronégatifs que les autres arbres. Dans les villes étendues, ou mieux dans celles qui sont éloignées de pareilles forêts, l'oxygène ozoné est rarement observé.

B. Destruction et combinaison d'oxygène ozoné.

La *destruction* de l'oxygène ozoné s'opère par l'éloignement de l'équivalent électrique négatif $\bar{E}$ de cet oxygène $\ddot{O}\overset{+}{E}\bar{E}$ qui est alors ramené à l'oxygène ordinaire $\ddot{O}\bar{E}$ et en quantité égale.

La *combinaison* de l'oxygène ozoné $\ddot{O}\overset{+}{E}\bar{E}$ s'opère : 1° par la combinaison de son *iris* $\overset{+}{E}\bar{E}$ avec un équivalent $\bar{E}$ négatif des métaux $M\bar{E}^3$ pour former un équivalent de chaleur $\overset{+}{E}\bar{E}^2$, et 2° par le remplacement de cet équivalent $\bar{E}$ par l'oxygène somatique $\ddot{O}$ qui fait apparaître l'oxyde $M\ddot{O}\bar{E}^2$.

A. *Destruction de l'oxygène ozoné*. Pour en éliminer l'équivalent $\bar{E}$ négatif, il faut exercer sur cet oxygène une pression composée d'une masse d'équivalents négatifs qui se trouvent dans la chaleur, la vapeur et le charbon.

1° L'oxygène ozoné est détruit à une température au-dessus de 250° ; son odeur disparaît subitement quand il est conduit par un tube très-chaud. A une température de 100°, la destruction s'opère moins promptement, parce que les équivalents négatifs de la chaleur $\overset{+}{E}\bar{E}^2$ sont alors moins denses.

2° La vapeur d'eau surchauffée produit le même effet par sa grande quantité de chaleur latente.

3° Le charbon est aussi très-négatif ainsi que la chaleur, et jeté en poudre dans un flacon d'oxygène ozoné, il le ramène aussitôt à l'état d'oxygène ordinaire.

B. *Combinaisons de l'oxygène ozoné*. 1° La poudre des métaux oxydables et le mercure, venant en contact avec l'oxygène ozoné, se combinent avec son équivalent somatique $\ddot{O}$, et forment un oxyde $M\ddot{O}\bar{E}^2$; mais pour que cet équivalent somatique Ō y trouve place, il faut qu'il s'en éloigne un autre équivalent électrique Ē homonyme qui se combine avec l'*iris* ËĒ de l'oxygène ozoné, et ainsi est formé un équivalent de chaleur ËĒ² et un équivalent d'oxyde MŌĒ².

2° En contact avec l'iodure de potassium IKĒ, l'oxygène ozoné ŌËĒ se décompose; son équivalent positif Ë se combine avec l'iode et forme IË, et ses deux équivalents négatifs ŌĒ remplacent l'équivalent d'iode dans le potassium qui devient un oxyde KŌĒ².

Ce remplacement d'un équivalent d'iode par deux équivalents négatifs ŌĒ et mille autres cas pareils servent à prouver que, dans l'iode, le chlore, le brome et le fluor, l'équivalent somatique négatif est double, et que leur état ordinaire ClË, IË, BË, FË correspond, non pas à celui de l'oxygène ordinaire ŌË, mais à celui de l'oxygène ozoné ŌËĒ.

III. — COMPARAISON ENTRE L'OXYGÈNE OZONÉ ET LES COMBINÉS DE MÊME NATURE.

Conduits par la comparaison des faits observés, les physiciens ont remarqué, entre l'oxygène ozoné et plusieurs corps, une ressemblance frappante, mais sans savoir en quoi elle consiste.

Les corps pareils sont des combinés d'un équivalent positif avec deux équivalents négatifs; combinés appelés ici *thermoïdes* à cause de leur ressemblance avec la chaleur ËĒ² qui consiste aussi en des combinés pareils.

Il y a aussi des corps composés d'un combiné simple avec un combiné thermoïde; pour les distinguer des précédents, ces corps ont été appelés *thermoïdes composés.*

A. *Thermoïdes.* 1° Dans l'eau oxygénée ḦŌ² sont les trois équivalents somatiques, et cette eau est un *thermoïde somatique ;* 2° dans la chaleur ËĒ² sont les trois équivalents électriques, ainsi elle est un *combiné électrique*; 3° *thermoïdes électrosomatiques* est le nom qu'on donne aux combinés composés d'un ou de deux équivalents électriques, avec deux ou un seul équivalent somatique : l'oxygène $\bar{O}\ddot{E}\bar{E}$ et l'hydrogène $\dot{\bar{H}}\bar{E}^{2}$ thermoïdes ont un équivalent somatique et deux équivalents électriques ; le chlore $\bar{Cl}\ddot{E}$, l'iode $\bar{I}\ddot{E}$, le brome $\bar{B}\ddot{E}$ et le fluor $\bar{F}\ddot{E}$ ont un équivalent $\dot{E}$ électrique et deux équivalents négatifs somatiques. Pour exprimer cet état des équivalents somatiques doubles ou triples, nous introduisons des indicateurs analogues à ceux des équivalents chimiques.

L'hydrogène thermoïde $\dot{\bar{H}}\bar{E}^{2}$ se produit lorsque, dans le voltamètre, reste le fil *mn* de l'électrohode positif et que le fil de l'électrohode négatif qui plonge dans l'eau acidulée est remplacé par une lame de platine. En ce cas la quantité d'hydrogène diminue relativement à celle de l'oxygène.

Si la lame de platine se trouve dans l'électrohode *mn* positif, alors diminue l'oxygène *ozoné* $\bar{O}\bar{E}\bar{E}$, et à sa place est produite l'eau oxygénée $\dot{\bar{H}}\bar{O}^{2}$; on voit par là que l'iris $\dot{\bar{E}}\bar{E}$ de cet oxygène $\bar{O}\bar{E}\bar{E}$ est évidemment remplacé par un équivalent d'eau $\dot{\bar{H}}\bar{O}$.

Dans le cas où la lame de platine est dans l'électrohode négatif *m'n'*, l'hydrogène obtenu est $\dot{\bar{H}}\bar{E}^{2}$ thermoïde, et il diffère de l'hydrogène ordinaire $\bar{H}\bar{E}$, car celui-ci se trouvant en contact avec l'eau quand un fil métallique plonge dans le gaz et dans l'eau, l'hydrogène ordinaire $\dot{\bar{H}}\bar{E}$ n'éprouve aucune diminution ; mais si le même fil plonge dans l'eau et l'hydrogène $\dot{\bar{H}}\bar{E}^{2}$ thermoïde, celui-ci s'écoule dans l'eau et il ne reste que l'hydrogène ordinaire $\bar{H}\bar{E}$. C'est précisément ainsi que l'oxygène thermoïde ou ozoné se combine avec les métaux oxydables, et que celui qui reste n'est plus que de l'oxygène ordinaire.

B. *Thermoïdes composés.* Un thermoïde se combine avec les corps comme se combine la chaleur ; en cas pareils les corps acquièrent la propriété du thermoïde : l'odeur de l'oxygène ozoné se trouve dans les acides sulfureux SO^2 et azoteux AzO^4, et l'odeur pénétrante de l'ammoniaque est produite par son hydrogène thermoïde $\ddot{H}\bar{E}^3$.

Il a été prouvé que l'acide azoteux se produit de l'air humide soumis aux décharges électriques d'un électromagnète.

I. L'équivalent double de l'acide azoteux est un combiné $Az^2O^8 = \ddot{H}^8\bar{O}^8\ddot{E}^8\bar{E}^8\ddot{H}\bar{E}^8\bar{O}^8\ddot{E}^8$ qui prend la forme $\overline{HO^2}^4\overline{\bar{O}\ddot{E}}^3\overline{\ddot{E}\bar{E}}^8$.

Ainsi l'acide azoteux contient dans un équivalent double : 1° quatre équivalents d'eau oxygénée, 2° trois équivalents d'oxygène à l'état ordinaire, et 3° huit iris $\ddot{E}^8\bar{E}^8$. Cette grande quantité d'équivalents électriques contenus dans les acides de l'azote sont la cause des explosions qui en sont produits. Il devient ainsi constaté que 1° l'équivalent double de l'azote est $Az^2 = Aq^4\theta^4 - O = \ddot{H}^4\bar{O}^3\ddot{E}^8\ddot{E}^3$; et 2° l'air atmosphérique est $Aq^4\theta^4 = Aq^3\ddot{H}\bar{E}^2\theta^3 + \bar{O}\ddot{E} = \ddot{H}^4\bar{O}^3\ddot{E}^8\bar{E}^8 + \bar{O}\ddot{E} = Az^2 + O$.

L'*ammoniaque* est aussi un thermoïde composé de la manière suivante ; la forme de l'équivalent double Az^2 d'azote est $Az^2 = Aq^4\theta^4 - \bar{O}\ddot{E} = \ddot{H}^4\bar{O}^3\bar{E}^8\ddot{E}^3 = \overline{HO}^3\ddot{H}\bar{E}^2\ddot{E}^3\bar{E}^6$; mais du déplacement des équivalents $\bar{E}^6$ et $\ddot{E}^8$ de la chaleur provient le thermoïde composé $\ddot{H}^4\bar{E}^8\bar{O}^3\ddot{E}^3$ qui est l'équivalent double de l'azote réduit en un état très-différent de celui de trois équivalents d'eau et d'un équivalent d'hydrogène.

Le thermoïde $\ddot{H}^4\bar{E}^8\bar{O}^3\ddot{E}^3$ est un combiné des $4\ddot{H}\bar{E}^2$ avec trois équivalents d'oxygène $\bar{O}^3\ddot{E}^3$; ces équivalents $3\bar{O}\ddot{E}$ mêlés avec quatre équivalents $4\ddot{H}\bar{E}^2$ thermoïdes, se combinent avec six équivalents d'hydrogène $6\ddot{H}\bar{E}$ sollicités, 1° par les trois équivalents somatiques $\bar{O}^3$ de l'oxygène, et 2° par les quatre équivalents thermoïdes $4\ddot{H}\bar{E}^2$.

L'équivalent double d'ammoniaque a donc la forme $Az^2H^6 = \ddot{H}^4\bar{E}^8\bar{O}^3\ddot{E}^3\ddot{H}^6\bar{E}^6 = \ddot{H}^7\bar{E}^8\ddot{H}^3\bar{O}^3\ddot{E}^3\bar{E}^6$; dans l'une ou dans l'autre forme, il remplace six équivalents d'eau dans les combinés chimiques : c'est pour cette raison que dans le combiné $Az^2H^6 = \ddot{H}\bar{E}^2\ddot{H}^6\bar{E}^6\ddot{H}^3\bar{O}^3\ddot{E}^3\bar{E}^6$, nous avons écrit séparément les six équivalents $\ddot{H}^6\bar{H}^6$.

Si de six équivalents d'eau $\ddot{H}^6\bar{O}^6$ il se sépare deux équivalents d'hydrogène, ce qui reste est composé de deux équivalents $\bar{O}^2$ d'oxygène et de quatre équivalents d'eau : il en est de même pour *l'amide* $= Az^2H^4 = 2Az\ddot{H}^3 - \ddot{H}^2$. En éliminant les deux équivalents $\ddot{H}^2$ du combiné supérieur, il subsiste un reste

$$\ddot{H}\bar{E}^2\ddot{H}^6\bar{E}^6\ddot{H}^3\bar{O}^3\dot{E}^3\bar{E}^6 - 2\ddot{H} = \ddot{H}\bar{E}^2\ddot{H}^4\bar{E}^6\ddot{H}^3\bar{O}^3\dot{E}^3\bar{E}^6,$$

dans lequel les deux équivalents négatifs $\bar{E}^2$ se trouvent séparés des deux équivalents de l'hydrogène $\ddot{H}^2$ éliminés ; ces équivalents $\bar{E}^2$ électriques remplacent, dans les combinés, deux équivalents somatiques homonymes d'oxygène $\bar{O}^2$.

Si des six équivalents d'eau on élimine quatre équivalents d'hydrogène, le reste se compose de deux équivalents d'eau $\ddot{H}^2\bar{O}^2$ et de quatre équivalents d'oxygène $\bar{O}^4$; de même après la séparation des quatre équivalents d'hydrogène $\ddot{H}^4$ du même combiné, le reste est analogue à deux équivalents d'eau et à quatre équivalents d'oxygène

$$O^4Aq^2 = \ddot{H}\bar{E}^2\ddot{H}^2\bar{E}^6\ddot{H}^3\bar{O}^3\dot{E}^3\bar{E}^6 = Az^2H^6 - H^4.$$

Après l'élimination des six équivalents $\ddot{H}^6$ somatiques d'hydrogène, le double équivalent d'azote $Az^2 = Az^2\ddot{H}^6 - \ddot{H}^6$ remplace dans les combinés six équivalents d'oxygène, à cause des six équivalents négatifs électriques $\bar{E}^6$ séparés de l'hydrogène ; ainsi $Az^2 = \ddot{H}\bar{E}^2\bar{E}^6\ddot{H}^3\bar{O}^3\dot{E}^3\bar{E}^6$ est un équivalent double d'azote contenant six équivalents négatifs électriques $\bar{E}^6$ qui n'existent pas dans l'azote de l'air dont l'équivalent double est

$$Az^2 = Aq^4\theta^4 - O\dot{E} = \ddot{H}^4\bar{O}^3\bar{E}^6\dot{E}^3 = \ddot{H}^3\bar{O}^3\dot{E}^3\bar{E}^6\ddot{H}\bar{E}^2.$$

L'acide oxalique anhydre a la forme C^2O^3 ou C^4O^6 ; en y remplaçant les six équivalents somatiques d'oxygène par l'équivalent double d'azote de la forme $Az^2\bar{E}^6$, on produit le cyanogène C^4Az^2.

II. L'équivalent double de carbone C^2 est également un

reste des quatre équivalents d'eau après la séparation des trois équivalents d'oxygène $\bar{O}^3\dot{E}^3$; ainsi

$$C^2 = Aq^4\theta^4 - \bar{O}^3\dot{E}^3 = \overset{+}{H}^4\bar{O}\dot{E}\bar{E}^6 = \overset{+}{H}\bar{O}\dot{E}\bar{E}^2\overset{+}{H}^3\bar{E}^6;$$

cet équivalent double C^2 est un combiné d'un équivalent d'eau contenant sa chaleur latente avec trois équivalents d'hydrogène thermoïde $\overset{+}{H}^3\bar{E}^6$.

Toutes les propriétés physiques et physiologiques du cyanogène et de ses combinés vont trouver leur explication dans les équivalents électriques et somatiques qui y sont contenus.

CHAPITRE II.

PASSIVITÉ DES MÉTAUX ET PARTICULIÈREMENT DU FER.

Parmi les corps, c'est le fer qui a été trouvé le plus magnétique, et le bismuth le plus diamagnétique : ces deux corps se présentent ici comme les plus susceptibles d'un état passif, mais le fer en un degré beaucoup supérieur au bismuth. Il a été démontré, dans l'explication de la cause du magnétisme minéral et de l'induction, que les lames cristallines dont consiste le fer s'arrangent par les écoulements des équivalents électriques, de manière à exercer le minimum de résistance, et cela n'est possible que par cet arrangement des lames cristallines qui leur permet d'exposer leur face f' négative contre les équivalents positifs $\bar{E}$ et leur face positive f contre les équivalents négatifs $\bar{E}$.

Les lames de bismuth sont les plus grosses parmi celles des métaux, et leurs faces restent inaltérables par les courants. Entre ces deux extrêmes se placent les lames cristallines des autres métaux, comme cela a lieu aussi pour l'état diamagnétique de ces métaux qui sont tous moins diamagnétiques que le bismuth.

Le fer et puis le bismuth et les autres métaux oxydables acquièrent dans diverses circonstances, et particulièrement quand on les plonge les derniers comme électrohodes positifs dans l'eau acidulée par des acides oxygénés, la propriété de n'être pas attaqués par ces mêmes acides, et notamment par l'acide azotique.

Ce phénomène singulier a été l'objet des travaux de plusieurs physiciens, et particulièrement de M. Schœnbein, qui a donné le nom de *fer passif* au fer ainsi rendu par les acides aussi inaltérable que le platine.

Il y a plusieurs moyens de rendre le fer passif qui peuvent être distingués en trois classes suivant les trois espèces d'effets observés sur le fer. Celui-ci, 1° étant un électrohode positif, reste passif tant que le circuit est fermé ; 2° le fer devient inoxydable comme le platine par les contacts répétés avec les acides concentrés, surtout avec l'acide azotique, et même avec les alcalis ; enfin 3° le fer acquiert dans certains cas la propriété d'une passivité périodique ou d'une pulsation.

I. — PASSIVITÉ DU FER PRODUITE DANS LE CIRCUIT PAR LES ACIDES.

Dans les électrolyses de l'eau, si les électrohodes sont oxydables, c'est toujours le positif *mn* qui est plus attaqué que le négatif *m'n'*. M. Schœnbein remarqua que, dans un circuit d'un seul couple, un fil de fer pris pour électrohode positif ne donnait aucun résultat quand il fermait le circuit en le plongeant dans l'eau acidulée, car dans ce cas on ne voyait aucun dégagement d'hydrogène à l'électrohode négatif formé d'un fil de platine.

Le fer devenu ainsi passif prend, dans plusieurs circonstances, une activité de quelques secondes seulement, pendant lesquelles se dégage l'hydrogène ; puis cette activité s'interrompt, par exemple :

I. Si l'on met les deux électrohodes de fer et de platine en contact dans le liquide, puis qu'on les sépare ;

II. Si l'on rompt le circuit en un point quelconque pour le fermer ensuite ;

III. Si l'on touche le fer dans le liquide avec un métal oxydable, tel que le zinc, l'étain, le cuivre et même l'argent ;

IV. Si l'on réunit les deux électrohodes par un fil métallique $\mu\nu$ capable de détourner une grande partie du courant, et qu'on lève ensuite ce fil ;

V. Si l'on agite vivement l'électrohode de fer dans l'eau acidulée ou dans l'acide ;

VI. Si l'on met en communication permanente les électrohodes mn et $m'n'$ de fer et de platine pliés ou coupés et plongés, l'un mn dans un godet g plein de mercure, et l'autre $m'n'$ dans un autre godet g' aussi plein de mercure, au moyen d'un fil $\mu\nu$ de cuivre d'un millimètre de diamètre plongé dans le mercure des deux godets ; le fil $\mu\nu$ sert ici comme d'*anastomose* entre les équivalents électriques écoulés par les deux électrohodes.

1° Si le fil $\mu\nu$ a une longueur l inférieure à 8 centimètres ou une longueur $l + l' + l''$ supérieure à 15 mètres, l'électrohode positif mn de fer dans l'acide reste passif.

2° Si le fil $\mu\nu$ a une longueur $l + l'$ plus grande que 16 centimètres et plus petite que 5 mètres, l'électrohode positif mn est actif.

3° Si la longueur $l + l' + \lambda$ du fil $\mu\nu$ est plus grande que 5 mètres et plus petite que 15 mètres, l'électrohode positif mn de fer est alternativement actif et passif, ou il a alors une activité périodique.

Tous ces faits observés par M. Schoenbein ont été répétés par plusieurs autres physiciens, de sorte qu'il ne peut rester aucun doute sur leur existence.

Des explications données par M. Faraday et par quelques autres physiciens, aucune n'est satisfaisante. Dans les contacts du fer par les métaux il apparaît ordinairement une légère couche d'un oxyde qui se dissout ; on a voulu attribuer à cet oxyde la cause de la passivité du fer ; toutefois cette hypothèse n'a pas fait fortune, parce qu'il faut prouver l'existence des oxydes insolubles dans l'acide, et même dans un cas pareil, il reste encore à expliquer les quatre effets différents produits à l'électrohode *mn* positifs par les longueurs l, $l+l'$, $l+l'+\lambda$ et $l+l'+l'$ du fil $\mu\nu$ de l'anastomose.

Outre ces cas, il faut encore que l'explication puisse s'appliquer aux causes qui rendent le fer passif par le contact ou par la chaleur, et en même temps à celles qui donnent au fer la faculté d'être successivement passif et actif à de courts intervalles.

Observations. Dans tous ces cas, le fer *mn* reste par son extrémité *n* dans l'acide sans en être attaqué, et cela parce qu'il y est plongé pour fermer le circuit, quand c'est un électrohode positif.

Les équivalents positifs $\bar{E}$ de la chaleur qui restent sur la lame de cuivre du couple se répandent sur l'électrohode positif *mn* soudé sur cette lame, quand les équivalents négatifs $\bar{E}$ repoussés du liquide vers la lame de zinc se répandent sur l'électrohode négatif *m'n'* de platine qui plonge le premier dans l'acide pour laisser cette répulsion des équivalents négatifs $\bar{E}$ pénétrer jusqu'à leurs homonymes contenus dans l'acide, dans lequel va plonger l'électrohode *mn* pour fermer le circuit.

Un écoulement d'équivalents électriques n'existe pas dans le circuit, mais ce n'est pas par suite d'un manque d'équivalents pareils, car avant la fermeture du circuit ces équivalents y existent comme cela est constaté par le plan d'épreuve.

L'écoulement est donc supprimé par le manque de l'éloignement des équivalents électriques du circuit; le même effet arrive quand on endigue l'espace autour d'une source pour faire élever le niveau et obtenir une chute H supérieure. Cette hauteur H ne peut pas être grande, car la production de l'eau de la source s'arrêterait à cause de la résistance; il faut donc un éloignement du fluide pour que son écoulement se maintienne.

Pour connaître si la passivité du fer est la cause de la suppression de l'écoulement des équivalents électriques dans le circuit, ou si elle en est un effet, il est nécessaire d'expliquer comment s'opère l'oxydation du fer et des métaux en général.

Pour toute explication de ce genre, les chimistes se bornaient à dire que l'oxydation est une action chimique, et que cette action a lieu quand il y a une affinité entre ses corps. Ici action chimique et affinité sont des mots qui n'offrent aucun sens; quoi d'étonnant alors que les chimistes se soient trouvés embarassés chaque fois que leurs recherches les mettaient en présence de faits nouveaux ?

L'oxydation des métaux avec l'oxygène ozoné $\bar{O}\overset{+}{E}\overset{+}{E}$ s'opère facilement comme elle s'opère avec le chlore; elle est moins facile avec l'oxygène ordinaire $\bar{O}\overset{+}{E}$. Pour amener la combinaison d'un métal $M\overset{-}{E}^3$ avec un équivalent d'oxygène ozoné $\bar{O}\overset{+}{E}\overset{+}{E}$ ou avec le chlore $Cl\overset{+}{E}$, il ne faut tout simplement que remplacer un équivalent électrique $\overset{-}{E}$ du métal $M\overset{-}{E}^3$ par un équivalent somatique homonyme $\bar{O}$, et les trois équivalents électriques $\overset{+}{E}\overset{-}{E}$ et $\overset{-}{E}$ se combinant produisent un équivalent de chaleur $M\overset{-}{E}^3 + \bar{O}\overset{+}{E}\overset{+}{E} = M\bar{O}\overset{-}{E}^2 + \overset{+}{E}\overset{-}{E}^2$. Pour la formation des hydroacides $3Cl\overset{+}{H}\overset{-}{E}$, $3I\overset{+}{H}\overset{-}{E}$... il faut la lumière $3\overset{+}{E}{}^2\overset{-}{E}$;

$$3Cl\overset{+}{E} + 3\overset{+}{H}\overset{-}{E} + 3\overset{+}{E}{}^2\overset{-}{E} = 3\overset{+}{H}Cl\overset{+}{E} + 2\overset{+}{E}{}^2\overset{-}{E} + 2\overset{+}{E}\overset{-}{E}{}^2.$$

Dans les cas où le métal $M\overset{-}{E}^3$ se trouve en contact avec le chlore, l'iode, etc., il s'en éloigne deux équivalents $\overset{-}{E}{}^2$ négatifs qui sont remplacés par le chlore, l'iode, etc., pour produire le chlorure $ClM\overset{-}{E}$, l'iodure $IM\overset{-}{E}$, etc., et les deux équivalents $\overset{-}{E}{}^2$ séparés du métal se combinent avec l'équivalent $\overset{+}{E}$ positif séparé de l'iode, du chlore, etc., et forment un équivalent de chaleur $\overset{+}{E}\overset{-}{E}{}^2$, $M\overset{-}{E}^3 + Cl\overset{+}{E} = ClM\overset{-}{E} + \overset{+}{E}\overset{-}{E}{}^2$.

Dans les circuits l'écoulement des équivalents électriques se maintient quand les équivalents positifs $\overset{+}{E}$ se combinent avec les équivalents négatifs $\overset{-}{E}{}^2$ du métal pour former la chaleur, et ces équivalents négatifs $\overset{-}{E}{}^2$ sont remplacés par l'oxygène O et l'acide SO^3 ; en même temps les équivalents négatifs $\bar{E}$ du circuit se combinent avec l'hydrogène somatique $\dot{H}$ qui devient un gaz $\dot{H}\bar{E}$;

$$\dot{H}O\bar{E}\bar{E}^2 + SO^3\bar{E} + M\bar{E}^3 = MOSO^3 + \dot{H}\bar{E} + 2\bar{E}\bar{E}^2.$$

Explication. I. L'oxydation du fer de l'électrohode positif *mn* est favorisée par l'oxygène ozoné $O\bar{E}\bar{E}$ formé dans son extrémité *n* ou dans sa bouche plongée dans l'acide. Cet oxygène $O\bar{E}\bar{E}$ provient d'un équivalent d'eau décomposée par la répulsion que font éprouver à son hydrogène positif $\dot{H}$ des équivalents positifs $\dot{E}$ qu'émet la bouche *n*. La répulsion *r* du circuit s'exerce dans l'acide et les couples entre les équivalents électriques $\bar{E}$ quand le circuit est ouvert et l'écoulement des équivalents électriques arrêté.

1° Si l'ouverture est du côté de l'électrohode négatif *m'n'*, le fer $Fe\bar{E}^3$ plongé dans l'acide éprouve une oxydation par l'oxygène $\bar{O}$ de l'eau $\dot{H}O\bar{E}$ décomposée, dont l'hydrogène $\dot{H}$ se combine avec l'équivalent négatif $\bar{E}$ séparé du fer $Fe\bar{E}^3$ et qui remplace l'oxygène $\bar{O}$ dont provient : 1° l'oxyde $Fe\bar{O}\bar{E}^2$; 2° le gaz $\dot{H}\bar{E}$ d'hydrogène et 3° la chaleur $\bar{E}\bar{E}^2$ latente de l'eau. Cette oxydation de fer se maintient même après la fermeture du circuit si l'on plonge le platine dans l'acide :

$$\dot{H}O\bar{E}\bar{E}^2 + SO^3\bar{E} + Fe\bar{E}^3 = Fe\bar{O}SO^3 + \dot{H}\bar{E} + 2\bar{E}\bar{E}^2.$$

2° Si l'ouverture est du côté de l'électrohode positif *m n*, le platine n'éprouve dans l'acide aucune altération : il n'y a aucun éloignement d'équivalents électriques. Les équivalents positifs $\dot{E}$ sont en équilibre dans le circuit et dans l'électrolyte ; tandis que cela n'a pas lieu pour les équivalents négatifs $q\bar{E}$ qui se trouvent en un équilibre détruit produit entre ceux $(q+q)\bar{E}$ par le liquide et sa chaleur latente et ceux $q\bar{E}$ contenus dans le zinc en quantité supérieure à ceux $(q-q')\bar{E}$ contenus dans le cuivre ou le platine.

En fermant avec le fil de fer *mn* aucune destruction d'équilibre n'a lieu entre les équivalents positifs $\dot{E}$ et $\dot{H}$: pour cette raison il ne s'opère, ni dans l'eau $\dot{H}O$ ni dans sa chaleur latente, de décomposition qui provoque le départ des équivalents du circuit pour être remplacés par d'autres dont se produit l'écoulement observé dans le rhoomètre. Pour cette raison, 1° le fil *mn* reste en ce cas inoxydable, et 2° l'écoulement est arrêté.

II. Au moment d'une rupture du circuit en *o* sur l'un ou sur l'autre électrohode, les équivalents négatifs y arrivent de la part du zinc en densité $d+d'$ supérieure et de la part du cuivre en densité d inférieure, tandis que les équivalents positifs restent en une densité égale $d-d'$ dans tout le circuit, ainsi qu'ils l'étaient précédemment.

Au moment de la fermeture en *o*, s'écoule l'excès des équivalents négatifs $q'\bar{E}$ qui sollicite en direction inverse un excès d'équivalents positifs $q\overset{+}{E}$ qui arrivent à l'extrémité *n* du fil *mn*, et surmontent la résistance que présentent des équivalents $(q-q')\overset{+}{E}$ du liquide; l'hydrogène $\overset{+}{H}$ somatique de l'eau et l'équivalent électrique $\overset{+}{E}$ positif de sa chaleur latente sont repoussés, et il ne reste autour du fil que les équivalents négatifs $\bar{O}$ et $\bar{E}^2$; l'un de ceux-ci $\bar{E}$ pénètre dans la bouche *n* au moment où elle émet l'équivalent positif $\overset{+}{E}$; l'oxygène $\bar{O}$ se combine avec le fer et en fait se séparer un équivalent négatif $\bar{E}$; celui-ci se combine avec l'iris $\overset{+}{E}\bar{E}$, et forme un équivalent de chaleur $\overset{+}{E}\bar{E}^2$; on a

$$Fe\bar{E}^3+\overset{+}{H}\bar{O}\overset{+}{E}\bar{E}^2+S\bar{O}^3\bar{E}=Fe\bar{O}S\bar{O}^3+\overset{+}{H}\bar{E}+2\overset{+}{E}\bar{E}^2.$$

III. Quand le fer dans l'acide est touché d'un métal, il s'y produit une accumulation d'équivalents négatifs $(q+q')\bar{E}$; après la séparation ces équivalents $(q+q')\bar{E}$ pénètrent dans la bouche *n* du fil de fer et en provoquent l'écoulement d'une quantité égale $(q+q')\overset{+}{E}$ d'équivalents positifs vers l'acide; il se manifeste ainsi une destruction d'équilibre et une oxydation du fer précisément comme dans le cas précédent. Le même effet a lieu quand on met les deux bouches *n* et *n'* en contact pour les séparer ensuite.

IV. Le fil $\mu\nu$ qui unit les électrohodes *mn* et *m'n'* forme entre eux une *anastomose* : l'électrohode négatif $m'n'$ laisse s'écouler la quantité $(q+q')$ Ē d'équivalents par l'anastomose $\mu\nu$ dans l'électrohode mn et dans le liquide. Au moment de l'éloignement du fil $\mu\nu$, on voit s'écouler en arrière les équivalents $(q+q')$Ē, et ils sollicitent l'écoulement d'une quantité égale d'équivalents positifs $(q+q')$Ē de la part du fil mn vers l'acide. De cette manière il se montre ici une oxydation provenant de la même cause que celle des cas précédents.

V. La résistance entre les équivalents positifs Ē est produite par leur densité égale dans le fil mn et le liquide ambiant : en agitant ce fil dans le liquide on le met en contact avec les parties de celui-ci où l'accumulation des équivalents positifs Ē n'est pas établie dans la direction du fer, et c'est pour cela que les équivalents $(q-q')$Ē y éprouvent une résistance inférieure, et s'écoulent sans avoir pris, comme dans les cas précédents, une densité supérieure.

VI. Le fil $\mu\nu$ d'*anostomose* produit des résultats identiques quand il est très-court ou quand il est très-long. Si la longueur est médiocre, il rend le fer actif, et cela d'une manière continue ou bien à des intervalles très-courts.

1° Le fil $\mu\nu$ de l'anastomose étant très-court laisse les deux électricités s'écouler sans y éprouver des résistances assez différentes pour faire augmenter l'écoulement de l'électricité négative de l'acide vers le fil de fer mn, et par suite l'écoulement de l'électricité positive du fil mn vers l'acide. Pour cette raison le fil de cuivre $\mu\nu$ étant très-court, ne produit sur le fer aucun changement.

2° Si la longueur du fil est très-grande, au-dessus de 15 mètres, par exemple, il oppose aux deux électricités une résistance assez grande pour que l'une ne s'écoule pas en quantité trop grande relativement à l'autre, et ainsi le circuit est, dans ce cas, dans un état peu différent de celui où il se trouve quand l'*anastomose* $\mu\nu$ est absente.

3° Si la longueur du fils $\mu\nu$ est comprise entre 16 centimètres et 5 mètres, il laisse s'écouler les équivalents positifs $(q+q')\overset{+}{E}$ de l'électrohode $m'n'$ vers l'électrohode mn en quantité plus grande que les équivalents négatifs $q\overset{-}{E}$ de l'électrohode mn vers l'électrohode négatif $m'n'$.

Cette différence $q'\overset{-}{E}$ d'équivalents négatifs reste dans l'électrohode négatif pour pénétrer dans l'acide et venir à l'extrémité ou à la bouche n du fil mn où se trouvent déjà les équivalents positifs en quantité supérieure $(q+q')\overset{+}{E}$.

Comme dans les cas précédents, l'équilibre est de même détruit dans la bouche n; l'hydrogène $\overset{+}{H}$ somatique en est repoussé; son oxygène $\overset{-}{O}$ passe au fer $Fe\overset{-}{E}^3$ pour y remplacer l'un $\overset{-}{E}$ de ses équivalents qui pénètre dans la bouche n au moment où elle émet l'équivalent positif $\overset{+}{E}$; celui-ci avec l'hydrogène $\overset{+}{H}$ s'éloigne de la bouche n pour se rencontrer et se combiner avec les équivalents négatifs $\overset{-}{O}$ et $\overset{-}{E}^2$ repoussés de la bouche négative n', comme cela a été prouvé dans l'électrolyse de l'eau; on a, comme ci-dessus,

$$Fe\overset{-}{E}^3 + \overset{+}{H}\overset{-}{O}\overset{+}{E}\overset{-}{E}^2 + Az\overset{-}{O}^5\overset{+}{E} = Fe\overset{-}{O}Az\overset{-}{O}^5 + Az\overset{-}{O}^4\overset{+}{E}\overset{-}{E} + 2\overset{+}{E}\overset{-}{E}^2.$$

Ce fait ne peut être produit quand l'anastomose $\mu\nu$ est un fil de bismuth, parce que ce métal conduit plus facilement les équivalents négatifs $\overset{-}{E}$ que les positifs $\overset{+}{E}$.

4° Dans le cas où le fil $\mu\nu$ a une longueur supérieure à 5 mètres et inférieure à 15 mètres, la destruction de l'équilibre dans la bouche ne peut pas être maintenue en un état continu; car les équivalents positifs $q'\overset{+}{E}$ en excès dans la bouche n de l'électrohode mn s'écoulent en un espace de temps plus court, que celui qui est nécessaire à cette quantité $q\overset{+}{E}$ d'équivalents pour passer par l'anastomose $\mu\nu$.

De cette manière l'activité, la passivité et la périodicité produites sur la bouche n de l'électrohode positif mn sont toutes les trois en relation directe avec les longueurs différentes de l'*anastomose* $\mu\nu$ qui est ici un fil de cuivre; pour un autre métal ces longueurs sont différentes.

Il demeure donc acquis qu'une activité ne peut avoir lieu sans une destruction d'équilibre dont est produit l'écoulement d'une quantité d'équivalents suffisante pour surmonter la résistance qu'exerce l'hydrogène somatique $\overset{+}{H}$; car cet hydrogène $\overset{+}{H}$, séparé de l'oxygène $\bar{O}$, est suivi de l'équivalent positif $\overset{+}{E}$; mais celui-ci, en se séparant de la bouche n de l'électrohode mn, y fait pénétrer un équivalent $\bar{E}$ négatif du fer $Fe\bar{E}^2$ qui y est remplacé par l'oxygène $\bar{O}$: c'est ainsi que se forme l'oxyde $Fe\bar{O}\bar{E}^2$. Les autres oxydations du fer seront examinées plus loin.

La périodicité observée ici dans les équivalents électriques peut être également obtenue au moyen de plusieurs appareils particuliers dans lesquels les liquides s'accumulent en un espace quelconque pour s'écouler ensuite tout à la fois et en un instant; puis a lieu un espèce de repos qui dure un espace de temps suffisamment long pour que s'opère une nouvelle accumulation du liquide, et ainsi de suite.

Les intervalles qui séparent les moments d'activité sont grands quand la quantité $q\bar{E}$ d'équivalents électriques est petite, et cela a lieu quand le fil $\mu\nu$ de l'anastomose est long de 15 mètres. Au contraire, si ce fil n'est que de 5 mètres, lesdits intervalles sont très-courts et presque imperceptibles. Ces longueurs de 15 et 5 mètres diminuent quand le fil $\mu\nu$ est d'un métal moins bon conducteur de l'électricité positive que le cuivre.

II. — PASSIVITÉ DU FER PRODUITE PAR LE CONTACT AVEC LES ALCALIS ET LES ACIDES.

Les faits de la série précédente sont produits sur la bouche n de l'électrohode mn positif d'un circuit où l'électrolyte est un acide; la série de faits suivants est produite sur un fil de fer ou d'un autre métal mis en contact avec les acides ou les alcalis qui donnent au fer et à certains autres métaux la propriété propre au platine de ne pas être oxydable.

Le mode de l'oxydation d'un électrohode positif *mn* diffère de celui du même métal opéré par le contact avec un acide. 1° Il a été démontré que l'électrohode *mn* s'oxyde quand les équivalents positifs exercent une répulsion r suffisante pour vaincre la résistance r' de la part de l'hydrogène $\overset{+}{H}$ de l'eau. 2° L'oxydation du fer ou des autres métaux en contact avec les acides s'opère aussi par une destruction d'équilibre; mais en ce cas il y a absence d'écoulement des équivalents électriques, car les déplacements des équivalents sont produits par la répulsion r exercée entre les équivalents négatifs $\bar{\bar{E}}^2$ de la chaleur latente du liquide et les équivalents homonymes $\bar{\bar{E}}^3$ de métal; une autre répulsion $r - r'$ est exercée entre les équivalents positifs $\overset{+}{E}$ contenus dans les liquides quand il y a un acide.

Les équivalents somatiques de l'eau $\overset{+}{H}\bar{O}$ se trouvent en un équilibre détruit, car l'hydrogène $\overset{+}{H}$ est repoussé vers le métal $M\bar{\bar{E}}^3$, dont est repoussé l'équivalent $\bar{\bar{E}}$ négatif. La combinaison de ces équivalents $\overset{+}{H}$ et $\bar{\bar{E}}$ hétéronymes est donc sollicitée en même temps que l'est aussi la séparation de l'oxygène $\bar{O}$ de l'eau $\overset{+}{H}\bar{O}$ pour aller remplacer l'équivalent $\bar{\bar{E}}$ homonyme séparé du métal. Ce déplacement de l'oxygène est favorisé par une augmentation de la chaleur dans l'acide : on a ici comme ci-dessus l'équation

$$Fe\bar{\bar{E}}^3 + \overset{+}{H}\bar{O}\overset{+}{E}\bar{\bar{E}}^2 + AzO^5\overset{+}{E} = Fe\bar{O}Az\bar{O}^5 + Az\bar{O}^4\bar{\bar{E}}\overset{+}{E} + 2\overset{+}{E}\bar{\bar{E}}^2.$$

Un métal est inoxydable dans un acide très-concentré parce que celui-ci contient peu de chaleur latente et que l'oxygène $\bar{O}$ de l'eau $\overset{+}{H}\bar{O}$ éprouve une répulsion plus grande $r + r'$ de la part du métal $M\bar{\bar{E}}^3$ que celle r qu'il éprouve de la part de l'acide concentré. Pour amener en ce cas une oxydation, il ne faut qu'augmenter la quantité de chaleur dans l'acide, et cela s'opère de deux manières différentes : 1° en élevant la température de l'acide dont la chaleur latente θ reste la même, tandis que celle de la température $T + t$ augmente; 2° en laissant la chaleur de la température T invariable et en augmentant la chaleur latente θ qui devient $\theta + \theta'$, et cela s'opère par l'introduction de l'eau dans l'acide, parce que c'est l'eau qui, parmi les liquides, a le maximum de chaleur latente.

I. Un métal ou le fer plongé dans l'acide azotique concentré ne s'oxyde pas : il en est de même quand cet acide moins concentré est mêlé avec l'acide sulfurique. Les équivalents positifs $\ddot{E}$ repoussent leurs homonymes dans le métal $M\bar{E}^3$, et quand celui-ci est éloigné de l'acide, ces équivalents $q\ddot{E}$ positifs, en se repoussant mutuellement, sont repoussés vers la surface, et ainsi le métal obtient un état physique qu'il ne possédait pas avant le contact avec l'acide; le fer était $Fe\bar{E}^3$, et il est devenu $Fe\bar{E}^3 + q\ddot{E}$.

Ce fer est protégé par les équivalents $q\ddot{E}$ contre l'oxydation dans les acides étendus, qui ne diffèrent des concentrés que par une chaleur latente $\theta + \theta'$ supérieure; cependant celle-ci n'est pas suffisante pour faire déplacer l'oxygène $\bar{O}$ de manière qu'il aille remplacer un équivalent $\bar{E}$ négatif dans le métal $M\bar{E}^3$; mais en ce cas les équivalents positifs $q\ddot{E}$ du fer repoussent l'hydrogène $\ddot{H}$ de l'eau, et ils ne sont pas suffisants pour s'écouler dans le liquide.

Cependant cela n'arrive pas avec la chaleur Θ libre de la température élevée $T + T'$ dont les équivalents négatifs $\bar{E}^3$ exercent sur l'oxygène $\bar{O}$ une répulsion $r + r'$ qui fait qu'il se sépare de l'hydrogène $\ddot{H}$ et va remplacer l'équivalent négatif $\bar{E}$ du fer $Fe\bar{E}^3$ qui s'en éloigne pour se combiner avec l'hydrogène $\ddot{H}$ et former le gaz $\ddot{H}\bar{E}$; alors s'écoulent les équivalents $q\ddot{E}$ du fer.

II. Dans l'acide azotique de 1,4 poids spécifique, le fer plongé se couvre d'une couche d'oxyde; mais éloigné pour un moment de l'acide et replongé, il y devient blanc et passif; il éprouve en ce cas le changement suivant.

L'éloignement du fer, de même que dans le cas précédent, était nécessaire ici pour que les équivalents positifs $q\ddot{E}$ qui par le contact viennent de pénétrer, pussent, en s'y repoussant mutuellement, se diriger vers sa surface. En cet état le fer replongé laisse se dissoudre dans l'acide la couche de l'oxyde déjà formé précédemment, et le fer reste blanc et inoxydable, car il est protégé par des équivalents électriques positifs $\ddot{E}$ dirigés vers sa surface.

III. Au lieu d'un acide de 1,4 poids spécifique si le fer est mis en contact avec un autre plus étendu, il s'oxyde, et si l'on veut le rendre passif comme dans le cas précédent, il ne suffit plus alors de l'éloigner et de le replonger une fois seulement, mais le nombre n de ces va-et-vient doit augmenter en raison directe avec la quantité q d'eau introduite dans l'acide pour le faire plus étendu et d'une chaleur latente $\theta+\theta'$ supérieure.

Rien n'est plus instructif que la relation $n:q$ entre le nombre de fois n qu'on replonge le fer et la quantité q de l'eau introduite dans l'acide; cela sert ici à démontrer qu'à chaque fois qu'il est plongé, le fer acquiert une quantité d'équivalents électriques positifs, qui en se repoussant, s'étendent vers la surface pour atteindre un degré de densité de ces équivalents $q\ddot{E}$ égal à celui des équivalents homonymes $q\ddot{E}$ de l'acide.

La première fois que le fer est immergé, il est pénétré par le maximum $Q\ddot{E}$ d'équivalents, la deuxième fois par une quantité inférieure $(Q-q)\ddot{E}$, la troisième fois par une quantité moindre encore $(Q-q-q')\ddot{E}$, et ainsi de suite, jusqu'à ce qu'on obtienne la somme $[nQ-(n-1)q-(n-2)q'\ldots]\ddot{E}=q\ddot{E}$, densité qui exerce contre l'hydrogène $\ddot{H}$ une répulsion suffisante pour l'empêcher de séparer de l'oxygène $\breve{O}$.

Cette accumulation des nappes superposées d'équivalents positifs opérée suivant la loi physique se manifeste par un écoulement des équivalents positifs qui correspondent à ces nappes, comme on le verra plus bas quand nous expliquerons la cause des pulsations.

IV. On met le fil mn de fer en contact avec un fil $m'n'$ de platine préalablement plongé dans l'acide de 1,35 poids spécifique ; le fil *mn* immergé ensuite reste passif; si les deux fils *mn* et *m'n'* sont unis avec un rhoomètre, les équivalents électriques positifs $\overset{+}{\mathrm{E}}$ s'écoulent d'abord en grande quantité, et puis diminuant de la part du platine par le rhoomètre vers le fer; celui-ci devient parfaitement passif quand l'écoulement des équivalents positifs $\overset{+}{\mathrm{E}}$ atteint son minimum.

Si le platine est éloigné du fer avant d'avoir atteint ce minimum de l'écoulement des équivalents positifs $\overset{+}{\mathrm{E}}$, le fer n'est pas devenu passif ou inoxydable. C'est aussi une preuve qu'il faut au fer une accumulation suffisante d'équivalents positifs $q\overset{+}{\mathrm{E}}$ qui viennent de l'acide plus facilement par le platine que par le fer, comme cela est prouvé par le rhoomètre.

En employant à la place du platine l'or, le graphite ou le charbon qui sont plus électronégatifs que le platine, il s'écoule une plus grande quantité d'équivalents positifs $\overset{+}{\mathrm{E}}$ de l'acide par ces corps et par les rhoomètres vers le fil de fer *mn*. Pour cette raison celui-ci obtient en ce cas une quantité d'équivalents positifs $\overset{+}{\mathrm{E}}$ suffisante pour le rendre inoxydable même dans un acide de 1,3 poids spécifique.

V. Le fer ne devient passif que dans les acides oxygénés autres que l'acide sulfurique ; mais cela n'a plus lieu quand on emploie les hydracides ou les fluorures, chlorures, bromures et iodures.

Les hydracides $\mathrm{Cl}\overset{+}{\mathrm{H}}\overset{+}{\mathrm{E}}$, $\mathrm{I}\overset{+}{\mathrm{H}}\overset{+}{\mathrm{E}}$... ont l'équivalent positif $\overset{+}{\mathrm{E}}$ combiné avec le thermoïde $\mathrm{Cl}\overset{+}{\mathrm{H}}$, $\mathrm{I}\overset{+}{\mathrm{H}}$... parce qu'il a été prouvé que dans le chlore, l'iode, le brome et le fluor, l'équivalent somatique $\bar{\mu}\bar{\mu}$ est double, l'acide sulfurique est aussi d'une nature semblable, avec cette différence qu'il est positif $\overset{+}{\mu}\overset{+}{\mu}$ comme les métaux.

Les combinés des métaux $\mathrm{M}\bar{\mathrm{E}}^3$ avec les métalloïdes $\bar{\mu}\bar{\mu}\overset{+}{\mathrm{E}}$ sont produits par le remplacement des deux équivalents $\bar{\mathrm{E}}^2$ négatifs par un métalloïde $\bar{\mu}\bar{\mu}$ et la production d'un équivalent de chaleur, $\mathrm{M}\bar{\mathrm{E}}^3 + \bar{\mu}\bar{\mu}\overset{+}{\mathrm{E}} = \mathrm{M}\bar{\mu}\bar{\mu}\bar{\mathrm{E}} + \overset{+}{\mathrm{E}}\bar{\mathrm{E}}^2$.

Dans les contacts du fer $\mathrm{F}\bar{\mathrm{E}}^3$ avec les hydracides $\bar{\mu}\bar{\mu}\overset{+}{\mathrm{H}}\overset{+}{\mathrm{E}}$ ses deux équivalents $\bar{E}^2$ négatifs s'éloignent et sont remplacés par un équivalent double du métalloïde $\bar{\mu}\bar{\mu}$

$$3Fe\bar{E}^3 + 3Cl\dot{H}\dot{E} = 3FeCl\bar{E} + 3\dot{H}\bar{E} + 3\dot{E}\bar{E};$$

ces trois iris $\dot{E}^3\bar{E}^3$ sont un équivalent de chaleur et un équivalent de lumière; pour cette raison celle-ci est nécessaire pour la combinaison du chlore $Cl\dot{E}$ avec l'hydrogène

$$3Cl\dot{E} + 3\dot{H}\bar{E} + \dot{E}^3\bar{E} = 3Cl\dot{H}\dot{E} + 2\dot{E}\bar{E}^3.$$

VI. Les équivalents négatifs $\bar{E}^3$ du fer venant en contact avec ceux des alcools ou des sels, exercent entre eux des répulsions qui font pénétrer les équivalents négatifs $q\bar{E}$ vers l'alcali qui est un oxyde $M\bar{O}\bar{E}^2$ ou vers le sel; les équivalents positifs $q\dot{E}$ s'écoulent en direction opposée et pénètrent dans le fer où, par leur accumulation, ils exercent une résistance r qui suffit pour empêcher l'écoulement des équivalents positifs dans le fer, quand celui-ci vient en contact avec un acide d'oxygène qui n'est pas thermoïde, excepté l'acide sulfurique, et cela à cause du soufre qui est un équivalent positif double μ^2; à l'état ordinaire le soufre a la forme $S\bar{E}$ comme l'hydrogène $\dot{H}\bar{E}$, et pour cela ces deux corps sont combustibles.

III. — PASSIVITÉ PRODUITE PAR LA CHALEUR OU PROPAGÉE PAR LE CONTACT.

Le fer devenu passif communique par le contact simple cette propriété à un autre; le même effet a lieu pour la chaleur qui rend passive l'extrémité n d'un fil mn quand elle est chauffée au rouge, mais en même temps devient également passive, l'autre extrémité m qui n'a cependant subi aucun changement sensible de température.

I. Un conducteur positif en fer mn qui sert à l'électrolyse de l'acétate de plomb, se couvre d'une couche de peroxyde de plomb en l'espace de 30 secondes et devient passif, et en même temps il communique cet état aux autres fils qu'on met en contact avec lui.

L'électrohode *mn* en fer conduit les équivalents positifs d'une pile de plusieurs couples, le dépôt du peroxyde PbO^2 oppose une résistance aux équivalents $(q+q')$ qui restent accumulés dans le fil *mn*, d'où ils se propagent aux autres par le contact.

II. Un fil *mn* de fer est chauffé jusqu'au rouge à une extrémité *n*, pour qu'il s'y forme une couche mince d'oxyde; cette extrémité devient passive et en même temps devient également passive l'autre extrémité *m* qui n'a pourtant éprouvé aucun changement de température.

La chaleur $\ddot{E}\ddot{E}^2$ introduite de l'extrémité *n* du fil se décompose en se propageant vers son autre extrémité *m*; les équivalents négatifs restent arrêtés et les équivalents positifs $\dot{E}$ se propagent sans pouvoir s'écouler de la surface du fer, à cause de la résistance qu'ils y éprouvent de la part de leurs homonymes ambiants dans l'air et dans la lumière.

Mais de l'extrémité *n* du fil chauffé s'écoule une quantité d'équivalents positifs $q\ddot{E}$ en dehors pendant que la chaleur pénètre dans le fil.

Pendant le refroidissement, il s'écoule du fil en dehors la chaleur $\ddot{E}\ddot{E}^2$ et les équivalents négatifs $q\ddot{E}$ qui sollicitent l'écoulement des équivalents positifs $q\ddot{E}$ vers le fil; celui-ci reçoit ainsi une accumulation d'équivalents positifs, précisément comme dans le cas précédent; et ces équivalents $q\ddot{E}$ rendent inoxydable non-seulement le fil *mn*, mais de celui-ci ils opposent une répulsion à leurs homonymes $\dot{E}$ d'un autre fil *m'n'* mis en contact, et ce nouveau fil devient passif comme le précédent *mn*.

Les fils devenus ainsi passifs ne s'oxydent pas dans un acide de 3,5 poids spécif., même à une température supérieure; ce fil devient actif quand il est chauffé dans l'hydrogène, parce qu'en ce cas les équivalents positifs $q\bar{\bar{E}}$ s'éloignent de la surface du fer vers l'hydrogène $\bar{H}\bar{E}$ qui ne leur oppose aucune résistance.

III. Le cuivre *mn* devient passif ou inoxydable quand il joue le rôle d'électrohode positif dans l'acide sulfurique étendu traversé par un courant très-fort; tandis qu'il se dissout quand le courant est modéré. Ce fil *mn* de cuivre arrête bientôt l'écoulement des équivalents électriques, après avoir été recouvert d'une couche mince d'un oxyde *particulier*.

Le nombre des couples fait augmenter la répulsion entre les équivalents négatifs $\bar{E}$; car, comme il a été dit, 1° la destruction de l'équilibre dans le circuit n'est maintenue que par la répulsion mutuelle qui a lieu entre les équivalents négatifs $\bar{E}^2$ du zinc, et ceux $\bar{E}^2$ de la chaleur latente du liquide, tandis que, 2° l'écoulement de ces équivalents $\bar{E}$ négatifs et de leurs hétéronymes $\bar{\bar{E}}$ est maintenu dans le circuit par leur éloignement de ce circuit pour leur faire céder la place à ceux qui suivent.

L'oxyde n'est pas particulier, comme le disent les chimistes, mais son dépôt empêche la formation de masses nouvelles dans lesquelles s'opère la consommation des équivalents et en même temps leur écoulement dans le circuit.

IV. — PASSIVITÉ PÉRIODIQUE OU PULSATION DU FER.

Nous avons prouvé comment l'électrohode positif *mn* devient périodiquement passif et actif, quand cet électrohode *mn* est mis en communication avec l'autre *m'n'* par une *anastomose* $\mu\nu$: ce même état est obtenu par le fer dans les cas suivants, qui trouvent tous leur explication dans la même cause.

I. Dans l'acide de 1,3 poids spécif., le fer actif est positif avec l'argent ; mais quelques minutes après le courant change de direction et les équivalents positifs s'écoulent du fer par le rhoomètre vers l'argent; après un moment la direction change de niveau; ces va-et-vient se répètent huit ou neuf fois, toujours en diminuant, et enfin le fer reste positif et actif, car l'écoulement va de l'argent par le rhoomètre vers le fer *mn* qui s'oxyde.

Si dans le même acide et dans le même fil d'argent on remplace le fil *mn* actif du fer par un autre *m'n'* passif, les équivalents positifs Ë vont de ce fil passif par l'électrohode vers l'argent; cet écoulement décroît, enfin l'argent se couvre d'une couche d'oxyde et l'écoulement s'interrompt.

En remplaçant l'argent par le platine, on trouve les résultats suivants : 1° si le fer *mn* est actif, les équivalents Ë du platine s'écoulent abondamment par le rhoomètre vers le fer, mais celui-ci devient passif et l'écoulement s'interrompt ; 2° si le fer *m'n'* est passif, il n'y a pas d'écoulement d'équivalents électriques, mais il apparaît dans le rhoomètre chaque fois qu'on agite le fer dans l'acide.

Dans tous ces cas, l'oxydation du fer a lieu quand l'écoulement des équivalents électriques passe du fer dans l'acide, comme cela a été constaté dans les cas précédents. Il ne faut ici distinguer que la cause des va-et-vient qui apparaissent au commencement et montrent que l'oxydation du fer éprouve des interruptions, et cela à cause d'une oxydation légère opérée sur la surface de l'argent.

Cette légère oxydation de l'argent peut être constatée dans le cas où le fer actif est remplacé par le fer passif, alors que, dès le commencement, les équivalents positifs s'écoulent par le rhoomètre de ce fer vers l'argent.

Il a été prouvé que le fer agité dans l'acide devient actif pour un moment à cause du changement des points de contact avec l'acide, car en cas pareil la densité des équivalents positifs Ë est moindre dans l'acide que dans la surface du fer qui était en équilibre avec les équivalents positifs Ë en contact avant l'agitation.

II. Dans le cas où l'acide a 1,37 poids spécifique environ, le fer y devient alternativement actif et passif, surtout quand il n'est pas agité dans l'acide, car dans ce dernier cas, il est actif.

Les interruptions ont pour cause l'oxyde et le sel produits et non pas encore éloignés de la surface du fer; celui-ci redevient actif dès que cet oxyde s'en éloigne. Mais ces interruptions font toujours pénétrer une quantité d'équivalents positifs *q*Ë dans le fil de fer, jusqu'au moment où il devient passif. Cette accumulation des équivalents positifs *q*Ë arrive à être suffisante pour exercer une résistance *r* capable de rendre le fer passif.

III. Le fil *mn*, devenu passif quand on l'a immergé dans l'acide de 1,4 poids spécifique, obtient une pulsation dans l'acide de 1,35 poids spécifique; son état actif et la décomposition de l'eau H̄Ō sont obtenues par une répulsion de l'oxygène Ō vers le fer et une contre-répulsion de l'hydrogène H̄ de la part des équivalents positifs Ë accumulés dans ce fer *mn*, d'où ils s'écoulent pendant que le fer s'oxyde, comme cela est prouvé par le rhéomètre.

Pour charger le fil de fer des équivalents positifs Ë, il faut le replonger plusieurs fois dans l'acide. Ce fer obtient la pulsation dans un acide plus étendu, et par suite moins électropositif qui oppose aux équivalents positifs Ë une résistance *r* — *r'* inférieure à celle de l'acide le plus concentré.

Toutefois, même dans l'acide le moins concentré, ces interruptions de l'oxydation servent à charger le fer d'équivalents positifs et à le rendre passif. En pareil cas, il faut éliminer une partie de ces équivalents Ë pour rendre le fer actif sans changer l'acide; on opère de la manière suivante :

Le fil *mn* plonge dans l'acide après avoir été plié en forme d'une fourchette ; alors on touche l'une *m* de ces extrémités par le cuivre, et le fer passif devient alternativement passif et actif, les intervalles sont d'une seconde ; après un nombre de périodes pareilles, l'oxydation s'arrête et le fer redevient passif, preuve qu'il y a encore un excès d'équivalents positifs $q\bar{E}$ dans ce fer. Pour les en éloigner, il faut toucher de nouveau avec le cuivre le fer plongé dans l'acide ; un ou plusieurs contacts pareils rendent toujours le fer actif, parce qu'ils servent à en éloigner les équivalents positifs $q\bar{E}$.

IV. Si l'on plonge plusieurs fils *mn*, *m'n'*, *μν*..., devenus passifs de la manière indiquée dans le même vase, chacun d'eux a une pulsation propre ; mais si ces fils sont en contact, les pulsations sont simultanées dans tous les fils.

Ce fait prouve que par le contact les équivalents positifs dans les fils arrivent à avoir une densité égale et s'y maintiennent en équilibre par les écoulements et les interruptions qui sont nécessairement simultanées.

V. Le fil *mn* devenu passif dans l'acide concentré de 1,5 poids spécifique commence à s'oxyder à une température de 80°, et cette oxydation se maintient à une température de 100° ; si un autre fil *m'n'* avait une pulsation dans un acide étendu, ce fil produirait, à une température de 100°, plus de gaz que le fil *mn* qui n'a pas de pulsation.

L'élévation de température rend l'acide concentré moins électropositif ; pour cette raison les fils passifs *mn* et *m'n'* deviennent actifs dans cet acide chaud, comme ils le sont dans un acide étendu. Le fil actif *m'n'* a moins d'équivalents positifs $q\bar{E}$ que le fil passif *mn* ; aussi s'oxyde-t-il plus rapidement.

VI. Dans l'acide concentré l'oxydation du fer s'opère par le déplacement d'un équivalent $\bar{O}$ d'oxygène de l'acide $Az\bar{O}^5\bar{E}$ qui passe dans le fer et cède sa place à un équivalent $\bar{E}$ négatif du fer ; ainsi se forment l'oxyde $Fe\bar{O}\bar{E}^2$ et l'acide azoteux $Az\bar{O}^4\bar{E}\bar{E}$.

VII. Si l'on plonge dans l'acide à 100° l'extrémité *m* du

fil *mn* qui a une pulsation et son extrémité *n* qui n'en a pas, celle-ci obtient, après quelques secondes, une pulsation. Si le fil *mn* est éloigné de l'acide avant qu'apparaisse la pulsation à l'extrémité *n*, celle-ci reste à l'état de métal blanc et l'autre *m* reste couverte d'un oxyde; cela provient de la direction du courant qui passe avant que commence la pulsation de l'extrémité *n* vers l'autre extrémité; car dans le fil *mn* l'équilibre est établi quand la pulsation apparaît dans les deux extrémités; ce fait est démontré de la manière suivante :

Si l'on prend le fil actif *mn* et le fil *m'n'* en état de pulsation, les équivalents positifs s'écoulent du fil *mn* vers le fil *m'n'* par le rhéomètre; la déviation du magnète de celui-ci croît jusqu'au commencement de la pulsation dans le fil *mn*, et à ce moment s'interrompt l'écoulement des équivalents électriques, fait prouvé par le magnète qui revient à sa position normale. L'écoulement est toujours produit par la destruction de l'équilibre dans un point du circuit; il s'interrompt dès que l'équilibre est rétabli par la pulsation des deux extrémités des fils.

V. — PASSIVITÉ DES MÉTAUX EN GÉNÉRAL.

I. Le fer se distingue des autres métaux, non pas par ses éléments matériels ou électriques qui sont communs à tous les corps, car ceux-ci n'accusent de différence que par les différentes relations entre les quantités des équivalents du barogène β^x contenu dans un équivalent matériel, et les quantités d'équivalents électriques $\overset{+}{E}^y$ et $\bar{E}^v$ contenus dans le même équivalent matériel $\beta^x\overset{+}{E}^y\bar{E}^v$.

D'après cette différence entre les équivalents électriques, les éléments des corps prennent une espèce d'électricité dissimulée ou un arrangement par lequel ils forment des lames dont une face f est chargée d'équivalants positifs $q\dot{E}$, et l'autre f' d'équivalents négatifs $q\bar{E}$; les lames ont leurs faces hétéroélectriques en contact, et ainsi se produit la cohésion des lames quand elles se rapprochent pour former un cristal au milieu du liquide.

Cette solidification cristalline diffère de la congélation, dans laquelle il se montre aussi un pareil arrangement entre les lames; mais ces dernières ont généralement de très-petites dimensions. Les métaux diffèrent entre eux, 1° par les poids des équivalents matériels, 2° par les arrangements de ces équivalents, et 3° par les quantités des équivalents électriques stationnaires.

Les lames de fer obéissent à la direction que leur impriment les équivalents électriques $\ddot{E}$ plus facilement que celles de tous les autres métaux, de sorte que la résistance normale R subit une diminution et devient R—R' durant l'écoulement et la direction des équivalents électriques.

L'aimantation du fer est un arrangement de ses lames tel qu'elles présentent leurs faces négatives f' aux équivalents positifs terrestres $\dot{E}$ qui s'écoulent des régions froides vers les régions moins froides et moins éloignées. Les directions de ces écoulements sont permanentes, et ce sont les lames du fer qui en reçoivent la disposition qui leur permet d'opposer le minimum de résistance. Le magnétisme ou l'attraction du fer dans l'anastomose des électromagnètes est un effet de la grande quantité des équivalents électriques terrestres qui s'écoulent par le fer et non pas par le vide, où s'écoulent les équivalents $n\ddot{E}$ de la pile.

La passivité du fer est également un effet de l'arrangement de ses lames, de manière à obtenir un état d'équilibre dans les répulsions exercées sur leurs faces de part et d'autre. Les autres métaux sont composés de lames qui ne s'arrangent pas aussi facilement en suivant les directions des équivalents électriques en écoulement, et le bismuth est de tous celui qui se montre le plus rebelle à cet arrangement.

II. Le bismuth est inoxydable dans l'acide de 1,5 spécifique; mais il s'oxyde dans l'acide de 1,4 poids spécifique. L'oxydation s'arrête en ce cas si l'on met le bismuth en contact avec le platine, et elle recommence quand le platine est éloigné.

De ces contacts avec le platine le bismuth reçoit chaque fois une couche d'oxyde qui se dissout pour laisser le métal blanc; alors il recommence à s'oxyder, mais très-lentement.

L'acide concentré est peu électronégatif, et quand il est en contact avec les métaux, son oxygène $\bar{O}$ n'éprouve pas une répulsion suffisante pour se séparer et passer au métal dont l'équivalent négatif $\bar{E}$ va remplacer cet oxygène dans l'acide qui devient azoteux $Az\bar{O}^4\bar{E}\bar{E}$.

Le contact avec le platine éloigne du bismuth et de l'acide une quantité d'équivalents positifs $\bar{E}$ et y laisse pénétrer une quantité d'équivalents négatifs $\bar{E}$ qui repoussent du métal leur homonyme $\bar{E}$ pour faciliter son remplacement par l'oxygène $\bar{O}$ dont se forme l'oxyde $M\bar{O}\bar{E}^2$ qui couvre le bismuth et empêche son oxydation ultérieure, puisqu'elle ne peut s'en éloigner.

Si l'acide azotique contient de l'acide azoteux, le bismuth ne s'oxyde pas: il se trouve comme dans le cas précédent, et ainsi une couche d'oxyde empêche son oxydation, parce que cette couche ne peut pas être éloignée.

Dans l'acide de 1,2 poids spécifique le bismuth se dissout; le contact avec le platine ne supprime pas son oxydation, mais il la fait seulement diminuer, et cela toujours par l'écoulement d'une quantité d'équivalents négatifs du platine vers le bismuth et l'acide dont une partie d'équivalents positifs $\bar{E}$ s'écoule vers le bismuth et le platine.

Ces équivalents en écoulement diminuent des deux côtés dans l'acide étendu, parce qu'à cet état celui-ci est moins électropositif que quand il est concentré.

III. Le cuivre est inoxydable dans l'acide azotique 1,5 poids spécifique; mais il s'oxyde dans l'acide de 1,47 poids spécifique. En ce cas, il est au commencement fortement attaqué, et puis son oxydation s'arrête. Si, avant de l'immerger, on le met en contact avec le platine qui est dans l'acide pour faire passer les équivalents positifs $\bar{\bar{E}}$ de l'acide par le platine dans le cuivre, avant d'être mis en contact avec l'acide, ces équivalents $\bar{\bar{E}}$ opposent une résistance à leurs homonymes, quand le cuivre plonge dans l'acide. L'écoulement des équivalents positifs $\bar{\bar{E}}$ de l'acide vers le cuivre ayant été ainsi supprimé, l'écoulement des équivalents négatifs du cuivre vers l'acide l'a été également, et cet équilibre entre les équivalents électriques empêche les déplacements de l'oxygène $\bar{O}$ et celui de l'équivalent $\bar{E}$ négatif du cuivre, qui pour cela ne s'oxyde pas.

En cet état d'équilibre, si l'on éloigne le platine, il y a pour un moment un écoulement d'équivalents électriques $\bar{\bar{E}}$ par le cuivre qui acquiert une couche mince d'oxyde.

Dans l'acide de 1,4 poids spécifique, le cuivre se dissout par la séparation de son équivalent $\bar{E}$ négatif, qui est remplacé par l'oxygène $\bar{O}$; mais ces remplacements mutuels des équivalents s'arrêtent quand le cuivre vient en contact avec le platine, car celui-ci conduit les équivalents positifs $\bar{\bar{E}}$, moins facilement que le cuivre; ce dernier devient alors inoxydable.

Le cuivre est également inoxydable quand il joue le rôle d'électrohode *mn* positif dans l'acide sulfurique étendu traversé par le courant d'une pile à plusieurs couples. Le cuivre se couvre en ce cas d'un oxyde; il reste inoxydable, non pas à cause de cet oxyde, mais à cause de l'équilibre entre les équivalents négatifs qui se rétablissent dans le circuit, précisément par le grand nombre des couples.

VI. — OPINIONS DES PHYSICIENS SUR LA PASSIVITÉ DES MÉTAUX.

De même que sur la nature de l'ozone, les physiciens ont avancé, sur la cause de la passivité des métaux, des hypothèses qui diffèrent entre elles, parce que chacune d'elles trouvant, il est vrai, son application en un certain nombre de cas, en laisse un plus grand nombre inexplicable; c'est pourquoi les physiciens, dans leur impuissance, se sont lancés dans une foule d'hypothèses secondaires.

Alors que la cause de l'oxydation des métaux était inconnue, pouvait-on jamais espérer donner une explication plausible de la cause qui rend ces métaux inoxydables? En cette circonstance, comme dans celles de l'apparition de l'ozone, les physiciens reconnaissent bien que c'est le courant électrique qui éprouve des résistances de la part des produits chimiques opérés pendant la durée de ce même courant. M. Faraday a même admis pour cause de cette interruption de l'oxydation la couche de l'oxyde qui se forme dans les électrohodes pendant l'écoulement des équivalents électriques.

L'oxydation du métal dans les couples était admise comme cause des courants dans les circuits, et en même temps l'oxydation des électrohodes dans le même circuit doit supprimer ces courants; et cela parce que l'oxyde formé est admis comme étant d'une nature particulière, et par suite inconnue. Ainsi, pour expliquer une inconnue, les physiciens en introduisent une autre.

MM. Martins, Schœnbein, Wetzar, etc., considèrent la passivité comme une modification physique que le métal aurait éprouvée jusque dans son intérieur. En même temps ceux-ci, comme M. Faraday, attribuent à cet état la suppression de l'écoulement des équivalents électriques qui est bien constatée par l'absence de déviation du magnète du rhoomètre, car cet écoulement est accompagné des actions chimiques de l'électrohode. Ainsi, en ce cas, les physiciens admettent ces actions comme effet du courant, et l'oxyde produit est considéré généralement comme un effet du courant et en même temps comme une cause de sa suppression par le dépôt qui s'accumule. Les physiciens ne pouvaient guère donner de meilleures explications, d'autant qu'ils ignoraient la cause physique qui maintient les équivalents électriques en un équilibre détruit nécessaire pour soutenir leurs écoulements observés.

La cause de la passivité des métaux a trouvé naturellement ici son explication; il a seulement fallu arranger les faits et distinguer 1° le cas où un métal est électrohode, et 2° le cas où il ne l'est pas.

I. Chaque fois que le métal est un électrohode positif, il devient inoxydable quand les équivalents négatifs $\bar{E}$ du circuit se trouvent soit en équilibre, soit dans une destruction très-faible d'équilibre. Il se produit alors, en effet, un écoulement des équivalents électriques qui ne suffit pas pour séparer les éléments $\overset{+}{H}$ et $\bar{O}$ de l'eau $\overset{+}{H}\bar{O}$. En pareil cas, l'électrolyte doit être chauffé ou l'acide étendu, parce qu'en ces deux cas les *équivalents négatifs* $\bar{E}$ y *deviennent multipliés*.

II. Dans les contacts simples des métaux avec les acides, il est nécessaire que l'eau $\overset{+}{H}\bar{O}$ soit décomposée, ou si l'on opère avec l'acide azotique $Az\bar{O}^5\overset{+}{E}$ concentré, c'est cet acide qui doit se décomposer en acide azoteux et en oxygène. Dans l'un et l'autre de ces deux cas, il faut 1° que l'oxygène $\bar{O}$ de l'eau ou de l'acide $Az\bar{O}^5\overset{+}{E}$ subisse une répulsion de la part du liquide, en même temps qu'une répulsion mutuelle a lieu entre les équivalents négatifs du métal $M\bar{E}^8$; 2° l'équivalent positif $\overset{+}{H}$ de l'eau ou l'équivalent $\overset{+}{E}$ de l'acide n'éprouvent en ce cas aucune répulsion de la part du métal, et leur séparation de l'eau $\overset{+}{H}\bar{O}$ ou de l'acide n'est qu'un effet de l'éloignement de l'équivalent négatif $\bar{O}$ ou de l'éloignement des équivalents positifs $\overset{+}{E}$ du fer par le contact avec un autre métal, car alors y pénètrent les équivalents négatifs $q\bar{E}$.

En ces deux cas, les équivalents électriques négatifs sont constamment réduits en un équilibre détruit, et c'est par leur écoulement qu'est maintenu celui des équivalents positifs, ainsi que cela devient évident dans le cas où l'électrohode *mn* en cuivre reste inoxydable quand la pile est composée d'un grand nombre de couples. Cette production de l'écoulement des équivalents électriques par les couples, leur écoulement dans le circuit et leur éloignement de celui-ci trouveront leur explication dans la suite.

III. Le fait suivant, des plus bizarres en apparence, sert ici à mieux constater tout ce qui a été dit sur la passivité du fer. Le fer *mn*, rendu passif par des immersions dans l'acide de 1,35 à 1,4 poids spécifique, obtient la pulsation dans l'acide de 1,3 poids spécifique, s'il est touché dans l'acide par un fil mince de cuivre qui ne sert qu'à éloigner une quantité $q\overset{+}{E}$ de chaque nappe d'équivalents $\overset{+}{E}$ positifs du fer *mn*, qui n'est passif qu'à cause de ces équivalents $\overset{+}{E}$.

Au point *o* du contact se forme une couche d'oxyde qui se répand dans toutes les directions d'où affluèrent les équivalents positifs $q\overset{+}{E}$ éloignés par le fil de cuivre; de cette couche se répand le gaz hydrogène $\overset{+}{H}\overset{-}{E}$ formé de l'eau $\overset{+}{H}\overset{-}{O}$ et de l'équivalent $\overset{-}{E}$ négatif séparé du fer $Fe\overset{-}{E}^2$, où il est remplacé par l'oxygène $\overset{-}{O}$ séparé de l'hydrogène $\overset{+}{H}$ de l'eau $\overset{-}{O}\overset{+}{H}$; cet oxyde $Fe\overset{-}{O}\overset{-}{E}^2$ de fer se combine avec l'acide $Az\overset{-}{O}^5\overset{+}{E}$, et leurs équivalents électriques $\overset{-}{E}^2$ et $\overset{+}{E}$ se combinent séparément, et c'est ainsi que sont produits le sel $FeOAz\overset{-}{O}^5$ et la chaleur $\overset{+}{E}\overset{-}{E}^2$.

Alors le fer *mn* devient blanc comme il était, et au même instant apparaît au point *o* une nouvelle couche qui disparaît comme la précédente. Le fer *mn* finit par rester à l'état actif, s'il s'en est éloigné une quantité suffisante d'équivalents positifs $q\overset{+}{E}$; si cela n'a pas eu lieu, le fer *mn* redevient passif, et l'on parvient toujours à éloigner de lui, par des contacts répétés, la quantité $q'\overset{+}{E}$ d'équivalents positifs et à le rendre actif; cela a lieu pour tous les fers rendus passifs par l'acide concentré ou par des immersions répétées dans des acides moins concentrés.

VI

RÉFORME DE LA PHYSIQUE

PAR

L'APPLICATION DE LA STŒCHIOMÉTRIE ÉLECTROCHIMIQUE AUX ÉLECTROLYSES DES CORPS.

NOTIONS PRÉLIMINAIRES.

A

CALCULS DE LA STŒCHIOMÉTRIE ÉLECTRIQUE.

Les combinaisons ou les *synthèses* et les décompositions ou les *aposynthèses* chimiques ne sont que des déplacements des équivalents matériels dont le poids relatif est assez bien connu.

Le nombre des corps dont les équivalents ne se décomposent pas n'est pas limité, car depuis le commencement du siècle actuel il s'est presque doublé; nul doute qu'on ne découvre dans l'avenir de nouveaux corps pareils.

Parmi les chimistes, les uns admettent que les corps indécomposables sont simples et produits en cet état dès le commencement : ils s'appuient, pour soutenir cette hypothèse, non-seulement sur la propriété de ces corps d'être indécomposables, mais aussi sur leur chaleur spécifique et sur leur tendance à se combiner de plusieurs manières avec les autres corps également indécomposables.

La plupart des chimistes reconnaissent ces propriétés aux corps indécomposables; toutefois ils ne veulent pas admettre qu'ils sont produits en cet état dès le commencement, et cependant ils ne peuvent montrer aucun fait qui corrobore cette opinion basée seulement sur des raisonnements logiques. Ces chimistes admettent comme corps primitifs l'hydrogène ou un nombre d'éléments qui constituent l'hydrogène.

Ainsi les corps sont divisés en trois classes : 1° corps non simples et décomposables; 2° corps non simples et indécomposables et 3° corps simples et indécomposables; tel est par exemple l'hydrogène. Le dissentiment entre les chimistes est borné aux corps indécomposables, et ce désaccord a son origine dans l'hypothèse *que les corps non simples doivent avoir été produits par une combinaison* : personne jusqu'aujourd'hui n'a pensé que de tels corps fussent le *reste* de la séparation d'un certain nombre d'équivalents d'un corps composé. . . . .

De cette manière tout désaccord cesse, car il est évident qu'il serait même absurde de vouloir décomposer un *reste* pareil qui est le résultat d'une séparation, tandis que les corps composés sont le résultat d'une combinaison, et sont pour cela décomposables.

I. Parmi les corps, ceux qui sont un *reste* ou *hypolemme* (ὑπόλειμμα) ne sont ni simples ni produits par une combinaison ou *synthèse*; ces corps sont *polaplès* (πολαπλοῦς), indécomposables ou *anaposynthètes* (ἀναποσύνθετοι).

II. Parmi les corps, ceux qui sont le résultat d'une combinaison sont composés, *synthètes*, et peuvent pour cela être décomposés ; ils sont décomposables ou *aposynthètes*.

La différence entre les corps indécomposables et les corps décomposables ou entre les *polaplès* et les *synthètes*, consiste en ce que *tous* les corps indécomposables sont susceptibles d'un certain nombre de combinaisons, tandis que parmi les corps décomposables qui sont combinés, un très-grand nombre ne se combinent plus avec les autres corps; tels sont les *sels*.

Après avoir ainsi constaté la différence entre les corps indécomposables et les corps décomposables, il faut prouver comment sont produits les corps indécomposables que les chimistes admettent comme existants déjà depuis la formation de la Terre.

I. Des quatre atomes d'eau existant dans les plantes il se sépare trois équivalents d'oxygène, et le reste est un équivalent double de carbone

$$Aq^4\theta^4 - O^3 = \ddot{H}^4\bar{O}^4\dot{E}^4\ddot{E}^8 - \bar{O}^3\dot{E}^3 = \ddot{H}^4\ddot{E}^8\bar{O}\dot{E} = Aq\theta\,\ddot{H}^8\ddot{E}^6 = C^2$$
$$\text{ou } C^2\ddot{E}^6.$$

II. La substance végétale des plantes est un équivalent double de carbone combiné avec deux équivalents d'eau. De cette substance se séparent deux équivalents d'oxygène, et le reste est un équivalent d'*azote végétal* dont la formule est

$$C^2\ddot{E}^6\ddot{H}^2\bar{O}^2\theta^2 - \bar{O}^2 = C^2\ddot{E}^6\ddot{H}^2\bar{O}^2\ddot{H}^2\dot{E}^4 - \bar{O}^2\dot{E}^2 = C^2\ddot{E}^6\ddot{H}^2\dot{E}^4 = Az\ddot{E}^{10}.$$

III. Des quatre atomes d'eau existant dans les mers à une température assez élevée, il se sépare un équivalent d'oxygène, et le reste est un équivalent double d'*azote aérien* dont la formule est

$$Aq^4\theta^4 - \bar{O} = \ddot{H}^4\bar{O}^4\dot{E}^4\ddot{E}^8 - \bar{O}\dot{E} = \ddot{H}^4\ddot{E}^8\bar{O}^3\dot{E}^3 = Az^2.$$

IV. L'air atmosphérique est composé 1° de l'oxygène qO séparé des $4q$ atomes d'eau, 2° de l'oxygène $q'O^3$ séparé aussi des $4q'$ atomes d'eau dans les plantes, 3° de l'oxygène $q''O^2$ séparé de q'' atomes de substances végétales dans les plantes; et 4° de l'azote q''' Az^2 qui reste après la séparation des q équivalents d'oxygène de $4q$ équivalents d'eau; ainsi l'air atmosphérique est composé des parties suivantes : Air atmosphérique $= qO + q'O^3 + q''O^2 + q'''Az^2 = 23\,O + 77\,Az$ en poids, et 21 O et 79 Az en volume.

Cette découverte change complétement les données de toutes les sciences qui ont pour objet des observations chimiques, géologiques ou météorologiques.

La relation indiquée 79 Az : 21 O entre l'azote et l'oxygène dans l'air ne change qu'en deux cas : 1° quand l'atmosphère reçoit peu d'oxygène par les plantes et beaucoup d'air par la décomposition de l'eau ; et 2° quand une très-grande masse d'air se combine pour produire des pluies continentales de longues durées, ce qui fait diminuer l'air dû à la décomposition de l'eau.

I. L'air recueilli sur la surface de l'Océan à midi, à une température au-dessus de 25°, est mêlé à l'air précédent 79Az+21O et à l'air produit en ce moment qui est 80Az+20O. En effet, de fréquentes analyses ont constaté que l'air ainsi recueilli contient moins d'oxygène que l'air ordinaire, tel qu'on le trouve quelques heures avant ou après midi.

II. L'air recueilli après une longue durée des pluies continentales est un reste de la masse Q(79Az+21O) d'air ordinaire après que s'en est éloigné la quantité Q′(80Az+20O) qui a été transformée en pluies ; il y a donc un excédant d'oxygène dans la différence

$$(79Q - 80Q')Az + (21Q - 20Q)O.$$

Les analyses directes ont aussi constaté cette relation entre les deux gaz qui constituent l'atmosphère après des pluies abondantes.

III. L'air expiré par les animaux contient un excès d'eau et d'acide carbonique et un défaut d'oxygène, et en même temps il y a une diminution d'azote végétal contenu dans la nourriture. Cette anomalie entre ces quatre corps disparaît si l'on remplace l'azote végétal par ses équivalents $C^2H^2 = Az$.

1° L'acide carbonique qC^2O^4 se forme du carbone qC^2 contenu dans l'azote végétal qAz et d'une partie qO^2 de la quantité $4qO$ d'oxygène qui disparaît.

2° L'eau en excès est produite 1° par les $2qH$ équivalents d'hydrogène combinés avec le carbone C^2 dans l'azote $qAz = qC^2H^2$, et 2° par les $2qO$ qui disparaissent ; d'où proviennent les résultats observés

$$6qO + 2qAz = 6qO + qC^2H^2 = qC^2O^4 + qH^2O^2.$$

3° Si l'air atmosphérique a une basse température, il se transforme en eau dans les poumons où il vient se rencontrer avec une quantité d'air de 37° : c'est pour cette raison que, dans les cas semblables, on voit augmenter à la fois l'excès de l'eau et celui de l'acide carbonique.

4° Cet excès d'eau produit par la respiration est directement démontré chez les individus qui souffrent du *diabète*, surtout quand ils respirent l'air froid.

B

STŒCHIOMÉTRIE ÉLECTRIQUE ET CHIMIQUE DES ÉLECTROLYSES.

I. — ÉQUIVALENTS DES FLUIDES IMPONDÉRABLES.

Avant d'établir nos calculs stœchiométriques, il est nécessaire de faire connaître au lecteur les équivalents électriques qui ne sont que de trois espèces, et qui semblables entre eux quant au volume et au fluide, ne diffèrent que par la densité du même fluide primitif appelé *électre* dont les différentes quantités e, $e+e'-e''$ et $e+e'$ sont contenues sous des volumes égaux, et ainsi quoique l'*électre* soit le même, les trois espèces d'équivalents *isomégèthes* sont cependant différents parce qu'ils sont *anisopycnes*, c'est-à-dire qu'ils ont des densités inégales δ, $\delta+\delta'-\delta''$, $\delta+\delta'$.

Les trois espèces d'équivalents primitifs sont représentés par les symboles $\bar{\bar{E}}$, β et $\ddot{E}$.

I. Les équivalents $\ddot{E}$ contiennent chacun la petite quantité e d'électre, qui s'y présente pour cela, sous la petite densité δ; ces équivalents sont pour cela appelés syzygues raréfiés ou aréosyzygues (ἀραιοσύζυγος). Le fluide composé de ces syzygues, qui sont les équivalents négatifs, est l'*électricité négative* appelée ici *aréoélectricité* (ἀραιοηλεκτρική).

II. Les équivalents $\overset{+}{E}$ contiennent chacun la grande quantité $e+e'$ d'électre, qui y a pour cela la grande densité

$\delta+\delta'$; pour cette raison ces équivalents sont appelés syzygues de densité supérieure ou pycnosyzygues (πυκνοσύζυγος). Le fluide composé de ces syzygues, qui sont les équivalents positifs, est l'*électricité positive* appelée ici *pycnoélectricité* (πυκνοηλεκτρική).

III. Les équivalents β contiennent chacun la quantité moyenne $e+e'-e''$ d'électre qui y a aussi une densité médiocre $\delta+\delta'-\delta''$. A cause de cette densité supérieure à celle δ des *aréosyzygues* Ë et inférieure à celle $\delta+\delta'$ des pycnosyzygues Ë, le fluide composé des équivalents β se combine avec les *iris* = ËË constitués par les deux espèces d'équivalents électriques, et les combinés ËβË sont l'équivalent primitif somatique, ou un *somatosyzygue* (σωματοσύζυγος).

La pondérabilité de ces somatosyzygues ËβË est produite par l'affluence de mêmes équivalents β de l'*espace céleste* vers l'*espace enastre;* aussi les équivalents β ont-ils été appelés *barosyzygues* (βαροσύζυγος), et le fluide composé de ces barosyzygues a-t-il été appelé *barogène* (βαρογόνον), parce que ayant été contenu dans les corps et ayant été en même temps en grande affluence vers ces mêmes corps, il devient la cause physique de leur pondérabilité.

IV. Une *iris* ËË, combinée avec un équivalent positif Ë ou avec un *pycnosyzygue*, produit un *photozeugme* (φωτόζευγμα) ËËË=Ë²Ë; le fluide composé des photozeugmes est la *lumière* nË²Ë=Φ.

V. Une *iris* ËË, combinée avec un équivalent négatif Ë ou avec un *aréosyzygue*, produit un *thermozeugme* (θερμόζευγμα) ËËË=ËË²; le fluide composé des thermozeugmes est la *chaleur* = nËË² = Θ.

II. — ÉQUIVALENTS DES CORPS INDÉCOMPOSABLES.

Ces corps considérés comme simples ne sont que des restes produits par la séparation d'un certain nombre d'équivalents; ces restes ne doivent pas être décomposables, parce que les éléments somatiques et électriques n'ont pas été combinés de manière à produire ces restes appelés *hypolemmes.*

Avant la séparation des équivalents il y avait la substance végétale $C^{24}H^{24}O^{24}$ ou l'eau H^4O^4.

I. Après la séparation d'un équivalent d'oxygène $\bar{O}\overset{+}{E}$ de quatre équivalents d'eau, le reste est un équivalent double d'azote,

$$Az^2 = H^4O^4\overset{+}{E}^4\bar{E}^8 - \bar{O}\overset{+}{E} = \overset{+}{H}^4\bar{E}^8\bar{O}^3\overset{+}{E}^3 = Aq^3\theta^3\overset{+}{H}\bar{E}^2 = Az^2\bar{E}^2.$$

II. Après la séparation des trois équivalents d'oxygène $\bar{O}^3\overset{+}{E}^3$ des quatre équivalents d'eau, le reste est un équivalent double de carbone

$$C^2 = H^4O^4\overset{+}{E}^4\bar{E}^8 - \bar{O}^3\overset{+}{E}^3 = Aq\theta\overset{+}{H}^3\bar{E}^6 = C^2\bar{E}^6.$$

III. Si d'un équivalent de substance végétale

$$C^2Aq^2\theta^2 = C^2\bar{E}^6\overset{+}{H}^2\bar{O}^2\overset{+}{E}^2\bar{E}^4$$

il se sépare deux équivalents d'oxygène, le reste est un équivalent d'azote végétal

$$Az\bar{E}^{60} = C^2H^2O^2 - O^2 = C^2\bar{E}^6\overset{+}{H}^2\bar{O}^2\overset{+}{E}^2\bar{E}^4 - \bar{O}^2\overset{+}{E}^2 = C^2\bar{E}^6\overset{+}{H}^2\bar{E}^4.$$

IV. Des métalloïdes sont produits : 1° les uns $\overset{+}{\mu}$, $\overset{++}{\mu\mu}$... par la séparation de l'oxygène $\bar{O}\overset{+}{E}$ ou $\bar{O}^2\overset{+}{E}^2$; alors l'équivalent matériel qui reste est positif comme l'est celui de l'hydrogène $\overset{+}{H}$, et les équivalents électriques y sont négatifs $\bar{E}$; ces métalloïdes sont combustibles comme l'hydrogène : tels sont le carbone, le soufre, le phosphore, etc.

2° Les autres métalloïdes sont produits par la séparation de l'hydrogène $\overset{+}{H}\bar{E}$ ou $\overset{+}{H}^2\bar{O}$... En ce cas le reste forme un équivalent matériel $\bar{\mu}$, $\bar{\mu}\bar{\mu}$... négatif comme celui de l'oxygène $\bar{O}$: tels sont le chlore, l'iode, le brome... qui, au moyen de leur équivalent positif $\overset{+}{E}$, entretiennent la combustion, comme le fait l'oxygène.

V. Les métaux sont composés d'équivalents matériels M positifs qui, comme l'équivalent de carbone, contiennent trois équivalents négatifs $\bar{E}^3$; ainsi la formule des métaux est $M\bar{E}^3$, comme celle du carbone qui est $C\bar{E}^3$.

III. — ÉQUIVALENTS DES COMBINÉS.

Il y a deux espèces de combinaisons *phlogistiques* et *aphlogistiques;* 1° elles sont *phlogistiques* quand les équivalents somatiques des corps se combinent séparément et leurs équivalents électriques séparément aussi; les produits matériels se présentent alors comme oxydes ou comme acides; 2° les combinaisons sont *aphlogistiques* quand les masses somatiques se mêlent avec les masses électriques sans produire une *phlogose* ou une combustion.

Les métalloïdes, surtout l'azote, se combinent par un mélange avec l'oxygène et avec l'hydrogène sans qu'il se manifeste de combustion pareille à celle qui a lieu dans les combinaisons de l'oxygène avec le carbone, le soufre, le phosphore et les métaux qui ont tous l'équivalent somatique positif combiné avec un ou plusieurs équivalents électriques négatifs $\bar{E}$, tels que l'azote par exemple.

I. Dans les oxydes $M\ddot{O}\bar{E}^2$ ce sont deux équivalents négatifs électriques qui se combinent de la manière phlogistique avec un équivalent positif $\overset{+}{E}$ des acides, et forment en même temps le sel et la chaleur; 1° la formule des acides est toujours $X\overset{+}{E}$, dans laquelle X exprime les équivalents isarithmes positifs et négatifs matériels ou électriques. Pour être acide un combiné doit avoir un ou deux équivalents positifs électriques $\overset{+}{E}$, 2° la formule des bases ou des oxydes est $M\ddot{O}\bar{E}^2$; la production des sels s'opère par les déplacements suivants des équivalents $X\overset{+}{E} + MO\bar{E}^2 = M\ddot{O}X + \overset{+}{E}\bar{E}^2$.

II. Les équivalents des sels sont somatiques positifs M et

négatifs X; un sel peut se mêler avec un liquide qui a une chaleur latente $\bar{E}\bar{E}^2$, et pour cela il est électronégatif: le sel neutre se comporte alors comme un acide, ou comme un corps électropositif.

III. Les combinés des métaux $M\bar{E}^3$ avec les métalloïdes $\bar{\mu}\bar{\mu}\bar{E}$ diffèrent des sels; car ceux-ci sont neutres et *somatiques* MOX, tandis que les iodures, les chlorures, etc., ont la forme $M\bar{\mu}\bar{\mu}\bar{E}$ où se trouve un équivalent négatif $\bar{E}$ électrique, et ces combinés sont pour cela *électrosomatiques;* ils sont produits par la manière phlogistique comme les sels

$$M\bar{E}^3+\bar{\mu}\bar{\mu}\bar{E}=M\bar{\mu}\bar{\mu}\bar{E}+\bar{E}\bar{E}^2$$

Ces notions étaient indispensables pour l'explication des déplacements des équivalents observés dans les électrolyses opérées dans un ou dans plusieurs voltamètres appelés *électrolytérés* qui contiennent deux ou plusieurs espèces d'électrolytes.

Les électrolyses ne sont que des déplacements et des remplacements des équivalents électriques et somatiques, où ces derniers ne peuvent s'éloigner; mais tel n'est plus le cas avec les combinés des équivalents électriques qui sont la chaleur $\bar{E}\bar{E}^2$; celle-ci peut être observée, mais elle s'éloigne. De cet éloignement des équivalents électriques dépend le changement de la qualité des éléments qui ne se trouve pas dans les combinés.

CHAPITRE PREMIER.

LOI DES ÉLECTROLYSES SOMATIQUES ET ÉLECTRIQUES.

Dès l'origine de la découverte de la décomposition de l'eau, les faits observés n'étaient pas fort nombreux : toutefois Grotthus, se basant sur la loi statique et combinant les faits entre eux, a présenté sur les électrolyses une théorie qui suffisait à expliquer tous les faits connus alors : aussi fut-elle adoptée par tous les physiciens.

Les faits connus à l'époque où Grotthus a émis sa théorie le sont encore aujourd'hui, mais il s'y est joint depuis un nombre considérable de faits qui n'auraient pas permis à Grotthus de proposer sa théorie s'il en eût eu connaissance.

Les physiciens modernes ayant une fois adopté une théorie applicable à un certain nombre de faits, n'ont pas osé l'examiner de plus près et la modifier s'il en était besoin, afin de l'appliquer à toutes les espèces d'électrolyses; ils ont mieux aimé se lancer à corps perdu dans de nouvelles hypothèses pour donner, des nouveaux faits qui se présentaient, une explication telle quelle.

Grotthus, ainsi que les physiciens de son temps, décomposait l'eau contenue dans un vase ordinaire, et comme il obtenait dans la bouche positive *n* 2 volumes d'oxygène et dans la bouche négative *n'* 4 volumes d'hydrogène, il a été amené à formuler l'explication suivante :

I. Les équivalents positifs électriques $\ddot{E}$ arrivant à la bouche *n* en repoussent l'équivalent positif $\ddot{H}$ d'un atome HO d'eau et se combinent avec son équivalent négatif $\bar{O}$, pour produire le gaz oxygène qui est un combiné dont la formule est $\bar{O}\ddot{E}$.

L'équivalent positif $\ddot{H}$ repoussé ne parcourt pas tout le liquide pour arriver à la bouche négative *n'*, mais il communique à ses homonymes de l'eau HO la répulsion *r* qu'il reçoit, et de toute cette série d'équivalents d'hydrogène il ne se sépare que celui $\ddot{H}$ qui se trouve à l'extrémité de la série, précisément comme cela arrive dans une suite de billes d'ivoire accolées où la dernière seule se sépare quand la première vient à être frappée.

Mais au moment où l'équivalent $\ddot{H}$ d'hydrogène est repoussé de la part de la bouche positive *n*, il se trouve également repoussé un équivalent $\bar{O}$ d'oxygène de la part de la bouche négative *n'*, et ainsi il apparaît à la fois 2 équivalents d'oxygène autour de la bouche positive *n*.

II. De la même manière sont produits dans la bouche négative *n'* 2 équivalents de gaz et 4 volumes d'hydrogène $2\ddot{H}\bar{E}$. Les combinaisons entre les équivalents hétéronymes électriques et somatiques ont été reconnues et constatées par tous les physiciens : il en est de même pour le mode de la propagation du mouvement des équivalents somatiques.

En admettant entre les deux bouches *n* et *n'* 4 atomes d'eau HO, H'O', H''O'', H'''O''', il est évident que l'hydrogène H, repoussé le premier de la part de la bouche positive, ne peut arriver à la bouche négative *n'* qu'après qu'y sont arrivés les 3 équivalents H, H''', H'' précédents.

III. Au lieu de placer l'électrolyte dans un vase ordinaire, comme faisaient les autres physiciens, M. Pouillet versa la dissolution de chlorure d'or dans un tube en U dont la courbure est moins large que les deux branches, et il a acquis la certitude que les équivalents Au d'or et Cl de chlore ne passent pas d'une bouche à l'autre, parce que la dissolution restait inaltérable dans une branche, tandis qu'elle éprouvait dans l'autre une diminution double.

MM. Daniell et Miller séparèrent le vase en deux compartiments par une cloison poreuse et les remplirent avec la même dissolution saline; puis, après les avoir mis en communication avec un couple, et faisant alors l'essai chimique des dissolutions des deux compartiments, ils constatèrent que tout le métal déposé sur la bouche négative provenait seulement de la dissolution dans laquelle plongeait cette bouche.

Ces diverses expériences répétées de mille manières différentes dans ces dernières années, ont servi à démontrer que les équivalents hétéronymes $\ddot{H}$ et $\bar{O}$, ou Au et Cl, Zn et OSO^3, repoussés de la part des deux bouches en directions opposées, ne se transmettent pas au travers de toute la masse du liquide, mais qu'ils y restent au contraire.

Il est possible que plusieurs physiciens aient, ainsi que moi, reconnu déjà que les équivalents hétéronymes repoussés des deux bouches en venant en contact se combinent dans le liquide à des distances différentes des deux bouches, comme cela est déduit des observations ci-dessus et d'une foule d'autres pareilles.

Grotthus aurait sans doute donné la même explication s'il eût connu les faits découverts plus tard. Si l'on veut, on pourra considérer cette explication comme un cas particulier de celle de Grotthus. En résumé, peu importe pour la science; il suffit que le lecteur soit bien persuadé que *les équivalents hétéronymes repoussés des deux bouches se rencontrent et se combinent sans traverser tout le liquide.*

Ce que Grotthus et les physiciens ignoraient et qu'on trouve ici, ce sont les équivalents électriques, surtout leurs combinés $\ddot{E}\bar{E}^2$ qui sont la *chaleur* et $\ddot{E}^2\bar{E}$ qui sont la *lumière*. L. Gmelin et plusieurs physiciens allemands connurent l'existence des éléments des deux électricités dans la chaleur, tandis que les physiciens français et anglais cherchaient la lumière et la chaleur dans un fluide hypothétique appelé *éther*.

1° *Électrolyse somatique de Grotthus.*

Disposition des éléments de l'eau.

$$+n\left\{\begin{matrix} H\,O & H'\,O & H''\,O & H'''O & H^{IV}O & H^{V}O \\ O^{V}H & O^{IV}H & O'''H & O''H & O'\,H & O\,H \end{matrix}\right\}n'-$$

Séparation et déplacement des éléments de l'eau.

$$\begin{matrix} O & & HO & H'O & H''O & H'''O & H^{IV}O & H^{V} \\ O^{V} & HO^{IV} & HO''' & HO'' & HO' & HO & & H \end{matrix}$$

2° *Électrolyse somatique de l'auteur.*

$$+n\left\{\begin{matrix} H\,O & H'\,O & H''\,O & H'''O & H^{IV}O & H^{V}O \\ O^{V}H & O^{IV}H & O'''H & O''H & O'\,H & O\,H \end{matrix}\right\}n'-$$

Rencontre et combinaison des éléments de l'eau.

$$\begin{matrix} O & HO & H'O & & OH''' & OH^{IV} & H^{V} \\ & & & \underline{H''O} & & & \\ O^{V} & O^{IV}H & O'''H & & O'H & OH & H \\ & & & \underline{HO''} & & & \end{matrix}$$

3° *Électrolyse électrosomatique de l'eau* $= HO\overset{+}{E}\overset{-}{E}^{2}$.

$$\overset{+}{E} - \overset{-}{E} + \overset{+}{E}\overset{-}{E}^{2}HO \qquad\qquad HO\overset{+}{E}\overset{-}{E} + \overset{-}{E} - \overset{+}{E}$$

$$\text{Séparation.}\left\{\begin{matrix} O\overset{+}{E}\overset{-}{E} & \\ & \overset{+}{H}\overset{+}{E} \end{matrix}\right. \qquad\qquad \left.\begin{matrix} & \overset{+}{H}\overset{-}{E} \\ \overset{-}{E}^{2}\overset{-}{O} & \end{matrix}\right\}\text{Séparation.}$$

Rencontre et combinaison.

$$\overset{+}{H} + \overset{+}{E} + \overset{-}{O} + \overset{-}{E}^{2} = HO\overset{+}{E}\overset{-}{E}^{2}$$

Le grand nombre de faits qui sont exposés dans ce chapitre et dans le chapitre suivant pourra donner au lecteur une idée exacte de toutes les espèces de déplacements des équivalents somatiques et électriques; c'est ainsi qu'opèrent les mathématiciens qui, ne se bornant pas exclusivement aux renseignements des quatre règles de l'arithmétique, font suivre l'exposition de ces règles d'une quantité d'opérations sur des nombres différents.

Nous allons examiner d'abord les résultats des électrolyses faites dans des vases différents par des électrobodes égaux, et ensuite ceux des électrolyses faites dans des vases ordinaires, mais avec un fil dans une bouche et une lame dans l'autre.

I. — ÉLECTROLYSES DANS DES VASES DE FORMES DIFFÉRENTES.

Les électrolyses de toutes espèces de corps s'opèrent suivant la même loi physique, que le vase soit simple ou qu'il soit séparé en deux compartiments par un corps poreux, soit encore qu'il soit sous la forme de tuyaux en U ayant la courbure étroite ou bouchée par l'argile humectée ou par un corps imbibé de l'eau salée ou d'un autre liquide.

Pour cette raison nous allons démontrer le mode de décomposition de l'eau acidulée dans un vase simple pour bien constater la loi fondamentale qui trouvera ensuite son application à toutes les électrolyses des corps, comme les quatre règles de l'arithmétique trouvent leur application à tous les nombres possibles.

A. ÉLECTROLYSES DANS LES VASES SIMPLES.

La décomposition de l'eau que nous avons exposée, page 83, va nous servir ici pour fixer la loi générale des électrolyses opérées non-seulement dans des vases simples, mais aussi dans des vases de formes différentes.

I. Dans la figure 50 sont représentés, autour de chaque pôle P et P′ ou autour de chaque bouche n et n', les équivalents de l'eau et de sa chaleur latente $Aq\theta = \overset{+}{H}\bar{O}\overset{+}{E}\bar{E}^2$ qui vont éprouver : 1° dans la bouche positive n la répulsion de la part des équivalents positifs électriques $\overset{+}{E}$, et 2° dans la bouche négative n' la répulsion de la part des équivalents négatifs $\bar{E}$ également électriques.

Figure 50.

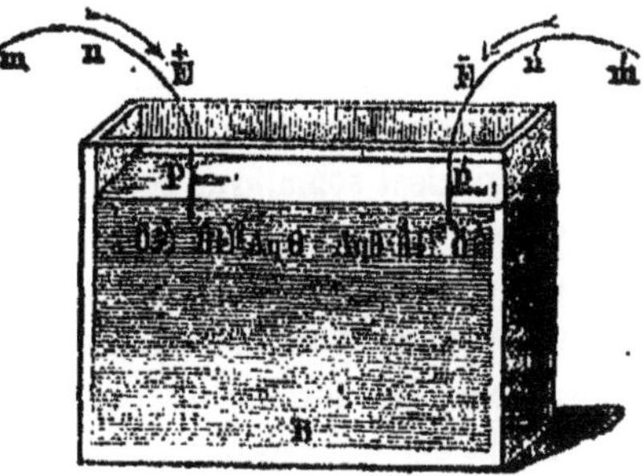

II. Les effets immédiats desdites répulsions sont représentés dans la figure 51. On y voit les équivalents positifs $\overset{+}{H}$ de l'eau $\overset{+}{H}\bar{O}$ et $\overset{+}{E}$ de la chaleur $\overset{+}{E}\bar{E}^2$ repoussés du pôle P ou de la bouche positive n autour de laquelle ne restent que les équivalents négatifs $\bar{O}$ de l'eau et $\bar{E}^2$ de la chaleur.

Figure 51.

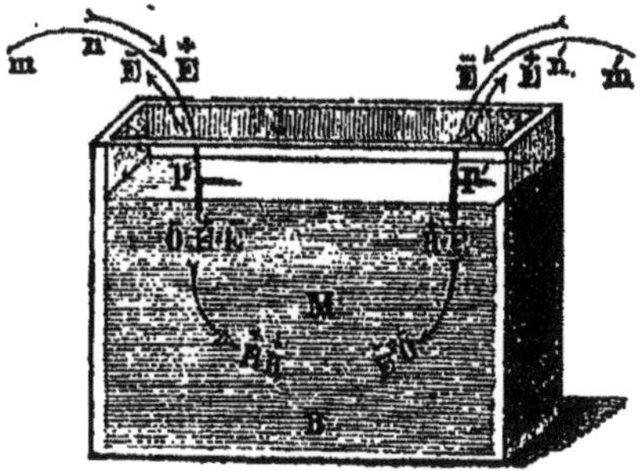

Les équivalents négatifs $\bar{O}$ de l'eau et $\bar{E}^2$ de la chaleur repoussés du pôle P′ ou de la bouche négative n' se séparent de leurs équivalents positifs $\bar{H}$ et $\bar{E}$ qui restent autour de la bouche négative n'.

On y voit que dans la bouche positive n pénètre un équivalent négatif électrique $\bar{E}$ au moment où elle émet un équivalent positif $\bar{E}$; celui-ci se combine avec les deux équivalents négatifs $\bar{O}$ et $\bar{E}$ qui sont autour de la bouche, et ainsi est produit le combiné $\bar{O}\bar{E}\bar{E}$ qui est l'*oxygène* à l'état *ozoné*, car l'oxygène ordinaire a pour éléments $\bar{O}$ et $\bar{E}$; c'est donc l'équivalent négatif $\bar{E}$ qui est la cause de l'odeur piquante.

Dans la bouche négative n' pénètre un équivalent positif $\bar{E}$ au moment où elle émet un équivalent négatif $\bar{E}$, qui se combine avec l'équivalent somatique positif $\bar{H}$ et fait apparaître le gaz hydrogène $\bar{H}\bar{E}$.

III. Dans la figure 52 est représentée la rencontre des équivalents hétéronymes au milieu du vase où ces équivalents se combinent pour former un équivalent d'eau et un équivalent de chaleur qui reste à l'état latent, comme cela est représenté par la formule ci-dessus.

Figure 52.

IV. En chaque unité de temps se décomposent deux atomes d'eau et de chaleur dans les deux bouches, et il est produit un atome d'eau et un atome de chaleur au milieu du liquide; un atome d'eau HO et un atome de chaleur $\bar{E}\bar{E}^2$ restent donc décomposés.

Des éléments de ces atomes, 1° ceux $\bar{H}\bar{E}$ se trouvent dans la bouche négative n' comme gaz hydrogène, et 2° ceux $\overset{-}{O}\overset{+}{E}\overset{-}{E}$ se trouvent dans la bouche positive n comme oxygène ozoné : la somme des éléments de ces gaz est $\overset{+}{H}+\overset{-}{E}+O+\overset{+}{E}+\overset{-}{E}= HO\overset{+}{E}\overset{-}{E}^2$ qui sont les deux atomes décomposés.

B. Électrolyses dans des vases différents.

I. MM. Daniel et Miller ayant rempli les deux compartiments d'un vase, séparé en deux par une cloison poreuse d'une nature quelconque, avec la dissolution du sulfate de cuivre ou de zinc, il leur fut facile de reconnaître, en faisant l'essai chimique des dissolutions de chaque compartiment, que tout le métal déposé provenait du compartiment négatif, et qu'il n'y avait eu aucune transmission de métal d'un compartiment dans l'autre.

II. M. Pouillet opéra dans une série des tubes en U (fig. 53) dont la partie courbe $cc'c''$ est plus étroite. Des arcs en platine réunissent les colonnes liquides deux à deux. Quand ce système est traversé par un courant suivant les flèches, si les tubes contiennent une dissolution de chlorure d'or$=AuCl\bar{E}$, l'or se dépose aux électrohodes ou aux bouches négatives b, b', b''..., pendant que le chlore se dégage aux bouches positives a, a', a''..., et l'on remarque, au bout de quelque temps, que toutes les branches négatives b, b', b'' des tubes sont moins colorées que les positives a, a', a''...; l'essai chimique prouve en effet que ces dernières n'ont pas perdu de chlorure d'or. Les clorures de nickel, de cobalt, de cuivre, de zinc, etc., donnent les mêmes résultats.

Figure 53.

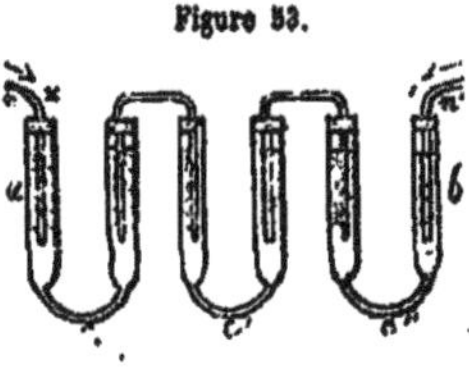

Si les tubes contiennent des dissolutions plus alcalines que les précédentes, telles que les chlorures de potassium, de sodium, de baryum, etc., c'est le contraire qui a lieu :

dans ces cas ce sont les branches positives a, a', a''... qui perdent le sel et les branches négatives, b, b', b''... qui restent à leur état normal.

Observations. Les faits exposés ne peuvent pas être expliqués suivant la théorie de Grotthus qui admet une translation des équivalents hétéronymes d'une bouche à l'autre au travers du liquide. Ce sont au contraire ces faits qui servent ici à démontrer directement que les éléments hétéroélectriques repoussés de la part des deux bouches parcourent des distances différentes dans le même temps, et se rencontrent au point o inégalement éloigné des deux bouches.

M. d'Almeida donna des faits précédents une explication basée sur la conductibilité de la dissolution pour les corps positifs et les corps négatifs ; il ne manque à cette explication, pour la rendre complète, que l'introduction des équivalents électriques, car les équivalents somatiques d'un acide sont *négatifs* et les équivalents somatiques des métaux sont *positifs* en degrés différents.

Cette explication, quoique véritable, ne pouvait donc pas être appliquée aux faits, et M. d'Almeida a été forcé d'admettre en même temps que si la dissolution de la part de la bouche positive est acide, et celle de la part de la bouche négative constamment neutre, celle-ci perd plus de sel que l'autre, le courant se partageant dans le liquide acide entre le sel et l'eau ; quant à nous dire comment et pourquoi un courant se partage, M. d'Almeida s'en est bien gardé, et il a bien fait, car il eût fallu entasser encore hypothèses sur hypothèses.

Explication. Sans perdre de vue la loi de l'électrolyse normale, il faut se rappeler que dans le chlorure d'or $ClAu\overset{=}{E}$, 1° l'équivalent positif est l'*or somatique* $=$ Au, car l'or ordinaire $Au\overset{=}{E}^{3}$ est négatif, et que l'équivalent négatif est le chlore *somatique* $=$ Cl, dont l'état ordinaire est $Cl\overset{\pm}{E}$ qui correspond à l'oxygène ozoné $\bar{O}\overset{\pm}{E}\overset{=}{E}$, car l'atome somatique Cl correspond à deux équivalents $\bar{O}^2$ d'oxygène somatique ; ainsi les métalloïdes chlore, iode, brome et fluor ont la forme $\overline{\mu\mu}$ à l'état somatique.

Dans l'électrolyse de l'eau un atome d'eau et un atome de chaleur se décomposent dans chaque bouche ; dans l'électrolyse du chlorure d'or, un atome de sel AuCl$\bar{E}$ se décompose dans la bouche positive, mais dans la négative se décomposent un atome de sel et un autre de chaleur.

Cette différence à pour cause l'équivalent électrique négatif $\bar{E}$ qui se trouve dans le chlorure d'or ClAu$\bar{E}$; cet équivalent négatif $\bar{E}$ pénètre dans la bouche n positive au moment où elle émet un équivalent positif $\dot{E}$. Dans la bouche négative pénètre un équivalent positif $\dot{E}$ au moment où il en sort un négatif $\bar{E}$; cet équivalent positif se sépare d'un atome de chaleur $\dot{E}\bar{E}^2$ dont les deux équivalents $\bar{E}^2$ restent avec l'équivalent homonyme $\bar{E}$ émis de la bouche.

I. De la bouche positive n est repoussé du chlorure ClAu$\bar{E}$ l'équivalent somatique positif Au, et le chlore somatique Cl se combine avec l'équivalent $\bar{E}$ émis de la bouche et reprend son état ordinaire Cl$\bar{E}$.

II. De la bouche négative n' est repoussé le chlore somatique Cl$\bar{E}$ avec l'un $\bar{E}$ des quatre équivalents électriques négatifs, car les trois autres $\bar{E}^3$ qui y restent se combinent avec l'or somatique et le ramènent à sa forme ordinaire Au$\bar{E}^3$.

III. L'équivalent positif somatique Au de l'or éprouve, de la part des équivalents positifs $\dot{E}$ de la bouche n, une répulsion R qui ne diffère pas de celle R′ qu'éprouve le chlore somatique Cl$\bar{E}$ de la part des équivalents négatifs de la bouche n'. Mais dans la dissolution du sel ClAu$\bar{E}$ l'or somatique et positif éprouve une résistance $r—r'$ inférieure à celle $r+r'$ qu'éprouve le chlore somatique et négatif Cl$\bar{E}$.

Ainsi en chaque unité de temps l'or somatique parcourt la distance $d+d'$. Le point o' de la rencontre de ces équivalents ne se trouve donc pas dans les courbures étroites

c, c', c'' des tubes, mais dans les branches négatives b, b', b''..., car la distance entre le point o' de rencontre et la bouche négative étant $d-d'$, celle entre le même point o' et la bouche positive n est $d+d'$.

Ainsi donc, la cause immédiate des inégales distances entre le point de rencontre et les deux bouches n'est pas une inégale répulsion, mais une inégale résistance. M. d'Almeida ne pouvait pas exposer les faits suivant cette loi électrostatique, car il ignorait l'état et la distribution des équivalents électriques : toutefois il a bien remarqué que la cause des faits observés est dans la différence de résistance qu'oppose le liquide aux éléments des sels.

Pour avoir le point o de rencontre à une distance $d-d'$ de la bouche positive et à une distance $d+d'$ de la négative, il faut que le métal éprouve dans la dissolution une résistance $r+r'$ supérieure à celle $r-r'$ qu'éprouve le chlore. Pour cela il faut que le métal soit moins positif et la dissolution plus négative.

En effet, parmi les métaux moins positifs sont le potassium, le sodium, le baryum, etc. Ces métaux, à l'état somatique, éprouvent dans les dissolutions de leur sel une résistance $r+r'$, tandis que le chlore n'y éprouve que la résistance $r-r'$.

En chaque unité de temps l'équivalent de sodium, repoussé de la bouche positive n, parcourt la distance $d-d'$, tandis que l'équivalent de chlore parcourt la distance $d+d'$. Le point o de rencontre se trouve donc séparé de la bouche positive n par la distance $d-d'$ et de la bouche négative n' par la distance $d+d'$.

IV. Au point o' de rencontre se combine le chlore $Cl\bar{E}$ négatif avec le métal somatique positif, et il se produit ainsi $ClAu\bar{E}$, l'un des deux atomes décomposés ; tandis que restent à l'état décomposé un atome $ClAu\bar{E}$ du sel et un atome de chaleur $\ddot{E}\bar{E}^2$; les équivalents de ces atomes se trouvent distribués de la manière suivante : $ClAu\bar{E} + \ddot{E}\bar{E}^2 = Cl\ddot{E} + Au\bar{E}^3$, qui sont le chlore et l'or.

L'atome de chaleur $\overset{+}{E}\overset{-}{E}^2$ décomposé produit un abaissement de température autour de la bouche négative n'; cette chaleur se reproduit par la combinaison du métal $Au\overset{-}{E}^2$ avec le chlore $Cl\overset{+}{E}$; il ne reste donc aucun fait observé qui n'ait trouvé ici son explication toute naturelle, sans qu'il ait fallu aller la chercher bien loin.

FORMULES DES ÉLECTROLYSES.

1° *Eau* $= HO\overset{+}{E}\overset{-}{E}^2$.

$\overset{+}{E} - \overset{-}{E} + \overset{+}{E}\overset{-}{E}HO$ $\qquad$ $HO\overset{+}{E}\overset{-}{E} + \overset{-}{E} - \overset{+}{E}$

$\overset{-}{O}\overset{+}{E}\overset{-}{E}$ $\qquad$ $\overset{+}{H}\overset{-}{E}$

$\overset{+}{H}\overset{+}{E}$ $\qquad$ $\overset{-}{E}^2\overset{-}{O}$

$$HO\overset{+}{E}\overset{-}{E}^2 = H\overset{+}{E} + O\overset{-}{E}^2$$

2° *Chlorure d'or* $= ClAu\overset{-}{E}$.

$\overset{+}{E} - \overset{-}{E} + ClAu\overset{-}{E}$ $\qquad$ $ClAu\overset{-}{E}\overset{+}{E}\overset{-}{E}^2 + \overset{-}{E} - \overset{+}{E}$

$Cl\overset{+}{E}$ $\qquad$ $Au\overset{-}{E}^2$

Au $\qquad$ $Cl\overset{-}{E}$

$$ClAu\overset{-}{E} = Au + Cl\overset{-}{E}$$

3° *Chlorure de potassium* $= ClK\overset{-}{E}$.

$\overset{+}{E} - \overset{-}{E} + ClK\overset{-}{E}$ $\qquad$ $ClK\overset{-}{E}\overset{+}{E}\overset{-}{E}^2 + \overset{-}{E} - \overset{+}{E}$

$Cl\overset{+}{E}$ $\qquad$ $K\overset{-}{E}^3$

K $\qquad$ $Cl\overset{-}{E}$

$$ClK\overset{-}{E} = K + Cl\overset{-}{E}$$

II. — ÉLECTROLYSES OPÉRÉES PAR DES BOUCHES DE SURFACES INÉGALES.

Si la partie d'un électrohode plongée dans l'eau acidulée du voltamètre (fig. 54) est remplacée par une lame *l* qui a une surface $S = qs$ *q* fois supérieure, il se produit de la manière suivante, dans l'électrolyte, une destruction d'équilibre.

Figure 54.

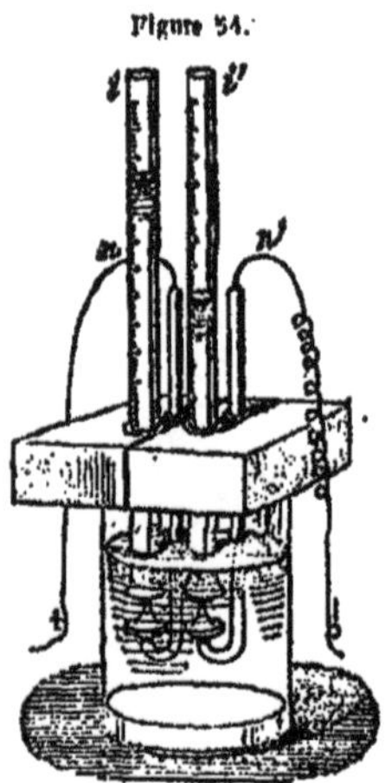

La densité des équivalents électriques est égale en chaque point des électrohodes *mn* et *m'n'*, et par suite aux extrémités *n* et *n'* qui sont les bouches de surfaces égales plongées dans l'électrolyte. Quand la surface *s* de la bouche *n* est remplacée par une lame d'une surface supérieure $S = qs$, les équivalents du circuit s'y répandent et obtiennent une densité égale à celle des électrohodes.

Dans l'écoulement des équivalents électriques positifs de la surface $S = qs$, leur densité est *q* fois inférieure à celle de l'écoulement opéré par la surface *s*. Chaque équivalent positif $\ddot{H}$ de l'eau HO ou $\ddot{E}$ de la chaleur $\ddot{E}\bar{E}^2$ éprouve de la surface S de la lame une répulsion $R - R'$ *q* fois inférieure à celle $R + R'$ que ces équivalents éprouvent de la part de leurs homonymes répandus dans la petite surface *s*.

Le même effet a lieu quand la surface *s* de la bouche négative *n'* est remplacée par une lame *l'* d'une surface $S = qs$; dans ce cas les équivalents négatifs $\bar{O}$ de l'eau HO et $\bar{E}^2$ de la chaleur $\ddot{E}\bar{E}^2$ éprouvent de la part de la lame *l'* une répulsion $R - R'$ *q* fois inférieure à celle $R + R'$ exercée directement par la petite surface *s*.

Dans les cas précédents, les rencontres *o* ou *o'* des équivalents hétéronymes s'opéraient à des distances différentes des deux bouches, à cause des résistances différentes $r+r'$ et $r-r'$ qu'éprouvent ces équivalents dans les dissolutions; sans que ces différences disparaissent ici, il se produit une différence entre les répulsions $R+R'$ et $R-R'$. Les résultats suivants ont été obtenus des électrolyses de l'eau dans lesquelles l'extrémité d'un des deux fils a été remplacée par une lame de platine.

M. Jamin ayant pris pour électrohode négatif une lame de platine de 15 centimètres carrés et pour électrohode positif un fil très-fin, le volume d'oxygène dégagé fut de 9 centimètres cubes, tandis que le volume d'hydrogène dégagé sur la lame ne fut que de 5 centimètres cubes au lieu de 18. Le sens du courant ayant été renversé, l'oxygène dégagé sur la lame n'occupa que 1 centimètre cube, et l'hydrogène dégagé sur le fil $9^{cc},3$.

Dans une autre expérience on a placé dans le même circuit deux voltamètres, l'un V' avec la lame l' dans la bouche négative n', et l'autre V avec la lame l dans la bouche positive n. Les volumes d'ydrogène et d'oxygène furent pour le voltamètre V 929 et 579, dont le rapport est 1,6 au lieu de 2, et pour l'autre V' 1204 et 272, dont le rapport est 4,42 au lieu de 2.

Si les deux bouches n et n' sont remplacées dans l'un des voltamètres V par deux lames l et l', et si dans l'autre voltamètre V' les bouches restent comme sont les électrohodes, dans chacune des lames l et l' il se dégage la même quantité de gaz que dans le cas précédent; on recueille donc beaucoup plus de gaz dans le voltamètre à fils (fig. 54) que dans le voltamètre à lames.

La lame négative l' prend une couleur violacée et la lame positive l une couleur orange; ces couleurs passent peu à peu au noir. De plus l'hydrogène recueilli présente des propriétés particulières : si l'on introduit dans la cloche graduée qui le contient un fil de platine qui plonge en même temps dans l'eau et dans le gaz, ce dernier est absorbé peu à peu, et la quantité absorbée n'est pas toujours dans la même relation; elle atteint quelquefois les trois quarts du volume primitif; l'hydrogène ordinaire n'est pas absorbé dans les mêmes conditions; par suite de la quantité d'hydrogène obtenu autour de la lame l', un quart est de l'hydrogène ordinaire et les trois autres quarts sont d'une nature différente.

Observations. On a constaté deux espèces de combinés dans les cas indiqués : 1° l'eau oxygénée qui est HO^2, et 2° l'hydrogène absorbé qui est aussi un combiné $\breve{H}\bar{E}^2$ d'un équivalent d'hydrogène avec deux équivalents négatifs électriques $\bar{E}^2$.

Le déficit en oxygène est plus grand dans la relation des volumes 1 : 1,42 que le déficit en hydrogène dans la relation des volumes 1 : 1,6. Dans le voltamètre à lames, les volumes des gaz sont moins grands que dans le voltamètre à fils.

Explication. I. La répulsion $R-R'$ inférieure de la part de la lame négative l' fait parcourir aux équivalents négatifs $\bar{O}$ et $\bar{E}^2$ la distance $d-d'$ en une unité de temps, tandis que la répulsion supérieure $R+R'$ de la part du fil de la bouche positive n fait parcourir aux équivalents positifs la distance plus grande $d+d'$. Le point o' de rencontre des équivalents $\bar{O}\bar{E}^2$ avec $\breve{E}\breve{H}$ est donc tout près de la lame l' où est le gaz $H\bar{E}$; ce rapprochement ou la distance $d-d'$ entre le point o' de rencontre et la lame l' dépend de la grandeur de la surface S. Il a été constaté que l'on peut, avec une lame suffisamment large, n'avoir aucun dégagement de gaz.

En ce cas, le point o' de rencontre est tout près de la lame dont le gaz $H\bar{E}$ se mêle avec les équivalents hétéronymes $\breve{H}\breve{E}$ et $\bar{O}\bar{E}^2$ dont on obtient les combinés thermoïdes

$$\breve{H}^3+\breve{E}^3+\bar{O}^3+\bar{E}^6+\breve{H}^3+\bar{E}^3=HO^2\breve{E}^2\bar{E}^2+(H^3\bar{E}^6+H\bar{E}) + OH+\breve{E}.$$

II. Si la lame l est dans la bouche positive n, le point o de rencontre est tout près de cette lame; en ce cas l'oxygène de la bouche *n* se mêle avec les équivalents hétéronymes de la rencontre qui sont les mêmes $H\ddot{E}$ et $O\bar{E}^2$ que ceux dans la rencontre précédente. En prenant les équivalents triples, on obtient les combinés suivants :

$$\ddot{H}^3+\ddot{E}^3+\bar{O}^3+\bar{E}^6+\bar{O}^3\ddot{E}^3\bar{E}^3=O^3\ddot{E}^2\bar{E}^3+H\ddot{E}^2+H^2O^4\ddot{E}^4\bar{E}^4.$$

Le déficit de l'oxygène est plus sensible que celui de l'hydrogène, quand la lame est du côté de la bouche positive ou du côté de la bouche négative; cette différence est exprimée par $\frac{2}{1,6}$ et $\frac{2}{1,42}$, elle n'a pas sa cause dans la répulsion inférieure $R—R'$ de la part de la lame, car celle-ci reste la même dans les deux cas; elle dépend des résistances différentes $r+r'$ et $r—r'$ qu'éprouvent les équivalents $\ddot{H}$ et $\bar{O}$ dans l'eau acidulée.

FORMULES DES ÉLECTROLYSES DE L'EAU PAR DES BOUCHES A LAMES.

1° *La lame* l' *dans la bouche négative* n' *et production d'hydrogène ozoné* $\ddot{H}\bar{E}^2$.

$$3(\ddot{E}-\bar{E}+\ddot{E}\bar{E}^2HO) \qquad\qquad 3(HO\ddot{E}\bar{E}^2+\bar{E}-\ddot{E})$$

$$3O\ddot{E}\bar{E} \qquad\qquad H^3\bar{E}^3$$

$$H^3\ddot{E}^3 \qquad\qquad O^3\bar{E}^6$$

$$H^3\ddot{E}^3+O^3\bar{E}^6+H^3\bar{E}^3=$$
$$(H^3\bar{E}^6+H\bar{E})+HO^2\ddot{E}^2\bar{E}^3+HO\ddot{E}+\ddot{E}$$

2° *La lame* l *dans la bouche positive* n *et diminution de l'oxygène ozoné* $\bar{O}\ddot{E}\ddot{E}$.

$$3(\ddot{E}-\bar{E}+\ddot{E}\bar{E}^2) \qquad\qquad 3(HO\ddot{E}\bar{E}^2+\bar{E}-\ddot{E})$$

$$O^3\ddot{E}^3\bar{E}^3 \qquad\qquad H^3\bar{E}^3$$

$$H^3\ddot{E}^3 \qquad\qquad O^3\bar{E}^6$$

$$O^3\ddot{E}^3\bar{E}^3+H^3\ddot{E}^3+O^3\bar{E}^6=$$
$$O^3\ddot{E}^2\bar{E}^3+H\ddot{E}^2+H^2O^4\ddot{E}^4\bar{E}^4$$

III. — ÉLECTROLYSES DE L'EAU DE NATURES DIFFÉRENTES.

L'eau pure se décompose comme l'eau acidulée et l'eau salée, mais il faut toujours un plus grand nombre de couples ou un courant plus fort pour la décomposition de l'eau pure que pour celle de l'eau acidulée ou salée; ces faits vont naturellement trouver ici leur explication.

1° L'eau acidulée oppose aux équivalents positifs $\overset{+}{H}$, $\overset{+}{E}$, repoussés de la bouche positive n, une répulsion $r+r'$ supérieure à celle $r-r'$ qu'elle oppose aux équivalents négatifs $\overset{-}{O}$ et $\overset{-}{E}^2$ repoussés de la bouche négative n'. Ces équivalents $\overset{-}{O}$ et $\overset{-}{E}^2$ parcourent donc la distance $d+d'$ en chaque unité de temps, tandis que les équivalents positifs parcourent la distance inférieure $d-d'$; par suite la rencontre s'opère au point o éloigné de la bouche n par la distance $d-d'$ parcourue par les équivalents $\overset{+}{H}$, $\overset{+}{E}$, en même temps que la distance supérieure $d+d'$ de la bouche n est parcourue par les équivalents négatifs $\overset{-}{O}$ et $\overset{-}{E}^2$.

2° L'eau salée ou alcaline oppose aux équivalents négatifs $\overset{-}{O}$ et $\overset{-}{E}^2$, repoussés de la bouche négative n', une résistance supérieure $r+r'$ à celle $r-r'$ qu'elle oppose aux équivalents positifs $\overset{+}{H}$, $\overset{+}{E}$ repoussés de la bouche positive n. Le point o' de rencontre est en ce cas plus éloigné de la bouche positive n que de la bouche négative n'; de même que dans le cas précédent, la distance supérieure $d+d'$ est parcourue par les équivalents positifs $\overset{+}{H}$, $\overset{+}{E}$, dans le même espace de temps que la distance inférieure $d-d'$ est parcourue par les équivalents négatifs $\overset{-}{O}$, $\overset{-}{E}^2$.

3° L'eau pure oppose une résistance égale r aux équivalents hétéronymes $\overset{+}{H}\overset{+}{E}$, repoussés de la bouche positive n, et $\overset{-}{O}\overset{-}{E}^2$, repoussés de la bouche négative n'. Le point o de rencontre est également éloigné de l'une et de l'autre bouche, de sorte qu'il faut aux équivalents un espace de temps $t+t'$

pour parcourir la distance d, supérieure à celle $d - d'$ qu'ils devaient parcourir dans les deux cas où l'eau est acidulée ou salée.

IV. — LOI DES ÉLECTROLYSES DE MM. FARADAY ET BECQUEREL.

Ces chimistes ont annoncé les faits chimiques qu'ils avaient observés dans les couples aussi bien que dans les voltamètres ou dans les électrolyses. Nous examinerons seulement ici les faits produits dans les voltamètres mis en communication dans le même circuit. M. Faraday a établi les règles ou les lois suivantes, qui ne sont autres que certains rapports entre les faits observés.

I. *L'action décomposante d'un courant ou sa puissance chimique est la même dans toutes ses parties.*

Il n'existe aucun doute sur cette loi statique, savoir que la densité des équivalents électriques en écoulement est égale dans tout le circuit, et qu'il s'écoule en chaque point la même quantité d'équivalents électriques qui exercent sur les corps une répulsion égale.

II. *La quantité de substance décomposée est proportionnelle à la quantité d'électricité qui passe dans un temps donné.*

Cette loi est un résultat physique de la précédente, car la quantité $2q\ddot{E}$ d'équivalents écoulée produit en une unité de temps, sur le corps C, une répulsion 2R qui est produite en deux unités de temps par la moitié $q\ddot{E}$ des équivalents $2q\ddot{E}$.

III. *Quand un même courant traverse successivement plusieurs électrolytes, les poids des éléments séparés sont entre eux comme leurs équivalents chimiques.*

Ces faits servent à constater qu'il faut le même degré de répulsion r de la part des équivalents électriques en écoulement contre les équivalents chimiques des corps pour amener leur séparation. Ce rapport ne pouvait être obtenu que par l'observation, car il ne saurait être déduit directement suivant la loi statique de l'écoulement et de la répulsion égale des équivalents électriques.

Pour chaque équivalent d'hydrogène dégagé dans le voltamètre, il y a un équivalent de métal déposé ou un équivalent de sel décomposé. Ainsi, si l'on fait passer à travers plusieurs dissolutions de différents sels, tels que le sulfate de cuivre *a*, l'acétate de plomb *b*, l'azotate d'argent *c*, etc., réunis par des arcs en platine (fig. 55) un courant qui traverse également un voltamètre (fig. 53), on trouve que les poids respectifs des métaux déposés sur les lames de platine et le poids d'hydrogène déduit de son volume sont entre eux comme les équivalents chimiques de ces substances. Si l'on disposait l'extrémité positive de chaque arc de platine comme dans le voltamètre, de manière à pouvoir recueillir l'oxygène, on en trouverait partout la même quantité.

Figure 55.

M. Faraday et les autres chimistes après lui entendent par le mot *équivalent d'électricité* exactement ce que nous nommons ici *équivalent électrique*. Ces chimistes n'ont pas représenté cet équivalent électrique comme le sont les équivalents chimiques; chacun trouvera que le terme $\dot{E}$ exprime la même chose que ce qu'on exprimait par E+ ou +E; seulement ici le fluide électrique étant composé des équivalents $\dot{E}$ ou $\bar{E}$, est représenté par $q\dot{E}$ et $q\bar{E}$, pour indiquer la quantité *q* d'équivalents dont le fluide consiste; en même temps les équivalents électriques $\dot{E}$ et $\bar{E}$ prennent la forme des équivalents chimiques qui se prêtent facilement aux calculs.

Comme les corps composés sont représentés par leurs éléments, j'ai fait de même pour les combinés des équivalents électriques, tels que la chaleur $\dot{E}\bar{E}^2$ et la lumière $\dot{E}^2\bar{E}$, et pour les combinés électrosomatiques, tels que tous les corps indécomposables $H\bar{E}$, $O\dot{E}$, $S\dot{E}^3$, $Cl\dot{E}$, etc.; de sorte que la *stœchiométrie électrique* se prête ici aux calculs des électrolyses comme s'y est prêtée la *stœchiométrie somatique.*

Pour un élément d'électricité il y a un équivalent de l'élément électronégatif déposé au pôle positif. D'après cette loi de M. E. Becquerel, c'est l'élément somatique électronégatif qui détermine la quantité de substance décomposée par chaque équivalent électrique positif représenté ici par le symbole $\overset{+}{E}$, et émis du pôle positif qui est ici appelé *bouche.*

Dans la loi de M. Faraday, on prend au contraire pour terme de comparaison l'élément somatique électropositif, comme le sont les métaux et tous les autres corps combustibles qui s'y combinent avec l'équivalent électrique négatif $\overset{-}{E}$ émis de la bouche négative.

Les chimistes ci-dessus nommés ignoraient que les corps indécomposables fussent *tous* des combinés électrosomatiques, comme le sont l'oxygène $\overset{-}{O}\overset{+}{E}$ et l'hydrogène $\overset{+}{H}\overset{-}{E}$; encore moins savaient-ils que l'équivalent somatique du carbone, comme ceux des métaux, consiste en un équivalent somatique positif et trois équivalents électriques négatifs $\overset{-}{E}^3$. Le chlore, l'iode, le fluor et le brome consistent au contraire en deux équivalents somatiques négatifs $\overset{-}{\mu}\overset{-}{\mu}$ et en un équivalent positif électrique $\overset{+}{E}$, où les équivalents somatiques positifs du carbone et des métaux sont triples, et peuvent être représentés par les symboles $\overset{+}{\mu}\overset{+}{\mu}\overset{+}{\mu}$.

Les lois émises par ces deux chimistes se confondent ici dans l'étendue de la loi chimique qui devient capable d'embrasser les combinaisons des équivalents électriques qui s'opèrent par les remplacements des équivalents homonymes somatiques ou électriques; de sorte que 1° les *analyses* sont des remplacements des équivalents somatiques par des équivalents électriques homonymes, et 2° les *synthèses* sont des remplacements des équivalents électriques par des équivalents somatiques.

En admettant les corps dans leur état indécomposable où ils sont tous des combinés électrosomatiques $Cl\overset{+}{E}$, $M\overset{-}{E}^3$ pour en obtenir les corps décomposables $MCl\overset{-}{E}$, il faut que des équivalents somatiques hétéronymes se séparent de leurs équivalents électriques $\overset{+}{E}^3$ et $\overset{-}{E}$, qui sont également hétéronymes, et se combinent pour produire des combinés électriques décomposables $\overset{+}{E}\overset{-}{E}^2$: tels sont les combinés $\overset{+}{E}^2\overset{-}{E}$ qui constituent la lumière et les combinés $\overset{+}{E}\overset{-}{E}^2$ qui constituent la chaleur $\overset{+}{E}\overset{-}{E}^2$. Cet objet, non moins vaste qu'important, sera développé dans un traité particulier ; les faits sont indiqués ici seulement dans leur plus grande généralité qui suffit à l'explication des électrolyses.

M. Becquerel admet les équivalents chimiques des combinés déjà donnés par les observations ; nous, nous remontons ici à la formation de ces combinés par des observations nouvelles qui ont fait connaître l'espèce des équivalents électriques et leur nombre dans chaque corps indécomposable. Les combinés sont 1° binaires comme HO, et 2° doubles, dans lesquels un équivalent positif est combiné avec deux équivalents négatifs pour produire des combinés de même forme que ceux de la chaleur $\overset{+}{E}\overset{-}{E}^2$; aussi les combinés doubles ont-ils reçu le nom de *thermoïdes :* ces thermoïdes sont notamment l'eau oxygénée $\overset{+}{H}\overset{-}{O}^2$, l'oxygène ozoné $\overset{-}{O}\overset{+}{E}\overset{-}{E}$, le chlore $\overset{+}{E}\overset{-}{\mu}\overset{-}{\mu}$ ou $Cl\overset{-}{E}$, l'iode $I\overset{-}{E}$, etc.

1° Les formules chimiques dépendant du remplacement des équivalents électriques par leurs homonymes somatiques, les combinés des métaux ont les formes suivantes :

$$M\overset{-}{E}^3,\ M\overset{-}{O}\overset{-}{E}^2,\ MCl\overset{-}{E}=M\overset{-}{\mu}\overset{-}{\mu}\overset{-}{E},\ M\overset{-}{O}^2\overset{-}{E}^2\overset{+}{E}^2,\ M\overset{-}{O}^2\overset{-}{E},\ M\overset{-}{O}^2\overset{+}{E}\overset{-}{E},\ \text{etc.}$$

Ces combinés deviennent binaires quand l'équivalent M des métaux est représenté par $\overset{+}{\mu}\overset{+}{\mu}\overset{+}{\mu}=\overset{+}{\mu}^3$.

2° Les formules des combinés électriques dépendent des équivalents électriques séparés des corps indécomposables, les $\overset{+}{H}^3\overset{-}{E}^3+\overset{-}{O}^3\overset{+}{E}^3=3OH+\overset{+}{E}^2\overset{-}{E}+\overset{+}{E}\overset{-}{E}^2$, $M\overset{-}{E}^3+Cl\overset{-}{E}=MCl\overset{-}{E}+\overset{+}{E}\overset{-}{E}^2$; dans un cas on voit se produire la lumière et la chaleur ; dans l'autre, la chaleur seule.

CHAPITRE II.

ÉLECTROLYSES DE PLUSIEURS CORPS.

Après avoir constaté le mode de décomposition d'un corps isolé et celui de la chaleur latente des liquides, nous allons prouver que ce même mode de décomposition a lieu quand deux ou plusieurs électrolytes contenus dans des vases différents sont mis en communication par des corps poreux imbibés d'eau salée ou d'une des dissolutions.

En suivant cette loi fondamentale des électrolyses constatée dans la décomposition de l'eau et de sa chaleur latente, on acquiert bientôt la certitude qu'il est tout à fait impossible qu'une électrolyse s'opère d'une manière différente. Toutefois, il faut familiariser le lecteur avec ce nouveau genre de calculs chimiques, et pour cela, il n'y a rien de mieux à faire que d'imiter les mathématiciens qui expliquent d'abord les quatre règles, et qui ensuite, pour habituer les lecteurs à en faire l'application, proposent des problèmes sur des quantités différentes ; les nombres étant susceptibles de combinaisons infinies, on peut ainsi établir un nombre également infini de pareilles opérations.

De même les résultats que fournit la décomposition des corps sont infinis en nombre comme le sont les espèces elles-mêmes des corps ; de là provient cette foule de faits nouveaux dont le nombre croît à proportion de celui des observateurs.

Les physiciens de tous les temps ont essayé de remonter à l'origine commune des faits observés pour connaître la loi physique suivant laquelle ces faits sont produits ; mais, pour des causes indiquées ailleurs, ils n'y ont pas réussi.

Dans le but de mettre plus clairement sous les yeux les rencontres des équivalents hétéronymes et leur combinaison dans le liquide à des distances différentes des deux bouches, on a inventé une foule d'électrolyses des corps différents contenus chacun dans un vase qui communique avec un ou deux vases voisins au moyen d'un corps poreux imbibé d'eau salée ou d'une des dissolutions contenues dans les vases. Ces expériences ont été subdivisées en trois classes qui sont les suivantes :

I. Deux dissolutions sont contenues dans deux vases V et V' (fig. 56) qui communiquent par une mèche *anb* imbibée d'eau salée ou d'une des dissolutions. Au lieu des deux vases, il peut n'y en avoir qu'un seul ou un tube en U divisé par une cloison poreuse en deux compartiments V et V'.

Figure 56.

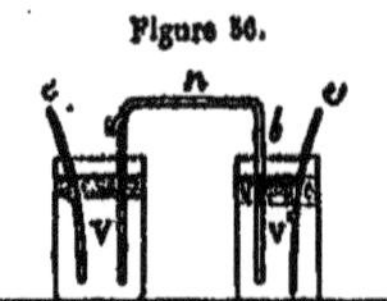

II. Les électrolytes restent, comme dans le cas précédent, au nombre de deux, mais elles sont contenues dans trois vases *a*, *b*, *c* (fig. 55), dont les deux externes *a* et *c* contiennent la même dissolution, et le vase *b* du milieu contient l'autre.

III. Chacun des trois vases *a*,*b*,*c*, contient une dissolution différente, les vases communiquent, comme on l'a vu, par des mèches imbibées d'eau salée ou d'une des dissolutions.

I. — ÉLECTROLYSES DES DEUX CORPS CONTENUS DANS DEUX VASES.

Les deux premières colonnes du tableau suivant indiquent la disposition des électrolytes avant l'électrolyse, et les deux suivantes indiquent la disposition des éléments des corps qui viennent de subir une électrolyse. Ces éléments sont transportés d'un vase dans l'autre par le milieu du liquide dont la mèche est imbibée. Les équivalents hétéronymes du milieu des deux électrolytes éprouvent des répulsions de la part de la bouche homonyme ; les combinés se décomposent, et leurs équivalents, en se séparant, affectent des mouvements divergents chacun vers la bouche hétéronyme en éprouvant des résistances différentes de la part des dissolutions.

Numéros d'ordre.	DISPOSITION DES CORPS AVANT L'ÉLECTROLYSE.		DÉPLACEMENTS DES ÉQUIVALENTS PAR L'ÉLECTROLYSE.	
	$+n$. Vase V.	$-n'$. Vase V'.	Vase V.	Vase V'.
1°	$HO0$	$CuOSO^30$	$O\overset{+}{E}\bar{E}$ $SO^3\overset{+}{E}$	$CuO\bar{E}^3$ $H\bar{E}$
2°	$CuOSO^30$	$HO0$	$O\overset{+}{E}\bar{E}$ $SO^3\overset{+}{E}$	$CuO\bar{E}^3$ $H\bar{E}$
3°	$HO0$	SO^3E0	$O\overset{+}{E}\bar{E}$ $HO, 2O\overset{+}{E}$	$S\bar{E}^3$
4°	$HO0$	$HCl\overset{+}{E}$	$O\overset{+}{E}\bar{E}$	$HCl\overset{+}{E}$ $H\bar{E}$
5°	$HCl\overset{+}{E}$	$HO0$	$Cl\overset{+}{E}$	$\overset{+}{E}E$ $HO\overset{+}{E}\bar{E}^3$ $H\bar{E}$
6°	$HO0$	$KCl\bar{E}HO0$	$O\overset{+}{E}\bar{E}$ $HCl\overset{+}{E}\bar{E}$	$KO\bar{E}^3$ $H\bar{E}$
7°	$KCl\bar{E}$	$HO0$	$Cl\overset{+}{E}$	$KO\bar{E}^2$ $H\bar{E}$
8°	$HO0$	$KOSO^3HO0$	$O\overset{+}{E}\bar{E}$ $HOSO^3\overset{+}{E}$	$KO\bar{E}^3$ $H\bar{E}$
9°	$KOSO^30$	$HO0$	$O\overset{+}{E}\bar{E}$ $SO^3\overset{+}{E}$	$KO\bar{E}^3$ $H\bar{E}$
10°	$HO0$	$CaOSO^3HO0$	$O\overset{+}{E}\bar{E}$ $HOSO^3\overset{+}{E}$	$CaO\bar{E}^3$ $H\bar{E}$
11°	$CaOSO^30$	$HO0$	$O\overset{+}{E}\bar{E}$ $SO^3\overset{+}{E}$	$CaO\bar{E}^3$ $H\bar{E}$
12°	$CaOAzO^50$	$HO0$	$O\overset{+}{E}\bar{E}$ $AzO^5\overset{+}{E}$	$CaO\bar{E}^3$ $H\bar{E}$
13°	$MaOSO^30$	$HO0$	$O\overset{+}{E}\bar{E}$ $SO^3\overset{+}{E}$	$MaO\bar{E}^3$ $H\bar{E}$
14°	$KO\bar{E}^2$	$HO0$	$O\overset{+}{E}\bar{E}$	$KO\bar{E}^3$ $H\bar{E}$

Numéros d'ordre.	DISPOSITION DES CORPS AVANT L'ÉLECTROLYSE.		DÉPLACEMENTS DES ÉQUIVALENTS PAR L'ÉLECTROLYSE.	
	+ n. Vase V.	− n. Vase V'.	Vase V.	Vase V'.
15°	$CaCl\bar{\bar{E}}$	$HO\theta$	$Cl\overset{+}{E}$	$CaO\bar{\bar{E}}^2\ H\bar{\bar{E}}$
16°	$HO\theta$	$CaCl\bar{\bar{E}}\theta HO$	$O\overset{+}{E}\bar{\bar{E}}$	$H\bar{\bar{E}}Cl\overset{+}{E},\ CaO\bar{\bar{E}}^2H\bar{\bar{E}}$
17°	$\theta KOAzO^5$	$CuOSO^3\theta$	$O\overset{+}{E}\bar{\bar{E}}\ AzO^5\overset{+}{E}$	$KOSO^3,\ Cu\bar{\bar{E}}^3$
18°	$CuOAzO^5\theta$	$ClAzH^4\theta$	$O\overset{+}{E}\bar{\bar{E}}\ AzO^5\overset{+}{E}$	$CuCl\bar{\bar{E}}\ AzH^3\bar{\bar{E}}H\bar{\bar{E}}$
19°	$CuOSO^3\theta$	$HOKO\bar{\bar{E}}^3\theta$	$O\overset{+}{E}\ddot{E}\ SO^3\overset{+}{E}$	$CuO\bar{\bar{E}}^2\ KO\bar{\bar{E}}^2\ H\bar{\bar{E}}$
20°	$NaCl\bar{\bar{E}}$	$MaCl\bar{\bar{E}}\theta$	$Cl\overset{+}{E}$	$NaCl\bar{\bar{E}}\ Na\bar{\bar{E}}^1$
21°	$ClAzH^4\theta$	$NaOSO^3\theta$	$Cl\overset{+}{E}\ AzH^3HOSO^3$	$\overset{+}{E}E^2\,NaO\bar{\bar{E}}^2$

1° *Eau acidulée et sulfate de cuivre.*

$$HO\theta = HO\ddot{E}\bar{\bar{E}}^2;\ CuOSO^3\theta = CuOSO^3\ddot{E}\bar{\bar{E}}^2$$

$$\begin{array}{lllll} \ddot{E} - \bar{\bar{E}} + HO\theta & & & & CuOSO^3\theta + \bar{\bar{E}} - \ddot{E} \\ & O\ddot{E}\bar{\bar{E}} & H\ddot{E} & SO^4 & Cu\bar{\bar{E}}^3 \\ & O\ddot{E}\bar{\bar{E}} & HO\ SO^3\ddot{E} & & Cu\bar{\bar{E}}^3 \end{array}$$

MM. Daniell et Miller, ayant rempli l'un des compartiments d'un vase séparé en deux par une cloison poreuse avec du sulfate de cuivre et l'autre compartiment avec de l'eau acidulée, virent le métal se déposer à l'électrohode négatif *n'* quand cet électrohode était plongé dans la dissolution saline; dans l'autre compartiment, où était plongé l'électrohode positif *n*, il se développait pour chaque équivalent de cuivre un équivalent d'oxygène ozoné et un équivalent d'acide sulfurique.

Les faits exposés ainsi dans leur état brut prennent ici un arrangement tel qu'ils forment une série où les faits exposés sont liés entre eux comme causes et effets suivant la loi électrostatique.

I. L'équivalent négatif électrique de l'électrohode homonyme n' chasse du sel $CuOSO^3$ et de la chaleur $\theta = \overset{+}{E}\bar{E}^2$ les équivalents négatifs, 1° somatiques OSO^3 ou SO^4, et 2° électriques $\bar{E}^2$, et il laisse pénétrer dans cet électrohode n' l'équivalent positif $\overset{+}{E}$ de la chaleur au moment où en est expulsé l'équivalent négatif $\bar{E}$.

Cet équivalent $\bar{E}$ et les deux $\bar{E}^2$ de la chaleur se combinent avec l'équivalent somatique de cuivre Cu; et c'est ainsi que ce corps acquiert l'état métallique ordinaire dont la forme est $Cu\bar{E}^3$.

II. L'équivalent positif électrique $\overset{+}{E}$ de l'électrohode homonyme n repousse les équivalents positifs somatiques H de l'eau et les équivalents électriques $\overset{+}{E}$ de la chaleur $\overset{+}{E}\bar{E}^2$, et il laisse pénétrer dans cet électrohode n l'équivalent négatif $\bar{E}$ au moment où en est émis l'équivalent positif $\overset{+}{E}$. Cet équivalent $\overset{+}{E}$ se combine avec les deux équivalents négatifs O et $\bar{E}$ et forme l'oxygène ozoné $O\overset{+}{E}\bar{E}$, qui est un combiné *thermoïde*.

III. Le point de rencontre o des équivalents hétéronymes $\overset{+}{E}H$ et SO^4 n'est pas également éloigné des deux bouches n et n', et cela non pas à cause des répulsions inégales, mais à cause des résistances qu'éprouvent les équivalents. En effet l'eau acidulée oppose aux équivalents positifs H et $\overset{+}{E}$ une résistance $r+r'$, tandis que la dissolution du sel n'oppose à l'équivalent négatif SO^4 qu'une résistance médiocre $r-r'$. Les distances $d-d'$ et $d+d'$ sont en raison inverse des résistances, et ainsi le point de rencontre o est séparé de la bouche positive n par la distance médiocre $d-d'$ et de la bouche négative n' par la distance plus grande $d+d'$.

IV. En chaque unité de temps, 1° dans la bouche négative n', il se décompose un atome de sel et un autre de chaleur; 2° dans la bouche positive n, il se décompose un atome d'eau et un atome de chaleur; 3° au point o de rencontre se forme l'acide sulfurique et un équivalent d'eau; 4° le cuivre métallique $Cu\bar{E}^3$ se forme autour de la bouche négative n', et l'oxygène ozoné autour de la bouche positive n. Ces résultats sont constaté dans l'équation

$$HO\overset{+}{E}\bar{E}^2+CuOSO^3\overset{+}{E}\bar{E}^2=Cu\bar{E}^3+O\overset{+}{E}\bar{E}+SO^3\overset{+}{E}+HO.$$

La décomposition des deux équivalents de chaleur est mise en évidence par un abaissement de température, et ils peuvent être reproduits par une nouvelle combinaison des équivalents séparés

$$Cu\bar{E}^3+O\overset{+}{E}\bar{E}+SO^3\overset{+}{E}=CuSO^3+2\overset{+}{E}\bar{E}^4,$$

comme cela est constaté par les observations.

2° *Sulfate de cuivre et eau acidulée.*

$$n+ \quad CuOSO^3\theta;\ HO\theta. \quad n'-$$

$$\begin{array}{lllll} \overset{+}{E}-\bar{E}+CuOSO^3\theta & & & & HO\theta+\bar{E}-\overset{+}{E} \\ \quad O\overset{+}{E}\bar{E} & SO^3\overset{+}{E} & & Cu O\bar{E}^2 & H\bar{E} \end{array}$$

Ces mêmes physiciens plongèrent dans l'eau acidulée l'électrohode négatif, et dans la dissolution l'électrohode positif, et ils virent l'hydrogène se développer autour de l'électrohode négatif, tandis que le compartiment de l'électrohode positif recevait, en même temps qu'un équivalent d'oxygène, un autre d'acide sulfurique dont le cuivre passait dans l'autre compartiment au travers de la cloison, et où il se trouvait à l'état non pas métallique comme dans le cas précédent, mais à l'état d'oxyde $CuO\bar{E}^2$; pour obtenir les résultats précédents, il faut désoxyder le cuivre $CuO\bar{E}^2$ par l'hydrogène $H\bar{E}$.

Dans la bouche négative se décomposent l'eau et sa chaleur latente, ce qui n'amène aucun changement de température; mais celle-ci baisse autour de la bouche positive n où se décompose la chaleur ambiante.

L'hydrogène HĒ et l'oxygène ozoné sont les produits primaires de l'électrolyse; l'acide sulfurique SO³Ē et l'oxyde CuOĒ² de cuivre en sont les produits secondaires. Le cuivre traverse la dissolution et la cloison à l'état somatique, ou mieux c'est par déplacements successifs des équivalents de cuivre dans la dissolution, comme l'a reconnu Grotthus, que ce métal se sépare du sel dont est imbibée la cloison pour se combiner avec les équivalents négatifs Ē² et O repoussés de la part de la bouche négative *n'*.

La rencontre au point *o* ne s'opère pas entre les équivalents qui éprouvent une répulsion immédiate de la part des équivalents électriques émis des deux bouches, mais par leurs homonymes qui se trouvent en contact dans les limites des deux liquides, dont l'un pénètre toujours la cloison, ou la mèche, ou l'argile humectée.

Comme dans le cas précédent, il se décompose de même ici, en chaque unité de temps, deux atomes de chaleur θ^2, un atome d'eau HO et un atome de sel CuOSO³; à la fin de l'unité de temps, les éléments de ces atomes ou de ces combinés se trouvent disposés de la manière suivante :

$$CuOSO^3\theta + HO\theta = H\bar{E} + CuO\bar{E}^2 + O\bar{E}\bar{E} + SO^3\bar{E}.$$

Les électrolyses suivantes ont été faites dans un appareil (fig. 56) composé de deux vases V et V' qui reçoivent les deux dissolutions et sont mis en communication par une mèche *anb* imbibée d'eau salée.

3° *Eau acidulée et acide sulfurique.*

	$n+$	$HO\theta$; $SO^3\bar{E}\theta$	$-n'$	
$\hat{E}-\bar{E}+HO\theta$				$\theta SO^3\bar{E}+\bar{E}-\hat{E}$
$O\hat{E}\bar{E}$	$H\bar{E}$		$O^3\bar{E}$	$S\bar{E}^3$
$O\hat{E}\bar{E}$		HO; $2O\hat{E}$		$S\bar{E}^3$

Le soufre, comme les métaux, a la forme SĒ³ en son état

ordinaire, cela a même été constaté (page 123) par l'égale quantité de chaleur que produit un même nombre d'équivalents de soufre, de carbone ou des métaux brûlés avec l'oxygène.

Dans la bouche négative se décompose l'acide dont le soufre reçoit l'équivalent négatif $\overset{-}{E}$ émis de la bouche, et les deux équivalents $\overset{-}{E}^2$ négatifs d'un atome de chaleur, pour prendre sa forme ordinaire $S\overset{-}{E}^3$; l'équivalent négatif $O^2\overset{+}{E}$ est repoussé en même temps que, de la part de la bouche positive *n*, sont repoussés les équivalents positifs H et $\overset{+}{E}$.

Il se décompose en chaque unité de temps deux atomes de chaleur θ^2, un atome d'eau et un atome d'acide. Les éléments de ces combinés se trouvent, à la fin de l'unité de temps, disposés de la manière suivante :

$$HO\theta + SO\overset{+}{E}\theta = O\overset{+}{E}\overset{-}{E} + S\overset{-}{E}^3 + HO + 2O\overset{+}{E}.$$

Il y a un abaissement de température dans la bouche négative, car la chaleur décomposée dans la bouche positive est la chaleur latente de l'eau décomposée; pour reproduire cette chaleur il faut brûler le soufre $S\overset{-}{E}^3$ par les deux équivalents $2O\overset{+}{E}$ d'oxygène ordinaire et par l'équivalent de l'oxygène ozoné $O\overset{+}{E}\overset{-}{E}$.

4° *Eau acidulée et acide hydrochlorique.*

$$HO\theta\ ;\ HCl\overset{+}{E}$$

$\overset{+}{E} - \overset{-}{E} + HO\theta$				$HCl\overset{+}{E} + \overset{-}{E} - \overset{+}{E}$
$O\overset{+}{E}\overset{-}{E}$	$H\overset{+}{E}$		Cl	$H\overset{-}{E}$
$O\overset{+}{E}\overset{-}{E}$			$HCl\overset{+}{E}$	$H\overset{-}{E}$

Les équivalents hétéronymes $H\overset{+}{E}$ et Cl, repoussés de la part des deux bouches, communiquent à leurs homonymes ces répulsions convergentes, et il s'opère ainsi entre les équivalents une rencontre et une combinaison qui sont les dernières dans chacune des deux séries.

Il ne reste décomposé que l'eau et sa chaleur latente d'où sont produits l'hydrogène $H\bar{E}$ et l'oxygène ozoné $O\overset{+}{E}\bar{E}$. Toutefois Grotthus et ses successeurs n'ont jamais pu comprendre ce que devient le chlore repoussé de la bouche négative; car l'hydrogène repoussée de la bouche positive paraît se développer dans la bouche négative. Les observations ont prouvé que l'acide reste invariable, et l'on a été ainsi forcé d'admettre seulement la décomposition de l'eau.

5° *Acide hydrochlorique et eau acidulée.*

$$\theta HCl\overset{+}{E} \,;\, HO\theta$$

$\overset{+}{E}-\bar{E}+\theta HCl\overset{+}{E}$				$HO\theta+\bar{E}-\overset{+}{E}$
$Cl\overset{+}{E}$	$H\overset{+}{E}^2\bar{E}$		$\bar{E}^2O$	$H\bar{E}$
$Cl\overset{+}{E}$		$\overset{+}{E}\bar{E}$	$HO\overset{+}{E}\bar{E}^2$	$H\bar{E}$

Les résultats diffèrent en ce cas des précédents : il y a même ici, en chaque unité de temps, une décomposition des deux atomes de chaleur dont l'un est reproduit et dont les éléments de l'autre restent séparés sous la forme d'une *iris* $\overset{+}{E}\bar{E}$ et dans l'hydrogène $H\bar{E}$; ces résultats sont de la plus haute importance dans l'explication du fait suivant : « Pourquoi un mélange de chlore $Cl\overset{+}{E}$ avec avec l'hydrogène $H\bar{E}$ ne se combine-t-il pas dans l'obscurité, et pourquoi l'intervention de la lumière est-elle ici d'une nécessité « absolue ? »

Le mélange des gaz chlore $Cl\overset{+}{E}$ et hydrogène $H\bar{E}$ est parcouru toujours par une quantité de chaleur $\overset{+}{E}\bar{E}^2$, mais ses éléments ne peuvent pas se décomposer en iris $\overset{+}{E}\bar{E}$, car celles-ci sont nécessaires dans la combinaison des gaz. De telles iris sont produites par un mélange de chaleur $\overset{+}{E}\bar{E}^2$ et de lumière $\overset{+}{E}^2\bar{E}$ d'où proviennent trois iris $3\overset{+}{E}\bar{E}=\overset{+}{E}\bar{E}^2+\overset{+}{E}^2\bar{E}$.

Pour la combinaison des trois équivalents des gaz chlore et hydrogène $3Cl\overset{+}{E}+3H\bar{E}$, il faut trois iris $3\overset{+}{E}\bar{E}$ ou un atome de chaleur $\overset{+}{E}\bar{E}^2$ et un atome de lumière $\overset{+}{E}^2\bar{E}$. Ces faits, ainsi qu'une foule d'autres, trouvent ici tout naturellement leur explication; car c'est suivant la même loi électrostatique que tous ces faits se produisent.

Dans la décomposition indiquée, il faut faire le calcul sur des équivalents triples pour en obtenir dans le résultat trois iris $= 3\overset{+}{E}\bar{E}$, dont la combinaison fait apparaître un atome de chaleur et un atome de lumière, qui sont en effet observés au moment de la combinaison des deux gaz mêlés.

6° *Eau acidulée et chlorure de potassium.*

	$HO\theta$; $KCl\bar{E}HO\theta$	
$\overset{+}{E} - \bar{E} + HO\theta$		$KCl\bar{E}HO\theta + \bar{E} - \overset{+}{E}$
$O\overset{+}{E}\bar{E}$	$H\overset{+}{E}$	$Cl\bar{E}$; $KO\bar{E}^2$; $H\bar{E}$
$O\overset{+}{E}\bar{E}$;	$HCl\overset{+}{E}\bar{E}$	$K\bar{O}\bar{E}^2$, $H\bar{E}$

Le potassium $K\bar{E}^3$ ne peut pas se maintenir en cet état comme les autres métaux, il produit la décomposition de l'eau HO en cédant un $\bar{E}$ de ses trois équivalents négatifs $\bar{E}^3$ à l'hydrogène somatique H qui devient un gaz $H\bar{E}$, et l'oxygène somatique remplace dans le potassium $K\bar{E}^2$ l'équivalent éloigné, et ainsi est produite la potasse $KO\bar{E}^2$.

Le résultat est un mélange de gaz chlore $Cl\overset{+}{E}$ et hydrogène $H\bar{E}$ qui ne peuvent se combiner sans un atome de lumière pour trois atomes de chacun de ces gaz, de la manière suivante :

$$3H\bar{E} + 3Cl\overset{+}{E} + \overset{+}{E}^2\bar{E} = 3HCl\overset{+}{E} + 2\overset{+}{E}\bar{E}^2.$$

7° *Chlorure de potassium et eau acidulée.*

	$KCl\bar{E}$; $HO\theta$		
$\overset{+}{E} - \bar{E} + KCl\bar{E}$			$HO\theta + \bar{E} - \overset{+}{E}$
$Cl\overset{+}{E}$	K	$\bar{E}^2O$	$H\bar{E}$
$Cl\overset{+}{E}$		$KO\bar{E}^3$	$H\bar{E}$

En ce cas il ne se décompose pas un atome de chaleur dans la bouche positive, mais l'équivalent négatif $\bar{E}$ pénètre dans l'électrohode positif *n* pour arriver à l'électrohode négatif *n'* et se combiner avec l'hydrogène de l'eau HO dont la chaleur latente décomposée fournit au chlore $Cl\overset{-}{E}$ l'équivalent positif $\overset{+}{E}$ et à la potasse $KO\overset{-}{E}^2$ les deux équivalents négatifs $\overset{-}{E}^2$.

8° *Eau acidulée et sulfate de potasse.*

$$HO\vartheta\,;\ KOSO^3HO\vartheta$$

$$\begin{array}{llll} \overset{+}{E}-\overset{-}{E}+HO\vartheta & & & KOSO^3HO\vartheta+\overset{-}{E}-\overset{+}{E} \\ \quad O\overset{+}{E}\overset{-}{E} & H\overset{-}{E} & SO^4; & KO\overset{-}{E}^2;\ H\overset{-}{E} \\ \quad O\overset{+}{E}\overset{-}{E} & \multicolumn{2}{c}{HOSO^3\overset{+}{E}} & KO\overset{-}{E}^2;\ H\overset{-}{E} \end{array}$$

Dans le cas 1° le cuivre somatique se combine avec les trois équivalents négatifs $\overset{-}{E}^3$, et il reste conservé en état métallique dans son état ordinaire $Cu\overset{-}{E}^3$. Ici le potassium $K\overset{-}{E}^3$ étant en contact avec l'eau ne peut pas rester en état métallique dans cet état ordinaire, mais il décompose l'eau pour obtenir la forme $KO\overset{-}{E}^2$ de l'oxyde qui est moins électronégatif que le potassium.

Pour distinguer les métaux qui se maintiennent en leur état ordinaire dans l'air et dans l'eau de ceux qui ne se maintiennent pas, on s'est servi des épithètes *nobles* et *non nobles;* pour éviter l'emploi de ces termes et d'autres pareils, nous avons appelé *hypométaux* (ὑπομέταλλον) les métaux *non nobles*.

La propriété des hypométaux, de ne se rencontrer qu'à l'état d'oxyde et de sels, prouve que ces sels ou les oxydes sont des restes de la séparation de l'eau et de ses éléments des substances végétales $C^{24}H^{24}O^{24}\vartheta^{24}\overset{-}{E}^{72}$, et les hypométaux ne sont que des produits chimiques, comme cela sera exposé en détail dans la suite.

9° *Sulfate de potasse et eau acidulée.*

$$KOSO^3\vartheta\,;\ HO\vartheta.$$

$$\begin{array}{llll} \overset{+}{E}-\overset{-}{E}+KOSO^3\vartheta & & & HO\vartheta+\overset{-}{E}-\overset{+}{E} \\ \quad O\overset{+}{E}\overset{-}{E} & \overset{+}{E}\ SO^3\ K & \overset{-}{E}^2O & H\overset{-}{E} \\ \quad O\overset{+}{E}\overset{-}{E} & SO^3\overset{+}{E} & KO\overset{-}{E}^2 & H\overset{-}{E} \end{array}$$

On voit clairement comment de chaque équivalent d'oxygène est produit un équivalent d'acide dont la base se trouve dans le vase V'. Les éléments des deux atomes de chaleur 2ËË^2 décomposés en chaque unité de temps se trouvent distribués : 1° dans les équivalents de l'eau qui sont les gaz hydrogène HË et oxygène ozoné OĖË, et 2° dans les équivalents du sel qui sont l'acide SO^{3}Ē et la potasse KOË^2.

10° *Eau acidulée et sulfate de chaux.*

HOθ ; CaOSO^{3}HOϑ.

Ë — Ē + HOθ			CaSO^{3}HOθ + Ē — Ė
OĖË	HĖ		SO^{4}CaOË^2 ; HË
OĖË	HO	SO^{3}Ë	CaOË^2 ; HË

Dans le cas précédent le point de rencontre *o* est moins éloigné de la bouche négative, car c'est l'équivalent somatique K qui y est repoussé de la part de la bouche négative et qui éprouve une résistance médiocre dans la dissolution. Ici c'est l'équivalent négatif SO^4 qui éprouve une résistance inférieure parce que la répulsion R est égale de la part des deux bouches *n* et *n'*.

Le calcium est un hypométal comme le potassium ; pour cette raison il ne peut pas se maintenir dans son état ordinaire CaË^3, mais il décompose l'eau pour s'oxyder et produire l'hydrogène.

11° *Sulfate de chaux et eau acidulée.*

CaOSO^{3}θ ; HOϑ.

Ë — Ē + CaOSO^{3}θ			HOϑ + Ē — Ë
OĖË	SÖ^{3}Ē	Ca	Ë^{2}O HĒ
OĖË	SO^{3}Ė		CaOË^2 HË

Comme dans le cas 9°, l'équivalent positif somatique de calcium Ca est ici repoussé vers le vase V' négatif où il se rencontre et se combine avec les équivalents négatifs $O\bar{E}^2$ pour obtenir la forme d'oxyde $CaO\bar{E}^2$.

12° *Azotate de chaux et eau acidulée.*

$CaOAzO^5\theta$; $HO\theta$.

$\bar{E} - \bar{E} + CaOAzO^5\theta$	$HO\theta + \bar{E} - \bar{E}$
$O\dot{E}\bar{E}$ $\quad AzO^5\dot{E}$ $\quad Ca$	$O\bar{E}^2$ $\quad H\bar{E}$
$O\dot{E}\bar{E}$ $\quad AzO^5\dot{E}$	$CaO\bar{E}^2$ $\quad H\bar{E}$

Ce cas ne diffère du précédent que par l'acide qui est azotique au lieu d'être sulfurique; tous les déplacements des équivalents s'opèrent de la même manière.

13° *Sulfate de magnésie et eau acidulée.*

$MaOSO^3\theta$; $HO\theta$.

$\bar{E} - \bar{E} + MaOSO^3\theta$	$HO\theta + \bar{E} - \bar{E}$
$O\dot{E}\bar{E}$ $\quad SO^3\dot{E}$ $\quad Ma$	$O\bar{E}^2$ $\quad H\bar{E}$
$O\dot{E}\bar{E}$ $\quad SO^3\dot{E}$	$MaO\bar{E}^2$ $\quad H\ddot{O}$

Ce cas est comme les précédents.

14° *Potasse et eau acidulée.*

$KO\bar{E}^2$, $HO\theta$.

$\bar{E} - \bar{E} + KO\bar{E}^2$	$HO\theta + \bar{E} - \bar{E}$
$O\dot{E}\bar{E}$ $\quad K$	$O\bar{E}^2$ $\quad H\bar{E}$
$O\dot{E}\bar{E}$	$KO\bar{E}^2$ $\quad H\bar{E}$

Ici la potasse se décompose dans le vase V de l'électrohode positif *n* et elle est reproduite dans le vase V′ au point de rencontre *o′* entre l'équivalent somatique K de potassium et les équivalents négatifs $O\bar{E}^2$.

15° *Chlorure de calcium et eau acidulée.*

$$CaCl\overset{-}{E};\ HO\theta.$$

$$\overset{+}{E}-\overset{-}{E}+CaCl\overset{-}{E} \qquad\qquad HO\theta+\overset{-}{E}-\overset{+}{E}$$
$$Cl\overset{+}{E}\quad Ca \qquad\qquad \overset{-}{E}{}^{2}O\quad H\overset{-}{E}$$
$$Cl\overset{+}{E} \qquad\qquad CaO\overset{-}{E}{}^{2}\quad H\overset{-}{E}$$

Ce cas ne diffère de celui 7° que par la base qui est ici le calcium, tandis que dans le cas 7° c'est le potassium.

16° *Eau acidulée et chlorure de calcium.*

$$HO\theta;\ CaCl\overset{-}{E}\theta HO.$$

$$\overset{+}{E}-\overset{-}{E}+HO\theta \qquad\qquad HOCaCl\overset{-}{E}\theta+\overset{-}{E}-\overset{+}{E}$$
$$O\overset{+}{E}\overset{-}{E}\quad H\overset{+}{E} \qquad\qquad Cl\overset{-}{E}\quad CaO\overset{-}{E}{}^{2};\ H\overset{-}{E}$$
$$O\overset{+}{E}\overset{-}{E} \qquad\qquad H\overset{-}{E}Cl\overset{+}{E};\ CaO\overset{-}{E}{}^{2},H\overset{-}{E}$$

Comme dans le cas 7° il se trouve dans le produit les gaz chlore $Cl\overset{+}{E}$ et hydrogène $H\overset{-}{E}$ qui se développent dans l'obscurité, mais dans la lumière se combinent et produisent l'acide hydrochlorique par la manière déjà expliquée.

17° *Azotate de potasse et sulfate de cuivre.*

$$\theta KOAzO^{5};\ CuOSO^{3}\theta.$$

$$\overset{+}{E}-\overset{-}{E}+\theta KOAzO^{5} \qquad\qquad CuOSO^{3}\theta+\overset{-}{E}-\overset{+}{E}$$
$$O\overset{+}{E}\overset{-}{E}\quad AzO^{5}\overset{+}{E}\quad K \qquad\qquad SO^{4}\quad Cu\overset{-}{E}{}^{3}$$
$$O\overset{+}{E}\overset{-}{E}\quad AzO^{5}\overset{+}{E} \qquad\qquad KOSO^{3},\quad Cu\overset{-}{E}{}^{3}$$

Les éléments des deux atomes de chaleur décomposés se trouvent partagés dans les éléments hétéronymes des deux atomes de sels décomposés, car de leurs autres deux atomes est produit un atome $KOSO^{3}$ d'un nouveau sel. Pour reproduire les deux atomes de chaleur $\overset{+}{E}{}^{2}\overset{-}{E}{}^{4}$ il faut : 1° brûler le cuivre $Cu\overset{-}{E}{}^{3}$ avec l'oxygène ozoné $O\overset{+}{E}\overset{-}{E}$ pour former

$\overset{+}{E}\bar{E}^2 + CuO\bar{E}^2$; 2° cet oxyde doit être mêlé avec l'acide azotique $AzO^5\overset{+}{E}$ pour obtenir l'autre atome de chaleur $\overset{+}{E}\bar{E}^2$ et le sel $CuOAzO^5$, qui est un *combiné somatique*, les atomes de chaleur sont des *combinés électriques*, et les éléments obtenus comme résultats de l'électrolyse sont des *combinés électrosomatiques;* ainsi appelés parce qu'ils consistent en des équivalents hétéronymes somatiques et électriques.

18° *Azotate de cuivre et chlorure ammonique.*

$$CuOAzO^5\theta,\ ClAzH^4\theta.$$

$$\overset{+}{E} - \bar{E} + CuOAzO^5\theta \qquad\qquad ClAzH^4\theta + \bar{E} - \overset{+}{E}$$

$$O\overset{+}{E}\bar{E},AzO^5\overset{+}{E} \quad Cu \qquad\qquad Cl\bar{E} \quad AzH^3\overset{+}{E} ; H\bar{E}$$

$$O\overset{+}{E}\bar{E},AzO^5\overset{+}{E} \qquad\qquad CuCl\bar{E}AzH^3\overset{+}{E}H\bar{E}$$

L'ammoniaque ordinaire a la forme $AzH^3\bar{E}$; son équivalent négatif $\bar{E}$ électrique est remplacé par HCl dans le chlorure ammonique $ClAzH^4$, et cela parce que l'atome somatique de chlore a la valeur des deux équivalents négatifs $\bar{\mu}\bar{\mu}$.

Il se décompose en chaque unité de temps deux atomes de chaleur et deux atomes de sel dont les équivalents hétéronymes se combinent pour produire un sel nouveau. Les éléments $\overset{+}{E}^2$ et $\bar{E}^4$ des deux atomes de chaleur se trouvent combinés avec les éléments somatiques des sels qui sont

$$O\overset{+}{E}\bar{E} + AzO^5\overset{+}{E} + CuCl\bar{E} + AzH^3\overset{+}{E} + H\bar{E}.$$

19° *Sulfate de cuivre et potasse.*

$$CuOSO^3\theta ; HOKO\bar{E}^2\theta.$$

$$\overset{+}{E} - \bar{E} + CuOSO^3\theta \qquad\qquad HOKO\bar{E}^2\theta + \bar{E} - \overset{+}{E}$$

$$O\overset{+}{E}\bar{E},SO^3\overset{+}{E} \quad Cu \qquad\qquad O\bar{E}^2 \quad KO\bar{E}^2,H\bar{E}$$

$$O\overset{+}{E}\bar{E},SO^3\overset{+}{E} \qquad\qquad CuO\overset{+}{E}^2,KO\bar{E}^2H\bar{E}$$

Dans ce cas le sel et l'oxyde se décomposent, mais le potassium, en sa qualité d'hypométal, se maintient à l'état d'oxyde, et pour cela il décompose l'eau dont l'hydrogène se développe sous forme de gaz.

20° *Chlorure sodique et chlorure magnésique.*

$$NaCl\bar{E};\ MaCl\bar{E}\theta.$$

$\overset{+}{E} - \bar{E} + NaCl\bar{E}$	$MaCl\bar{E}\theta + \bar{E} - \overset{+}{E}$
$Cl\overset{+}{E},\ Na$	$Cl\bar{E}\quad Ma\bar{E}^3$
$Cl\overset{+}{E}$	$NaCl\bar{E}\quad Ma\bar{E}^3$

On obtient des résultats analogues en opérant avec des chlorures de métaux différents; mais les hypométaux décomposent l'eau pour s'oxyder, et font apparaître l'hydrogène.

21° *Chlorure ammonique et sulfate sodique.*

$$\theta ClAzH^4;\ NaOSO^3\theta.$$

$\overset{+}{E} - \bar{E} + \theta ClAzH^4$	$NaOSO^3\theta + \bar{E} + \overset{+}{E}$
$Cl\overset{+}{E}\quad AzH^4\overset{+}{E}\bar{E}$	$SO^3\bar{E}\quad NaO\bar{E}^2$
$Cl\overset{+}{E}\quad AzH^3HOSO^2\overset{+}{E}\bar{E}^2$	$NaO\bar{E}^2$

Le nouveau sel d'ammoniaque est combiné avec l'acide sulfureux et non pas avec l'acide sulfurique, comme le sont les sulfates de soude.

Des deux atomes de chaleur décomposés en chaque unité de temps l'un est reproduit, et les éléments $\overset{+}{E}$ et $\bar{E}^2$ de l'autre se trouvent dans le chloré $Cl\overset{+}{E}$ et dans la soude $NaO\bar{E}^2$.

II. — ÉLECTROLYSES DE DEUX CORPS CONTENUS DANS TROIS VASES.

Le vase *b* (fig. 55) du milieu contient une des dissolutions, et l'autre se trouve dans les deux vases *a* et *c* externes, dans lesquels plongent les électrohodes *n* et *n'*.

Les trois premières colonnes du tableau suivant indiquent la disposition des deux électrolytes avant l'électrolyse; et les trois dernières colonnes indiquent la disposition des éléments des électrolytes après leur électrolyse.

Numéros d'ordre.	DISPOSITION DES CORPS AVANT L'ÉLECTROLYSE.			DÉPLACEMENTS DES ÉQUIVALENTS PAR L'ÉLECTROLYSE.		
	n + vase a.	Vase b.	n' + vase c.	Vase a.	Vase b.	Vase c.
1°	$HO\theta$	$J\overset{+}{E}$, $Br\overset{+}{E}$	$HO\theta$	$O\overset{+}{E}\overset{-}{E}$	$I\overset{+}{E}$, Br	$H\overset{-}{E}$
2°	$HO\theta$	$SO^3\overset{+}{E}$	$HO\theta$	$O\overset{+}{E}\overset{-}{E}$, $SO^3\overset{+}{E}$		$H\overset{-}{E}$
3°	$HO\theta$	$KO\overset{-}{E}^2$	$HO\theta$	$O\overset{+}{E}\overset{-}{E}$		$KO\overset{-}{E}^2$, $H\overset{-}{E}$
4°	$HO\theta$	$KCl\overset{-}{E}$	$HO\theta$	$O\overset{+}{E}\overset{-}{E}$, $HCl\overset{+}{E}\overset{-}{E}$		$KO\overset{-}{E}^2$, $H\overset{-}{E}$
5°	$HO\theta$	$ClAzH^4$	$HO\theta$	$O\overset{+}{E}\overset{-}{E}$, $HCl\overset{+}{E}\overset{-}{E}$		$AzH^3\overset{-}{E}$, $H\overset{-}{E}$
6°	$5HO\theta$	$5KJ\overset{-}{E}$	$5HO\theta$	$\overline{J\overset{+}{E}O\overset{+}{E}\overset{-}{E}}^5$, $4J\overset{+}{E}$		$5KO\overset{-}{E}^2$, $5H\overset{-}{E}$
7°	$AzH^4ClO^6\theta$	$ZnOSO^3$	$AzH^4ClO^6\theta$	$2Cl\overset{+}{E}$, $4\overline{HO\overset{+}{E}\overset{-}{E}}^2$	$ZnOSO^3$	$\overline{AzO\overset{+}{E}\overset{-}{E}}^2$, $AzH^3\overset{-}{E}$, $H\overset{-}{E}$
8°	$ZnOSO^3\theta$	$ClAzH^4$	$ZnOSO^3\theta$	$O\overset{+}{E}\overset{-}{E}$, $SO^3\overset{+}{E}$	$ClAzH^4$	$ZnOSO^3$, $Zn\overset{-}{E}^3$

1° *Eau acidulée et au milieu de l'iode ou du brome.*

$$\hat{H}O\theta; \quad J\overset{+}{E} \text{ ou } Br\overset{+}{E} \quad HO\theta.$$

$$\overset{+}{E} - \overset{-}{E} + HO\theta \qquad J\overset{+}{E} \qquad HO\theta + \overset{+}{E} - \overset{-}{E}$$

$$O\overset{+}{E}\overset{-}{E} \quad H\overset{+}{E} \qquad\qquad O\overset{-}{E}^2H\overset{-}{E}$$

$$O\overset{+}{E}\overset{-}{E} \qquad HO\overset{+}{E}\overset{-}{E}^2 \qquad H\overset{-}{E}$$

C'est l'eau seule qui se décompose, et l'iode n'éprouve aucune altération dans le vase du milieu : le même effet a lieu pour le brome, quand il est dans son vase b du milieu.

2° *Eau acidulée et au milieu acide sulfurique étendu.*

$$HO\theta\,;\ SO^3\overset{+}{E}\,;\ HO\theta.$$

$\overset{+}{E} - \bar{E} + HO\theta$ $SO^3\overset{+}{E}$ $HO\theta + \bar{E} - \overset{+}{E}$

$O\overset{+}{E}\bar{E}$ $\overset{+}{E}H$ SO^3 $\overset{+}{E}$ $\bar{E}^2O$ $H\bar{E}$

$O\overset{+}{E}\bar{E}$ $SO^3\overset{+}{E}$ $HO\overset{+}{E}\bar{E}^2$ $H\bar{E}$

L'acide du milieu se décompose simultanément avec l'eau ; son équivalent positif $\overset{+}{E}$ électrique est entraîné par l'équivalent somatique H homonyme vers le vase *c* négatif à cause de la répulsion exercée de la part de la bouche positive *n*. En même temps l'équivalent négatif SO^3 est repoussé de la part de la bouche négative *n'*, et il est sollicité vers le vase *a* dont l'eau acidulée exerce une résistance médiocre, et il s'y rencontre et se combine avec l'équivalent positif $\overset{+}{E}$ pour devenir un acide $SO^3\overset{+}{E}$.

Il y a donc deux points *o* et *o'* de rencontre : 1° l'un dans le vase positif *a* où est produit l'acide $SO^3\overset{+}{E}$ des équivalents hétéronymes $\overset{+}{E}$ et SO^3 ; l'autre point *o'* de rencontre est dans le vase *c* négatif où sont produits l'eau HO et la chaleur $\overset{+}{E}\bar{E}^2$ des équivalents hétéronymes H, $\overset{+}{E}$ et $\bar{E}^2$ O.

3° *Eau acidulée et au milieu dissolution de potasse étendue.*

$$HO\theta,\ KO\bar{E}^2,\ HO\theta.$$

$\overset{+}{E} - \bar{E} + HO\theta$ $KO\bar{E}^2$ $HO\theta + \bar{E} - \overset{+}{E}$

$O\overset{+}{E}\bar{E}$ $H\overset{+}{E}$ $\bar{E}^2O$ K $\bar{E}^2O$ $H\bar{E}$

$O\overset{+}{E}\bar{E}$ $HO\overset{+}{E}\bar{E}^2$ $KO\bar{E}^2$ $H\bar{E}$

La potasse se décompose : son équivalent somatique positif K est repoussé dans le vase négatif *c* où il se combine avec la même espèce d'équivalents $\bar{E}^2O$ dont il vient d'être séparé ; et les équivalents positifs H, $\overset{+}{E}$ se rencontrent et se combinent avec leurs hétéronymes $\bar{E}^2O$ qui viennent du vase *b* du milieu.

On ne doit pas admettre une simple transmission de la potasse du vase *b* dans le vase *c*, car nous allons citer des cas où l'on a constaté les translations indiquées qui sont toutes opérées suivant la loi électrostatique.

4° *Eau acidulée et au milieu chlorure de potassium.*

HOθ ; KClĒ ; HOθ.

Ē — Ē + HOθ   KClĒ   HOθ + Ē — Ē
OĒĒ   HĒ   ClĒ   K   Ē²O   HĒ
OĒĒ   HĒClĒ   KOĒ²   HĒ.

Le chlorure du milieu est décomposé : son équivalent somatique positif est repoussé dans le vase *c* négatif où il se rencontre et se combine avec les équivalents négatifs Ē² O pour former la potasse KOĒ².

L'équivalent négatif ClĒ électrosomatique est repoussé vers le vase positif *a* où il se rencontre et se combine avec les équivalents positifs Ē H, et ainsi sont produits les gaz HĒ et ClĒ qui se développent dans l'obscurité et se combinent pour former l'acide hydrochlorique HClĒ quand il y a de la lumière. En ce cas, il se produit trois atomes d'acide 1° de trois équivalents 3HĒ d'hydrogène; 2° de trois équivalents 3ClĒ de chlore et 3° d'un atome Ē²Ē de lumière

3HĒ + 3ClĒ + Ē²Ē = 3HClĒ + ĒĒ² + Ē²Ē

comme cela est constaté par des observations fréquemment répétées.

5° *Eau acidulée et au milieu chlorure ammonique.*

HOθ; ClAzH⁴; HOθ.

Ē — Ē + HOθ   ClAzH⁴θ   HOθ + Ē — Ē
OĒĒ   HĒ   ClĒ   AzH⁴ĒĒ   Ē²O   HĒ
OĒĒ   HĒClĒ   AzH³Ē, HOĒĒ²   HĒ

Le chlorure du vase du milieu se décompose et en même temps s'y décompose la chaleur; l'équivalent négatif ClĒ se rencontre avec les équivalents positifs H et Ė comme dans les cas précédents. Mais l'équivalent positif AzH^{4}ĖĒ électrosomatique, en se rencontrant avec les équivalents négatifs Ē^{2} O, produit l'eau HO, sa chaleur ĖĒ^{2} latente et l'ammoniaque AzH^{3}Ē, sans qu'on remarque nulle part aucune anomalie. S'il y en avait une, on pourrait l'attribuer à une erreur d'observation, dont les résultats trouvent ici leur contrôle; mais, pour l'honneur des chimistes, l'exactitude de leurs observations ressort de ces résultats.

6° *Eau acidulée et au milieu iodure de potassium.*

5HOθ ; 5KJĒ ; 5KOθ.

Ė^{5}—Ē^{5}+5HOθ   5KJĒ   5HOθ+Ē—Ė
5OĖĒ 5HĖ   5J   5KĒ   5OĒ^{2} 5HĒ
5OĖĒ 5JĖ   5HĒ 5KOĒ^{2} 5HĒ
JĖ $\overline{\text{OĖĒ}}^{5}$ 4JĖ   5KOĒ^{2} 10HĒ

L'acide iodique JO5 est un produit secondaire; pour cette raison, il a été nécessaire d'opérer sur cinq équivalents; nous prouvons ici le mode de la combinaison de cette espèce d'acides qui sont d'une nature tout à fait différente de ceux qui sont produits par une combustion, comme l'acide carbonique, l'acide sulfureux, l'acide sulfurique, l'acide phosphorique et les acides des métaux.

Les chimistes qui ne pouvaient aucunement connaître la cause des explosions, ou au moins leur relation avec les corps, pouvaient encore moins se rendre compte des effets physiologiques des corps différents, surtout des poisons.

Ces difficultés s'évanouissent maintenant que nous sommes en état de connaître les éléments électriques des corps dont les effets physiques et les effets physiologiques peuvent être déterminés *à priori*, comme le sont ici les effets chimiques.

La forme $J\overset{+}{E}\,\overline{O\overset{+}{E}\overset{-}{E}}^{5}$ de l'acide iodique n'est pas différente de celles $Cl\overset{+}{E}\overline{O\overset{+}{E}\overset{-}{E}}^{5}$ $Br\overset{+}{E}\overline{O\overset{+}{E}\overset{-}{E}}^{5}$ des acides chlorique et bromique. L'éclat que produisent ces corps et les azotates a pour cause l'expansion des masses électriques en forme d'*iris* $\overset{+}{E}\overset{-}{E}$ qui ne peuvent, il est vrai, se maintenir, mais dont les éléments $3n\overset{+}{E}$ et $3n\overset{-}{E}$ se combinent et produisent la chaleur $n\overset{+}{E}\overset{-}{E}^{2}$ et la lumière $n\overset{+}{E}^{2}\overset{-}{E}$ observées dans les explosions ; nous reprendrons plus loin ce sujet si vaste et si important, pour le traiter avec plus de détails.

7° *Chlorate ammonique et au milieu sulfate de zinc.*

$$AzH^{4}Cl\overline{O\overset{+}{E}\overset{-}{E}}^{5}\theta,\quad ZnOSO^{3},\quad AzH^{4}Cl\overline{O\overset{+}{E}\overset{-}{E}}^{5}\theta.$$

$$\overset{+}{E}-\overset{-}{E}+AzH^{4}Cl\overline{O\overset{+}{E}\overset{-}{E}}^{5}\qquad ZnOSO^{3}\qquad AzH^{4}Cl\overline{O\overset{+}{E}\overset{-}{E}}^{5}\theta+\overset{-}{E}-\overset{+}{E}$$

$$Cl\overset{+}{E},\ AzH^{4}\overline{O\overset{+}{E}\overset{-}{E}}^{5}\overset{+}{E}\overset{-}{E}\qquad ZnOSO^{3}\qquad Cl\overline{O\overset{+}{E}\overset{-}{E}}^{5}\overset{-}{E}\ AzH^{3}\overset{-}{E},H\overset{-}{E}$$

$$2Cl\overset{+}{E},\ 4H\overline{O\overset{+}{E}\overset{-}{E}}^{2}\qquad ZnOSO^{3}\qquad Az\overline{O\overset{+}{E}\overset{-}{E}}^{3},\ AzH^{3}\overset{-}{E},H\overset{-}{E}$$

Le sulfate de zinc n'éprouve aucune altération, le chlorate se décompose dans les deux vases ; le chlore $2Cl\overset{+}{E}^{2}$ se développe avec le deutoxyde d'azote $AzO^{2}\overset{+}{E}^{2}\overset{-}{E}^{4}$.

Dans l'eau oxygénée HO^{2} l'oxygène est ozoné et sa forme est $HO^{2}\overset{+}{E}\overset{-}{E}$; la décomposition de l'eau oxygénée produit les mêmes espèces d'explosions que celles qui sont produites dans les décompositions des chlorates. Cette espèce de faits chimiques trouve ici son explication.

Le deutoxyde d'azote est même ici trouvé sous la forme $Az\overline{O\overset{+}{E}\overset{-}{E}}^{3}$ qui correspond aux effets qu'il a produits 1° dans la combustion de l'hydrogène et de l'oxyde de carbone avec ce gaz (page 114), et 2° par sa résistance au courant de l'électromagnète (page 344). C'est M. de la Rive qui, le premier, a fait l'électrolyse indiquée ; il a exposé dans leur état brut les résultats obtenus : il a vu se développer le chlore dans le pôle positif, l'hydrogène et l'ammoniaque dans le pôle négatif, en même temps que disparaissait l'oxygène. Ce physicien eût dû être conduit par là à chercher l'eau oxygénée qui se formait dans le liquide, car le deutoxyde d'azote s'échappe.

8° Sulfate de zinc et au milieu chlorure ammonique.

$$\theta ZnOSO^3;\quad ClAzH^4;\quad ZnOSO^3\theta.$$

$$\begin{array}{lll}
\overset{+}{E}-\overset{-}{E}+\theta ZnOSO^3 & ClAzH^4 & ZnOSO^3\theta+\overset{-}{E}-\overset{+}{E} \\
\quad O\overset{+}{E}\overset{-}{E},\ SO^3\overset{+}{E},\ Zn\overset{-}{E} & ClAzH^4 & OSO^3\ Zn\overset{+}{E}^3 \\
\quad O\overset{+}{E}\overset{-}{E},\ SO^3\overset{+}{E} & ClAzH^4 & ZnOSO^3\ Zn\overset{-}{E}^3
\end{array}$$

Ici, comme dans le cas précédent, il ne se produit aucune altération sur le sel du milieu, dont la dissolution est cependant traversée par le zinc somatique qui se rencontre et se combine avec l'atome négatif OSO^3 repoussé de la bouche négative n', et c'est ainsi qu'est reproduit l'un des deux atomes de sel décomposé.

III. — ÉLECTROLYSES DES TROIS CORPS CONTENUS DANS TROIS VASES.

Ces observations, comme les précédentes, servent à mettre mieux en lumière : 1° les déplacements des équivalents hétéronymes repoussés de la part des deux bouches, ainsi que Grotthus l'a prouvé, et 2° le point *o* de rencontre de ces équivalents qui s'y combinent et cèdent la place à ceux qui suivent, parce que les combinés ainsi produits se mêlent dans la dissolution et s'éloignent du point *o* de rencontre; ces combinaisons échappèrent à Grotthus, quoiqu'il connût bien la rencontre des équivalents hétéronymes.

Toutefois ce physicien n'a pas eu des données suffisantes pour constater qu'au point *o* de la rencontre s'opère aussi la combinaison de ces équivalents. Les physiciens, après avoir une fois adopté ladite explication basée sur la loi de l'électrostatique, ne pensèrent plus à y ajouter quelque développement ultérieur, et ils se bornèrent à exposer les faits et les résultats de leurs observations dans leur état brut; car ils reconnurent pourtant que cela valait encore mieux que d'inventer toutes sortes d'hypothèses différentes pour étayer leur explication. Mais, il faut le dire, la loi électrostatique suivie par Grotthus et reconnue par les physiciens, ne permettait aucune hypothèse; au contraire on a peine à concevoir pourquoi les équivalents hétéronymes ne se combinent pas au point *o* de la rencontre, dans le liquide, comme ils se combinent dans toute autre rencontre; et pourquoi l'oxygène et l'hydrogène repoussés des deux pôles ne doivent pas se combiner en se rencontrant dans le liquide.

Numéros d'ordre.	DISPOSITION DES CORPS AVANT L'ÉLECTROLYSE.			DÉPLACEMENTS DES ÉQUIVALENTS PAR L'ÉLECTROLYSE.		
	n + vase *a*.	Vase *b*.	*n'* — vase *c*.	Vase *a*.	Vase *b*.	Vase *c*.
1°	$HO0$	$KOSO^3$	$BaCl\bar{E}HO0$	$HCl\overset{+}{E}\bar{E}$, $SO^3\overset{+}{E}HO$		$KO\bar{E}^2$, $BaO\bar{E}^2$
2°	$KOSO^30$	$BaCl\bar{E}$	$HO0$	$HCl\overset{+}{E}\bar{E}$, SO^3HO		$KO\bar{E}^2$, $BaO\bar{E}^2$
3°	$BaCl\bar{E}$	$KOSO^3$	$HO0$	$HCl\overset{+}{E}\bar{E}$	$BaOSO^3$	$KO\bar{E}^2$, $\overset{+}{E}\bar{E}^2$
4°	$HO0$	$AgOSO^3$	$BaCl\bar{E}0$	$SO^3\overset{+}{E}$	$AgCl\bar{E}$	$\overset{+}{E}\bar{E}^2$, $BaO\bar{E}^2$
5°	$HO0$	$KO\bar{E}^2$	$KOSO^30$	$SO^3\overset{+}{E}$ $\overset{+}{E}\bar{E}^2$	$KO\bar{E}^2$	$KO\bar{E}^2$
6°	$KOSO^30$	$SO^3\overset{+}{E}$	$HO0$	$SO^3\overset{+}{E}$	$SO^3\overset{+}{E}$	$KO\bar{E}^2$ $\overset{+}{E}\bar{E}^2$
7°	$ClAzH^40$	$NaCl\bar{E}$	$NaOSO^30$	$Cl\overset{+}{E}$, $ClAzH^4$	$\overset{+}{E}\bar{E}^2$, $NaOSO^3$	$NaO\bar{E}^2$ $H\bar{E}$
8°	$NaCl\bar{E}$	$CaCl\bar{E}$	AzH^4AzO^50	$Cl\overset{+}{E}$ $\overline{O\bar{E}\overset{+}{E}}^{5}$		$NaAz, H\bar{E}, AzH^4$[illegible]
9°	$ClAzH^40$	$SO^3\overset{+}{E}$	$2NaO, PO^50$	$H\bar{E}Cl\overset{+}{E}$ $\overset{+}{E}^3\bar{E}$	AzH^4SO^3	$NaOPO^5$, $NaO\bar{E}$[illegible]
10°	$CaAzO^50$	$NaOAzO^5$	$ClAzH^40$	$AzO^5\overset{+}{E}$, $CaOAzO^5$	$NaO\bar{E}^2$	$HCl\overset{+}{E}\bar{E}$, $AzH^3\bar{E}$
11°	$CuOAzO^5$	$CaOAzO^5$	$ClAH^4$	$AzO^5\overset{+}{E}$	$CuOAzO^5$, $CaO\bar{E}^2$	$H\bar{E}Cl\overset{+}{E}$, $AzH^3\bar{E}$
12°	$PbOAzO^50$	$KOAzO^5$	$ClAzH^40$	$AzO^5\overset{+}{E}$, $PbO^2\bar{E}$	$AzO^5\overset{+}{E}$	$KCl\bar{E}$, $AzH^3\bar{E}$ H[illegible]
13°	$AgOAzO^50$	$KOAzO^5$	$KOSO^30$	$AzO^5\overset{+}{E}$, $AgO^2\bar{E}$	$AzO^4\overset{+}{E}\bar{E}$, $KOSO^3$	$KO\bar{E}^2$

1° *Eau acidulée, sulfate de potasse, chlorure de baryum.*

$$HO\theta;\ KOSO^3;\ BaCl\overset{-}{E}\theta.$$

$$\overset{+}{E}-\overset{+}{E}+HO\theta \qquad KOSO^3 \qquad HOBaCl\overset{-}{E}\theta+\overset{-}{E}-\overset{-}{E}$$

$$O\overset{+}{E}\overset{-}{E}\ H\overset{+}{E} \qquad SO^3 \qquad KO \qquad HCl\ddot{E}^2\ BaO\overset{-}{E}^2$$

$$HCl\overset{+}{E}\overset{-}{E}\ SO^3\overset{+}{E}\ HO \qquad\qquad KO\ddot{E}^2\ BaO\overset{-}{E}^2$$

On voit se décomposer ici les sels des deux vases *b* et *c* dont les équivalents négatifs SO^3 et HCl sont repoussés dans le vase positif *a* où ils se rencontrent et se combinent avec les équivalents électriques, dont 1° l'équivalent positif $\overset{+}{E}$ se combine avec SO^3 pour former l'acide sulfurique qui a la forme $SO^3\overset{+}{E}$; 2° l'*iris* $\overset{+}{E}\overset{-}{E}$ de l'oxygène ozoné $O\overset{+}{E}\overset{-}{E}$ se combine avec H Cl et il se produit un mélange de gaz hydrogène $H\overset{+}{E}$ et de chlore $Cl\overset{-}{E}$; trois équivalents de chacun de ces gaz et un atome $\overset{+}{E}^2\overset{-}{E}$ de lumière se combinent et produisent l'acide hydrochlorique $3HCl\overset{\pm}{E}$, et deux atomes de chaleur $\overset{+}{E}^2\overset{-}{E}^4$, suivant l'équation

$$3H\overset{+}{E}+3Cl\overset{-}{E}+\overset{+}{E}^2\overset{-}{E}=3HCl\overset{\pm}{E}+\overset{+}{E}^2\overset{-}{E}^4.$$

Un abaissement de température a lieu durant la décomposition des sels, mais pour trois atomes de sel sont consommés deux atomes de chaleur, car pour les six atomes des sels décomposés sont produits deux atomes de chaleur par la décomposition d'un atome de lumière :

$$3KOSO^3+3\,BaCl\overset{-}{E}+6\overset{+}{E}\overset{-}{E}^2+\overset{+}{E}^2\overset{-}{E}=3SO^3\overset{+}{E}+3HCl\overset{\pm}{E}+3KO\overset{-}{E}^2+3\,BaO\overset{-}{E}^2+2\overset{+}{E}\overset{-}{E}^2.$$

Cette concordance mathématique des calculs avec les résultats obtenus par les observations ne laisse aucun doute sur la vérité des explications données jusqu'à présent.

2° Sulfate de potasse, chlorure de baryum, eau acidulée.

$$KOSO^3\theta\;;\;BaCl\bar{E}\;;\;HO\theta$$

$$\begin{array}{ccccccc} \hat{E}-\bar{E}+KOSO^3\theta & & & HOBaCl\bar{E} & & & HO\theta+\bar{E}-\hat{E} \\ & SO^3\hat{E} & KO\hat{E}\bar{E} & HCl & BaO\bar{E} & HO\bar{E}^3 & \\ & SO^3\hat{E} & HCl\hat{E}\bar{E} & & KO\bar{E}^2,\ BaO\bar{E}^2 & & \end{array}$$

Les résultats sont les mêmes, car les mêmes sels du cas précédent sont ici seulement déplacés d'un vase dans l'autre de la manière indiquée; le même effet a lieu pour le cas suivant, si le courant est assez fort.

3° Chlorure de baryum, sulfate de potasse, eau acidulée.

$$\theta HOBaCl\bar{E},\ KOSO^3,\ HO\theta$$

$$\begin{array}{ccccccc} \hat{E}-\bar{E}+HOBaCl\bar{E}\theta & & & KOSO^3 & & & HO\theta+\bar{E}-\hat{E} \\ & HCl\hat{E}\bar{E} & \hat{E}\ BaO\bar{E} & SO^3 & KO & \bar{E}^3 & \\ & HCl\hat{E}\bar{E}, & SO^3\hat{E} & & BaO\bar{E}^2KO\bar{E}^2. & & \end{array}$$

Au lieu de supposer dans la bouche négative une décomposition de l'eau dont les éléments se combineraient pour reproduire cette eau, il vaut mieux considérer les équivalents négatifs $\bar{E}^3$ distribués directement aux oxydes $BaO\bar{E}$ et KO pour les réduire à l'état ordinaire $BaO\bar{E}^2$ et $KO\bar{E}^2$.

Dans les cas où le courant n'est pas très-fort, l'équivalent de baryte arrive au vase *b* du milieu quand en est déjà éloignée la potasse, et ainsi l'équivalent négatif SO^3 de l'acide sulfurique se combine avec le baryte BaO, et ils exercent en ce cas entre eux une répulsion médiocre qui a pour résultat une pression externe $p+p'$ supérieure à la répulsion $r-r'$ exercée contre les équivalents BaO et SO^3 du sulfate en directions divergentes. Cette diminution de répulsion, qui se manifeste par la supériorité de pression appelée *force coercitive*, est ce que les physiciens doivent entendre par le mot *attraction*.

Cette pression $p+p'$ externe est invariable, mais la répulsion $r-r'$ peut augmenter et devenir $r+r'$, qui est supérieure à la pression $p+p'$. C'est alors que le sulfate de baryte, ne pouvant se maintenir, se décompose; l'équivalent positif BaO passe dans le vase *c*, et le négatif SO^3 est repoussé dans le vase positif *a*.

Voici maintenant comment ont lieu les déplacements quand le courant n'est pas fort et que la pression $p+p'$ est supérieure à la répulsion $r-r'$.

$$\overset{+}{E}-\overset{-}{E}+HOBaCl\overset{-}{E}\theta \qquad KOSO^3 \qquad HO\theta+\overset{-}{E}-\overset{+}{E}$$
$$HCl\overset{+}{E}\overset{-}{E} \quad \overset{+}{E}\overset{-}{E} \quad BaO \quad SO^3 \quad KO \quad \overset{-}{E}^3$$
$$HCl\overset{+}{E}\overset{-}{E} \qquad BaOSO^3 \qquad KO\overset{-}{E}^2,\ \overset{+}{E}\overset{-}{E}^2.$$

4° *Eau acidulée, sulfate d'argent, chlorure de baryum.*

$$HO\theta;\ AgOSO^3,\ BaCl\overset{-}{E}\theta.$$

$$\overset{+}{E}-\overset{-}{E}+HO\theta \qquad AgOSO^3 \qquad BaCl\overset{-}{E}\theta+\overset{-}{E}-\overset{+}{E}$$
$$\overset{+}{E} \quad \overset{+}{E}\overset{-}{E} \quad SO^3 \quad AgO \quad Cl\overset{-}{E} \quad Ba\overset{-}{E}^3$$
$$SO^3\overset{+}{E} \qquad AgCl\overset{-}{E} \quad \overset{+}{E}\overset{-}{E}^2 \qquad BaO\overset{-}{E}^2$$

Le chlorure d'argent est arrêté dans le vase du milieu comme le sulfate de baryte, car ce sont deux sels indissolubles; dans le cas précédent le baryte du vase positif *a* a été transmis dans le vase *b* du milieu; ici l'argent s'y trouve et c'est l'équivalent négatif du chlore $Cl\overset{-}{E}$ qui y est repoussé de la part de la bouche négative *n'*.

5° *Eau acidulée, potasse, sulfate de potasse.*

$$HO\theta;\ KO:\ KO\,SO^3\,\theta$$

$$\overset{+}{E}-\overset{-}{E}+HO\theta \qquad KO\overset{-}{E}^2 \qquad KOSO^3\,\theta+\overset{-}{E}-\overset{+}{E}$$
$$\overset{+}{E}\overset{+}{E}\overset{-}{E} \qquad KO\overset{-}{E}^2SO^3\overset{-}{E} \qquad KO\overset{-}{E}^2$$
$$SO^3\overset{+}{E} \quad \overset{+}{E}\overset{-}{E}^2 \qquad KO\overset{-}{E}^2 \qquad KO\overset{-}{E}^2$$

L'équivalent négatif $SO^3\bar{E}$ de l'acide sulfurique passe en travers le vase *b* du milieu où est contenu la potasse $KO\bar{E}^2$ également négative; c'est pour cela qu'il est impossible qu'il se combine, au contraire ces corps $SO\bar{E}$ et $KO\bar{E}^2$ homoélectriques exercent entre eux une répulsion. Ainsi l'équivalent $SO^3\bar{E}$ négatif arrive dans le vase positif *a* où se combine : 1° l'équivalent électrique $\bar{E}$ avec l'*iris* $\ddot{E}\bar{E}$ pour former un atome de chaleur, et 2° l'équivalent somatique SO^3 se combine avec l'équivalent positif $\dot{E}$ pour former l'acide sulfurique qui a la forme $SO^3\dot{E}$.

6° *Sulfate de potasse, acide sulfurique, eau acidulée.*

$$KOSO^3\theta;\ SO^3\dot{E} : HO\theta$$

$\dot{E}-\bar{E}+KOSO^3\theta$			$SO^3\dot{E}$		$HO\theta+\bar{E}-\dot{E}$
	$SO^3\dot{E}$	$KO\dot{E}\bar{E}$	$SO^3\dot{E}$		$\bar{E}^3$
	$SO^3\dot{E}$		$SO^3\dot{E}$	$KO\bar{E}^2$	$\dot{E}\bar{E}^2$

La potasse KO à l'état somatique positif traverse l'acide $SO^3\dot{E}$ également positif; entre ces corps homoélectriques il y a une répulsion, et ainsi la potasse arrive dans le vase négatif *c* où elle reprend sa forme ordinaire $KO\bar{E}^2$, et où il se produit un atome de chaleur (1).

7° *Chlorure ammonique, chlorure iodique, sulfate d'iode.*

$$\theta ClAzH^4,\ NaCl\bar{E};\ NaOSO^3\theta$$

$\dot{E}-\bar{E}+\theta ClAzH^4$		$NaCl\bar{E}$		$HONaOSO^3\theta+\bar{E}-\dot{E}$
	$Cl\dot{E}$ AzH^4 $\dot{E}\bar{E}$	$Cl\bar{E}Na$	SO^4	$NaO\bar{E}^2H\bar{E}$
	$Cl\dot{E}$ $ClAzH^4\dot{E}\bar{E}^2$	$NaOSO^3$		$NaO\bar{E}^2H\bar{E}$

(1) Le mot *atome* a été employé pour indiquer les équivalents des combinés comme l'ont déjà employé souvent les chimistes. Ces combinés sont ici appelés *zeugmes*, et le mot atome doit disparaître des ouvrages, car il n'y a aucun objet cosmique analogue à ce mot.

Les équivalents Cl et Na du milieu repoussés en directions divergentes remplacent dans le sel du vase positif *a* le chlore développé, et dans le vase négatif *c* la soude $NaO\overset{=}{E}^2$ séparée.

8° *Chlorure sodique, chlorure de calcium ; azotate ammonique.*

$$NaCl\overset{=}{E} ; CaCl\overset{=}{E} ; AzH^3 AzO^5\theta$$

$$\begin{array}{llllll}
\overset{+}{E}-\overset{=}{E}+NaCl\overset{=}{E} & & CaCl\overset{=}{E} & & & AzH^3AzO^5\theta+\overset{=}{E}-\overset{+}{E} \\
Cl\overset{+}{E} & Na & CaCl\overset{=}{E} & O^5 & \overset{-}{Az}H^3\overset{=}{E}^3AzH\overset{=}{E} & \\
Cl\overset{+}{E}O^5 & & & & NaAz\overset{=}{E}^3,\ AzH^3\overset{=}{E} &
\end{array}$$

On sait que l'amide $\overset{-}{Az}H^2$ sert à remplacer un équivalent d'oxygène, parce que l'ammoniaque $AzH^3\overset{=}{E}^4$ restitue trois atomes d'eau H^3O^3, et l'amide est $AzH^3\overset{=}{E}^4 - H\overset{=}{E} = AzH^2\overset{=}{E}^3$, parce que la forme de l'ammoniaque est $AzH^3\overset{=}{E}^4$; pour cette raison 1° $AzH\overset{=}{E}^2$ a la valeur des deux équivalents d'oxygène, et 2° $AzH^2\overset{=}{E}^3$ a la valeur d'un équivalent d'oxygène ; ainsi les trois équivalents négatifs de sodium $Na\overset{=}{E}^3$ sont remplacés par l'azote $Az\overset{=}{E}^2$; ces faits vont mieux être expliqués dans la suite :

$$NaAzH^2\overset{=}{E}^3 = NaO\overset{=}{E}^2.$$

9° *Chlorure ammonique, acide sulfurique, phosphate de soude.*

$$ClAzH^4\theta ; SO^3\overset{+}{E} ; 2NaO, PO^5.$$

$$\begin{array}{llllll}
\overset{+}{E}-\overset{=}{E}+ClAzH^4\theta & & SO^3\overset{+}{E} & & & 2NaO,PO^5\theta+\overset{=}{E}-\overset{+}{E} \\
HCl\overset{+}{E}\overset{=}{E} & & AzH^3\overset{+}{E} & & \overset{=}{E}\ NaOPO^5 & NaO\overset{=}{E}^2 \\
H\overset{=}{E}Cl\overset{+}{E} & \overset{+}{E}^2\overset{=}{E} & & AzH^3SO^3 & NaOPO^5 & NaO\overset{=}{E}^2
\end{array}$$

Le sel bibasique est devenu monobasique, il se développe la lumière $\overset{+}{E}^2\overset{=}{E}$ nécessaire à transformer les gaz $H\overset{=}{E}$ et $Cl\overset{+}{E}$ en acide hydrochlorique $HCl\overset{+}{E}$.

10° *Azotate de chaux, azotate de soude, chlorure ammonique.*

$$\theta CaOAzO^5 ; NaOAzO^5 ; ClAzH^4\theta$$

$$\overset{+}{E} - \overset{-}{E} + \theta CaOAzO^5 \quad NaOAzO^5 \quad ClAzH^4\theta + \overset{-}{E} - \overset{+}{E}$$
$$AzO^5\overset{+}{E} \; CaO \; \overset{+}{E}\overset{-}{E} \; AzO^5 \; NaO \quad HCl\overset{-}{E}^2 \; AzH^3\overset{-}{E}$$
$$AzO^5\overset{+}{E} \; CaOAzO^5 \quad NaO\overset{-}{E}^2 \quad HCl\overset{+}{E}\overset{-}{E} \; AzH^3\overset{-}{E}.$$

11° *Azotate de cuivre, azotate de chaux, chlorure ammonique.*

$$\theta CuOAzO^5 ; CaOAzO^5 ; ClAzH^4\theta$$

$$\overset{+}{E} - \overset{-}{E} + \theta CuOAzO^5 \quad CaOAzO^5 \quad \theta ClAzH^4 + \overset{-}{E} - \overset{+}{E}$$
$$AzO^5\overset{+}{E} \; CuO \; \overset{+}{E}\overset{-}{E} \; AzO^5 \; CaO \; HCl\overset{-}{E}^2 \; AzH^3\overset{-}{E}$$
$$AzO^5\overset{+}{E} \; CuOAzO^5 \quad CaO\overset{-}{E}^2 \quad HCl\overset{+}{E}\overset{-}{E}, AzH^3\overset{-}{E}.$$

12° *Azotate de plomb, azotate de potasse, chlorure ammonique.*

$$\theta PbOAzO^5 ; KOAzO^5 ; ClAzH^4\theta$$

$$\overset{+}{E} - \overset{-}{E} + \theta PbOAzO^5 \quad KOAzO^5 \quad \theta ClAzH^4 + \overset{-}{E} - \overset{+}{E}$$
$$AzO^5\overset{+}{E} \; PbO\overset{+}{E}\overset{-}{E} \quad AzO^5 \; K \quad Cl\overset{-}{E} \quad AzH^3\overset{-}{E}H\overset{-}{E}$$
$$AzO^5\overset{+}{E} \; PbO^2\overset{-}{E} \quad AzO^5\overset{+}{E} \quad KCl\overset{-}{E} \quad AzH^3\overset{-}{E} \; H\overset{-}{E}$$

13° *Azotate d'argent, azotate de potasse, sulfate de potasse.*

$$\theta AgOAzO^5 ; KOAz ; \theta KOSO^3$$

$$\overset{+}{E} - \overset{-}{E} + \theta AgOAzO^5 \quad KOAzO^5 \quad \theta KOSO^3 + \overset{-}{E} - \overset{+}{E}$$
$$AzO^5\overset{+}{E} \; AgO\overset{+}{E}\overset{-}{E} \quad AzO^5 \; KO \quad SO^3\overset{-}{E} \quad KO\overset{-}{E}^2$$
$$AzO^5\overset{+}{E} \; AgO^2\overset{-}{E} \quad AzO^4\overset{+}{E}\overset{-}{E} \quad KOSO^3 \quad KO\overset{-}{E}^2$$

IV. — LOI PHYSIQUE DES ÉLECTROLYSES.

Les électrolytes sont toujours des corps produits par la combinaison des deux éléments qui sont hétéroélectriques et en même temps électrosomatiques. Dans chaque combinaison les équivalents somatiques se combinent séparément : il en est de même de leurs équivalents électriques.

La cause des combinaisons chimiques a été attribuée à l'*affinité*, dont la définition ou la description est la suivante : *force attractive* par laquelle deux corps hétérogènes s'unissent pour en former un troisième homoïde partout, sans qu'on puisse, par les moyens microscopiques, distinguer les éléments primitifs qui le constituent.

Ici les mots *forces attractives* sont également inconnus, parce qu'il n'existe pas d'objet qui leur corresponde. Les faits produits par l'écoulement des fluides, ont été attribués aux *forces* quand ces fluides sont inconnus, de même que les faits produits par l'écoulement de l'air étaient attribués par les anciens à une *δύναμις* ou *potentia;* les physiciens modernes les attribuent à l'écoulement de l'air, et ils en ont formé une branche de la physique, l'*aérostatique*.

Les physiciens actuels attribuent aux *forces* les faits produits par l'écoulement des fluides impondérables, qui sont les deux électricités et les deux espèces de combinés qui produisent la *lumière* et la *chaleur*. Nous prouvons ici comment les faits observés sont produits par l'écoulement des deux électricités, et la physique y gagne ainsi une nouvelle branche, l'*électrostatique*.

Les physiciens sont restés dans un état stationnaire depuis la découverte de l'aérostatique ; la foule de faits découverts surpasse de beaucoup les bornes de l'intelligence humaine ; pour cette raison, ils ont été classifiés et subdivisés, de sorte qu'il est devenu impossible de les combiner tous pour en déduire leur origine commune dont l'existence a été mieux sentie par les anciens que par les modernes.

Ainsi que moi, tout autre physicien eût pu composer ce même ouvrage s'il était parvenu à reconnaître que la chaleur et la lumière produites pendant la rencontre et la disparition des deux électricités sont deux combinés hétéronymes formés des éléments qui constituent les deux fluides électriques.

Je n'ai fait que ce qu'est obligée de faire toute personne qui expérimente; j'ai exposé ce qui se présente aux yeux de tout le monde; si maintenant ce qui est ainsi observé est une illusion d'optique, les physiciens doivent d'abord s'attacher aux faits observés et chercher à prouver, suivant les lois optiques, si une telle illusion est possible.

La cause des combinaisons peut être appelée *affinité*, mais à la condition que ce mot représentera l'état des corps hétéroélectriques, qui sont les deux électricités ou les équivalents $\overset{+}{E}$ et $\overset{-}{E}$ dont elles consistent. De ces équivalents isomégèthes ou de volumes égaux, les positifs $\overset{+}{E}$ contiennent du fluide appelé *électre* une quantité $e+e'$ supérieure à celle e contenue dans un équivalent négatif $\overset{-}{E}$.

Les équivalents homonymes se repoussent à cause de leur élasticité égale provenant de l'égale densité de leur électre; les équivalents hétéronymes dont les uns ont l'électre en densité $d+d'$ et les autres l'ont en densité inférieure d, ne se repoussent pas, car l'électre se répand des équivalents positifs dans l'espace occupé par les équivalents négatifs. Ce défaut de résistance est ce qu'on doit entendre par le mot *attraction*, car il n'y a aucun autre objet qui corresponde à ce mot.

Les corps hétéroélectriques c et c' consistent en un équivalent somatique et en un ou deux ou trois équivalents électriques; pour obtenir la combinaison des équivalents somatiques, il faut en éloigner leurs équivalents électriques; ceux-ci se combinent séparément pour produire la chaleur seule ou la chaleur et la lumière. La combinaison des équivalents somatiques est également un effet de leurs équivalents électriques hétéronymes, mais ces équivalents $\overset{+}{E}^{n+n'}$ et $\overset{-}{E}^{n-n'}$ se trouvent mêlés avec des masses inégales de *barogène* $\beta^{s+s'}$ et $\beta^{s-s'}$: car de ces masses de barogène dépend le poids de chaque équivalent somatique.

Comme la chaleur et la lumière consistent dans les combinés $\overset{+}{E}\bar{E}^2$ et $\overset{+}{E}^2\bar{E}$ de la même manière, les sels *cc'* consistent dans les combinés $\overset{+}{E}^{n\pm n'}\beta^{n}\bar{E}^{n\mp n'}\beta^{n'}$. Dans la décomposition des sels, pour obtenir l'oxyde $MO\bar{E}^2$ et l'acide $X\overset{+}{E}$, il faut qu'il se décompose un atome de chaleur $\overset{+}{E}\bar{E}^2$ d'où il se produit un abaissement de température, preuve que les éléments électriques consumés dans les électrolyses ne sont pas de ceux du circuit, car ceux-ci ne servent qu'à décomposer la chaleur et à produire les déplacements indiqués des équivalents.

Dans la décomposition des oxydes $MO\bar{E}^2$ pour obtenir le métal à l'état ordinaire $M\bar{E}^3$ et le gaz oxygène $O\overset{+}{E}$, il faut une iris $\overset{+}{E}\bar{E}$, et celles-ci n'existent nulle part à l'état libre : pour cette raison, il faut qu'il se décompose un atome de chaleur $\overset{+}{E}\bar{E}^2$ et un atome de lumière $\overset{+}{E}^2\bar{E}$ pour produire trois iris $3\overset{+}{E}\bar{E}$ qui servent à la décomposition des trois équivalents d'oxyde $3MO\bar{E}^2+3\overset{+}{E}\bar{E}=3M\bar{E}^3+3O\overset{+}{E}$.

En brûlant le métal $3M\bar{E}^3$ avec l'oxygène $3O\overset{+}{E}$, la chaleur et la lumière se reproduisent et en combinant l'oxyde $MO\bar{E}^2$ avec l'acide $X\overset{+}{E}$ est reproduit le sel MOX et la chaleur $\overset{+}{E}\bar{E}^2$; cette série de faits connus se produit ici suivant les lois physiques basées sur la pénétration spontanée des masses du fluide le plus dense dans l'espace occupé par le même fluide, mais d'une densité inférieure. Ainsi les mots insignifiants d'*affinité*, de *force* et d'*attraction* deviennent inutiles ici, et doivent disparaître à l'avenir. En effet, de tous les volumineux ouvrages qu'on a publiés, il ne restera guère que les faits purs qu'ils contiennent et qui, invariables, comme le sont les nombres, sont tous produits suivant une loi fondamentale qui est *la pénétration spontanée des masses du fluide de l'espace qu'il occupe dans l'espace occupé par le même fluide, mais en densité inférieure.*

VII

RÉFORME DE LA PHYSIQUE

PRODUITE

PAR LA DÉCOUVERTE 1° DE LA SOURCE D'ÉLECTRICITÉ, 2° DE LA CAUSE DE SON ÉCOULEMENT, ET 3° DE L'ENDROIT DE SON EMBOUCHURE.

Dans les chapitres précédents nous avons établi d'une manière irréfutable que les équivalents électriques se trouvent dans les circuits dans un état d'équilibre détruit qui produit à la fois et maintient leur écoulement. Les faits obtenus dans les corps par cet écoulement des équivalents électriques y ont été également expliqués. Ces faits ne sont autre chose que des déplacements des équivalents et leurs remplacements par d'autres homonymes somatiques ou électriques.

Sans se préoccuper de la source de l'électricité, on remarquera que les couples des piles, unis avec des voltamètres, reçoivent en chaque unité de temps la même quantité d'équivalents électriques que celle que reçoivent les voltamètres des couples. La seule différence existe dans les surfaces des extrémités des électrohodes qui peuvent se terminer en fils minces, en gros cylindres ou en lames. Ces augmentations de surfaces aux extrémités des électrohodes peuvent avoir lieu aussi bien dans les couples que dans les voltamètres, comme cela a déjà été démontré.

Avant d'établir la preuve que la source de l'électricité est dans les couples, nous allons d'abord considérer ceux-ci comme voltamètres et les voltamètres comme couples pour prouver que les électrolyses s'opèrent dans les couples suivant les mêmes lois que dans les voltamètres. Cette marche est d'une nécessité absolue si l'on veut savoir ce qui est un produit électrique et ce qui est un produit chimique dans chaque espèce des couples. Dans les couples de Smée, il ne se montre nulle part d'action chimique sensible quand le circuit est ouvert; mais dès qu'il est fermé le zinc commence à s'oxyder, et l'hydrogène se développe par la décomposition d'une quantité d'eau égale à celle qui se décompose en chaque unité de temps dans le voltamètre.

Nous démontrerons ensuite comment les couples deviennent une source d'électricité, et, sous ce point de vue, fonctionnent d'une manière tout à fait différente de celle des voltamètres; car il faut pour cela certaines conditions que ne réclament pas les voltamètres. Toutes les conditions exigées dans les couples se réduisent à celle de ne pas avoir une égalité parfaite 1° entre les lames quand il n'existe qu'un seul liquide, ou 2° entre les liquides quand il n'y a qu'un seul métal.

L'existence de l'écoulement des équivalents électriques dans les circuits fermés est incontestable. En effet, guidé par les lois statiques, on connaît l'existence 1° d'un point de départ de ces équivalents, et 2° d'un point où ces équivalents s'éloignent du circuit pour céder la place aux autres qui suivent.

Les chimistes n'ont pas fait de cette loi statique la base de leurs explications, et loin de la suivre comme un guide fidèle dans leurs recherches, ils se sont bornés uniquement à la description de faits obtenus par *l'empirisme*, lesquels faits étaient destinés à servir comme exemples aux lois ou aux règles générales dont la découverte était le but commun de tous les expérimentateurs.

Cependant, comme cette découverte se faisait trop attendre et que les faits se multipliaient de manière à faire faire confusion dans l'intelligence de l'homme, même le mieux doué sous ce rapport, on reconnut qu'il était indispensable de classifier les faits, et pour y arriver, on prit pour base 1° les organes de sensations pour la physique; 2° les propriétés des corps pour la chimie; 3° les productions et reproductions des nouveaux individus pour l'histoire naturelle.

Les faits électriques très-nombreux exigeaeint, à cause de leur grand nombre, une simplification qu'on a cherchée dans la source de l'électricité, *source* qu'on croyait trouver au moyen d'expériences directes variées de toutes les manières possibles, sans y être nécessairement conduit par la loi statique. Cette dernière, en effet, aurait servi aux expérimentateurs, à découvrir le mode de l'éloignement des équivalents électriques du circuit ou l'*embouchure* des courants; car en l'absence d'une pareille embouchure, on est réduit à considérer les équivalents électriques comme opérant une circulation analogue à celle du sang dans les corps des animaux, et ainsi comme il n'y a pas d'embouchure, il n'y a pas non plus de source.

Après avoir constaté que c'est dans les couples mêmes que se trouve l'*embouchure* des courants des deux électricités, il reste à connaître comment ces mêmes couples en sont en même temps la *source*. Dire que c'est le contact des corps différents ou les combinaisons chimiques, parce qu'il faut un contact, ou parce qu'il y a des combinaisons chimiques, cela serait répondre par une description simple des faits observés, et cela ne mériterait pas l'honneur d'une discussion.

Il est ici nécessaire 1° de constater l'état des équivalents électriques avant qu'ils soient réduits en un équilibre détruit qui les force à se mettre en mouvement. 2° Il faut ensuite montrer la destruction de l'équilibre pour produire un écoulement, lequel écoulement affecte une direction déterminée. 3° Il faut enfin prouver l'éloignement des équivalents électriques du circuit, lequel éloignement doit s'opérer dans les couples mêmes, parce qu'il n'y a aucune différence entre les quantités d'équivalents électriques éloignés des couples vers les voltamètres et celles qui affluent au contraire des voltamètres vers les couples.

On voit dès à présent quelle vaste carrière s'ouvre pour les physiologues qui entrevoient dans les corps des animaux et dans les plantes des circuits électriques ayant dans ces corps organisés leur source et leur embouchure. Je ne veux rien préjuger sur cet objet, car le lecteur sera bientôt en état de constater l'identité des faits et de reconnaître que toutes les actions vitales des plantes et des animaux s'opèrent en vertu de la *loi statique*, loi suivant laquelle s'opèrent aussi les écoulements des liquides, des gaz et des fluides impondérables.

Grotthus expliqua l'électrolyse de l'eau en suivant cette loi ; chaque physicien l'a reconnue, et elle trouve ici son application aux différents cas des électrolyses, même quand celles-ci ont lieu dans les couples. En suivant cette loi Grotthus s'est trouvé arrêté par l'ignorance où il était de l'embouchure des circuits ; en effet, s'il l'eût connue, il eût facilement découvert la source des électricités.

Grotthus de même que les autres physiciens, remarquait bien la disparition des deux électricités et l'apparition des deux nouveaux fluides, savoir : la chaleur et la lumière : cependant il n'osa pas dire ce qu'il voyait, quoique personne ne le lui eût contesté. De même que l'on dit que l'oxygène et l'hydrogène disparaît et qu'il apparaît de l'eau ; puis, que celle-ci disparaît à son tour, et que les mêmes gaz reparaissent ; ainsi il n'eût fait que dire ce qui s'opère réellement.

Le lecteur trouve ici ce qu'il avait déjà reconnu par ces propres observations, tandis que, dans les ouvrages des physiciens, on indique comme source de la chaleur et de la lumière certaines vibrations qui s'opèrent dans un fluide appelé *éther* répandu dans tout l'espace, et même quand il est occupé par les corps. Cet éther a été admis pour obtenir par ses vibrations des sensations de lumière et de chaleur analogues à celles des sons ; seulement on a oublié que ceux-ci n'exercent aucun effet chimique, comme cela a lieu pour la lumière et la chaleur, qui sont deux fluides réels et composés des mêmes éléments que les deux électricités.

CHAPITRE PREMIER.

ÉLECTROLYSES DANS LES COUPLES DES PILES.

Un couple de Smée uni avec un voltamètre produit un circuit composé 1° du couple C et Z (fig. 57), 2° du voltamètre B′, 3° de l'électrohode $m'n'$, et 4° de l'autre $m'n'$.

Figure 57.

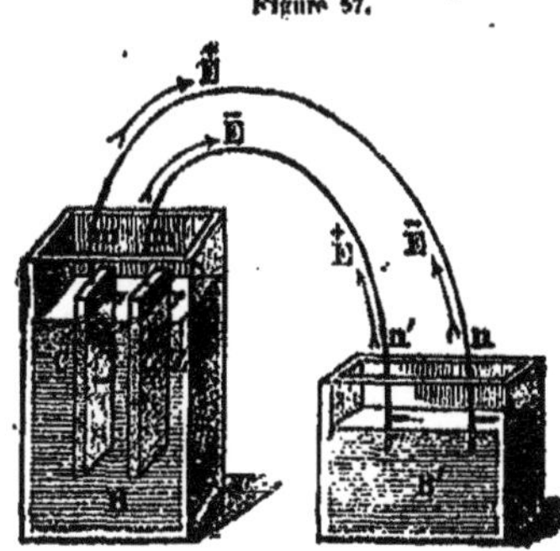

La quantité $q\overset{+}{E}$ et $q\bar{E}$ d'équivalents électriques écoulés en une unité de temps du couple au voltamètre est égale à celle $q\bar{E}$ et $q\overset{+}{E}$ qui retournent dans le même temps dans le couple. La différence est que la surface s des électrohodes plongés dans l'eau acidulée de l'électrolyte est p fois inférieure à celle $S = ps$ des couples où les électrohodes se terminent en lames.

Mais on peut également élargir les extrémités n et n' des électrohodes et obtenir un voltamètre à lames; il a été prouvé que la production des gaz diminue en ce cas. En considérant le couple CZ de Smée comme un voltamètre à lames, on y obtient exactement les mêmes gaz ou les mêmes oxydations du zinc.

Ainsi le couple de Smée et ceux de toutes les autres espèces peuvent être considérés comme des voltamètres, car le liquide y éprouve la même décomposition qu'il éprouve quand il est dans le voltamètre.

Tous les couples employés comme source d'électricité sont en même temps des voltamètres, car le liquide y éprouve une électrolyse, de même que l'éprouvent tous les électrolytes contenus dans les voltamètres du même circuit.

Les différentes espèces de couples peuvent être réduites en trois classes : 1° couples à un liquide et à deux métaux ; 2° couples à un métal et à deux liquides ou à deux gaz, et 3° couples à deux liquides et à deux métaux.

I. — ÉLECTROLYSES DANS LES COUPLES A UN LIQUIDE ET A DEUX MÉTAUX.

Les couples de cette classe sont des deux genres, 1° les deux lames Z et C sont séparées par une lame d'eau acidulée, d'eau salée ou d'un autre liquide (fig. 57); ou 2° les deux lames métalliques C et Z (fig. 58) sont soudées l'une à l'autre, et deux lames doubles semblables sont séparées par une lame liquide. Au lieu de souder ces lames C et Z on peut les joindre au-dessus d'une plaque en verre l'une sur l'autre, et alors, au lieu d'une lame liquide, on place une rondelle mouillée, et au-dessus de celle-ci deux autres lames C et Z (fig. 59) de cuivre et de zinc.

Figure 58.

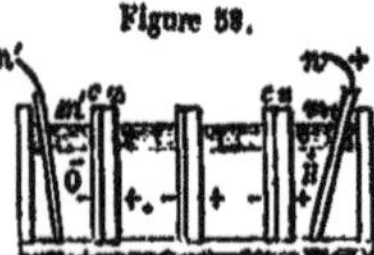

Figure 59.

Les électrohodes *mn* et *m'n'* sont parcourus dans tous les circuits par les électricités hétéronymes en directions opposées; la différence est que dans le couple de Smée, les équivalents positifs Ē du cuivre partent par les électrohodes pour arriver au zinc, et que, dans les couples de Volta, ces équivalents suivent une direction contraire; ils partent du zinc et, conduits par les électrohodes, arrivent au cuivre.

La cause de cette différence entre les directions va être prouvée plus bas; pour l'électrolyse du liquide il est indifférent ici que les équivalents électriques positifs arrivent au zinc ou au cuivre; car 1° les équivalents positifs $\overset{+}{E}$ repoussent l'hydrogène $\overset{+}{H}$ de l'eau $\overset{-}{O}\overset{+}{H}$ et l'équivalent positif $\overset{+}{E}$ de sa chaleur $\overset{+}{E}\overset{-}{E}^2$ la tente. Ainsi l'oxygène ozoné $O\overset{+}{E}\overset{-}{E}$ est un combiné de l'équivalent positif $\overset{+}{E}$ qui arrive avec les deux équivalents négatifs $\overset{-}{O}$ et $\overset{-}{E}$ qui sont autour de la lame. 2° Les équivalents négatifs $\overset{-}{E}$ repoussent l'oxygène $\overset{-}{O}$ de l'eau $\overset{+}{H}\overset{-}{O}$ et les deux équivalents négatifs $\overset{-}{E}^2$ de la chaleur $\overset{+}{E}\overset{-}{E}^2$ latente, car l'hydrogène $\overset{+}{H}\overset{-}{E}$ est un combiné de l'équivalent négatif $\overset{-}{E}$ qui arrive avec l'équivalent somatique positif $\overset{+}{H}$ qui reste autour de la lame. L'oxygène ozoné se combine facilement avec les métaux qui s'oxydent $M\overset{-}{E}^3 + O\overset{+}{E}\overset{-}{E} = MO\overset{-}{E}^2 + \overset{+}{E}\overset{-}{E}^2$.

L'électrolyse de l'eau et de sa chaleur latente s'opère dans les capsules de Volta et de Smée suivant la même loi que dans les voltamètres.

$$\textit{Eau} = HO\theta.$$

$$\begin{array}{llllll}
\overset{+}{E} - \overset{-}{E} + HO\overset{+}{E}\overset{-}{E}^2 & & & & HO\overset{+}{E}\overset{-}{E}^2 + \overset{-}{E} - \overset{+}{E} & \\
\quad O\overset{+}{E}\overset{-}{E} & H\overset{+}{E} & & O\overset{-}{E}^2 & H\overset{-}{E} & \\
\quad O\overset{+}{E}\overset{-}{E} & & HO\overset{+}{E}\overset{-}{E}^2 & & H\overset{-}{E}. &
\end{array}$$

Dans la bouche négative *n'* est produit le gaz hydrogène $H\overset{-}{E}$ et en sont repoussés l'oxygène O et les deux équivalents négatifs $\overset{-}{E}^2$ de la chaleur; dans la bouche positive est produit l'oxygène ozoné $O\overset{+}{E}\overset{-}{E}$ et en sont repoussés l'hydrogène H et l'équivalent positif $\overset{+}{E}$ de la chaleur; ils se rencontrent et se combinent avec leurs hétéronymes pour former l'eau et la chaleur $HO\overset{+}{E}\overset{-}{E}^2$.

II. — LECTROLYSES DANS LES COUPLES A UN MÉTAL ET A DEUX LIQUIDES OU A DEUX GAZ.

I. Le couple *o* et *h* (fig. 60) de Grove consiste en deux électrolytes d'hydrogène et d'oxygène qui communiquent par la couche d'eau dans laquelle plongent les tubes à gaz *o* et *h*.

Hydrogène et oxygène.

$$3H\bar{E}\,;\ 3O\overset{+}{E}$$

$$3\overset{+}{E} - 3\bar{E} + 3H\bar{E} \qquad\qquad 3O\overset{+}{E} + 3\bar{E} - 3\overset{+}{E}$$

$$3H\overset{+}{E} \qquad\qquad 3O\bar{E}$$

$$3H\bar{E} + 3O\bar{E} = 3HO + \overset{+}{E}\bar{E}^2 + \overset{+}{E}^2\bar{E}$$

Les équivalents positifs $3\overset{+}{E}$ sont repoussés avec leurs homonymes $3\overset{+}{H}$ de l'hydrogène de la bouche positive *n*, et en même temps sont repoussés de la bouche négative *n'* l'oxygène 3O et les équivalents négatifs électriques $3\bar{E}$ qui y arrivent. Les équivalents hétéronymes se rencontrent dans l'eau et ils s'y combinent pour produire l'eau 3HO, la chaleur $\overset{+}{E}\bar{E}^2$ et la lumière $\overset{+}{E}^2\bar{E}$, comme celles-ci sont produites par la combustion des gaz $\overset{+}{H}\bar{E}$ et $\bar{O}\overset{+}{E}$.

II. Si le couple consiste en deux liquides et un métal, la communication entre les liquides a lieu, comme celle entre les gaz, par une couche d'eau ou mieux par un corps humide poreux, ou par l'argile humectée introduite dans la courbure d'un tube en U dont chaque branche contient un des deux liquides. Ces deux liquides reçoivent deux électrohodes *mn* et *m'n'* dont les extrémités *n* et *n'* plongent dans un voltamètre, sans qu'il y ait pour cela aucun changement dans les écoulements des équivalents électriques du circuit, quand les deux électrohodes ont les extrémités *n* et *n'* en contact immédiat.

Si l'une des branches contient la dissolution de potasse, et l'autre l'acide azotique, il est possible d'obtenir dans le couple : 1° l'oxygène ozoné $O\overset{+}{E}\bar{E}$ et l'acide hypoazotique $Az\bar{E}O^{3}\overset{+}{E}^{5}$, ou 2° de n'obtenir ni gaz ni désoxydation de l'acide, mais seulement un azotate de potasse, précisément comme cela a lieu dans le couple à gaz.

1° Potasse, acide azotique.

$$KO\bar{E}^{2}\,;\ Az\bar{E}O^{5}\overset{+}{E}^{6}$$

$$\overset{+}{E}-\bar{E}+KO^{3}\bar{E}^{2} \qquad\qquad Az\bar{E}O^{5}\overset{+}{E}^{6}+\bar{E}-\overset{+}{E}$$

$$KO\bar{E}\overset{+}{E} \qquad\qquad Az\bar{E}O^{5}\overset{+}{E}^{5}\bar{E}$$

$$KOAz\bar{E}O^{5}\overset{+}{E}^{5}+\overset{+}{E}\bar{E}^{2}$$

$$2^{\circ}\ KO\bar{E}^{2}\,;\ Az\bar{E}O^{5}\overset{+}{E}^{6}\theta$$

$$2\overset{+}{E}-2\bar{E}+2KO\bar{E}^{2} \qquad\qquad \theta Az\bar{E}O^{5}\overset{+}{E}^{6}+2\bar{E}-2\overset{+}{E}$$

$$2O\overset{+}{E}\bar{E} \qquad 2K \qquad O^{2}\bar{E}^{4} \qquad Az\bar{E}O^{3}\overset{+}{E}^{5}\bar{E}$$

$$2O\overset{+}{E}\bar{E} \qquad 2KO\bar{E}^{2} \qquad Az\bar{E}O^{3}\overset{+}{E}^{5}$$

M. Mohr a obtenu de l'azotate de potasse, et M. Becquerel de l'acide hypoazotique, de l'oxygène et une élévation de température. Ces résultats différents ne pouvaient trouver nulle part leur explication et la cause en était dans le manque total de données nécessaires.

III. — ÉLECTROLYSES DANS LES COUPLES A DEUX LIQUIDES ET A DEUX MÉTAUX.

Les deux liquides communiquent entre eux au moyen d'un diaphragme poreux et humecté d'eau salée ; dans le liquide du vase V (fig. 56) plonge le zinc qui est un métal électronégatif, et dans le liquide du vase V′ plonge le métal le moins électronégatif.

Les équivalents négatifs s'éloignent du zinc et les positifs y arrivent ; le contraire a lieu pour l'autre métal, qui est le platine, l'argent, le cuivre, le charbon, etc. Les métaux restant les mêmes, le courant change selon les liquides employés, comme cela va être expliqué dans le chapitre suivant. Bornons-nous ici à constater l'électrolyse dans les deux liquides, comme elle a été constatée quand ces liquides sont considérés comme deux électrolytes contenus dans deux vases V et V' qui communiquent par une mèche humide.

Le même effet a lieu comme dans le cas précédent, quand les deux liquides se trouvent dans les branches d'un tube en U, dont la courbure est bouchée avec de l'argile humectée d'eau salée ; car les métaux ne servent ici que comme électrohodes simples oxydables ou inoxydables.

1° *Couple de Daniell.*

Zinc, sulfate de zinc, sulfate de cuivre.

$$Zn\bar{E}^3 ;\ ZnOSO^3 ;\ CuOSO^3\theta.$$

$\overset{+}{E}-\bar{E}+Zn\bar{E}^3$		$ZnOSO^3$		$\theta CuOSO^3+\bar{E}-\overset{+}{E}$
$\overset{+}{E}\bar{E}^3$	Zn	$ZnOSO^3$	OSO^3	$Cu\bar{E}^3$
$\overset{+}{E}\bar{E}^3$	$ZnOSO^3$	$ZnOSO^3$		$Cu\bar{E}^3$

I. Le zinc, séparé de ses équivalents négatifs $\bar{E}^3$, est repoussé de la bouche positive Z où est produit un atome de chaleur. L'équivalent négatif OSO^3, ou SO^4 repoussé de la bouche négative C traverse le diaphragme et entre dans le compartiment du zinc, où il se combine avec le zinc pour former le sulfate $ZOSO^3$.

II. En chaque unité de temps, il se décompose un atome de chaleur dans le cuivre, et ce qui produit un abaissement de température $T-t$. En même temps, il est produit dans le zinc un atome de chaleur, dont il provient une élévation de température $T+t$. La différence $2t$ des températures disparaît dans le mélange des deux liquides.

Parmi les observateurs, les uns ont noté dans le couple de Daniell une élévation de température, les autres n'y ont trouvé aucun changement; quelques-uns même ont constaté un abaissement de température. C'est à cette occasion qu'il s'est élevé, il y a quelques années, une longue discussion entre les chimistes allemands; et malgré tout, la cause d'une si grande divergence leur a échappé. Le lecteur verra ici que chacun des observateurs avait raison, sans cependant pouvoir connaître ni expliquer la cause de ces températures différentes.

Dans les couples de Bunsen, de Grove, de Schoenbein, etc., les deux liquides sont séparés par un corps poreux comme dans le couple de Becquerel : la différence ne consiste que 1° dans l'eau acidulée qui est en contact avec le zinc dans cette espèce de couples, et 2° dans l'acide azotique.

2° *Couples de Bunsen et de Grove.*

Zinc, eau acidulée, acide azotique.

$$2Zn\bar{E}^3;\ Az\bar{E}O^5\bar{E}^6.$$

$$\begin{array}{llll}
\overset{+}{E}^2 - \bar{E}^2 + 2Zn\bar{E}^3 & & & \theta Az\bar{E}O^5\overset{+}{E}^6 + \bar{E}^2 - \overset{+}{E}^2 \\
\quad 2\overset{+}{E}\bar{E}^2 & 2Zn & O^2\bar{E}^4 & Az\bar{E}O^3\overset{+}{E}^5 \\
\quad 2\overset{+}{E}\bar{E}^2 & \multicolumn{2}{c}{2ZnO\bar{E}^2} & Az\bar{E}O^3\overset{+}{E}^5
\end{array}$$

La chaleur $\overset{+}{E}\bar{E}^2$ est produite ici : 1° par l'équivalent positif $\overset{+}{E}$ séparé de l'acide azotique, et 2° par les équivalents négatifs $\bar{E}^2$ séparés des deux équivalents de zinc; l'autre atome de chaleur $\overset{+}{E}\bar{E}^2$ produit consiste dans les éléments de celui θ qui a été décomposé.

CHAPITRE II.

SOURCE D'ÉLECTRICITÉ DANS DES COUPLES DE TOUTES ESPÈCES.

Dans le traité de l'électricité nous avons attaché la plus haute importance à la connaissance de la source de ce fluide, parce qu'alors on connaît en même temps la cause de son écoulement et la fin des courants ou leur *embouchure*. Nous venons de prouver que les électricités, en arrivant aux couples, produisent les mêmes effets qu'elles produisent en arrivant aux voltamètres; les liquides des couples, comme ceux des voltamètres, subissent en effet l'électrolyse suivant les mêmes loisé lectrostatiques.

Les voltamètres reçoivent la même quantité d'électricité que celle qu'ils renvoient; le même effet a lieu pour les couples; la différence n'apparaît que quand ils sont isolés, car alors en fermant les circuits séparément dans les voltamètres, on voit manquer l'écoulement des équivalents électriques, tandis qu'il reste le même dans le couple ou même qu'il y devient plus fort.

Les voltamètres peuvent être comparés aux réservoirs qu'on met en communication avec un fleuve pour y produire un écoulement, et qu'on ferme pour l'y supprimer. Dans les couples se trouve la source de l'électricité qui parcourt le circuit et retourne pour en être éloignée de nouveau. Les fleuves conduisent l'eau dans les mers et ce sont les vents qui l'en éloignent ; il faut des pluies pour alimenter les sources : l'eau y est produite, car elle n'existait précédemment que dans ces éléments.

De même il faut des couples pour faire apparaître les électricités dont les éléments ne se trouvent pas, quoi qu'on en dise, maintenus dans un état de neutralisation par une prétendue attraction qui n'existe nulle part. C'est dans les atomes qui constituent la chaleur que se trouvent ces deux électricités. Aussi quand il se produit un manque de chaleur ou même un simple abaissement de température, la production de l'électricité diminue ou disparaît ; cela n'aurait pas dû avoir lieu si les éléments de l'électricité se fussent trouvés non pas dans la chaleur mais en un état de neutralisation.

Pour obtenir une source d'électricité il faut décomposer la chaleur et non pas des électricités neutralisées : cette décomposition s'opère suivant la loi physique par des répulsions inégales exercées entre les éléments homoïdes contenus dans les métaux ou les liquides et dans les atomes $\overset{+}{E}\overset{-}{E}^2$ de la chaleur.

Dans les électricités neutralisées les physiciens admettaient d'égales quantités d'équivalents positifs et d'équivalents négatifs ; c'est en effet une vérité qu'on peut démontrer de la manière suivante : Deux corps C et C′ sont chargés l'un de la quantité d'équivalents positifs $3q\overset{+}{E}$, et l'autre C′ de $3q\overset{-}{E}$ équivalents négatifs ; ces corps perdent parfaitement leur électricité quand ils sont suffisamment rapprochés pour produire une étincelle ou une quantité $q\overset{+}{E}^2\overset{-}{E}$ de lumière et $q\overset{+}{E}\overset{-}{E}^2$ de chaleur, car $3q\overset{+}{E} + 3q\overset{-}{E} = q\overset{+}{E}^2\overset{-}{E} + q\overset{+}{E}\overset{-}{E}^2$.

Pourquoi les physiciens n'ont-ils pas voulu reconnaître la lumière et la chaleur comme deux fluides produit par des combinés composés des éléments des deux électricités ? Et pourquoi, en voyant la lumière et en sentant la chaleur dans l'étincelle où les deux électricités disparaissent, ont-ils admis un état imaginaire de neutralisation ? Ces questions ne méritent pas plus de réponse qu'on n'en ferait à celui qui viendrait demander pourquoi les aveugles ne voient pas le jour?

Les lecteurs de mes ouvrages verront que je m'attache toujours aux lois physiques et jamais à des hypothèses ou à des théories qu'on a pu admettre provisoirement quand on s'occupait de remonter à l'origine des faits cosmiques; mais une fois cette origine découverte, les théories ont dû être mises de côté, et ce n'est plus qu'aux lois physiques qu'on doit avoir recours pour connaître le mode de production des faits cosmiques.

Les couples peuvent se composer : 1° de deux métaux et d'un liquide; 2° d'un métal et de deux liquides; et 3° de deux métaux et de deux liquides. L'électricité produite par une espèce de ces couples ne diffère de celle produite par une autre espèce que par l'intensité et par la direction de son écoulement; mais elle produit des faits identiques, ce qui prouve qu'elle a la même origine dans tous les couples.

Les différences qu'on remarque entre les intensités et entre les directions sont l'effet 1° de la répulsion qu'éprouve chaque électricité en écoulement; 2° du degré de cette répulsion qui peut mettre en écoulement une grande ou une petite quantité d'électricité selon que la destruction de l'équilibre est grande ou petite, et 3° de l'éloignement et de la séparation de masses d'électricité du circuit.

La source de l'électricité a-t-elle pour cause le contact, comme disait Volta et comme le croient ses partisans? ou a-t-elle pour cause les actions chimiques, ainsi que l'admettent les chimistes français et anglais? A ces questions nous répondrons que *l'électricité n'apparaît jamais sans un contact entre les corps, et qu'elle ne disparaît pas sans une action chimique.*

Cette réponse est basée sur la loi physique des courants des fluides. 1° Ceux-ci ne peuvent être mis en écoulement que par une pression ou une poussée exercée par un fluide homonyme contenu dans un corps qui doit être en contact; 2° mais l'écoulement ne peut pas exister sans un éloignement des masses du circuit qui cèdent la place à celles qui suivent, et cet éloignement s'opère par la combinaison des équivalents électriques entre eux pour produire des étincelles et avec les corps pour produire les faits chimiques observés.

De cette manière cessent ces discussions interminables dont le seul résultat était de mettre dans tout son jour l'ignorance des partisans de Volta qui eussent dû chercher ce que deviennent les électricités qui s'écoulent, et l'ignorance des chimistes qui, connaissant l'identité des faits chimiques dans les voltamètres et dans les couples, ne devaient pas considérer ces faits uniquement comme un éloignement des deux électricités qui est en effet d'une nécessité absolue pour la conservation de l'écoulement; cependant cet éloignement des deux électricités ne peut être au même temps pour cela la cause de la poussée ou de la pression qui maintient l'écoulement.

Après avoir ainsi constaté 1° la règle ou la loi d'après laquelle est produite la destruction de l'équilibre entre les fluides homonymes des corps, 2° la direction de l'écoulement des électricités et leurs densités, et 3° l'éloignement de masses d'électricités qui cèdent la place à celles qui suivent, il ne reste plus qu'à donner quelques exemples sur lesquels le lecteur pourra s'exercer.

Ces exemples, comme ceux de l'arithmétique, sont également en nombre indéfini; mais après avoir opéré sur quelques couples, le lecteur acquerra bientôt la conviction que s'il suit la même loi électrostatique, il sera en état de l'appliquer à toutes espèces de couples où se produit un écoulement électrique.

Nous établissons en même temps les causes des changements de la direction de l'écoulement et celles de l'augmentation ou de la diminution de la densité des équivalents qui constituent les deux électricités, car leur vitesse est invariable.

1. — SOURCE D'ÉLECTRICITÉ DANS LES COUPLES DE DEUX MÉTAUX ET D'UN LIQUIDE.

Ces couples sont de deux espèces : 1° les simples où les deux lames métalliques sont séparées par une couche ou une lame liquide, et 2° les doubles où chaque plaque consiste en deux lames soudées ou seulement en contact : il entre ainsi dans chaque couple deux lames de chaque métal, et la lame liquide reste toujours seule ; cette espèce de couples a été pour la première fois construite par Volta ; au lieu d'une lame liquide on peut employer une rondelle de drap trempée dans l'eau salée ou acidulée.

Ces deux espèces de couples sont construits avec des lames de zinc et de cuivre séparées par une lame d'eau salée ou acidulée, ils produisent des sources d'électricité avec la seule différence que les équivalents négatifs s'écoulent dans les couples de Volta par la lame de cuivre et dans le couple de Smée par la lame de zinc.

Ce fait et mille autres servent à prouver que les équivalents électriques positifs $\overset{+}{E}$ et négatifs $\overset{-}{E}$ ne se trouvent pas accumulés en cet état dans le lieu, quel qu'il soit, d'où leur écoulement s'opère, mais que ces équivalents, à l'état stationnaire, sont combinés entre eux pour former non pas un état neutre mais des atomes de lumière $\overset{+}{E}{}^2\overset{-}{E}$ et de chaleur $\overset{+}{E}\overset{-}{E}{}^2$ dont l'ensemble correspond exactement à l'état neutre qu'on admettait, parce que $\overset{+}{E}{}^2\overset{-}{E} + \overset{+}{E}\overset{-}{E}{}^2 = 3\overset{+}{E}\overset{-}{E}$.

Pour faire apparaître séparément les deux espèces d'équivalents électriques, il faut décomposer les rayons stationnaires, comme il faut décomposer l'eau pour en obtenir les éléments qui la constituent. Toutefois, en faisant la décomposition de l'eau, on ne dit pas qu'il se produit une *source* de gaz, mais une *masse* de gaz, et cela parce que les gaz s'accumulent dans des réservoirs comme cela a lieu pour l'électricité des machines.

En disant *source* d'électricité il est entendu qu'il s'agit non pas d'une accumulation des équivalents électriques, mais d'un écoulement pareil à celui de l'eau, qui, au moment de son apparition, s'éloigne pour céder la place aux masses suivantes. Les équivalents électriques écoulés ne font diminuer leurs homonymes ni dans les lames métalliques ni dans le liquide, car ils sont produits par les éléments de la chaleur décomposée. Pour cette raison il est absolument nécessaire d'opérer dans un appartement où la température ne soit pas très-basse, ce qui a lieu pour les sources d'électricité des couples aussi bien que pour sa production par les machines; tandis que cette condition serait superflue, si les deux électricités se trouvaient en un état de neutralisation.

Après avoir ainsi constaté la production des équivalents électriques par les couples, on a également constaté 1° un état de repos quand les éléments du couple ne sont pas en une communication fermée, et 2° une activité ou un écoulement avec production de faits chimiques, quand le circuit est fermé. Les faits suivants sont de toute évidence.

I. Aux deux extrémités de l'ouverture d'un circuit se trouvent les équivalents hétéronymes en état stationnaire.

II. Cet état change dès que le circuit est fermé; alors les équivalents électriques s'écoulent et il se produit des actions chimiques qui durent tant que les équivalents électriques s'écoulent; les actions chimiques et le courant augmentent et diminuent simultanément.

III. L'état stationnaire des équivalents électriques n'est pas l'effet d'une action ou d'un écoulement; elle est l'effet d'un équilibre produit 1° par une répulsion R qu'éprouvent les équivalents dans les deux électrohodes, et 2° par une résistance R′ de la part de l'air qui empêche ces équivalents de s'écouler.

IV. Cette résistance R′ doit disparaître 1° pour que l'écoulement commence, et 2° pour qu'il soit entretenu, les masses des équivalents hétéronymes doivent s'éloigner du circuit pour céder la place à celles qui les suivent.

V. Cet éloignement s'opère par la combinaison des équivalents hétéronymes entre eux et avec les équivalents somatiques du liquide ou des lames métalliques; et c'est ainsi qu'apparaissent les faits électrochimiques qui diffèrent des faits chimiques existants, souvent même avant la fermeture du circuit.

Volta, pas plus que ses adversaires, ne consentait à admettre que les mêmes équivalents électriques fussent en circulation comme l'admettent les physiologistes pour le sang dans les animaux; en un cas pareil il ne serait pas nécessaire de chercher ni une *source* ni une *embouchure* des courants électriques. Celles-ci n'étaient, il est vrai, inconnues ni à Volta ni à ses adversaires; ils en connaissaient même la liaison intime; il s'agissait seulement de constater laquelle était la *source* et laquelle était l'*embouchure*.

Si la question était posée de cette manière, il serait facile de la résoudre; mais on se demande *si l'écoulement des équivalents électriques a pour cause le contact ou les actions électrochimiques?* Comme l'écoulement des masses d'eau dans les fleuves a pour cause aussi bien leur source que leur embouchure, de même pour l'écoulement des équivalents électriques il faut en même temps une source et une embouchure; Volta et ses partisans attribuaient l'écoulement au contact des corps différents; leurs adversaires soutenaient et prouvaient que, sans actions chimiques, les écoulements étaient absolument impossibles.

La fermeture du circuit est pour l'écoulement des équivalents hétéronymes d'une nécessité absolue, parce que leur éloignement du circuit s'opère par la combinaison entre eux et en même temps avec les équivalents somatiques, combinaison opérée dans la rencontre des équivalents hétéronymes.

A. Source d'électricité dans les couples de Volta.

Un couple de Volta consiste 1° en un liquide et 2° en deux plaques *cz* et *c'z'* (fig. 58 et 59) dont chacune est composée d'une lame *c* ou *c'* de cuivre et d'une lame *z* ou *z'* de zinc en contact l'une avec l'autre. Les premiers couples en métaux que forma Volta furent une lame de zinc sur une lame de cuivre posée sur un verre : au-dessus du zinc venait une rondelle de drap mouillée d'eau acidulée ou salée, et sur cette rondelle venaient encore une lame de cuivre et une autre de zinc; de sorte que la face F de la rondelle vînt en contact avec la face *f'* supérieure du zinc, et l'autre face F' vînt en contact avec la face φ' inférieure du cuivre.

Sur la face φ de la lame inférieure *c* de cuivre se trouvent à l'état stationnaire les équivalents négatifs $\overset{-}{E}$, et sur la face *f* de la lame supérieure *z'* de zinc sont à l'état stationnaire les équivalents positifs. Il y a en même temps une oxydation de zinc qui ne manque jamais, même quand le zinc seul est en contact avec l'eau salée ou l'eau acidulée.

Il faut fermer le circuit par le contact des électrohodes pour obtenir l'écoulement des équivalents hétéronymes $\overset{+}{E}$ et $\overset{-}{E}$ qui se rencontrent partout dans le circuit; mais ces rencontres ne font pas éloigner les équivalents $\overset{+}{E}$ et $\overset{-}{E}$ du circuit comme celles opérées dans le liquide, où ils se combinent avec les éléments de l'eau HO, et s'éloignent ainsi du circuit sous forme de gaz hydrogène $H\overset{-}{E}$ et de gaz oxygène $O\overset{+}{E}$.

Mais en ce moment devient libre la chaleur $\overset{+}{E}\overset{-}{E}^2$ latente de l'atome d'eau décomposée; les deux équivalents hétéronymes $\overset{+}{E}$ et $\overset{-}{E}$ de cette chaleur entre dans le circuit comme par une source; et il reste un équivalent négatif $\overset{-}{E}$: celui-ci, avec un autre séparé du zinc $Zn\overset{-}{E}^3$ et avec l'équivalent positif $\overset{+}{E}$ de l'oxygène $O\overset{+}{E}$, forme un atome de chaleur $\overset{+}{E}\overset{-}{E}^2$, et l'équivalent $\overset{-}{E}$ électrique séparé du zinc $Z\overset{-}{E}^3$ y est remplacé par l'oxygène $\overset{-}{O}$ également négatif mais somatique.

En chaque unité de temps les déplacements suivants s'opèrent dans le liquide : 1° deux équivalents $\overset{+}{E}$ et $\overset{-}{E}$ hétéronymes se séparent du circuit et se combinent avec les deux éléments de l'eau HO; 2° devient libre la chaleur latente $\overset{+}{E}\overset{-}{E}^2$ de l'atome de l'eau décomposée dont se séparent les deux équivalents hétéronymes $\overset{+}{E}$ et $\overset{-}{E}$, et comme provenant d'une source ils entrent dans le circuit ; de sorte que l'embouchure et la source se touchent, mais elles ne se confonden' pas. 3° L'hydrogène $H\overset{-}{E}$ reste, mais l'oxygène $O\overset{+}{E}$ se décompose ; son équivalent positif $\overset{+}{E}$ se combine avec l'équivalent négatif $\overset{-}{E}$ qui est resté de la chaleur décomposée et avec un équivalent $\overset{-}{E}$ séparé du zinc $Zn\overset{-}{E}^3$, et forme l'atome $\overset{+}{E}\overset{-}{E}^2$ de chaleur, l'équivalent somatique d'oxygène se combine avec le zinc et forme l'oxyde $ZnO\overset{-}{E}^2$,

$$O\overset{+}{E} + Zn\overset{-}{E}^3 + \overset{-}{E} = ZnO\overset{-}{E}^2 + \overset{+}{E}\overset{-}{E}^2.$$

L'éloignement des équivalents électriques du circuit ne s'opère pas, comme on l'admettait, par une réduction à un état de neutralisation qu'on ne saurait concevoir ; mais ces équivalents se combinent entre eux en quantités déterminées pour reproduire les atomes de chaleur décomposée. D'après la loi statique, un écoulement est impossible sans qu'il y ait d'une part une poussée et de l'autre un éloignement.

B. Source d'électricité dans les couples de Smée.

Ces couples diffèrent des précédents en ce que, dans chacun d'eux, il n'entre qu'une lame de zinc et une de platine ou de cuivre séparées par une couche d'eau acidulée. Ces trois corps contiennent l'électricité négative en densités différentes et sous des états différents. En effet, cette électricité entre en excédant dans les atomes $\overset{+}{E}\overset{-}{E}^2$ de chaleur, et ces atomes sont en densité supérieure d'abord dans l'eau, puis dans le zinc; tandis que dans le platine et le cuivre ils sont en densités inférieures.

Dans le couple figure 57, 1° il y a entre l'eau et le zinc, aux points *o*, *o*, *o*... de contact, une poussée $P' + p'$ entre les équivalents négatifs de la chaleur $\Theta + \theta$ stationnaire de l'eau et de la chaleur Θ stationnaire du zinc; 2° il y a aussi entre l'eau et le platine, aux points *o'*, *o'*, *o'*... de contact, une poussée P' entre les équivalents négatifs de la chaleur stationnaire $\Theta + \theta$ de l'eau et de la chaleur $\Theta - \theta$ du platine. La poussée P' est inférieure à cause de la densité inférieure de la chaleur stationnaire $\Theta - \theta$ du cuivre qui est inférieure à celle Θ du zinc.

L'inégalité ou la différence p' entre les deux poussées $P' + p'$ et P' est la résultante qui se manifeste par une répulsion des équivalents négatifs de la part de la lame de zinc par l'électrohode vers la lame de cuivre ou de platine. Dans cette lame de cuivre, les équivalents négatifs $\bar{E}$ du point *c'* de l'électrohode éprouvent une répulsion $R + r$ qui a lieu de tous les points *o*, *o*, *o*... de la lame de zinc.

Cette répulsion $R + r$ fait partir du point *o'* les équivalents négatifs $\bar{O}$ de l'atome d'eau $\bar{\bar{H}}\bar{O}$ et $\bar{E}^2$ de l'atome $\bar{\bar{E}}\bar{E}^2$ de sa chaleur latente, et il ne reste autour du point *o'* que les équivalents positifs $\bar{\bar{H}}$ de l'eau et $\bar{\bar{E}}$ de la chaleur. Celui-ci exerce une répulsion R contre ses homonymes de l'électrohode qui se propage au point *o* où l'autre extrémité de l'électrohode touche le zinc. Cette répulsion R fait partir du point *o* les équivalents positifs $\bar{\bar{H}}$ de l'eau et $\bar{\bar{E}}$ de la chaleur.

Les équivalents hétéronymes de la couche d'eau et de sa chaleur éprouvent la répulsion $R + r$ de la part du platine, et la répulsion R de la part du zinc; tel est l'état du couple un instant avant le commencement de la combinaison des équivalents hétéronymes repoussés des deux lames vers le milieu B de la couche d'eau. Aussitôt qu'en ce point B commencent à se combiner les équivalents négatifs $\bar{O}\bar{E}^2$ avec les équivalents positifs $\bar{\bar{H}}\bar{\bar{E}}$, il y en arrive d'autres repoussés des deux lames, et c'est ainsi que commence l'écoulement qui est un produit des deux facteurs : 1° des poussées $P' + p'$ et P', et 2° des combinaisons des équivalents hétéronymes $\bar{O}\bar{\bar{E}}^2$ et $\bar{\bar{H}}\bar{\bar{E}}$ qui, devenus eau et chaleur, s'éloignent du point B de la rencontre et cèdent leur place aux équivalents homonymes qui suivent.

II. — SOURCE D'ÉLECTRICITÉ DANS LES COUPLES D'UN MÉTAL ET DE DEUX LIQUIDES OU DEUX GAZ.

Comme dans le cas précédent, sont également ici en contact trois corps dans un état électrique inégal : l'une des poussées $P' + p'$ s'opère entre le métal et l'un des gaz ou liquide, et l'autre poussée P s'opère entre le même métal et l'autre gaz ou liquide. De l'une des extrémités du métal sont repoussés les équivalents positifs $\ddot{E}$, et de l'autre sont repoussés les équivalents négatifs $\bar{E}$. Ces équivalents repoussent leurs homonymes et font communiquer ces répulsions convergentes jusqu'à leur milieu B du liquide où commence à s'opérer leur combinaison qui fait apparaître l'écoulement des équivalents homonymes, lesquels suivent, comme dans le cas précédent.

A. Source d'électricité dans les couples de deux gaz et un métal.

La moitié d'une lame ou bande de platine est plongée dans l'oxygène du tube *o* (fig. 60) et l'autre moitié dans l'hydrogène du tube *h*. 1° Les équivalents positifs $\ddot{E}$ de l'oxygène $\bar{O}\ddot{E}$ repoussent leurs homonymes des atomes $\ddot{E}\bar{E}^2$ de chaleur stationnaire du platine et font se propager cette poussée *p* jusqu'à l'autre extrémité de la bande plongée dans l'hydrogène $\bar{\bar{H}}\bar{\bar{E}}$, où cette poussée *p* est communiquée aux éléments matériels positifs $\overset{+}{H}$, d'où elle se propage dans la couche d'eau dans laquelle est plongé le tube *h*.

Figure 60.

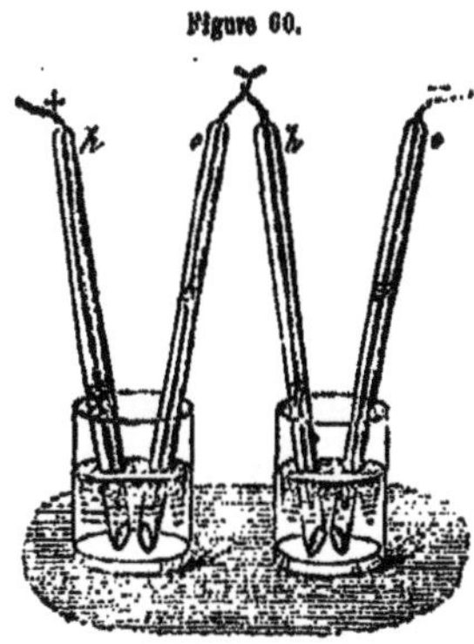

2° Les équivalents négatifs $\bar{E}$ de l'hydrogène exercent la poussée *p'* contre leurs homonymes contenus dans les atomes $\overset{+}{E}\bar{E}^2$ de chaleur stationnaire du platine, et cette poussée *p'* se propage par l'autre extrémité du platine dans la cloche *o* dont l'oxygène $\bar{O}$ éprouve une répulsion qui est communiquée aux équivalents homonymes de l'eau où plonge le tube *o*.

Entre les bouches de chaque paire de tubes, les éléments de l'eau éprouvent des répulsions de la part du gaz de ces tubes ; pour que commencent les écoulements convergents des équivalents positifs $\overset{+}{E}$ et $\overset{+}{H}$ de la part des cloches *h*, *h*, *h*... et des équivalents négatifs $\bar{E}$ et $\bar{O}$ de la part des cloches *o*, *o*, *o*..., il est absolument nécessaire qu'aient lieu les combinaisons des équivalents matériels $\bar{O}$ et $\overset{+}{H}$ pour produire l'eau HO et des équivalents électriques $3\overset{+}{E} + 3\bar{E}$ pour produire la lumière $\overset{+}{E}{}^2\bar{E}$ et la chaleur $\overset{+}{E}\bar{E}^2$, exactement ainsi que la chose a lieu dans la combustion de l'hydrogène avec l'oxygène.

B. Source d'électricité des couples d'un métal et de deux liquides.

Dans ces couples, les deux liquides ne doivent pas être parfaitement séparés, et ils ne doivent pas non plus être en contact; car 1° s'ils sont en contact, il s'y forme un troisième liquide composé des deux précédents; 2° s'ils sont parfaitement isolés l'un de l'autre, il ne peut pas s'opérer de rencontre entre les équivalents hétéronymes repoussés de la part des deux liquides. Mohr et Pfaff, qui n'avaient pas fait cette observation, combattirent cependant Becquerel et Kupfer, qui avaient obtenu un fort courant et une production abondante d'oxygène en opérant de la manière suivante :

Après avoir, dans un tube en U, bouché la courbure avec de l'argile humectée dans l'eau salée, on verse l'acide nitrique dans une branche et la dissolution concentrée de potasse dans l'autre; dans les deux liquides plongent les extrémités d'un fil ou mieux d'une bande *mm'* de platine, et ainsi apparaissent les poussées *p* et *p'*, précisément comme dans le cas précédent.

1° Les équivalents positifs $\overset{+}{E}$ de l'acide nitrique $= Az\overset{\pm}{E}\overset{\pm}{E}\overline{O\overset{+}{E}}^{5}$ repoussent leurs homonymes des atomes $\overset{\pm}{E}\bar{E}^2$ de chaleur stationnaire du platine, et cette poussée *p* est communiquée aux équivalents homonymes $\overset{+}{H}^2$ et $\overset{+}{E}^2$ de l'eau et de la chaleur latente de la dissolution de potasse.

2° Les équivalents négatifs $\bar{E}$ de la potasse $KO\bar{E}^2$ et des atomes $\overset{\pm}{E}\bar{E}^2$ de chaleur stationnaire exercent la poussée *p'* sur leurs homonymes des atomes $\overset{\pm}{E}\bar{E}^2$ de chaleur du platine, et ainsi cette poussée *p'* est communiquée aux équivalents homonymes $\bar{O}^2$ de l'acide azotique qui sera bientôt réduit en acide azoteux AzO^3.

3° L'argile de la courbure du tube U reçoit : 1° de la dissolution de potasse, la poussée *p* de la part de l'acide communiquée aux équivalents positifs, et 2° la poussée *p'* que la potasse transmet à l'acide. L'écoulement convergent des équivalents hétéronymes $\bar{O}^2\bar{E}^2$ et $\overset{+}{H}^2\overset{+}{E}^2$ ne peut commencer avant la combinaison de ces équivalents au milieu de l'argile.

4° Dès que ces équivalents commencent à s'y combiner, ils y sont remplacés par leurs homonymes qui suivent, et ainsi les équivalents négatifs $\bar{O}^2$ et $\bar{E}^2$ restent dans le contact *o* du platine avec la potasse, tandis que dans le contact *o'* du platine avec l'acide restent les équivalents positifs $Az\overset{\pm}{E}\overset{\pm}{E}\overline{O\overset{+}{E}}^{3}$ ou l'acide azoteux.

5° Pour que les deux équivalents négatifs $\bar{E}^2$ s'éloignent du point *b*, il faut qu'ils pénètrent dans le platine, et cela s'opère au moment où celui-ci émet deux équivalents positifs $\overset{+}{E}{}^2$, qui se combinent avec les équivalents négatifs $\bar{O}^2$ et $\bar{E}^2$ et forment l'oxygène ozoné $2O\overset{+}{E}\bar{E}$.

De même au point *o'* les deux équivalents positifs $\overset{+}{E}{}^2$ de l'oxygène $O^2\overset{+}{E}{}^2$ pénètrent dans le platine au moment où il émet deux équivalents négatifs $\bar{E}^2$ qui avancent avec les équivalents $\bar{O}^2$ matériels vers l'argile. Au milieu de celle-ci se trouve l'*embouchure* où s'opèrent les combinaisons entre les équivalents hétéronymes $H^6\ \overset{+}{E}{}^6$ et $\bar{O}^6\ \bar{E}^6$; des H et O sont produits les atomes d'eau 6HO, et des atomes $\bar{E}^6\ \overset{+}{E}{}^6$ sont produits les atomes $2\overset{+}{E}{}^2\bar{E}$ de lumière et $2\overset{+}{E}\bar{E}^2$ de chaleur, précisément comme cela a lieu dans les couples d'un métal et de deux gaz.

III. — SOURCE D'ÉLECTRICITÉ DES COUPLES DE DEUX LIQUIDES ET DE DEUX MÉTAUX.

Cette espèce de couples peut être formée des précédents avec les deux modifications suivantes : 1° au lieu d'un seul métal dans les deux liquides, il faut plonger dans chacun d'eux un métal différent; et 2° au lieu de l'argile compacte, il faut employer un corps poreux susceptible d'être imbibé des liquides pour les faire venir en contact immédiat, chose qui ne devait pas avoir lieu dans les couples précédents.

Au lieu des trois corps et trois points de contact, il y a ici quatre corps et quatre points de contact. Dans les couples à un métal les poussées *p* et *p'* sont constantes quand les deux liquides ou les deux gaz et le métal restent les mêmes; mais il n'en est plus ainsi dans les couples des deux liquides et des deux métaux. Dans un couple de Daniell, la poussée est grande quand le zinc est dans l'eau acidulée et le cuivre dans la dissolution de sulfate de cuivre et elle diminue beaucoup si l'on déplace les liquides.

Si le zinc reste dans l'eau acidulée et que le platine plonge dans l'acide azotique, la poussée augmente à cause de la répulsion r des équivalents positifs $\bar{E}$ de cet acide vers l'eau acidulée dont la grande quantité de chaleur stationnaire oppose une faible résistance et une grande répulsion r' aux équivalents négatifs, de sorte que la résultante de cette poussée est exprimée par la somme $r+r'$ de ces deux répulsions.

I. **Source d'électricité des couples de Daniell.** Les poussées p et p' s'opèrent entre les liquides et les surfaces des métaux; comme dans les couples de Smée, les équivalents négatifs des atomes $\bar{E}\bar{E}^2$ de chaleur stationnaire $\Theta+\theta$ produisent entre eux une répulsion dont est produite la poussée P' communiquée par l'électrohode aux atomes $\bar{E}\bar{E}^2$ de chaleur du cuivre et de celui-ci aux atomes $CuOSO^3$ de la dissolution. Celle-ci a aussi une chaleur stationnaire Θ inférieure à celle de l'eau acidulée, il y a également une chaleur stationnaire $\Theta'-\theta'$ dans le cuivre qui est inférieure à celle Θ' du zinc; la poussée $P'-p'$ produite dans le cuivre par la répulsion entre les équivalents négatifs est inférieure à la poussée P', et ainsi la différence p' exprime la répulsion $r-r'$ exercée sur les équivalents négatifs dans le cuivre.

Les équivalents positifs $\bar{E}$ des atomes $\bar{E}\bar{E}^2$ de chaleur n'éprouvant aucune répulsion font devenir sensible leur répulsion par l'électrohode au zinc et à l'eau. Les effets de ces poussées se propagent dans les deux liquides jusqu'au diaphragme; mais pour que l'écoulement commence, il faut que les équivalents hétéronymes se combinent autour de ce diaphragme pour s'en éloigner ensuite et céder leur place à leurs homonymes qui les suivent.

A. Comme dans les couples de Smée, on voit arriver au zinc par l'électrohode les équivalents positifs que l'électrohode n'émet point avant qu'il y ait pénétré un équivalent négatif $\bar{E}$ qui, en se séparant du zinc $Zn\bar{E}^3$, cède sa place à un équivalent négatif matériel qui est l'oxygène $\bar{O}$; ainsi se forme l'oxyde $Zn\bar{O}\bar{E}^2$, alors qu'en même temps devient libre l'atome $\dot{E}\bar{E}^2$ de chaleur qui est constaté par une élévation de température autour du zinc. L'hydrogène $\dot{H}$ et l'équivalent positif $\dot{E}$ arrivé sont repoussés vers le diaphragme.

B. Les équivalents négatifs sont repoussés vers le cuivre ou vers sa chaleur $\dot{E}\bar{E}^2$, mais ils ne sont point émis de l'électrohode avant qu'y aient pénétré les équivalents positifs $\dot{E}$ séparés des atomes $\dot{E}\bar{E}^2$ de chaleur. Les deux équivalents $\bar{E}^2$ négatifs de l'atome $\dot{E}\bar{E}^2$ de chaleur et l'équivalent $\bar{E}$ émis de l'électrohode se combinent avec l'équivalent Cu de cuivre pour le ramener à son état ordinaire $Cu\bar{E}^2$, et l'atome $S\bar{O}^4$ est repoussé vers le diaphragme.

C. Les équivalents hétéronymes $\dot{E}$, $\dot{H}$ et $S\bar{O}^4$ repoussés des deux métaux vers le diaphragme communiquent leur répulsion à leurs homonymes qui doivent premièrement se combiner et produire l'eau HO et l'acide $SO^3\dot{E}$. La chaleur latente de l'eau n'est pas produite en même temps, mais il s'y opère une consommation de la chaleur libre qui devient latente. Au moyen de l'observation directe, on a pu constater dans le diaphragme cet abaissement de température, de même qu'on a constaté son élévation autour du zinc.

II. **Source d'électricité dans les couples de Grove.** L'acide azotique remplace le sulfate de cuivre et le platine remplace le cuivre dans les couples de Daniell; les équivalents positifs $\dot{E}$ de l'acide $Az\dot{E}\dot{E}\overline{O\bar{E}}^5$ exercent entre eux une répulsion r' qui n'est pas opposée à la répulsion r exercée dans l'eau acidulée entre les équivalents négatifs des atomes $\dot{E}\bar{E}^2$ de chaleur, au contraire ces deux répulsions r et r' se sollicitent mutuellement, et la poussée produite est ainsi exprimée par leur somme $r+r'$ ou $P+P'$, tandis que dans les couples de Daniell et ceux de Smée la poussée produite est exprimée par la différence $r-r'$ des répulsions ou p' des poussées P' et $P'-p'$.

A. Les équivalents positifs $\dot{E}^2$ des deux équivalents $O^2\bar{E}^2$ d'oxygène de l'acide repoussent leurs homonymes de l'électrohode jusqu'au zinc, et ils ne sont point émis avant qu'y aient pénétré deux équivalents négatifs $\bar{E}^2$ qui se séparent des deux équivalents de zinc $2Zn\bar{E}^2$ et cèdent leur place à deux atomes d'oxygène desquels sont produits deux atomes d'oxyde $2Zn\bar{O}\bar{E}^2$. Les deux équivalents $\dot{H}^2$ d'hydrogène et les équivalents positifs $\dot{E}^2$ émis de l'électrohode sont repoussés vers le diaphragme; alors les atomes $2\dot{E}\bar{E}^2$ de chaleur latente de l'eau $\overline{HO\theta}^2$ décomposée deviennent libres et produisent une élévation de température dans l'eau acidulée.

B. Les équivalents négatifs $\bar{E}^2$ arrivés à l'acide, ne sont point émis de l'électrohode avant qu'y aient pénétré deux équivalents positifs $\dot{E}^2$ séparés de l'acide azotique $Az\bar{E}\dot{E}\overline{O\bar{E}}^5$. Les deux équivalents d'oxygène $\bar{O}^2$ et les deux équivalents négatifs $\bar{E}^2$ sont repoussés vers le diaphragme et il reste l'acide *azoteux* $Az\dot{E}\bar{E}\overline{O\bar{E}}^3$ autour de l'extrémité de l'électrohode.

C. Les équivalents hétéronymes H^2, $\dot{E}^2$ et $\bar{O}^2$, $\bar{E}^2$ repoussent leurs homonymes de la part des deux extrémités de l'électrohode vers le diaphragme, où s'opèrent les combinaisons des $6H\ 6\dot{E}$ avec $6O\ 6\bar{E}$ pour former l'eau $6HO$, la lumière $2\dot{E}^2\bar{E}$ et la chaleur $2\dot{E}\bar{E}^2$.

D. Deux causes produisent ici une élévation de température dans le zinc : 1° la chaleur latente des atomes d'eau décomposée; 2° la chaleur produite de la combinaison de l'oxyde de zinc avec l'acide sulfurique.

Un abaissement de température a lieu dans le diaphragme où sont produits six atomes d'eau et deux atomes de chaleur; il faut ainsi quatre atomes de chaleur pour que celle-ci devienne latente. Cette différence entre les températures peut être directement démontrée.

E. L'acide azotique devient jaune, puis vert, ensuite bleu et enfin incolore. Cette variation de couleur a une relation directe avec les atomes de lumière produits dans le diaphragme et avec les nombres des équivalents d'oxygène contenus dans les acides azotique AzO^5, hypoazotique AzO^4 et azoteux AzO^3; et dans l'oxyde d'azote AzO^2 : 1° le jaune résulte de la relation 5 : 5 qui est dans le mélange des acides $AzO^5 : AzO^4$; 2° le vert résulte de la relation 3 : 2 qui est dans le mélange $AzO^3 : AzO^2$; et enfin 3° le bleu est produit par la relation 4 : 3, résultat du mélange $AzO^4 : AzO^3$; tous ces mélanges sont constatés directement.

La chromatologie, science entièrement inconnue jusqu'aujourd'hui, sera traitée dans la Photostatique qui constitue, après l'Électrologie, la branche la plus importante de la physique.

CHAPITRE III.

CAUSE DES CHANGEMENTS DES DIRECTIONS DES COURANTS ÉLECTRIQUES.

Sur deux vases contenant de l'eau acidulée passe la traverse *ab* (fig. 64) laquelle sert d'appui à la main de l'opérateur qui plonge ses deux doigts dans l'eau : il ne se produira aucun écoulement électrique dans les fils qui unissent les branches d'un rhéomètre avec les lames de platine plongées dans l'eau des deux vases. Mais veut-on provoquer cet écoulement, il suffit alors de contracter l'un des deux bras; nous disons avec intention *l'un* des deux, car s'ils étaient contractés tous les deux, tout resterait dans le repos habituel.

Figure 64.

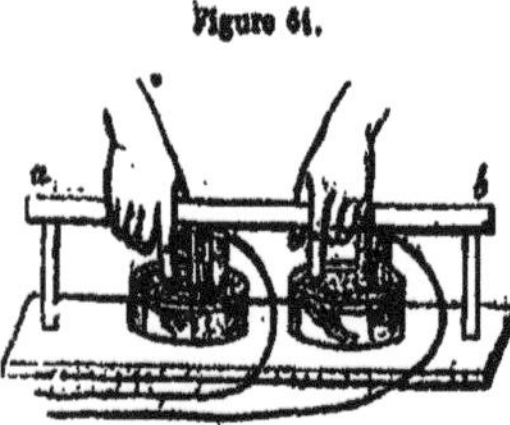

Si c'est le bras droit qui est contracté, il y aura une consommation d'équivalents électriques, laquelle consommation n'est que le résultat de la combinaison qui a lieu entre les équivalents électriques dans le bras contracté, et tout à fait analogue à celle qui a lieu dans le liquide ou le diaphragme des couples. La destruction de l'équilibre sollicite les équivalents électriques du bras gauche qui s'écoulent dans l'eau et sont conduits par le fil à l'autre vase d'eau et au bras droit.

Cet écoulement continue et va en diminuant quelques minutes encore après que la contraction a été interrompue. Qu'au lieu du bras de l'homme on emploie un fil métallique et le rhoomètre prouvera qu'il existe un état de repos qu'on ne peut, cependant, attribuer à l'effet de nous ne savons quelle inertie, comme les physiciens le prétendent.

Ce repos est le résultat d'un équilibre. L'équilibre peut être produit dans une balance avec toutes quantités égales de poids; mais les résultats sont très-différents s'ils sont amenés par une destruction d'équilibre entre le poids de 2 grammes, de 2 kilogrammes, de 2 tonneaux ou de 2 millions de tonneaux.

Le même effet a lieu pour les destructions de l'équilibre électrique qui peuvent être produites entre des densités médiocres et entre des densités d'un degré très-élevé; dans le premier cas, le résultat est insignifiant; dans l'autre, il est très-grand; ces résultats étaient attribués par les physiciens à des forces inconnues au lieu de l'être aux équivalents écoulés.

Supposons maintenant que le doigt de droite de l'homme soit remplacé par une lame *l* de platine, son doigt gauche par une autre *l'*, et le corps de l'homme lui-même par un fil de métal, la destruction de l'équilibre pourra se produire par les moyens suivants: 1° par le changement de température d'une des lames, 2° par l'introduction dans un vase, d'une quantité plus grande d'eau ou d'acide; 3° par la présence d'une couche superficielle d'oxyde sur l'une des lames; 4° par celle d'une couche superficielle de soufre, 5° par l'immersion successive et non pas simultanée des lames; 6° par l'agitation ou le frottement d'une lame seule, 7° par les inégales dimensions des deux lames; 8° par deux lames dont l'une a la surface polie et l'autre l'a limée; 9° par des coups de marteau donnés à l'une des deux lames.

Comme nous l'avons vu pour la contraction des muscles du bras, de même chacun des moyens indiqués produit une consommation d'une certaine quantité d'équivalents électriques qui occasionne l'écoulement des autres homonymes qui suivent et dont l'écoulement devient évident par suite de la déviation du magnète sur le rhoomètre. La consommation de l'électricité n'est pas l'effet d'une disparition ou d'une neutralisation, mais résulte d'une combinaison des équivalents hétéronymes, afin de produire les atomes $\ddot{E}\bar{E}^2$ de chaleur, $\ddot{E}^2\bar{E}$ de lumière qui se dispersent et cèdent leur place aux équivalents électriques qui suivent, parce qu'ils éprouvent une poussée de la part de leurs homonymes contenus dans les corps du couple où ils restent à l'état stationnaire.

I. *Destruction de l'équilibre par le changement de température.* Dans un tube en U contenant de l'eau acidulée, plongent les deux branches b b' d'un rhoomètre; si l'on chauffe les deux parties du tube, le magnète du rhoomètre n'éprouve aucune déviation, mais si l'on chauffe la partie du tube où est la branche b' du rhoomètre, les équivalents négatifs des atomes $\ddot{E}\bar{E}^2$ de chaleur, en se repoussant, exercent une poussée P' contre leurs homonymes contenus dans le fil, poussée qui se propage à son extrémité froide b et dans l'eau; les équivalents positifs exercent, comme précédemment, une répulsion réciproque, mais les équivalents négatifs denses font diminuer la résistance r dans la partie chaude du tube. Dans la courbure de celui-ci se rencontrent les équivalents électriques hétéronymes; ils s'y combinent pour former des atomes de chaleur et de lumière qui se répandent et cèdent leur place aux équivalents homonymes qui suivent. Pour arriver à la courbure du tube les équivalents négatifs de la branche b' passent par le rhoomètre et arrivent à la branche b, dont les équivalents positifs $\dot{E}$ s'écoulent également par le rhoomètre et produisent la déviation du magnète.

Au lieu d'eau acidulée on peut employer une dissolution quelconque de sel, d'alcali ou tout autre liquide, car à une température égale, il y a toujours équilibre, et la chaleur peut être toujours introduite dans l'une des branches du tube.

II. *Destruction de l'équilibre par l'eau.* Au lieu d'augmenter la densité des atomes de chaleur par une élévation de température dans une branche *b'* du tube en U, comme dans le cas précédent, on peut arriver au même but par les atomes denses de la chaleur latente de l'eau, qui surpasse de beaucoup celle contenue dans tous les autres liquides.

Si le tube contient un acide ou un alcali concentré dans lequel plongent les deux extrémités *b'* et *b* du rhoomètre, au lieu de chauffer la branche *b'*, on obtient le même effet en introduisant de l'eau dans l'acide ou l'alcali où cette branche *b'* est plongée.

Après avoir obtenu la déviation du magnète qui indique l'écoulement des équivalents positifs de la branche *b* plongée dans le liquide concentré vers la branche *b'* plongée dans le liquide étendu, on introduit de l'eau dans la branche *b*, alors la déviation du magnète diminue et devient nulle quand le liquide du tube est également étendu des deux côtés. Si l'on introduit plus d'eau dans la branche *b*, la déviation du magnète devient inverse, et prouve la même inversion du courant.

Il est bien entendu que l'eau introduite par l'un des côtés du tube ne doit pas passer tout entière par la courbure du tube dans l'autre côté; en même temps les extrémités *b* et *b'* du fil du rhoomètre ne doivent pas être trop enfoncées dans les branches du tube, surtout quand on opère avec des fils d'or ou de platine qui contiennent les atomes de chaleur stationnaire en densités inférieures à celles du zinc, du cadmium, du plomb, parce que, sans ces précautions, les résultats obtenus perdent leur régularité.

III. *Destruction de l'équilibre par une couche d'oxyde.* Les métaux chauffés dans l'air ou plongés dans les liquides se couvrent d'une couche d'oxyde qui est quelquefois imperceptible; cependant, même en cet état, elle suffit pour produire quelques effets anormaux, qui font reconnaître l'existence d'une oxydation. Les effets produits par les oxydes correspondent à leur état d'électricité négative qui s'y trouve à un degré moindre que dans les métaux, car dans l'équivalent $M\bar{E}^3$ sont trois équivalents d'électricité négative et dans un équivalent $MO\bar{E}^2$ d'oxyde n'en sont que deux.

Ainsi l'oxydation des métaux produit des effets contraires à ceux qui proviennent de l'élévation de température ou de l'introduction de l'eau dans les liquides concentrés. Si donc l'extrémité *b* de la branche du rhoomètre se couvre d'une couche d'oxyde, l'électricité négative y diminue, et alors commence une poussée P' que les équivalents $\bar{E}$ du métal blanc $M\bar{E}^3$ exercent de l'extrémité *b'* vers l'autre *b* oxydée; de cette dernière extrémité part la poussée P entre les équivalents positifs. Ces poussées P et P', propagées jusqu'à la courbure du tube en U, y produisent la combinaison entre les équivalents électriques qui, transformés en atomes $\bar{E}\bar{E}^2$ de chaleur et $\bar{E}^2\bar{E}$ de lumière, se dispersent et cèdent leur place à leurs homonymes qui les suivent en formant ainsi un courant.

IV. *Destruction de l'équilibre par une couche de soufre.* L'équivalent $S\bar{E}^3$ de soufre contient, comme ceux du charbon et des métaux, trois équivalents négatifs. Les sulfites MS sont de la formule $M\bar{E}^6S$, dont $M\bar{E}^6$ correspond à celle de l'oxygène ozoné $\bar{O}\bar{E}\bar{E}$, parce qu'un équivalent somatique de carbone ou de métal correspond à trois équivalents somatiques d'hydrogène $3\bar{H}$; de sorte que c'est le *métal ozoné* $M\bar{E}^6$ qui est combiné avec le soufre S. Il y a donc une diminution de répulsion entre les équivalents *négatifs* ou une diminution de poussée P', comme cela a lieu dans l'extrémité du fil couverte d'une couche d'oxyde; pour cette raison, la couche de sulfite produit les mêmes effets que celle de l'oxyde.

V. *Destruction de l'équilibre par suite d'immersions inégales.* Ces inégalités ont lieu : 1° quand une lame est plongée dans le liquide avant l'autre; 2° quand une lame est antérieurement plongée dans l'eau acidulée et se trouve en contact avec le platine; 3° quand, en ce cas, la lame n'est pas en contact avec le platine; 4° quand une lame est touchée avec un métal; 5° quand quelques parties d'une lame se couvrent d'une couche mince d'oxyde, etc.

1° La branche *b* du rhoomètre plongée dans un acide concentré y repousse par ses équivalents négatifs leurs homonymes de l'acide, et subit, de la part des équivalents positifs, la poussée P qui se propage à leurs homonymes de l'autre branche *b'*, laquelle n'est pas encore immergée; cette branche *b'* se trouve ainsi modifiée par suite de l'immersion de la branche *b* dans l'acide. Ainsi on n'a plus à opérer sur deux branches en même état électrique, car les équivalents négatifs exercent leur poussée P' vers la branche *b* plongée la première dans l'acide. Mais d'un autre côté, on a établi que la poussée a la même direction quand cette branche est couverte d'une couche d'oxyde. Les physiciens, ne pouvant pas distinguer ces deux causes, attribuaient tous ces changements de directions à des couches d'oxyde qu'ils supposaient imperceptibles.

2° La branche *b* de cuivre seule ou avec une lame *l* du même métal, plongée dans l'eau acidulée en contact avec le platine, reçoit de celui-ci les équivalents négatifs jusqu'à la saturation; cet effet n'a pas lieu dans une lame *l'* égale qui n'a pas été plongée dans l'eau acidulée. En mettant les deux lames en communication, les équivalents négatifs Ē exercent une poussée P' vers la lame *l'* dont les équivalents positifs exercent la poussée P vers la lame *l'* imbibée d'équivalents négatifs. Ces poussées, propagées aux équivalents homonymes contenus dans le liquide, produisent leur combinaison et leur éloignement sous forme de chaleur et de lumière, et ainsi apparaît le courant des équivalents électriques qui affluent pour occuper la place laissée vide par ceux qui les ont précédés.

3° Si, au contraire, la lame l n'est pas en contact avec le platine, elle se met en équilibre avec l'acide dont les équivalents positifs exercent une poussée vers cette lame l; quand ensuite cette lame est mise en communication avec la lame l', la poussée P des équivalents positifs se dirige de celle-ci vers l'autre lame l'.

4° Tant que les lames restent dans l'acide, l'équilibre se maintient; mais dès que l'oxydation apparaît dans l'une d'elles, on voit aussitôt commencer la poussée P' de la part des équivalents négatifs de l'autre lame où le métal est blanc; en même temps la poussée P des équivalents positifs va de la lame oxydée vers l'autre.

VI. ***Destruction de l'équilibre par l'agitation et le frottement.*** Si nous admettons que les densités des atomes de chaleur ou des équivalents négatifs soient respectivement $20d$ par le corps C', et $4d$ par le corps C, au point o de contact entre ces corps, la densité est $\frac{20+4}{2}d = 12d$, c'est-à-dire la moyenne entre les deux densités $20d$ et $4d$. 1° Si le point o est déplacé pour être mis en contact avec le corps C', le nouveau point o' de contact aura une densité $18d$ qui est la moyenne entre $24d$ et $12d$; 2° si au contraire le point o est mis en contact avec le corps C, le nouveau point o'' de contact aura une densité $8d$ qui est la moyenne entre $4d$ et $12d$.

Si les deux extrémités des branches d'un rhoomètre plongent dans un liquide, il y a équilibre, parce qu'aux points o, o de contact il y a la même densité électrique, qui est la moyenne $\frac{d+d'}{2}$ entre la densité d de l'électricité négative dans le liquide et d' de celle du métal; mais si l'on déplace l'extrémité b' pour la mettre en contact avec un autre point o' du liquide, la densité électrique en ce point o' sera la moyenne entre celle d' du liquide et celle $\frac{d+d'}{2}$ de l'extrémité b'; cette moyenne est $\frac{3d'+d'}{4}$. Un second déplacement de la même extrémité b' donnera pour sa densité électrique la moyenne supérieure $\frac{7d'+d}{8}$, $\frac{15d'+d}{10}$,... et cela parce que la densité des atomes $\bar{E}\bar{E}^2$ de chaleur et, par suite, des équivalents négatifs est plus forte dans les liquides que dans les métaux.

Cette multiplication des équivalents négatifs $\bar{E}$ dans l'extrémité b' agitée du fil exerce une poussée P' qui se propage aux équivalents homonymes de l'extrémité b dont il apparaît entre les équivalents positifs la poussée qui se propage à l'extrémité b' et de là vers le milieu du liquide où se rencontrent les deux poussées P' et P exercées contre les équivalents hétéronymes qui se combinent en formant des atomes $\bar{E}\bar{E}^2$ de chaleur et des atomes $\bar{E}^2\bar{E}$ de lumière qui se répandent; les équivalents électriques cèdent alors leur place à leurs homonymes, et cet écoulement est un courant électrique.

Le frottement entre le métal et le liquide ne diffère point de celui entre la résine et les coussins enduits d'un amalgame de zinc qui est plus négatif que la résine, comme le liquide contient une plus grande densité d'atomes de chaleur que le métal. Dans une machine électrique les points de contact font augmenter dans le cylindre de résine la densité d'électricité négative, précisément comme elle augmente dans le fil agité.

Si le plateau frotté est en verre, qui est plus électro-négatif que le susdit amalgame, ses équivalents négatifs $\bar{E}$ et ceux de la chaleur sont repoussés vers les coussins dont une chaîne les dérive vers le sol, ce qui permet la rencontre des équivalents positifs qui s'accumulent parce qu'ils ne se consomment pas pour former un courant.

VII. *Destruction de l'équilibre par les dimensions inégales.* Les équivalents négatifs du liquide en se repoussant exercent une répulsion R' égale en toutes les directions; si les deux lames plongées dans le liquide sont égales, la résistance r' sera aussi égale; mais si l'une des lames l est petite et l'autre L grande, la première l exercera une résistance r et l'autre L exercera une résistance supérieure $r+r'$:

il y aura donc une destruction d'équilibre qui fait que les équivalents négatifs Ē de la petite lame *l* s'écoulent par le rhéomètre vers la grande L.

Si le liquide est un acide concentré où la répulsion R est produite entre les équivalents positifs Ē, c'est toujours la petite lame *l* qui exerce la moindre résistance *r*, et la grande L la résistance supérieure $r+r'$. Pour cette raison, il y aura un écoulement d'équivalents positifs Ē de la petite lame vers la grande. Si l'on veut obtenir un équilibre, il faut étendre l'acide jusqu'au degré où le courant cesse.

L'eau introduite dans l'acide sert à augmenter la densité des atomes de chaleur latente, mais une densité d'atomes de chaleur est également obtenue par l'élévation de la température; ainsi donc l'équilibre obtenu par l'introduction de l'eau dans l'acide est également obtenu par l'élévation de la température.

VIII. *Destruction de l'équilibre par une lame polie et une autre limée.* L'équilibre est ici détruit par une la résistance *r* de la lame limée qui est inférieure à celle $r+r$ de la lame polie; ici la lame limée produit pour cela les mêmes effets que produit dans le cas précédent la petite lame *l*, et la lame polie produit les effets de la grande lame L.

IX. *Destruction de l'équilibre électrique par des coups de marteau.* Cette opération mécanique produit sur les éléments matériels un rapprochement très-médiocre, comme cela est démontré par la faible élévation de leur poids spécifique. La trempe rend le fer très-dur sans changer pour cela son poids spécifique. Cela prouve que la dureté des corps n'est pas un effet de la densité du *barogène* qui est la cause du poids des corps.

Dans la trempe, c'est une partie de la chaleur stationnaire du fer qui s'évanouit; la différence entre le fer doux et l'acier ne consiste donc que dans la quantité très-différente de chaleur stationnaire, laquelle est θ dans le fer doux, et $\theta-\theta'$ dans le fer trempé.

Les coups de marteau font diminuer la chaleur stationnaire dans l'intérieur des corps; cependant ils ne l'éloignent pas; elle reste seulement répandue à leur surface. Supposons les lames égales *l* et *l'* en équilibre dans chaque liquide; en donnant quelques coups de marteau à la lame *l'*, sa surface se charge d'équivalents négatifs ou des atomes de chaleur stationnaires qui exercent entre eux une répulsion R et produisent la poussée P' qui se propage par le fil et le rhéomètre vers la lame *l*, laquelle, sollicitée, exerce à son tour une poussée P d'équivalents positifs Ë vers la lame *l'*. Au lieu de coups de marteau appliqués à la lame *l'* de fer, si on lui donne une trempe dont la dureté augmente beaucoup, cette lame plongée avec l'autre *l* dans le même liquide ne repousse plus les équivalents négatifs vers la lame *l*, mais elle reçoit de cette lame ces équivalents négatifs, preuve de la diminution de ses atomes de chaleur stationnaire qui rend la lame trempée moins négative que la lame de fer doux.

CHAPITRE IV.

POUSSÉES ET COURANTS ÉLECTRIQUES; LEUR ORIGINE ET LEURS DIRECTIONS.

Il a été déjà prouvé que la cause motrice commune est l'élasticité des fluides impondérables; cette élasticité consiste en une tendance à augmenter de volume pour occuper un espace indéfini. Cette tendance existe dans la lumière, la chaleur et les gaz. Mais cette augmentation de volume s'opère avec un éloignement des équivalents, et dans cet éloignement il se manifeste, d'une part, une répulsion R mutuelle, et de l'autre une poussée P en dehors.

L'expansion est un écoulement soutenu par la répulsion mutuelle exercée de chaque équivalent en toute direction, et modérée continuellement par cette même répulsion, car les directions en arrière opposent une résistance $R - r$ à la répulsion R. Ainsi l'expansion des fluides est exprimée par la différence r entre la répulsion R et la résistance $R - r$.

Une expansion absolue n'est possible que vers l'espace vide, où elle n'éprouve d'autre résistance que celle $R - r$ produite du fluide même; en tout autre cas, les corps qui occupent l'espace et produisent une expansion, opposent une résistance r aux fluides homonymes, et ils en éprouvent réciproquement une pareille.

Dans les circuits fermés, si les équivalents électriques

hétéronymes éprouvent des poussées en directions opposées, un écoulement ne peut commencer qu'au moment où les équivalents hétéronymes se combinent pour former des atomes de lumière et de chaleur qui se répandent; la place des équivalents électriques éloignés se trouve ainsi occupée par leurs homonymes qui les suivent.

Il y a donc dans chaque circuit à distinguer : 1° la répulsion R exercée entre les équivalents électriques; 2° la résistance R — *r* qu'opposent ces mêmes équivalents à ceux qui les suivent; 3° la résistance *r'* exercée de la part des équivalents homonymes provenant des corps ambiants; et 4° l'éloignement des équivalents hétéronymes du circuit, éloignement qui n'est possible que par suite de leur combinaison et la production des atomes de lumière et de chaleur.

Tous les faits observés ne servent que comme d'exemples nombreux de cette loi physique. Jusqu'aujourd'hui les physiciens ont dû renoncer à arranger les faits observés dont ils ne connaissaient pas la cause; mais ici il n'en est pas de même. Aussi, pour cette raison, les difficultés disparaissent-elles en même temps que ces répétitions et ces descriptions désormais superflues.

Le mot *force* a été quelquefois employé pour exprimer la répulsion R entre les équivalents homonymes du fluide; une autre fois le même mot exprimait la poussée de ses équivalents; et le plus souvent, enfin, le mot *force* exprimait la quantité des équivalents électriques ou somatiques écoulés en une unité de temps.

Les exemples suivants embrassent les trois cas de la destruction de l'équilibre électrique entre les corps qui forment un circuit, et par suite ils indiquent d'une part les deux poussées P et P' opérées sur les équivalents électriques en directions convergentes, et 2° de l'autre, les combinaisons entre ces équivalents hétéronymes et leur éloignement du circuit pour faire une libre place aux équivalents homonymes qui suivent. Ces trois cas de destruction d'équilibre sont obtenus dans les couples des piles composées : 1° de deux métaux et d'un liquide; 2° d'un métal et de deux liquides ou gaz; et 3° de deux liquides et de deux métaux.

Les écoulements des équivalents électriques diffèrent de leurs décharges; ils diffèrent aussi de leurs accumulations. En même temps, loin d'être l'effet d'une circulation, comme l'est le sang dans les animaux, ils sont, au contraire, l'effet d'un écoulement pareil à celui de l'air chaud et de l'air froid qui, en se rencontrant, se combinent et se transforment en vapeurs d'eau; lorsque celles-ci se répandent, il pénètre dans les espaces raréfiés produits des masses nouvelles d'air chaud et d'air froid qui se combinent également; c'est ainsi qu'est entretenue la *ventilation* de l'atmosphère, comme cela a été démontré dans le *Texte de l'Atlas météorologique.*

Tous les faits attribués à une attraction entre les deux électricités ne sont qu'un effet physique de la diminution de la répulsion normale R' entre les corps différemment électrisés qui exercent en cet état une répulsion R'—r' inférieure à celle R' que ces corps éprouvent de tous les côtés.

Figure 62.

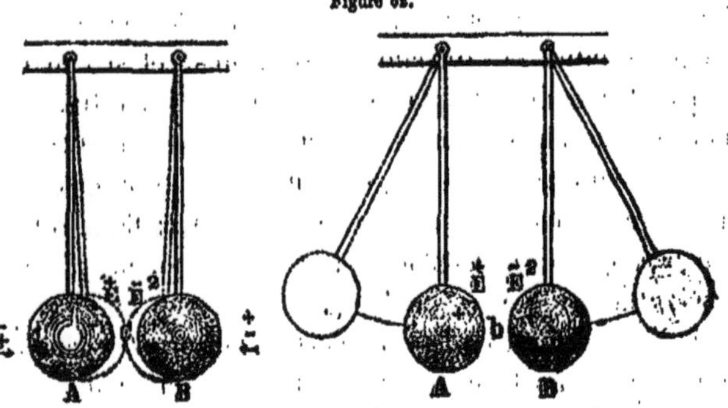

I. Les boules B et A (fig. 62), chargées d'électricité positive, restent en repos lorsque l'intervalle *b* qui les sépare est grand; mais quand cet intervalle diminue, elles s'éloignent l'une de l'autre.

II. Les mêmes boules chargées, la première d'une électricité et la seconde de l'autre, restent également en repos quand l'intervalle *c* est grand, et elles viennent en contact quand cet intervalle est petit.

Ce contact n'est pas l'effet d'une attraction, mais il provient d'une diminution de la répulsion obtenue dans la couche d'air du petit intervalle dont les équivalents positifs Ē, repoussés de la part de la boule A, éprouvent partout une résistance dans les équivalents homonymes de l'air le plus éloigné; le même effet a lieu pour la répulsion produite entre les équivalents négatifs Ë de la boule B et leurs homonymes de l'air ambiant. Dans l'intervalle *c* il s'opère une destruction d'équilibre, parce que les équivalents électriques repoussés d'une boule ne rencontrent pas de résistance de la part de l'autre. Cette diminution de résistance n'a lieu que dans l'intervalle *c*, et ainsi le contact des boules est produit par la contre-répulsion qu'elles éprouvent de tous les autres côtés, excepté dans l'intervalle *c*.

Tous les faits électriques sont donc produits par des poussées exercées de la part des équivalents électriques; si les deux corps sont mobiles comme les boules, la poussée réciproque produit des directions divergentes, et si l'un des corps est immobile, la poussée se manifeste à l'autre. Mais dans les circuits où toutes les parties sont immobiles, ce sont les équivalents électriques qui, en se combinant, se transforment en lumière et chaleur, ou en chaleur seule, puis s'éloignent et cèdent leur place à leurs homonymes qui les suivent.

1° L'eau qui arrose les continents a son origine dans les pluies : elle paraît à la source des fleuves d'où partent constamment des masses qui cèdent leur place à celles qui suivent, et cet écoulement ne finit qu'à l'embouchure de ces fleuves.

2° Les mers sont des sources d'air produites par les éléments de l'eau; les vents sont des fleuves aériens dirigés vers les continents, où les masses d'air chaudes se rencontrent avec d'autres qui sont froides, produisent ainsi des courants thermoélectriques suffisants pour amener la combinaison d'un équivalent d'oxygène avec un équivalent double d'azote $Az^2 = \overline{HO}^3H$, et produire ainsi quatre atomes d'eau.

3° Les rayons solaires forment également comme une sorte de fleuve entre le Soleil et la Terre; ce fleuve a sa source dans les vapeurs brûlantes contenues dans une croûte épaisse de glace que traversent ces rayons qui parcourent l'espace et arrivent sur l'hémisphère terrestre exposé au Soleil. Ces rayons se décomposent en lumière et en chaleur, et celles-ci se décomposent à leur tour en équivalents des deux électricités dont l'écoulement entretient la vie dans les corps organisés.

4° Les courants électriques sont également des fleuves, mais à double courant, car des équivalents qui les composent, les uns descendent quand leurs hétéronymes montent. Les sources de ces équivalents sont dans la lumière et surtout dans la chaleur qui est inépuisable dans les corps et dans le Soleil. L'écoulement est entretenu 1° par la répulsion exercée entre les équivalents homonymes, et 2° par leur éloignement du circuit qui s'opère par la combinaison des équivalents électriques entre eux.

Cette analyse et les différents exemples d'écoulements en général et de ceux des deux électricités auront pour résultat de mettre fin aux interminables discussions existant entre les partisans de Volta et leurs adversaires. Un écoulement quelconque est toujours l'effet d'un équilibre détruit. Les physiciens, quand ils admettent les électricités à l'état neutre avant et après l'écoulement, ne font autre chose que ce que font ici la lumière et surtout la chaleur.

Pour obtenir une destruction d'équilibre entre les deux électricités à l'état neutre, les chimistes modernes et les physiciens admettent une action chimique; les partisans de Volta admettaient le contact simple de deux corps différents. Le rétablissement de l'équilibre électrique était attribué à l'attraction mutuelle entre les deux électricités.

Les chimistes ne connaissaient pas la nature des actions chimiques, et ceux qui suivent les idées de Volta ignoraient en quoi consiste la différence entre les corps, différence qui est nécessaire dans la production des deux électricités. Guidés par les effets qu'ils voyaient, les chimistes demandaient aux actions chimiques tout ce dont ils avaient besoin pour soutenir leurs théories : ainsi faisaient de leur côté les partisans de Volta qui attribuaient aux différences des corps tous les faits par eux observés.

Quoique la lumière et surtout la chaleur s'offrissent à leurs yeux pour ainsi dire à chaque pas, cependant les chimistes pas plus que les partisans de Volta ne purent relier ces faits constants avec les éléments des deux électricités. C'est pourquoi tous les physiciens ont senti l'impétueux besoin de multiplier les expériences pour parvenir à saisir la liaison intime entre les fluides impondérables, et de plus celle entre ces fluides et les corps.

Le grand nombre d'exemples qui vont suivre permettra au lecteur de s'exercer à appliquer la loi électrostatique aux différentes espèces de faits.

1. — POUSSÉES ET COURANTS D'UN MÉTAL ET DE DEUX GAZ.

I. L'appareil fig. 60 sert ici à prouver l'origine des poussées P′ et P exercées sur les équivalents négatifs $\ddot{E}$ et positifs $\dot{E}$: 1° dans les tubes *h*, *h*, *h*... de la part des équivalents négatifs $\ddot{E}$ de gaz hydrogène H$\ddot{E}$, et 2° dans les tubes *o*, *o*, *o*... de la part des équivalents positifs $\dot{E}$ de gaz oxygène O$\dot{E}$.

Les équivalents des atomes $\dot{E}\ddot{E}^2$ de la chaleur stationnaire du métal éprouvent : 1° dans les tubes *h*, *h*, *h*, la poussée P′ exercée sur les équivalents négatifs $\bar{E}$, et 2° dans les tubes *o*, *o*, *o*..., ils éprouvent la poussée P exercée sur les équivalents positifs $\overset{+}{E}$ des atomes $\overset{+}{E}\bar{E}^2$ de chaleur stationnaire.

1° La poussée P′ se propage par la bande métallique *mm′* du tube *h* où est l'extrémité *m′*, vers l'autre *m* qui est dans le tube *o*; cette poussée P′, communiquée aux équivalents somatiques $\bar{O}$ de l'oxygène, se propage dans l'eau acidulée où le tube *o* plonge; 2° La poussée P se propage par l'extrémité *m* de la même bande du tube *o* au tube *h*; elle est communiquée aux équivalents somatiques $\overset{+}{H}$ de l'hydrogène et arrive à l'eau acidulée où plonge le tube *h*.

Pour que l'écoulement des équivalents hétéronymes commence dans la bande métallique *mm′*, il est d'une nécessité absolue qu'ait lieu d'une part l'éloignement des équivalents électriques et leur introduction de l'autre; 1° L'éloignement s'opère dans l'eau acidulée où les équivalents hétéronymes électriques $\overset{+}{E}$ et $\bar{E}$ et somatiques $\bar{O}$ et $\overset{+}{H}$ éprouvent des poussées P′ et P en sens opposé; et 2° l'introduction des équivalents négatifs $\bar{E}$ électriques s'opère de la part du gaz hydrogène $H\bar{E}$ et des équivalents somatiques $\bar{O}$ de la part de l'oxygène $\bar{O}\overset{+}{E}$. Les équivalents positifs $\overset{+}{E}$ électriques sont introduits du gaz $\bar{O}\overset{+}{E}$ oxygène, et les équivalents somatiques $\overset{+}{H}$ positifs sont introduits dans le circuit de la part de l'hydrogène $H\bar{E}$ du tube *h*.

L'origine de la poussée P′ est dans la répulsion R′ exercée spontanément entre les équivalents négatifs $\bar{E}$ de l'hydrogène, et l'origine de la poussée P est dans la répulsion égale R exercée entre les équivalents positifs $\overset{+}{E}$. Ces poussées sont proportionnelles aux surfaces *s* et *s′* de la bande métallique *mm′* qui sont en contact avec les gaz. Ainsi donc, pour obtenir de grandes poussées, il faut de grands tubes remplis de gaz et de larges bandes métalliques. Ces poussées diminuent avec la consommation du gaz qui fait que le niveau de l'eau s'élève, et que les surfaces *s* et *s′* diminuent.

Le poids des gaz des tubes *o* et *h* se trouve, après leur disparition, dans l'excédant de l'eau acidulée, mais les masses de leurs équivalents électriques ne s'y trouvent pas accumulés, parce que les équivalents 3HĒ + 3OĒ donnent naissance à trois atomes d'eau 3HO, un atome de chaleur ĒĒ², et un atome Ē²Ē de lumière, qui se dispersant au moment de leur production, ne laissent plus après eux que de l'eau.

A. La combinaison des gaz, qui est ici l'action chimique, est en effet la cause du courant, car sans l'éloignement des équivalents qui se sont rencontrés dans l'eau acidulée, l'avancement des équivalents suivants deviendrait impossible.

B. Le contact entre les gaz et le métal est également la cause du courant, car sans les poussées P′ et P qu'exercent les équivalents électriques du gaz sur leurs homonymes contenus dans les atomes ĒĒ² de la chaleur stationnaire du métal *mm′*, l'avancement des équivalents hétéronymes des deux côtés vers l'eau acidulée ne pourrait également avoir lieu.

Les partisans de Volta ont raison quand ils soutiennent que le contact des corps est nécessaire pour produire les poussées électriques. De leur côté, leurs adversaires n'ont pas tort quand ils soutiennent que les actions chimiques sont nécessaires pour entretenir les courants électriques. Il y a une tête, disent les uns. Il y a une queue, répondent les autres. Nous dirions, nous, pour être vrai, que le courant électrique peut être comparé à un animal qui aurait en même temps tête et queue.

II. — POUSSÉES ET COURANTS D'UN MÉTAL ET DEUX LIQUIDES.

Les poussées P′ et P sont ici communiquées au métal par deux liquides, tandis que dans le cas précédent, elles y ont été produites de la part des deux gaz. Le courant, dans le cas précédent, est entretenu par la combinaison des équivalents électriques qui restaient imperceptibles, et des équivalents somatiques qui étaient observés et considérés comme une action chimique. Nous allons rapporter ici les cas où les courants sont entretenus par la seule combinaison des équivalents électriques qui restaient imperceptibles pour les chimistes : c'est pourquoi ces derniers, pour soutenir la théorie qu'ils ont mise en avant, au lieu de considérer comme action chimique les combinaisons électriques, admettent des combinaisons matérielles même quand elles sont imperceptibles.

Les gaz des tubes *o*, *o*, *o*.... et *h*, *h*, *h*..., sont séparés par une couche d'eau qui comporte les mêmes éléments que les gaz, et ainsi les poussées peuvent être propagées du gaz dans l'eau. Les liquides peuvent également être séparés par l'eau qui doit être retenue dans une assez forte proportion d'argile, afin qu'elle ne pénètre pas dans les liquides et ne laissent pas ceux-ci se pénétrer l'un l'autre. Dans cette eau que recèle l'argile, les combinaisons s'opèrent comme dans l'eau acidulée, et c'est ainsi que le courant est entretenu entre les liquides comme il l'est entre les gaz.

A. Poussées et courants de deux liquides en contact et d'un métal.

Cette espèce d'observation se fait de la manière suivante : l'un des liquides est dans une cuiller de platine attachée à l'une des branches *b* du rhoomètre, dont l'autre branche *b'* tient une éponge de platine imbibée de l'autre liquide. Le premier liquide étant acide exerce, par ces équivalents positifs $\ddot{E}$, la poussée P qui se propage par le fil aux équivalents homonymes de l'autre liquide ; celui-ci exerce, par ses équivalents négatifs $\ddot{E}$, la poussée P' qui se propage par le même fil aux équivalents homonymes contenus dans l'acide.

Tout est en repos avant le contact, parce que l'air empêche l'écoulement des équivalents hétéronymes électriques et somatiques. En cet état stationnaire les poussées sont appelées *forces* par les physiciens; leur apparition commence au moment du contact entre les deux liquides. En ce moment a lieu la combinaison des équivalents somatiques dont sont produits les sels et des équivalents électriques dont est produite la chaleur. Les atomes $\bar{\bar{E}}\bar{E}^2$ de celle-ci s'éloignent dans les liquides et ils sont remplacés par d'autres qui s'écoulent par le fil, et la déviation γ du magnète indique le sens de la direction des équivalents positifs qui, partant de l'acide, parcourent le fil et l'alcali pour arriver au point de contact *o* entre les deux liquides, comme dans les cas précédents.

Il n'est pas indispensable qu'il y ait un acide et un alcali en contact; il suffit de deux liquides différents; alors la déviation du magnète sert à montrer lequel des deux liquides contient les atomes $\bar{\bar{E}}\bar{E}^2$ de chaleur stationnaire en densité supérieure; car ses équivalents négatifs ne peuvent pas être découverts par les réactions chimiques, comme cela a lieu pour les acides et les alcalis.

Les exemples suivants auront pour but de faire connaître que l'eau produit les mêmes effets que la température élevée et les alcalis, et cela à cause de la grande quantité d'atomes $\bar{\bar{E}}\bar{E}^2$ de chaleur qui y sont contenus à l'état stationnaire.

Les deux liquides contenus dans la cuiller et l'éponge peuvent être indifféremment, soit 1° deux acides, 2° le même acide concentré d'une part et étendu de l'autre, 3° un acide et de l'eau, 4° un acide et un sel, 5° un acide et un oxyde, 6° un sel et de l'eau, 7° une dissolution d'un sel concentrée d'une part et étendue de l'autre, 8° des sels et des chlorures, 9° des oxydes et de l'eau, 10° des oxydes et des sels, 11° des oxydes et des oxydes, etc.

La direction indiquée par la déviation γ du magnète est celle de l'écoulement des équivalents positifs $\bar{\bar{E}}$; elle est l'effet de la poussée P produite immédiatement par les équivalents positifs $\overset{+}{E}$ de l'acide, comme elle est produite du gaz oxygène $O\overset{+}{E}$; ou elle est sollicitée par la poussée P′ des équivalents négatifs $\overset{-}{E}$ de l'autre liquide, comme cela va être indiqué dans quelques-uns des exemples suivants.

I. *Deux acides.* Une poussée étant P, l'autre est P+*p*, et cela parceque les densités des équivalents positifs sont inégales ; mais elles diminuent quand on y introduit l'eau. Donc pour comparer l'état électrique des acides, il faut les prendre dans un état très-concentré. Les équivalents positifs vont de l'acide phosphorique vers tous les autres ; après celui-ci vient l'acide sulfurique, puis l'acide azotique, l'acide chlorique, l'acide iodique..., l'acide hydrochlorique, hydriodique...

Ces acides sont de trois espèces : 1° Les uns sont produits par la combustion, 2° les autres par le mélange des atomes $O\overset{+}{E}$ de gaz oxygène avec les métalloïdes, et 3° par le mélange de l'équivalent somatique de l'hydrogène $\overset{+}{H}$ avec les métalloïdes.

1° L'acide produit par la combustion du phosphore est $PO^5\overset{+}{E}^3$, celui produit par la combustion du soufre est $SO^3\overset{+}{E}$, et celui qui provient de la combustion du carbone est $C^2O^4\overset{+}{E}$. 2° L'acide produit par le mélange de l'azote $Az\overset{-}{E}\overset{+}{E}$ et $5O\overset{+}{E}$ est $Az\overset{-}{E}\overset{+}{E}\overline{O\overset{+}{E}}^5$; celui produit par le mélange du chlore $Cl\overset{+}{E}$ avec $5O\overset{+}{E}$ est $Cl\overset{+}{E}\overline{O\overset{+}{E}}^5$; celui produit par le mélange de l'iode $J\overset{+}{E}$ avec $5O\overset{+}{E}$ est $J\overset{+}{E}\overline{O\overset{+}{E}}^5$, etc. 3° L'acide produit par la combinaison de l'hydrogène $\overset{+}{H}$ somatique avec le chlore est $HCl\overset{+}{E}$; celui produit du même hydrogène $\overset{+}{H}$ avec l'iode est $HJ\overset{+}{E}$, etc.

II. *Acides concentrés d'une part et étendus de l'autre.* Si le même acide a la même concentration des deux parts, il y a équilibre, parce que la poussée P est égale des deux côtés ; pour que cette poussée diminue, il suffit d'introduire de l'eau dans l'acide, et cela à cause des atomes $\overset{-}{E}\overset{+}{E}^2$ de chaleur qui sont à l'état stationnaire et en très-grande densité dans l'eau. Ainsi la poussée P sollicite l'écoulement des équivalents positifs $\dot{E}$ de l'acide concentré vers l'acide étendu où se manifeste la poussée P′, résultant de la répulsion entre les équivalents négatifs $\bar{E}$ de la chaleur $\dot{E}\bar{E}^2$ stationnaire de l'eau.

III. *Acide et eau.* La poussée P se maintient dans l'acide entre les équivalents positifs, et dans l'eau se trouve la poussée P′ entre les équivalents négatifs $\bar{E}$ des atomes $\dot{E}\bar{E}^2$ de chaleur. Ces deux poussées se sollicitent réciproquement et la résultante en est la somme P + P′.

IV. *Acides et sels.* Les sels neutres à l'état solide ne contiennent pas d'équivalents électriques; mais leurs dissolutions obtiennent une quantité d'atomes de chaleur qui produisent une poussée P′ laquelle sollicite celle P des équivalents posifs $\dot{E}$ de l'acide; ce cas ne diffère donc en rien du précédent.

V. *Acides et oxydes.* Les oxydes ont la formule $MO\bar{E}^2$; ils contiennent des équivalents négatifs libres. Cependant la densité de ces équivalents $\bar{E}^2$ des oxydes est inférieure à celle des atomes $\dot{E}\bar{E}^2$ de chaleur stationnaire de l'eau : pour cette raison la poussée $P'+p'$ produite de l'eau pure est supérieure à la poussée P′ produite par les oxydes ou les alcalis; la direction est comme dans le cas précédent.

VI. *Sels et eau.* Les sels contiennent une très-petite quantité d'atomes $\dot{E}\bar{E}^2$ de chaleur stationnaire, leurs dissolutions en obtiennent une quantité analogue à celle de l'eau. La poussée entre les équivalents négatifs de l'eau étant $P'+p'$, celle entre les équivalents homonymes $\bar{E}$ dans les dissolutions des sels sera P′, c'est donc l'excédant p' de la poussée de la part de l'eau qui sollicite une poussée p des équivalents positifs de la part des dissolutions des sels vers l'eau pure.

VII. *Dissolutions des sels concentrés et étendus.* En versant la même dissolution des deux côtés, il y a un équilibre qui est détruit quand l'on introduit de l'eau d'un côté et du sel de l'autre; l'eau fait augmenter la poussée $P'-p'$ de la dissolution et celle-ci devient P′, tandis qu'elle reste P′ — p' dans la dissolution concentrée. L'excédant p' de poussée de la part de la dissolution étendue sollicite une poussée p d'équivalents positifs de la part de la dissolution concentrée.

VIII. *Sels neutres et chlorures, bromures, iodures...* Dans les sels où se trouve le même acide, l'électricité négative étant à un degré supérieur dans les hypométaux, potassium, sodium..., et à un degré inférieur dans les métaux, cuivre, argent, or..., fait écouler les équivalents positifs des sels métalliques vers les sels hypométalliques qui doivent être de la même étendue.

IX. *Oxydes et eau.* On a déjà vu que les équivalents négatifs $\bar{E}^2$ des oxydes $M O \bar{E}^2$ ont une densité inférieure à celle des atomes $\ddot{E}\bar{E}^2$ de chaleur stationnaire de l'eau ; pour cette raison la poussée P′ + p' est supérieure à celle P′ des alcalis.

X. *Oxydes et sels.* Les oxydes sont négatifs, tandis que les sels sont moins négatifs, neutres ou même positifs : si donc la quantité de l'eau et des équivalents du sel et de l'oxyde est égale, la poussée de la part du sel étant P′ — p', celle de la part de l'oxyde est P′ : il y a donc un excédant p' qui sollicite la poussée p des équivalents positifs de la part du sel vers l'oxyde. On peut y obtenir un équilibre, et même une inversion en augmentant l'oxyde d'une part et l'eau de l'autre part.

XI. *Oxydes et oxydes.* Ils contiennent la même quantité $\bar{E}^2$ d'équivalents négatifs, mais les éléments matériels des hypométaux sont moins positifs que ceux des métaux ; pour cette raison les métaux ne s'oxydent pas quand ils sont en contact avec l'oxygène de l'air ou celui de l'eau, tandis que les hypométaux s'y oxydent toujours et ne peuvent pas s'y maintenir à l'état métallique.

B. Poussées et courants d'un métal et deux liquides non en contact immédiat.

Cette espèce d'observation diffère de la précédente en ce que les deux liquides restent séparés par l'eau, qui n'est pas tout à fait à l'état liquide, mais se trouve répandue dans beaucoup d'argile, de manière qu'elle ne peut pas pénétrer dans les liquides et ne permet pas non plus à ceux-ci de se mêler; cependant dans cette eau que recèle l'argile, peuvent pénétrer les équivalents électriques et même les équivalents somatiques qui y sont chassés des deux côtés, de manière à s'y combiner et à entretenir ainsi le courant.

Comme dans le cas précédent, de même ici les deux liquides peuvent être respectivement : 1° eau et acides, 2° acide concentré et étendu, 3° deux acides, 4° eau et alcalis, 5° alcali concentré et étendu, 6° potasse et hydrosulfate de potasse, 7° deux alcalis, 8° eau et sel gemme, 9° eau et sels métalliques, 10° acides et sels métalliques, 11° ammmoniaque et sels métalliques, 12° sels métalliques et soufre carburé liquide, 13° sels métalliques et sels hypométalliques, 14° deux sels métalliques, 15° sels métalliques dissous dans l'eau pure et dans l'eau acidulée.

Les observations ont lieu dans un tube en U dont la courbure est bouchée avec l'argile humectée d'eau salée; la couche de l'argile doit empêcher la communication des liquides et elle doit laisser pénétrer les équivalents électriques et somatiques des éléments de l'eau et de la chaleur. Comme dans l'électrolyse de l'eau, de même ici les extrémités des fils ne doivent pas être trop éloignées l'une de l'autre : pour cette raison elles doivent arriver presqu'en contact avec l'argile : Mohr et Pfaff n'ont obtenu aucun résultat dans cette espèce d'observation parce qu'ils ont négligé de remplir cette condition.

Il faut remarquer que l'équilibre ne peut pas être produit

quand l'une des branches du tube en U contient un acide et l'autre un alcali ou de l'eau pure; mais entre deux acides, entre deux alcalis ou deux dissolutions de sel, l'équilibre peut toujours être produit par l'introduction de l'eau; de cette manière est également produite l'inversion.

I. *Eau et acide.* La poussée P produite par les équivalents positifs Ë de l'acide et celle P′ produite par les équivalents négatifs des atomes ËË² de chaleur stationnaire dans l'eau, se sollicitent réciproquement, et leur somme $P + P'$ est la résultante de cette action. Le courant est entretenu par les combinaisons des équivalents hétéronymes dans l'argile, mais la résistance r est grande dans l'eau pure.

II. *Acide concentré et étendu.* Le même acide versé dans les deux branches du tube produit une poussée égale P vers le métal où s'établit l'équilibre; celui-ci est détruit par l'eau introduite dans une branche, dans b', par exemple, où la poussée entre les équivalents positifs Ë diminue et devient $P - p$, ainsi l'excédant p de la poussée des équivalents positifs sollicite dans la branche b' une poussée p' des équivalents négatifs dirigée par le métal vers la branche b. Le même résultat est obtenu quand les deux branches contiennent de l'eau et que l'on introduit un acide dans la branche b; mais il faut toujours prendre en considération la grande résistance qu'oppose l'eau pure.

III. *Deux acides.* La série des acides indiquée ci-dessus peut se vérifier par les résultats que donnent les observations entre les acides contenus dans les deux branches du tube.

IV. *Eau et alcali.* Comme dans le cas indiqué ci-dessus.

V. *Alcali concentré et étendu.* La poussée P′ des équivalents négatifs de l'alcali étendu est supérieure à celle $P' - p'$ de l'alcali concentré.

VI. *Potasse et hydrosulfate de potasse.* La potasse est un oxyde MOË² qui est négatif; l'hydrosulfate de potasse est un sel de formule KË⁶S moins électronégatif que la potasse; les quantités égales d'eau introduite laissent une poussée P′ entre les équivalents négatifs de l'alcali supérieure à celle P′—p′ entre les équivalents négatifs de la dissolution du sel. En introduisant une plus grande quantité d'eau dans le sel, on y fait augmenter la densité des équivalents négatifs, et ainsi la poussée, croissant avec la quantité de l'eau, devient P′ et alors se montre l'équilibre; pour déterminer au contraire une inversion, il faut opérer avec de la potasse concentrée et un sel très-étendu.

VII. *Acides et alcalis.* A l'état concentré les poussées P et P′ sont produites des équivalents positifs Ë de l'acide et des équivalents négatifs des alcalis, et la poussée résultante P″ est la somme des deux poussées P + P′. La poussée P′ des équivalents négatifs croît dans l'alcali par l'introduction de l'eau où elle se continue. Mais si l'on introduit l'eau dans l'acide, la poussée P entre les équivalents positifs s'évanouit et il y apparaît la poussée P′+p′ produite par les équivalents négatifs de l'eau.

VIII. *Eau et sel gemme.* Ce sel ClNaË est négatif; quand il est dissous dans l'eau, il y a, entre les équivalents négatifs Ë une poussée qui surpasse celle de l'eau, non pas à cause d'une densité supérieure des équivalents négatifs, mais à cause de la résistance inférieure qu'oppose le sel aux équivalents positifs Ë qui obtiennent un écoulement de l'eau vers le sel.

IX. *Eau et sels métalliques.* La poussée P′ + p′ de la part des équivalents négatifs de l'eau surpasse celle P′ de la part des sels, et ainsi l'excédant P′ sollicite une poussée d'équivalents positifs des sels vers l'eau. Si l'on verse une couche d'eau sur une couche de sel et qu'on plonge un fil métallique dans les deux couches, l'électricité négative amène dans la partie inférieure du fil qui est dans le sel où se réduit le métal, et la partie supérieure du fil qui est dans l'eau éprouve une oxydation.

X. *Acides et sels métalliques.* Les poussées P et P′ sont produites par les équivalents positifs Ë quand l'acide est concentré, et par les équivalents négatifs de la dissolution du sel. Mais si l'on introduit de l'eau dans l'acide, on peut faire disparaître la poussée P de la part des équivalents positifs; on peut même faire augmenter la poussée $P' - p'$ des équivalents négatifs jusqu'au point où l'on obtient l'équilibre, et ensuite l'inversion.

XI. *Ammoniaque et sels métalliques.* La poussée P' de la part de l'électricité négative est supérieure à celle $P' - p'$ de la part des dissolutions concentrées des sels, ainsi l'excédant p' sollicite une poussée P des équivalents positifs du sel qui produit un écoulement du sel par le rhéomètre vers l'ammoniaque.

XII. *Sels métalliques et soufre carburé liquide.* La poussée P' des équivalents négatifs de ce liquide est supérieure à celle $P' - p'$ de la part des dissolutions. Si dans un liquide où surnage une couche d'une dissolution de sel, on plonge une tige métallique, ce sel se décompose et son métal se dépose sur la tige. Le soufre se sépare du liquide et se combine avec l'oxygène pour former l'acide sulfurique, et le carbone se dépose en lames minces.

XIII. *Sels métalliques et sels hypométalliques.* Les équivalents $\bar{E}$ de sels hypométalliques ont généralement une densité supérieure : ils produisent la poussée P' qui est plus forte que celle $P' - p'$ des équivalents homonymes de la dissolution de sels métalliques. Si dans deux couches superposées de ces sels on plonge une tige métallique, on obtient dans une des parties un dépôt de métal, et dans l'autre partie, c'est-à-dire qui touche l'autre sel, se forment des cristaux de l'oxyde de l'hypométal.

XIV. *Deux sels métalliques.* 1° Si la base des deux sels est la même et aussi la quantité d'eau, la poussée P des équivalents positifs dépend de l'acide le plus positif; 2° si les bases diffèrent et que l'acide soit le même, la poussée P' des équivalents négatifs dépend du métal le plus négatif.

Si l'on opère dans l'appareil fig. 63 dont les vases *v* et *v'* communiquent au moyen d'une mèche *a n b* et où plongent les branches e et e' d'un rhoomètre, il ne se produit aucun écoulement quand les vases contiennent une dissolution de chlorure d'antimoine ou de bismuth, mais si l'on introduit une petite quantité d'acide dans le vase v, il établit aussitôt une communication par la mèche $a\ n\ b$ avec le liquide du vase v' où il amène la poussée P' des équivalents négatifs qui est supérieure à celle $P' - p'$ de la dissolution du sel, et l'excédant p' détermine un écoulement des équivalents positifs du sel vers l'acide étendu où prédominent les atomes $\ddot{E}\ddot{E}^2$ de chaleur latente de l'eau, et où l'acide a fait diminuer la résistance r qu'oppose l'eau aux équivalents électriques.

III. — POUSSÉES ET COURANTS ENTRE DEUX MÉTAUX ET UN LIQUIDE.

Les observations de ce genre ont été faites dans l'appareil figure 63, où le liquide est dans les vases v et v', et où les métaux na et nb plongent avec les branches e et e' d'un rhoomètre qui reste en repos tant que les métaux na et nb ne sont pas en contact en n; cependant le magnète éprouve une déviation γ au moment du contact des métaux. Cette déviation fait connaître le sens de l'écoulement des équivalents positifs; elle indique encore la relation entre les quantités $q\ddot{E}$ ou $q'\ddot{E}$ de ces équivalents écoulés en une unité de temps; ces relations seront rapportées plus loin, nous examinerons seulement ici les directions qui sont un effet de la différence p' existant entre les poussées $P' + p'$ et P' que produisent les équivalents électriques négatifs, ou de la différence p entre les poussées $P + p$ et P, produites par les équivalents positifs des deux acides concentrés.

Figure 63.

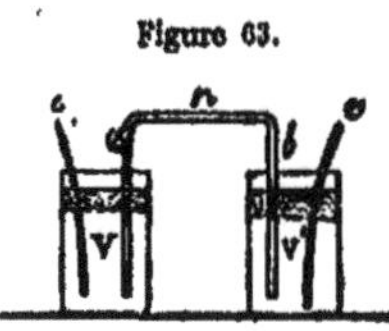

Au lieu d'expérimenter comme M. Faraday, nous ne voulons ici que contrôler les résultats qu'il a obtenus avec la loi des poussées électriques que nous connaissons et à laquelle ce physicien cherchait à arriver en combinant les résultats de ses observations. Prenons un même acide concentré dans un vase et étendu dans l'autre, dont l'un contient les équivalents négatifs en petite quantité et l'autre, à cause de l'eau, les contient en quantité supérieure.

En opérant avec le zinc et le cadmium où le zinc est le plus négatif, l'on obtient des résultats qui dépendent de la quantité de l'eau introduite dans l'acide : 1° une très-petite quantité d'eau produit entre l'acide et les métaux une poussée P′ — *p*′ inférieure à celle P′ du point *n* entre les deux métaux. Les équivalents négatifs Ē, au lieu d'être repoussés du zinc *nb* vers le cadmium *nb*, prennent la direction inverse vers l'acide du vase *v*′ et arrivent par le rhéomètre dans le vase *v* en sollicitant l'écoulement des équivalents positifs du vase *v*′ par les métaux *bn* et *na* vers le vase *v* où se trouve le cadmium.

2° Si l'acide est étendu, ses équivalents négatifs abondants exercent une poussée P′ + *p*′ supérieure à celle P′ existant entre les deux métaux ; le cadmium reçoit du zinc l'excédant *p*′ de poussée des équivalents négatifs, et il se manifeste ainsi une inversion. Si l'on veut obtenir un équilibre, il est nécessaire de diminuer l'eau ou d'augmenter l'acide.

Une telle inversion ou un tel équilibre ne peuvent être obtenus entre les métaux où la densité des équivalents électriques négatifs est très-différente, ainsi que l'est la densité D du zinc et D — *d* de l'argent. Si ces métaux plongent dans l'acide concentré, la poussée P′ en *n* de la part du zinc ne surpasse pas, comme dans le cas précédent, celle P′ — *p*′ entre ce zinc et l'acide, parce que la différence *d* entre les densités des équivalents négatifs en zinc et en l'argent est supérieure à celle *d* — δ entre la même densité D du zinc et celle D — *d* + δ de l'acide concentré.

ACIDE AZOTIQUE étendu.	ACIDE AZOTIQUE concentré.	ACIDE hydrochlorique.	POTASSE caustique.	SULFHYDRATE de potasse incolore.
1 Argent.	5 Nickel.	3 Antimoine.	1 Argent.	6 Fer.
2 Cuivre.	1 Argent.	1 Argent.	5 Nickel.	5 Nickel.
3 Antimoine.	3 Antimoine.	5 Nickel.	2 Cuivre.	4 Bismuth.
4 Bismuth.	2 Cuivre.	4 Bismuth.	6 Fer.	8 Plomb.
5 Nickel.	4 Bismuth.	2 Cuivre.	4 Bismuth.	1 Argent.
6 Fer.	6 Fer.	6 Fer.	8 Plomb.	3 Antimoine.
7 Etain.	7 Etain.	8 Plomb.	3 Antimoine.	7 Etain.
8 Plomb.	8 Plomb.	7 Etain.	9 Cadmium.	2 Cuivre.
9 Cadmium.	10 Zinc.	9 Cadmium.	7 Etain.	10 Zinc.
10 Zinc.	9 Cadmium.	10 Zinc.	10 Zinc.	9 Cadmium.

Ce tableau contient une partie des résultats obtenus par M. Faraday avec dix métaux différents et divers liquides. Dans chaque colonne le métal le premier inscrit reçoit les équivalents négatifs des métaux suivants qui éprouvent souvent une oxydation. Chaque métal porte un numéro qui est le même dans toutes les colonnes, et permet de reconnaître combien l'ordre est différent avec les divers liquides.

Pour saisir la signification de ce tableau, il faut se reporter aux règles ou à la loi électrostatique et à l'état électrique de chaque métal et de chaque liquide. En partant de la première colonne les poussées P′ restent les mêmes entre les métaux, mais non par celles $P' + p'$ entre ces métaux et le liquide, car ces poussées diminuent quand l'eau est remplacée par des acides, par des oxydes et par des sels.

A. Règles des poussées.

A. Pour faire passer les équivalents négatifs du vase v' (fig. 63) par les métaux *bn* et *na* : 1° il faut que le métal *nb* exerce une poussée P′ contre le métal *na*, et reçoive lui-même de ce dernier une poussée $P' - p'$ inférieure; 2° il faut en même temps que cet excédant p' de poussée ne soit pas inférieur à celui $P'' + p'$ qui est produit entre les équivalents négatifs des métaux et du liquide, parce qu'en pareil cas, la poussée P' se dirige non pas contre la poussée P' — p', mais vers celle P' — p' — p'' du liquide qui est inférieure.

B. Il faut prendre en considération la diminution des équivalents négatifs dans les métaux qui se couvrent d'oxyde, et qui, devenant moins négatifs, remontent dans les colonnes dont le liquide favorise cet état plutôt dans certains métaux que dans certains autres. Les plus grands déplacements qu'on remarque sont dans la dernière colonne, où le soufre se combine avec les métaux.

C. Dans la troisième et la seconde colonne on voit le chlore et l'oxygène combinés avec les métaux qui produisent les déplacements observés.

D. Si les équivalents éprouvent dans l'eau une résistance qu'ils ne peuvent surmonter, ils s'y accumulent en éprouvant un écoulement très-médiocre; pour que la résistance diminue, il faut en ce cas remplacer l'eau électrisée par une autre qui ne l'est pas.

Un couple de zinc et platine séparés par une couche mince d'eau produit au commencement un courant qui fait dévier le magnète de 15°, et quoique la poussée P' des équivalents hétéronymes reste la même, la déviation diminue pour revenir à 1 degré : preuve évidente que la quantité des équivalents écoulés en une unité de temps diminue, et cela à cause de la résistance *r* provenant des équivalents électriques accumulés dans l'eau. En effet, si l'on remplace cette eau par une quantité nouvelle, la déviation du magnète remonte de nouveau à 15 degrés, et l'on peut répéter indéfiniment cette opération, c'est-à-dire enlever l'eau électrisée et la remplacer par de l'eau non électrisée; on obtiendra toujours le même résultat.

Cet affaiblissement n'a pas lieu dans un couple de zinc et de cuivre plongés dans l'eau, parce que la poussée P' + p' est supérieure et que les équivalents hétéronymes ne s'accumulent pas dans l'eau à cause de sa résistance *r* qui reste la même; repoussés au contraire les uns contre les autres, ils se combinent pour se répandre et céder la place à leurs homonymes qui les suivent.

E. Dans les dissolutions de sels hypométalliques les faibles poussées P′—p′ obtenues des métaux peu électro-négatifs, tels que le platine, le tellure, le palladium ou le rhodium, ne peuvent pas vaincre la résistance *r* du liquide, et alors les équivalents hétéronymes ne sont pas suffisamment pressés les uns contre les autres pour se combiner, s'éloigner et faire place à ceux qui suivent. Cependant la poussée supérieure P′ qui se produit entre les équivalents négatifs du platine et du graphite surmonte la résistance *r* du liquide, et les équivalents hétéronymes remplacent ceux qui viennent de se combiner. Il y a, en ce cas, un écoulement des équivalents électriques seulement, parce que les équivalents somatiques n'éprouvent pas cette combinaison, appelée par les physiciens *action chimique*.

IV. — POUSSÉES ET COURANTS ENTRE DEUX MÉTAUX ET DEUX LIQUIDES.

Dans les couples de ce genre, le déplacement des corps du couple peut faire augmenter ou diminuer la poussée, tandis que cela est impossible dans les couples des trois corps, où l'un doit toujours être en contact avec les deux autres. Ces changements des poussées peuvent facilement être comparés avec les répulsions produites entre les équivalents électriques des corps qui restent les mêmes dans les couples. C'est surtout ici que se produisent avec facilité les équilibres ainsi que les inversions.

Pour faire augmenter la poussée il faut disposer les corps de manière à obtenir des directions des poussées homonymes dans le même sens; pour les faire diminuer, au contraire, il faut faire en sorte qu'elles se dirigent en sens opposé, et pour obtenir un équilibre, il faut en ce cas diminuer la poussée la plus forte ou augmenter la plus faible. Cela est facilement obtenu par des concentrations différentes des liquides.

A. Poussées et courants du même liquide sous différentes concentrations.

Tous les corps contiennent les atomes ÊÊ³ de chaleur en quantités moindres que l'eau ; au moyen de celle-ci la densité des atomes de chaleur stationnaire augmente dans chaque liquide ainsi que la répulsion R′ entre les équivalents négatifs ; mais en même temps augmente la résistance *r*. Les acides concentrés contiennent les équivalents positifs qui exercent entre eux une répulsion R analogue à celle R′ qui a lieu entre les équivalents négatifs. Mais en introduisant de l'eau dans les acides, on y augmente la répulsion R′ entre les équivalents négatifs, et l'on diminue la résistance *r*. Quand la répulsion R′ devient supérieure à la répulsion R, l'acide étendu commence à exercer une répulsion R′ produite par les atomes de chaleur stationnaire contenue dans l'eau. Une série d'exemples démontrera clairement l'application de cette loi aux faits obtenus par des expériences différentes.

I. *Cuivre, fer, eau de mer et potasse.* Les observations sont faites dans un tube en U ou dans l'appareil figure 63 où les deux vases *v* et *v′* communiquent entre eux par la mèche *anб* et où plongent les métaux *e* et *e′* de fer et cuivre. Après avoir introduit l'eau salée, on a un couple à un liquide et deux métaux où l'électricité négative s'écoule du fer vers le cuivre et sollicite l'écoulement de l'électricité positive du cuivre vers le fer qui s'oxyde. Pour produire un changement dans une partie du liquide, on introduit la potasse dans l'une des branches du tube ou dans l'un des vases de l'appareil figure 63.

La potasse $\mathrm{KO\bar{E}^2}$ est un alcali à cause de ces deux équivalents négatifs $\bar{E}^2$ libres, mais elle contient à l'état stationnaire une très-petite quantité d'atomes $\mathrm{\acute{E}\bar{E}^2}$ de chaleur, et ainsi elle fait diminuer entre les équivalents négatifs la répulsion R′ qui devient R′ — r′ dans le vase où elle est introduite.

1° Dans le vase v′ ou dans la branche b′ où plonge le fer, la potasse introduite en petite quantité fait diminuer la répulsion R′ entre les équivalents négatifs et en même temps le courant diminue.

2° En augmentant lentement la quantité de la potasse, on parvient à diminuer la répulsion R′ à un degré tel qu'elle devient R′—r′, c'est-à-dire égale à celle qui est dans l'autre vase v ou l'autre branche b entre les équivalents négatifs de l'eau et ceux du cuivre; l'équilibre s'établit alors entre les poussées P′ opposées et égales; le courant s'arrête et l'oxydation s'interrompt sur le fer, sans pour cela qu'elle se manifeste sur le cuivre.

3° Par une plus grande quantité de potasse la répulsion R′ diminue beaucoup entre les équivalents négatifs du fer et du liquide. Elle devient R′—r′—r″, c'est-à-dire inférieure à celle R′—r′ entre l'eau salée et le cuivre, et alors commence l'écoulement des équivalents négatifs du vase v ou de la branche b partant du cuivre vers le fer. Cet écoulement provoque celui des équivalents positifs de la part du fer vers le cuivre qui commence à s'oxyder, tandis que le fer reste blanc.

Si au lieu d'introduire la potasse dans le vase où plonge le fer, on l'introduit dans l'autre vase où est le cuivre pour y amoindrir la répulsion R′ —r′ entre les équivalents négatifs de l'eau et du cuivre, le courant p′ n'augmente pas sensiblement, parce qu'il dépend de la répulsion R′ entre les équivalents négatifs de l'eau et du fer qui n'éprouve en ce cas aucun changement.

II. *Acide sulfurique concentré et étendu avec deux métaux.*

Si les deux vases v et v' ou les deux branches b et b' contiennent de l'eau, l'écoulement des équivalents négatifs s'opère du métal le plus négatif vers le moins négatif, ainsi qu'on l'a constaté dans les couples à un liquide. Les couples de ce genre sont formés : 1° de zinc avec tous les métaux les moins négatifs ; 2° de cadmium avec tous les métaux les moins négatifs ; 3° de plomb avec tous les autres métaux, etc.

Comme dans le cas précédent, on peut également faire diminuer la répulsion R' entre l'eau et le métal négatif en y introduisant un acide ; toutefois cette diminution ne descend pas constamment au point de devenir inférieure à celle $R'-r'$ qui est produite par les équivalents électriques et l'autre métal le moins négatif. En cas pareil la répulsion R', devenue $R'-r'+r''$, exerce une poussée inférieure $P'-p'+p''$, et ainsi le courant diminue, mais il ne disparaît pas, et encore moins se montre-t-il une inversion.

Les paires formées de métaux dont des équivalents négatifs diffèrent peu de densité, n'éprouvent pas des changements très-sensibles dans leur répulsion R' ou $R'-r'$, excepté le fer qui, dans les liquides, se couvre plus facilement que les autres métaux. Mais les paires de métaux de densités très-différentes dans leurs équivalents négatifs font augmenter la répulsion R' à cause de la diminution de la résistance r qu'oppose l'eau aux équivalents électriques. Ainsi le courant augmente quand le zinc plonge dans l'acide concentré et l'argent dans l'acide étendu, et il diminue quand le zinc reste dans le même acide et que le plomb ou l'étain est dans l'acide étendu ; l'argent ne se couvre pas dans l'acide étendu, mais il provoque l'augmentation du courant par une diminution de résistance.

Acide azotique concentré et étendu avec deux métaux. Dans cet acide, les métaux se couvrent plus facilement que dans tous les autres : pour cette raison les équivalents négatifs sont chaque fois sollicités vers le métal qui se couvre le plus facilement, et les inversions très-fréquentes produites par cet acide sont un effet de l'oxydation des métaux, qui souvent est très-manifeste, et d'autres fois presque imperceptible.

B. Poussées et courants entre deux liquides et deux métaux.

Ces couples éprouvent par les liquides les mêmes changements des répulsions R′ et R′ — r′ entre les équivalents négatifs, comme ceux produits par le même acide à des concentrations différentes; en effet les dissolutions alcalines correspondent aux acides étendus, sans cependant avoir la propriété de faire diminuer la résistance r′ qu'y éprouvent les équivalents négatifs en écoulement.

I. *Alcalis et acides étendus.* Si le zinc est dans l'acide et le platine dans l'alcali, cette disposition fait augmenter les résistances r et r′ qu'éprouvent les équivalents positifs Ē dans l'acide et les équivalents négatifs dans l'alcali. Ces résistances disparaissent par le déplacement des métaux et le courant augmente.

La somme r + r′ des deux résistances est même suffisante pour vaincre la poussée inférieure p′ entre le zinc et l'étain; il s'y manifeste ainsi un équilibre et même une inversion : une inversion semblable se produit aussi entre le plomb et l'étain.

Les résistances r et r′ disparaissent également dans les couples où le zinc plonge dans une dissolution de potasse et le cuivre dans un acide étendu. Il en est encore de même quand la potasse est remplacée par l'eau.

Les résistances r et r′ deviennent insensibles quand la poussée P′ est faible, comme cela a lieu entre le zinc et le platine ou l'argent, quand l'un des métaux plonge dans l'eau et l'autre dans l'acide sulfurique étendu. Si le cuivre plonge dans l'acide azotique, il s'y oxyde; mais cette oxydation s'interrompt dès que ce cuivre vient en contact avec le zinc qui plonge dans la dissolution de potasse où les équivalents positifs Ë qui arrivent n'éprouvent aucune résistance; alors, comme nous l'avons dit, s'interrompt l'oxydation du cuivre et commence celle du zinc.

Nous avons fait voir que les coups de marteau ont pour effet de disperser les atomes ËË² de chaleur stationnaire à la surface des métaux. Une semblable lame *l'* de cuivre repousse les équivalents négatifs vers une autre lame *l* à l'état ordinaire, quand les deux lames sont dans l'eau; en introduisant du côté de la lame *l'* un acide pour diminuer la résistance de l'eau, le courant augmente, mais l'acide hypoazotique qui a un excès d'équivalents positifs fait diminuer les atomes de chaleur répandus sur la lame *l'* qui arrive même à se couvrir, et alors, après un équilibre on obtient une inversion.

Si le zinc plongé dans l'acide azotique se couvre, il reçoit les équivalents négatifs de la part du cuivre blanc plongé dans l'acide sulfurique concentré; mais si le zinc ne se couvre pas, comme cela a lieu quand les deux métaux plongent simultanément, alors les équivalents négatifs s'écoulent du zinc au cuivre. Le courant est cependant toujours plus fort quand le zinc plonge dans l'acide sulfurique et le cuivre dans l'acide azotique.

VIII

RÉFORME DE LA PHYSIQUE

PRODUITE

PAR LA DÉCOUVERTE DE LA CAUSE DES ENDOSMOSES, DE LA VÉGÉTATION, DE LA VIE ANIMALE ET DES EXPLOSIONS.

Après avoir constaté la source de l'électricité des couples de tout genre dans la répulsion mutuelle entre les équivalents électriques homonymes dont chacun a une tendance à augmenter de volume pour occuper un espace toujours plus grand, il reste à constater les faits produits sur les corps qui, exposés aux écoulements des équivalents électriques, en éprouvent un déplacement correspondant : 1° à la direction de l'écoulement des équivalents électriques, et 2° à la quantité QË des équivalents écoulés en chaque unité de temps, précisément comme le sont les déplacements des corps produits par l'écoulement de l'air ou de l'eau. En effet, les lois de l'électrodynamique ne diffèrent pas de celles de l'*aérodynamique* et de l'*hydrodynamique*.

Le magnète est entretenu par l'écoulement des équivalents électriques terrestres dans une position déterminée en chaque pays ; pour qu'il s'y produise une déviation, il faut un courant d'une densité d'équivalents positifs Ë supérieure à celle des équivalents des courants terrestres. La déviation y obtenue sur le magnète par le rapprochement d'un courant électrique sert à rendre visible le sens de l'écoulement des équivalents électriques, et l'angle γ ou mieux son sinus indique la densité $\delta + \delta'$ des équivalents du courant artificiel. De cette densité $\delta + \delta'$, celle δ des équivalents terrestres est supprimée et il ne reste sensible que la densité δ'.

Le voltamètre sert également à déterminer la quantité des équivalents repoussés des deux lames du couple. Les équivalents qui arrivent ont à surmonter seulement la pression p qui maintient en contact les deux équivalents de l'eau. La quantité de gaz produit en une unité de temps sert comme unité pour la comparaison des quantités d'équivalents électriques produits par le couple.

1° La déviation γ du magnète indique la masse ne' d'électre écoulée avec les $n\ddot{E}$ équivalents positifs. 2° La masse μ de gaz produit en une unité de temps indique la quantité q d'équivalents positifs $q\ddot{E}$ et négatifs $q\ddot{E}$ écoulés en une unité de temps en y admettant toujours une résistance r invariable de la part des éléments de l'eau. Cette résistance r apparaît d'autant plus grande que le courant est plus faible, et elle est insignifiante quand le courant est plus fort.

Chaque écoulement électrique ou matériel se soutient dans le seul cas où il y a un éloignement des équivalents précédents; cette loi physique trouve son application partout, aussi bien dans les écoulements des électricités et des équivalents matériels dans les circuits que dans les écoulements des liquides et des gaz dans les endosmoses, qui, dans les translations des liquides des plantes et des animaux sont de la même nature que dans celles des corps non organisés.

Les répulsions constantes entre les équivalents électriques homonymes contenus à l'état stationnaire comme chaleur latente, produisent des poussées analogues d'où proviennent les écoulements des équivalents électriques et ceux des gaz et des liquides constatés dans les endosmoses. Il y a des cas où les répulsions ne sont pas constantes, mais où une masse d'équivalents électriques contenue en un espace limité parvient à vaincre la pression ou la résistance externe, et en ce moment s'opère l'expansion des équivalents électriques qui exercent un choc rude sur les corps ambiants, et non pas une pression produisant un mouvement constant.

L'expansion instantanée des équivalents électriques est une *explosion ;* les corps ambiants qu'atteignent ces équivalents sont renversés et projetés au loin dans toutes les directions. Une répulsion constante produit un écoulement et un déplacement permanent, mais dans une seule direction. Cette répulsion est produite, comme celle des explosions, par la tendance des équivalents électriques à augmenter de volume; mais dans les explosions l'expansion se montre au moment où la dépression s'évanouit, tandis que les écoulements sont entretenus par les répulsions constantes des masses de chaleur latente qui restent à l'état stationnaire.

Dans les courants des couples, on a constaté l'éloignement des équivalents électriques et matériels du circuit, éloignement absolument nécessaire pour l'écoulement des équivalents électriques qui produit la déviation du magnète. Dans les endosmoses on constate l'éloignement des gaz et des liquides ou de leurs vapeurs ; les physiciens ont toujours ignoré l'écoulement électrique qui s'opère dans les liquides mêmes, dans leurs vapeurs et dans les gaz.

Les équivalents homonymes contenus dans les atomes $\ddot{E}\dot{E}^2$ de chaleur stationnaire, en se repoussant mutuellement, repoussent les équivalents matériels et les font pénétrer dans les corps qui opposent une moindre résistance. Si les équivalents matériels s'éloignent, ils sont remplacés par d'autres. Cet éloignement, appelé *endosmose,* est donc indispensable au remplacement des masses éloignées par d'autres qui arrivent.

Les endosmoses ont été reconnus par les physiciens dans les plantes et les animaux ; mais l'éloignement des liquides a été admis par eux comme un effet et non pas comme une cause coexistant avec la répulsion permanente entre les équivalents électriques homonymes et stationnaires comme chaleur latente.

Tout ce qui a été dit sur la source de l'électricité et des courants des piles sert ici à déterminer les degrés des poussées des couples différents. Les poussées augmentent quand la température est élevée, sans qu'aucun changement ait lieu dans les couples ; elles augmentent également chaque fois que diminue la résistance *r*. Une pareille diminution est obtenue lorsque diminue l'intervalle entre les lames métalliques, et quand on introduit dans l'eau pure un alcali ou mieux un acide. Les équivalents négatifs des atomes $\breve{E}\bar{E}^2$ de chaleur stationnaire, contenus en grande densité dans l'eau, font augmenter la répulsion de même que celle-ci augmente encore par l'élévation de température, avec cette seule différence cependant que la résistance *r* croît plus rapidement par l'introduction de l'eau que par l'élévation de température.

CHAPITRE PREMIER.

ENDOSMOSES DES CORPS NON ORGANISÉS.

Le mot *endosmose* (du grec ὠσμός, poussée, et ἔνδον, en dedans) exprime, par conséquent, l'action d'une poussée qui est dirigée du liquide d'un vase externe vers le liquide d'un vase. Au contraire, la poussée dirigée du liquide du vase interne vers celui du vase exerne est appelée *exosmose* (du même mot ὠσμός, et de ἐξ, au dehors).

Dutrochet exposa, il y a plus de trente ans, une série d'expériences empiriques dont il donna une description exacte; et depuis les chimistes ainsi que les physiciens ont répété à l'envi ces descriptions sans pouvoir y découvrir la cause motrice. Elle est en effet d'une nature telle qu'elle donne naissance à des faits auxquels ne sauraient s'appliquer les lois hydrostatiques et encore moins les lois hydrauliques.

Mais comme les physiologistes sentaient le besoin d'une cause motrice pareille à celle dont les effets se manifestent dans les endosmoses, ils n'hésitèrent pas, quoiqu'ils ignorassent la nature de cette cause, à s'emparer de ces résultats pour établir un parallèle entre les faits constatés dans les corps non organisés et ceux observés dans les corps organisés.

Personne, jusqu'à présent, n'a soupçonné l'existence de

l'endosmose dans les vapeurs et encore moins dans les gaz; quoique toutes les endosmoses aient pourtant lieu à l'état de vapeurs et de gaz, c'est dans ces mouvements des liquides ou de leurs vapeurs que consiste la vie des plantes et des animaux; aussi les physiologistes sont-ils parvenus à découvrir que la cause primitive de la vie végétale est la même que celle de vie animale, et en même temps celle qui maintient les liquides en mouvement dans les corps non organisés, sans obéir pour cela aux lois de la mécanique ou à celles de l'hydraulique. Un pas encore, et ils fussent arrivés à l'origine de la cause motrice des endosmoses.

La moitié de ce pas a été faite quand il a été prouvé que la matière n'a pas la propriété de se mettre spontanément en mouvement, et que ce sont les fluides impondérables en écoulement qui communiquent leur mouvement aux corps inertes. Les écoulements électriques lancent au loin les corps les plus lourds, font voler en éclats les vases les plus solides; l'écoulement de la chaleur met en mouvement des flottes entières, etc. Ainsi, tous les mouvements des corps sont un effet de ceux des fluides impondérables.

Mais quelle est la cause qui met à leur tour en mouvement l'électricité, la chaleur et la lumière? Cette question, qui arrive nécessairement à la fin de tout raisonnement semblable, n'a reçu jusqu'à présent aucune réponse satisfaisante : ce n'est pas que les savants manquassent d'intelligence ou de connaissances; mais c'est que cette question n'a jamais été posée comme elle l'est ici.

On sait que les gaz comme les fluides impondérables ont une tendance naturelle à augmenter indéfiniment de volume pour occuper un espace indéfiniment grand. Cette tendance, appelée *élasticité*, ne leur vient de nulle part; elle est dans les fluides impondérables, et se manifeste également dans les gaz à cause des fluides qui, combinés en différentes quantités avec un autre fluide appelé *barogène*, produisent les corps qui, grâce à ce barogène, obtiennent la *pondérabilité*. 1° Une grande quantité de fluides impondérables, combinée avec une petite quantité de *barogène*, produit les *gaz*. 2° Une petite quantité des fluides impondérables, combinée avec une grande quantité de *barogène*, produit les métaux et les autres corps dont le poids spécifique surpasse celui des gaz.

Au lieu d'attribuer le mouvement des corps à l'écoulement des fluides impondérables, et cet écoulement des fluides à leur tendance à augmenter de volume ou à leur élasticité, les anciens ont admis l'existence d'une cause pareille à laquelle ils ont donné le nom de *force* (δύναμις); les modernes, après la découverte des fluides, ne les ont pas mis à la place de cette δύναμις, comme nous le faisons dans cet ouvrage, où la découverte des fluides impondérables a fait disparaître tous ces vains termes de *dynamis*, *potentia*, *force;* nous prouvons en effet que tous les mouvements possibles ont pour origine commune l'*élasticité* des fluides ou leur tendance naturelle à augmenter indéfiniment de volume. Cette élasticité ne fait pas défaut aux corps, car ceux-ci consistent en fluides impondérables combinés avec le barogène.

Les écoulements ne sont qu'un éloignement continuel des éléments qui sont remplacés par d'autres homoïdes. Dans les circuits des piles on a constaté : 1° une poussée de la part des métaux ou des liquides en contact, et 2° un éloignement des éléments électriques opéré par leur combinaison.

Les endosmoses ne sont également que des écoulements, sans que cependant ceux-ci constituent un circuit comme les courants des piles; mais les liquides ou les gaz repoussés d'un côté s'écoulent vers l'autre, et cet écoulement n'est pas pour cela constant comme celui des piles; il n'est pas non plus instantané comme celui des décharges électriques; mais ils commencent d'abord avec un maximum de tendance qui diminue graduellement pour s'arrêter quand l'équilibre se sera établi.

Les endosmoses ne peuvent se maintenir que dans les cas où les masses liquides et les masses gazeuses s'éloignent d'un côté, et que de nouvelles masses sont introduites du côté par où vient l'endosmose. Cette loi trouve son application dans les endosmoses des corps non organisés aussi bien que dans les endosmoses des plantes et des animaux.

1° Les endosmoses des corps organisés vont être expliqués séparément de celles des corps non organisés; elles dépendent du corps qui sépare les gaz ou les liquides; car ce corps, appelé *diaphragme* ou *cloison*, doit laisser les liquides ou les gaz pénétrer dans son intérieur; il doit être imbibé de l'un des deux liquides ou des deux gaz qu'il sépare, car sans cela l'endosmose est absolument impossible.

2° Les endosmoses dépendent également des liquides qui doivent être de nature à pouvoir se mêler, car sans cela, le diaphragme fût-il même imbibé de l'un ou de l'autre liquide, l'apparition d'une endosmose ne peut avoir lieu. Quant aux gaz, une distinction pareille n'existe pas, parce qu'ils se mêlent tous et en toutes proportions.

3° Si les liquides et la cloison restent les mêmes, les endosmoses changent avec la température suivant une loi qui est parfaitement déterminée, et qui explique tous les faits de ce genre, ainsi que cela a été constaté dans les courants électriques des piles.

I. — ENDOSMOSE DES LIQUIDES.

Les faits de ce genre sont produits avec un appareil très-simple appelé *endosmomètre :* c'est une bouteille dont le fond est enlevé et remplacé par un corps poreux appelé *diaphragme*, ou cloison qui sert à séparer le liquide *intérieur* contenu dans la bouteille du liquide *extérieur*, contenu dans un vase *v*, dans lequel plonge la bouteille. Le bouchon de la bouteille est traversé par un tube de 1 ou 2 millimètres de diamètre et d'une hauteur de plusieurs décimètres, divisée en millimètres, car cette hauteur du niveau sert à comparer les différents degrés d'endosmoses entre les liquides.

Cet appareil est une espèce de couple formé d'un corps solide et de deux liquides qui doivent être différents pour qu'il puisse se manifester : 1° dans les couples un courant indiqué par la déviation du magnète, et 2° dans les endosmomètres une pénétration du liquide extérieur dans la bouteille par la cloison, pénétration indiquée par l'élévation du niveau dans le tube.

Si le même liquide est contenu dans la bouteille et dans le vase *v*, il n'y a pas de courant ni d'endosmose, car il ne se montre aucune élévation de niveau dans le tube. En ce cas, pour obtenir une endosmose, il faut un courant qui est obtenu par une pile. Ce courant doit entrer par le vase *v* extérieur, et sortir par le tube en traversant l'eau pure des deux vases et la cloison. Le niveau s'élève dans le tube et indique la pénétration de l'eau du vase *v* par la cloison dans la bouteille : ce niveau élevé se maintient après l'interruption du courant.

En changeant la direction du courant pour le faire descendre par le tube dans la bouteille et sortir de l'eau du vase extérieur, le niveau baisse dans le tube et dans la bouteille, et il s'élève dans le vase extérieur. Les observations de cette espèce, qui sont très-faciles, ne laissent aucun doute sur la nature de la cause motrice des liquides dans les endosmoses.

Quand les liquides sont différents, l'endosmose s'opère sans qu'un courant soit nécessaire, parce qu'il s'y en montre un dirigé de la part du liquide où est supérieure la répulsion R entre les atomes de chaleur stationnaire ou entre ses équivalents électriques $\dot{E}\dot{E}^2$.

La répulsion inférieure R-R′ entre les atomes de chaleur de l'autre liquide laisse pénétrer par la cloison leurs homonymes qui, entraînant les atomes d'eau, font ainsi s'élever le niveau dans le tube. Ce phénomène a lieu contre les règles de la loi hydraulique, mais conformément avec la loi électrostatique et aréostatique.

L'écoulement des atomes d'eau et de chaleur stationnaire éprouve dans la cloison la résistance r, et dans le liquide intérieur la résistance r'. Cet écoulement persiste tant qu'il y a une destruction d'équilibre entre les équivalents électriques des deux liquides, et il s'arrête quand l'équilibre est rétabli.

Il y a deux espèces d'équilibres, le *simple* et le *composé* : 1° L'équilibre simple est celui qui existe entre le même liquide dans la bouteille et dans le vase v, et qui ne peut être détruit que par un courant extérieur ; 2° l'équilibre composé est obtenu par une égalité entre l'excédant R′ de répulsion R et la somme $r+r'$ des résistances ; cette égalité $R'=r+r'$ peut être obtenue soit par la diminution de l'excédant R′, soit par l'augmentation de la somme $r+r'$ des résistances.

Après avoir déterminé la cause motrice des endosmoses, cause inconnue aux physiciens, nous prendrons les faits observés comme exemples, parce qu'ils sont déterminés *à priori*. Le nombre de faits de cette nature est infini, comme le sont les opérations arithmétiques sur des quantités différentes. Nous ne rapporterons ici que les faits les plus connus. Par la suite, tout auteur pourra rapporter les mêmes faits ou plusieurs autres, mais quant à la loi électrostatique des endosmoses, elle n'est subordonnée à la volonté de personne : une fois découverte, elle doit rester invariable dans tous les ouvrages à venir.

Les mélanges des liquides, comme ceux des gaz, ont

été considérés par les chimistes et les physiciens comme une simple pénétration des éléments des uns parmi ceux des autres, sans qu'ils se combinent chimiquement pour produire des corps de nature différente. Pour cette raison, l'endosmose n'a pas été considérée comme un effet que produiraient des courants électriques. Les savants qui préconisent le système de Volta ignoraient le moyen indiqué pour produire des endosmoses par l'entremise d'un courant qui fait connaître l'existence des écoulements électriques d'un liquide dans l'autre, sans qu'aucune combinaison chimique soit nécessaire.

Quand les deux liquides restent les mêmes, la direction de l'endosmose dépend de la résistance *r* qu'exercent les cloisons; et quand celle-ci reste, l'endosmose est déterminé par la résistance *r′* entre les liquides différents, si la température reste aussi la même, parce que pour un degré, il faut, dans l'eau pure, la quantité $(Q + Q') \ddot{E}\ddot{E}^2$ d'atomes de chaleur, tandis que dans l'eau acidulée il n'en faut que la quantité $Q\ddot{E}\ddot{E}^2$. Ainsi l'excédant R′ dans l'eau pure devient $R' + R'' + R'''$, tandis que dans l'eau acidulée il ne se produit que l'excédant R″.

A. Cloisons des vessies.

Peu importe que l'on introduise l'un ou l'autre des deux liquides dans la bouteille ou dans le vase *v*; mais, pour déterminer les degrés des endosmoses ou les quantités de liquide qui pénètrent la cloison, il faut les distribuer de manière qu'il y ait une *endosmose* du vase *v* vers la bouteille. Dans le cas où il se produira une inversion, c'est-à-dire une pénétration du liquide de la bouteille vers le vase *v*, on lui donnera le nom *d'exosmose*.

Entre l'eau et les dissolutions des corps, il y a à distinguer les quatre cas suivants : 1° *équilibre simple*, 2° *endos-*

mose, 3° *équilibre composé*, et 4° inversion ou *exosmose*. Ces cas se répètent dans le même ordre entre tous les liquides, parce qu'ils sont l'effet de la même loi.

I. *Eau et acide sulfurique*. 1° L'équilibre simple existe dans le cas où il y a de l'eau pure dans la bouteille et dans le vase v; sans un courant extérieur, il n'apparaît aucune endosmose.

2° En introduisant une petite quantité d'acide dans le vase v, il apparaît une endosmose indiquée par l'élévation du niveau ; cette endosmose croît avec la quantité de l'acide jusqu'à un certain poids spécifique s de l'eau acidulée. Au delà de ce point s, l'augmentation du poids spécifique $s+s'$ de l'eau acidulée fait diminuer l'endosmose jusqu'à sa disparition totale.

3° L'équilibre composé est produit par l'égalité $R'=r+r'$ entre l'excédant R' de la répulsion $R+R'$ et la somme $r+r'$ des résistances qu'exercent à la fois la cloison et l'eau acidulée de $s+s'$, poids spécifique.

4° Une quantité supérieure d'acide fait augmenter davantage le poids spécifique $s+s'+s''$ de l'eau acidulée; cette eau ou son acide exerce une résistance inférieure $=r'-r''$, et ainsi se détruit l'équilibre qui était exprimé par $R'=r+r'$, obtenu par le $s+s'$, poids spécifique. L'excédant R' détermine une *exosmose* qui fait s'écouler l'eau pure de la bouteille par la cloison dans le vase externe v.

5° Le poids spécifique $s+s'$ de l'eau acidulée dans l'équilibre composé est 1,072 quand la température est 10°; il est inférieur $s+s'-\alpha$, si la température est supérieure; mais si celle-ci baisse, le poids spécifique de l'eau acidulée doit monter et devenir $s+s'+\beta$.

L'équilibre s'obtient avec l'acide sulfureux quand le poids spécifique $s+s'$ de cet acide est au-dessous de 0,015, à une température de 10°; toutefois les observations doivent être faites avec célérité, car la vessie dont on se sert se détruit promptement.

II. *Eau et acide hydrochlorique*. Les quatre cas indiqués pour l'acide sulfurique se répètent également avec l'acide hydrochlorique : la différence ne consiste que dans le poids spécifique $s + s'$ de l'eau acidulée qui est ici de beaucoup inférieure, soit 1,017, quand la température est 10°. Si celle-ci s'élève, il pénètre dans l'eau pure une plus grande quantité d'atomes $\bar{\text{E}}\bar{\text{E}}^2$ de chaleur que dans l'eau acidulée, et pour cette raison, il y a un excédant R′ de répulsion vers l'eau acidulée. Au contraire, si la température baisse au-dessous de 10°, il y a pour chaque degré une consommation de chaleur plus grande dans l'eau pure que dans l'eau acidulée, et alors il se manifeste un déficit dans la répulsion de la part de l'eau pure, et par suite une inversion de l'*endosmose*.

1° On détruit l'équilibre composé par le changement de la température, et on produit une endosmose vers l'eau pure de la bouteille en éloignant la chaleur, ou une exosmose vers le vase v en élevant la température sans changer en rien le poids spécifique de l'eau acidulée.

2° On détruit également cet équilibre par le changement du poids spécifique $s + s'$ de l'eau acidulée. Une concentration $s + s' - \alpha$ inférieure à 1,017, produit une *endosmose*, et une concentration supérieure $s + s' + \beta$ produit une *exosmose*.

1° L'élévation de température et l'augmentation du poids spécifique $s + s'$ de l'eau acidulée font donc apparaître l'exosmose; 2° l'abaissement de température et l'augmentation du poids spécifique de l'eau acidulée font apparaître l'endosmose; 3° l'équilibre se maintient par une élévation de température $t + t'$ et une diminution du poids spécifique $s + s' - \alpha$ de l'eau acidulée, ou par un abaissement de température $t - t'$ et une élévation du poids spécifique $s + s' + \beta$ de l'eau acidulée.

Ainsi l'augmentation de la quantité d'eau dans l'eau acidulée produit le même effet que l'abaissement de température, et cela a lieu de la manière suivante : L'eau pure contient le maximum d'atomes $\bar{\text{E}}\bar{\text{E}}^2$ de chaleur stationnaire; son introduction dans l'acide, fait augmenter la densité de la chaleur stationnaire et la répulsion R. Pour un abaissement de température de 1°, il s'éloigne de l'eau pure une plus grande quantité de chaleur ou d'atomes $\ddot{E}\bar{E}^2$ que de l'eau acidulée; celle-ci éprouve alors dans sa répulsion R, une diminution R″ inférieure à celle R″+R‴ qu'éprouve la répulsion R+R′ de l'eau pure.

III. *Eau et acide azotique.* A une température de 10°, l'équilibre composé est obtenu entre l'eau pure et l'eau acidulée de 1,09 poids spécifique. Les quatre cas indiqués ci-dessus trouvent tous également ici leur application.

IV. *Eau et acide tartarique.* A. Avec une température de 25°, l'équilibre est obtenu avec l'eau acidulée de 1,05 poids spécifique; B. Avec une température de 15°, l'équilibre est maintenu avec l'eau acidulée de 1,2 poids spécifique; C. Avec une température de 8°, il faut 1,15 poids spécifique de l'eau acidulée si l'on ne veut voir se détruire l'équilibre; D. Enfin, avec une température de 0°,25 il faut élever à 1,21 le poids spécifique de l'eau acidulée pour maintenir l'équilibre. Ainsi donc l'abaissement de température $t - t'$ est en une relation inverse avec des poids spécifiques $s + s'$ de l'eau acidulée; parce que l'éloignement de la chaleur fait diminuer la répulsion R + R′ de la part de l'eau pure, et que l'introduction de l'acide fait diminuer la résistance de la part de l'eau acidulée.

V. *Eau et acide oxalique.* Cet acide ne peut être employé qu'à l'état de dilution étendue parce qu'il est solide à l'état conncentré; quand on le filtre au travers d'une vessie il se montre plus tenace que l'eau; aussi s'écoule-t-il par la vessie, dans le même temps, une quantité plus grande d'eau que d'acide oxalique. Cela prouve que la vessie oppose à l'eau pure une répulsion r supérieure à celle $r - r''$ qu'elle oppose à l'eau acidulée.

A cause donc de cette répulsion inférieure $r - r''$ entre la vessie et l'eau acidulée, celle-ci pénètre dans la vessie et se répand dans l'eau pure, de sorte qu'il y a endosmose de l'eau acidulée vers l'eau pure. Cette endosmose perd de son intensité dans les températures supérieures : toutefois l'équilibre composé n'apparaît pas et encore moins une inversion, quand l'eau obtient le plus grand poids spécifique possible sous son état liquide.

VI. *Eau et sels.* Les sels ont une très-petite quantité de chaleur stationnaire : pour cette raison il est impossible d'obtenir un équilibre entre l'eau pure et les dissolutions des sels ; car c'est toujours l'eau qui traverse la cloison pour s'écouler vers les dissolutions salinées. Dans ces circonstances, il se produit à la vérité un équilibre entre l'eau pure des deux côtés ou entre la même dissolution de sels, mais cet équilibre est simple et non pas composé.

L'intensité de l'endosmose de l'eau est en relation directe avec le poids spécifique $s + s'$ de la dissolution : il s'écoule en une unité de temps deux fois autant d'eau dans une dissolution de sel gemme de 1,12 poids spécifique que dans une autre de 1,06 poids spécifique.

Dans l'eau sont généralement solubles tous les sels qui lui opposent une résistance r' inférieure à la répulsion R exercée entre les atomes $\dot{\bar{E}}\bar{E}^3$ de chaleur stationnaire de l'eau. Les sels se dissolvent en plus grande quantité dans 100 parties d'eau quand la résistance r est inférieure, comme cela a lieu pour les sels d'ammoniaque. Au contraire, les sels de chaux se dissolvent en petites quantités dans l'eau, à cause de la grande résistance qu'ils exercent. Cette résistance ayant été produite par les atomes $\dot{\bar{E}}\bar{E}^2$ de chaleur stationnaire, augmente avec la température, et ainsi les sels de chaux sont moins solubles dans l'eau chaude que dans l'eau froide, tandis que d'une autre part, tous les autres sels sont solubles en plus grandes quantités dans les températures supérieures.

Entre les dissolutions saturées des sels, l'endosmose va du sel le moins soluble au sel le plus soluble, et cela parce que celui-ci contient dans sa dissolution une quantité d'eau inférieure à celle du sel le moins soluble.

Les sels qui ont le même acide contiennent, si leur base est un hypométal, une quantité d'équivalents négatifs plus grande que si cette même base est un métal. C'est pourquoi l'intensité de l'endosmose de l'eau est plus grande vers le chlorure de cuivre que vers le sel gemme.

VII. *Sels et métaux.* Si au fond de la bouteille d'eau pure, descend un fil de fer ou de tout autre métal oxydable jusqu'à toucher la cloison, et si le vase *v* contient un sel métallique, du sulfate de cuivre par exemple, il se produit une action chimique qui ne diffère point de celle obtenue dans le couple de Daniell. Le sel est décomposé, son métal se dépose sur la vessie au point où le fer la touche du dedans. Ainsi l'acide SO^3 devient libre et l'oxygène du cuivre réduit passe avec l'acide au fer qui s'oxyde la manière suivante :

Pour la formation d'un atome de sel d'un oxyde $MO\bar{E}^2$ et d'un acide $SO^3\bar{E}$, il se produit un atome $\ddot{E}\bar{E}^2$ de chaleur; celui-ci se décompose durant la décomposition de l'atome $CuOSO^3$ de sel : 1° l'équivalent positif $\ddot{E}$ de la chaleur passe à l'équivalent SO^3 pour en faire un acide $SO^3\ddot{E}$; 2° les équivalents $\bar{E}^2$ de la chaleur, unis à un troisième qui se sépare du fer, se combinent avec le cuivre somatique Cu pour le ramener à l'état ordinaire $Cu\bar{E}^3$; 3° l'équivalent négatif $\bar{E}$ éloigné du fer y est remplacé par l'oxygène somatique $\bar{O}$ de l'atome OSO^3 et il en provient ainsi l'oxyde de fer $FeO\bar{E}^2$ qui se combine avec l'acide $SO^3\ddot{E}$ introduit par l'endosmose vers l'eau pure, l'atome $\ddot{E}\bar{E}^2$ de chaleur se trouve également reproduit.

Ainsi que cela a eu lieu pour le courant de la pile, de même ici c'est l'action chimique d'un couple qui rend évidente la cause motrice qui est de la même nature dans les deux cas; quant à la différence qui paraît exister elle n'est qu'apparente.

VIII. *Eau et éther ou alcool.* L'alcool est électronégatif comme la vessie : pour cette raison la résistance *r* est supérieure à celle $r - r''$ qui existe entre la vessie et l'eau ; c'est précisément le contraire de la relation qu'on a remarquée entre la vessie et l'acide oxalique.

L'eau pénètre plus facilement dans la vessie que l'éther ou l'alcool, et ces deux liquides viennent en contact avec la couche d'eau qui se trouve sur la surface de la vessie. Cette couche d'eau n'éprouve de la part de l'alcool qu'une résistance médiocre *r* et c'est pour cela qu'elle avance en cédant sa place à la couche qui suit : ainsi s'opère vers l'éther ou l'alcool l'endosmose de l'eau qui se répand dans toute la masse de ces liquides à la manière d'un gaz.

Pendant cette endosmose l'intensité diminue 1° à cause de la résistance de la part de la hauteur H du niveau dans l'alcool ; 2° à cause de la quantité de l'eau multipliée dans l'alcool, et 3° à cause de l'élévation de température que produit le contact de l'eau avec l'alcool. Pour obtenir une grande hauteur de l'alcool dans l'endosmomètre, il faut remplacer la bouteille par un entonnoir à large base renfermé dans une vessie et ayant un tube de petit diamètre attaché à son sommet; l'alcool élevé jusqu'à un mètre s'écoule rapidement au commencement, mais quand il vient à être plus étendu, l'endosmose s'arrête et il se montre même une inversion, d'abord à cause de la température qui s'est élevée, et plus encore à cause de la vessie qui ne reste pas dans le même état.

Ce qui a été dit pour la relation entre la vessie et l'acide oxalique a lieu également pour l'acide hydrosulfurique, qui pénètre dans l'eau, et par suite, pénètre avec une intensité supérieure dans l'alcool et surtout dans l'éther; il en est de même pour tous les acides étendus qui pénètrent dans l'eau.

IX. *Eau, colle, sucre, albumine, gomme.* Il y a toujours endosmose de l'eau vers les dissolutions de ces quatre substances de corps organisés. Si le poids spécifique est égal, soit 1,07, l'intensité de l'endosmose de l'eau diffère pour chacune des quatres dissolutions ; en les introduisant l'une après l'autre dans l'endosmomètre et tenant toujours le vase extérieur *v*, plein d'eau pure, on obtient la hauteur 3 pour la colle ; 5 pour la gomme ; 11 pour le sucre ; et 12 pour l'albumine.

La résistance de la part de la colle étant $\frac{r}{3}$, celle de la part de l'albumine est $\frac{r}{12}$ ou quatre fois moindre : c'est pourquoi il y a endosmose de la gomme vers le sucre, quand une partie de cette substance est dissoute dans 16 parties d'eau. Cette endosmose se maintient encore jusqu'à un degré inférieur même quand le sucre est dissout dans 32 parties d'eau.

La dissolution d'une partie d'acide oxalique et de 2 parties de sucre dans 16 parties d'eau produit un équilibre avec cette eau. Pour obtenir une endosmose d'une grande intensité, il faut employer une dissolution d'acide oxalique dans le vase *v* et remplir la bouteille d'une dissolution de sucre. Cette intensité devient manifeste par la hauteur du niveau de l'endosmomètre, et surtout par le court espace de temps nécessaire pour cette élévation. Du reste celle-ci dépend aussi de la forme de la bouteille, ou de l'entonnoir et selon que leur base est large ou étroite.

B. Cloison formée d'une membrane ou tranche de poireau.

L'état acide ou électropositif de ce corps oppose aux liquides acidulés une résistance *r* supérieure à celle $r - r''$ qu'il oppose à l'eau et aux liquides alcalins. Il y a donc endosmose de l'eau pure vers l'eau acidulée avec les acides sulfurique, hydrosulfurique, oxalique, tartarique, etc., sans qu'aucune inversion soit possible.

C. Cloison formée de gutta-percha ou de membranes végétales.

Ces corps sont moins électronégatifs que la vessie, et moins électropositifs que le poireau ; aussi sont-ils à cause de cela, plus facilement pénétré par l'éther et l'alcool que par l'eau et surtout que par les acides. Nous constatons donc à *priori* que la direction de l'endosmose de l'eau avec l'alcool ou l'éther est en direction inverse quand la cloison est formée d'une couche de gutta-percha que quand la cloison est formée par la vessie elle-même.

Entre l'éther, l'alcool, l'eau pure et l'eau acidulée, l'endosmose va de l'éther avec la plus grande intensité vers l'eau peu acidulée, ensuite vers l'eau pure et enfin avec une intensité médiocre vers l'alcool; l'alcool va aussi vers l'eau peu acidulée et vers l'eau pure.

Les écorces de certaines plantes produisent des effets d'endosmose qui prouvent que leur état électrique est compris entre celui de la gutta-percha et du poireau.

D. Cloison formée d'argile cuite.

L'argile se présente sous un état électronégatif peu différent de celui de la vessie; de même qu'avec celle-ci, il y a avec l'argile deux équilibres dans les endosmoses; 1° l'un simple entre le même liquide et 2° l'autre composé qui est produit entre l'eau pure et l'eau acidulée.

Ni Dutrochet ni aucun des physiciens n'ont connu l'existence de l'endosmose des gaz, ainsi que nous allons le prouver; les endosmoses des liquides elles-mêmes ne s'opèrent pas par un écoulement des masses liquides, mais la cloison doit d'abord en être imbibée, de sorte que la diffusion soit telle qu'on puisse considérer l'état du liquide dans la cloison plutôt comme une masse des vapeurs denses que comme une masse liquide; de plus, l'adhésion entre la cloison et les vapeurs se comprend plus facilement que celle entre un corps solide et une masse liquide.

Après cela, quand une goutte d'alcool ou d'acide se répand dans un vase d'eau pour remplir tout l'espace occupé par celle-ci, il n'est pas possible d'admettre que l'état liquide où se trouve cette goutte avant d'être introduite soit encore le même quand elle est dilatée de manière à remplir un espace mille fois plus grand que celui qu'elle occupait précédemment.

II. — ENDOSMOSE DES GAZ ET DES VAPEURS.

Toutes les espèces de gaz se mêlent, et leur faible poids spécifique leur permet de s'accumuler au point d'amener la rupture de la vessie. Les physiciens qui avaient pu obtenir plusieurs gaz à l'état liquide, ne savaient à quelle cause attribuer l'impossibilité de condenser les autres. Cette difficulté disparaît ici, car nous savons maintenant que c'est la chaleur stationnaire qui maintient les vapeurs à l'état gazeux, et que l'état d'élasticité de l'oxygène $O\overset{+}{E}$, de l'hydrogène $H\overset{-}{E}$, de l'oxyde de carbone $CO\overset{-}{E}$ et de l'azote $Az\overset{-}{E}$ est dû, pour le premier, aux équivalents positifs $\overset{+}{E}$, et, pour les trois derniers, aux équivalents négatifs $\overset{-}{E}$.

Les cloisons sont plus fréquemment imbibées de vapeurs que de gaz, et même dans les cas où il y a endosmose de gaz, la cloison a été précédemment imbibée de vapeurs d'eau. Dans tous les cas pareils il y a une cloison humide soutenue par un corps solide.

Il n'existe pas de délimitation absolue entre les liquides et les vapeurs; si l'on opère en effet à une très-basse température, on voit plusieurs espèces de vapeurs se condenser; si l'on opère, au contraire, à une température très-élevée, plusieurs liquides prennent l'état gazeux; aussi, la loi qui régit l'endosmose des liquides ne diffère-t-elle pas de celle qui préside à l'endosmose de leurs vapeurs. Il n'y a donc, comme nous l'avons dit, que des endosmoses de vapeurs et de gaz, car des liquides mêlés ne conservent plus le même état qu'ils avaient étant isolés. La différence ne consiste que dans la dilatation qu'éprouvent les liquides mêlés, et qui est en tout semblable à celle des vapeurs et des gaz.

A. Cloisons des vessies.

De même que nous l'avons fait pour l'endosmose des liquides, nous donnerons ici une série d'exemples qui mettront le lecteur en état d'appliquer les lois électrostatiques aux faits bien constatés aussi bien dans les corps non organisés que dans les plantes et les animaux.

I. *Air ou gaz oléfiant et acide carbonique.* Une vessie sèche ne permet aucune endosmose entre ces gaz. Elle doit être humide ou bien il faut établir tout autre cloison imprégnée d'eau pour séparer ces gaz, parmi lesquels l'acide carbonique seul traverse la cloison mouillée, qui reste impénétrable pour l'air et le gaz oléfiant.

Si l'on veut faire crever la vessie, on la remplit d'air aux deux tiers, et on la place dans un vase rempli d'acide carbonique; celui-ci pénètre bientôt dans la cloison humide pour se mettre en équilibre, et cette somme d'acide s'ajoutant à l'air précédent, produit, du dedans au dehors, une répulsion $R + R'$ suffisante pour amener la rupture de la vessie.

Pour arrêter la pénétration de l'acide carbonique il faut le séparer de la cloison humide aquatique par une couche mince d'huile répandue sur la surface de la vessie. Cet arrêt de pénétration n'est pas produit par l'alcool; la cloison humide peut même être remplacée par une autre imbibée d'alcool, avec lequel l'acide carbonique ne se mêle pas aussi facilement qu'avec l'eau.

II. *Air ou gaz oléfiant et acide hydrosulfurique.* La vessie, remplie d'air et d'acide carbonique jusqu'à ce que l'équilibre s'établisse avec le gaz contenu dans le vase, est introduite dans un vase contenant de l'acide hydrosulfurique qui pénètre dans la vessie à peu près comme si elle était vide, parce que les gaz ou les vapeurs hétéronymes n'exercent entre eux aucune résistance quand ils sont à l'état stationnaire et non pas en écoulement.

Une vessie contenant la petite quantité *a* d'air reçoit dans l'acide carbonique un volume *v* de gaz qui la fait se gonfler; introduite après cela dans l'acide hydrosulfurique, elle en reçoit un volume égal *v'* de ce gaz. En tel état, la vessie exposée à l'air laisse s'écouler les deux volumes *v* et *v'* de gaz, et il ne reste dans son intérieur que la quantité *a* d'air.

De même que dans l'acide carbonique libre, la vessie s'enfle également dans l'eau de Seltz; c'est une preuve évidente que cet acide s'établit en équilibre aussi bien quand il est mêlé avec l'eau que quand il est mêlé avec l'air *a* contenus d'abord dans la vessie.

III. *Air et vapeurs d'eau*. Un entonnoir conique rempli d'eau est fermé par une vessie et son sommet est plongé dans un vase de mercure. Les vapeurs d'eau s'éloignent de la surface de la vessie sans laisser pénétrer l'air : de cette manière s'élèvent la couche inférieure d'eau et celle du mercure qui arrive jusqu'à la vessie.

Dans tous les cas précédemment indiqués, on peut remplacer la vessie des mammifères par celle des poissons, mais non pas par la membrane mince des œufs; car celle-ci est constituée par de l'albumine dont l'état électrique est moins négatif que le tissu des vessies. Cette observation est d'une haute importance dans l'explication des espèces d'endosmoses qui s'opèrent dans les plantes et surtout dans les animaux.

B. Cloisons de gutta-percha.

Il y a un endosmomètre pour les gaz comme pour les liquides : c'est un ballon de gutta-percha, de vessie, de terre cuite, etc., qui communique avec un tube ainsi courbé en ‿, qui contient le mercure dans sa courbure, afin de séparer l'air du gaz contenu dans le ballon et indiquer en même temps par son élévation le degré de pression qu'exerce l'air vers le gaz ou celui-ci vers l'air.

Cet endosmomètre sert à comparer les quantités de gaz différents qui pénètrent en une unité de temps dans le ballon. Mitchel a pris pour unité le volume des gaz, et il a obtenu les relations entre les temps nécessaires pour l'écoulement d'un volume égal de chaque espèce de gaz. Les temps obtenus expriment la résistance qu'éprouve chaque gaz dans la gutta-percha, parce qu'ils sont en relation directe.

Voici les différents laps de temps qu'exigent les gaz suivants :

Gaz ammonique = 1 minute; acide hydrosulfurique = 2 ½ m.; cyan. = 3 ½ m.; acide carbonique = 5 ½ m.; protoxyde d'azote = 6 ½ m.; arsénique hydrogénée = 27 ½ m.; gaz oléfiant = 28 m.; hydrogène = 37 ½ m.; oxygène = 1 heure et 53 minutes; oxyde de carbone = 2 heures et 40 minutes.

Les faits ainsi exposés dans leur état brut, pour ainsi dire; étaient restés isolés, et personne n'avait pu, comme nous le faisons ici, les rattacher aux lois physiques et les disposer dans leur ordre normal.

Parmi les vapeurs indiquées, sont celles de l'ammoniaque qui contiennent en plus grande densité, à l'état stationnaire, les atomes $\ddot{E}\bar{E}^2$ de chaleur et les équivalents négatifs $\bar{E}$ de l'hydrogène $H\bar{E}$. Parmi les gaz, c'est l'oxyde de carbone $CO\bar{E}$ qui contient le plus de barogène, soit = 14, et un seul équivalent négatif $\bar{E}$. Entre ces deux extrémités se trouvent les gaz intermédiaires, par lesquels l'oxygène se rapproche de l'oxyde de carbone par la quantité 8 de barogène et un équivalent $\bar{E}$ électrique. L'hydrogène $H\bar{E}$ contient également un équivalent $\bar{E}$ électrique, mais son barogène est ½. La grande répulsion se trouve dans les vapeurs d'ammoniaque, d'acide hydrosulfurique, etc., à cause des grandes quantités de chaleur stationnaire et en même temps à cause des équivalents électriques $\overset{+}{E}$ et $\overset{-}{E}$ qui s'y trouvent.

Un ballon de gutta-percha qui contient une quantité d'air très-faible, mais suffisante cependant pour ne pas laisser venir en contact les parois opposées, s'enfle dans l'hydrogène. Si la quantité d'air contenue dans le ballon en remplit plus de la moitié et il est alors introduit dans l'hydrogène, le ballon crève à cause de la somme $R + R'$ de répulsion de la part de l'air et de l'hydrogène; mais si, avant sa rupture, le ballon gonflé est exposé à l'air, tout l'hydrogène s'écoule en dehors, et il ne reste que l'air.

Si l'on ferme avec une lame de gutta-percha un vase rempli d'ydrogène, celui-ci s'éloigne sans laisser l'air pénétrer dans le vase où l'hydrogène acquiert alors une raréfaction telle que la gutta-percha crève bientôt sous la pression de l'air extérieur.

Les faits exposés sont produits : 1° par la répulsion R exercée entre les atomes $\overset{+}{E}\overset{-}{E}^2$ de chaleur stationnaire des vapeurs; 2° par la répulsion R' exercée entre les équivalents $\overset{+}{E}$ et $\overset{-}{E}$ contenus dans les gaz, et 3° par la résistance r, exercée de la part de la cloison contre chaque espèce de gaz et des vapeurs.

C. Cloisons de terre cuite et de murs.

Les gaz s'écoulent par les vides ou pores qui existent dans les terres cuites, de même que par les tuyaux qui les mettent en communication directe. Les murs en brique contiennent, quand ils viennent d'être faits, une assez grande masse d'eau, dont l'évaporation ne cause au mur aucune diminution de volune, parce que tous ces espaces vides où se trouvait l'eau, sont alors occupés par l'air qui y pénètre par l'endosmose, à l'instant où les vapeurs s'éloignent. En augmentant la pression d'un gaz contre une des faces d'un mur, ce gaz s'écoule par l'autre face comme cela a lieu pour les vases de terre cuite.

Ces vases humides, chauffés au feu, laissent s'évaporer par endosmose les vapeurs d'eau et pénétrer l'acide carbonique qui leur vient du feu, et l'azote qui leur vient de l'air; quant à l'oxygène que contient cet air, il éprouve, de la part de celui qui se trouve dans les vapeurs d'eau, une résistance qui l'empêche de pénétrer dans le vase. Cette endosmose est analogue à celle qui a lieu dans les plantes qui laissent s'écouler de leur surface les vapeurs et l'oxygène pendant le jour, tandis que, la nuit, l'oxygène de l'air ainsi que les vapeurs sont amenés vers les plantes d'où s'éloigne alors l'acide carbonique : dans l'acte de la respiration, l'oxygène pénètre dans les poumons avec l'air inspiré, tandis que les vapeurs et l'acide carbonique s'en éloignent avec l'air expiré.

L'endosmose entre les vapeurs et l'azote est encore mieux constatée de la manière suivante : plaçons une cornue de terre cuite humide sur une couche épaisse de mercure et couvrons-la d'une cloche placée également sur cette couche de mercure; le tuyau de la cornue passe par un bouchon qui renferme la base de la cloche et sert à séparer l'air de la cloche de l'air extérieur : de sorte que l'air ne peut s'éloigner de la cloche qu'en traversant la cornue, comme cela est produit lorsque, au moyen d'une forte lentille, on concentre les rayons solaires pour échauffer la cornue.

Par cette élévation de température, il s'établit une exosmose des vapeurs vers la cloche, lesquelles, en se condensant, forment une couche d'eau sur le mercure; l'azote de la cloche pénètre dans la cornue, et il ne reste dans la cloche que l'oxygène en un état assez raréfié pour faire monter le mercure dans la cloche de plusieurs centimètres au-dessus de son niveau extérieur.

D. Diffusion des gaz.

Deux ou plusieurs vases contenant des espèces de gaz différentes se répandent spontanément pour rétablir l'équilibre. Quand ces vases sont mis en communication par des tubes, chaque vase contient de chaque espèce de gaz autant qu'il en contiendrait si les autres gaz n'existaient pas; car, comme il a été dit, la répulsion R ne s'exécute qu'entre les atomes homonymes électriques et matériels. Il est constaté qu'il y a des résistances r, r', r''... différentes exercées de la part de l'air contre chaque espèce de gaz, quand les gaz sont en écoulement d'un vase vers l'air.

Ces résistances ont leur cause dans le barogène dont une unité est contenue dans deux volumes d'hydrogène, tandis que 1 volume d'oxygène en contient 8, et que 5 volumes d'air contiennent 30 unités de barogène. Les gaz d'un poids spécifique médiocre, en s'écoulant, éprouvent donc de la part de l'air une résistance $r—r'$ inférieure à celle r, qu'en éprouvent les gaz de poids spécifique supérieur. Ces résistances $r-r'$ et r sont en relation inverse avec les quantités q et $q+q'$ des gaz écoulés en une unité de temps, et elles sont en raison directe avec les unités de barogène de chaque espèce de gaz contenue sur le cercle de la coupe de la bouche du vase.

Graham obtint les résultats suivants, en laissant s'écouler les différentes espèces de gaz d'un vase cylindrique dont l'orifice était en haut dans l'écoulement des gaz moins dense que l'air, et était en bas dans l'écoulement des gaz dont le poids spécifique est supérieur à celui de l'air.

Poids spécifique.		En 4 heures.	En 8 heures.
1	hydrogène	81,6	94,5
8	gaz des marais	43,4	62,7
8,5	ammoniaque	41,4	59,6
14	gaz oléfiant	34,9	48,5
22	acide carbonique	31,6	47,0
32	acide sulfureux	27,6	46,0
35,4	chlore	23,7	39,5

La résistance r exercée de la part de l'air contre un volume d'hydrogène est 8 fois inférieure à celle exercée contre un volume égal de gaz de marais; mais la résistance r', exercée contre le même poids de gaz différent est la même, et les volumes v, v', v''... des gaz écoulés sont entre eux en raison inverse de leur poids spécifique; ainsi :

1° Si les volumes v, v', v'' des gaz différents écoulés ont le même poids, ils sont entre eux en raison inverse de leur poids spécifique s, s', s''... 2° Si les gaz écoulés ont le même volume, le poids p, p', p''... de chacun est en raison directe avec son poids spécifique s, s', s''...

E. Cymatose ou mode de l'écoulement des gaz.

Les vapeurs et les gaz comprimés ne s'écoulent pas comme ferait de l'eau de la source en formant un filet continuel, mais ils s'échappent par bouffées composées de masses séparées l'une de l'autre par le même intervalle qui diffère dans chaque espèce de gaz et de vapeurs, comme les intervalles entre les ondes d'un son différent de ceux entre les ondes des autres sons, et comme les intervalles entre les ondes lumineuses d'une couleur diffèrent de ceux entre les ondes des autres couleurs.

Les ondes sonores ne sont pas communiquées à l'air par les vibrations des corps solides, parce que, en pareil cas, la production des *tonnerres* serait absolument impossible. De même les ondes lumineuses ne sont pas l'effet des vibrations communiquées à un *éther* hypothétique par les gaz ou les vapeurs, parce qu'en tel cas seraient impossibles les actions chimiques obtenues par la lumière et la production d'une lumière dans le vide où elle aurait dû diminuer avec la raréfaction des gaz, tandis que les expériences prouvent le contraire.

Les bouffées de fumée comme celles des vapeurs se font

constamment remarquer quand elles s'échappent d'une cheminée ou d'un tuyau, preuve évidente qu'elles se forment spontanément durant l'écoulement. Ainsi il devient superflu de démontrer leur existance; constatons seulement leur formation suivant la loi physique qui est la cause de la divison des masses élastiques en parties égales séparées entre elles par des intervalles égaux pour former des ondes dont la propagation s'appelle *cymatose* (κυμάτωσις), *ondulation progressive.*

L'équilibre se rétablit dans une masse de gaz comprimé dans un vase et il ne se détruit que par l'éloignement de la résistance d'un point de la suface du vase ; si le vase est un vase cylindrique dont l'une des bases est enlevée, l'écoulement du gaz commencera à cause de la destruction de l'équilibre produite par l'éloignement de la résistance; cet éloignement devient sensible d'abord pour la couche superficielle A; mais avant l'éloignement de cette couche le défaut de résistance ne peut pas devenir sensible pour la couche inférieure B.

Pour l'éloignement de la couche superficielle A il ne suffit pas de la disparition de la base du cylindre qui exerçait la résistance r, il faut encore qu'il s'exerce sur cette couche A de gaz, de la part de la couche inférieure B, une répulsion R qui est impossible sans une contre-répulsion isodyname communiquée également à la couche A qui s'éloigne à cause du défaut de résistance, et à la couche B qui pour cela ne peut pas suivre la couche A et qui ne peut non plus reculer à cause de la résistance qu'elle éprouve de la part de la couche inférieure C. Ces deux couches B et C, exercent entre elles une répulsion, et celle-ci est suivie d'une contre-répulsion, précisément comme cela a eu lieu entre les couches A et B.

La répulsion appelée *systole* est produite par l'accumulation des masses sur une surface *s* appelée *cyme*, et c'est au moment où cette accumulation atteint son maximum de densité que s'opère la contre-répulsion appelée *diastole* qui a pour cause la tendance des fluides à augmenter en volume. Cette diastole, opérée également des deux côtés de la cyme *s*, fait s'en éloigner les masses en directions divergentes, et à la fin de la durée de la *diastole* la surface *s* de la cyme devient vide et sert en ce moment comme limite entre l'onde S' précédente et l'onde *s'* suivante ; c'est pour cette raison que la surface *s*, quand elle est en cet état, est appelée *horocyme* ou *limitrophe*.

Au moment où cette surface *s* apparait en état limitrophe et vide, on voit se terminer les accumulations ou les systoles dans les deux surfaces S' et *s'* dont l'une est du côté de l'air hors de la bouche du cylindre, et l'autre du côté du cylindre; elles sont à une distance égale *d* de la surface *s*, et la contre-répulsion commence en *s'* et S' simultanément, en même temps qu'en *s* commence l'affluence du fluide des deux côtés.

Partant de la surface S' externe qui est supérieure, la masse *m* de fluide arrive à la surface *s*, tandis que de la surface *s'* interne qui est égale à celle *s*, arrive la masse supérieure $m + 2m'$; à la fin de l'accumulation ou de la systole la masse $2m + 2m'$ se trouve sur la surface *s* qui est en ce moment une *cyme* ou une *onde*, et les surfaces vides *s'* et S' sont devenues *horocymes* ou *limitrophes*.

Après la diastole ou la contre-répulsion, la masse accumulée $2m + 2m'$ se divise en deux moitiés mathématiquement égales qui obtiennent deux directions divergentes pour parcourir la distance *d* en une unité de temps. A la fin de cette unité de temps la surface vide *s* devient limitrophe et les surfaces S' et *s'* sont des *ondes*, l'onde S', qui avait émis la masse *m* vers l'onde *s*, en reçoit la masse $m + m'$, et l'onde *s'*, qui avait émis la masse $m + 2m'$ vers l'onde *s*, en reçoit la masse $m + m'$.

La transmission des masses s'opère donc par un continuel va-et-vient des masses inégales et par des ondes qui apparaissent au moment de la systole et disparaissent du même espace au moment de la diastole; de sorte que les densités ne diminuent pas en raison inverse des carrés des distances, comme cela semblerait résulter de l'hypothèse qui admet une expansion simple des fluides, supposition absolument impossible et par cela même absurde.

En admettant la surface s dans l'embouchure du cylindre d'où s'échappe la fumée qui est visible, il y a alternativement, en chaque unité de temps, une systole ou accumulation et une diastole ou évacuation de fumée. Quand cette accumulation se trouve dans la surface s, il y a dans la surface S′ une évacuation, une absence de fumée; un moment après la surface s s'évacue à son tour, et l'accumulation apparait dans la surface S′.

Ces alternatives d'accumulation et d'évacuation de fumée se répètent dans les surfaces S'', S'''..., S^{n-1}, S^{n}, S^{n+1}, les plus éloignées de l'embouchure du tube qui sont séparées l'une de l'autre par l'intervalle égal d. C'est de cette manière que se propagent les ondes produites par les gouttes qui tombent à la surface d'une eau calme, et par le milieu des corps solides qui reçoivent un ébranlement de la part des ondes sonores communiquées à l'air par l'écoulement des masses électriques qu'émettent les doigts du musicien ou l'organe du chanteur, ou encore par l'écoulement d'une masse d'air comprimé.

Ce mode d'écoulement des fluides pourra s'appliquer à l'explication d'une foule de faits problématiques jusqu'à présent, et cela parce que les physiciens ignoraient le mode de leur production, lequel dépend de celui de la propagation des fluides.

La vie même des plantes et des animaux n'est qu'un effet de cette espèce de propagation spontanée des fluides qui devient la cause de tous les mouvements spontanés ou non spontanés des animaux; en effet, les mouvements non spontanés ne sont pas pour cela des mouvements volontaires ou libres, comme le sont ceux de l'homme. Cet objet très-important sera traité dans la *Métaphysique*.

CHAPITRE II.

ENDOSMOSES ET EXOSMOSES DES PLANTES ET DES ANIMAUX.

Les relations des liquides entre eux et la cloison qui les sépare sont dans les corps organisés absolument les mêmes que celles des corps non organisés; tous les physiologistes sont d'accord sur ce point, tout en ignorant la vraie cause de l'endosmose.

Dans l'économie animale la quantité ou le poids de nourriture introduit dans l'estomac s'éloigne par différentes voies sous des formes différentes et sous le nom d'*excréments*. Ainsi donc, nourriture et excréments offrent des poids égaux chez les hommes et les animaux arrivés à l'âge mûr, et qui ne peuvent être maintenus en vie sans l'ingestion de la nourriture d'abord et sans son excrétion ensuite, après qu'elle a éprouvé certaines modifications couvertes jusqu'à présent d'un profond mystère.

En partant de l'endosmose, il est absolument nécessaire que nous fassions connaître au lecteur de quelle manière les aliments peuvent servir à entretenir la vie, si un même poids introduit doit s'éloigner constamment pour être remplacé par des masses nouvelles. Nous trouvons ici ce que nous venons de rencontrer dans tous les écoulements électriques et matériels des couples et des endosmoses.

Dans les couples ce sont les actions chimiques qui entretiennent les écoulements électriques, mais dans les endosmoses il n'existe pas d'actions chimiques, et cependant, dans les corps des animaux, où les endosmoses ont été constatées jusqu'à l'évidence, les actions chimiques ne sauraient être l'objet d'un doute, prouvées qu'elles sont par le changement des aliments en excréments.

Si l'on veut se faire une juste idée de l'économie animale, il ne suffit pas de constater l'existence des endosmoses dans les organes, il faut en même temps constater les modifications qu'éprouvent les aliments pour entretenir la vie chez les animaux et tourner ensuite en excréments. Sans que le poids des aliments change, une partie s'évacue par le canal intestinal, une autre par l'urine; le reste, sous forme d'acide carbonique, s'éloigne des poumons, et une partie, sous la forme solide, s'éloigne incessamment par l'épiderme, par suite du renouvellement des ongles, des cornes, des plumes, des cheveux, etc.; quant à l'eau, elle n'éprouve aucun changement; elle n'est pas une nourriture, elle sert seulement à entretenir les endosmoses.

I. — COMPARAISON ENTRE LES ALIMENTS ET LES EXCRÉMENTS.

I. Pour qu'une substance quelconque soit apte à nourrir les animaux, la seule condition requise est qu'elle contienne de grandes masses d'équivalents électriques sous un faible poids; telles sont précisément les substances végétales et animales; il faut après cela que la séparation des équivalents électriques s'opère graduellement, afin d'obtenir des masses du même poids et de quantité d'équivalents électriques inférieure. La vie animale est donc un écoulement d'équivalents électriques provenant de la nourriture, et qui se consomment en produisant de la chaleur et des sensations. L'augmentation des animaux en poids et en volume a lieu absolument comme celle des plantes.

II. Les plantes croissent en recevant l'eau du sol et la lumière du soleil; la vie des plantes consiste dans les combinaisons des éléments de l'eau avec la lumière, et dans l'accumulation des combinés qui les fait croître en poids et en volume; une partie des éléments de ces combinés s'éloignent pendant la nuit, c'est-à-dire une partie d'acide carbonique $C^2O^4\ddot{E}$ qui contient un équivalent $\ddot{E}$ électrique avec un poids de 44; et à leur place arrive l'oxygène $O\ddot{E}$ qui contient un équivalent $\ddot{E}$ sous un poids de 8. Maintenues dans l'obscurité, les plantes ne font aucun progrès dans leur croissance végétale, mais se remplissant d'eau, elles périssent bientôt pour ainsi dire d'*hydropisie;* dans la sécheresse, au contraire, les plantes perdent leur humidité, ne croissent plus et périssent par l'*atrophie*.

A. COMPARAISON ENTRE LES ALIMENTS ET LES EXCRÉMENTS DES PLANTES.

L'eau arrivée par endosmose à la surface des plantes se rencontre avec la lumière dont les atomes $\ddot{E}^2\bar{E}$ se combinent avec l'hydrogène $H\bar{E}^2$ des atomes $O\ddot{E}\bar{E}^2H$ d'eau, et ainsi est produite la *chlorophylle* $C^2O^3H^2O^2$ ou $C^{24}O^{36}H^{24}O^{24}$; avec l'excédant de l'eau s'éloigne l'oxygène O^{36} pendant le jour, et le reste $C^{24}H^{24}O^{24}$ forme l'*atome végétal* qui, dissous dans l'eau, est le *chyle végétal*.

Pendant la nuit il se sépare de l'atome végétal $C^{24}H^{24}O^{24}$ une partie sous forme d'acide carbonique $nC^2O^4\ddot{E}$ et l'hydrogène nH^2 qui reste après la séparation de son oxygène se combine avec $nO\ddot{E}$ oxygène de l'air pour former des combinés avec une plus grande quantité d'équivalents électriques $\ddot{E}$. De cette manière il se produit une substance végétale d'un degré supérieur à l'atome végétal $C^{24}H^{24}O^{24}$.

Par l'éloignement d'une nouvelle quantité d'acide carbonique de la substance produite, il s'en forme une autre d'un degré plus élevé encore qui contient les équivalents électriques en densité supérieure. Par les observations chimiques on a constaté que l'éloignement des équivalents électriques réduit les substances végétales à des degrés inférieurs.

Ainsi ce qui est produit par l'éloignement de l'acide carbonique pour la production des substances des degrés supérieurs par l'introduction de l'oxygène O$\ddot{\bar{E}}$ et des nouvelles masses d'équivalents électriques $\ddot{E}$, correspond exactement à la réduction de ces substances à des degrés inférieurs par l'éloignement des équivalents électriques, et cela souvent sans aucun changement dans les équivalents matériels.

B. COMPARAISON ENTRE LES ALIMENTS ET LES EXCRÉMENTS DES ANIMAUX.

La nourriture introduite dans l'estomac y provoque l'affluence des sucs gastriques opérée par celle des équivalents positifs $\ddot{E}$ dirigés vers les masses électro-négatives; telles sont, en effet, toutes les espèces d'aliments. Le mélange de ces sucs avec les équivalents positifs et leur combinaison avec le chlore produit en ce cas une quantité égale d'*acide gastrique*, acide qu'on n'eût pu rencontrer nulle part avant l'introduction des sucs dans l'estomac.

De ces sucs contenus dans l'estomac on peut séparer l'acide hydrochlorique qui n'existe pas dans le sang, quoiqu'il s'y trouve des chlorures. C'est un fait acquis à la science que le suc devient de l'acide gastrique quand il s'écoule dans l'estomac, où s'opère la digestion; celle-ci n'est qu'une dissolution de certaines parties des aliments dans l'acide gastrique : la masse de cette dissolution forme le *chyle animal* à l'état acidulé qui sollicite son endosmose dans les canaux *chylodoques*.

Le chyle, arrivé aux poumons, y éprouve les mêmes changements que le chyle végétal; car les substances végétales, modifiant leur nature première, acquièrent un degré supérieur et se transforment en substances animales. Il s'opère aussi, par l'épiderme, les plumes les ongles, les cornes, etc., un éloignement de masses de carbone qui a aussi pour effet l'élévation des substances végétales et animales à des degrés supérieurs. Enfin, la bile est une substance produite simultanément avec le sucre par la décomposition des substances végétales qui viennent de perdre une partie de leurs équivalents électriques.

I. Les parties de nourriture qui n'ont pas été dissoutes dans l'acide gastrique, après avoir oscillé pendant quelque temps dans l'estomac par suite du mouvement *péristaltique* qui agite celui-ci, en sont repoussées par le *pylore* dans le *duodénum*. Elles se mêlent avec la bile et prennent un état neutre; elles se mêlent ensuite avec le suc du pancréas qui est alcalin : le rôle de ce dernier organe consiste à mettre une partie de la masse en état de pénétrer la membrane et d'entrer dans les veines. L'eau est également éloignée, et la masse reste en un état solide ou demi-solide; cette masse s'éloigne à son tour, car il n'y a plus rien en elle qui puisse servir à entretenir la vie de l'individu.

II. Les parties d'aliments qui servent à soutenir la vie chez l'individu sont celles qui, sous la forme de chyle, pénètrent de l'estomac dans les canaux chylodoques (de χυλὸς, chyle, et δέχομαι, recevoir), et du canal intestinal dans les veines, pour être de là conduits aux poumons, où elles perdent une grande partie de leur acide carbonique et reçoivent une quantité d'oxygène qui fait augmenter la densité de leurs équivalents électriques. Ceux-ci se séparent ensuite graduellement, car, par leurs combinaisons, ils produisent la chaleur qui s'éloigne avec l'air expiré quand la température de celui-ci n'est pas trop élevée; dans le cas d'une haute température, en effet, une plus grande partie de la chaleur est consommée en vapeurs qui s'éloignent de la surface du corps.

C'est donc dans ces éloignements de la chaleur et dans sa

production par les équivalents électriques que fournissent les substances animales du sang que les physiologistes ont trouvé la source de la vie; cependant ils n'ont pu exposer les faits comme nous le faisons ici, et comme nous le ferons par la suite d'une manière encore plus développée.

Les équivalents matériels des aliments restent les mêmes, et tous les changements s'opèrent dans leurs équivalents électriques qui augmentent par la respiration et la perspiration, et qui s'écoulent en entretenant les mouvements spontanés ainsi que ceux de translation, et qui, enfin, combinés entre eux, s'éloignent sous forme d'atomes de chaleur, comme cela a lieu dans les couples des piles.

Les *actions vitales* consistent uniquement en écoulements des équivalents électriques; les *actions chimiques* dans des animaux sont de deux espèces: 1° la production des atomes de chaleur $\bar{\text{E}}\bar{\text{E}}^2$ qui s'éloignent vers l'air, et 2° la diminution des équivalents électriques des aliments qui sont réduits en *urée* $= C^2 Az^2 H^4 O^2$, laquelle n'est autre que de l'acide carbonique produit de la manière suivante.

L'amide $AzH^2 = AzH^3 - H$ est produite par la séparation d'un équivalent d'hydrogène d'un atome d'amoniaque; l'oxygène $O = HO - H$ est également produit par la séparation d'un équivalent d'hydrogène H d'un atome d'eau; ainsi donc l'amide AzH^2 et l'oxygène, comme le savent fort bien les chimistes, se remplacent mutuellement; ainsi en remplaçant dans l'urée $C^2 Az^2 H^4 O^2$, l'amide $2AzH^2$ par O^2, on obtient l'acide carbonique $C^2 O^4 \bar{\text{E}}$, qui est le combiné le plus pesant et contient le moins d'équivalents électriques.

La substance animale et l'urée sont les deux termes extrêmes; les changements ne consistent que dans l'éloignement des équivalents électriques jusqu'au moment où l'urée apparaît.

II. — ENDOSMOSES ET EXOSMOSES DES PLANTES.

L'endosmose de l'eau du sol dans les racines des plantes par leur écorce est entretenue par la répulsition r exercée entre les atomes de chaleur latente de cette eau dont le volume n'est plus représenté par celui de l'eau liquide, mais par celui des vapeurs. La densité de ces vapeurs diminue des racines jusqu'au sommet des plantes d'où elles s'éloignent, et ainsi se trouve continuellement entretenue une destruction d'équilibre dans les masses des vapeurs d'eau du sol, des racines et de la surface des plantes.

Cette destruction d'équilibre est soumise aux lois aérostatiques; c'est l'exosmose des vapeurs de la surface des plantes qui entretient leur endosmose dans les racines. Cette élévation de l'eau est provoquée en même temps par le courant thermoélectrique diurne ascendant qu'entretient la chaleur solaire qui descend de la surface des plantes vers les racines.

Les plantes cependant ne sont pas des tuyaux qui dispersent l'eau du sol dans l'air comme le font les cheminées qui conduisent la fumée. De la quantité $(q + \gamma')H^2O^2\theta^2$ d'eau qui arrive à la surface des plantes, une partie $qH^2O^2\theta^2$ reste après avoir été combinée avec $q\ddot{E}^2\bar{E}$ d'atomes de lumière et l'excédant $q'\ H^2O^2\theta^2$ s'éloigne sous forme de vapeurs par l'exosmose.

La relation $q:q'$ entre l'eau q combinée avec la lumière et l'eau q' éloignée dépend : 1° de l'humidité du sol et 2° de la densité des rayons solaires; les deux facteurs ensemble produisent la végétation tropicale; dans les zones tempérées la densité des rayons solaires est moindre : c'est aussi pour cela que la végétation se montre bien moins vigoureuse, en hiver surtout où la densité des rayons atteint son minimum.

La chlorophylle $C^2 O^3 H^2 O^2$, ou mieux $C^{24} O^{36} H^{24} O^{24}$, est un combiné formé de 72HOθ atomes d'eau dont les 36 équivalents d'hydrogène se sont combinés avec $36\bar{\bar{E}}^2\bar{E}$ atomes de lumière et avec 12 atomes 12HOθ d'eau pour former les 24 équivalents C^{24} de carbone, lesquels sont un reste de la séparation des $36O\bar{\bar{E}}$ équivalents d'oxygène qui se trouvaient avec les 24HOθ atomes d'eau : cette chlorophylle est le combiné végétal du degré le plus bas et par conséquent le moins nutritif.

Pendant le jour il s'éloigne avec les vapeurs une quantité q'' d'oxygène qui a une relation directe avec la quantité q et avec la densité des rayons solaires ; ainsi de la chlorophylle $C^{24} O^{36} H^{24} O^{24}$ est produit l'atome végetal $C^{24} H^{24} O^{24}$ qui, dissous dans l'eau, est le *chyle végétal*, qui correspond au chyle animal produit dans l'estomac.

La nuit, quand la température de l'air est plus basse et que la surface des plantes est plus froide que leur intérieur, la chaleur s'écoule vers la surface et en sollicite l'écoulement des équivalents positifs $\bar{\bar{E}}$ qui entraînent le chyle dont les gouttelettes s'arrêtent dans le *cambium* aux points où ils rencontrent le maximun de résistance.

Le jour suivant les vapeurs qui montent enlèvent une partie de celles du chyle pour réduire les gouttes en cellules closes, et ces vapeurs qui renferment une partie du chyle produisent une espèce de chlorophylle qui n'est plus tout à fait la même que celle que produisent les seuls éléments de l'eau ; de même, après la séparation de l'oxygène, l'atome végétal n'est plus le même $C^{24} H^{24} O^{24}$ qui a été produit par la chlorophylle $C^{24} O^{36} H^{24} O^{24}$, après la séparation de son oxygène $O^{36} \bar{\bar{E}}^{36}$.

La respiration nocturne des plantes ne diffère point de celle des animaux ; une partie $nC^2O^4\bar{\bar{E}}$ d'acide carbonique s'éloigne d'un atome $C^{24} H^{24} O^{24}$ végétal, et l'hydrogène qui y reste en excès se combine avec une quantité d'oxygène $nO^2 \bar{\bar{E}}^2$ qui contient une quantité double d'équivalents électriques $n\ddot{E}^2$ avec un poids 16, c'est-à-dire presque le tiers de 44, poids de C^2O^4. Les chimistes savent que l'oxygène inspiré n'est pas celui de l'acide carbonique expiré.

Cette diminution du poids et l'augmentation des équivalents électriques donnent aux substances végétales des degrés supérieurs, de même que ces substances, en perdant une partie de leurs équivalents électriques, passent aux degrés inférieurs, ainsi que le prouvent les analyses chimiques.

La vie des plantes consiste en combinaisons des éléments de l'eau avec les atomes $\ddot{E}^2\ddot{E}$ de lumière pour produire les substances végétales, dont un poids même médiocre contient des grandes masses d'équivalents électriques. Ces équivalents sont ce qui rend ces substances propres à servir de nourriture aux animaux.

III. — ENDOSMOSES ET EXOSMOSES DES ANIMAUX.

L'économie animale est moins simple que celle des plantes; toutefois tout se simplifie quand chaque fait est placé auprès de la cause qui le produit suivant la loi physique. De la quantité A d'aliments introduite dans l'estomac, une partie *a* se dissout dans l'acide gastrique et devient du chyle qui, amené dans la veine du thorax, arrive au ventricule droit du cœur et de là aux poumons. Le reste $A—a$ des aliments passe par le pylore dans le duodénum, et, continuant à descendre le canal intestinal, se mêle avec la bile et le suc du pancréas qui lui donnent la propriété de passer par la membrane muqueuse du canal; de cette manière il pénètre dans les veines une autre quantité a' des aliments, et le reste $A—a—a'$ s'écoule par l'extrémité inférieure du canal.

I. De la somme $a + a'$ des aliments qui arrivent aux poumons il s'éloigne une quantité *b* d'acide carbonique, et le reste se combine avec une quantité d'oxygène b', précisément comme dans la respiration nocturne des plantes ; ainsi la masse éloignée des poumons devient $a + a' - b + b'$.

II. Dans l'épiderme, il se dépose une quantité de carbone c qui donne naissance aux poils, aux ongles, à la corne, etc., et il reste $a + a' - b + b' - c$ de la somme d'aliments introduits.

III. Une partie de la substance animale du foie qui entre dans le sang se décompose : 1° en bile, qui pénètre par exosmose dans les racines de la vésicule biliaire, et 2° en sucre, qui reste dans le sang comme une substance contenant les équivalents électriques en densité supérieure à celle de la bile. Celle-ci, mêlée avec une partie a' des aliments contenus dans le canal, pénètre en plus grande partie par endosmose dans les veines, et ainsi la même masse $a + a' - b + b' - c$ d'aliments reste dans le sang.

IV. Les équivalents électriques de cette substance animale se séparent, et leur écoulement qui entretient les mouvements de l'individu est ce qu'on doit entendre par les mots *vie animale*. Les équivalents électriques se combinent et produisent les atomes de chaleur qui se répandent, et ainsi l'espace se vide pour être occupé par de nouveaux équivalents électriques qui arrivent.

L'*urée* et les autres parties de l'urine sont formées par la masse $a + a' - b + b' - c$ des aliments qui vient de perdre presque tous ses équivalents électriques. L'eau dans le sang contient en dissolution ces parties avec l'urée, et elle est peu acidulée par l'acide urique. L'urine déjà préparée arrive aux reins avec le sang des artères, et, pénétrant par exosmose les racines des *uretères*, afflue dans la vessie. L'urée existe en plus grande quantité dans le sang des artères rénales que dans le sang des veines.

IV. — RELATION ENTRE LA CHALEUR PRODUITE ET LA CHALEUR CONSOMMÉE.

Les chimistes, sans exception, attribuent la chaleur animale à l'éloignement des équivalents électriques des aliments, ceux-ci sont ainsi convertis en excréments. Tout le monde sait qu'une même quantité de nourriture, converties en excréments de même nature, produit en hiver et en été la même quantité Θ de chaleur. En même temps y a-t-il un chimiste qui admette que cette même chaleur Θ soit consommée l'été à une température de 20°, et l'hiver à une température de —20°? Et encore nous ne voulons pas pousser jusqu'aux limites plus éloigées de 40° et —40°, comme cela a lieu en Sibérie pour les soldats russes dont on ne règle pas les rations d'après les saisons ou suivant les degrés du thermomètre.

Les chimistes ont prouvé que dans la température habituelle, c'est-à-dire peu éloignée de 15°, la chaleur produite par la combustion des aliments reçus diffère peu de celle consommée en même temps par les individus; ils ont trouvé qu'à la température de zéro, il y a un excédant de chaleur et d'eau.

Sans faire pourtant cette distinction des températures de l'air respiré, certains médecins ont trouvé, chez les personnes affectées de *diabète mellite*, un excès d'eau qui atteint presque une demi-livre chaque jour, et cela pendant une période de trois mois (*Edinb. med. and surg. journ.*, janv. 1847, p. 90), tandis que d'autres n'ont pas rencontré constamment, mais en certains cas seulement, un pareil excédant. Si quelqu'un veut trouver cet excédant d'urine, non-seulement chez les diabétiques, mais sur lui-même, il n'a qu'à rester bien couvert en plein air ou dans un appartement d'une température au-dessous de zéro : le même effet a lieu pour les animaux.

Plus la température est basse, plus l'excédant de chaleur et d'urine est élevé, quoique en cas pareil, la consommation de l'eau augmente même avec l'air expiré, car l'humidité de l'air diminue avec l'abaissement de sa température.

Cet excédant d'eau n'avait pas, jusqu'à présent, trouvé d'explication plausible, et c'est pour cela qu'il a été nié par des savants qui n'ont pas voulu s'en rendre compte par des observations directes, et surtout par certains autres qui ont fait leurs observations à des températures d'air trop élevées et où, par conséquent, les excédants indiqués ne pouvaient pas avoir lieu.

En Sibérie et aux régions polaires, il y a en hiver absence totale de chaleur et d'eau, deux éléments d'une nécessité absolue pour l'économie animale. Il ne faudrait pas croire qu'en ce pays la consommation de l'eau et de la chaleur par les poumons fût inférieure à celle des habitants des pays moins froids. C'est tout le contraire : les habitants des pays froids ont la poitrine très-large, l'air qu'ils respirent en vingt-quatre heures surpasse du double l'air que respirent les habitants des pays moins froids ; par suite, la consommation d'eau et de chaleur est très-abondante ; cette eau et cette chaleur sont remplacées par des masses nouvelles produites de la matière suivante :

Sur la masse d'air contenue dans les poumons, près de la moitié y reste après l'éloignement de l'autre moitié expirée. La température de l'air qui reste dans les poumons est de 37°, et celle de l'air atmosphérique est en été de 15° à 20° environ, tandis qu'en hiver elle descend au-dessous de zéro. Donc l'inégalité $T - T'$ ou l'*anisothermie* entre la température $T = 37°$ de l'air des poumons et celle T' de l'air extérieur est faible en été et grande en hiver.

L'air froid laisse écouler en été des courants thermo-électriques faibles, et en hiver des courants très-denses ; ces courants entraînent de la par de l'air froid l'oxygène $O\overset{+}{E}$, et l'atome double d'azote $Az^2 \ddot{E}^2 = H^3 O^3 0^3 H\bar{E}^3$ de la part de l'air chaud qui, se combinant, produisent l'eau H^4O^4 et la chaleur θ^4 qu'on trouve comme excédant.

V. — RELATION ENTRE LES MASSES LIQUIDES ET LES MASSES SOLIDES DE LA TERRE.

Dans tous les corps terrestres, même dans le basalte et le granite, on peut reconnaître, en examinant les lois chimiques qui ont présidé à leur formation, les traces d'un état primitif où leurs éléments se trouvaient dissous dans une grande quantité d'eau ; ils s'y sont ensuite concentrés par la diminution de l'eau ou par leur multiplication, et ainsi ils ont été déposés au-dessus des *masses végétales* sous forme de cristaux.

I. La séparation entre l'eau des mers et la surface des masses végétales opérée par les dépôts des couches minérales a fait diminuer la consommation de chaleur θ^4 produite par la décomposition de l'eau $H^4O^4\theta^4$ pour former avec C^4 l'acide carbonique C^2O^4 et le gaz de marais C^2H^4. Cette chaleur terrestre accumulée entre la surface des masses végétales et les dépôts des couches épaisses de minerais, élevait et élève encore aujourd'hui la température à des degrés suffisants pour réduire les masses minérales à l'état liquide, à l'état demi-liquide et même à un commencement de fusion, comme on le voit dans le *basalte*, le *granite* et le *porphyre*. Ces masses, soulevées par les gaz et les vapeurs brûlantes, constituent les parties inférieures de la croûte terrestre.

II. S'il nous était possible d'écarter toutes les espèces de masses minérales qui ne sont pas en ignition, la surface terrestre s'offrirait à nous telle qu'elle était à la fin des soulèvements des *pyramides* primitives, secondaires et postérieures. Après un laps de temps ces pyramides se sont trouvées couvertes des enveloppes de terrains non ignés ; mais ceux-ci ont été renversés par le soulèvement de nouvelles pyramides dont les unes avaient leur sommet au-dessous du niveau de la mer tandis que les autres l'avaient au-dessus. De pareils soulèvements se sont répétés dans tous les temps sans amener aucune interruption dans le dépôt de nouvelles masses minérales par-dessus les premières.

III. Dans les masses minérales amorphes existent partout les traces des corps organisés qui vivaient à l'époque où elles n'étaient pas recouvertes par les masses superposées depuis. Dans les masses des cristaux existent également les traits d'une couche d'eau qui date de l'époque où ces dépôts s'opéraient.

IV. Au commencement les pluies n'existaient pas; la Terre était *déserte* et *amorphe*, parce qu'on n'y voyait encore aucun corps organisé et que la surface n'était pas encore sillonnée de vallées : les sommets des pyramides étaient seulement séparés par d'immenses abîmes, dont les uns s'enfonçaient dans la mer et dont les autres étaient au-dessus de son niveau.

V. Les pluies se montrèrent quand la distance devint assez grande entre le niveau de la mer et les sommets des plus hautes pyramides dont l'ombre tenait l'air à une base température tout près de l'air chaud : avec ces pluies apparurent les plantes continentales. Les pluies, cent fois plus abondantes alors que de nos jours, produisaient des torrents qui, en s'écoulant, ravinèrent les surfaces des pyramides et produisirent les vallées en même temps qu'ils comblèrent les lacs profonds par les détritus qu'ils charriaient.

VI. Les pluies diluviennes n'existent plus; les versants des vallées et les détritus déposés au fond des lacs se trouvent recouverts d'une couche de masses alluviales, qui n'existait pas quand les pluies diluviennes creusèrent les vallées et déposèrent leurs détritus au devant de leur embouchure, comme ils s'y trouvent actuellement.

VII. Depuis les temps historiques on trouve une couche

de masses alluviales dont l'épaisseur est moindre dans les latitudes supérieures et plus grande dans les latitudes inférieures. Tous les monuments anciens reposent sur un sol dont le niveau est inférieur à celui du sol actuel. Les rues de Ninive, de l'ancienne Alexandrie, d'Herculanum, sont de 10 à 15 mètres plus bas que les villes bâties sur le sol actuel. Portici est au-dessus d'Herculanum, sans reposer pourtant sur la lave qui a détruit cette ville; les rues de Pompéi sont de plusieurs mètres au-dessous du sol actuel. L'ancienne Alexandrie est à 15 mètres au-dessous de l'Alexandrie moderne.

VIII. L'eau claire de la Seine et des autres fleuves contient en dissolution plus de trois parties de terres dans 10,000 parties d'eau : nous en acceptons une partie en volume. On estime que 1,800,000,000 de tonnes d'eau sont jetées chaque jour dans la Méditerranée par les principaux fleuves qui y affluent, sans compter une vingtaine de fleuves de moindre importance et un nombre incalculable de petits ruisseaux. Il y a donc, de la part de tous ces cours d'eau, un apport journalier de masses solides équivalant à 180,000 tonnes, qui se dépose au fond, et qui, en l'élevant, l'unit avec les continents quand il a atteint le niveau de la mer qui est invariable, comme le prouvent les *thalassomètres*, l'existence de monuments anciens autour du Bosphore, les murs mêmes de Constantinople, le tombeau de Thémistocle etc. Un pareil exhaussement du sol sépare la mer d'Aral de la mer Caspienne, et remplace par l'isthme actuel le détroit qui faisait autrefois communiquer ces deux mers.

IX. Les courants sous-marins rongent constamment des côtes de Scandinavie et du Pérou, ce qui fait que la mer empiète peu à peu sur ces continents, sans y éprouver pourtant la moindre élévation dans son niveau. Tous les fleuves produisent le même effet sur l'une de leurs rives.

X. Ce grand problème géologique a pu se résoudre ici, grâce à ce que nous avons prouvé la transformation de l'eau en substances végétales; nous établirons également par la suite le mode de transformation des masses végétales de l'eau en masses minérales: 1° directement par la cristallisation, ou 2° par les millions d'animaux tels que les coraux et plusieurs autres espèces de *zoophytes* dont les restes se trouvent dans les terrains et à toutes les profondeurs.

XI. Cette diminution d'eau dans la terre est incontestable: son poids ne diminue pas et les masses alluviales augmentent sans cesse avec l'élévation du fond de la mer, qui atteint graduellement le niveau et s'unit avec les continents. Par un calcul approximitif on a pu établir que, dans cent siècles d'ici, il ne se trouvera plus que très-peu d'eau dans la Terre, dont les habitants diminueront graduellement et dont les derniers périront par suite de manque d'eau.

XII. La Terre sera alors comme est actuellement Vénus; et Mars alors sera peuplé d'habitants comme l'a été la Terre au commencement de la période géologique actuelle il y a près de cent siècles.

XIII. Nous prouverons, dans la suite de cet ouvrage, que chaque planète possède d'abord les éléments dont se forment graduellement et successivement les *germes* des espèces des plantes, et puis ceux des classes et des familles des animaux jusqu'à l'*homme*, qui vient au monde avec la double faculté de vivre comme les animaux et de se créer une langue qui lui sert à son tour à se créer une *âme* qui reste éternelle.

XIV. La matière, par le changement continuel de ses formes, entretient la vie chez les corps organisés, parmi lesquels l'*homme seul*, au moyen de son langage, se crée pendant sa vie une *âme* des fluides impondérables qui pour cela reste *éternelle*.

CHAPITRE III.

EXPLOSIONS, DEGRÉS DES POUSSÉES ET DES RÉSISTANCES ÉLECTRIQUES.

De même que les endosmoses et tous les courants, les explosions sont aussi l'effet d'une répulsion entre les équivalents électriques, produite par leur tendance naturelle à augmenter de volume pour remplir un espace indéfini. La répulsion qui produit les poussées constantes des courants électriques des piles est également constante, tandis que celle des explosions n'apparaît que pour un moment ; elle est produite par les équivalents électriques qui se trouvent à un état stationnaire que maintiennent les équivalents chimiques; et quand ceux-ci se combinent entre eux, leurs équivalents électriques deviennent libres.

I. — EXPLOSIONS ET LEURS CAUSES.

Dans la production des explosions apparaissent la chaleur et la lumière en degrés différents. Elles naissent des combinaisons des équivalents électriques qui se séparent 1° des équivalents chimiques, ou 2° des conducteurs sur lesquels se trouvent accumulées les électricités. Les exemples suivants feront voir d'une manière évidente la séparation des équivalents électriques et des équivalents chimiques, et les répulsions exercées entre les équivalents électriques et communiquées aux corps circonvoisins.

I. *Le mortier électrique* se construit avec un corps qui ne conduit pas facilement l'électricité : tels sont le bois, l'ivoire, etc. La balle est placée dans la cavité creusée pour la recevoir et elle bouche aussi le petit tube *o* (fig. 64), où aboutissent les extrémités des deux fils métalliques qui communiquent avec une machine ou avec la bouteille de Leyde.

Figure 64.

Les masses d'équivalents électriques, arrivés dans le petit espace *o*, ne pouvant pas s'échapper à travers les parois du mortier, exercent entre eux une répulsion R qui se communique à la balle et la fait partir avec une grande vitesse.

Le *perce-carte* est également l'effet d'une répulsion exercée entre les équivalents électriques et communiquée aux éléments matériels de la carte qui, éloignés de leur place vers les deux faces de la carte, font apparaître le trou *o* (fig. 65). Ce trou *o* n'est pas à égale distance des pointes des conducteurs *a* et *c*, mais il est plus éloigné du conducteur *a* de l'électricité positive. Cette distance diminue dans l'air raréfié, où diminue la résistance *r* de la part de l'oxygène. Pour obtenir deux trous dans la carte, il faut donner aux pointes des conducteurs des directions un peu divergentes, ou mieux leur imprimer un mouvement au moment de la décharge.

Figure 65.

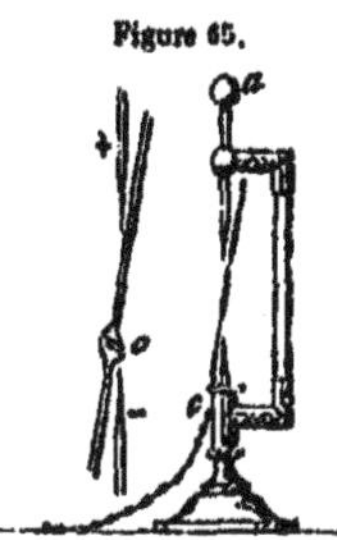

III. Le pistolet de Volta et les autres espèces d'appareils explosifs diffèrent des précédents en ce que les équivalents électriques qui produisent la répulsion R ne proviennent pas des machines ou des bouteilles de Leyde, mais qu'ils se séparent des équivalents chimiques.

Le pistolet de Volta est un vase de métal rempli d'oxygène $O\overset{+}{E}$ et d'hydrogène $H\overset{-}{E}$: le bouchon du vase fait ici l'office de balle. Par le fond du vase pénètre un fil métallique mastiqué dans un tube de verre qui l'isole du vase et qui sert à faire passer une étincelle entre l'extrémité de ce fil et la face intérieure du vase. L'étincelle produit la combinaison des équivalents chimiques H et O de l'eau HO; ainsi leurs équivalents électriques $\overset{-}{E}$ et $\overset{+}{E}$ restent libres, et se repoussent entre eux comme ceux qui sont introduits dans le mortier; cette répulsion R est ici communiquée au bouchon qui est lancé au loin comme la balle du mortier, toujours par suite de l'expansion subite des équivalents électriques, qui entraînent en même temps les vapeurs d'eau produites.

IV. *Explosion de l'eau oxygénée.* Cette eau consiste en un atome d'eau $HO\theta$ combiné avec l'oxygène ozoné $O\overset{+}{E}\overset{-}{E}$. Ces équivalents électriques $\overset{+}{E}$ et $\overset{-}{E}$ se séparent de l'eau oxygénée, comme ils se réparent de l'oxygène et de l'hydrogène dans le pistolet de Volta, et, exerçant entre eux une répulsion mutuelle, ils produisent la même explosion.

V. *Explosion de l'oxyde de chlore.* L'oxygène est ici ozoné comme dans l'eau oxygénée, qui contient un atome de chaleur latente, tandis que le chlore $Cl\overset{+}{E}$ ne contient qu'un équivalent positif $\overset{+}{E}$; pour cette raison, dans l'explosion de l'eau acidulée il se montre de la lumière et de la chaleur, tandis que, pour l'explosion de l'oxyde de chlore, il faut de la chaleur, car elle ne produit que la lumière $\overset{+}{E}^2\overset{-}{E}$. .

VI. *Explosion du chlore d'azote* $AzCl^3$. Au lieu de l'oxygène, c'est du chlore ozoné $Cl\overset{+}{E}\overset{-}{E}$ qu'il y a ici, et le combiné est $AzCl^3\overset{+}{E}^3\overset{-}{E}^3$; ce combiné produit dans sa décomposition les trois *iris* $3\overset{+}{E}\overset{-}{E}$, dont la répulsion mutuelle se communique aux corps ambiants circonvoisins, et il se produit ainsi une explosion proportionnelle accompagnée de lumière et de chaleur produites des iris $3\overset{+}{E}\overset{-}{E}=\overset{+}{E}^2\overset{-}{E}+\overset{+}{E}\overset{-}{E}^2$.

VII. *Explosion de la poudre à canon* $KOAzO^5,C^3,S$. L'azotate de potasse $KOAzO^5$ a la formule $KOAz\overline{O\overset{+}{E}}^5$, le soufre $S = S\ddot{E}^3$, et le charbon $C^3 = C^3\bar{E}^9$; 1° le potassium se combine avec le soufre $S\bar{E}^3$ et les équivalents négatifs $\ddot{E}^3$ du charbon, et devient du sulfure de potasse $K\bar{E}^3S\ddot{E}^3$; 2° le carbone C^3 se combine avec les O^6 et forme l'acide carbonique C^3O^6, l'azote Az devient libre. En admettant un atome double de poudre, on obtient les résultats suivants :

$$K^2O^2Az^2\overline{O\overset{+}{E}}^{10} + C^6\bar{E}^{18} + S^2\dot{E}^6 = K^2\bar{E}^6S^2\ddot{E}^6 + C^6O^{12}\overset{+}{E}^3 + Az^2\dot{E}^2 + \bar{E}^{10} + \overset{+}{E}^7.$$

L'explosion de la poudre est produite par la répulsion exercée entre les équivalents électriques $\bar{E}^{10}$ et $\overset{+}{E}^7$ devenus libres au moment de la combinaison des équivalents chimiques. Ces éléments électriques $\bar{E}^{10} + \overset{+}{E}^7$ produisent peu de lumière et beaucoup de chaleur, $3\bar{E}^{10} + 3\overset{+}{E}^7 = 4\overset{+}{E}^2\bar{E} + 13\overset{+}{E}\bar{E}^2 = \Phi^4 + \theta^{13}$.

Les explosions sont de deux espèces ; elles proviennent : 1° des rencontres des masses électriques conduites des électrodes, ou 2° des séparations des équivalents chimiques qui laissent libres leurs équivalents électriques. Dans l'une et l'autre espèce, le degré de l'explosion est, 1° proportionnel aux densités des équivalents électriques, et 2° en raison inverse du carré des distances qui les sépare des corps voisins repoussés.

Pour obtenir d'une explosion son maximum d'impulsion sur une balle, il faut que toutes les expansions latérales soient supprimées, et qu'il ne reste libre que celle qui n'éprouve qu'une résistance médiocre de la part de la balle. La pesanteur de celle-ci est supprimée par la poussée exercée sur sa moitié inférieure. Cette poussée des équivalents électriques n'est pas bornée à un choc momentané ; il y a un écoulement de *barogène* qui s'opère suivant les mêmes lois que celui des équivalents électriques. Cet objet, de la plus haute importance pour la mécanique, sera traité dans la suite de ce livre, où l'art de l'artillerie trouvera des perfectionnements qu'on n'atteindra jamais tant qu'on persistera dans la voie empirique suivie jusqu'à présent.

La répulsion R produite par les équivalents électriques de la poudre ne peut pas augmenter indéfiniment avec la masse de la poudre brûlée, et cela parce que toute la masse d'équivalents électriques ne peut pas devenir libre au même instant, mais qu'elle apparaît successivement avec la propagation de la combustion de la poudre. La balle doit arriver à la bouche du canon au moment précis de la combustion totale de la poudre. Si elle arrive plus tard, la poussée est faible parce qu'il en a été consommé une partie contre les parois du canon; si elle y arrive trop tôt, une quantité de poudre reste sans brûler ou brûle sans produire de poussée.

II. — DEGRÉS DES POUSSÉES ET DES RÉSISTANCES ÉLECTRIQUES.

Les équivalents électriques, en se repoussant mutuellement, ne produisent, par cette action réciproque, que des répulsions ou des poussées communiquées aux corps; les faits qui en sont produits se montrent cependant différents, 1° selon que les équivalents électriques s'écoulent en quantités égales en une unité de temps; 2° selon qu'ils s'écoulent en quantités croissantes ou décroissantes, ou 3° qu'ils s'écoulent subitement pour un instant.

On est forcé de revenir chaque fois à la cause motrice parce que l'on a pris pour point de départ des faits qui paraissent différents et qu'on a classés et dénommés selon l'apparence qu'ils offraient et non d'après leur état réel. Nous comparerons ici les degrés des poussées électriques évaluées toujours suivant les faits obtenus, quoique ceux-ci soient le résultat de la répulsion R ou la différence entre la poussée P et la résistance R'.

Pour cette raison nous allons exposer séparément les

poussées et les résistances, et ensuite les faits qui en découlent.

A. Degrés des poussées entre les métaux et les liquides.

Les couples qui produisent les courants des piles consistent : 1° en un métal et deux liquides ou gaz, 2° en un liquide et deux métaux, ou 3° en deux liquides et deux métaux. Nous avons déjà expliqué la source de l'électricité, la poussée qui maintient les courants, la cause des endosmoses et des explosions; comparons maintenant les degrés des poussées produites par des couples différents.

I. **Un métal et deux liquides.** Ces liquides peuvent différer seulement par leur concentration où ils peuvent être de nature différente.

A. *Acide sulfurique concentré et étendu.* Un tube en U contenant cet acide ne produit pas un courant quand on y plonge les deux extrémités *m* et *m'* d'un fil enroulé qui fait l'office de rhoomètre; mais si l'on introduit l'eau dans la branche *b'* du tube où plonge l'extrémité *m'* du fil, les équivalents négatifs Ē en sont repoussés vers l'extrémité *m* du fil et de là vers la branche *b* du tube, dont les équivalents positifs Ë éprouvent une répulsion par le fil vers l'eau acidulée de la branche *b'* du tube. Le courant apparaît parce que les équivalents électriques hétéronymes dans la courbure du tube étant repoussés les uns contre les autres, se combinent et cèdent leur place à leurs homonymes qui les suivent.

Cet ordre se maintient pour les métaux qui n'éprouvent aucune oxydation, mais si le métal se couvre comme le fait le *fer* dans l'eau acidulée pour devenir FeOË² qui est moins négatif que le fer métallique FeË³, les équivalents négatifs s'écoulent de l'extrémité *m* plongée dans l'acide concentré vers l'extrémité *m'* couverte d'où les équivalents positifs Ë s'écoulent vers l'acide.

Dans l'acide azotique étendu, le plomb même et le cuivre se couvrent; pour cette raison la direction du courant va de l'eau acidulée vers l'acide concentré dont les équivalents négatifs s'écoulent vers l'extrémité m' couverte, tandis que dans l'acide le métal reste blanc.

B. *Alcali concentré et étendu.* Ici aucune oxydation des métaux n'a lieu : aussi le courant ne dépend-il que de la concentration du liquide; quand le tube contient l'alcali concentré, il y a un équilibre qui est détruit par l'eau dont la chaleur latente fait augmenter la poussée P' des équivalents négatifs $\bar{\bar{E}}$, et le courant se dirige de l'alcali concentré vers l'alcali étendu, comme il se dirige de l'acide concentré vers l'eau acidulée quand il n'y a pas d'oxydation.

II. **Deux métaux et un liquide.** Les degrés des poussées produites sont le résultat, 1° de la différence entre les poussées P' et $P'-p'$, et 2° de la résistance r de la part du liquide.

A. *Eau et métaux.* Les métaux sont tous négatifs, mais à des degrés différents : pour cette raison les poussées P' et $P'-p'$ sont inégales, et il y a toujours une poussée p' de la part du métal le plus négatif. Les équivalents hétéronymes se rencontrent et se combinent dans l'eau de manière à entretenir le courant observé dans la déviation du magnète. Cette déviation est très-prononcée quand est grande la quantité des équivalents électriques écoulés en une unité de temps; les déviations suivantes γ sont produites sur le magnète, soit $\gamma=4°\frac{1}{2}$ entre le zinc et l'argent; $\gamma=4°\frac{1}{8}$ entre le zinc et le charbon; $\gamma=5°$ entre le zinc et l'or; $\gamma=5°\frac{1}{2}$ entre le zinc et le mercure sulfuré noir, et $\gamma=9°\frac{1}{2}$ entre le zinc et le bioxyde de plomb.

Dans cette série les degrés des poussées croissent avec la diminution de la densité des équivalents électriques $\bar{\bar{E}}$ des corps comparés avec le zinc. Le bioxyde de plomb $PbO^2\bar{\bar{E}}$ contient la quantité plus faible d'équivalents négatifs; pour cette raison la différence p' entre les poussées est grande, ainsi que cela résulte de la grande déviation $9^{\circ}\frac{1}{2}$ du magnèto.

B. *Acides étendus et métaux.* La répulsion entre les métaux ou la poussée p' qui en provient reste la même, mais la répulsion diminue entre ces métaux et l'eau acidulée qui contient moins d'équivalents négatifs que l'eau pure. Les écoulements que produisent les mêmes couples métalliques dans l'eau pure et dans l'eau acidulée sont en raison inverse à cause de la grande résistance $r+r'$ de l'eau pure et de la faible résistance $r-r'$ de l'eau acidulée.

DEGRÉS DES POUSSÉES DES COUPLES AVEC L'EAU ACIDULÉE.

Degrés.	Couples.	Degrés.	Couples.	Degrés.	Couples.	Degrés.	Couples.	Degrés.	Couples.	Degrés.	Couples.
0,0	zinc. plomb.	»		»		»		»		»	
0,5	zinc. fer.	»		2,0	plomb. fer.	»		»		»	
8,0	zinc. cuivre.	5,0	étain. cuivre.	5,5	plomb. cuivre.	3,0	fer. cuivre.	3,3	cuivre. argent.	»	
6,0	zinc. or.	4,0	étain. argent.	4,3	plomb. argent.	1,0	fer. or.	0,3	cuivre. or.	0,5	argent. or.
3,0	zinc. platine.	1,0	étain. or.	1,5	plomb. or.	1,0	fer. platine.	0,3	cuivre. platine.	0,5	argent. platine.
»		1,0	étain. platine.	2,0	plomb. platine.	»		»		»	

Parmi les métaux c'est le fer qui se couvre le plus facilement dans l'acide sulfurique étendu, et ainsi, dans les résultats indiqués, ce sont toujours ceux du fer qui ne peuvent s'arranger avec les séries obtenues des couples où le fer n'entre pas.

Les exemples suivants prouvent la relation entre les quantités des équivalents électriques écoulés et les faits chimiques qu'on obtient avec des quantités de zinc ou d'étain dissous dans le même acide contenu dans des vases différents qui viennent en contact avec le zinc pour former un couple.

A. Quatre boules d'étain parfaitement égales de poids,

plongées dans l'acide sulfurique contenu dans des vases de matière différente, perdront les poids suivants dans l'espace d'une heure :

Dans le vase de verre	= V,	elles perdront	1,5
— d'argent	= A,	—	51,0
— d'or	= O,	—	65,0
— de platine	= P,	—	70,0

Si l'on retire alors les quatre boules, qu'on les nettoie et qu'on les plonge dans le vase de verre, elles y perdront encore en une heure des poids différents, à l'exception de la boule qui avait été auparavant dans ce même vase V. Quant à la boule du vase A, elle perdra 5 ; celle du vase O perdra 8, et celle du vase P perdra 11.

B. 30 boules égales de zinc chimiquement pur plongées dans des vases différents contenant de l'acide hydrochlorique, de l'acide sulfurique, de l'ammoniaque étendu, perdent en une heure les poids suivants :

VASES.	ACIDE hydrochlorique.	ACIDE sulfurique.	AMMONIAQUE.
Verre	4	3	»
Soufre	5	5	1
Étain	12	12	12
Plomb	14	28	15
Antimoine	41	38	18
Bismuth	45	38	20
Argent	58	65	22
Or	52	100	21
Platine	55	110	27
Cuivre	70	150	40
Fer	»	130	»

Les quantités d'étain et de zinc dissoutes suivent les séries obtenues de mêmes couples plongés dans l'eau et non pas dans les acides. Les dissolutions sont en raison directe avec les résistances exercées de la part des liquides contre l'écoulement des équivalents électriques. Dans l'acide sulfurique étendu le fer se couvre et provoque la dissolution du zinc.

C. *La passivité* de métaux, surtout celle du fer, est de

deux espèces. Le métal devient moins négatif, 1° en se couvrant d'une couche mince d'oxyde, ou 2° en recevant une quantité d'équivalents électriques positifs $\bar{E}$; 3° il a été prouvé que le fer trempé lui-même est moins négatif que le fer doux.

Un fil de fer chauffé au rouge à l'une de ses extrémités m' devient passif par le refroidissement dans les deux extrémités m' et m dont l'une m' se couvre et l'autre m reçoit une quantité d'équivalents positifs pendant le refroidissement. Les métaux peu oxydables, tels que le cuivre, l'argent, l'or, le platine..., se chargent aussi d'équivalents positifs quand ils se refroidissent après avoir été chauffés au rouge. Les lames ainsi préparées reçoivent les équivalents négatifs $\bar{E}$ d'autres lames pareilles qui sont en leur état ordinaire; elles reçoivent alors des lames de zinc ces équivalents négatifs $\bar{E}$ en plus grandes quantités que ne le font les lames en état ordinaire.

B. DEGRÉS DES RÉSISTANCES DE LA PART DES LAMES DES COUPLES.

Les équivalents électriques d'un couple ou d'une pile parcourent les électrohodes, les voltamètres et le liquide des couples, et ils y éprouvent des résistances qui augmentent avec les distances, et qui dépendent de la nature des électrohodes, de la surface polie ou limée des lames, de la nature du liquide et de sa température. Les exemples suivants feront ressortir l'évidence de cette loi que les quantités d'équivalents écoulés sont en raison inverse avec les résistances des différentes parties du circuit, appelé *cyclome*.

I. *Résistances du liquide des couples.* Les lames peuvent être, 1° égales et parallèles, 2° inégales et parallèles, ou 3° inclinées pour former un angle Γ. Dans les exemples suivants les lames sont de zinc et de cuivre, et elles sont plongées dans l'acide sulfurique très-étendu.

A. *Lames égales à des distances différentes.* Supposons par exemple que l'intervalle entre les lames soit de 48 millimètres quand la déviation γ du magnète atteint 1°. Si cet intervalle devient :

24mm, la déviation sera. . . . . γ = 1°,3
12mm, — . . . . γ = 1°,7
6mm, — . . . . γ = °,1
3mm, — . . . . γ = °,6

B. *Lames inégales à des distanc inégales.* Les lames inégales ont été séparées d'abord par un intervalle de 12 centimètres, ensuite par 27 : dans les deux cas la déviation a été réduite à 1° entre les lames égales qui ont été remplacées par d'autres de dimensions différentes.

INTERVALLE DE 12 CENTIMÈTRES.			INTERVALLE DE 27 CENTIMÈTRES.		
SURFACES		DÉVIATIONS γ du magnète.	SURFACES		DÉVIATIONS γ du magnète.
du zinc.	du cuivre.		du zinc.	du cuivre.	
		Degrés.			Degrés.
1	1	1,00	1	1,0	1,00
2	1	1,13	2	1,0	1,25
3	1	1,2	3	1,0	1,3
1	2	1,45	1	1,5	1,21
1	5	2,33	1	2,0	1,47
			1	2,5	1,66
			1	3,0	2,28
			1	4,0	2,69
			1	5,0	3,00

La résistance augmente avec les intervalles comme cela est constaté dans les déviations γ du magnète qui est presque en raison inverse des racines carrées des intervalles quand ceux-ci ne sont pas très-grands, parce que la chaleur latente du liquide et sa chaleur libre produisent des résistances différents qui deviennent très-prononcées quand les intervalles sont grands, comme cela devient évident dans les résultats obtenus par les lames inégales dans les intervalles de 12 et de 27 centimètres. On y voit aussi très-clairement que les directions des poussées dévient peu de la verticale qui unit les surfaces parallèles des lames.

C. Cette direction des poussées devient évidente quand l'une des lames est inclinée sur l'autre de manière à former l'angle Γ, car avec l'augmentation de cet angle diminue la déviation γ du magnète, et celle-ci atteint son minimum quand une lame est verticale sur l'autre et que l'angle Γ=90°.

II. *Résistances des lames polies ou limées.* Les équivalents électriques, par leur répulsion mutuelle, forment sur les corps une couche dont l'épaisseur est égale quand la surface est unie et polie ; mais s'il s'y trouve des aspérités ou des pointes, leurs sommets prennent une épaisseur plus grande de la couche électrique : de cette façon la répulsion R entre les équivalents $\ddot{E}$ ou $\ddot{E}$ y augmente, en même temps que la poussée qui devient P′ + p′. Par suite l'écoulement sollicité des pointes n'est pas un effet de la diminution de résistance r de la part du liquide, mais il est un effet de la répulsion R qui devient R + R′ aux sommets de ces pointes.

C. Résistances des éléments des circuits.

La quantité d'équivalents électriques en écoulement est la différence (Q—Q′) $\ddot{E}$ entre ceux Q$\ddot{E}$ qui, éprouvant la poussée, sont provoqués à se mettre en mouvement, et ceux Q′$\ddot{E}$ qui, éprouvant la résistance r de la part d'une quantité égale Q′$\ddot{E}$ d'équivalents stationnaires, se trouvent arrêtés. La différence (Q—Q′)$\ddot{E}$ diminue 1° quand la quantité Q reste la même, ou que la quantité Q′ augmente, ou 2° quand la quantité Q diminue et que l'autre Q′ reste la même. Les résultats diffèrent quand la quantité Q est très-grande et la quantité Q′ petite, car les mêmes changements de cette quantité Q′ produisent des résultats insignifiants; au contraire les résultats des changements sont très-prononcés quand la quantité Q n'est pas très-grande. Ces règles mathématiques sont constatées dans les exemples suivants :

I. **Résistance des électrohodes.** Un couple de zinc, cuivre et eau pure produit la déviation $\gamma=1°$ quand la longueur de l'électrohode est de 700 mètres; cette déviation devient $\gamma=1°,3$ quand la longueur de l'électrohode n'est plus que de 1 mètre. En remplaçant l'eau pure par l'eau acidulée et en changeant les intervalles, on peut obtenir avec le même électrohode de 700 mètres la déviation $\gamma=1°$, et si, dans des circonstances semblables, cette longueur est remplacée par une autre de 1 mètre du même fil, la déviation devient $\gamma=191°$.

L'introduction de l'acide dans l'eau pure n'a donc pour effet qu'une diminution de résistance : pour avoir, dans l'eau acidulée, une déviation $\gamma=1°$, il est nécessaire d'augmenter la résistance au moyen de l'intervalle entre les lames, pour remplacer celle qui existait entre les lames et l'eau pure. Si la longueur de l'électrohode diminue dans l'eau pure, la résistance totale en éprouve une diminution médiocre, mais si cette longueur diminue dans l'eau acidulée, la résistance diminue beaucoup entre les lames, et en même temps celle entre ces lames et le liquide.

De la quantité $q'\bar{E}$ d'équivalents supprimés, une partie $q''\bar{E}$ est supprimée de l'eau pure et la différence $(q'-q'')\bar{E}$ est supprimée de l'électrohode de 700 mètres. Dans l'eau acidulée cet électrohode exerce la même résistance, mais celle de cette eau n'est plus $q''\bar{E}$, mais une autre inférieure $(q''-q''')\bar{E}$; la différence $q'\bar{E}-(q''-q''')\bar{E}$ est donc ici supprimée du même électrohode de 700 mètres.

L'électrohode court produit dans l'eau pure l'augmentation δ de la grande quantité $(q'-q'')\bar{E}$, et dans l'eau acidulée cette même augmentation δ est produite dans la petite quantité $q'\text{Ë}-(q''-q''')\text{Ë}$.

II. **Résistance des voltamètres.** Au lieu de la déviation γ, produite sur le magnète par l'écoulement des équivalents électriques, on détermine la quantité ε d'équivalents éloignés, en se combinant avec les éléments de l'eau pour former les gaz, dont les volumes v v'' v'''... obtenus en une heure, servent à comparer les courants des piles. Les exemples suivants rendront évidente la relation entre les gaz des voltamètres et le zinc dissous dans les couples.

A. En opérant avec une pile de 40 couples sur un voltamètre, il se produit en une heure 22,8 centimètres cubes de gaz : s'il y a deux voltamètres, il se produit dans chacun 21 mètres cubes de gaz.

Dans le cas où il y a un seul voltamètre, il s'oxyde 88,4 équivalents de zinc pendant la décomposition d'un atome d'eau; et dans le cas où il y a deux voltamètres, il ne s'oxyde que 48,3 équivalents de zinc pendant la décomposition d'un demi-atome d'eau dans chaque voltamètre, opérée en une moitié de l'unité de temps.

B. Avec une pile de 20 couples comme les précédents, il se produit en une heure 52 cubes de gaz dans un voltamètre; mais s'il y en a deux, il se produit dans chacun 14,6 cubes de gaz, en tout 29,2 cubes.

Dans le cas où il n'y a qu'un voltamètre, il se consomme 34 équivalents de zinc pendant la décomposition d'un atome d'eau, et quand il y a deux voltamètres, 97 équivalents de zinc sont oxydés pendant la décomposition d'un atome d'eau dans les deux voltamètres.

C. Avec une pile de 10 couples, comme les précédents, mais contenant de l'eau pure, si le nombre de voltamètres augmente, on parvient à obtenir un courant qui produit une déviation γ très-petite, et qui ne suffit pas à vaincre la pression qui maintient les éléments de l'eau; il n'y a ainsi qu'une production presque insensible de gaz, quoique l'oxydation du zinc n'éprouve aucune interruption.

L'eau des voltamètres exerce une résistance R' sur l'écoulement des équivalents électriques; la quantité ε d'équivalents électriques écoulés est en raison inverse avec la résistance R' de chaque voltamètre, et avec celle r' de chaque couple. Ces trois cas vont être exposés ici de la manière suivante :

1° 40 couples et 1 voltamètre, résistance $= 40r' + R'$
40 couples et 2 voltamètres, résistance $= 40r' + 2R'$
2° 20 couples et 1 voltamètre, résistance $= 20r' + R'$
20 couples et 2 voltamètres, résistance $= 20r' + 2R'$
3° 10 couples et 3 voltamètres, résistance $= 10r + 3R'$
10 couples et 4 voltamètres, résistance $= 10r + 4R'$

Les quantités v, v', v''... de gaz obtenus sont le produit de la différence $R-(nr'+mR')$ entre la répulsion R que produit l'ensemble des lames de tous les couples, et la somme $nr'+mR'$ des résistances nr' des n couples et mR' de m voltamètres.

1° Dans le cas de 40 couples, où la résistance est $40r'+R'$ avec un voltamètre, son augmentation est insignifiante quand elle devient $40r'+2R'$ par l'introduction d'un second voltamètre.

2° Dans le cas de 20 couples, la résistance est $20r'+R'$ avec un voltamètre, et elle augmente relativement beaucoup, quand on y introduit un second voltamètre. Pour cette raison, dans les deux voltamètres, avec 20 couples, on obtient une petite quantité de gaz, et celle-ci est grande quand le voltamètre est seul : une telle quantité ne pourrait même pas être obtenue dans deux voltamètres avec la pile de 40 couples.

III. **Résistances des liquides des couples.** L'eau pure exerce une grande résistance par ses atomes $\ddot{E}\bar{E}^2$ denses de chaleur latentes, les alcalis exercent une résistance par leurs équivalents négatifs $\bar{E}$, et les acides exercent également une résistance par leurs équivalents positifs $\bar{E}$. La déviation γ du magnète est médiocre quand les lames de zinc, de cuivre ou de platine plongent dans l'eau pure, dans les acides ou les alcalis *concentrés*; elle devient $n\gamma$ quand l'eau est mêlée avec les alcalis, mais elle augmente davantage quand l'eau est mêlée avec les acides, et cela à cause de la diminution de la résistance r exercée de la part de chaleur latente contre les équivalents négatifs. Par des tâtonnements répétés, on a obtenu un *minimum* de résistance dans le mélange de 100 parties d'eau avec 15 d'acide sulfurique. 1° Si ce mélange est appelé *eau électrolyte*, en y introduisant plus d'eau, la résistance r augmente et devient $r+r'$ à cause de la densité supérieure des atomes $\bar{\bar{E}}\bar{E}^2$ de chaleur latente. 2° En introduisant dans cette *eau électrolyte* plus d'acide, la résistance augmente également et devient $r+r''$ à cause de la densité supérieure des équivalents positifs $\hat{E}$. 3° Si l'on introduit de l'alcali dans l'eau pure, il en fait diminuer la chaleur latente et, par suite, la résistance qu'elle oppose aux équivalents négatifs $\bar{E}$.

Les déviations γ, γ', γ''... augmentent quand les mêmes lames plongent dans des liquides qui exercent une résistance médiocre; au contraire, ces déviations diminuent quand la résistance augmente. Comme exemples de cette relation, nous prendrons les liquides suivants, dont chacun contient, dans 100 parties d'eau pure, une partie des substances dénommées.

Les deux lames plongées dans l'eau pure sont disposées de façon à produire la déviation $\gamma=1°$ sur le magnète du rhéomètre.

L'énumération qui suit donnera les autres déviations indiquées par le nom des corps dont 1 partie est dissoute dans 100 parties d'eau.

	Degrés.		Degrés.
Eau pure	$\gamma=$ 1,0	Chlorate de baryte	$\gamma=$ 63,[illegible]
Soude hydrocyanique	$\gamma=$ 10,9	Potasse	$\gamma=$ 55,[illegible]
Acide hydrocyanique	$\gamma=$ 18,0	Protochlorure de fer	$\gamma=$ 56,[illegible]
Ammoniaque	$\gamma=$ 16,5	Azotate de chaux	$\gamma=$ 57,[illegible]
Soude	$\gamma=$ 46,0	Acétate de potasse	$\gamma=$ 59,[illegible]
Sulfate de zinc	$\gamma=$ 51,6	Azotate de baryte	$\gamma=$ 60,[illegible]

	Degrés.		Degrés.
Sulfate de fer.	$\gamma = 62,5$	Chlorure de chaux.	$\gamma = 110,0$
Bitartrate de potasse.	$\gamma = 62,4$	Acide phosphorique.	$\gamma = 127,0$
Acétate de soude.	$\gamma = 64,9$	Oxalate de potasse.	$\gamma = 149,0$
Bicarbonate de potasse. . . .	$\gamma = 66,7$	Chlorure ammonique. . . .	$\gamma = 156,0$
Carbonate de soude.	$\gamma = 69,0$	Acide oxalique.	$\gamma = 179,0$
Sulfate de soude.	$\gamma = 74,2$	Acide sulfurique.	$\gamma = 239,0$
Azotate de potasse.	$\gamma = 78,0$	Sulfate de cuivre.	$\gamma = 258,0$
Sulfate de potasse.	$\gamma = 80,0$	Protoazotate de mercure. .	$\gamma = 278,0$
Sel gemme.	$\gamma = 84,8$	Azotate d'argent.	$\gamma = 298,0$
Acide citrique.	$\gamma = 85,7$	Chlorure d'or.	$\gamma = 307,0$
Acide acétique.	$\gamma = 87,0$	Acide azotique.	$\gamma = 358,0$
Tartrate de potasse.	$\gamma = 92,0$	Chlorure de platine.	$\gamma = 418,0$
Acide tartrique.	$\gamma = 98,7$		

Toutes ces déviations sont en relation inverse avec les résistances de la part des liquides contre les équivalents négatifs $\bar{E}$; la série indique l'augmentation graduelle des équivalents positifs dans les dissolutions, car avec eux diminue la résistance et augmente la déviation.

D. RÉSISTANCES DE LA CHALEUR LIBRE OU STATIONNAIRE.

Quand les lames d'un couple conservent les mêmes dimensions et n'éprouvent aucune oxydation, les atomes de chaleur peuvent être introduits dans l'une des lames par l'élévation de température ou par l'augmentation de la quantité de l'eau pure où plonge l'une des deux lames.

Si l'on élève la température, les atomes $\dot{E}\bar{E}^2$ de chaleur se répandent également dans l'eau et dans la lame, tandis que par l'introduction d'une quantité d'eau pure dans la branche *b'* du tube en U où plonge l'une des lames, les atomes $\dot{E}\bar{E}^2$ de chaleur stationnaire restent dans le liquide seul sans que la lame qui y plonge y éprouve aucun changement.

1. **Couples de températures différentes.** Un couple de zinc-cuivre et eau à la température de 17° produit la déviation $\gamma = 0°,2$; à une température de 35°, la déviation

est $\gamma = 1°,3$; si l'on monte à 48°, la déviation devient $\gamma = 2°$, et si l'on atteint une température de 75°, la déviation encore devient $\gamma = 4°$.

La quantité q d'hydrogène obtenue en une unité de temps à une température de 12° augmente et devient $\frac{2}{3}q$, si le même couple prend une température de 16°.

Cette augmentation de l'écoulement des équivalents électriques est produite par la répulsion R devenue R + R′ par la densité supérieure des équivalents négatifs contenus en excès dans les atomes $\ddot{E}\bar{E}^2$ de chaleur. Cette augmentation de répulsion est répandue également dans les lames et dans le liquide.

II. **Densités inégales de chaleur dans les couples.** L'état du courant d'un couple change aussi bien par la chaleur libre que par la chaleur stationnaire introduite dans une moitié du couple; ces changements correspondent aux équivalents négatifs contenus dans les atomes $\ddot{E}\bar{E}^2$ de chaleur, comme cela est exposé dans les exemples suivants.

Dans un tube en U contenant l'eau acidulée, plongent deux métaux m et m', dont m' plus négatif que m, provoque l'écoulement des équivalents négatifs $\bar{E}$ vers m, tandis que de celui-ci s'écoulent les équivalents positifs $\ddot{E}$ vers m'. Pour faire augmenter la quantité d'équivalents négatifs $\bar{E}$, il faut élever la température du métal négatif m'; cet écoulement diminue, et il se produit même un équilibre et une inversion quand on chauffe l'autre métal m, c'est-à-dire le moins négatif. Cet équilibre et cette inversion ne sont toutefois obtenus que dans les cas où la déviation γ est faible.

Si l'étain le plus négatif plonge dans la branche b', et le fer le moins négatif dans la branche b, les équivalents négatifs $\bar{E}$ s'écoulent de l'étain vers le fer. Pour arrêter cet écoulement et produire même une inversion, il faut introduire dans le fer une quantité d'atomes $\ddot{E}\bar{E}^2$ de chaleur en élevant sa température.

L'équilibre est obtenu à une température de 100° — t au

dessous de l'ébullition de l'eau dans la branche *b*; pour obtenir une inversion, il faut élever davantage la température; alors l'écoulement qui diminuait jusqu'à $100° - t$ commence à augmenter, et il atteint son maximum à la température de 100°.

III. **Résistances des métaux à des températures différentes.** Les métaux n'exercent pas la même résistance quand ils contiennent les atomes $\ddot{E}\bar{E}^2$ de chaleur en densités supérieures ou inférieures. Ces atomes exercent une résistance *r* par l'excès de leurs équivalents négatifs $\bar{E}$, et cette résistance croît avec l'élévation de température et avec l'accumulation des atomes $\ddot{E}\bar{E}^2$ de chaleur à l'état stationnaire; pour cette raison, certains métaux, tels que le zinc, le cadmium, le plomb, etc., sont moins bons conducteurs pour l'électricité que le cuivre, l'argent, l'or, le platine, etc., qui contiennent les équivalents négatifs $\bar{E}$ en quantité inférieure. Veut-on que ces métaux deviennent moins bons conducteurs, il suffit d'élever leur température.

Nous avons vu que l'*eau électrolyte* devient moins bonne conductrice quand on y augmente la quantité de l'acide ou celle de l'eau; il en est de même pour les métaux dont les plus négatifs exercent des résistances beaucoup plus prononcées aux températures élevées que les métaux les moins négatifs.

Les métaux peu oxydables, par exemple, le cuivre, l'argent, l'or, le platine, etc., acquièrent, par l'élévation de température, une résistance inférieure contre les équivalents positifs $\ddot{E}$, comme cela a lieu pour les acides concentrés où l'on introduit de l'eau. Au contraire, les métaux oxydables les plus négatifs sont comparables aux alcalis quand on y introduit de l'eau qui fait augmenter la résistance.

A. *Un métal et un liquide.* Le tube en U contient de l'acide sulfurique étendu : on chauffe la branche *b'* de ce tube pour obtenir la répulsion $R + r$, et une résistance $R' + r'$ supérieure à celles R et R' de la branche *b* froide. Ces augmentations de la répulsion et la résistance avec l'élévation de température et en même temps l'oxydation des métaux produisent des inversions du courant dont les suivantes servent comme exemples.

Le zinc, le cadmium, l'étain, le fer et le cuivre conduisent au commencement les équivalents négatifs de la branche b' chaude vers la branche b froide; ensuite le courant s'affaiblit, il se manifeste un équilibre, et après cela une inversion qui croît pour atteindre un maximum limité; et cela parce que la partie échauffée du métal se couvre et devient ainsi moins négative que la partie du métal blanc et froid; pour cette raison, les équivalents négatifs commencent à s'écouler du métal froid mais blanc vers le même métal chaud, mais couvert.

Les métaux peu oxydables, tels que l'argent, l'or, le platine, etc., obtiennent, à une température supérieure, une résistance $R' + r'$ qui surpasse la répulsion $R + r$ élevée, et alors apparaissent des faits analogues à ceux produits par l'oxydation.

B. *Deux métaux et un liquide.* Ces faits peuvent s'observer, comme les précédents, dans un tube en U rempli d'eau acidulée ou d'une dissolution alcaline; la chaleur produit toujours une augmentation de répulsion R et de résistance R'. La répulsion R devient dans les métaux oxydables $R + r + \alpha$, et dans les métaux peu oxydables elle devient $R + r - \alpha$. La résistance R' dans les métaux oxydables devient $R' + r' + \beta$, et dans les métaux peu oxydables elle devient $R' + r' - \beta$.

En opérant avec le zinc, le cadmium, l'étain, le plomb, le fer, etc., la poussée augmente quand le métal le plus négatif plonge dans la branche b' chaude; elle diminue pour disparaître et se trouve remplacée par une inversion, quand on refroidit la branche b' et qu'on chauffe l'autre b, sans faire subir aux métaux aucun déplacement.

En opérant avec le cuivre et l'argent ou avec celui-ci et le platine, on rencontre dans la branche chaude une augmentation de résistance R' contre les équivalents négatifs qui diminue celle R″ contre les équivalents positifs Ē, comme cela deviendra évident par les exemples suivants :

Le cuivre et l'argent plongés dans les deux branches b et b' contenant l'acide sulfurique étendu produisent une déviation $\gamma = 1°$; cette déviation reste presque la même quand on chauffe la branche b' du cuivre, et elle devient $\gamma = 20°$ quand on chauffe la branche b de l'argent.

De même si l'argent plonge dans la branche b' et le platine dans l'autre b, la déviation étant $\gamma = 4°$ devient $\gamma = 16°$ quand on chauffe la branche b' de l'argent, et, sans changer de direction, elle devient $\gamma = 20°$, quand on chauffe la branche b du platine ; l'on ne doit pas y admettre qu'il se produit une oxydation, parce que la déviation redevient $\gamma = 4°$ quand les deux branches sont froides.

Les équivalents négatifs Ē aux températures supérieures s'écoulent plus abondamment des métaux peu oxydables dans l'eau acidulée qu'aux températures inférieures, pour cette raison en diminuant la résistance entre le métal chaud et le liquide on fait augmenter le courant : c'est précisément là l'effet que produirait l'oxydation.

C. **Deux métaux et deux liquides.** Dans les couples de ce genre nous exposerons les faits de manière à ne laisser aucun doute sur leur cause, et cela parce que les mêmes métaux plongés dans l'un des liquides produisent toujours un écoulement plus fort ou plus faible que celui obtenu quand ces métaux sont déplacés d'un liquide dans l'autre. Pour obtenir le courant fort, il faut donner la même direction aux deux écoulements ; le courant faible est le résultat de la différence des deux poussées $P' - p'$ qui sont mises en directions opposées.

Les courants les plus forts sont produits quand le platine plonge dans l'acide azotique et le zinc dans l'eau acidulée ; en ce cas ces courants sont le résultat de la somme $P + P'$ des poussées, mais si le platine plonge dans l'eau acidulée et le zinc dans l'acide azotique, le courant est produit de la poussée $P'-p'$; il est 17 fois moindre que le précédent, si l'acide azotique est remplacé par une dissolution de sulfate de cuivre.

Au lieu d'éloigner l'acide azotique, si celui-ci reste en contact avec le platine et si l'on change le liquide du zinc, le courant croît graduellement avec les liquides suivants : eau distillée ou de pluie, eau de sources, iode, potassium, chlorate de potasse, azotate de potasse, sel gemme, soude, potasse, acide phosphorique étendu, acide sulfurique étendu, acide hydrochlorique étendu : les équivalents positifs $\bar{E}$ des acides font diminuer la résistance qu'éprouvent les équivalents négatifs $\bar{E}$ qui partent de la surface du zinc, pour passer par l'électrohode dans le platine et dans l'acide azotique; celui-ci ne doit pas être étendu parce qu'alors l'eau fait apparaître une résistance r' contre les équivalents négatifs.

IX

RÉFORME DE LA PHYSIQUE

PAR LA

DÉCOUVERTE DE LA FORMATION DES SUBSTANCES VÉGÉTALES QUI PRODUISENT DANS LES PLANTES LES ÉLÉMENTS DE L'EAU ET DE LA LUMIÈRE.

Tous les faits géologiques se réunissent pour prouver que la couche superficielle appelée *alluvion* n'existait pas à l'époque où des pluies diluviennes amenaient des masses énormes d'eau qui, se précipitant en torrents impétueux, ravinaient les roches de la surface *amorphe* de la Terre et y creusaient de profondes vallées. Les débris de ces roches roulés par les torrents et s'arrondissant dans leur course, comme les pierres qu'on trouve dans le lit des fleuves et qu'on nomme *potamolithes*, se déposaient au fond des lacs auxquels conduisaient les vallées. Ces cailloux arrondis sont restés jusqu'à nos jours comme des monuments géologiques qui montraient aux habitants de toutes les époques l'état de la Terre pendant les pluies diluviennes.

Mais ces mêmes vallées, ainsi creusées suivant les lois hydrauliques, prouvent en même temps que les pluies diluviennes n'existaient pas encore, quand les couches de terrains diluviens se déposaient à la surface des terrains ignés. Les sommets des montagnes élevées sont généralement formés de *basalte*, et les bords des couches les plus profondes, remontant jusqu'à la plus grande hauteur des montagnes, prouvent ainsi d'une manière irrécusable qu'à l'époque où s'opérait le dépôt des couches les plus profondes, le niveau de la mer avait pour limites les bords mêmes des couches, au-dessus desquelles on trouve le basalte.

Ces bords des couches de terrains diluviens ne sont pas au même niveau dans toutes les montagnes; sur les hautes montagnes de la zone torride, ils sont à une élévation plus grande que sur les Alpes ou les Pyrénées, etc. Cette inégalité du niveau des bords des couches de terrains a servi aux géologues modernes, parmi lesquels M. Élie de Beaumont est le premier, à composer une *chronologie* des soulèvements des montagnes.

Quand le niveau de la mer était à plus de 8,000 mètres au-dessus du niveau actuel, aucun sommet de montagne ne le dépassait, et toute la surface de la Terre était alors liquide. Quand le niveau, s'abaissant, ne fût plus qu'à 6000 ou 7000 mètres au-dessus du niveau actuel, les montagnes de la zone torride ont été soulevées; d'autres montagnes soulevées à la même époque, mais ayant une élévation inférieure, restèrent au-dessous du niveau de la mer, et leurs sommets se couvrirent des terrains déposés.

Quand le niveau de la mer, baissant encore, descendit à 4000 ou 3000 mètres au-dessus du niveau actuel, on vit alors émerger les sommets des montagnes les plus hautes qui avaient été soulevées à cette époque, et les bords des couches de terrains déposés ensuite se trouvent actuellement à une certaine distance de leur sommet, quoique celui-ci soit moins élevé que plusieurs autres couverts de terrains, et cela parce qu'ils ont été soulevés à une époque précédente quand le niveau était plus élevé.

Le niveau de la mer baissait continuellement et en même temps s'opérait le dépôt du terrain, mais les soulèvements des masses ignées s'opéraient irrégulièrement à des intervalles plus ou moins grands, comme cela a lieu actuellement pour les éruptions volcaniques qui sont de la même nature.

Cette chronologie de la biographie de la Terre était écrite dans les monuments géologiques en caractères trop grands pour qu'elle fût effacée par les effets atmosphériques subséquents, et par les masses d'eau précipitées sur la Terre durant les pluies diluviennes : celles-ci n'apparurent qu'à l'époque où le niveau de la mer différait peu de ce qu'il est aujourd'hui, et cela parce que leur formation est physiquement liée avec les hauteurs des montagnes dont les ombres, durant le jour, maintiennent l'air à une température égale à celle de la nuit, tandis que la température s'élève beaucoup pendant le jour autour des parties des montagnes exposées au Soleil.

Le contact des masses d'air chaud avec d'autres masses froides est un fait reconnu aujourd'hui par tous les météorologistes, comme la cause des changements atmosphériques. L'abaissement du niveau constaté de la manière indiquée devint donc la cause de la production des pluies diluviennes qui étaient cent fois et même mille fois plus abondantes que les pluies actuelles, ainsi qu'on peut le présumer d'après l'espace des vallées qui servaient de canaux, et des détritus volumineux détachés des roches et roulés dans les lacs profonds qui en ont été comblés. Ainsi leur fond s'exhaussant toujours, y atteignit enfin le niveau de l'eau, et il s'y forma des plaines qu'une couche d'alluvion recouvrit ensuite.

J'ai publié sur le déluge un ouvrage où je prouve que l'eau qui disparaissait de la mer se transformait en masses d'air qui ne pouvant pas se soutenir dans les latitudes inférieures, étaient repoussées vers les pôles ; c'est ainsi qu'ont été produits deux cônes d'air ayant chacun leur base sur les deux hémisphères et leurs sommets sur les deux prolongements de l'axe terrestre.

Ces deux aérocônes repoussés sans cesse par de nouvelles masses d'air qui se produisaient, surmontèrent la pression de la part de la pesanteur, puis détachés de la Terre, ils ont été lancés dans l'espace en directions divergentes à la manière de deux *comètes* continuant de circuler, comme précédemment autour du Soleil, mais dans des orbites différentes. Ces *comètes* sont comme des monuments cosmobiographiques qui prouvent qu'elles n'existaient pas encore lorsque s'est opéré le partage des vapeurs dont ont été formées les planètes. Les astronomes qui connaissent pourtant la vérité de ce fait, ont admis pour les comètes, contre toutes les lois astronomiques, une origine cosmique inconnue, e ils donnèrent aux comètes l'épithète de *parvenues*, tandis qu'elles ne sont que *filles* des planètes.

Revenons à présent aux soulèvements des montagnes que tous les géologues reconnaissent comme l'effet d'une température T montant à plusieurs milliers de degrés et d'une répulsion R de plusieurs milliers d'atmosphères. Les montagnes sont formées : 1° par des couches ou des amas de minerais à l'état soit amorphe, soit cristallin, déposés ou accumulés autour des minerais ignés ; dans ceux-ci on peut distinguer plus ou moins les cristaux de *feldspath*, de *quartz* et de *mica* composés de silice, cristaux dont la formation ne peut avoir lieu qu'à une température *t* comprise entre 0 et 100°; l'élévation de température T qui a réduit ces masses en fusion, s'opéra donc après le dépôt des cristaux et au-dessous de leur couche.

Une élévation de température ou une production de chaleur est constatée dans les combustions des masses végétales pendant la formation de l'acide carbonique; il se manifeste également de la chaleur pendant la production de l'acide carbonique C^2O^4 et du gaz des marais C^2H^4, et par le moyen du charbon C^4 et de l'eau $H^4O^4\theta^4$, phénomène durant lequel devient libre la chaleur latente θ^4.

Ainsi donc, le dépôt des cristaux de la silice ne s'opérait pas sur un fond de masses minérales, mais sur un fond de substances végétales, dont le carbone se consommait avec l'eau ambiante, et il en résultait une élévation de température autour de la surface de la substance végétale, surface qui était en même temps le fond de la mer. La chaleur, propagée de ce fond vers l'eau, y provoquait des courants thermo-électriques maritimes centripètes qui, conduisant la silice dissoute dans l'eau, la déposaient autour de la surface du fond, par une sorte de galvanoplastie.

La couche minérale sépara l'eau de la mer du fond primitif; elle remplaça ce fond, et en même temps elle fit diminuer la consommation de la chaleur que ne cessaient de produire le charbon et l'eau, comme précédemment. Mais les gaz qui en provenaient ne rencontraient dans l'origine qu'une résistance médiocre dans la couche mince minérale, la brisaient, puis la dispersant en mille et mille fragments, ils s'échappaient par les intervalles par lesquels l'eau pénétrait et venait de nouveau en contact avec la masse végétale.

Ensuite s'opérèrent des dépôts des cristaux provenant de la même silice, mais seulement dans les intervalles existants entre les fragments renversés, et la couche minérale se trouva ainsi composée des cristaux formés des mêmes éléments chimiques, mais d'une texture différente : ce cas ne se rencontrait pas dans la première couche qui a disparu. Dès que la surface végétale fut séparée de nouveau de l'eau de la mer, la consommation de la chaleur diminua et la température s'éleva au-dessous de la couche minérale : c'est ainsi qu'augmenta la répulsion R des gaz C^2O^4 et C^2H^4 qui brisèrent de nouveau la couche minérale, renversèrent les fragments et laissèrent, après l'écoulement, l'eau pénétrer par les intervalles et venir en contact avec la surface végétale.

Après un nombre incalculable d'éruptions pareilles, la couche minérale acquit une épaisseur de plusieurs centaines de mètres, qui, à l'état solide, exerçait une résistance R' supérieure à la répulsion R des gaz; mais cette épaisseur même faisait en même temps diminuer la consommation de chaleur, et c'est pour cela: 1° que la partie inférieure appelée *endostrome*, éprouvant la plus haute température, fut réduite à l'état liquide et en vapeurs; 2° que la partie du milieu de la couche minérale, appelée *mésostrome*, éprouva une température moins élevée, suffisante pourtant pour réduire cette couche à un état demi-liquide; 3° enfin que la partie externe, appelée *épistrome*, n'acquit qu'une élévation de température juste suffisante pour produire les traces d'un commencement de fusion.

La résistance R′ de la couche minérale à l'état solide diminua donc quand ses parties devinrent liquides, demi-liquides ou même à cet état où la fusion commence. Cette résistance R′ devint R′—R″, c'est-à-dire inférieure à la répulsion R, et ainsi s'opéra un soulèvement. Alors a été brisée la partie superficielle de la couche minérale et les gros fragments ont été renversés en directions divergentes. Du milieu se soulevait la masse demi-liquide suivie de la masse liquide, poussées toutes deux par des masses de vapeurs et des gaz brûlants comprimés sous la pression de plusieurs milliers d'atmosphères.

Pendant le soulèvement la chaleur se consommait dans l'eau, les masses se solidifiaient, et ainsi augmentait la résistance R′—R″, alors que l'espace C de cette immense fournaise augmentant en même temps, faisait diminuer la répulsion R qui devenait R—r. De cette façon, les soulèvements ne pouvaient se soutenir que pendant un espace de temps très-court, et ils s'arrêtaient aussitôt que la répulsion R—r diminuant devenait égale à la résistance R′—R″+r′ qui, de son côté, augmentait.

Il s'est ainsi formé une espèce de *pyramide* avec les débris renversés des substances minérales cristallines: 1° en partant de la périphérie externe de la pyramide, on trouve autour de la base les fragments volumineux qui ont été renversés et qui ont éprouvé seulement un commencement de fusion; ces fragments sont connus sous le nom de *porphyre*; 2° En avançant vers le milieu des pyramides, on rencontre le *granite* qui est la masse demi-liquide de la couche minérale qui, ayant été repoussée, s'éleva en hauteur à un niveau supérieur à celui qu'avait atteint le porphyre; 3° Après la masse de granite vient le *basalte* où la forme cristalline s'est presque entièrement perdue, sans cependant qu'aucun changement ait eu lieu pour cela dans sa composition chimique dont la *silice* forme toujours la base.

L'intérieur des pyramides est un espace volumineux rempli de gaz et de vapeurs ayant pour base la surface des substances végétales du fond primitif de la mer : 1° Si ces espaces ou fourneaux souterrains communiquent avec l'air atmosphérique par une cheminée appelée *cratère*, ce sont des *volcans* dont les vapeurs produites s'élèvent au-dessus de la couche minérale chauffée par la chaleur qui provient par la décomposition de l'eau de la manière que nous avons indiquée. Les éruptions volcaniques, qui ont lieu à de grands intervalles, sont des soulèvements partiels opérés dans l'intérieur des pyramides; 2° Si les fourneaux ont toute issue fermée avec l'air, ils communiquent avec d'autres dont s'échappent les vapeurs produites.

Les vapeurs brûlantes éloignées laissèrent se refroidir les masses ignées au-dessus desquelles se déposèrent ensuite des couches de terrains qui restèrent au-dessus de la mer quand son niveau se fut abaissé. De grandes crevasses se sont produites dans ces masses ignées par suite de leur refroidissement, ainsi que dans les masses de terres déposées par suite de leur dessèchement.

Parmi ces nouveaux espaces, les uns communiquaient avec l'air, les autres avec l'eau, et d'autres enfin avec les fourneaux : les vapeurs des substances minérales et des substances végétales qui s'échappaient de ces fourneaux arrivaient dans les crevasses des roches, s'y condensaient, et des dépôts produits se formaient des filons qui ont rempli les espaces vides.

Après avoir ainsi démontré que le fond primitif de la mer était un dépôt de masses végétales, nous prouverons que la silice dissoute dans l'eau est également un produit des substances végétales; les terrains déposés autour des masses ignées se forment même aujourd'hui des substances végétales, et celles-ci sont formées dans les plantes par la combinaison de l'hydrogène de l'eau avec les atomes de lumière.

On a déjà reconnu la diminution de l'eau dans la terre et l'augmentation des terrains; nous allons démontrer ici : 1° le mode de la production des substances végétales dans les plantes par l'eau et la lumière; et 2° le mode de la transformation des substances végétales en substances minérales; pour cette raison il est nécessaire de connaître d'abord la biographie des plantes.

CHAPITRE PREMIER.

BIOGRAPHIE DES PLANTES.

Nous avons vu que tous les mouvements reconnaissaient pour cause l'*élasticité* d'un fluide primitif appellé *électre*, qui est doué d'une tendance à augmenter indéfiniment le volume et à occuper un espace plus grand, lequel, par cela même, ne peut jamais avoir de limites. Ainsi donc, 1° la tendance indéfinie de cet électre contenu dans les fluides impondérables à augmenter de volume, et 2° l'état de l'espace qui est illimité sont deux propriétés corrélatives l'une de l'autre.

Les équivalents électriques se répandent parce qu'ils se repoussent mutuellement, et leur écoulement s'opère dans la direction où la résistance est inférieure. Cette origine des mouvements était inconnue aux physiciens, qui ont cependant adopté dans les corps organisés la cause des endosmoses, et c'est ainsi qu'a été reconnue une origine commune pour les mouvements opérés dans les corps organisés et dans les endosmoses, et cela, parce que ces mouvements n'obéissent ni aux lois de la pesanteur, ni à celles de l'hydraulique.

Les physiciens ont également reconnu que les corps ne peuvent pas spontanément se mettre en mouvement, car il leur faut toujours une impulsion qui n'est qu'un écoulement impondérable. Il a été constaté que ces fluides ont pour cause motrice leur propre électricité et qu'ils s'opèrent dans des directions déterminées par le minimum de résistance qu'ils rencontrent. Les corps peuvent donc déterminer la direction des écoulements des fluides impondérables; ainsi, ces corps déterminent la direction des mouvements des corps entraînés par les fluides.

Par le mot *force vitale*, il faut entendre : 1° la répulsion opérée entre les équivalents des fluides impondérables, et 2° la direction de l'écoulement de ces fluides qui est déterminée par les résistances inférieures, lesquelles déterminent à leur tour la direction du mouvement des corps.

Par le mot *germe* il faut entendre une masse électrique dont les équivalents ont reçu des répulsions de tous les points du corps d'individus organisés, et ces directions, obtenues depuis la conception de l'individu, se conservent dans ladite masse électrique, soutenues par la substance végétale. Ces directions servent à déterminer et à faciliter l'écoulement des équivalents électriques affluents du dehors, et ainsi elles servent en même temps à déterminer les mouvements des matières contenues dans l'individu qui possède le *germe*.

Par le mot *vie* il faut entendre : 1° l'écoulement des équivalents électriques opéré suivant les directions déterminées par celles contenues dans le *germe*, et 2° les mouvements des masses matérielles entraînées dans les directions des écoulements des équivalents électriques, et déposées dans ces directions aux points qui exercent le maximum de résistance.

Par le mot *âme* on entendait ce qui est produit par le germe; ainsi les théologiens et les philosophes ont été amenés à admettre une préexistence des âmes, système qui faisait naître mille difficultés qui ont toujours fort embarrassé les législateurs. Les uns admettaient une âme chez les animaux, les autres prétendaient que l'homme seul en possède une.

Il ne me sera pas facile de convaincre mes lecteurs de ce fait, savoir, que chaque individu crée son âme durant sa vie, et que l'on ne vient au monde que pour se créer à soi-même une âme, qui acquiert, au moyen du *langage*, un degré très-élevé chez les personnes vertueuses, surtout lorsqu'elles occupent en même temps une haute position dans la société.

L'âme qu'ont ainsi créée les éléments des fluides impondérables ne peut plus disparaître; elle a eu, il est vrai, un commencement, mais elle n'aura aucune fin et doit rester éternelle. Cet objet, de la plus haute importance, va être développé et bien expliqué dans la *Métaphysique*.

La vie de chaque individu consiste en deux périodes : une période d'*incubation* et une période *cosmique;* ce dernière est composée de trois âges : la *jeunesse*, la *puberté* et la *maturité*. Les arbres ont chaque année un âge de vieillesse qui remplace l'âge de jeunesse. La durée de la période cosmique des plantes, surtout de celles qui sont herbacées, ne surpasse pas celle des saisons annuelles; cependant, pour les végétaux supérieurs, et surtout pour les arbres, l'âge de la jeunesse se prolonge plusieurs années avant que se montre pour eux l'âge de la puberté, lequel commence avec la première floraison, celle-ci se renouvelle chaque année durant l'âge de maturité et l'âge de vieillesse, sans qu'il soit nécessaire qu'ils repassent par l'âge de jeunesse. On peut comparer l'arbre à un champ qui se resemerait spontanément, et produirait chaque année, pendant des siècles entiers, des récoltes abondantes. Certaines espèces de plantes annuelles fleurissent et produisent des récoltes continuelles pendant plusieurs mois; ces plantes sont, sous ce rapport, comparables aux arbres; car, de même que ceux-ci, aussitôt que leur âge de jeunesse est terminé, elles produisent ensuite plusieurs floraisons et récoltes, sans qu'elles aient désormais besoin de revenir à l'âge de la jeunesse; mais en ces plantes manque l'âge de vieillesse.

Les plantes annuelles ne peuvent végéter l'hiver dans les

pays froids où les arbres ne végètent pas davantage : parmi les plantes, les unes perdent leur tige en hiver et au printemps repoussent du *collet*, c'est-à-dire de la partie qui unit la tige aux racines. Les plantes qui perdent ainsi leur tige sont les *monocotylédones* : on les nomme *lipocormes* (λιπόκορμος, de λείπω, manquer, et κορμός, tige ou tronc).

Les écoulements des équivalents électriques terrestres sont entretenus par les inégalités de température entre le sol et l'air ; les plantes ayant les racines dans le sol et les branches dans l'air, sont continuellement parcourues par ces courants qui, entraînant par endosmose l'eau du sol vers les racines, entretiennent la vie chez les plantes.

I. — PÉRIODE D'INCUBATION DES SEMENCES.

La semence contient : 1° un *germe* composé des masses électriques, et 2° la *fécule* ; les œufs contiennent également un *germe* et une quantité d'albumine ; cependant l'albumine seule existe sans le germe, quand les œufs n'ont pas été fécondés ; il existe de même plusieurs semences qui ne contiennent pas de germe, mais de la fécule seulement. D'un autre côté, un germe ne peut pas exister sans support d'albumine ou fécule, comme cela va être prouvé immédiatement.

L'incubation des œufs a lieu sous une température qui ne surpasse pas 37° ; elle peut s'abaisser de quelques degrés, quand la poule quitte quelques instants son nid pour aller chercher sa nourriture ; de même si l'incubation s'opère dans le sable, comme cela a lieu pour les autruches, la température à laquelle sont soumis les œufs s'élève le jour et s'abaisse la nuit ; l'incubation de ces œufs ne diffère donc en rien de celle des semences.

La chaleur de la surface de l'œuf en avançant vers le centre, provoque les courants thermo-électriques centrifuges, qui traversent le germe placé non pas au centre de l'œuf, mais à la surface du jaune et au contact avec le blanc. Quand la surface se refroidit, la chaleur s'écoule du centre vers cette dernière et provoque les courants thermo-électriques centripètes, qui passent également par le germe. Ces va-et-vient d'équivalents électriques rencontrent le minimum de résistance dans les directions contenues dans le germe, et c'est dans ces directions que sont entraînés les éléments de l'albumine dont l'arrangement, déterminé par le germe, fait apparaître les organes de l'*embryon*.

Pour acquérir la preuve de cette propriété des germes, on peut faire l'expérience suivante : opérant sur deux œufs en état d'incubation naturelle, on fait passer par l'un d'eux un courant qui entre par un bout et sort par l'autre dans le sens de sa longueur, on fait au contraire passer par l'autre œuf un courant qui le traverse diamétralement dans le sens de son épaisseur. Deux organes manqueront chez les embryons ainsi obtenus : à l'un ce sera le cœur, et à l'autre le cerveau.

La semence est également parcourue, durant le jour, par le courant thermo-électrique ascendant que provoque la chaleur en pénétrant la surface du sol ; la nuit la chaleur remonte vers la surface du sol devenue froide et provoque le courant thermo-électrique descendant. Les directions des courants du germe déterminent celles qui conduisent par endosmose les vapeurs d'eau dans la fécule pour la résoudre et en former une sorte de *chyle*, dont les gouttelettes entraînées par les courants, s'arrêtent, dans des directions déterminées, aux points qui leur opposent une résistance supérieure.

Ces gouttelettes, entraînées pendant le jour vers les parties supérieures de la semence, s'arrêtent bientôt dans cette direction, et donnent naissance à la *tige* : pendant la nuit, au contraire, les gouttelettes de chyle, entraînées par le courant descendant vers les parties inférieures, provoquent l'évolution de la *racine*.

Comme les œufs de l'autruche, de même les semences des plantes ne doivent pas être enterrées à une profondeur trop grande où sont insensibles les changements diurnes de température, car, à des profondeurs pareilles, manquent totalement les courants thermo-électriques diurnes qui sont la cause de l'incubation.

L'embryon végétal, de même que l'embryon animal, vient au monde muni de tous les organes nécessaires à son existence.

L'embryon végétal continue à être parcouru par les courants thermo-électriques pendant sa période cosmique, comme il l'était pendant sa période d'incubation; mais comme la fécule de la semence a été entièrement consommée pour la formation de la tige et de la racine, l'hydrogène de l'eau commence alors à se combiner avec les atomes de la lumière pour produire des substances végétales dont les dépôts successifs servent à l'accroissement des plantes.

II. — PÉRIODE COSMIQUE DE LA VIE DES PLANTES.

Les diverses plantes qu'on rencontre en chaque pays sont *autochthones*, *homœochthones* ou *hétérochthones*. 1° Les *autochthones* sont produites spontanément sans avoir été semées; 2° les *homœochthones*, une fois semées dans un pays s'y reproduisent comme les autochthones, c'est-à-dire d'elles-mêmes; cependant, si par une cause quelconque elles viennent à être détruites, il faut les y semer de nouveau; 3° les plantes *hétérochthones*, abandonnées à elles-mêmes, ne se reproduisent pas spontanément : elles ne peuvent même vivre que si elles sont l'objet d'une culture assidue.

Pendant l'âge de leur jeunesse, les plantes préparent la substance nécessaire à l'évolution de leurs organes de reproduction; du pollen et des ovaires; pendant l'âge de puberté s'opère la floraison, c'est-à-dire la conception, et pendant l'âge de maturité se prépare la fécule nécessaire à la progéniture de nouveaux embryons dont les germes sont contenus dans les semences; les arbres ont chaque année un âge de vieillesse qui remplace l'âge de jeunesse.

A. Âge de jeunesse des plantes.

Cet âge commence quand le sommet de la tige, sortant du sol, arrive au contact de la lumière qui manque aux embryons; ce contact rend possible la production dans les plantes d'une substance de couleur verte, appelée *chlorophylle*. Ce fait, bien constaté aujourd'hui, était cependant resté inexplicable pour les physiciens, parce qu'ils ignoraient que la lumière est un fluide composé d'atomes dont les éléments sont les équivalents des deux électricités $\overset{+}{E}{}^2$ et $\bar{E}$. Ils supposaient un fluide appelé *éther*, fluide répandu dans l'espace vide et même dans celui qu'occupent les corps; dans leur système, les ébranlements et les ondulations de cet éther devaient produire la lumière et la chaleur, comme les ondulations de l'air transmettent les vibrations des corps à l'organe de l'ouïe.

Les éléments de l'eau $HO\theta = H\bar{E}^2 O\overset{+}{E}$ arrivés par endosmose à la surface des plantes, se rencontrent avec les atomes $\overset{+}{E}{}^2\bar{E}$ de lumière, puis se déplacent, car l'*hydrogène ozoné* $H\bar{E}^2$ se combine avec un atome $\overset{+}{E}{}^2\bar{E}$ de lumière et son oxygène $O\overset{+}{E}$ se combine avec un atome d'eau pour former ensemble l'eau oxygénée $HO9O\overset{+}{E} = HO^2\overset{+}{E}{}^2\bar{E}^2$. Ainsi, de 72 atomes d'eau les 36 $H\bar{E}^2$ hydrogène ozoné se combinent avec 36 atomes $\overset{+}{E}{}^2\bar{E} = \Phi$ de lumière pour produire l'hydrogène *photogéné* $H\bar{E}^2\overset{+}{E}{}^2\bar{E} = H\bar{E}\,\overline{\overset{+}{E}\bar{E}}$, et les 36 $O\overset{+}{E}$ équivalents d'oxygène se combinent avec 36 atomes d'eau pour former l'eau oxygénée $36\,HO^2 = 36\,HO^2\,\overline{\bar{E}E}^3$. Ces deux équivalents combinés sont la chlorophylle.

$$36\,H\bar{E}\,\overline{\bar{E}E}^2 + 36\,HO^2\,\overline{\bar{E}E}^3 = 36\,H\bar{E}\,\overline{\bar{E}E}^2\;12\,HO^2\overline{\bar{E}E}^3 +$$
$$24\,HO^2\,\overline{\bar{E}E}^2 = C^{24}O^{36}H^{24}O^{24}.$$

L'atome double C^2 de carbone ne peut pas être décomposé, quoique n'étant pas un corps simple, et cela, parce que c'est le reste de la séparation de l'oxygène O^{36} d'avec l'eau $H^{24}O^{24}$ de la chlorophylle.

Cette chlorophylle est la substance végétale du degré le plus bas : pour cette raison elle contient, surtout au printemps, le minimum des substances nutritives, et même consommée par les animaux, elle leur est nuisible.

Pendant le jour, la lumière sépare une partie de l'oxygène de la chlorophylle, et ainsi est produit l'atome végétal ou *phytique* $C^{24}H^{24}O^{24}$, qui se dissout dans l'eau et produit le *chyle végétal ;* ses gouttes, transportées alors par le courant descendant nocturne, suivent la direction de ce courant et s'arrêtent aux points qui présentent le maximum de résistance.

Avec l'oxygène s'éloignent, pendant le jour, l'excédant des vapeurs d'eau et une quantité d'azote qui dépasse la moitié de celle de l'oxygène ; cet azote est produit de l'eau par l'éloignement de l'oxygène et la combinaison de l'hydrogène avec un atome $\bar{E}^2\,\bar{E}$ de lumière, comme cela va être prouvé plus bas.

Il s'opère, la nuit, chez les plantes une respiration qui ne diffère pas de celle des animaux : l'acide carbonique est éloigné et l'oxygène est absorbé. Cet acide se sépare des atomes phytiques $C^{24}H^{24}O^{24}$, et à la place d'un atome d'acide, est absorbé un équivalent d'oxygène, de sorte que le carbone et l'oxygène diminuent dans la substance végétale en même temps qu'augmente la quantité des équivalents électriques ; avec l'atome double $C^2O^4\,\bar{E}$ d'acide carbonique s'éloignent 44 unités de *barogène* et un équivalent $\overset{+}{E}$ positif; tandisqu'avec les deux équivalents $O^2\overset{+}{E}^2$ d'oxygène arrivent deux équivalents $\overset{+}{E}^2$ positifs et 16 unités de barogène.

L'atome double C^2 de carbone dans l'acide carbonique ne contient ni trois atomes $3\overset{+}{E}^2\overset{-}{E}$ de lumière ni six équivalents $6\overset{-}{E}$ négatifs, comme cela a lieu pour le carbone des atomes $C^{24}H^{24}O^{24}$ phytiques. Les masses électriques $3\overset{+}{E}^2\overset{-}{E} + 6\overset{-}{E}$ de l'atome double C^2 de carbone éloigné se combinent avec le reste de l'atome végétal, et il se produit ainsi des substances d'un degré supérieur qu'on rencontre au printemps dans les feuilles et l'écorce des arbres : ces substances sont le phosphore et la potasse.

Cette substance végétale au printemps sert à la formation des organes de reproduction, du pollen et des ovaires; car aussitôt après la conception des nouveaux individus et pendant l'âge de puberté, ce phosphore et cette potasse diminuent beaucoup; cependant leurs éléments ne périssent pas, mais ils servent à la formation de la chaux et de l'acide carbonique.

Pour la préparation des substances nécessaires à la conception, quelques semaines suffisent aux plantes annuelles; mais il faut plusieurs années aux arbres qui, pendant tout ce temps, restent sans fleurir et sans porter de fruits.

B. Age de puberté des plantes.

Aussitôt après la production d'une quantité de fécule, dont une partie va servir à la formation des boutons, se termine l'âge de jeunesse, et celui de la puberté commence avec la formation des organes de reproduction. Les botanistes appellent *hermaphrodites* les fleurs où se trouvent ensemble les parties sexuelles mâles et femelles : ils distinguent ainsi cette espèce de fleurs de celles où les parties génitales sont sur des individus différents, comme cela a lieu chez les animaux; la conception est le résultat de l'acte du coït chez les animaux; un acte analogue a lieu chez les plantes, c'est pourquoi nous croyons nécessaire d'entrer d'abord dans quelques détails sur la conception animale.

Le sperme est une substance négative et en conséquence chargée d'équivalents positifs $\overset{+}{E}$; les œufs et les ovaires sont moins négatifs, et pour cela ils sont chargés d'équivalents négatifs $\overset{-}{E}$. Le rapprochement entre les individus des deux sexes n'est que le résultat physique d'un défaut de résistance entre les équivalents électriques hétéronymes accumulés chez les individus de sexes différents.

L'acte du coït n'est autre chose que les décharges simultanées des deux électricités, dont la positive entraîne le sperme et le conduit suivant la direction que détermine le minimum de résistance; en même temps l'électricité négative détache un certain nombre d'œufs des ovaires et les entraîne dans la direction qui offre le minimum de résistance.

Le *couple* ou *zeugme* obtenu de la rencontre du sperme avec l'œuf, consiste : 1° en une particule *s* du sperme dans laquelle se trouve une masse S d'électricité où se sont conservées les directions des courants provenant de chaque partie de l'individu mâle; et 2° le couple consiste dans la particule *o* de l'œuf dans laquelle est également une masse O d'électricité où se sont conservées les directions des courants provenant de chaque point de l'individu femelle. Ainsi le couple *so* appelé *stigme* ou *zeugme* microscopique consiste : 1° dans les parties matérielles *s* et *o* qu'il est possible d'observer; et 2° dans les parties immatérielles SO imperceptibles contenant les directions dirigées vers les points dont consiste l'individu mâle et l'individu femelle; ce n'est pas tout encore, car dans ces directions sont comprises toutes celles dirigées vers les points que chaque individu a possédés depuis sa conception.

Par le mot *germe* on doit entendre l'ensemble de toutes les directions conservées dans les masses S et O d'équivalents électriques soutenues par la particule *s* du sperme et la particule *o* de l'œuf qui, toutes deux ensemble, constituent le couple ou zeugme matériel dont la destruction amène celle du germe immatériel. Par le mot *conception* on doit entendre la rencontre de la particule *s* du sperme avec la particule *o* de l'œuf; ainsi la conception est le résultat de l'acte du coït ou des décharges électriques. Cependant un germe n'est pas nécessairement obtenu par suit du coït, car les directions des courants contenus dans l'électricité S de la particule *s* le sont également dans celle S' de toutes autres particules séparées de l'individu mâle; de même les directions des courants contenus dans l'électricité O de la particule *o* existent aussi dans celle O' de toutes les parties de l'individu femelle. Pour les plantes *hermaphrodites*, chaque particule séparée est un couple dans lequel se trouve une masse S″O″ d'électricité où sont contenues les directions électriques qui ont eu lieu dans la plante depuis son existence.

Guidés par les faits observés dans la reproduction : 1° des plantes par des boutures; et 2° de plusieurs insectes par des particules séparées d'un autre, les physiologistes ont reconnu que les germes se trouvent dans chaque particule séparée d'un individu, sous la seule condition qu'il doit être vivant; ils savaient aussi que ce germe est d'une nature immatérielle et qu'il contient les traces, non-seulement de l'individu dont il a été séparé, mais même celles des auteurs de celui-ci. Cependant les physiologistes étaient dans l'impossibilité de constater, comme nous le faisons ici, une production de germe opérée suivant les lois physiques.

La conservation des courants électriques inverses après leur interruption, est connue sous le nom d'*électricité polarisée*, mais on ne connaissait pas même la cause de l'électricité qu'on a ainsi appelée. Les boutons et la semence sont produits spontanément par les plantes, tandis que la reproduction par les greffes ou les boutures est artificielle. Parmi les plantes, les unes jettent toutes leurs fleurs à la fois, à la manière des poissons qui, pondent en une fois leurs œufs sur lesquels le mâle répand le sperme pour les féconder en les mêlant par des coups répétés de sa queue. D'autres plantes font comme les oiseaux qui pondent chaque jour leurs œufs dans le sable pour qu'ils y parcourent la période d'incubation, et viennent ensuite successivement au monde ; chez ces plantes on voit en même temps des fruits mûrs, des fruits qui mûrissent et des fleurs.

Ainsi, chez une plante semblable, on peut dire que la partie inférieure se trouve dans l'âge de maturité, la partie supérieure dans l'âge de jeunesse, et la partie du milieu dans l'âge de puberté.

C. Age de maturité des plantes.

L'âge de puberté se termine après la conception des nouveaux couples, lesquels consistent en un germe électrique dans laquelle sont contenues les directions des courants qui ont eu lieu dans les individus précédents.

La fécule produite n'est plus déposée dans les boutons mais dans les semences ou dans les couples matériels dont le plus grand nombre contient un germe. Ainsi, comme cela avait eu lieu pour les boutons, la fécule a été préparée pendant l'âge de jeunesse ; de même que pendant l'âge de maturité, la fécule produite est déposée dans les semences pour alimenter les embryons qui en sortiront de la manière que nous venons d'indiquer.

La *semence*, comme les œufs, consiste en deux parties, dont l'une est la *fécule* et l'autre le germe ; dans cette fécule se trouve le couple *so* qui soutient la masse électrique SO dont les directions des courants sont le *germe*, directions qui existent dans chaque individu vivant et qui ne deviennent un germe qu'aux particules détachées de l'individu.

L'existence d'un germe dans les semences, les boutures et

les boutons détachés ne se laisse reconnaître que par la production de nouveaux individus ; car, comme les œufs qui n'ont pas été fécondés par le mâle ne contiennent pas de germe, de même les semences qui sont dans ce cas sont aussi privées de germe, et sont en conséquence *agones* ou *stériles* comme les œufs.

L'âge de maturité finit à l'époque où les fruits sont mûrs et contiennent tout ce qui est nécessaire au développement des embryons ; les fruits, arrivés à cet état, se détachent spontanément de la branche et tombent sur la terre. La reproduction de nouveaux individus autochthones ou homœochthones s'opère spontanément, tandis que pour les plantes hétérochthones, il faut, comme nous l'avons dit, recueillir ces fruits et les conserver pour les semer dans une saison qui favorise leur végétation. Sans ces soins particuliers toutes les plantes hétérochthones d'un pays finiraient bientôt par disparaître.

1° Les fruits des pays chauds, tels que les oranges, les grenades, les citrons, les pastèques, les pommes, les poires, etc., qui mûrissent à une saison où les pluies manquent, ont généralement leur graine enveloppée par une couche épaisse, liquide ou demi-liquide destinée à dissoudre la fécule de la semence pendant la période d'incubation.

2° Les fruits des pays qui mûrissent à une saison où règnent les pluies, ont une enveloppe solide qui les protége contre le soleil pendant la période d'incubation : telles sont les noix, les noisettes, les amandes, etc.

3° Les abricots, les pêches, les cerises, etc., ont à la fois une couche liquide et une enveloppe solide, de sorte qu'ils possèdent tout ce que l'homme emploie pour solliciter le développement des semences ; il les enterre pour les protéger contre le soleil et laisser ainsi pénétrer par le germe les courants thermo-électriques ascendants et descendants, en même temps qu'il arrose le sol où sont les semences, quand l'absence de pluies se fait sentir.

4° Les plantes qui parcourent les trois âges à la fois produisent des fruits presqu'en toute saison, de manière que ces plantes peuvent être reproduites dans les pays où les saisons des pluies ne sont pas les mêmes.

III. — BIOGRAPHIE DES ARBRES ET DES LIPOCORMES.

Les arbres sont des deux genres : les uns, munis d'un tronc et de branches, sont des *arbres parfaits;* les autres, qui n'ont en hiver ni branches ni tronc, s'appellent *lipocormes.* Ces deux genres d'arbres n'ont de commun que les racines et le *collet*, c'est-à-dire la partie qui sépare les racines du tronc.

Toutes les espèces des plantes, les graminées ou les herbes qui repoussent au printemps de leurs racines sont *lipocormes;* plusieurs de ces espèces qui, dans les pays chauds, sont de véritables arbres ou des arbrisseaux, deviennent lipocormes quand ils sont transférés dans des pays froids. Mais même sans les déplacer, les arbres de cette espèce deviennent lipocormes si le climat change dans leur pays natal et devient moins chaud ; et si plus tard le climat, se modifiant de nouveau, redevient plus chaud, les lipocormes à leur tour redeviennent des arbres.

A. BIOGRAPHIE DES LIPOCORMES.

Ces plantes parcourent, durant la première année, les trois âges tout à fait comme les plantes annuelles ; leur vie cependant ne se termine pas avec l'âge de maturité ; mais après cet âge même on voit se continuer la formation de la fécule déposée avec la substance végétale dans les racines et le collet, et cette fécule produira de nouveaux sujets après la fin de l'individu qui termine sa vie après avoir parcouru un autre âge après celui de maturité ; cet âge est celui de la *vieillesse* qui manque chez les plantes annuelles. Dans les pays froids, les courants descendants entraînent toute la fécule dans les racines au-dessous du collet, d'où elle s'élève au printemps, ainsi que cela a lieu sur une grande échelle chez les *asperges*. Dans les pays chauds ces dépôts de fécule et de substance végétale ont lieu sur le collet du lipocorme, et le collet primitif s'unit ainsi avec les racines du nouveau lipocorme. C'est par suite de semblables superpositions de lipocormes que se forment les palmiers, les dattiers qui diffèrent entièrement des arbres, produits directement des racines ; les arbres de cette espèce ne sont pas, quant à leur accroissement, sans analogie avec les *coraux*, formés également par superposition des substances produites.

B. Biographie des plantes.

Parmi les plantes les arbres sont considérés comme d'une classe supérieure, ainsi que les mammifères parmi les animaux ; cette supériorité ne provient pas de la nourriture qui est la même pour toutes espèces de plantes, c'est-à-dire l'eau et la lumière, absolument comme les substances végétales sont la nourriture des animaux. Les arbres sont munis, comme les autres plantes, de canaux circulatoires, mais plus nombreux et d'une capacité plus vaste, et c'est en ces organes que consiste leur supériorité. Ces organes, qu'on peut comparer aux veines des animaux, sont des fils minces d'une solidité supérieure à celle du *parenchyme*. Celui-ci oppose aux équivalents électriques en écoulement une résistance r supérieure à celle $r-r'$ que ceux-ci éprouvent dans les fils minces et solides appelés pour cela *phytoneures* ou *nerfs*. Ces fils sont composés des parois de cellules comme le parenchyme, avec la différence que ces parois sont tellement rapprochées qu'elles viennent en contact dans les nerfs, tandis que, dans le parenchyme, ces parois sont séparées par un espace vide; cela contribue en même temps à augmenter la solidité des nerfs, leur poids spécifique et leur conductibilité pour l'électricité.

Ainsi les nerfs sont en même temps conducteurs des courants et effets de ces courants thermoélectriques, parmi lesquels : 1° ceux qui suivent la direction verticale produisent les *nerfs verticaux* parallèles à la moelle et ayant entre eux, des *anastomoses* très-fréquentes; les courants de direction horizontale produisent des *nerfs horizontaux* perpendiculaires à la moelle, également unis par un grand nombre d'anastomoses.

Dans les arbres, les nerfs verticaux se croisent avec les nerfs horizontaux, et forment ainsi les *ctédones* ou espèce de planches très-solides dont les plans, s'ils sont prolongés, passent par la moelle et sont maintenus entre eux par des anostomoses qui, chaque année, forment un nouvel anneau. Dans les plantes annuelles et dans les lipocormes, les nerfs horizontaux n'existent pas; ceux-ci manquent également, ainsi que les nerfs verticaux, comme cela a lieu pour les racines qui sont traversées dans toutes les directions par les anastomoses des fils, parce que les équivalents électriques ne s'écoulent pas dans les racines suivant certaines directions déterminées, comme cela a lieu dans les tiges et les troncs.

Les nerfs des plantes servent en même temps de canaux, parce que, 1° les équivalents électriques ascendants entraînent avec eux les vapeurs d'eau du sol vers la surface, et 2° les équivalents électriques descendants conduisent le chyle de la surface vers le cambium et les racines. Il en est de même pour les nerfs horizontaux qui sont en même temps des canaux, 1° qui conduisent pendant le jour les courants thermoélectriques et les vapeurs d'eau de l'intérieur de l'arbre vers sa surface chaude, et 2° pendant la nuit, ces courants conduisent le chyle de la surface de l'écorce vers le cambium.

Les veines conduisant les liquides chez les animaux sont en même temps des nerfs, comme ceux des plantes : par la surface des nerfs des plantes s'écoulent les liquides et les équivalents électriques ; dans les animaux, c'est le sang des veines qui remplace les nerfs des plantes. Supposons que ces nerfs soient percés, et ils deviennent alors des canaux dont la surface intérieure contient le sang qui conduit les équvalents électriques, et ceux-ci entraînent le sang, non plus à l'état de vapeurs, comme cela a lieu dans les plantes, mais à l'état liquide, comme dans les endosmoses. Cette comparaison est d'une très-grande importance pour l'explication de la cause de la circulation du sang.

CHAPITRE II.

VÉGÉTATION DES PLANTES PAR RAPPORT AUX SAISONS, AUX CLIMATS ET A LEUR CULTURE.

Pour les plantes du printemps, la végétation a lieu en été et non pas en automne ; de même que les plantes de la dernière moitié de l'été végètent aussi en automne. En hiver, la végétation diminue sensiblement dans les pays qui ne sont pas froids, et elle est totalement interrompue dans les pays où la température baisse de plusieurs degrés au-dessous de zéro.

Les plantes du printemps ont la tige mince et élevée; les plantes d'automne ont la tige grosse et atteignent une moindre hauteur ; en plein air, les asperges ne poussent pas en septembre, pas plus que le salsifis ne croît au mois de mai.

Les cerises, les fraises, les groseilles et les autres fruits du printemps sont généralement peu gros ; les abricots, les prunes, les pommes, les poires, qui sont des fruits d'été, ont des dimensions plus grandes ; les melons, les citrouilles, les melons d'eau, etc., croissent pendant la deuxième moitié de l'été et le commencement de l'automne, alors que mûrissent tous les autres fruits.

Dans les pays chauds, les oliviers croissent autour des versants des embouchures des vallées et au devant des vallées; les vignobles occupent certains versants des vallées, et les marronniers sont sur des élévations supérieures; les autres parties des versants restent stériles malgré tout ce que peuvent faire les cultivateurs.

Nous avons vu que les grosses plantes végètent seulement en automne, et les oliviers aux embouchures des vallées. C'est en vain que l'homme voudrait changer cet ordre; et celui qui s'adonnera à la culture de la betterave ou du chou, par exemple, devra semer ces plantes en été; cultive-t-il au contraire des oliviers, il devra nécessairement les planter aux endroits indiqués. Voilà ce qu'ont fait de tous les temps les cultivateurs, ce qu'ils font aujourd'hui, et ce qu'ils feront toujours, car l'agriculture n'est pas une science, ce n'est qu'une branche d'industrie.

La *science agricole* est basée sur l'origine de la vie des plantes, phénomène qui a pour cause la tendance de l'*électre* à augmenter de volume et à occuper un espace plus grand; de cette tendance ou *élasticité* provient une répulsion mutuelle entre les équivalents électriques qui s'écoulent, en suivant la direction où ils rencontrent le minimum de résistance. La cause motrice est dans l'*électre* qui constitue les fluides impondérables et les corps; mais les directions des écoulements de ces fluides sont déterminées du dehors, par des causes qui dépendent : 1° des directions des *germes*; 2° des directions des courants thermoélectriques terrestres verticaux, ou horizontaux, et 3° des densités des équivalents électriques de ces courants.

Il n'est pas difficile de trouver par l'expérience les époques les plus convenables pour semer chaque espèce de plantes dans la contrée que l'on habite; il n'est pas difficile non plus de choisir les plantes qui réussiront sur une plaine uniforme et d'une vaste étendue : mais il n'en est plus ainsi pour les pays accidentés des montagnes. Les mêmes espèces de plantes se rencontreront d'une extrémité à l'autre d'une grande plaine, tandis qu'en pays de montagne, la flore qui tapisse le fond d'une vallée ne sera plus la même à quelques pas plus loin.

Ce n'est que dans les pays où la population est clairsemée et où l'on rencontre de grandes fermes qu'on peut à son aise choisir les versants qui conviennent à telle ou telle plantation; mais quand les fermes sont trop restreintes, les héritages trop subdivisés, et les pays très-peuplés, ce choix ne peut plus se faire, car chaque habitant est forcé de tirer sa subsistance du mince lot qu'il possède, et quelle que soit la nature du sol.

Dans l'impossibilité de faire un choix basé sur les lois climatologiques, on a dû chercher à établir, dans le sol des champs cultivables, des courants électriques artificiels au moyen de corps d'un état électrique différent; ces corps, improprement appelés engrais, doivent, pour être utiles, être chargés d'équivalents électriques denses plus électronégatifs que le sol du champ : tels sont la *chaux*, le *guano*, les sels phosphatés, ammoniacaux, ou bien les corps employés comme engrais doivent être chargés d'équivalents électriques plus électropositifs que le sol du champ : tel est le fumier, qui acquiert cette propriété par la fermentation; la paille sèche ou mouillée n'est ni positive, ni négative, ni chargée d'équivalents électriques : son état électrique diffère ainsi très-peu de celui du sol, et c'est pour cela qu'elle n'est pas un engrais, quoiqu'elle contienne pourtant une plus grande quantité de carbone que le fumier. Celui-ci est en effet produit par une fermentation qui consiste en un éloignement d'une grande masse d'acide carbonique.

I. — RELATION ENTRE LES SAISONS ET LA VÉGÉTATION DES PLANTES.

Les saisons diffèrent : 1° par leur température, et 2° par la longueur des jours et des nuits; les saisons ont un rapport direct avec la marche du Soleil, mais non pas avec ses distances; car cet astre se trouve à la même distance de la Terre aux deux équinoxes de mars et de septembre, et l'on sait combien la température de l'hiver et du printemps diffère de celle de l'automne et de l'été.

Les pays peu éloignés de l'équateur ont les saisons doubles, car il y a deux étés pendant les équinoxes et deux hivers, ou plutôt deux étés moins chauds pendant les deux solstices.

Les plantes ont les racines dans le sol et les branches dans l'air; pour cette raison, la végétation est en rapport direct non-seulement avec la température de l'air, mais encore avec celle du sol; le sol est échauffé par le Soleil aussi bien que l'air, avec la différence que la chaleur arrivée à la Terre se répand immédiatement dans l'air, tandis qu'elle pénètre très-lentement dans le sol.

1° L'été, quand l'air est très-chaud, le sol continue de recevoir tous les jours une quantité de chaleur $\theta + \theta'$ supérieure à celle θ, qui est consommée la nuit. 2° Pendant la première moitié de l'automne même, il ne se consomme pas une quantité de chaleur supérieure à celle que le sol reçoit, quoique alors la température de l'air soit de beaucoup inférieure à celle de l'été. 3° En hiver, la température du sol éprouve bientôt un abaissement dans sa couche superficielle, tandis que sa couche inférieure ne se refroidit que vers la fin de cette saison. 4° Au printemps, le sol est encore froid, alors que l'air commence à devenir plus chaud.

Ainsi la pénétration lente de la chaleur de l'air dans le sol, et de celui-ci dans l'air, est la cause d'une inégalité perpétuelle entre la température de l'air et celle du sol; cette même inégalité des températures existe également entre les branches des plantes et leurs racines; et l'écoulement de chaleur des parties chaudes des plantes vers leurs parties froides provoque un écoulement électrique en direction opposée.

Une autre inégalité des températures est celle du jour et

de la nuit : quand l'air est chaud, la surface du sol et celle des plantes sont également chaudes; mais cette chaleur pénètre lentement ; c'est vers le soir que la chaleur atteint son maximum dans l'intérieur des grosses plantes. Pendant la nuit, la surface des plantes et celle du sol sont froides; alors la chaleur qui s'en rapproche sollicite l'éloignement des équivalents positifs de la surface froide pour les faire pénétrer dans l'intérieur des plantes et de leurs racines.

Les températures inégales entre l'air, le sol et l'intérieur des plantes sont une source inépuisable des courants thermo-électriques qui parcourent les plantes en suivant leurs nerfs et en entraînant les vapeurs d'eau du collet et de l'intérieur des plantes vers leur surface. Les courants nocturnes entraînent le chyle de la surface vers le cambium, vers les racines et vers l'intérieur des fruits.

A. Végétation des plantes en hiver.

La température baisse jusqu'à la seconde moitié du mois de décembre, et elle commence à remonter vers la seconde moitié du mois de janvier. La température du sol est plus élevée quand celle de l'air est basse, surtout durant les jours courts et dans les pays où la température de l'air baisse au-dessous de zéro.

I. Dans les pays froids, les plantes annuelles ne végètent pas l'hiver; la chaleur du sol pénètre dans les racines des arbres et se propage jusqu'à leur surface dont elle provoque vers les racines l'écoulement des équivalents positifs qui y entraînent le chyle et le suc, et ne laissent sur la surface des plantes aucunes vapeurs d'eau qui puissent se combiner avec la lumière et produire la chlorophylle.

Cet état dure surtout jusqu'à ce que les jours croissent et que la température de l'air commence à s'élever de quelques degrés au-dessus de zéro, tandis que celle de la nuit reste encore inférieure. Les courants ascendants ne peuvent pas encore apparaître dans les arbres, mais les *lipocormes* commencent à pousser les premiers ; de même que les arbres à feuilles aciculaires.

II. Dans les pays moins froids, les nuits longues et moins chaudes que les jours sont cause que le sol est continuellement plus froid que l'air du jour. Pour cette raison il n'y a pas d'interruption dans la végétation en hiver ; toutefois elle est moins vigoureuse dans la première moitié de l'hiver que dans la seconde. C'est pour cela que les récoltes de blé s'opèrent en tous les pays après l'hiver : 1° vers sa fin dans les pays chauds ; 2° en été dans les pays moins chauds ; 3° elle est même retardée jusqu'à l'automne dans les pays situés sous des latitudes supérieures ou sur des plateaux élevés.

Les lipocormes végètent sans interruption dans les pays chauds ; car les individus, arrivés à l'âge de vieillesse, ne terminent pas leur vie avant l'apparition de leurs successeurs, ces derniers ayant leurs racines dans le collet de l'individu primitif destiné à périr. Les palmiers et les dattiers, familles composées de lipocormes, ne diffèrent en rien, quant à leur mode d'accroissement, des coraux et des zoophytes, ainsi que nous l'avons dit page 643.

B. VÉGÉTATION DES PLANTES AU PRINTEMPS.

Dès le commencement du printemps, la température s'élève rapidement, les jours croissent, les nuits deviennent plus courtes et moins froides ; au contraire, la température du sol reste de plusieurs degrés inférieure à celle de l'air, et cela est d'autant plus sensible que l'hiver qui a précédé a été plus rigoureux ; on sait, du reste, que ces hivers promettent aux cultivateurs une récolte abondante en céréales.

En effet, la végétation se montre partout au printemps

dans toute sa vigueur; la surface des plaines se couvre d'un magnifique tapis vert qui atteint plusieurs centimètres d'épaisseur, et même plusieurs décimètres dans les forêts. Cette couche de chlorophylle $C^{24}O^{36}H^{24}O^{24} = 12\,C^{2}HO^{4}HO$ est composée pour une partie d'eau, et pour les cinq autres, *d'acide oxalique* dont nulle part, soit dans le sol, dans l'air, on ne trouve aucune trace; qui pourrait, après cela, douter que la partie verte des plantes ne soit directement produite par la combinaison des éléments de l'eau à la surface des plantes avec les atomes $\ddot{E}^{2}\ddot{E}$ de lumière? En effet, sans lumière, la chlorophylle ne peut pas être produite.

Cette explication, simple et très-facile à comprendre pour tout le monde, ne l'est cependant pas pour les chimistes d'abord qui admettent nous ne savons quels éléments matériels créés avec le monde, ni ensuite pour les physiciens qui admettent pour la lumière certaines vibrations d'un prétendu éther.

La végétation du printemps correspond parfaitement à la densité d'équivalents électriques des courants verticaux: toutes les plantes acquièrent au printemps une grande hauteur; mais leur augmentation en épaisseur est moins sensible, non-seulement dans la tige et le tronc, mais encore sous le rapport de leurs fruits qui ont généralement des dimensions moindres que ceux qui mûrissent dans les saisons suivantes. Si l'on suspend horizontalement une large planche au-dessus d'une plante, il ne se produira aucun effet, si elle est à quelques décimètres de cette plante; mais qu'on l'abaisse à un décimètre seulement, et voici ce qu'on observera : le sommet de la plante décrira une courbe en descendant vers le sol, et après s'être abaissé de quelques décimètres, ce sommet se retournera par une nouvelle courbe pour remonter vers le ciel. Nous avons pu observer ce phénomène, pendant les mois d'août et de septembre, dans le jardin des Tuileries: une tige de guimauve, fortuitement recouverte par des ouvriers qui réparaient le château, avait affecté la double courbure suivante ∩∪.

Les faits pareils sont produits par les directions des courants qui sont verticaux, quand ils ne rencontrent aucune résistance, mais qui, au contraire, s'ils en rencontrent une, subissent une déviation vers le côté où la résistance est inférieure. Dans l'observation ci-dessus décrite, la courbure avait eu lieu du côté où la planche est le moins élevée.

Au printemps on voit les plantes pousser minces et élancées, et les arbres eux-mêmes poussent alors des feuilles minces et les rameaux allongés : il serait impossible d'obtenir pendant le mois de mai des plantes grosses et ramassées ; les radis et les carottes ont alors des formes grêles qui changeront plus tard avec les amplitudes thermométriques diurnes et avec celles entre la température du sol et de l'air. Connaissant donc la cause de la végétation, on voit qu'il est possible de faire augmenter les dimensions des plantes dans l'une ou l'autre direction.

C. VÉGÉTATION DES PLANTES EN ÉTÉ.

En été le sol est moins froid qu'au printemps, mais, par contre, l'air est alors plus chaud, de sorte que l'amplitude a thermométrique entre la température T' de l'air et celle T du sol $a=T'-T$ diffère peu le printemps et l'été ; tel n'est plus le cas cependant pour l'amplitude a' entre la température t' du jour et celle t de nuit, surtout on établit la comparaison entre les deux dernières moitiés du printemps lorsque les jours croissent, et de l'été, alors que ce sont les nuits qui croissent. Ainsi l'amplitude diurne $a'=t'-t$ est faible au printemps et considérable en été.

Cette amplitude a' est en rapport direct avec la végétation horizontale qui favorise l'accroissement des fruits ; il serait absolument impossible d'obtenir une citrouille, même de petite dimension au printemps vers le mois de mai, en plein air, et encore moins dans les serres chaudes ordinaires; car en imitant dans les serres chaudes les amplitudes a' des changements diurnes de température opérés au mois d'août, on obtient facilement chaque mois les fruits volumineux dans ces serres aussi bien qu'en plein air en automne.

Dans les pays tropicaux les pluies apparaissent en été quand le soleil darde verticalement ses rayons, la lumière et l'eau des pluies abondantes sont les deux éléments de la chlorophylle; les courants thermoélectriques sont entretenus par l'amplitude thermométrique $a' = t' - t$ qui est considérable à cause de la grande chaleur du jour. On ne trouve nulle part une végétation aussi vigoureuse que celle des tropiques.

Les pays peu éloignés de l'équateur produisent par an deux récoltes de blé qui s'opèrent pendant leurs deux étés. Au Vénézuéla la première récolte se fait au mois d'avril, et l'autre au mois de septembre, ce qui n'empêche pas la qualité du blé de ce pays de surpasser celle de tous les autres, quoique les engrais y soient tout à fait hors d'usage.

D. VÉGÉTATION DES PLANTES EN AUTOMNE.

En automne le sol est chaud et les jours le sont aussi; mais les nuits sont froides et longues. La surface des plantes et des fruits est chaude le jour et froide la nuit, tandis que leur intérieur est froid durant le jour et moins froid durant la nuit. Les courants verticaux provenant des racines sont donc faibles en automne, tandis que les courants horizontaux sont très-forts dans les plantes grosses et courtes et dans les arbres.

En automne prospèrent la betterave, le chou, le radis noir, etc.; parce que les directions de leur germe coïncident avec celle des courants thermoélectriques; ainsi les espèces des plantes sont liées avec les saisons, et il est impossible de déplacer les saisons comme il est impossible de modifier les directions des germes.

La végétation d'automne est beaucoup favorisée par la conformation topographique des champs, et cela à cause de l'augmentation de l'amplitude thermométrique diurne qui croît dans les vallées, surtout à leur embouchure, et devient $a' + a''$, parce que, pendant les jours sereins, l'air chaud des plaines et de la mer pénètre dans les vallées et y produit une élévation $\theta + \theta'$ de température. La nuit l'air froid descend des sommets des versants et produit un abaissement $\theta - \theta'$ de température.

Ces va-et-vient aériens produisent comme le soleil une élévation de température pendant le jour, et la nuit, quand le soleil n'est plus là pour échauffer les embouchures des vallées, elles sont refroidies par le vent froid qui descend des sommets des versants. La végétation a donc une relation directe aussi bien avec les *saisons* qu'avec les *climats*.

II. — RELATION ENTRE LES CLIMATS ET LA VÉGÉTATION DES PLANTES.

L'écoulement de l'air durant les jours sereins des plaines et des mers vers les embouchures des vallées et vers les sommets des montagnes, est un fait bien constaté, comme l'est également l'écoulement de l'air froid pendant la nuit des sommets des montagnes vers les plaines et les côtes. Il y a donc une double cause d'inégalité entre la température du jour et celle de la nuit : l'une est un effet de la présence du soleil et de son absence, et l'autre est un effet de l'écoulement de l'air chaud pendant le jour et de l'écoulement de l'air froid pendant la nuit.

Quand on remonte une vallée on a en face les parties des versants qui sont exposées également au vent chaud qui est dirigé vers les sommets des versants ; quand on descend la vallée on a en face les parties des versants qui sont exposées la nuit au courant descendant. Il y a d'autres parties qui sont également visibles quand on remonte et quand on descend les vallées.

L'air chaud se refroidit en avançant dans la vallée, l'air froid se réchauffe en s'éloignant des sommets des versants, mais sa masse augmente dans la vallée principale, et ainsi la température baisse précisément dans les environs de l'embouchure où la température s'élève beaucoup pendant le jour à cause de l'air chaud.

Les plaines et les côtes parcourues le jour par l'air chaud, et la nuit par l'air froid, prennent dans toute leur surface la même température élevée et le même abaissement ou la même amplitude $a' + a''$ diurne. Au contraire : 1° les parties des versants exposées le jour à l'air chaud et protégées la nuit contre l'air froid sont *chaudes* ; 2° les parties des versants exposées la nuit à l'air froid et protégées le jour contre l'air chaud, sont *froides*.

Ces parties chaudes et froides des versants ont une amplitude thermométrique médiocre, tandis que cette amplitude est grande pour les parties exposées au courant ascendant en même temps qu'au courant descendant.

Ces trois espèces de versants peuvent se trouver chacun exposés au sud, au nord, à l'est ou à l'ouest ; de sorte que ceux exposés au sud sont échauffés toute la journée par le soleil, que ceux exposés au nord restent dans l'ombre, et que les autres versants ne sont échauffés qu'une demi-journée.

On donne le nom de *versants torrides* à ceux qui sont en même temps exposés : 1° au sud pour recevoir la chaleur $\Theta + \theta'$ solaire ; et 2° au vent chaud ascendant pour en recevoir la chaleur $\theta + \theta''$ aérienne.

On nomme *versants glacials* ceux qui sont ombragés le jour et qui sont exposés la nuit au vent froid descendant dont la température est $\theta - \theta'$.

Les *versants tempérés* sont tous les autres qui ont tous les degrés d'amplitude thermométriques diurnes; parmi ces versants, les uns se rapprochent des versants *torrides*, les autres des versants *glacials*.

A ces amplitudes thermométriques très-inégales des parties des versants correspondent des flores qui changent pour ainsi dire à chaque pas, et dont chacune est en rapport direct avec les courants thermo-électriques locaux.

Les plantes ou les flores des plaines n'éprouvent souvent dans une étendue de plusieurs centaines de lieues carrées aucun changement, et l'uniformité la plus complète règne d'une extrémité à l'autre. Dans les grandes exploitations agricoles on voit fréquemment d'immenses étendues de plaines couvertes d'une même espèce de céréales qui sont partout de la même qualité, tandis que dans les vallées les mieux cultivées il est impossible d'obtenir, même avec le plus grand soin, une végétation uniforme sur le versant d'une même vallée, dans une étendue de quelques hectares.

CHAPITRE III.

AGRICULTURE EN RAPPORT AVEC L'ÉLECTRICITÉ.

L'agriculture a été de tout temps, comme elle l'est encore aujourd'hui, un véritable métier, une branche d'industrie. Cependant les instruments agricoles ont été perfectionnés; une foule de plantes utiles ou d'agrément ont été transférées de leurs pays dans d'autres dont le climat était peu différent, et l'emploi des engrais a pris une extension considérable.

Ces progrès en agriculture ont été obtenus par des observations empiriques faites par les cultivateurs de tous les pays, et qui ont été répétées et décrites par les chimistes agricoles. On trouve partout ces observations et les descriptions des résultats obtenus, et que les matériaux pour de nouvelles publications et des découvertes sont inépuisables.

Telle est l'agriculture aujourd'hui, car les explications des faits sont basées sur de pures hypothèses. Chaque auteur a créé une théorie qui est logique, nous le voulons bien, mais qui n'en est pas plus réelle, parce que les faits cosmiques ont lieu suivant des lois physiques indépendantes de l'intelligence humaine, mais qui étaient restées inconnues.

Après avoir constaté les relations entre la végétation de chaque espèce de plantes avec les saisons et avec les climats, il est devenu possible, d'après les dimensions d'une plante et de ses fruits, de connaître la saison qui convient à la végétation de cette plante et de toutes ses congénères.

Mais ce qu'une saison produit sur un pays par la chaleur solaire, la chaleur aérienne le produit aussi, ou tout au moins des effets analogues par les oscillations diurnes des masses d'air entre les montagnes et les côtes; c'est ainsi qu'on a pu constater les rapports de la végétation avec les climats, rapports tout à fait inconnus aux chimistes agricoles, dont plusieurs attribuent aux éléments minéralogiques du sol ce qui provient de la conformation topographique d'un pays plus ou moins accidenté : aussi ces chimistes n'ont-ils pu résoudre le problème suivant : Pourquoi, sur des plaines très-étendues où le sol n'est pas partout le même, la flore ne diffère-t-elle pas d'une extrémité à l'autre, tandis qu'elle change à des intervalles très-rapprochés sur les versants des vallées où la composition du sol est absolument identique?

En parcourant les vallées du Rhône, de la Loire, de la Gironde, de la Saône, de la Seine, du Rhin, du Neckar, du Danube, etc., etc., etc., on voit que les vignobles sont distribués de telle façon qu'il serait presque impossible de les étendre davantage dans les autres parties des vallées ou les faire descendre sur les plaines. Quel a été, jusqu'aujourd'hui, le chimiste agricole qui a pu constater quelque différence dans la composition géologique de deux terrains placés côte à côte, dont l'un est couvert de riches vignobles et dont l'autre reste stérile?

Les chimistes agricoles prétendent que les cultivateurs doivent étudier les éléments minéralogiques du sol, ceux des engrais et ceux des plantes; ils publient des ouvrages volumineux basés sur cette théorie, et cependant ils n'ont pas encore montré aux cultivateurs l'art de déplacer leur vignobles ou de les propager davantage.

Dans tous les temps les cultivateurs ont parfaitement su à quelle époque il convenait de semer chacune des espèces de plantes propres au pays qu'il habitaient. A force de tâtonnements répétés pendant des années, ils sont parvenus à trouver quelles sont les parties propres aux oliviers, celles convenables pour les vignobles, celles où se plaît le châtaignier, etc.

Et même dans l'emploi des engrais, ce sont encore les cultivateurs qui ont précédé les chimistes; quand il y a vingt-cinq ans on employa, pour la première fois, la chaux comme engrais en France, les chimistes agricoles d'alors jetèrent les hauts cris contre les fermiers, et prédirent un épuisement rapide du sol et une *famine* inévitable : heureusement ces prédictions ne se sont pas réalisées, et aujourd'hui les chimistes agricoles ont trouvé le moyen de retourner leur théorie, de façon qu'ils vivent en paix avec les cultivateurs.

Chez les anciens, c'était l'*agronome* (ἀγρνόμος, de ἀγρός, champ, et νέμειν, partager) qui tenait lieu du chimiste agricole d'aujourd'hui. Ces deux emplois sont en rapport avec le sol, mais avec la différence que l'agronome, en faisant ses répartitions, était guidé par la conformation topographique de la surface de la ferme, tandis que le chimiste agricole actuel classe les terrains suivant les éléments minéraux dont le sol est composé.

Les gouvernements se sont prêtés avec complaisance à tout ce que les chimistes agricoles ont voulu pour réaliser leurs théories, et cependant, après des frais énormes dépensés en pure perte, ces chimistes n'ont pu réaliser les promesses qu'ils avaient faites. Aujourd'hui ils commencent à marcher un peu mieux d'accord avec les cultivateurs; mais ceux-ci ont sagement conservé les distributions primitives de leurs fermes, parce que les observations multipliées n'indiquent aucune relation constante entre les substances trouvées dans la cendre des plantes et celles du sol.

Les plus grandes difficultés que rencontrèrent les chimistes, ce fut dans les changements des sels qu'on voit, en automne et au printemps, dans les mêmes plantes ou arbrisseaux ; cela a lieu surtout pour le phosphate de potasse et le carbonate de chaux; le premier de ces deux sels existe en grande quantité au printemps quand l'autre est en quantité cinq fois inférieure; au contraire, le carbonate de chaux devient en automne cinq fois plus abondant que le phosphate de potasse, et cependant on ne pourrait établir que ce phosphate rentre pendant l'été dans le sol pour en faire remonter le carbonate de chaux.

Des analyses exactes ont suffisamment démontré que l'acide oxalique qui forme le vert des plantes n'existe nulle part dans le sol ni dans l'air. Les chimistes admettent sa formation dans les plantes par l'acide carbonique du sol, quoiqu'une pareille masse d'acide carbonique ne puisse être reconnue dans le sol, et encore moins dans l'intérieur des plantes, et jamais de l'acide carbonique il ne se produira d'acide oxalique.

Les plantes répandent la nuit une quantité considérable d'acide carbonique et reçoivent l'oxygène de l'air ambiant; le jour c'est l'oxygène et l'azote qui s'éloignent avec les vapeurs d'eau de la surface des plantes. Les observations de Dettrer ont constaté la production de cet azote dans la surface des plantes, car il les plaça dans de l'eau qui ne contenait pas d'air tandis que leurs branches étaient sous une cloche dont il avait soustrait l'air en faisant le vide. Dettrer trouva de cette manière que la production de l'azote, au lieu de diminuer, allait plutôt en augmentant; cette production d'azote par les plantes a été également constatée par d'autres observations répétées fréquemment.

Rien n'est manquait jusqu'à présent, si ce n'est la preuve de l'origine des substances minérales trouvées dans les plantes alimentées seulement par l'eau et exposées au Soleil. Pour résoudre ce problème, je vais être obligé de m'entourer d'une foule de précautions pour ne donner aux chimistes aucun prétexte de dire que j'ai laissé quelque fait constaté sans donner son explication; et je tâcherai surtout de ne laisser échapper aucune assertion qui puisse être en contradiction avec les lois physiques, que je suis, sans m'en écarter jamais, les lois qui ont été cherchées par tous les physiciens anciens et modernes.

I. — CULTURE SIMPLE DES PLANTES.

Depuis les temps historiques nous voyons les habitants des pays civilisés pourvoir à leur nourriture par la culture de la terre ; cette culture devait peu différer de celle encore en usage aujourd'hui en Égypte et en Mésopotamie. L'époque de semer est indiquée dans le premier de ces pays par l'abaissement du niveau du Nil, et en Mésopotamie l'on a suivi un ordre déterminé par l'apparition des pluies.

Quand on est ensuite arrivé à multiplier les espèces de plantes cultivées, il a fallu connaître l'époque la plus convenable pour semer chacune d'elles. Le blé se sème en automne, et le blé de Turquie au printemps; cependant, en Égypte, le blé de Turquie est semé en été avant la crue périodique du fleuve; car il est nécessaire que cette plante soit élevée d'environ un mètre quand la crue atteint son maximum, afin que le sommet des plantes ne soit jamais couvert d'eau; autrement elles périraient, comme nous allons le démontrer.

L'eau arrêtant l'écoulement des équivalents électriques dans l'atmosphère arrête également les courants verticaux. En chaque pays l'époque des semailles diffère, parce que les saisons ne sont pas les mêmes; la culture d'Égypte est propre à faire connaître quelle part on doit faire à la température et quelle part à l'eau dans la végétation, parce qu'en chaque pays la récolte dépend de la lumière, de la chaleur et de l'eau ; les deux premières, qui sont des éléments immatériels, arrivent du soleil, et l'eau est fournie.

soit par les pluies, soit par les rosées, soit par des irrigations, naturelles comme celles du Nil, ou artificielles.

Les cultivateurs français qui arrivent en Algérie éprouvent, au commencement, des grandes difficultés provenant des saisons qui ne diffèrent de celles de France que par leur degré de température, et par la quantité de l'eau pluviale qui, loin d'être trop abondante, manque souvent au contraire, et la récolte dépend toujours des pluies.

Les plantes *lipocormes* ont les feuilles sur le collet d'où partent les racines; la rosée s'écoule par les feuilles dans le collet qui est simple comme dans l'ananas, l'ail, le poireau, etc., ou bien le collet est multiple, et chacun, comme anneau, produit une feuille, comme cela a lieu pour les graminées, le maïs, le seigle, l'orge, le blé, etc.

Dans les déserts où les pluies manquent, les plantes sont généralement lipocormes; car ce sont les seules chez lesquelles la rosée pénètre directement dans le collet et dans les racines pour être pendant le jour conduite à la surface de la plante où elle se combine avec la lumière pour produire la chlorophylle.

II. — AGRONOMIE.

Ce nom, qu'on donne aujourd'hui à l'agriculture, n'a pas de signification, parce que les chimistes ne sont arrivés à aucun résultat satisfaisant quand ils ont voulu distribuer les fermes d'après les différentes formations géologiques du sol, et quand ils ont prétendu indiquer à coup sûr aux cultivateurs les localités où il convenait de semer chaque espèce de plantes. Les chimistes avaient d'abord élevé bien haut les avantages que devait produire leur système : tout le monde attendait avec impatience les résultats promis, et malheureusement beaucoup attendent encore, parce que les chimistes n'ont pas voulu avouer leur erreur, ce qui leur aurait pourtant fait autant d'honneur que s'ils eussent réussi dans leur projet.

C'est ici, pour la première fois, que les lecteurs verront qu'il n'y a rien à attendre des merveilleuses promesses des chimistes; les grandes exploitations agricoles sont restées, en France et en Angleterre, subdivisées comme elles l'étaient auparavant, et les cultivateurs n'ont pas jugé à propos d'ôter leurs vignobles de la place où les ont plantés leurs ancêtres. L'expérience leur prouve chaque jour qu'ils ont bien fait.

Le titre d'agronome était, chez les Grecs, d'un grand usage, comme on peut le présumer d'après sa signification.

Ce mot avait trois significations distinctes selon la place qu'occupait l'accent (ἀγρονομὸς, ἀγρονόμος et ἀγρόνομος). 1° On entendait, par ἀγρονομός, un employé civil qui réglait les limites des champs entre les propriétaires ou cultivateurs; 2° ἀγρονόμος était un employé de l'économie agricole, qui avait pour charge d'étudier chaque partie d'une ferme et de déterminer les limites des surfaces dont chacune convenait le mieux à certaines espèces de plantes; 3° la troisième indiquait le tableau placé dans chaque ferme, sur lequel étaient indiquées les espèces des plantes qui devaient y être semées : ces tables s'appelaient πλάκες ἀγρόνομοι.

L'emploi est donc actuellement rempli par le cultivateur lui-même, et les chimistes n'ont pu nous apprendre quelle cause physique ou géologique ne permet pas aux cultivateurs de restreindre les champs occupés par les plantes de grande culture pour élargir d'autant leurs vignobles, tandis qu'il leur est souvent possible de faire le contraire.

Pour expliquer ces anomalies que présente l'exploitation des fermes, les cultivateurs ainsi que les chimistes les ont d'abord attribuées aux *climats*, mot qui n'a pas aujourd'hui la signification qu'avait le mot κλίμα qui signifie versant, car il indique ce que les versants produisent. Il a été démontré, en effet, que l'inégale distribution de température sur la surface des versants, et même les vents chauds ou froids, sont un effet physique des vallées ou de leurs versants.

La végétation montre, au printemps, une tendance à s'élever, favorisée par les courants verticaux qui ont alors une grande densité; en automne, au contraire, la végétation s'étale en direction horizontale à cause des grandes amplitudes thermométriques diurnes. Dans les versants des vallées, la végétation est mieux favorisée là où l'air chaud règne pendant le jour, et l'air froid pendant la nuit; et si les nuits sont très-froides la végétation est favorisée dans les parties qui sont exposées seulement au vent chaud.

Dans les pays très-chauds la végétation est favorisée à la surface des versants exposés au vent froid de nuit; ainsi dans les vallées on voit végéter à la fois des plantes de toutes les saisons et de tous les pays.

Les agronomes anciens ne connaissaient pas ce principe scientifique, pas plus que ne le connaissent les cultivateurs de nos jours; toutefois guidés par la flore de chaque partie des versants et par une expérience séculaire, ils obtinrent des résultats qui correspondent parfaitement aux lois physiques de la végétation de chaque pays accidenté.

Après avoir été parfaitement renseignés sur l'application directe des lois climatologiques à la distribution des surfaces cultivées en diverses régions, qui conviennent, soit aux oliviers, aux vignobles, aux châtaigniers, soit à différentes espèces de céréales, etc., nos cultivateurs, quand ils viennent en Algérie ou en Asie, peuvent savoir immédiatement à quelle culture ils doivent destiner chaque partie du sol de leur exploitation.

L'agronomie, basée sur la climatologie, est devenue une science depuis qu'il a été démontré que tous les changements atmosphériques sont l'effet, 1° du changement de l'eau de mer en air par le soleil, et 2° du changement de l'air en eau qui a lieu dans les rencontres des masses d'air chaud avec d'autres froides : on pourra se reporter ici au texte de l'Atlas météorologique.

III. — DE LA VÉGÉTATION EXCITÉE PAR LES ENGRAIS ; PHYTOTROPHIE.

Les engrais font augmenter les récoltes : c'est un fait connu chez toutes les nations qui s'adonnent à la culture à quelque degré que ce soit. Dans l'origine on employait comme engrais les débris des substances végétales, et les cultivateurs étaient persuadés que ces substances étaient absorbées par les plantes, comme les animaux engraissent par leurs aliments ; de là la signification des termes employés pour dénommer ces substances, et qui expriment l'effet qu'on leur supposait produire sur les plantes.

Depuis des siècles les fleuristes arméniens de Constantinople répandent de la chaux à la surface des pots où ils cultivent leurs plantes, et celles-ci prospèrent aussi très-bien ; on a prétendu que la chaux était employée par eux comme un engrais, et on l'a mise à côté du fumier, du guano, des os, etc.

Quelques-uns de ces engrais contiennent, il est vrai, des substances végétales, mais chez les autres on trouve seulement des substances minérales ; quant à leur emploi, il dépend exclusivement de leur état électrique et non pas de leurs éléments. Le fumier est produit par la paille qui a subi une fermentation, par suite de laquelle elle a perdu une certaine quantité de son carbone sous forme d'acide carbonique $C^2O^4\ddot{E}$, en même temps qu'elle a reçu de l'atmosphère une quantité d'oxygène $O\ddot{E}$; de sorte que le fumier est devenu une substance électropositive.

Les autres espèces d'engrais sont des substances électronégatives : tels sont les os, le guano, la chaux et même les sels ammoniacaux et les phosphates, ils sont tous négatifs, et, comme tels, employés en qualité d'engrais, de sorte que l'état électrique du sol cultivable est plus négatif que le fumier et plus positif que les autres espèces d'engrais.

Outre ces états électriques des engrais, il faut encore considérer la densité des équivalents électriques contenue dans le fumier et les autres espèces d'engrais. L'éloignement de l'acide carbonique des substances végétales produit toujours une augmentation d'équivalents électriques dans les parties qui restent. Avec l'atome $C^2O^4\bar{E}$ d'acide carbonique, il s'éloigne un équivalent électrique avec 44 unités de barogène β, et la masse $\bar{E}^6\,\varphi^2$ électrique des C^2 avec les $3\bar{E}$ de l'oxygène $O^6\bar{E}^3$ restent dans la substance végétale. Dans les os, le guano et les autres substances animales qui ont subi une putréfaction se trouvent également de grandes masses d'équivalents électriques.

Les observations de M. Liebig ont permis de constater qu'aucune substance végétale ne pénètre comme telle dans les veines des plantes; ce savant était dans la bonne voie, mais il s'est arrêté, et quoique ses observations dussent lui faire conclure qu'il en est ainsi pour les substances minérales, il n'osa faire le dernier pas qui le séparait du but vers lequel tendent tous les observateurs, c'est-à-dire de connaître l'origine des corps chimiques.

Avant de résoudre ici ce grand problème, il est nécessaire d'indiquer l'état de la culture depuis le commencement des temps historiques dans les pays où la civilisation fut autrefois répandue. Il y a plus de cinquante siècles que les habitants de Mésopotamie tirent leur subsistance du même sol et qui fournit encore aujourd'hui une nourriture abondante à ses habitants qui n'emploient pas plus les engrais que ne le faisaient leurs ancêtres.

Le Nil n'amène chaque année par ses crues qu'une couche mince de sable qui se trouve en suspension dans ses eaux rougeâtres et toujours troublées. On ne doit pas admettre que les récoltes abondantes qu'on obtient dans les pays ci-dessus fassent rien perdre au sol des substances minérales qu'il contient : chose extraordinaire ! après cinq mille ans marqués par des récoltes abondantes, le sol se trouva avoir éprouvé pendant ce laps de temps historique un exhaussement de 10 à 15 mètres au moins ; personne ne pouvait révoquer en doute ce remarquable exhaussement du sol qui a lieu aussi, mais d'une manière bien moins marquée, sous les latitudes supérieures où les récoltes sont généralement moins abondantes que dans les pays chauds, pays où la végétation n'éprouve pas cette interruption annuelle, qui est le caractère de ces contrées septentrionales.

Cependant ces pays, que l'histoire a rendus si célèbres, n'ont eu besoin, pour acquérir cet exhaussement du sol et ces récoltes nombreuses et abondantes, que de l'eau des pluies et des rayons solaires. On peut donc présumer de là que, pendant une cinquantaine de siècles encore, ces mêmes contrées continueront à fournir des récoltes abondantes comme ils l'ont fait jusqu'à présent, et que, par suite, l'exhaussement du sol deviendra double de celui qu'on remarque actuellement.

Ces faits amenaient naturellement les chimistes à reconnaître que les substances contenues dans les plantes sont produites par l'eau et la lumière ; si en même temps que l'eau il pénètre par endosmose quelques particules du sol dans les plantes, il faut regarder ce fait comme analogue à cet autre fait par lequel les substances minérales sont dissoutes dans l'eau fluviale ; on ne pourrait cependant en conclure que les mers ne reçoivent des fleuves que des substances minérales.

Quand un pays devient très-peuplé, comme la partie occidentale de l'Europe et la Chine, les récoltes ordinaires ne tardent pas à devenir insuffisantes, quels que soient les avantages que l'agriculteur se promette dans l'étude de l'agronomie et dans une meilleure distribution dans son exploitation. C'est alors que les habitants commencent à suppléer au manque de pluies par les irrigations ; quant aux engrais, ils ne servent qu'à augmenter la densité des équivalents électriques dans le sol.

Les montagnards de la Suisse ont coutume, au printemps, d'enlever au sol de leurs champs une mince couche, sous forme de briques, et après leur avoir fait subir une calcination imparfaite par la combustion de débris de plantes ; ils remettent ces briques en leur place, se reposant sur les pluies, abondantes alors, du soin de les dissoudre : ils obtiennent, de cette façon, d'excellents pâturages pour leurs vaches. Tout le monde connaît cette opération agricole, et cependant on en parle peu, parce que les chimistes ne veulent à aucun prix reconnaître la fausseté de leurs théories, que le simple bon sens dissipe comme le brouillard aux premiers rayons du soleil printanier.

C'est en vain qu'on voudrait utiliser les terres d'un champ pour en amender un autre, car les courants électriques ne sont produits qu'entre les corps de températures inégales ou les corps chargés d'équivalents électriques hétéronymes. Le fumier contient les équivalents électriques en grande densité, et il est électropositif ; les autres espèces d'engrais contiennent également des équivalents électriques en grande densité, mais sont électronégatifs.

De même que la calcination des terres en Suisse et de la chaux en France et en Allemagne, ainsi les rayons solaires produisent le même effet sur la couche superficielle des terres des champs qu'on peut considérer comme une couche de fumier. Dans les pays chauds quelques mois d'été suffisent pour convertir la couche superficielle des terres des champs en une couche d'engrais, et il ne reste plus qu'à labourer et à semer.

Dans la Bulgarie et dans les principautés danubiennes, où la population est clair-semée, on obtient, tous les deux ans, les plus riches récoltes.

On fait un premier labour aussitôt après la coupe, un second au printemps suivant et un troisième en automne, après quoi l'on sème : il y a ainsi un ou trois labours d'automne, mais jamais deux ni quatre. Pour le blé de Turquie, au contraire, on obtient une récolte abondante en labourant deux fois au printemps, mais non pas une fois en automne et une fois au printemps.

Il y a également une règle pour l'emploi des engrais : 1° le fumier est toujours enfoui au-dessous de la semence, tandis que les autres espèces d'engrais sont répandus au printemps au-dessus de la semence et des racines. Il ne faut pas croire que la chaleur produite par la putréfaction du fumier produise une élévation de température qui favorise la végétation ; car cette dernière s'arrête quand la température du sol est supérieure à celle de l'air, ainsi que cela a lieu l'hiver ; on sait que l'on fait aisément périr les plantes en les arrosant avec de l'eau dont la température est supérieure à celle de l'air pendant le jour.

Si donc on sème en automne, il faut, au moyen d'un ou trois labours, retourner la couche superficielle du sol et l'enfouir avec le fumier au-dessous des semences. Si on laboure au contraire, vers la fin du printemps, il faut employer le labour d'automne ou mieux il faut labourer deux fois, pour que la couche, échauffée par les rayons solaires, arrive en contact avec la couche froide inférieure.

Les engrais électronégatifs et la couche superficielle, échauffés par le Soleil, provoquent le courant ascendant du printemps, et il ne faut alors que quelques jours sereins pour que la lumière du Soleil se combine avec l'hydrogène de l'eau et produise la chlorophylle à la surface des plantes.

L'efficacité des engrais ne dépend donc pas de leurs éléments matériels, mais de leurs éléments électriques, de sorte que, 1° les irrigations remplacent les pluies, et 2° les engrais remplacent les équivalents électriques qui entretiennent les courants thermo-électriques ; l'homme n'a pu jusqu'à présent remplacer avec avantage la lumière solaire, quoique l'observation ait prouvé que la lumière artificielle se combine également avec l'hydrogène de l'eau pour produire la chlorophylle comme celle-ci est produite par la lumière du Soleil.

Résumé : 1° L'eau fournit les éléments matériels, et les rayons solaires fournissent les éléments électriques des substances végétales. 2° La vie des plantes consiste en un écoulement perpétuel des atomes $\ddot{E}\ddot{E}^2$ de chaleur des parties les plus chaudes vers les parties froides, écoulement qui produit lui-même un autre écoulement d'équivalents positifs $\ddot{E}$, venant des parties froides et se dirigeant vers les parties les moins froides. 3° Les écoulements de ces équivalents éprouvent dans les plantes des résistances inférieures suivant les directions contenues dans leur germe. 4° Celui-ci, en déterminant les directions des courants introduits, détermine en même temps l'arrangement des gouttelettes du chyle porté par les courants. 5° Les directions électriques dans le germe peuvent donc en quelque sorte avoir des représentants matériels, comme l'idée d'un tableau, conçue déjà dans la pensée intelligente de l'artiste, peut être rendue matériellement au moyen des couleurs, et devenir sensible et à l'artiste lui-même et aux admirateurs de son talent.

CHAPITRE IV.

ORIGINE DES CORPS INDÉCOMPOSABLES.

Le nombre des corps de cette espèce était encore très-restreint au commencement du siècle actuel, mais il s'accrut bientôt, et il est aujourd'hui plus que doublé; il est à présumer qu'il croîtra encore, car il n'a jusqu'à présent subi aucune diminution. Plusieurs chimistes admettent que les corps indécomposables ne sont pas pour cela simples; leurs adversaires, qui soutiennent que les corps indécomposables sont simples, démontrent que ces corps ont certaines propriétés qui manquent aux corps composés. Pour mettre fin à cette querelle, nous allons distinguer ici les corps non simples, 1° en corps indécomposables, et 2° en corps décomposables.

I. Pour qu'un corps soit décomposable, il doit avoir été produit par la combinaison des éléments dont il consiste : tels sont les sels, les oxydes, les acides, etc., qui se décomposent en autres corps dont la combinaison reproduit ces mêmes combinés; aussi ces corps peuvent-ils être décomposés et recomposés.

Les substances végétales sont des corps qu'on peut rendre également décomposables, mais qu'on ne saurait composer de toutes pièces; car, sauf quelques substances végétales d'un degré inférieur, toutes les autres sont produites directement dans les plantes, ou plus tard par une fermentation.

II. Les corps indécomposables ne sont pas pour cela simples, on ne peut décomposer que les corps qui sont produits par la combinaison de leurs éléments constitutifs, et il n'y a d'indécomposables que ceux qui sont le *reste* de l'éloignement de quelques équivalents d'un nombre d'atomes d'un corps. On ne pourrait pas dire que ces *restes* sont des corps simples, et ils ne sont pas pourtant décomposables, parce qu'ils n'ont pas été produits par une combinaison.

Pour connaître les éléments des corps indécomposables, il faut donc constater que leur production s'est opérée par la séparation d'un nombre d'équivalents d'une quantité d'atomes des corps composables. Ainsi, connaissant le nombre nA des atomes et le nombre $n'\epsilon$ des équivalents éloignés, le reste indécomposable $nA - n'\epsilon$ est une espèce de *caput mortuum* dont les éléments sont connus.

Au commencement, la Terre ne consistait qu'en eau; les *restes* qui se présentent comme corps indécomposables ne sont pas *tous* produits directement des atomes nHO d'eau dont s'est séparé le nombre $n'O$ d'oxygène ou le nombre $n''H$ d'hydrogène; mais de cette manière se produisent seulement l'atome double Az^2 d'azote et l'atome double C^2 de carbone, et tous les autres corps indécomposables sont produits des atomes $C^{24}H^{24}O^{24}$ des substances végétales par la séparation de l'acide carbonique $C^2O^4\ddot{E}$ ou de l'oxyde de carbone $CO\ddot{E}$.

Dans les fourneaux souterrains, il se produit également des restes pareils des substances végétales qui ont subi dans l'origine une élévation considérable de température et une compression évaluée à plusieurs milliers d'atmosphères.

D'après ces trois origines différentes, les corps indécomposables sont distingués en trois classes : 1° restes des atomes nHO d'eau ; 2° restes des atomes $n'C^{24}H^{24}O^{24}$ atomes de substances végétales, et 3° restes des atomes de ces mêmes substances, après qu'elles ont été modifiées par la chaleur et la compression.

I. — CORPS INDÉCOMPOSABLES PRODUITS PAR L'EAU.

Ces corps sont : 1° le *carbone* qui est produit dans les plantes, et 2° l'azote qui est également produit et à la surface des plantes et sur celle de la mer. Drapper plaça des plantes dans de l'eau qui ne contenait pas d'azote, ainsi il les introduisit sous des cloches dont il chassa l'air en faisant le vide ; alors, au lieu d'une diminution d'azote, il observa une augmentation notable de ce gaz quand ces plantes étaient exposées au soleil.

Quand il se trouve dans les cloches une quantité d'acide carbonique mêlé avec l'air, une partie de cet acide est absorbée quand la plante reçoit la lumière blanche ou jaune ; mais quand arrive sur la plante la lumière rouge ou violette, il ne s'opère aucune absorption d'acide carbonique.

Le seul fait direct connu jusqu'à présent qui serve à prouver la production de l'azote de la mer est le suivant. Si l'on décompose de l'air recueilli soit sur mer, soit sur terre, on ne remarque aucune différence, si ce n'est dans le cas seul où l'air est recueilli à midi tout près de la surface de la mer ; car, sur 100 parties de cet air, au lieu de 23 parties d'oxygène on n'en trouve que 22,5 ; comment cette différence est-elle produite, c'est ce que nous allons expliquer plus tard ; qu'il nous suffise pour l'instant de savoir que la séparation d'un équivalent d'oxygène de quatre atomes 4HO d'eau laisse un reste $4HO - O = \overline{HO}^3H = Az^2$ qui est un atome double d'azote ; celui-ci, mêlé avec l'oxygène O, est l'air.

Mais si des quatre atomes d'eau au lieu d'un équivalent il s'en sépare trois d'oxygène O^3, ils laissent un reste 4HO —

$O^3{=}HOH^3{=}C^3$ qui est un atome double de carbone, qui n'est produit que dans les plantes et non pas directement de l'eau de la mer.

A. Production de l'azote.

Pendant le jour, l'oxygène et l'azote s'éloignent des plantes, de même que ces deux gaz s'éloignent du milieu des mers et s'écoulent par les côtes vers les continents. La seule différence consiste en ce qu'il s'éloigne des plantes une quantité d'oxygène presque double de celle de l'azote, tandis que des mers il s'éloigne avec l'air quatre fois plus d'azote que d'oxygène.

L'atome double Az^2 d'azote consiste en trois atomes $3HO\theta$ d'eau et en un atome d'hydrogène ozoné $H\ddot{E}^2$ qui est combiné avec un atome $\ddot{E}^2\ddot{E}$ de lumière; cet atome Az^2 d'azote est indécomposable en eau et hydrogène, parce qu'il n'a pas été produit par leur combinaison, mais qu'il est le *reste* subsistant après la séparation d'un équivalent d'oxygène $O\ddot{E}$ de quatre atomes $4HO\theta$, et que cet équivalent d'oxygène y est remplacé par un atome $\ddot{E}^2\ddot{E}$ de lumière; ainsi :

$$Az^2 = 4HO\theta - O\ddot{E} + \Phi = \overline{HO\theta}^3 \overline{H\ddot{E}\ddot{E}\ddot{E}}^2.$$

L'azote est indécomposable parce qu'il est un reste, mais cela n'empêche pas qu'il puisse se combiner avec les autres corps et avec un équivalent $O\ddot{E}$ d'oxygène pour faire s'éloigner l'atome $\ddot{E}^2\ddot{E}$ de lumière de l'atome double Az^2 d'azote et réapparaître les quatre atomes d'eau, précisément comme cela a lieu pour l'hydrogène et l'oxygène qui sont produits de la décomposition de l'eau, et qui se combinent pour reproduire l'eau.

La décomposition de l'eau est produite par la combinaison de l'oxygène O avec un équivalent positif $\ddot{E}$, et par la combinaison de l'hydrogène H avec un équivalent négatif $\ddot{E}$; la reproduction de l'eau de ces deux gaz s'opère, 1° par la combinaison des équivalents matériels O et H pour reproduire l'eau, et 2° par la combinaison des équivalents électriques $\overset{+}{E}$ et $\overset{-}{E}$ pour produire la lumière et la chaleur $3\overset{+}{E}\overset{-}{E} = \overset{+}{E}^2\overset{-}{E} + \overset{+}{E}\overset{-}{E}^2$.

Pour la production de l'air quatre atomes d'eau se décomposent en un atome d'oxygène $O\overset{-}{E}$ qui s'éloigne et en un atome double Az^2 d'azote où l'équivalent $O\overset{-}{E}$ d'oxygène est remplacé par l'atome $\overset{+}{E}^2\overset{-}{E}$ de lumière. La reproduction de l'eau de ces deux gaz s'opère, 1° par la combinaison des équivalents matériels O et Az^2 pour reproduire les quatre atomes d'eau, et 2° par la séparation de l'atome $\overset{+}{E}^2\overset{-}{E}$ de lumière ou de ses éléments $\overset{+}{E}^2$ et $\overset{-}{E}$.

Cette reproduction d'eau des deux gaz azote et oxygène s'opère sur une vaste échelle dans l'atmosphère par les courants thermoélectriques qui sont provoqués par une masse d'air chaud à côté d'une masse d'air froid. La chaleur $\overset{+}{E}\overset{-}{E}^2$ qui s'écoulant vers l'air froid en provoque l'écoulement d'équivalents positifs $\overset{+}{E}$ qui se séparent de la lumière $\overset{+}{E}^2\overset{-}{E}$ contenue dans l'azote. Les atomes $\overset{+}{E}\overset{-}{E}^2$ de chaleur de l'air chaud se mêlent avec les atomes $\overset{+}{E}^2\overset{-}{E}$ de lumière de l'azote de l'air froid, et c'est alors que l'oxygène $O\overset{-}{E}$ se combine avec l'atome double d'azote $Az^2 = \overline{HO}^3H\overset{-}{E}^2$ pour reproduire les quatre atomes d'eau 4HO.

De pareilles rencontres de masses d'air chaud et d'air froid s'opèrent dans les poumons par la respiration ; en été la température de l'air inspiré diffère peu de celle de l'air qui se trouve dans les poumons, et une petite différence entre les températures ne produit pas des courants thermoélectriques suffisants pour produire la combinaison des gaz ; tandis qu'en hiver, quand l'air est froid et que celui des poumons est à 37°, la combinaison des deux gaz est d'autant plus facile que l'air est plus froid. De cette manière le froid qui produit la consommation de la chaleur animale devient la cause d'une production analogue de chaleur et d'eau ; ces deux éléments, indispensables à l'économie animale, manquent en hiver dans les régions polaires.

La transformation de l'air en eau peut être obtenue facilement et directement en faisant subir de promptes variations à la température de l'air que contiennent des tuyaux de cuivre ou mieux de platine. En plongeant ces tuyaux alternativement dans l'eau bouillante et dans l'eau glaciale, l'air diminue et à sa place apparaissent les vapeurs, si la température est élevée au-dessus de 100°.

Pour s'assurer que la pression au-dessus de 100° est un effet des vapeurs et non pas d'une masse d'air qui reste attachée aux parois du tuyau, il suffit d'y introduire quelques fragments de chlorure de calcium, qui absorbent les vapeurs, et font ainsi disparaître la pression qu'elles produisent à une température au-dessus de 100°. Cette transformation de l'air en eau par l'inégalité des températures changera avant peu la face du monde industriel.

B. Production du carbone.

Le carbone est également un reste comme l'azote et non pas un combiné; l'azote est un produit direct de l'eau, tandis que le carbone est un reste de la chlorophylle $C^2O^3H^2O^2$ ou $C^{24}O^{36}H^{24}O^{24}$ après la séparation de l'oxygène et de l'eau. La production de la chlorophylle sur la surface des plantes est incontestable, car elle consiste en une partie d'eau et en cinq parties d'acide oxalique C^2HO^4, acide qui n'existe ni dans le sol ni dans les plantes.

La chlorophylle $C^2O^3H^2O^2$ contient les éléments matériels de six atomes $6HO\theta$ d'eau, mais cette eau y est à l'état solide et a une couleur verte, propriétés qui sont produites par trois atomes $3\ddot{E}^2\ddot{E}$ de lumière combinés avec trois équivalents $3H\bar{\ddot{E}}^2$ d'hydrogène ozoné dont l'oxygène $3O\ddot{E}$ se combine avec trois atomes $3HO\theta$ d'eau pour la rendre oxygénée $3HO^2$. Cette *eau oxygénée* combinée avec l'*hydrogène photogénés* $3H\bar{E}^2\dot{E}^2\bar{E} = 3H\overline{\bar{E}\dot{E}\bar{E}}^2$, produit la chlorophylle $C^2O^3H^2O^2 = 3HO^2H = HO\theta H^3\bar{E}^6\Phi^3O^3\dot{E}^3\overline{HO\theta}^2$.

Les six atomes $6HO\theta$ d'eau combinés avec trois atomes de lumière $3\dot{E}^2\bar{E}$ deviennent un atome $C^2O^3H^2O^2$ de chlorophylle qui est la substance végétale du degré inférieur; pour en obtenir le carbone, il faut en éliminer l'oxygène $O^3\dot{E}^3$ et l'eau $H^2O^2\theta^2$. L'équivalent double C^2 de carbone est donc un reste $= 4HO - 3O$, et non pas un corps produit par la combinaison d'un atome d'eau $HO\theta$ avec trois équivalents d'hydrogène $3H\bar{E}^2\dot{E}^2\bar{E}$ photogéné.

Les propriétés du carbone cu ses qualités correspondent exactement, 1° à ses éléments matériels $HOH^3 = 9 + 3$ qui sont ses 12 unités de barogène, et 2° à ses éléments électriques qui sont $\theta + \bar{E}^6 + \Phi^3$; $\theta = \dot{E}\bar{E}^3$ est la chaleur latente de l'atome $HO\theta$ d'eau; $\bar{E}^6$ sont les équivalents négatifs des $3\dot{E}\bar{E}^2$ atomes de chaleur de l'eau dont ont été éloignés les trois équivalents $3O\dot{E}$ d'oxygène; les Φ^3 sont trois atomes $3\dot{E}^2\bar{E}$ de lumière combinée avec l'hydrogène ozoné $3H\bar{E}^2$; ces éléments électriques donnent au carbone:

1° La propriété d'être combustible, car ses équivalents d'hydrogène H^3 se combinent avec trois équivalents d'oxygène O^3 et l'atome d'eau HO se combine avec un équivalent $O\dot{E}$ d'oxygène, et devient l'eau oxygénée HO^2, de sorte que l'acide carbonique C^2O^4 est composé de trois atomes d'eau $3HO$ combinés avec un atome d'eau oxygénée HO^2.

2° La chaleur $3\dot{E}\bar{E}^2$ obtenue par la combustion du carbone C^2 est un produit des six équivalents $\bar{E}^6$ négatifs combinés avec les trois équivalents $\dot{E}^3$ positifs de l'oxygène $3O\dot{E}$, car le quatrième équivalent $O\dot{E}$ conserve son électricité positive dans l'acide carbonique $C^2O^4\dot{E}$.

3° La lumière $3\dot{E}^2\bar{E}$ qui se manifeste pendant la combustion est celle qui était combinée avec les équivalents négatifs $\bar{E}^6$ de l'hydrogène ozoné $3H\bar{E}^2$.

4° L'eau $HO\theta$ est liquide, l'hydrogène ozoné $H\bar{E}^2$ est un gaz, la lumière $\dot{E}^2\bar{E}$ est un fluide impondérable; l'ensemble de ces éléments se présente dans le carbone sous l'état solide, et cela à cause du manque de répulsion R entre les équivalents négatifs $\bar{E}^6$ de l'hydrogène $3H\bar{E}^2$ et les atomes $3\bar{E}^2\bar{E}$ de lumière.

L'azote $Az^2 = H^3O^3\theta^3H\bar{E}^2\Phi$ contient également un atome de lumière dans son équivalent $H\bar{E}^2$ d'hydrogène ozoné, mais il consiste encore en trois atomes d'eau qui recèlent trois atomes $3\bar{E}\bar{E}^2$ de chaleur dont les équivalents négatis $\bar{E}^6$ font prendre à la masse la forme de gaz.

5° L'oxyde et l'acide de carbone $C^2O^2\bar{E}^2$ et $C^2O^4\bar{E}$, produits par la combustion du carbone, sont des gaz, parce qu'ont été éloignés du carbone les atomes $\bar{E}^2\bar{E}$ de lumière et les équivalents $\bar{E}^2$ négatifs qui n'exercent aucune répulsion entre eux.

Les oxydes de l'azote sont également des gaz, mais ses acides sont liquides; les oxydes d'azote et ses acides ne sont pas produits par une combustion, parce que dans l'azote $Az^2\bar{E}^2$ il y a seulement deux équivalents $\bar{E}^2$ négatifs qui ne font que faciliter les mélanges d'un atome double d'azote avec $2O\bar{E}$, $4O\bar{E}$, $6O\bar{E}$, $8O\bar{E}$ et $10O\bar{E}$. 1° L'état gazeux des oxydes est produit par la répulsion des équivalents négatifs $6\bar{E}$ contenus dans les trois atomes de chaleur contenus dans les trois atomes d'eau de l'azote Az^2. 2° L'état liquide apparaît dans les acides où a disparu la répulsion R des équivalents négatifs $\bar{E}^6$ à cause des équivalents positifs $\bar{E}^6$, $\bar{E}^8$ ou $\bar{E}^{10}$ contenus dans l'oxygène $6O\bar{E}$, $8O\bar{E}$ ou $10O\bar{E}$ des acides.

6° L'acide oxalique C^2HO^4 est solide quoique ses éléments matériels soient ceux de l'acide carbonique CO^2, de l'oxyde de carbone CO et de l'eau HO, mais l'atome double C^2 de carbone dans l'acide oxalique contient les éléments électriques $\bar{E}^6$ et $3\bar{E}^2\bar{E}$ qui deviennent évidents si l'on brûle cet acide pour le transformer en gaz d'oxyde CO et d'acide CO^2 de carbone et en eau HO.

7° L'état solide de l'eau est obtenu par l'éloignement de sa chaleur latente; le même état est obtenu dans le carbone et dans l'acide oxalique par l'introduction des atomes $\overset{+}{E}^2\bar{E}$ de lumière; l'identité des effets de ces deux causes de nature différente consiste en une diminution de répulsion R contre les éléments matériels de la part des équivalents électriques de la manière suivante : 1° Par le refroidissement l'eau gèle, parce que ces équivalents ne sont pas repoussés de la part des équivalents négatifs $\bar{E}$ qui sont en excès dans la chaleur $\overset{+}{E}\bar{E}^2$. 2° Par l'introduction des atomes de lumière $\overset{+}{E}^2\bar{E}$ dans l'eau son oxygène $O\overset{+}{E}$ se sépare, et il reste l'hydrogène $H\bar{E}^2$ à l'état ozoné qui le rend apte à se combiner avec l'atome $\overset{+}{E}^2\bar{E}$ de lumière pour devenir l'*hydrogène photogénée*, $H\bar{E}^2+\overset{+}{E}^2\bar{E}=H\overline{\overset{+}{E}\bar{E}\bar{E}}^2$, où disparait la répulsion entre les équivalents hononymes $\bar{E}$ négatifs contenus en excès dans la chaleur latente $\overset{+}{E}\bar{E}^2$ de l'eau.

8° Un atome double Az^2 d'azote et un équivalent d'oxygène reproduisent l'eau, mais d'un atome double C^2 de carbone et de trois atomes d'oxygène $3O$, ne peuvent être reproduits les quatre atomes d'eau $4HO$, et cela parce que l'atome double C^2 de carbone n'est pas un reste de la séparation des trois équivalents d'oxygène ; mais la chlorophylle ayant été formée d'abord, le carbone est le reste de la séparation, 1° de trois équivalents $3O\overset{+}{E}$ d'oxygène et puis 2° de la séparation des deux atomes $2HO$ d'eau; ainsi

$$C^2=C^2O^3H^2O^2-O^3-H^2O^2.$$

9° L'*ammoniaque* est un mélange d'un atome double $Az^2\bar{E}^2\Phi$ d'azote avec six équivalents $6H\bar{E}$ d'hydrogène

$$Az^2\Phi\bar{E}^2+6H\bar{E}=Az^2\overset{+}{E}^2\bar{E}^3\overline{H\bar{E}}^6.$$

10° Le *cyanogène* Az^2C^4 est produit de l'ammoniaque Az^2H^6 par le remplacement des six équivalents $6H\bar{E}$ d'hydrogène par deux atomes doubles C^4 de carbone, où sont douze iris $12\overset{+}{E}\bar{E}$, deux atomes $\overline{HO\theta}^2$ d'eau et six équivalents $6H\bar{E}$ hydrogène $C^4=\overline{HO\theta}^2H^6\bar{E}^6\overline{\overset{+}{E}\bar{E}}^{12}$. Les *iris* $\overset{+}{E}\bar{E}$ et l'eau sont indifférents; les six équivalents d'hydrogène sont mêlés avec ces iris et cette eau dans le cyanogène Az^2C^4, tandisque dans l'ammoniaque Az^2H^6, on ne trouve pas les iris et l'eau contenus dans le carbone C^4 du cyanogène Az^2C^4.

Les iris 12ĒĒ se manifestent, 1° dans les explosions violentes que produit la combustion du cyanogène mêlé avec l'oxygène, et 2° dans la combustion d'un filet de gaz cyanogène dans l'air; le volume des gaz reste le même.

La couleur rouge de la flamme résulte de la production de l'acide carbonique C^2O^4 où un équivalent de carbone reçoit deux équivalents d'oxygène, tandis que l'azote s'éloigne; le rouge est représenté par le rapport 2 : 1.

II. — PRODUCTION DES MINERAIS DES SUBSTANCES VÉGÉTALES.

Tous les corps sont produits des substances végétales comme le carbone est un produit du vert des plantes, appelé chlorophylle. Parmi les minerais, les uns sont produits en même temps dans les plantes et dans l'intérieur de la terre; d'autres se forment seulement dans l'intérieur de la terre, au fond de la mer, et encore dans d'immenses fournaises souterraines; d'autres espèces de minerais tirent leur origine seulement de la condensation des vapeurs brûlantes et très-comprimées des fournaises souterraines, ou dans l'intérieur des pyramides.

Les minerais, comme les sels, sont toujours produits à l'état neutre; le *soufre* seul provient directement de la séparation de l'acide carbonique d'un atome végétal $C^{24}H^{24}O^{24}$. Un atome végétal $C^{24}H^{24}O^{24}$ provient d'un atome $C^{24}O^{36}H^{24}O^{24}$ de chlorophylle après la séparation de l'oxygène 36DĒ. L'atome S^6 de soufre est un reste $C^{12}H^{24} = C^{24}H^{24}O^{24} - C^{12}O^{24}$ après la séparation de l'acide carbonique $6C^2O^4$ d'un atome végétal $C^{24}H^{24}O^{24}$.

Dans les plantes la chlorophylle apparaît au printemps; d'un atome de chlorophylle, il se produit un atome végétal, et d'un ou plusieurs atomes végétaux sont produits les sulfates et les phosphates de potasse qui produisent à leur tour, pendant l'été, le carbonate de chaux ; de sorte que les métamorphoses constatées dans les substances végétales ne manquent pas même de substances minérales.

Le soufre est produit en quantités très-médiocres dans certaines plantes, tandis qu'il est très-abondant dans les dépôts minéralogiques de la terre. Au contraire, la potasse est un produit des plantes, ainsi que le phosphore, car les phosphates minéralogiques proviennent du phosphore et du soufre produits dans les plantes ; il en est de même pour les phosphates que contiennent les os des animaux.

A. Production du soufre.

Le volume atomique des vapeurs du soufre conduit à connaître que l'équivalent du soufre est six fois plus grand et contient six fois autant de barogène que celui contenu dans l'équivalent $S=16$. Ce volume atomique des vapeurs est en relation avec l'atome végétal $C^{24}H^{24}O^{24}$ dont est produit le soufre S^6 comme un reste après la séparation de six atomes $6C^2O^4\overset{+}{E}$ d'acide carbonique. Ainsi

$$S^6=C^{24}H^{24}O^{24}-6C^2O^4\overset{+}{E}.$$

Les éléments électriques contenus dans un équivalent S de soufre $S=C^2H^4$ sont ceux de l'atome double de carbone $C^2=HO\theta\ H^3\bar{E}^3\overline{\overset{+}{E}\bar{E}}^2$, mais les quatre équivalents H^4 d'hydrogène ont consommé leurs six équivalents négatifs $\bar{E}^6$ pour produire trois atomes $3\overset{+}{E}\bar{E}^2$ de chaleur avec les trois équivalents $\overset{+}{E}^3$ de l'oxygène $4O\overset{+}{E}$ contenu dans l'acide carbonique $C^2O^4\overset{+}{E}$ où se trouve l'un des quatre équivalents $\overset{+}{E}^4$. L'équivalent du soufre $S=C^2H^4=HO\theta H^3\bar{E}^3\overline{\overset{+}{E}\bar{E}}^2\ H^4\bar{E}^3$ ne contient donc que trois équivalents négatifs $\bar{E}^3$ dans les trois équivalents d'hydrogène et dans cinq autres équivalents également d'hydrogène H^4+H sont seulement contenus quatre équivalents $\bar{E}^4$ négatifs qui en sont inséparables.

Après avoir ainsi déduit les éléments matériels et électriques du soufre, il reste à présent à déduire les qualités du soufre et de ses combinés sans nous écarter des lois physiques, comme cela a été constaté pour l'azote, le carbone et leurs combinés.

1° Quoique le soufre C^2H^4 soit constitué par les mêmes éléments matériels que le gaz C^2H^4 des marais, ils diffèrent beaucoup entre eux à cause de leurs éléments électriques, non pas du carbone, mais des quatre équivalents 4H qui, dans le gaz, contiennent huit équivalents négatifs $\bar{E}^8$ ou $H^4\bar{E}^8$, et dans le soufre ils ne contiennent que deux équivalents négatifs $H^4\bar{E}^2$. L'excédant d'équivalents négatifs $\bar{E}^6$ fait que, dans le gaz des marais, les éléments matériels prennent l'état gazeux, tandis que c'est parce que le soufre manque d'un pareil excédant qu'il reste à l'état solide.

Dans les marais restent les atomes C^2H^4 du gaz des atomes, $C^4O^6H^4O^4$ de la chlorophylle après la séparation de l'atome double de carbone C^2, avec les dix équivalents $10O\bar{E}$ d'oxygène. Ainsi, les équivalents 4H d'hydrogène du gaz C^2H^4 contiennent huit équivalents $8\bar{E}$ négatifs. Le soufre n'est pas produit de l'atome $C^{24}O^{36}H^{24}O^{24}$ de chlorophylle, mais de l'atome végétal $C^{24}H^{24}O^{24}$, et dans la séparation des $6C^2O^4$ acide carbonique, ses quatre équivalents $4H\bar{E}^2$ ozonés d'hydrogène perdent leurs six équivalents $\bar{E}^6$, et il n'en reste que deux.

2° Comme de la combinaison des carbones provient l'acide carbonique $C^2O^4\bar{E}$, de même de la combustion du soufre provient l'acide sulfureux $S^2\bar{O}^4\bar{E}$; dans les deux cas il se produit la chaleur $8\bar{E}\bar{E}^2$ et la lumière $3\bar{E}^2\bar{E}$; la différence ne consiste qu'en quantités de barogène, parce que le carbone contient dans un atome double C^2, six équivalents négatifs $\bar{E}^6$, comme l'atome double de soufre S^2; mais celui-ci contient 32 unités de barogène, tandis que le carbone C^2 n'en contient que 12; de même pour la quantité de lumière émise durant la combustion.

3° Les vapeurs de l'acide sulfureux se condensent plus facilement que ceux de l'acide carbonique, parce que la même quantité d'équivalents positifs $\bar{E}$ est contenue dans l'atome C^2O^4, qui pèse 44 et dans l'atome S^2O^4 qui pèse 64; la répulsion R est égale, mais du dehors la pression $p = 44$ est inférieure à celle $p + p' = 64$.

4° Le soufre, à la température ordinaire, est solide et jaune; si la température s'élève, il fond; si celle-ci s'élève davantage, il redevient solide, mais alors il est *rouge*, sans que rien soit changé dans ses éléments matériels. 1° L'état liquide est produit par la couleur latente comme dans tous les corps. 2° L'état solide et la couleur rouge sont l'effet d'un déplacement des équivalents électriques et matériels, qui s'opère de la manière suivante :

Les couleurs des corps sont un effet direct des rapports entre les équivalents soutenus par les équivalents matériels : le jaune provient du rapport 5 : 3, et le rouge de celui-ci 2 : 1. Les équivalents électriques sont maintenus par les éléments matériels, ceux-ci se trouvent tout à fait dans les mêmes rapports que les équivalents électriques qui produisent les couleurs.

Les éléments de l'atome entier S^6 du soufre sont $C^{12}H^{24}$; pour en obtenir le rapport 5 : 3 indiqué par la couleur jaune, ces éléments doivent avoir la distribution $C^6H^{15}C^6H^9$ où, dans le facteur C^6H^{15}, sont contenus 15 équivalents d'hydrogène, et dans l'autre C^6H^9 en sont contenus 9.

L'élévation de température augmente la répulsion R entre les équivalents négatifs $\bar{E}$ des atomes $\bar{E}\bar{E}^2$ de chaleur, mais cette répulsion devient inférieure $R - r$ à la pression p du dehors, le soufre devient solide en perdant une quantité q de chaleur latente.

En continuant d'élever la température, les équivalents $\bar{E}$ du soufre éprouvent un déplacement avec leurs équivalents matériels; des deux facteurs C^6H^{15} et C^6H^9 du soufre jaune, l'un devient C^8H^{12} et l'autre C^4H^{12} : à cet instant, la répulsion R + r produite de la chaleur θ devient R — r, la pression p du dehors reste la même, et ainsi l'état liquide fait place à l'état solide.

Pour obtenir maintenant une répulsion R + r, il faut une densité supérieure d'atomes de chaleur, car ils repoussent les équivalents C^8 et C^4 qui produisent le rouge, tandis que, antérieurement, la répulsion s'exécutait contre les atomes H^{15} et H^9 qui produisaient le jaune.

5° L'odeur piquante du soufre et surtout celle de l'ail, de l'*asa fœtida*, etc., où il est contenu, est un effet des équivalents négatifs $\bar{E}$ qui se répandent du carbone $C^2 = HO\theta H^3 \bar{E}^3 \bar{\bar{E}}\bar{E}^6$.

B. Production du phosphore.

Dans le bois des arbres, la quantité de phosphore reste invariable, tandis que, dans les feuilles et l'écorce, il est cinq fois plus abondant au printemps qu'à l'automne. Le volume atomique des vapeurs du phosphore indique que son équivalent est p^2 où sont contenues 63 unités de barogène, qui sont les mêmes que celles contenues dans le facteur C^8H^{15} provenant des facteurs $C^6H^{15}C^6H^9$ et $C^8H^{13}C^4H^{12}$ pendant la transformation du soufre jaune en soufre rouge; ainsi le phosphore est produit des éléments du soufre électriques et matériels, et, dans le phosphore comme dans le soufre, les qualités et les propriétés correspondent aux éléments dont ils sont composés.

1° La cause de l'état solide du phosphore est la même que celle de l'état solide du soufre et du carbone.

2° L'acide phosphorique p^2O^{10} est produit par la combustion comme l'acide carbonique $C^2O^4\bar{E}$, et l'acide sulfureux $S^2O^4\bar{E}$; il y a production de chaleur et de lumière dans cette combustion comme dans celle du soufre ou du charbon; l'acide phosphorique n'est pas à l'état de vapeurs ni à l'état liquide, mais bien à l'état solide; cela prouve : 1° que la répulsion R est inférieure à celle R + r dans les deux autres acides, ou 2° que la pression du dehors $p+p$ est supérieure.

En effet, l'atome double p^2O^{10} d'acide phosphorique contient une grande quantité de barogène $p^2=63$ et $10O=80$ qui fait augmenter la pression $p+p'$ du dehors; il a été de même prouvé que cette pression $p+p'$ du dehors ramène les acides de l'azote à l'état liquide.

Il y aussi un excédant de six équivalents $\bar{E}^6$ positifs dans l'atome $p^2O^{10}\bar{E}^6$ de l'acide phosphorique, mais ils sont maintenus par les six oxygènes $O^6\bar{E}^6$; ainsi l'état solide de l'acide phosphorique est maintenu à la fois par l'absence de la répulsion R, et par la pression $p+p'$ du dehors qui est analogue aux unités de barogène de chaque corps.

3° L'oxyde de phosphore p^2O se forme par le contact du phosphore avec l'oxygène, de sorte que de 63 grammes de phosphore et de 8 grammes d'oxygène, on obtient 71 grammes d'oxyde. Si 71 grammes de phosphore sont placés dans le vide, dans de l'azote, de l'hydrogène, etc., où il n'existera point d'oxygène, il deviendra l'oxyde P^2O, s'il est exposé au soleil. Sur neuf parties de phosphore, une tourne en oxygène sous l'influence du soleil.

Cette observation a été répétée à satiété par une foule de chimistes, et tous ont obtenu le même résultat; de sorte qu'il est impossible d'élever le moindre doute à ce sujet. Il a été démontré comment le phosphore rend ozoné l'oxygène par la répulsion des équivalents négatifs $\bar{E}$ de la chaleur latente de l'eau. Le même phosphore, exposé au soleil, laisse pénétrer dans son intérieur les équivalents positifs $\bar{E}$ de la lumière. Nous prouvons maintenant que l'origine de l'eau et celle de l'oxygène est la même que celle de l'hydrogène, et que la différence qu'il peut y avoir n'est produite que des équivalents électriques contenus dans une ou dans huit unités de barogène. De cette façon tous les corps sont produits d'équivalents électriques combinés en quantités variables avec le barogène, dont la nature va être exposée plus loin.

4° L'odeur piquante du phosphore provient des équivalents négatifs Ē répandus, car ils y sont en excès plus encore que dans le soufre ; les mêmes équivalents Ē rendent le phosphore plus combustible que le soufre.

C. Production du sel gemme.

Les montagnes de sel gemme, celles de marbre et même d'argile, étaient dans l'origine des montagnes ou dépôts de substances végétales, ainsi que l'étaient les vastes houillères, où les masses végétales ont été amenées par les courants d'eau et par les vents. Si de semblables accumulations n'avaient pas eu lieu d'abord, la formation des masses homoïdes eût été impossible en certaines parties de la Terre.

Il a été prouvé que le soufre $S^6 = 6C^2H^4$ est le reste d'un atome $C^{24}H^{24}O^{24}$ végétal après la séparation de tout l'oxygène en forme d'acide carbonique, séparation qui s'opère la nuit dans les arbres, et d'une manière continue dans les substances végétales en fermentation, quand elles sont exposées à l'air et à l'eau.

C'est l'état où se sont trouvées les masses végétales charriées par les courants d'eau et par les vents en certaines parties de la surface de la Terre, masses dont chacune différait des autres tant par les espèces des substances végétales que par la quantité charriée tous les ans par la disposition géographique de l'endroit où les accumulations s'opéraient.

Dans les dépôts des restes des plantes où toute la quantité d'oxygène ne pouvait pas se séparer sous forme d'acide carbonique, mais d'un atome végétal $C^{24}H^{24}O^{24}$, il se séparait seulement deux atomes $2C^2O^4\bar{E}$ d'acide carbonique ; le reste $C^{24}H^{24}O^{24} - C^4O^8 = C^{20}H^{24}O^{16} = 4C^3H^5OHC^2O^3$ est le sel gemme, dont C^3H^5, combiné avec trois équivalents négatifs $\bar{E}^3$, est le sodium, et C^2O^3, combiné avec un équivalent $\bar{E}$ est le chlore ; l'atome de sel gemme est ainsi :

$$4NaOClH = 4C^3H^5OHC^2O^3 = C^{20}H^{24}O^{16}.$$

Dans le chlore C^2O^3 l'oxygène est ozoné $\overline{\text{OËË}}^3$, et c'est lui qui produit l'odeur piquante que chacun connaît; car le carbone C^2 du chlore C^2O^3 ne contient pas les équivalents électriques $\text{Ë}^6 + 3\text{Ê}^3\text{Ë}$, comme ils sont contenus dans le carbone C^2 de l'acide oxalique C^2O^3; pour cette raison celui-ci est à l'état solide comme le charbon, et il est combustible, tandis que le chlore est à l'état gazeux et entretient la combustion.

Les charbons de terre, le soufre et le sel gemme, quoique produits des mêmes substances végétales, diffèrent entre eux parce qu'ils sont des restes obtenus par des séparations des équivalents différents.

Charbon. . . . . . $= C^{24}H^{24}O^{24} - H^{24}O^{24} = C^{24}$.
Soufre. . . . . . . $= C^{24}H^{18}O^{24} - C^{12}O^{24} = C^{12}H^{18} = S^6$.
Sel gemme. . . . $= C^{24}H^{24}O^{24} - C^4O^8 = C^{12}H^{20}O^4H^4C^8O^{12} = \overline{\text{NaOHCl}}^4$.

Pour obtenir du sel gemme NaClË le sodium NaË^3 et le chlore ClË, il faut un atome ÊË^3 de chaleur dont, 1° l'équivalent positif Ê se combine avec le chlore et produit le combiné *électrosomatique* ClË, et 2° les deux équivalents négatifs Ë^2 avec celui Ë du sel se combinent avec le sodium et produisent ainsi un autre combiné NaË^3 également électrosomatique.

Les chimistes qui admettaient comme corps simples ces combinés électrosomatiques, avançaient comme preuve leurs propriétés communes provenant de leurs équivalents électriques, qui leur étaient inconnus. Les autres chimistes ne pouvaient pas connaître d'où provient cet état caractéristique des corps indécomposables; aussi ni les uns ni les autres n'ont pu résoudre le problème.

D. Production du carbonate de chaux.

L'atome de calcium varie beaucoup : plusieurs chimistes y reconnaissent aujourd'hui 20 unités de barogène; Berzélius a trouvé 20,5 et Davy 21. Il ne faudrait pas attribuer ces différences, faibles d'ailleurs, à des analyses peu exactes;

elles ont leur cause dans des différences inhérentes aux substances végétales dont ce minéral a été produit, parce que l'atome végétal $C^{24}H^{24}O^{24}$ n'est pas exactement le même dans toutes les substances de qualités différentes.

Dans les plantes, le carbonate de chaux se forme du sulfate, du phosphate et du carbonate de potasse, car ces sels sont produits au printemps dans les feuilles et l'écorce des plantes, mais surtout dans les écorces des arbres, directement de la substance végétale; et, pendant l'été, le carbonate de chaux est produit de ces sels. Ainsi celui-ci n'est produit directement des substances végétales que quand elles sont exposées à l'air et à l'eau et non pas dans les plantes.

Le carbonate de potasse $2KOCO^2$ est le reste d'un atome végétal $C^{24}H^{24}O^{24}$ et des 120 après la séparation de six atomes 6HO d'eau et de six atomes $6C^2O^4$ d'acide carbonique

$$2KOCO^2 = 120 + C^{24}H^{24}O^{24} - 6C^2O^4 - H^6O^6 = C^{12}H^{18}O^6 = 2C^5H^9OCO^2,\ K = C^5H^9.$$

L'oxygène absorbé la nuit par les plantes se combine avec les équivalents $C^{24}H^{24}O^{24}$ et avec l'hydrogène du soufre $C^{12}H^{24}$ et du phosphore C^8H^{15}, de sorte que le sulfate et le phosphate de potasse $KOSO^3$ $K^6O^6P^2O^{10}$ disparaissent, pour faire place au carbonate de potasse; ensuite, de celui-ci est produit la chaux. De l'acide sulfurique, de l'acide phosphorique et de l'oxygène absorbé de l'air ambiant est produite l'eau, et une quantité d'acide carbonique s'en sépare.

$$6SO^3 + O^{30} = C^{12}H^{24}O^{18} + O^{30} = C^{12}O^{24} + H^{24}O^{24}.$$
$$P^2O^{10} + O^{21} = C^8H^{15}O^{10} + O^{21} = C^8O^{16} + 15HO.$$
$$KOCO^2 = C^5H^9OCO^2 = C^6H^6 + 3HO = 2Ca + 3HO.$$

L'eau, ainsi produite par l'oxygène absorbé pendant la nuit et par l'hydrogène séparé du potassium C^5H^9, du soufre C^2H^4 et du phosphore C^8H^{15}, sert, pendant l'été, à produire la chlorophylle; une partie de l'acide carbonique se combine avec la chaux CaO, et l'excédant s'éloigne des plantes pendant la nuit.

E. PRODUCTION DE LA SILICE.

La silice constitue la plus grande partie solide de la Terre ; parce que c'est elle qui se forme le plus facilement des substances végétales produites ou contenues dans l'eau, il suffit qu'il se sépare quatre atomes $4C^2O^4$ d'acide carbonique d'un atome $C^{24}H^{24}O^{24}$ végétal qui a reçu de l'air huit équivalents d'oxygène 8O, pour obtenir un reste composé de huit atomes de silice $8SiO^2$.

$$8O + C^{24}H^{24}O^{24} - 4C^2O^4 = C^{16}H^{24}O^{16} = 8C^2H^3O^2 = 8SiO^2.$$

La couleur rouge de silicium $= C^2H^3$ provient de ses deux facteurs CH et CH^2 dont chacun se combine avec un équivalent d'oxygène pour produire la silice $CHOCH^2O = SiO^2$, dans laquelle l'absence de la couleur rouge prouve que les équivalents sont combinés d'une manière achromatique $C^2H^3O^2$.

Le mélange de la silice avec presque toutes les autres espèces de minerais, et avec les substances végétales, prouve que sa production commença avec celle des substances végétales elles-mêmes et qu'elle n'éprouva jamais d'interruption complète. La silice dissoute dans l'eau de la mer a été entraînée par les courants thermoélectriques, puis déposée ensuite, par une sorte d'opération galvanoplastique, au fond de la mer composé des substances végétales dont l'origine a été exposée dans le texte de notre *Atlas cosmobiographique.*

F. PRODUCTION DE L'ARGILE.

Les forêts primitives de l'Amérique et de tous les pays nouveaux ont existé au moins durant cinquante siècles, et ont donc végété 5000 fois ; l'eau et une partie de carbone a pu s'éloigner de cette masse énorme de végétation accumulée pendant tant d'années sur le sol, mais les composés solides sont restés et ont servi à former cette couche épaisse d'*alluvion* qui couvre le fond des mers et la surface du sol où s'écoulaient les torrents produits par les averses des pluies diluviennes.

Au lieu de trouver dans l'alluvion les éléments des débris des arbres et de leurs feuilles, on y trouve en très-grandes masses l'argile qui n'existe pas dans les plantes, et qui n'existait pas non plus pendant les pluies diluviennes. Qui pourrait douter après cela que les plantes aient transformé l'eau en substances végétales, et que c'est de ces substances que l'argile a été produite? Il ne nous reste plus qu'à indiquer de quelle manière cette substance minérale est produite de la substance végétale dont les éléments sont connus.

De quatre atomes $4C^{24}H^{24}O^{24}$ végétaux qui reçurent vingt-quatre atomes d'oxygène après la séparation de douze atomes $12C^2O^4$ d'acide carbonique, le reste comprend trois atomes $3HO$ d'eau et neuf atomes $9Al^2O^3Si^2O^4$ d'argile :

$$24O + 4C^{24}H^{24}O^{24} - 12C^2O^4 = C^{72}H^{96}O^{72} = 3C^{24}H^{32}O^{24} = 3C^{24}H^{31}O^{23}HO =$$
$$3C^{12}H^{11}O^{9} + 3C^{12}H^{18}O^{12} + 3HO = 9Al^2O^3 + 9Si^2O^4 + 3HO.$$

Un atome $9Al^2O^3Si^2O^4\frac{1}{3}HO$ se décompose en neuf atomes $9Al^2O^3$ d'alumine, neuf atomes de silice $9Si^2O^4$, et en trois atomes $3HO$ d'eau. On ne trouve pas de couche d'alluvion qui date de l'époque des pluies diluviennes, parce que les débris des plantes étaient charriés par les torrents dans les lacs, ou, arrivés dans la mer, ces débris étaient jetés par les vents sur les côtes. Ainsi accumulées et exposées à l'air et à l'eau, les substances végétales produisirent le sel gemme et le carbonate de chaux qui ne sont pas répandus comme l'argile.

RÉSUMÉ.

Les corps produits comme restes des substances végétales diffèrent des corps indécomposables, parce que ceux-ci proviennent des précédents par un remplacement des équivalents matériels par des équivalents homonymes mais électriques ; ainsi des combinés somatiques sont produits les combinés électrosomatiques, au moyen d'analyses chimiques.

Les métaux précieux, déposés irrégulièrement dans des filons, nous conduisent à reconnaître que, dans l'origine, les pyramides de terrains ignés soulevées et les couches des minerais superposés n'avaient pas de crevasses et que par suite les filons n'existaient pas.

Les crevasses ont été produites 1° dans les masses ignées des pyramides par leur refroidissement, et 2° dans les masses de terrains déposés par leur dessèchement. Ces crevasses ne restèrent pas vides ; elles étaient parcourues par les courants électriques terrestres qui entraînaient les minerais hétéronymes vers les versants opposés, dont l'un recevait les minerais positifs entraînés d'équivalents positifs Ē, et l'autre recevait des minerais négatifs : les dépôts pareils sont toujours des masses cristallines.

Mais dans les cas où les vapeurs brûlantes des fournaises souterraines pénétraient dans les crevasses, elles s'y condensaient et formaient des dépôts composés d'oxydes et de sels des métaux à l'état amorphe. Ces dépôts se rencontraient à la fois dans les crevasses des minerais ignés, des pyramides soulevées, et dans celles de terrains déposés au-dessus, tandis que les masses cristallines des minerais moins précieux ne pénètrent que très-rarement dans les crevasses des pyramides soulevées.

Cette question très-importante, que nous ne faisons que soulever ici, sera développée dans la suite de cet ouvrage : l'aperçu général que nous en avons donné servira de guide dans l'explication des faits que nous ferons connaître, faits restés jusqu'aujourd'hui à l'état de problème.

X

RÉFORME DE LA PHYSIQUE

PAR LA

DÉCOUVERTE DE L'ÉLECTRICITÉ ENTRETENANT LA VIE ANIMALE, LA CIRCULATION DU SANG, LES MOUVEMENTS, LES ACTES SEXUELS ET INTELLECTUELS.

Tous ces faits sont le résultat de simples écoulements des équivalents électriques hétéronymes $\overset{+}{E}$ et $\overset{-}{E}$; écoulements qui ont pour cause motrice l'*élasticité* de l'*électre* qui est l'unique fluide primitif et qui se trouve à la fois dans les équivalents positifs $\overset{+}{E}$ et dans les équivalents négatifs $\overset{-}{E}$; dans ces derniers cependant sa densité est δ, tandis qu'elle est supérieure, c'est-à-dire $\delta + \delta'$, dans les équivalents positifs.

L'élasticité de l'électre se manifeste par une tendance incoercible à augmenter de volume pour occuper un espace indéfiniment plus grand. Cette expansion s'opère en toutes les directions dans l'espace céleste où il n'existe aucune résistance, mais il n'en est plus ainsi dans la Terre, où l'écoulement des équivalents électriques d'un corps éprouve des résistances de la part des équivalents électriques des corps ambiants.

Ainsi l'écoulement des équivalents électriques s'opère du côté où est le minimum de résistance, comme le liquide d'un vase s'écoule par l'orifice où l'air exerce une résistance plus faible que les parois du vase. Il y a donc à distinguer dans chaque écoulement deux faits 1° la *poussée* interne provenant de la répulsion R entre les équivalents homonymes, et 2° le minimum de résistance du côté par où l'écoulement s'opère et qui détermine la *direction* de cet écoulement.

Les faits produits dans les corps organisés par les écoulements des équivalents électriques ont pour cause : 1° la direction de leurs écoulements, et 2° la matière entraînée par les équivalents électriques et déposée dans les directions qu'ils suivent dans leur écoulement. Ce dépôt de matière est ici exprimé par les mots *incorporation des directions des courants*, incorporation qui rend sensible l'existence des courants et en même temps leurs directions.

Dans les circuits des couples il a été démontré 1 que les poussées sont produites entre les équivalents électriques des lames et ceux des atomes $\overset{+}{E}\overset{-}{E}^2$ de chaleur des liquides ; 2° que la direction de l'écoulement des équivalents électriques est déterminée par les fils métalliques, et 3° que l'écoulement des équivalents électriques et matériels sont entretenus par l'éloignement des atomes $\overset{+}{E}\overset{-}{E}^2$ de chaleur, des atomes HO d'eau ou des atomes des autres combinés.

De semblables circuits électriques existent dans les animaux où ce sont les poumons qui font l'office de couple ; le sang chaud arrive en effet en contact avec l'air qui est moins chaud, et l'écoulement des atomes $\overset{+}{E}\overset{-}{E}^2$ de chaleur de sa part vers l'air en provoque l'écoulement d'équivalents positifs $\overset{+}{E}$ de l'air vers le sang, de sorte que, pour un atome $\overset{+}{E}\overset{-}{E}^2$ de chaleur qui s'éloigne du sang, il y pénètre un équivalent $\overset{+}{E}$ d'électricité positive.

I. — CIRCUIT ÉLECTRIQUE DU CORPS ANIMAL.

Comme pour chaque circuit des couples, de même ici 1° il faut connaître le mode de la répulsion ou la poussée primitive exercée sur les équivalents électriques et communiquée aux équivalents homonymes matériels; 2° il faut connaître le circuit parcouru par les équivalents électriques, circuit que forment ici les vases et les nerfs, et 3° il faut constater l'éloignement des équivalents électriques et des équivalents matériels.

I. **Couple du circuit.** L'écoulement de chaleur du sang vers l'air s'opère spontanément et en quantités qui dépendent de la température t de l'air; en été, quand l'air est chaud, il s'écoule une quantité $q\ddot{E}\bar{E}^2$ d'atomes de chaleur vers l'air en une unité de temps et une quantité $q\ddot{E}$ égale d'équivalents positifs s'écoule de l'air vers le sang. En hiver, quand l'air est froid et que le sang se maintient à 37°, il s'écoule la quantité $(q+q)\ddot{E}\bar{E}^2$ d'atomes de chaleur en une unité de temps et de la part de l'air, il pénètre une quantité égale $(q+q')\ddot{E}$ d'équivalents positifs dans le sang. Ces quantités q et $q+q'$ sont en rapport direct avec la différence $37° - t$ qui est l'*anisothermie* ou l'amplitude a entre 37° et la température t de l'air.

II. **Circuit du couple.** Il s'éloigne des couples les équivalents positifs $\ddot{E}$ par l'électrohode positif A, et, après avoir parcouru le circuit, ils y retournent par l'électrohode V négatif; au contraire les équivalents négatifs $\bar{E}$ s'éloignent du couple par l'électrohode négatif V, et, après avoir parcouru le même circuit, ils retournent au couple par l'électrohode positif A.

Il n'est pas nécessaire que le circuit soit composé des mêmes fils métalliques; il peut contenir des fils de métaux différents, et quelques parties même des fils peuvent être remplacées par un liquide; comme cela a lieu dans les électrolyses.

Dans le circuit animal, il part également du couple deux électrohodes : 1° l'*aorte* A qui en éloigne les équivalents positifs $\ddot{E}$, et 2° la *veine azygos* V qui en éloigne les équivalents négatifs $\bar{E}$. Chacun de ces électrohodes se ramifie pour atteindre tous les points du corps, sans que leurs extrémités viennent en contact immédiat.

Les tubes des artères et des veines ne se terminent pas brusquement à leurs extrémités, mais s'allongent en filets minces et déliés de forme cylindrique : ils prennent alors le nom de *nerf;* il se forme ainsi deux espèces de nerfs : 1° ceux des artères qui conduisent les équivalents positifs Ë, et 2° ceux des veines qui conduisent les équivalents négatifs Ē.

Les nerfs des artères, réunis plusieurs ensemble comme les ruisseaux et les rivières, forment une tige; ces tiges sont en nombre considérable et pénètrent dans la moitié postérieure de la moelle épinière, d'où elles se propagent dans la masse du cerveau; puis après avoir fait mille et mille tours dans le crâne pour le remplir, elles retournent en formant de nouvelles tiges qui s'éloignent par la moitié antérieure de la même moelle : ces tiges sont les *nerfs des veines*, car les extrémités de celles-ci sont unies avec les ramifications des tiges qui proviennent de la moitié antérieure de la moelle épinière.

Ainsi le circuit du couple dans les animaux est composé des électrohodes dont une partie a la forme de tubes, et une autre partie la forme cylindrique : tels électrohodes ont été introduits dans les piles chimiques qui n'ont pas fonctionné moins régulièrement que les autres : nous croyons qu'on pourrait même y produire une endosmose ou translation du liquide des tubes positifs dans les tubes négatifs.

III. **Produit du circuit et du couple.** L'air expiré contient une quantité C^2O^4Ë d'acide carbonique et HO9 d'eau qui n'existait pas dans l'air inspiré; il s'éloigne en même temps de l'air inspiré une quantité d'oxygène qui surpasse celle de l'oxygène contenu dans l'acide carbonique et dans l'eau de l'air expiré.

Nous avons déjà démontré que, dans les couples, les éléments des produits chimiques sont entraînés par les équivalents électriques pour venir en rencontre et se combiner;

le même effet a lieu dans le circuit des animaux d'où s'éloignent l'acide carbonique $C^2O^4\overset{+}{E}$ et l'eau $HO\theta$; 1° l'oxygène $\bar{O}^4$, $\bar{O}$ et les équivalents négatifs $\bar{E}^2$ de chaleur $\overset{+}{E}\bar{E}^2$ sont entraînés par les équivalents négatifs $\bar{E}$ du courant, et 2° les équivalents C^2, $\overset{+}{H}$, $\overset{+}{E}^2$ positifs sont entraînés par les équivalents positifs $\overset{+}{E}$ du même courant. Ainsi il n'existe aucune différence entre le circuit des couples chimiques et celui des animaux qui a 1° pour couple les poumons, 2° pour circuit les vases et les nerfs, et 3° pour produits des actions chimiques l'acide carbonique, l'eau et la chaleur.

II. — CIRCULATION DU SANG.

Les équivalents positifs $\overset{+}{E}$ entraînent toujours les liquides dans la direction qu'ils suivent eux-mêmes, comme cela a été démontré plusieurs fois, et surtout quand nous avons parlé des endosmoses. Il en est de même pour le sang qui est repoussé des poumons vers l'aorte et de là vers les extrémités des artères d'où il est versé et répandu dans les parties voisines.

Les équivalents électriques des extrémités des artères sont conduis par les filets terminaux de ces artères appelés *nerfs*, parce qu'ils ne sont pas percés et arrivent à la moitié postérieure de la moelle épinière d'où ces équivalents se propagent au cerveau, pour arriver aux tiges qui partent de la moitié antérieure de ladite moelle et descendre de là dans les filets des muscles et dans les racines des veines.

En pénétrant dans les veines, les équivalents positifs $\overset{+}{E}$ entraînent le sang versé, hors des artères, et une foule de petits ruisseaux, pour ainsi dire, affluent ainsi pour former les veines centrales qui, réunies toutes ensemble, produisent la veine *azygos* qui conduit le sang dans le ventricule droit du cœur et de là dans les poumons.

Ainsi les pulsations du cœur, loin d'être, comme on l'a

dit, la véritable cause motrice du sang, n'ont d'autre objet que de diminuer l'impulsion qu'il éprouve de la part du courant électrique, de sorte que le cœur n'est point le moteur, mais simplement le *régulateur* de la circulation, ce qui ne l'empêche pas d'être un organe de la plus haute importance pour les fonctions vitales.

Cette fonction du cœur est constatée à la fois par les expériences physiologiques et par les effets pathologiques produits par son hypertrophie ou par l'hydropisie du *péricarde*.

III. — TRANSFORMATION DE LA NOURRITURE EN EXCRÉMENTS.

Cette fonction n'est pas indépendante de la circulation, parce que les masses de carbone et d'hydrogène éloignés du sang dans les poumons y sont remplacées par les aliments. Chez les individus d'un âge mûr, le poids du corps reste invariable, car il s'en éloigne, sous forme d'excrément, le même poids qui y est introduit sous forme de nourriture.

Pour que la nourriture soit transformée en excréments, il suffit de l'éloignement de ses équivalents électriques; ceux-ci ne sont pas employés dans la circulation du sang, mais ils servent à entretenir un certain nombre de fonctions qui, pour cela, dépendent l'une de l'autre; ces fonctions sont : 1° les mouvements du corps; 2° la digestion; 3° les fonctions intellectuelles, et 4° les fonctions génératrices.

Les équivalents électriques de la nourriture ne sont pas consommés en égales portions dans ces fonctions dont les mouvements consomment la plus grande partie quant l'individu est doué d'activité. Dans les cas contraires, c'est-à-dire quand l'individu est lent et phlegmatique, l'excédant de nourriture s'éloigne chez les femmes par les menstrues, chez les hommes par l'émission du sperme, et chez les ovipares, par la formation des œufs. Maintenant supposons qu'un pareil éloignement de l'excédant de nouriture ne s'opère pas par les moyens que nous avons indiqués, et que pourtant la digestion se soutienne, cet excédant se dépose alors sous forme de graisse; celle-ci continue à s'accumuler si l'individu se livre à un exercice de moins en moins fréquent; il a lieu surtout chez les femelles lorsqu'elles cessent de concevoir, ou que la somme de leur alimentation augmente, surtout au commencement.

Ainsi les équivalents électriques ne se séparent pas de la nourriture, mais ils y restent pour produire la graisse dans les cas où ils ne sont pas consommés par les fonctions sexuelles ou par le travail de l'appareil cérébral, par un fréquent exercice ou par la digestion. L'augmentation de chacune de ces fonctions porte préjudice à toutes les autres.

IV. — ORGANES DES SENSATIONS ET LEURS NERFS.

Les fluides impondérables, tels que la lumière, la chaleur, l'électricité positive, l'électricité négative et les ondes sonoras répandus des objets ambiants, arrivent à la surface du corps et s'y rencontrent avec les équivalents électriques du circuit qui, de leur côté, y arrivent des artères et de leurs nerfs. Les éléments électriques hétéronymes des fluides externes sollicitent ceux du circuit animal qui entraînent les fils des nerfs ou leurs conducteurs, et ainsi sont produits des réseaux nerveux que nous nommerons ici *névroplègmes* (de *νεῦρον*, nerf, et *πλέγμα*, réseau).

De chaque réseau les nerfs se réunissent, comme cela a lieu pour tous les nerfs qui partent des extrémités des artères et forment une tige qui pénètre dans le crâne où ses fils décrivent mille et mille tours, et s'éloignent ensuite du cerveau et de la moitié antérieure de la moelle épinière pour se répandre, comme il a été dit, dans les filets des muscles et aux extrémités des veines, connues sous le nom *de nerfs de mouvement à double contour;* ces nerfs sont ici appelés *cé-*

rébrofuges, et les nerfs qui vont des extrémités des artères et de leurs réseaux ou *névroplegmes* vers la moelle épinière et le cerveau, et qui sont connus sous le nom *nerfs de la sensibilité à simple contour*, sont appelés ici *nerfs cérébropètes.*

Ainsi donc les équivalents électriques des fluides impondérables qui arrivent des objets externes aux névroplegmes des organes de sensation pénètrent dans les nerfs des artères ou *cérébropètes*, et, après avoir ainsi traversé le cerveau et la moelle épinière, ils sont conduits par les nerfs *cérébrofuges* aux filets des muscles et aux racines des veines.

Les *nerfs cérébrofuges* ne conservent pas la même direction depuis leur origine jusqu'à leur extrémité, mais ils décrivent une foule de circonvolutions qui produisent une infinité de renflements, semblables à de petits lobes de cerveau, et appelés *ganglions :* ceux-ci sont très-nombreux dans les nerfs cérébrofuges. Nous allons prouver qu'il y a une identité entre les fonctions du cerveau et celles des ganglions, qui ne font qu'augmenter les masses d'équivalents électriques par l'augmentation de la longueur des filets des nerfs.

Tous les individus organisés parcourent une vie composée d'une période d'incubation et d'une période cosmique; pendant la durée de cette dernière période, les individus parcourent l'*âge de jeunesse*, de *puberté* et de *maturité;* l'homme seul parcourt un âge de vieillesse qui est plutôt une troisième période de *sagesse* unissant la vie de ce monde avec celle de l'autre monde.

CHAPITRE PREMIER.

PÉRIODES ET AGES DE LA VIE ANIMALE ENTRETENUS PAR L'ÉLECTRICITÉ.

Les animaux ainsi que les plantes sont maintenus en vie par l'écoulement des équivalents électriques. La durée de la vie varie beaucoup parmi les espèces différentes, mais chaque individu végétal ou animal parcourt deux périodes : 1° celle d'incubation, et 2° la période cosmique; l'homme seul parcourt une troisième période pendant sa vieillesse.

I. La période d'incubation des ovipares ne diffère pas de celle des plantes; elle paraît différente chez les *vivipares*, et cela provient de ce que dans les semences est contenue la fécule, et dans les œufs l'albumine, qui sont toutes deux nécessaires à la formation du fœtus, tandis que, dans les vivipares, deux faits s'opèrent simultanément, c'est-à-dire la séparation de l'albumine de la nourriture de la mère et sa consommation dans la formation du fœtus.

II. Pendant la période cosmique les animaux comme les plantes parcourent trois âges : la *jeunesse*, la *puberté* et la *maturité* : 1° La jeunesse des plantes et des animaux ne diffère pas; les individus croissent, car une grande partie de la nourriture reste dans le corps; dont le poids augmente alors en même temps que se forment les organes sexuels; dont les fonctions se manifestent à la fin de l'âge de jeunesse ou au commencement de celui de la puberté.

2° Dans cet âge la vie animale diffère beaucoup de celle des plantes : les femelles des espèces ovipares commencent à pondre, avant même tout rapport avec le mâle : dans l'espèce humaine se montrent les *menstrues* chez les filles, et chez les jeunes gens, l'éjaculation du *sperme;* les individus mâles des animaux vivipares deviennent d'une turbulence qui se manifeste par les mouvements désordonnés auxquels ils se livrent quand ils sont séparés des femelles.

Les femelles vivipares, quand elles sont pleines, perdent leur agilité pendant toute la durée de la gestation; de même que les individus mâles deviennent moins vifs quand ils ont exercé avec excès leurs facultés reproductrices : cet effet a lieu aussi bien pour les femmes que pour les hommes.

3° L'âge de maturité commence en même temps que la cessation de la reproduction, alors que les individus mâles ont déjà atteint leur complet développement physique, et que les femelles, alourdies par suite de cette espèce de paresse et d'inertie qui caractérisent le temps de la gestation, commencent à prendre de l'embonpoint. La fin de la vie ne tarde pas à survenir, lorsque se fait sentir l'affaiblissement de la digestion qui fait diminuer la quantité du chyle que l'estomac envoie au sang.

I. — FAITS ÉLECTRIQUES PENDANT LA PÉRIODE D'INCUBATION.

Les semences et les œufs contiennent : 1° un couple matériel *so* séparé du sperme *s* et des œufs *o;* 2° un couple électrique SO composé d'équivalents positifs $\bar{E}$ contenus par le sperme *s* et d'équivalents négatifs $\bar{E}$ soutenus par les œufs *o*. Ce couple électrique SO est un *germe*, parce que dans l'électricité S sont contenues les directions de tous les courants qui ont existé dans les individus mâles précédents, et dans l'électricité O sont contenues les directions de tous les courants qui ont existé dans les individus femelles;

3° Les semences et les œufs contiennent encore les éléments matériels nécessaires à la formation d'un fœtus.

Chez les vivipares l'incubation commence immédiatement après la *conception*, qui est la production d'un couple *so* matériel composé de la semence *s* et des œufs *o*, et en même temps un couple SO électrique comme celui des semences et des œufs; mais l'albumine, au lieu de s'accumuler autour du couple *so* qui soutient le *germe* SO, est transférée au travers et ainsi les courants externes commencent à suivre les directions déterminées par celles du germe SO.

Les équivalents positifs Ē qui arrivent des artères dans la matrice éprouvent une faible résistance au point *m* de sa surface interne où se trouve le couple matériel *so*; en s'y écoulant ils entraînent un quantité de sang qui pénètre le couple *so* et prend les directions déterminées par celles du germe SO. D'une partie de l'albumine du sang il se forme une poche contenant un liquide dans lequel se trouve plongé le couple *so* soutenant toujours le germe SO; ce liquide, répandu autour du couple *so*, se nomme eau de l'*amnios*, du nom de la poche qui le contient.

Le sang qui a perdu son albumine dans la formation de l'*amnios* s'arrête sur la surface interne de la matrice et fait s'en détacher le couple *so* qui reste suspendu par les veines ayant leur origine dans les extrémités des artères; de ces veines il se forme une *artère* qui conduit le sang dans le fœtus, et ensuite ce sang et les équivalents électriques, après avoir parcouru toutes les parties du fœtus, s'en éloignent et viennent former la veine qui fait arriver le sang dans les veines ramifiées qui, toutes ensemble, forment *l'arrière-faix*. Ainsi le *cordon ombilical* consiste en deux veines dont l'une conduit vers le fœtus le sang des extrémités des artères qui arrivent dans la matrice et l'autre conduit le sang du fœtus vers l'arrière-faix.

Le circuit électrique composé de veines, de sang et des nerfs est le premier organe qui apparaît dans le fœtus; la pile de ce circuit est dans l'arrière-faix; car celui-ci est chargé d'une quantité de sang qui vient de la part de fœtus après avoir consommé son albumine, et il se produit ainsi dans la circulation du sang veineux une diminution d'où provient un abaissement de température dans l'arrière-faix; un pareil abaissement de température a aussi lieu dans l'amnios.

La chaleur du sang des artères, en se répandant dans l'arrière-faix, provoque les équivalents électriques positifs qui s'écoulent avec le sang dans le fœtus; ensuite ces équivalents retournent et avec eux viennent encore ceux qui partent de l'amnios où s'écoule une partie de la chaleur du sang. Les équivalents électriques hétéronymes se rencontrent et se combinent dans l'arrière-faix, comme dans les circuits où apparaissent les actions et les produits chimiques.

Pendant l'incubation des œufs les courants thermoélectriques sont maintenus par la chaleur de la poule ou par celle du soleil, et dans les vivipares est également entretenue par la chaleur du sang qui maintient les courants thermoélectriques dont les va-et-vient par le milieu du germe sont d'une nécessité absolue à la formation du fœtus, et cela parce que ces équivalents des courants thermo-électriques prennent les directions déterminées par celles contenues dans le germe.

La pulsation du cœur commence à devenir sensible vers la moitié de la grossesse de la femme, quand commencent à paraître les mouvements de l'embryon; ces mouvements paraissent quelquefois résulter du déplacement de quelque membre, mais les cas pareils sont exceptionnels, car on sait que les fœtus exécutent des révolutions ou des rotations toujours dans le même sens. Le nombre même de ces révolutions est connu d'après les tours du *cordon ombilical.* En même temps, chez les individus mâles les testicules sortent de l'abdomen; celui du côté droit se trouve moins élevé que le testicule gauche, parce que ce dernier est en contact avec l'extrémité inférieure de la rate et que le droit est en contact avec l'extrémité inférieure du foie. Après leur sortie de l'abdomen, le gauche se trouve plus abaissé que le droit.

L'accouchement est un acte produit spontanément par l'accumulation des équivalents électriques Ē dans l'arrière-faix et dans les extrémités des artères; ne pouvant plus s'écouler vers le fœtus, ces équivalents Ē se répandent suivant les fibres longitudinales de la matrice et amènent la dilatation des fibres circulaires du col de la matrice. Après plusieurs contractions semblables qui exercent en même temps de tous côtés une poussée expulsive sur le fœtus, celui-ci parvient à s'engager dans le col de la matrice et ne tarde pas à venir au monde, suivi bientôt de l'arrière-faix, expulsé lui aussi de la matrice qui revient avec énergie sur elle-même et dont, en peu de temps, le volume est réduit à rien, si on le compare à ce qu'il était pendant la grossesse.

Ainsi la matrice revient à son état normal, c'est-à-dire comme elle était avant la conception; mais tel n'est plus le cas avec l'éloignement de l'albumine du sang, éloignement qui s'opérait précédemment par les menstrues, et, pendant la grossesse, par le cordon ombilical. Pour cette masse d'albumine il s'ouvre après l'accouchement une nouvelle voie vers les mamelles où elle est entraînée par les mêmes équivalents électriques qui conduisaient le sang dans le fœtus. Celui-ci, à peine venu au monde, commence à teter l'albumine qui, sous forme de lait, doit maintenant subir l'acte de la digestion avant d'être transformée en chyle pour être introduite dans le sang.

Entre les vivipares mammifères et les ovipares on remarque les lézards dont les petits mis au monde ne diffèrent point de ceux qui ont été produits par l'incubation ; la période d'incubation cependant ne diffère point chez les lézards de celle des vivipares : c'est pour cela que quelques naturalistes les ont nommés *ovo-vivipares*.

II. — FAITS ÉLECTRIQUES PRODUITS SUR LES ANIMAUX PENDANT LEUR VIE COSMIQUE.

Pendant l'espace de temps où les individus femelles ne sont pas encore préoccupés du soin de leur reproduction, ils diffèrent peu des individus mâles. Les petites filles diffèrent peu des garçons, de même que les vieillards des deux sexes ne diffèrent guère entre eux sous le rapport de leurs fonctions génératrices. La différence entre les individus des deux sexes se manifeste pendant l'âge de puberté quand les fonctions physiologiques sexuelles éprouvent leur développement.

A. Faits électriques pendant l'age de jeunesse.

Toutes les espèces animales de même que les plantes croissent rapidement au commencement de leur période cosmique; leur poids devient double, triple.... en un espace de temps très-court. De la nourriture A qu'ils reçoivent une faible partie a s'éloigne avec l'eau, et le reste $A-a$ sert à l'accroissement des organes. La relation $\frac{A-a}{a}$ entre les poids de la partie $A-a$ retenue et la partie a de la nourriture éloignée par les excréments diminue à mesure que l'individu avance dans la période de jeunesse; de sorte qu'enfin il devient $A=a$ quand l'accroissement s'interrompt à la fin de l'âge de jeunesse : cela a lieu surtout pour les individus soumis aux actions sexuelles.

Dès que les organes sexuels ont subi leur complète évolution, les ovipares commencent à pondre; les menstrues apparaissent chez les filles, et chez les garçons commencent à croître des poils par suite de l'excédant de nourriture, dont une partie est consommée par les fonctions intellectuelles qui manquent chez les animaux, et rendent l'état physiologique de l'homme si différent de celui des animaux.

B. Faits électriques pendant l'âge de puberté.

Les fonctions particulières à cet âge diffèrent beaucoup, chez les animaux et les hommes, dans les individus mâles et les individus femelles; car chez les animaux les équivalents électriques de la nutrition sont exclusivement absorbés par les actes de mouvements et les fonctions génésiques, tandis que, chez les hommes, une partie de ces mêmes équivalents est absorbée par le fonctionnement intellectuel du cerveau; c'est un fait qui se remarque bien plus chez les habitants des villes que chez ceux de la campagne; les villageois en effet, hommes et femmes, s'occupent bien plus à travailler qu'à penser; aussi leur imagination restant en repos, les équivalents électriques de leur nourriture se consomment presque entièrement dans une activité continuelle du corps, comme cela a lieu pour les animaux.

L'origine physique des actes génésiques se trouve, chez les animaux comme chez les hommes, dans l'accumulation des équivalents positifs $\bar{E}$ dans le *sperme* qui est électro-négatif, et dans l'accumulation des équivalents négatifs $\bar{E}$ dans les ovaires qui sont moins électro-négatifs.

Ces masses électriques modifient l'état des individus des deux sexes; ce changement est toutefois moins prononcé chez les femelles ovipares qui commencent à pondre avant tout rapport avec le mâle et chez les filles qui acquièrent leurs menstrues : il l'est davantage au contraire pour les femelles vivipares chez lesquelles n'a lieu aucun départ d'albumine :

les uns, tels que les juments, deviennent plus vifs; les autres, au contraire, tels que les vaches, prennent de l'embonpoint, s'ils sont d'une nature plus lente et plus phlegmatique.

Quand les individus des deux sexes vivent réunis, ils éprouvent le besoin d'un contact naturel : on a encore voulu rapporter ce fait au phénomène d'une prétendue attraction que nous avons déjà combattue. Ce contact, nous ne saurions trop le répéter, est rendu nécessaire, par suite du défaut de résistance qui existe dans les équivalents électriques hétéronymes contenus dans les individus des deux sexes, dont chacun éprouve de tous les autres côtés la répulsion normale r, excepté du côté de l'espace qui sépare deux individus de sexe différent; car il y a là une répulsion inférieure $r-r'$, et c'est le manque r' de répulsion qui engage les deux individus à se rapprocher et qui amène le contact par lequel sont sollicitées les décharges électriques des deux côtés, précisément comme cela a lieu entre deux corps électrisés différemment.

Avec la décharge des équivalents positifs $\ddot{E}$, le sperme s, qui en est le support, est entraîné, et la décharge des équivalents négatifs $\ddot{E}$ sépare les œufs o des ovaires. Ainsi le sperme s chargé d'équivalents positifs S vient en contact avec les œufs o chargés d'équivalents négatifs O; le couple so produit du contact des deux particules matérielles est le support d'un couple électrique SO, où les équivalents ne sont pas accumulés à l'état amorphe, mais sont contenus : 1° dans les équivalents positifs S les directions de tous les courants qui ont existé dans l'individu mâle, et 2° dans les équivalents négatifs O sont contenus toutes les directions des courants qui ont existé dans l'individu femelle.

Ainsi le couple électrique SO, à cause de ces directions des courants précédents qui y sont contenus, acquiert la propriété singulière de se plier à ces directions. Cette propriété se manifeste en une résistance $r-r'$ médiocre contre les équivalents électriques qui pénètrent dans le couple SO, et celui-ci n'est sensible qu'à cause de son support matériel *so*.

Les directions contenues dans les couples électriques ne deviennent sensibles que par le dépôt régulier des éléments matériels entraînés des courants externes et qui prennent les directions déterminées par celles contenues dans le couple électrique SO.

Au lieu de faire cette distinction entre le couple matériel *so* et le couple électrique SO et donner à chacun un nom différent, les physiciens, guidés par l'extinction des germes SO quand sont détruits les couples matériels *so*, ont admis que ceux-ci sont les germes; toutefois ils n'ignoraient pas que la cause de la reproduction n'est pas contenue dans les éléments matériels qui ont été admis par eux comme un amas d'atomes inertes.

Tout ce qui a été démontré sur la nature de l'électricité polarisée et de ses effets qui se manifestent dans la passivité du fer, nous aide ici à concevoir la nature des germes. Ceux-ci ne sont en effet que les directions des courants électriques qui ont eu lieu dans un individu et qui sont restés dans un état presque stationnaire dans les masses électriques SO après la séparation des particules *s* et *o* de l'individu mâle et de l'individu femelle. Les écoulements inverses des courants interrompus sont bien constatés, mais les physiciens ignoraient en quoi ces courants inverses diffèrent des courants antérieurs, quoiqu'il ne fût pourtant pas difficile de comprendre que la cause des courants directs est la poussée de la part du couple qui est constante, tandis que les courants inverses S sont l'effet de la contre-répulsion des équivalents électriques accumulés dans l'électrohode; ces électrohodes sont ici les particules *s* du sperme et *o* des œufs chargés des masses électriques S et O où se trouvent les directions des courants.

Ceux-ci se trouvent arrêtés tant que du dehors il se manifeste une résistance, mais leurs équivalents électriques commencent à se répandre dès que du dehors se présentent leurs hétéronymes. Ceux-ci pénètrent dans le couple *so* et dans les directions des masses électriques SO, et en même temps qu'ils y pénètrent, ils y conduisent des éléments matériels qui restent arrêtés dans les directions du germe, et c'est ainsi que s'opère son *incorporation*. C'est donc par cette incorporation qu'il devient possible de connaître la conservation des directions des courants qui ont eu lieu dans les individus primitifs dont ont été séparées les particules *s* et *o*.

Les *anatomistes* n'ont pas trouvé de différence matérielle entre les organes des animaux et ceux des hommes ; ils ont trouvé la plus grande masse de cerveau dans les éléphants, et, comparativement au poids du corps, c'est chez les petits oiseaux qu'ils l'ont trouvée la plus développée. Dans ces deux cas, le cerveau de l'homme se trouve inférieur à celui de certaines espèces animales. Les anatomistes croyaient que le cerveau est une masse nerveuse amorphe, où sont les racines des nerfs et de la moelle épinière ; ils ignoraient que les nerfs ont les racines dans les extrémités des artères et dans les organes de sensations d'où ils arrivent au crâne dans lequel ils décrivent mille circonvolutions, afin d'en remplir l'espace, et s'épanouissent ensuite comme nerfs de mouvement vers les filets de muscles et vers les racines des veines.

L'homme diffère des animaux par ses actions intellectuelles et encore par la masse du cerveau engendrée par les nombreux tours qui décrivent les fils des nerfs des organes des sensations ; ce sont justement ces filets des nerfs qui entretiennent les actions intellectuelles.

1° *Faits électriques produits chez l'homme pendant l'âge de puberté.*

Cet âge date chez les filles de l'époque des menstrues, et chez les garçons du moment où croissent la barbe et les moustaches. A cette époque même, le corps lui-même continue à croître, pourvu que des excitations extérieures trop répétées n'amènent pas chez le jeune homme une fréquente déperdition de liqueur séminale.

Du chyle χ passe, nous le savons, chaque jour de l'estomac dans le sang; une partie a de ce chyle reste à l'état d'albumine et produit les menstrues, le sperme et le développement des organes. Le reste $\chi - a$ du chyle se transforme en excréments du même poids par la séparation de la quantité e d'équivalents électriques, parce que la différence entre les éléments des excréments et ceux du chyle n'est pas matérielle, mais électrique.

Les équivalents électriques e ainsi séparés du chyle servent à entretenir une série de fonctions dont l'une ne saurait trop prédominer sans porter préjudice aux autres; ces fonctions sont chez l'homme au nombre de quatre, savoir : la disgestion, le mouvement, l'acte reproducteur et les actes intellectuels; ces derniers manquent chez les animaux qui n'ont donc que les trois premiers.

1° Une nourriture très-abondante se digère par la consommation d'une grande quantité ϵ' d'équivalents électriques, et cela diminue d'autant plus la différence $e - \epsilon$ qui doit être employée aux mouvements, aux actes sensuels ou intellectuels auxquels, par cela même, l'homme est moins porté pendant la durée de la digestion.

2° Une très-grande fatigue consomme la plus grande partie ϵ'' des équivalents électriques e et la différence $e - \epsilon''$ est très-médiocre; pour cette raison on voit alors s'affaiblir ou s'arrêter la digestion, ainsi que les actes sexuels et intellectuels.

III. Les fonctions sexuelles ne sont pas, comme la digestion, les mouvements et les actions intellectuelles qui dépendent d'un individu isolé; car pour exercer ces dernières, il faut deux individus, soit un couple. Même en ce cas après la décharge des équivalents électriques ϵ''' accumulés, le couple soulagé se trouve en équilibre, et alors cesse le besoin de décharges nouvelles, qui ne peuvent se renouveler qu'après un certain laps de temps.

Cet état d'équilibre opère sur le couple AB et sur celui A'B' ne produit pas en même temps un état pareil aux mêmes individus en formant les couples AB' et A'B ; les décharges peuvent donc se multiplier beaucoup par le changement des individus des couples, et de cette manière la quantité ε''' d'équivalents électriques peut augmenter beaucoup et faire diminuer la différence $e-\varepsilon'''$ qui est réservée pour la digestion, les mouvements et les fonctions intellectuelles.

Les rapprochements sensuels, quand ils ont lieu avec exagération dans l'âge de jeunesse, portent préjudice même à la masse *a* d'albumine employée à l'accroissement des organes ; pour cette raison les individus qui s'y livrent restent chétifs et n'acquièrent jamais leur grandeur naturelle, précisément comme cela arrive aux animaux employés dès leur jeunesse à des travaux trop durs.

Parmi toutes les espèces animales, les petits deviennent indépendants de la mère avant que celle-ci fasse une nouvelle portée : il n'en est pas de même chez l'homme, car les enfants, alors même qu'ils ont depuis longtemps cessé de teter, ont encore besoin des soins de la mère et sont tout à fait incapables de se suffire à eux-mêmes. Aussi voyons-nous que la mère est obligée, pendant sa troisième ou quatrième grossesse, de nourrir encore ses enfants des grossesses précédentes.

Ce désavantage de la femme tourne cependant à son profit et à celui des enfants, il devient même la base de la vie sociale de la manière suivante. Chez les animaux vivipares, les rapprochements sexuels cessent aussitôt que la femelle est pleine et tant qu'elle élève ses petits ; il n'en est pas de même chez la femme qui, même durant la grossesse, reçoit les approches de l'homme. Cela se voit aussi chez les oiseaux, dont la femelle est couverte par le mâle pendant qu'elle pond. Chez plusieurs espèces, le mâle demeure en société avec la femelle, et tous deux unissent leurs soins et apportent tour à tour la nourriture aux petits dont le nombre varie beaucoup.

L'homme continue ses rapports avec la femme pendant toute la durée de la grossesse; mais la femme, loin d'abandonner ses enfants, sert comme de lien entre eux et l'homme : ainsi celui-ci se charge volontairement du soin des enfants et de celui de la femme; telle est la base de la vie sociale, base qui n'existe chez aucune espèce animale.

Cet avantage, d'une si haute importance, se brise cependant quant aux enfants que produit la *polygamie*; en effet, l'homme est porté à donner ses préférences à une nouvelle fille qu'on lui présente ou à l'une de ses femmes, à l'exclusion des autres qu'il néglige et qui ne reçoivent de lui aucun des soins nécessaires à elles et à leurs enfants. Ce n'est pas tout : la jalousie naturelle à l'homme empêche ces malheureuses de s'attacher à un autre homme, et par suite les enfants sont abandonnés et périssent. On peut dire de ces hommes que, comme Saturne, ils détruisent leurs propres enfants.

4° Les femmes sont habituellement souffrantes pendant la première moitié de la grossesse, surtout celles qui mènent une vie sédentaire et dont les règles étaient ordinairement très-abondantes, parce qu'alors l'excédant d'albumine *a* ne peut pas être consommé par le fœtus qui est encore très-petit; ces souffrances disparaissent pendant la deuxième moitié de la grossesse quand le fœtus devient plus grand; on voit même alors s'augmenter l'appétit de la femme.

IV. Chez l'homme livré à des occupations intellectuelles d'une longue durée, et qui réclament beaucoup d'application, on voit languir les actes sexuels, les mouvements et la digestion : ces occupations absorbent même les équivalents électriques de l'albumine *a* destinés aux menstrues et à l'accroissement du corps. De l'électricité *e* une grande partie *ε* est employée à la production des idées qui ont une existence physique, comme nous le prouverons par la suite, et le reste *e* — *ε* d'équivalents électriques sert pour les trois autres fonctions, parmi lesquelles le mouvement et les actes sexuels sont habituellement arrêtés pour ne pas entraver l'acte de la digestion qui est si nécessaire.

L'étude des sciences, des beaux-arts, des mathématiques, loin d'être nuisible pendant l'âge de puberté, est au contraire un moyen précieux pour détourner le jeune homme de l'acte reproducteur auquel son âge le porte et auquel il se livrerait avec une passion effrénée, ce qui amènerait une trop grande consommation d'équivalents électriques ε''' et en même temps une déperdition de l'albumine *a* contenue dans le sperme. Les passions sont aussi des actes intellectuels, mais des actes violents et nuisibles : telles sont la jalousie, l'envie, l'avarice, la cupidité, la vengeance, l'amour du jeu, etc. : elles absorbent toute l'électricité *ε* que réclameraient des actes intellectuels plus nobles.

L'homme vient au monde sans intelligence comme les animaux, mais il s'éloigne bientôt de l'état animal à mesure que son intelligence acquiert plus de développement. Au contraire l'homme tend à se rapprocher de la brute quand il se livre à un genre de vie où chaque jour est marqué par la répétition des mêmes sensations : de pareils individus sont généralement oisifs; ils ont une tendance invincible à l'inertie, à l'assoupissement, et ils y cèdent encore par l'usage immodéré des substances stupéfiantes, telles que le tabac, l'opium, le haschisch, selon les climats.

2° *Faits électriques produits chez les animaux pendant l'âge de puberté.*

Les fonctions sexuelles éprouvent une interruption chez les vivipares pendant la gestation des femelles ; cela se voit aussi chez les oiseaux passagers pendant leur voyage, quand toute l'albumine est employée par les équivalents électriques que consomment leur rapide locomotion; au contraire, chez les volailles qui peuplent nos basses-cours, l'accouplement est pour ainsi dire continuel comme chez l'homme.

I. L'accroissement des ovipares et celui de leur plumage ne dépend pas du sexe comme chez les vivipares, mais plutôt de la quantité d'albumine consommée par les œufs ou par le sperme. La poule qui pond continuellement consomme pour les œufs plus d'albumine que le coq pour le sperme; pour cette raison la poule reste d'une taille moins grande que celle du coq, qui, de son côté, a un plumage plus fourni.

Chez le paon, les femelles pondent peu; aussi leur plumage est-il plus abondant que celui des mâles qui consomment dans l'émission du sperme plus d'albumine que les femelles dans la ponte des œufs. Cette loi peut être observée dans toutes les espèces des ovipares.

II. Par suite de l'interruption de l'acte sexuel chez les vivipares, les mâles ont une activité plus grande, et croissent généralement plus que les femelles. Cette cause produit entre les individus des deux sexes une inégalité qui, chez certaines espèces, reste dans des limites assez restreintes, tandis que chez d'autres espèces, la différence est énorme entre les deux sexes.

Si l'on tient l'individu mâle séparé et qu'on le nourrisse bien, il grossit beaucoup; dans les mêmes circonstances, au contraire, la femelle reste petite, surtout si elle vient à concevoir encore trop jeune et incomplétement formée. Pour obtenir de gros individus d'une certaine espèce, il faut pendant leur jeunesse tenir les deux sexes séparés; pour obtenir des individus des dimensions médiocres, il faut de bonne heure mêler les deux sexes, en laissant, par exemple, avec beaucoup de femelles un individu mâle très-jeune, ou avec beaucoup d'individus mâles une femelle très-jeune. Ces variations dans la taille et la force, ont atteint, notamment chez les chiens, un très-haut degré.

Les individus produits par les croisements des espèces portent un germe qui n'est ni celui du père ni celui de la mère; les rapprochements entre les individus de ces nouvelles races ne produisent pas des couples propres à faire augmenter le nombre des espèces; le même effet a lieu pour les plantes *hybrides*.

Ce défaut de propagation qui caractérise les espèces produites par les croisements a sa cause dans les couples SO qui contiennent les directions des courants des individus qui viennent en contact et les directions des individus des espèces primitives qui ne sont pas les mêmes, et pour cela ne se soutiennent pas, mais se détruisent sans pouvoir produire de nouveaux individus. C'est à cause de ce défaut dans l'acte sexuel que les animaux produits par le croisement font augmenter beaucoup la quantité ε'' d'équivalents électriques qui sont consommés pour le mouvement et les travaux, comme cela a lieu pour les mulets, dont le chyle χ fournit, comme chez les animaux, une électricité e dont rien n'est consommé pour l'acte sexuel, et cette portion ε''' se consomme avec celle ε'' pour le mouvement.

C. Faits produits de l'électricité pendant l'age de maturité.

C'est à cet âge que se termine la vie des animaux, et que prennent fin, chez l'homme, l'accroissement du corps et l'usage des fonctions sexuelles; il ne reste pour la période de sagesse ou de vieillesse que la digestion, les mouvements et les fonctions intellectuelles. Comme les occupations intellectuelles manquent chez les animaux, les équivalents électriques e du chyle χ se distribuent ainsi: ε'' par le mouvement, ε' pour la digestion et ε''' pour les actes sexuels; mais ces derniers cessent bientôt à cause de la diminution du chyle $\chi-\chi'$ produite par celle de la digestion et de la quantité ε' d'équivalents électriques qui y sont employés; car l'électricité ε' de la digestion est le reste ou la différence $e-\varepsilon''-\varepsilon'''$ des équivalents e produit du chyle $\chi-\chi'$ et de ceux $\varepsilon''+\varepsilon'''$ consommées pour les actes sexuels et pour les mouvements.

I. Après la cessation des fonctions sexuelles, il ne subsiste chez les animaux que la digestion et le mouvement où sont consommés les équivalents électriques $\varepsilon'+\varepsilon''$; chaque fois qu'il se produit un excès ε'' dans le mouvement, on voit diminuer la portion ε' des équivalents électriques employés pour la digestion dont il est produit la quantité $\chi-\chi'$ de chyle, et si les mouvements restent les mêmes, on voit encore diminuer la portion ε' des équivalents électriques employés pour la digestion et en même temps diminuent la quantité $\chi-\chi'-\chi''$ de chyle et ses équivalents électriques e. De cette manière la vie des animaux finit avec leur âge de maturité.

III. Chez l'homme la différence $\chi-\chi'$ du chyle qui reste dans l'âge de maturité contient les équivalents électriques ε' employés pour la digestion, et ceux ε'' pour les mouvements et ε pour les fonctions intellectuelles ; de sorte qu'à cause de l'interruption de la consommation des équivalents ε''' des fonctions sexuelles, la différence $e-\varepsilon'''$ est encore très-grande, et quand il y a un excès de mouvement ou de nourriture, il peut facilement être remplacé par la portion ε des équivalents électriques consommés par l'exercice des fonctions intellectuelles.

La cause de la période de sagesse se trouve donc dans la portion ε d'équivalents électriques employés aux fonctions intellectuelles; cette portion ε diffère beaucoup chez les individus dont les occupations intellectuelles sont différentes. Les physiologistes trouvent que parmi les spécialités différentes des sciences, c'est celle des astronomes qui est la plus favorable à la prolongation de la vie; ce fait, qui semble étrange, trouvera ici son explication.

III. — FAITS INTELLECTUELS PRODUITS DE L'ÉLECTRICITÉ PENDANT LA PÉRIODE DE SAGESSE.

Cet objet, qui appartient à la métaphysique, est mentionné ici à cause de son rapport physiologique avec les fonctions des organes de sensation qui sont communes à l'homme et aux animaux ; mais chez les animaux les sentiments disparaissent avec l'éloignement des objets qui les produisent, et cela a lieu également pour les animaux et pour les enfants qui ne connaissent pas encore le nom des objets, quoique ces noms soient aussi des sentiments de l'ouïe qui ne sont pas d'une nature différente.

Les noms des objets sont des sentiments de l'ouïe, tandis que les sentiments produits des objets peuvent appartenir aussi bien à l'ouïe qu'à tout autre organe de sensation. Le sentiment d'un objet se relie à celui de son nom par le sentiment que l'ouïe reçoit de la bouche de l'individu qui parle et qui montre en même temps l'objet qui porte ce nom.

Ainsi les enfants obtiennent des couples pareils pour chaque objet : si celui-ci est présent on apprend aux enfants à en prononcer le nom, et ensuite on prononce le nom à son tour et l'on demande à l'enfant de montrer l'objet qui lui correspond. Le sentiment de l'ouïe rappelle celui de l'objet, et le sentiment de celui-ci rappelle le sentiment de l'ouïe ou du mot. Les animaux se rappellent également les objets quand ils entendent le nom; mais l'homme porte dans son intelligence les sentiments des mots aussi bien que ceux des objets, et il se rappelle les objets absents sans avoir besoin, comme les animaux, d'en entendre prononcer le nom.

On nomme sentiments *alogues* des objets ceux des animaux ou des enfants qui ignorent les mots qui accompagnent ces sentiments. On nomme sentiments *logiques* ceux des individus qui connaissent ou qui possèdent un sentiment de l'ouïe qui correspond à l'objet. Ainsi les couples contiennent : 1° le sentiment de l'objet qui est le même pour chaque individu, et 2° le sentiment de l'ouïe qui ne dépend pas de l'objet même, mais de l'individu qui montre cet objet; et peu importe que cet individu soit Français, Anglais, Chinois ou de toute autre nation.

Ainsi le même objet qui produit chez tous les individus le même sentiment, n'affecte pas l'ouïe du même sentiment quand il s'agit d'en former un couple, mais chez les diverses nations il produit un sentiment de l'ouïe différent. Ces sentiments de l'ouïe sont des *mots* quand ils ont pour origine le sentiment d'un objet cosmique; autrement ce ne sont que des *bruits vides* de sens. Les mots des Français sont des bruits pour les Chinois, comme les mots de ceux-ci sont des bruits pour les Français.

Au commencement il y a dans chaque couple deux sentiments, celui de l'ouïe produit du mot, et celui d'un autre organe produit de l'objet : le *mot* est le *sentiment logique* de l'ouïe; et l'on appelle sentiment *objectif* celui qui sert comme de père à ce mot. Le sentiment logique où le mot reste le même, tandis que celui des objets change. Les enfants appellent au commencement toutes les femmes *maman* et tous les hommes *papa ;* ce n'est que plus tard que ces deux noms sont appliqués par eux à leur père et à leur mère exclusivement, et que les mots *homme* et *femme* qu'ils connaissent, sont employés par eux pour désigner d'autres individus qui ne sont ni leur père ni leur mère et qui en même temps diffèrent entre eux.

Un enfant aveugle et sourd n'offrira pendant toute sa vie que peu de différence avec un animal; et même, sans être privé de ces deux organes de sensation, s'il est tenu dans un isolement complet, comme Gaspard Hauser, il restera semblable à un animal dont il présentera tous les instincts. Cependant que cet enfant vienne à apprendre un langage quelconque, et aussitôt il reprendra tous les attributs de la race humaine.

1° Pendant l'âge de jeunesse chacun apprend sa langue maternelle ou même plusieurs autres; les mots alors représentent les objets *en gros*, car leurs propriétés qui font leur valeur sont alors peu connues. 2° Pendant l'âge de puberté et celui de maturité le nombre de propriétés et des qualités de chaque objet se multiplie, tandis que celui des mots reste le même; de sorte que l'homme parle, il est vrai, les mêmes mots à tous les âges, mais ne possède pas en même temps le même nombre de connaissance des propriétés et des qualités ou des relations des objets. Les jeunes gens qui entendent des individus âgés parler comme eux ne savent pas que chaque mot contient pour les individus âgés un nombre de sensations infiniment plus grand.

Pour connaître les propriétés, les relations, les productions, les éléments, etc., des objets, il faut beaucoup de temps, et la vie de l'homme est insuffisante. C'est pour cela que chacun a borné le champ de ses études à une ou à plusieurs branches de connaissances, de manière à pouvoir les connaître à fond. Cependant, relativement aux autres sciences, ils restent toute leur vie aussi ignorants qu'ils l'étaient pendant leur jeunesse. Ainsi les hommes âgés ne diffèrent des jeunes gens que sous le rapport des connaissances spéciales qu'ils ont pu acquérir sur un nombre d'objets plus ou moins étendu, mais sous le rapport des autres connaissances, ils ne diffèrent en rien de la jeunesse.

Les raisonnements intellectuels sont basés sur les mots qui représentent des objets dont la valeur varie avec le nombre de connaissances qu'on obtient par une étude particulière. Cela fait que les raisonnements ne peuvent pas conduire au même résultat, quoiqu'ils emploient les mêmes mots. Le lecteur ne peut avoir la notion des actes intellectuels qui ont lieu durant la période de sagesse, si antérieurement il n'a pu connaître la nature des sentiments et le mode de leur production par les fluides répandus des objets et par l'électricité ε de chaque individu qui vient en rencontre avec ces fluides dans les organes de sensation.

A. Création des sentiments et du microcosme.

Les six espèces de fluides impondérables correspondent aux six organes de sensation :

1° La *lumière* φ avec l'électricité ε de l'individu produit des couples $\varphi\varepsilon$ composés d'un segment φ du courant de lumière et d'un segnent ε du courant électrique; ce couple $\varphi\varepsilon$ est un sentiment *de vision*.

2° La *chaleur* θ avec l'électricité ε de l'individu produit les couples $\theta\varepsilon$ composés du segment θ du courant de chaleur et d'un segment ε du courant électrique; ce couple $\theta\varepsilon$ est un sentiment de température obtenu par la surface du corps.

3° Les ondes sonores ν avec l'électricité ε de l'individu produisent un couple $\nu\varepsilon$, dont ν est un segment de l'onde sonore et ε est le segment du courant électrique; ce couple $\nu\varepsilon$ est un sentiment de *l'ouïe*.

4° Les odeurs sont produites des segments o de l'électricité négative et des segments ε de l'électricité individuelle; ces couples $o\varepsilon$ sont les sentiments de *l'odorat*.

5° Les saveurs sont produites des segments s des courants produits par le contact des objets avec la langue et des segments ε du courant électrique individuel; ces couples $s\varepsilon$ sont les sentiments du goût.

6° Le *tact* est un sentiment dont les couples $\beta\varepsilon$ ont pour segments β le barogène contenu dans les corps, et ε qui est le segment du courant électrique individuel.

Ainsi les sentiments ont une existence physique comme

les germes ; ils consistent en deux segments dont l'un ε est séparé du courant électrique de l'individu, et l'autre f est séparé du courant du fluide répandu par un objet. Ces segments produisent des courants inverses, dont ceux qui proviennent des segments ε ne diffèrent pas entre eux, car ils sont les mêmes dans les couples $\varphi\varepsilon$, $\theta\varepsilon$, $\pi\varepsilon$, $o\varepsilon$, $s\varepsilon$ et $\beta\varepsilon$, tandis que sont différents les courants inverses des segments φ, θ, π, o, s et β, qui contiennent les courants des fluides répandus des objets.

En cet état, les sentiments sont *alogues*, et il est nécessaire qu'ils soient liés avec un sentiment de l'ouïe pour devenir *logiques ;* ces derniers, en effet, ne sont pas fugitifs comme les premiers, et loin de s'évanouir avec l'éloignement de l'objet qui les a fait naître, ils jouissent, une fois créés, d'une existence perpétuelle. Les couples de tous les sentiments sont liés entre eux par le segment ε séparé du courant électrique de l'individu, et l'ensemble de ces couples répand les mêmes fluides que ceux répandus des objets cosmiques; ainsi cet ensemble des sentiments est un petit monde, un *microcosme*, qui ne diffère, dans chaque individu, que par le nombre des objets qui y ont été introduits.

B. FONCTIONS INTELLECTUELLES PENDANT LA PÉRIODE DE SAGESSE.

Dès cette période, les actes sexuels ont cessé et le corps ne croît plus ; tous les équivalents électriques e du chyle χ sont employés, ceux ε' pour la digestion, ceux ε'' pour le mouvement, et ceux ε pour la production des sentiments et leur liaison entre eux. L'excès de chacune de ces trois fonctions porte préjudice aux deux autres : aussi de pareils excès sont-ils plus dangereux à cet âge qu'aux âges précédents où les quatre fonctions existent dans toute leur vigueur.

Tous les hommes ne peuvent pas disposer de leur électricité *e* produite par le chyle χ; car pour cela il faut d'abord être pourvu de la nourriture qui fournit ce chyle. Les individus qui sont dans ce cas sont ceux qui n'ont pas élevé d'enfants qui puissent les aider dans cette période, ou qui, dans leur imprévoyance, n'ont pas su mettre de côté et amasser des ressources sur leur superflu durant les âges précédents, de manière à être tout à fait indépendants pendant la période de sagesse. Chez les anciens, ceux qui n'avaient pas pris cette précaution étaient nourris aux dépens des riches, et cela se voit encore quelquefois de nos jours.

Chez les anciens, les diverses connaissances n'étaient pas, comme aujourd'hui, subdivisées en une foule de branches, de spécialités, pourrions-nous dire; aussi entre les jeunes gens et les personnes âgées il existait, quant aux connaissances, une différence qui s'étendait à toutes et qui était générale : les subdivisions qui, de nos jours, ont pénétré dans tout le domaine de la science, n'existaient alors que dans les arts et l'industrie. Aujourd'hui la science est scindée en diverses branches, et les personnes âgées les plus instruites excellent dans quelques parties et peuvent rester ignorantes dans une foule d'autres, ne différant ainsi en rien des jeunes gens. Ceux-ci, à leur tour, étudiant tout particulièrement quelque branche de connaissance inconnue aux vétérans de la science, prennent hardiment le pas sur eux : aussi parmi les nations même les plus polies voit-on disparaître le respect dont on entourait les vieux savants. Cette espèce d'ignorance doit du reste cesser chez les savants âgés, en même temps que disparaîtront ces divisions multiples qu'on a fait subir à l'ensemble des connaissances humaines; car, à vrai dire, toutes les sciences peuvent se résumer en une seule que nous désignerons sous le nom de *panépistiène*.

C. Origine des discussions relatives a la signification des mots.

Le nombre des mots d'une langue n'augmente généralement que fort peu, tandis que chaque jour augmente celui des propriétés que possèdent les objets. Or les propriétés des objets déterminent les relations qu'ils ont entre eux; c'est pourquoi les raisonnements ne dépendent pas des mots qui indiquent l'objet *en gros*, mais des propriétés que ce objet possède. Pour cette raison, les raisonnements sur le même objet subissent des modifications en rapport avec le nombre des propriétés nouvelles qu'on lui reconnaît.

On n'a pu parvenir à connaître de prime abord toutes les propriétés qu'un objet peut posséder, parce qu'on ignorait leur origine; en conséquence, les raisonnements étaient limités au nombre des propriétés signalées par l'observation.

De cette manière, l'homme ne pouvait acquérir sur l'état physique des objets les connaissances complètes qu'il possède, comme par exemple, sur les combinaisons variées qu'offrent les nombres; c'est pourquoi d'interminables disputes ont divisé les savants pendant plusieurs siècles.

Ainsi *Aristote* avait raison quand il disait : *Les sentiments ou les idées ont été créés dans les organes des sensations;* mais Platon n'avait pas tort quand il disait *que les rapports entre les sentiments sont emphytes* ou spontanés. D'un côté, les chimistes anglais sont dans le vrai en disant qu'il n'y a qu'une seule électricité; mais les chimistes français ont raison en soutenant qu'il y a des faits qui prouvent l'existence des deux fluides électriques.

Ces disputes et mille autres qui n'ont pas plus de fondement, s'évanouiront ici comme s'est évanouie la dispute des siècles précédents sur l'immobilité de la Terre et sur sa rotation. Tout le monde sait à présent que les objets cosmiques ne sont pas toujours tels qu'ils paraissent. On ne dispute plus sur la rotation de la Terre, parce qu'il est évident qu'un enfant, même en voyant le Soleil s'élever, ne peut pas admettre que c'est la Terre qui tourne en direction opposée. Pour y parvenir, il faut employer des exemples différents, comme nous le faisons ici, où il s'agit de faire comprendre que l'électricité est un fluide comme l'air, et, comme celui-ci, obéit aux lois aréostatiques, ce sont les lois électrostatiques qui trouvent leur application au fluide électrique.

CHAPITRE II.

DU CIRCUIT ÉLECTRIQUE COMPOSÉ DES POUMONS, DES VEINES ET DES NERFS.

Ce circuit ne diffère en rien de ceux qui sont composés d'un couple et d'un fil ou électrohode qui unit les lames qui constituent le couple.

Figure 66.

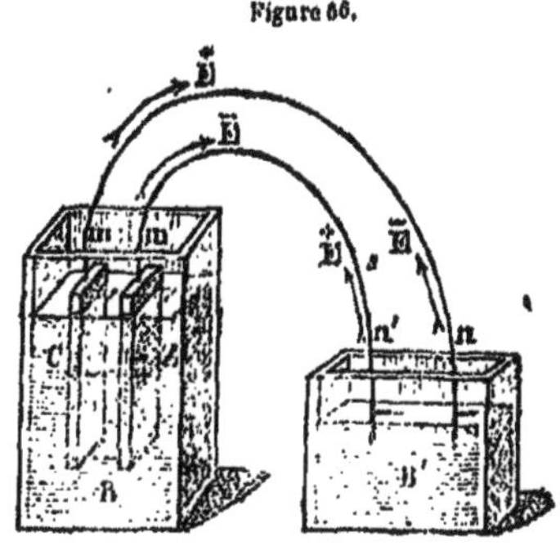

Dans le couple de Smée, les équivalents électriques positifs Ē du liquide et de la lame C (fig. 66) de cuivre sont repoussés par le fil *mn*, et ils arrivent par le fil *n'm'* à la lame Z de zinc après avoir parcouru tout le circuit *mn*, *nn'*, *n'm'*. En même temps les équivalents négatifs Ē parcourent le même circuit en direction opposée.

Comme les plantes sont un produit du germe qui reçoit les équivalents des courants thermoélectriques du sol et leur donne une direction déterminée suivant laquelle s'opère l'incorporation de ce germe, de même les animaux sont le produit d'un germe, mais celui-ci reçoit les équivalents électriques du circuit composé, 1° des veines et nerfs comme *électrohodes*, et 2° du sang et de l'air comme *couple*.

Du sang chaud sont repoussés les atomes $\ddot{E}\bar{E}^2$ de chaleur qui sont une *tris* $\ddot{E}\bar{E}$ et un équivalent négatif $\bar{E}$. Ces atomes $\ddot{E}\bar{E}^2$ se répandent également vers l'épiderme et vers l'air qui arrive aux poumons en contact avec le sang. Des atomes $\dot{E}^2\bar{E}$ stationnaires de lumière s'écoulent les équivalents positifs $\dot{E}$ vers le sang chaud et aux poumons, d'où ils se répandent par le ventricule gauche du cœur à l'artère *aorte* et à tous ses embranchements qui sont des canaux ouverts; leurs parois cependant ne se terminent pas, mais s'allongent en fils minces qui prennent le nom de *nerfs*, comme le sont ceux des plantes. Ces fils s'unissent plusieurs ensemble pour former des tiges de gros nerfs, et les tiges ou les nerfs unis forment la moitié postérieure de la moelle épinière, la partie antérieure du cerveau, puis sa partie postérieure et la moitié antérieure de la moelle épinière d'où proviennent les autres tiges des nerfs qui arrivent aux fils des muscles et aux racines des veines. Celles-ci affluent pour former des gros tubes ou canaux qui tous ensemble s'unissent dans la veine azigos qui pénètre dans le ventricule droit du cœur.

Les équivalents électriques positifs $\dot{E}$ sortent du ventricule gauche et arrivent par le ventricule droit du cœur; au contraire les équivalents négatifs $\bar{E}$ sortent du ventricule droit, et après avoir parcouru le même circuit arrivent au ventricule gauche; il ne reste ainsi aucun point du corps qui ne soit atteint par des équivalents électriques qui prennent partout des directions déterminées par celles du germe, et celles-ci deviennent sensibles dans leur incorporation opérée par l'arrangement des éléments du sang ou du chyle, comme cela a lieu pour les plantes.

S'il ne veut pas s'égarer, 1° le lecteur ne devra pas s'écarter des propriétés constatées dans les circuits chimiques, et 2° en même temps il devra considérer les équivalents électriques du circuit comme ceux des courants thermo-électriques terrestres qui obéissent aux directions contenues dans les germes. Ces équivalents, en s'y écoulant, entraînent les éléments du chyle qui y restent arrêtés et font ainsi apparaître l'incorporation des directions contenues dans le germe.

Nous allons maintenant décrire : 1° le circuit composé des veines et des nerfs; 2° le couple composé du sang et de l'air inspiré; 3° le mode de la circulation du sang; 4° le mode de la transformation de l'air en eau et chaleur; 5° la production des mouvements et de la chaleur; 6° la formation des organes de sensations, et 7° la production des sensations, etc.

I. — CIRCUIT COMPOSÉ DES VEINES ET DES NERFS.

On ne doit pas considérer la moelle épinière et le cerveau comme des masses nerveuses amorphes d'où partent les nerfs pour se répandre aux organes de sensations, aux filets des muscles et aux extrémités des veines. De même on ne doit pas considérer le cœur comme un organe particulier employé à chasser le sang des artères par les contractions ou les *systoles* du ventricule gauche, et attirer le sang des veines au moyen du vide que produisent dans le ventricule droit les *diastoles* du ventricule.

Un seul filet très-mince dont la longueur dépasse quelques dizaines de lieues et replié en une foule innombrable de tours, forme les contours des fils qui constituent : 1° les deux ventricules du cœur; 2° les tubes des artères; 3° les nerfs des organes des sensations et de la sensibilité; 4° la moitié postérieure de la moelle épinière; 5° le cerveau; 6° la moitié antérieure de la moelle; 7° les nerfs de mouvement et 8° les parois des veines.

Le parcours des fils peut être suivi entre la moelle épinière et le cerveau : la moitié postérieure communique avec la partie antérieure du cerveau, la moitié gauche communique avec la partie droite du cerveau, et de la moitié droite de la moelle épinière, les fils se répandent dans la partie gauche du cerveau.

Le cerveau est composé : 1° des fils qui vont du bas à droite vers le haut en faisant mille et mille tours pour descendre par la gauche ; 2° d'autres fils s'élèvent du bas en avant vers le haut, et, après avoir encore décrit un nombre considérable de tours, descendent de la partie postérieure pour aller dans la moitié antérieure de la moelle épinière.

Les filets de muscles qui constituent les parois des deux ventricules du cœur composent des lacis sous la forme ∞; ce sont des prolongements des fils qui constituent les parois des veines et des artères. Ces lacis de filets de muscles comme ceux du cerveau, composés des fils de nerfs, font partie du même circuit, précisément comme les voltamètres font partie des circuits chimiques.

Les physiologistes appellent *nerfs de la sensibilité* ceux qui sont à simple contour ; ils sont parcourus par les équivalents électriques $\bar{E}$ qui viennent des extrémités des artères et des organes de sensations, et vont au cerveau directement ou après avoir parcouru la moitié postérieure de la moelle épinière.

Les *nerfs de mouvement*, ceux à double contour parcourus par les équivalents $\overset{+}{E}$ positifs qui s'écoulent du cerveau directement ou par la moelle épinière vers les filets des muscles et vers les racines des veines.

Nous nommons *cérébropètes* les nerfs de la sensibilité, et *cérébrofuges* ceux de mouvement, et cela pour indiquer leur fonction au circuit électrique. Les nerfs cérébropètes ont leur origine aux extrémités des artères ; ces mêmes extrémités d'artères forment aussi, dans chaque organe de sensation, un réseau nerveux appelé ici *neurophlegme* (de νεῦρον, nerf, et πλέγμα, réseau). Un nombre considérable de fils s'unissent pour former une tige qui est *centripète* comme toutes celles qui arrivent directement des extrémités des nerfs sans avoir produit un névroplegme.

Comme exemples de cette distribution des nerfs et de la circulation des équivalents électriques, nous rapporterons quelques faits choisis parmi une foule d'autres dont on eût pu remplir des volumes. Avant d'exposer les faits suivants, il faut rappeler au lecteur qu'un courant électrique dans la direction des nerfs cérébropètes produit, au moment de son interruption, des effets identiques à ceux qui sont obtenus dans les mêmes nerfs par un courant venant de la part du cerveau ou de la partie du nerf la moins éloignée du cerveau : ces faits sont produits par le courant inverse.

I. *Sensibilité et mouvement.* Si un courant électrique se dirige suivant les nerfs cérébropètes vers la moelle épinière, il produit, au commencement seulement, une douleur qui devient ensuite insensible; et au moment de l'interruption se manifeste une contraction des muscles. Mais si le courant est introduit suivant les nerfs cérébrofuges, il produit au commencement des contractions et la douleur apparaît à la fin. Tels sont les résultats approximatifs de plusieurs expériences, parce que, à cause des anastomoses des nerfs, les résultats obtenus ne peuvent pas être parfaitement séparés les uns des autres.

1° Des effets analogues sont produits aux bras par les courants des piles : quand on prend dans ses mains les deux cylindres qui sont les pôles, on ressent une secousse dans le bras qui tient le pôle positif, et c'est l'autre bras qui éprouve la secousse au moment de la séparation; cette secousse produite du courant inverse ne manque jamais; elle est même supérieure à celle du commencement, tant est grande la longueur de l'électrohode.

2° Le nerf sciatique d'un lapin ayant été préparé et mis en contact avec les pôles d'une pile des dix couples, de manière à faire passer le courant du côté de la moelle vers la périphérie, l'animal pousse des cris et éprouve des contractions dans la cuisse, dans le dos et dans les oreilles. Ces phénomènes cessent pendant la durée du courant et se reproduisent au moment où le circuit s'ouvre; ainsi il ne se produit pas de séparation ni d'isolement dans les douleurs et les contractions à cause des fréquentes anastomoses entre les nerfs.

3° Si l'on coupe la moelle épinière, les convulsions ne s'étendent pas au dos ou aux oreilles, mais seulement dans les cuisses; et ainsi qu'au commencement du courant, de même à son interruption il ne se montre plus ni cris ni signe de douleur. Si le courant, au lieu d'être dans la direction des nerfs, leur est perpendiculaire, il ne se produit ni contractions ni cris; le même effet a lieu pour les contractions obtenues dans les expériences sur les animaux morts.

4° De la moelle dorsale des deux côtés de chaque vertèbre partent deux paires de nerfs, chaque paire a deux tiges dont, 1° l'une part de la partie antérieure de la moelle et préside aux mouvements des muscles où elle répand ses ramifications; 2° l'autre tige part de la partie postérieure de la moelle et préside à la sensibilité; elle répand ses ramifications aux extrémités des artères, où ils ont leurs racines, comme il a été dit.

II. *Sensations des électricités.* Les écoulements d'équivalents électriques par les nerfs produisent des sensations pareilles à celles qui sont produites des fluides impondérables arrivés aux organes de sensations.

1° Si l'on place sa langue entre deux lames parallèles de zinc et de cuivre, on ne ressent rien autre chose que le simple contact des métaux; mais si l'on approche les bords extérieurs des lames jusqu'au contact, aussitôt on ressent une saveur acide au point de la langue touché par le zinc et une saveur alcaline au point touché par le cuivre. Ces saveurs varient suivant la nature des métaux, depuis celle de l'acide brûlant jusqu'à celle de l'alcali amer.

2° Hunter ayant engagé une lame de métal sous sa langue et placé une autre lame d'espèce différente entre la lèvre et la gencive de sa mâchoire supérieure, vit se produire une lumière assez vive chaque fois qu'il mettait en contact les bords extérieurs des lames. Il obtint des résultats semblables en appliquant les lames à ses deux yeux, ou l'une à un œil et l'autre à la langue.

Aldini est allé plus loin : il a pu faire apercevoir une lueur assez vive à des aveugles en mettant l'un des pôles d'une pile en contact avec leurs lèvres, et l'autre avec le bout de leur nez.

Ainsi il ne reste aucun doute que les éléments électriques sont les mêmes que ceux de la lumière et ceux de la chaleur, comme cela résulte de l'expérience suivante :

3° Humboldt ayant introduit une lame de zinc dans une narine et l'ayant mise en contact avec une lame d'argent placée sur la langue, éprouva dans le nez une sensation de froid accompagnée d'un chatouillement qui provoquait l'éternument. Le docteur Morno saignait du nez quand il faisait cette expérience : l'hémorrhagie commençait dès qu'il apercevait la lueur.

4° Volta ayant fait passer le courant d'une pile de quarante couples d'une de ses oreilles à l'autre, entendait un grand bruit qu'il compara à celui que produit une matière visqueuse en ébullition. Riter, dans un cas pareil, entendait un son musical dès l'instant où le courant s'introduisait.

III. *Produits chimiques de l'électricité.* Les courants électriques produisent sur les substances animales des individus vivants des effets analogues à ceux obtenus dans les électrolyses. Les expériences ont été faites sur les plaies des vésicatoires, sur les points du péritoine, sur l'albumine de l'œuf, etc.

J. Pétrequin a réussi le premier à guérir, sans opération sanglante, certaines tumeurs anévrismales; il y coagula le sang en faisant passer un courant à travers ce liquide au moyen d'aiguilles d'acier enfoncées l'une, la positive, dans la tumeur, et l'autre restant en contact avec l'épiderme du côté opposé.

II. — FONCTION ÉLECTRIQUE DU COUPLE COMPOSÉ DU SANG ET DE L'AIR INSPIRÉ.

La chaleur du sang est la cause motrice dans ce couple, car les atomes $\overset{+}{E}\bar{E}^2$ en se repoussant se répandent vers l'épiderme et en densité supérieure vers l'air inspiré qui vient dans les poumons en contact avec le sang sur une surface de plusieurs mètres carrés. Par la manière indiquée les équivalents positifs $\overset{+}{E}$ s'écoulent de l'air vers le sang en y entraînant les équivalents $O\overset{+}{E}$ d'oxygène dont, 1° les équivalents $\overset{+}{E}$ viennent en rencontre avec les équivalents négatifs $\bar{E}^6 + \bar{E}$ repoussés des artères, et 2° les équivalents négatifs $\bar{O}$ avec les équivalents matériels C^2 et H positifs.

La circulation électrique des circuits chimiques est constamment entretenue : 1° par la poussée P exercée de la part des éléments du couple, et 2° par l'éloignement des équivalents électriques et matériels; ces faits s'accomplissent exactement dans le circuit animal. 1° De la chaleur du sang sont repoussés les atomes $\overset{+}{E}\bar{E}^2$ ou les équivalents négatifs $\bar{E}$ qui s'écoulent des poumons au travers des veines vers l'épiderme, en même temps que les équivalents positifs $\overset{+}{E}$, repoussés de la part de l'air inspiré s'écoulent au travers des artères. 2° Les équivalents positifs matériels C^2 et H sont repoussés du sang des veines, et les équivalents négatifs $\bar{E}^6$ et $\bar{E}$ sont repoussés du sang des artères. La rencontre de ces équivalents et leur combinaison s'opèrent pendant que dure l'inspiration de l'air.

Quand l'oxygène de l'air inspiré arrive en contact avec le sang, son équivalent $\overset{+}{E}$ se combine avec deux equivalents négatifs $\bar{E}^2$ pour produire un atome $\overset{+}{E}\bar{E}^2$ de chaleur, et l'équivalent somatique $\bar{O}$ négatif se combine 1° avec l'hydrogène H pour former l'eau HO, et 2° avec le carbone C^2 pour produire l'acide carbonique $C^2\bar{O}^4\ddot{E}$.

L'air inspiré diffère peu en poids de l'air expiré, parce que dans l'air inspiré se trouve l'oxygène 6 $O\ddot{E}$ dont 5O sont dans l'acide C^2O^4 et l'eau HO et un équivalent O = 8 pénètrent dans le sang d'où s'éloigne le carbone $C^2 = 12$ et l'hydrogène H = 1. Mais la quantité d'eau produite n'est pas constante, parce qu'elle est grande quand l'air est sec et petite quand l'air est humide. Cette cause fait aussi beaucoup varier la quantité d'oxygène qui penètre dans le sang; car l'hydrogène ozoné $H\ddot{E}^2$ est la cause qui fait pénétrer dans le sang deux équivalents d'oxygène, dont l'un s'éloigne avec l'hydrogène, et l'autre O pénètre dans le sang.

Comme on l'a vu dans les circuits déjà expliqués, de même dans celui-ci on voit s'éloigner : 1° les produits chimiques $C^2O^4\ddot{E}$ et HO qui sont l'acide carbonique et l'eau; 2° de même que les produits électriques qui sont la chaleur $4\ddot{E}\ddot{E}^2$, et ces équivalents cèdent leur place à leurs homonymes qui suivent.

Du carbone $C^2\ddot{E}^6$ et de l'hydrogène $H\ddot{E}^2$ du sang qui arrive aux poumons et de l'oxygène 6 $O\ddot{E}$ de l'air inspiré, sont produits l'eau HO, l'acide carbonique $C^2O^4\ddot{E}$ et la chaleur $4\ddot{E}\ddot{E}^2$, tandis qu'un équivalent $O\ddot{E}$ pénètre dans le sang et s'éloigne des poumons. Dans ce même sang restent les éléments de trois atomes $3\ddot{E}^2\ddot{E}$ de lumière qui se trouvent dans le carbone $C^2\ddot{E}^6\Phi^3$ du chyle.

La différence entre le sang des veines et celui des artères consiste en ces éléments $3\ddot{E}^2\ddot{E}$ de lumière, qui ne sont pas soutenus par le carbone de l'acide C^2O^4 éloigné; la couleur rouge même du sang artériel est un effet de ces éléments électriques $3\ddot{E}^2\ddot{E}$.

III. — CIRCULATION DU SANG ENTRETENUE PAR CELLE DE L'ÉLECTRICITÉ DU CIRCUIT.

La circulation du sang est un effet physique de celle de l'électricité du circuit qui sont pour cela inséparables. Dans les plantes ce sont les courants thermoélectriques du sol qui conduisent l'eau vers la surface et le chyle de la surface vers l'intérieur. Dans les animaux ce sont les courants du circuit qui éloignent le sang des poumons et qui le conduisent de la surface et de tous les points du corps vers les poumons en même temps que le chyle.

Sans connaître la cause des pulsations du cœur, les physiologistes n'en ont pas moins admis, dès le commencement, que ces pulsations sont la cause mécanique qui entretient la circulation : quoique appuyée sur les lois hydrauliques, cette explication n'est pas soutenable, surtout si l'on considère que les enfants et plusieurs espèces d'animaux ont les deux ventricules du cœur imparfaitement séparés, et que cependant le sang, au lieu de passer d'un ventricule dans l'autre, comme chez les fœtus, se répand jusqu'aux dernières ramifications des poumons pour retourner ensuite de là au ventricule gauche.

Pour connaître la fonction véritable du cœur, il est nécessaire d'expliquer le mode de production de ses pulsations. Nous venons d'indiquer qu'en observant la construction anatomique des deux ventricules du cœur, on trouve que les parois de ces ventricules consistent en des filets de muscles qui, venant de l'orifice *o* de la veine *azigos*, forment une espèce de lacis en huit de chiffres, $o \infty o'$ et pénètrent dans l'orifice o' de l'artère *aorte*.

Quand la moitié *o* du lacis est chargée d'équivalents électriques $\bar{\ddot{E}}$ positifs, les filets deviennent plus gros et moins longs, et alors le ventricule droit éprouve une contraction ou *systole*, tandis que le ventricule gauche s'ouvre et subit une *diastole;* alors avec le sang qui y pénètre, s'écoulent aussi les équivalents électriques Ë qui se répandent immédiatement sur les parois du ventricule gauche, et en faisant se contracter ses filets musculaires, ils font y apparaître une systole quand la diastole se fait au ventricule droit.

On voit donc que les pulsations du cœur, loin d'être la cause de la circulation du sang, en sont l'effet, et ainsi se contient la liaison entre les états pathologiques du cœur comme son hypertrophie ou l'*hydropsie* du *péricarde* et la circulation anormale du sang. Le mécanisme indiqué de la construction du cœur ne sert qu'à régler la portion p du sang qui entre dans les poumons et celles p' qui en sortent. Ainsi le cœur est un *régulateur* de la circulation du sang, qui a, comme le sang, pour cause motrice la circulation électrique opérée dans le circuit indiqué.

Rien n'est plus facile maintenant que l'explication de la circulation du sang des fœtus, des poissons, des plongeurs, des animaux assoupis en hiver, et celle opérée dans le foie; bien plus se trouve aussi expliqué l'état d'évanouissement durant lequel s'interrompt totalement la circulation du sang et la respiration, tandis que la circulation électrique est réduite à un degré imperceptible. On trouvera encore dans notre ouvrage l'explication naturelle de l'extase ou état cataleptique où sont plongés les individus par l'inspiration de l'éther et du chloroforme ou par le magnétisme animal et la fascination; nous expliquerons également les rêves produits par la pensée des individus qui nous entourent.

I. **Circulation du sang des fœtus.** Les physiologistes ne sauraient admettre les pulsations du cœur de la mère comme cause motrice de la circulation du sang des fœtus, circulation qui apparaît même avant le commencement des pulsations du cœur, et qu'on remarque également dans les fœtus des oiseaux.

1° *Chez les ovipares* l'incubation s'opère par les courants thermoélectriques qui parcourent le germe placé entre le jaune et le blanc de l'œuf; 2° chez les vivipares, où l'incubation s'opère dans la matrice, il se forme au commencement l'arrière-faix et l'*amnios* dont la température est inférieure à celle du sang. De cette inégalité des températures proviennent les courants thermoélectriques qui traversent le germe des vivipares, précisément comme le sont ceux des œufs en incubation.

Dans les circuits de fœtus se combinent les équivalents électriques $\ddot{E}$ et $\bar{E}^2$ pour produire la chaleur des équivalents matériels de l'eau HO; une partie du carbone se dépose dans le canal intestinal, et une autre se dépose dans l'arrière-faix et sur le visage de la mère pour y former des taches pareilles à celles produites par les obstructions du foie.

II. **Circulation du sang des poissons.** Ce n'est plus ici le contact entre le sang et l'air opéré dans les poumons qui produit un courant thermoélectrique, comme chez les animaux terrestres; ces courants s'établissent chez les poissons de la mer par le moyen de l'eau, dont la température, au fond de la mer, est plus basse qu'à sa surface, quand celle-ci n'est pas gelée. Chez les plantes, qui sont immobiles, le véhicule des courants électriques est la température de l'air qui change jour et nuit; le corps des poissons prend donc une température basse quand ils sont au fond de la mer, et une température élevée quand ils sont à sa surface. Dans les rivières, c'est le flottement entre l'eau et le corps des poissons qui produit l'électricité de la circulation des nerfs et entretient la circulation du sang.

Les courants thermoélectriques entretiennent donc la circulation électrique dans les poissons et celle de leur sang. L'oxygène contenu dans l'eau vient en contact avec le sang dans les branchies et, en se combinant avec l'hydrogène et le carbone, produit l'eau et l'acide carbonique. A la place des doubles atomes C^2 et H^2 éloignés du sang, ce n'est pas un équivalent d'oxygène qui y pénètre, comme dans le sang des poumons par l'air froid, mais c'est au contraire un équivalent d'azote $Az = 14 = 12 + 2$, et il ne se produit aucun changement dans le poids des individus.

III. Circulation du sang des plongeurs. Les plongeurs qui vont à la recherche des éponges restent 30 à 45 minutes au fond de la mer; la circulation du sang s'opère alors par les courants thermoélectriques qui pénètrent dans ces individus, précisément comme cela a lieu pour les poissons. Mais, comme les plongeurs n'ont pas de bronchies pour faire s'éloigner du circuit l'acide carbonique, ils sentent le besoin de respirer l'air pour remplacer la chaleur consommée et pour éloigner l'acide carbonique.

Le même effet a lieu pour les amphibies qui restent un certain laps de temps sous l'eau comme les plongeurs, et sentent ensuite les besoins de respirer l'air. Tels sont aussi les cétacés et les autres poissons qui respirent.

IV. Circulation du sang des animaux hibernants. Plusieurs espèces d'animaux restent l'hiver dans un état d'engourdissement durant lequel ils ne prennent aucune nourriture, et cependant la circulation de leur sang ne s'arrête pas; le pouls devient seulement moins fort et la respiration se maintient, mais assez faiblement. Le poids des marmottes, des taupes, etc., change très-peu, diminuant le plus souvent et augmentant quelquefois : il y a pourtant de temps à autre quelques évacuations d'urine.

V. Circulation du sang dans le foie. La fonction de cet organe n'était pas mieux connue que ne l'était celle de tous les autres; les physiologistes considéraient le foie comme un organe destiné à produire la bile; toutefois cet organe ainsi que la rate existent même chez les espèces d'animaux où la bile ne se rencontre pas.

Le poids du foie augmente et diminue en suivant des périodes qui ont un rapport direct avec celles des repas. 2 à 3 heures après le repas, le poids du foie commence à augmenter et cela dure environ 12 heures, de sorte que 14 à 15 heures après le repas le poids du foie atteint son maximum; il diminue ensuite pour descendre à son minimum 2 à 3 heures après le repas suivant.

Un individu qui pèse 60 à 64 kilogr. a un foie dont le poids est de 2 kilogr. 2 à 3 heures après le repas, et atteint 2 kilogr. et demi 15 heures après le repas, pour diminuer ensuite et revenir à 2 kilogr. Outre cette périodicité de poids, la qualité du sang qui entre dans le foie diffère de celle du sang qui en sort : 1° celui qui entre contient du soufre $S = C^2H^4$ et celui qui s'éloigne n'en contient pas ou n'en contient que très-peu ; 2° le sang qui s'éloigne du foie contient du sucre, tandis que celui qui y pénètre n'en contient pas. Chez les animaux qui ont une vésicule jointe au foie, il y afflue une quantité de bile qui s'éloigne par un conduit pour arriver au canal intestinal.

Tous ces changements chimiques opérés dans le foie sont entretenus par des courants électriques, et deviennent de leur côté une cause directe de ces écoulements électriques qui entretiennent en même temps la circulation du sang. En effet, les physiologistes ne pouvaient pas concevoir comment le sang, en remontant vers le cœur, abandonne la voie directe pour opérer vers le foie une déviation qui exige une pression extraordinaire et en même temps une forte attraction de la part du cœur.

La production de la bile suit la même progression que le poids du foie et devient d'autant plus abondante que celui-ci est plus pesant. La quantité de la bile croît également avec la nourriture animale, quand celle-ci est du même poids que la nourriture végétale.

De même que, dans les poumons, il s'opère aussi dans le foie une rencontre entre les équivalents positifs $\overset{+}{E}$ qui entraînent le sang des veines et les équivalents négatifs $\overset{-}{E}$ qui s'écoulent en direction opposée. La combinaison des équivalents matériels du sang s'opère avec ceux des équivalents électriques qui s'en éloignent sous forme de chaleur et de bile, comme l'eau et l'acide carbonique s'éloignent des poumons, et ainsi affluent de nouveaux équivalents électriques qui entraînent de nouvelles masses de sang et éloignent celui qui s'est chargé d'une quantité de sucre après la séparation de l'acide cholestérique $= C^{48}H^{40}O^{10}$, et l'eau 7HO produits de l'acide stéarique $= C^{48}H^{47}O^{3} + O^{14}$. C'est de l'albumine que sont produits les éléments qu'on obtient dans la bile et dans le sucre.

L'accroissement du poids du foie et celui de l'éloignement de la bile sont en rapport direct avec l'éloignement du chyle de l'estomac et son introduction dans le sang; car la quantité d'eau pénètre de l'estomac et du canal intestinal directement dans les veines, et elle n'a aucune relation avec l'albumine qui constitue le chyle.

L'accroissement du foie provient de ce que la quantité du sang qs introduite en une unité de temps surpasse celle $(q - q)s$ qui s'en éloigne sous forme de sang et sous forme de bile. Sa diminution, au contraire, provient de ce que la quantité du sang $(q - q)s$ qui y pénètre est inférieure à celle qs qui s'en éloigne. Le même effet a lieu pour le chyle dont la quantité commence à augmenter 2 heures après le repas jusqu'à la 15ᵉ heure environ, et diminue ensuite. Le rapport entre les poids du foie et les mouvements sera expliqué plus bas.

VI. **Interruption de la circulation du sang chez les individus évanouis ou tombés en syncope.** Dans ces cas la respiration est interrompue ainsi que la circulation du sang. La sensibilité est complétement émoussée, ce qui indique une interruption presque totale de la circulation électrique; avec la respiration s'interrompt la production de chaleur et en même temps se manifeste un refroidissement général du corps. Aussi voit-on des léthargiques et des cataleptiques chez lesquels la vie ne se manifeste plus pour ainsi dire par aucun signe : cet état se prolonge quelques heures, quelques jours même, et, après, l'individu revient à vie quand reparaissent la respiration et la circulation du sang dont la température commence à se relever : en peu d'heures enfin l'individu est entièrement rétabli.

Des cas semblables de circuits chimiques sont produits par l'eau pure parcourue par des équivalents électriques qui y éprouvent une résistance, et qui s'accumulant, opposent eux-mêmes une résistance à leurs homonymes qui suivent : il provient de là un état électrique presque stationnaire. Ensuite les équivalents du liquide se répandent seuls ou avec le liquide ; tel est l'état où se trouvent les individus évanouis dont la circulation électrique commence à se relever en même temps que la respiration (voir page 545).

VII. **Circulation du sang des individus plongés dans l'extase par le magnétisme animal.** Cet état diffère du précédent en ce que la respiration et la circulation du sang ne sont pas interrompues : il n'y a également pas d'interruption dans les fonctions des nerfs *cérébrofuges* ou de mouvement, tandis qu'il y a un arrêt partiel, mais non total, dans les fonctions des nerfs *cérébropètes* ou de la sensibilité.

Les yeux et l'extrémité des doigts du magnétiseur émettent les équivalents électriques vers l'individu magnétisé dont les équivalents hétéronymes s'écoulent en direction opposée vers le magnétiseur : ce sont les nerfs *cérébrofuges* de celui-ci qui conduisent les équivalents positifs $\bar{E}$ aux extrémités des veines de l'individu magnétisé ; et ce sont les nerfs *cérébropètes* du magnétiseur qui reçoivent les équivalents positifs $\bar{E}$ de l'individu magnétisé pour les conduire au magnétiseur et aux autres individus présents et absents.

La sensibilité est ainsi éloignée des nerfs cérébropètes superficiels sans l'être de ceux de l'ouïe, qui se trouve en son état normal, et de cette manière s'établit un contact entre les équivalents électriques qui vont au cerveau pas l'ouïe, mais, qui en revenant, se trouvent en communication avec tous les équivalents électriques qui viennent de parcourir les circuits des individus présents et ceux de plusieurs individus absents ; mais ceux-ci doivent être mis en rapport avec le magnétisé au moyen de quelque objet lui appartenant et qu'ils ont touché.

L'*extase magnétique complète* est celle où sont éloignés les équivalents des nerfs de la sensibilité et ceux des nerfs de mouvement ; ces équivalents circulent dans les veines de l'individu extasié, car ils passent des nerfs de sensibilité aux circuits des individus voisins ou à celui du magnétiseur, et, en reculant, pénètrent dans les nerfs de mouvement pour arriver aux veines.

Ces individus ne sont pas maîtres de leurs mouvements : on peut les exciter d'une foule de manières, indépendamment de leur volonté, et notamment, au moyen de la musique. On voit alors plusieurs de ces magnétisés se rapprocher, s'élancer, et former les groupes les plus extraordinaires ; ils prennent toutes sortes de positions et se livrent à des mouvements auxquels leur intelligence n'a point de part, et qui sont loin d'obéir même à la mesure musicale : on appelle ces mouvements *danse magnétique.*

VIII. Fascination. Les faits produits par les regards des magnétiseurs sur les individus magnétisés se rencontrent chez quelques individus du peuple, surtout dans les pays chauds, et très-souvent parmi les juifs, qui sont aussi plus susceptibles d'être magnétisés que les individus des autres nations d'Europe. Il suffit souvent de fixer un regard intense sur un enfant pour le jeter dans un état extatique par la déviation du courant des nerfs cérébropètes ou de la sensibilité ; courant qui prend alors son écoulement vers le magnétiseur ; on sait qu'il suffit que celui-ci touche l'enfant ou seulement d'un verre d'eau qu'on donne boire à l'enfant pour qu'il revienne à lui : c'est le moyen qu'emploient les magnétiseurs pour réveiller les individus plongés dans l'extase.

IX. **Éthérisme.** Les vapeurs des liquides électronégatifs tels que l'éther, le chloroforme, etc., respirées avec l'air font diminuer les équivalents positifs Ē écoulés vers les artères et les nerfs de la sensibilité pour arriver au cerveau, et c'est pour cela que la sensibilité est anéantie comme elle l'est chez les individus qu'a plongés dans l'extase le magnétisme animal.

X. **Poisons des substances des corps organisés.** Le *curare* et les poisons de la vipère suppriment l'écoulement des équivalents électriques quand ils sont en contact avec le circuit, et en même temps s'arrête la circulation du sang, ce qui amène bientôt la mort. Introduites dans l'estomac et le canal intestinal en dehors du circuit, ces substances ne produisent aucun effet : elles y perdent leurs équivalents électriques.

XI. **Rêves.** Il n'entre pas dans mon plan de traiter à fond cette matière, mais, pour ne rien laisser derrière moi, je ne puis cependant la laisser passer sans indiquer la portée des faits électriques jusqu'à leurs dernières limites. Je veux combattre à la fois et ces merveilles prétendues avec lesquelles on a abusé de la crédulité du peuple, et l'orgueilleux scepticisme de ceux qui nient hardiment et taxent même d'imposture tous les faits qu'ils sont incapables de comprendre ou d'expliquer.

Je n'ai que deux mots à dire sur la nature des rêves dont l'existence n'est niée de personne. Je ne raconterai pas ici un rêve particulier, comme le fit Xénophon quand il se trouva avec ses compagnons dans une position critique; mais je ferai voir que les rêves ne sont pas toujours le reflet des pensées de l'individu seulement, mais dépendent quelquefois aussi de la pensée d'autres individus.

J'étais un jour, à l'époque de la révolution de 1848, dans un château, en Valachie : je reçus alors un groupe cacheté contenant 300 livres en or, et comme la chambre que j'occupais paraissait peu sûre, je pensai qu'un officier qui s'y trouvait et qui n'était pas dans une brillante position de fortune pourrait venir en mon absence et dérober l'argent. Je le confiai donc au maître du château qui le mit dans sa caisse ; je ne lui avais dit ni quelle espèce de monnaie y était contenue ni le nombre des pièces.

Le lendemain, nous étions à déjeuner, quand l'officier entra et son premier mot fut de dire au maître de la maison qu'il venait de rêver lui avoir volé dans sa caisse 300 ducats d'Autriche, monnaie plus en usage que les livres en or. Tout le monde oublia le rêve de l'officier, mais cela devint pour moi l'objet d'une étude qui m'a conduit à connaître l'expansion des *idées* hors des limites matérielles de l'individu, comme cela se manifeste chez les individus magnétisés.

IV. — COMBINAISONS DES ÉLÉMENTS DE L'AIR PAR LA RESPIRATION ET PRODUCTION DE CHALEUR ET D'EAU.

Cette découverte dont les résultats changeront dans peu la face du monde industriel, nous servira à expliquer ici une série de faits qui, jusqu'à présent, étaient restés à l'état de problème.

1° Les animaux tels que les ours, les marmottes, les taupes, etc., qui passent l'hiver dans un état d'assoupissement, ne reçoivent rien pendant plusieurs mois ; ils respirent, leur sang circule, le poids de leur corps change peu, quoiqu'il y ait une consommation considérable d'eau et de chaleur par la respiration et la surface du corps.

2° Les animaux sauvages des latitudes élevées restent en plein air, ils ne boivent pas durant des mois entiers, parce que toutes les eaux sont gelées ; leur nourriture est alors bien précaire, et cependant ils se maintiennent en vie.

3° En Sibérie et dans le Bas-Canada, en Russie, en Moldavie, etc., les bergers et souvent les soldats restent en plein air plusieurs mois avec une nourriture peu différente de celle d'été. De même pour les troupeaux de moutons qui restent également sans rien boire; qu'on n'aille pas croire qu'ils mangent de la neige, car elle est un poison pour eux. Les hommes mêmes boivent très-peu et ne peuvent pas davantage manger de la neige.

4° Les diabétiques ont bon appétit, une grande chaleur et une soif excessive; leur urine est abondante, contient beaucoup de sucre, et, en hiver, elle surpasse, avec les autres excrétions, la quantité des aliments ingérés. La quantité de cet excédant dépasse souvent un demi-kilo; cet état peut se maintenir deux ou trois mois, mais enfin tous les diabétiques succombent.

Explication. Personne ne peut nier que d'une combinaison des éléments de l'air il ne résulte une production d'eau et de chaleur. Les chimistes qui voulaient d'une part conserver la théorie de leurs maîtres, et qui, d'autre part, n'en trouvaient pas de meilleure, préférèrent attendre en se bornant à faire des observations de toute espèce. Ils ne pouvaient pas résoudre ce grand problème à cause de cet axiome qu'on avait adopté sans examen et en vertu duquel « les corps décomposables ont été produits par une combinaison de leurs éléments, et que les corps indécomposables sont pour cela simples. »

Ainsi l'azote qui est indécomposable a été considéré comme un corps simple, et en se combinant avec l'oxygène il produit des corps décomposables en azote et oxygène. Les chimistes ignoraient que l'azote est indécomposable sans pour cela être simple, parce qu'il est un reste de quatre atomes d'eau dont a été éloigné un équivalent $O\ddot{E}$ d'oxygène qui a été remplacé par un atome $\ddot{E}^2\bar{E}$ de lumière

$$H^4O^4\theta^4 - O\ddot{E} + \ddot{E}^2\bar{E} = H^3O^3\theta^3H\bar{E}^2\ddot{E}^2\bar{E} = \overline{HO\theta}^3\,\overline{H\bar{E}\ddot{E}\bar{E}}^2 = Az^2.$$

De sorte que de quatre atomes d'eau est produit 1° un atome double Az^2 d'azote et 2° un équivalent $O\ddot{E}$ d'oxygène qui, mêlés ensemble, ont pour formule Az^2+O et produisent l'air où il se trouve un excédant αO d'oxygène qui y arrive des plantes.

L'eau exposée au soleil et aux courants thermo-électriques sur la surface de la mer ou sur celle des plantes, reçoit les atomes de lumière et laisse s'éloigner l'oxygène, et ainsi l'atome double Az^2 d'azote est un reste où se trouvent trois atomes d'eau 3HO et un équivalent d'hydrogène H; si celui-ci vient à se combiner avec un équivalent d'oxygène, il apparaît quatre atomes d'eau; les combinaisons de cette nature s'opèrent toujours par les courants thermo-électriques entre une masse d'air chaud en contact avec une masse d'air froid.

La chaleur $\hat{E}\bar{E}^2$, en s'écoulant de l'air chaud, repousse de l'azote $Az^2\bar{E}^2$ les équivalents négatifs $\bar{E}^2$ et sollicite l'affluence des équivalents positifs $\hat{E}$ qui entraînent leurs homonymes $\hat{E}$ de l'oxygène $O\hat{E}$. 1° Les équivalents électriques $\hat{E}$ et $\bar{E}^2$, en se combinant, produisent la chaleur $\hat{E}\bar{E}^2$, et 2° les équivalents matériels Az^2+O produisent quatre atomes d'eau 4HO, et l'atome de lumière $\hat{E}^2\bar{E}$ devient libre.

1° Les animaux engourdis durant l'hiver produisent, par la respiration, un contact de l'air chaud qui reste dans les poumons et de l'air froid inspiré; il se produit ainsi d'un atome double Az^2 et d'un équivalent O d'oxygène : 1° quatre atomes d'eau, 2° un atome de chaleur et un atome de lumière

$$Az^2+O=H^3O^3H\bar{E}^2\hat{E}^2\bar{E}+O\hat{E}=4HO+\hat{E}\bar{E}^2+\hat{E}^2\bar{E}.$$

Les équivalents de lumière $\hat{E}^2\bar{E}$ se combinent avec les équivalents négatifs du carbone $C\bar{E}^3$ du sang et font apparaître d'un atome de lumière deux atomes de chaleur, qui remplace celle qui se consomme $\hat{E}^2\bar{E}+\bar{E}^3=2\hat{E}\bar{E}^2$.

La température du sang ne change pas à cause de celle de l'air, parce que, quand l'air est froid, d'une part, il fait augmenter la consommation de chaleur, et de l'autre co froid même est ce qui fait augmenter la densité du courant thermo-électrique entre les masses d'air chaud et d'air froid qui viennent en contact, dont la combinaison devient plus prompte et plus abondante et en même temps la production de chaleur augmente quand augmente la consommation.

2° Les animaux sauvages se maintiennent de la même manière en hiver à une température très-basse et sans boire. Ainsi quoique la consommation de chaleur augmente avec les grandes quantités d'air expiré, les hommes et les animaux dont les poumons sont peu volumineux ne peuvent pas exister dans les pays froids, parce que les poumons servent en même temps à la production de la chaleur et de l'eau. Pour cette raison les oiseaux et les animaux terrestres à petits poumons s'éloignent l'hiver des pays très-froids, et il n'y reste que les espèces à poitrine large et à poumons volumineux, qui en même temps leur procurent la chaleur et l'eau qui leur manque.

3° Les diabétiques ne sont pas les seuls qui produisent en hiver un excédant du poids des excréments relativement aux aliments; on rencontre encore cette supersécrétion chez tous les individus qui respirent l'air froid, et cet excédant est d'autant plus considérable que la température de l'air est plus basse.

4° Tous les phénomènes atmosphériques sont également produits, comme le savent les météorologistes, par le contact des masses d'air chaud avec d'autres froides; mais au lieu d'y reconnaître la combinaison de l'oxygène O avec l'atome double Az^2 d'azote, les météorologistes s'efforcent, contre toutes les lois physiques, d'expliquer les phénomènes atmosphériques au moyen de vapeurs insignifiantes; ils devraient pourtant savoir que ces vapeurs de l'atmosphère sont souvent moins abondantes avant qu'après une averse; le même fait a lieu même à la surface de la mer.

5° Pour faire se combiner l'air contenu dans un tube de cuivre ou mieux de platine, il faut plonger ce tube, qui doit être assez large, dans la glace d'abord, et ensuite dans l'eau salée bouillante à 110° ou 120°, et puis de nouveau dans la glace. Ces tubes doivent contenir du chlorure de chaux pour absorber l'eau, parce que sans cela en chauffant l'air au-dessus de 100°, cette eau se vaporise et l'on croit que le tube ne contient que de l'air dont une partie reste attachée aux parois du tube quand la température est au-dessous de 100°; ce fait est déjà connu, et chacun sait qu'il suffit d'introduire du chlorure de chaux pour éloigner les vapeurs.

CHAPITRE III.

DIGESTION ET FONCTIONS MATÉRIELLES ET INTELLECTUELLES ENTRETENUES PAR LA NOURRITURE.

Cet objet intéresse tout le monde; je m'efforcerai donc de le rendre compréhensible à chacun de mes lecteurs. Je donnerai ici comme exemples quelques observations qui serviront à l'application des lois physiques.

Trois groupes *a*, *b*, *c* de lapins ont reçu une certaine quantité de persil.

1° Le premier groupe *a* ne subit aucune opération, tandis que les autres, *b* et *c*, sont soumis à l'opération suivante : on leur coupe les nerfs de la huitième paire qui vont à l'estomac.

2° Les lapins *b* sont abandonnés à eux-mêmes après l'opération, et voici les phénomènes qu'ils présentent : d'abord leur respiration est haletante et très-pénible : ils font de violents efforts pour vomir, et périssent au bout de quelques heures : on reconnaît à l'autopsie que le persil qui remplit l'estomac n'a pas été digéré et que les poumons sont le siége d'une forte congestion.

3° Chez les lapins *c* on fait, immédiatement après l'opération, passer un courant à travers les parties inférieures des nerfs coupés; la respiration se fait facilement; à l'autopsie, les poumons ne présentent aucune congestion, et le persil se trouve complétement digéré comme chez les lapins *a* qui n'ont subi aucune opération. Les résultats sont les mêmes si l'on opère sur les chiens ou d'autres animaux.

4° Les animaux noyés ou asphyxiés au moyen de gaz peuvent être ranimés par le courant d'une pile dont ils ont le pôle positif dans la bouche et le pôle négatif dans le rectum; l'individu est ainsi parcouru par les équivalents électriques dans le sens des nerfs de mouvement ou cérébrofuges. Par cette identité des résultats, on est amené à reconnaître que les fonctions animales sont entretenues par les écoulements des équivalents électriques.

Par le mot *digestion* on doit entendre ici non pas un fait isolé, mais une longue série de faits liés entre eux par les lois physiques comme causes et effets.

I. Pour que la digestion ait lieu: 1° il faut d'abord que de la nourriture soit introduite dans l'estomac, et cette introduction doit être elle-même sollicitée par l'*appétit* ou la *faim;* et 2° il faut que l'acide gastrique afflue des parois de l'estomac à la surface des aliments.

II. Maintenant pour entretenir cette digestion il faut 1° que l'estomac laisse s'éloigner le chyle qui est composé de l'acide gastrique et des substances χ azotées des aliments qui y ont été dissoutes, et 2° il faut en même temps que, par le *pylore*, puissent s'éloigner les substances *b* des aliments qui n'ont pu être dissoutes dans l'acide gastrique.

III. Les substances *b* non digérées 1° parcourent le canal intestinal et sont évacuées par le rectum; 2° les substances χ azotées sont introduites dans le sang où elles éprouvent une séparation de leurs équivalents électriques, et sont réduites en une excrétion qu'on nomme urine.

1° Pendant l'âge de jeunesse, quand l'individu croît, il se sépare une partie *a* du chyle χ qui reste dans l'individu; 2° le même effet a lieu pendant l'âge de puberté chez les individus femelles à l'état de gestation, et chez les individus mâles qui croissent ou qui s'engraissent; 3° pendant l'âge de maturité, alors que les individus ne sont plus susceptibles de gestation, et s'ils ne s'engraissent pas, tout le poids de la substance χ s'éloigne et est expulsé alors sous forme d'urine.

La masse totale e électrique déjà séparée du chyle χ se sépare en plusieurs portions, dont ε' pour entretenir la digestion, ε'' pour les mouvements, ε''' pour les fonctions sexuelles, et ε pour les fonctions intellectuelles. La quantité e est médiocre quand est grande la partie a du chyle χ, comme cela a lieu pour les enfants et pour les femelles pleines, surtout pendant la seconde moitié de la gestation : cette partie a devient nulle dans l'âge de maturité.

Il ne reste rien dans le corps de la substance a si tous les équivalents électriques e s'en éloignent; l'accroissement du corps s'arrête alors chez les individus jeunes et chez les fœtus, dans les individus en état de gestation. En cas pareils, la masse e d'équivalents électriques se consomme pour la digestion, le mouvement, les fonctions sexuelles et les fonctions intellectuelles.

Les quantités χ a e sont entre elles en rapport bien déterminé, car $\chi - a = e$ est un rapport où l'on doit considérer les équivalents électriques contenus en χ et a; de même on a $e = \varepsilon' + \varepsilon'' + \varepsilon''' + \varepsilon$; si la quantité e est petite, les autres ε', ε'', ε''' et ε ne peuvent pas être grandes, et quand l'une des quantités ε', ε'', ε''' et ε est très-grande, les trois autres sont petites. Ces calculs vont trouver leur application aux relations entre les fonctions animales.

I. *Appétit et faim.* Ces deux états des animaux et de l'homme sont produits par l'accumulation des équivalents électriques ε' dans les nerfs de la huitième paire en densités différentes. Quand l'estomac contient des aliments, il y a un écoulement d'équivalents positifs $\bar{E}$ du cerveau par les nerfs dits *cérébrofuges*, parce que les équivalents négatifs $\bar{E}$ dont sont chargées les substances végétales et animales s'écoulent de ces substances alimentaires pour se combiner et produire la chaleur.

Quand l'estomac ne contient rien, ses parois viennent en contact, et les équivalents électriques Ē positifs exercent ainsi entre eux une répulsion qui remonte au cerveau par les nerfs de la huitième paire. Des différentes densités de ces équivalents électriques Ē proviennent trois états qui leur correspondent, c'est-à-dire l'appétit, la faim, puis la faiblesse ou défaillance.

I. L'*Appétit* est le sentiment provenant des équivalents électriques accumulés dans les parois de l'estomac; cet état peut durer plusieurs heures et il cesse aussitôt qu'on introduit une quantité de nourriture dans l'estomac.

II. *La faim* vient après l'appétit quand l'estomac n'a pas reçu la nourriture qui peut l'apaiser; elle a sa cause dans une accumulation d'équivalents positifs Ē propagés par les nerfs de la huitième paire de l'estomac au cerveau d'où ils se répandent par les nerfs de mouvement, et ceux-ci sont alors, dans les cas pareils, sollicités à la recherche de nourriture; de sorte que, chez les animaux comme chez les hommes, le manque de nourriture est la cause qui les excite à la recherche; nous avons déjà indiqué que c'est le chyle de la nourriture qui contient les équivalents électriques ε'' qui se consomment pendant le mouvement.

III. *Faiblesse.* Si le manque de nourriture persiste et que les équivalents ε'' du chyle diminuent, le mouvement ne peut plus être entretenu; à la place du chyle il pénètre dans le sang de la graisse qui fournit aussi une quantité ε'' d'équivalents électriques employés pour le mouvement. Les fonctions sexuelles s'interrompent les premières, car leurs équivalents électriques ε''', comme ceux de la digestion, se consomment au mouvement employé à la recherche de la nourriture. Après l'épuisement des équivalents électriques séparés des éléments du sang, qui disparaissent par la sécrétion urinaire, le poids du foie atteint son minimum, le sang ne contient plus que peu d'équivalents électriques, et son carbone continue à se consumer sans être remplacé.

Cet état résultant de la privation de nourriture ne diffère de celui où se trouvent les individus, quand ils sont assoupis, que, 1° par le mouvement qui y est interrompu, et, 2° par la température de l'air qui, étant inférieure l'hiver, produit plus d'eau et de chaleur, tandis que quand elle est élevée pendant l'été, les mêmes espèces d'animaux consomment les équivalents électriques ε″ à la production des mouvements. La *faiblesse* est donc un effet de l'éloignement des équivalents électriques qui provoque celui des excréments et la diminution du poids du corps et de celui du sang, dont la qualité même est modifiée sensiblement.

L'homme supporte la privation de nourriture plus difficilement que les animaux, soit quand il est en mouvement comme eux, soit que les animaux soient en repos comme l'homme, car celui-ci ne cesse jamais, dans ces cas, de consommer une quantité ε d'équivalents électriques pour les fonctions intellectuelles, consommation qui n'existe pas chez les animaux tenus dans l'obscurité, parce que, même par la vision et les autres organes de sensations, il s'opère encore une notable consommation d'équivalents électriques.

1. — DIVISION DES ALIMENTS DANS L'ESTOMAC EN CHYLE ET EN PARTIES NON DIGÉRÉES.

Les aliments sont tous combustibles et cela prouve qu'ils sont électronégatifs, tandis que les équivalents positifs Ē se trouvent accumulés dans les parois de l'estomac, dans son *ganglion* et dans les nerfs de la huitième paire; nous avons dit que cet état est celui des individus qui ressentent de *l'appétit*. Exposons maintenant une série de faits que produisent: 1° les équivalents négatifs Ē des aliments; 2° les équivalents positifs Ē de l'estomac et du sel gemme qui est le chlorure de soude.

I. Au moment de l'introduction des aliments les parois de l'estomac se dilatent et les équivalents positifs Ē n'exercent plus une résistance mutuelle, mais ils s'écoulent vers les aliments. Cet écoulement s'opère avec celui des équivalents négatifs Ē des aliments vers les parois de l'estomac, où se trouve une partie du sel gemme dont le chlore se combine avec un équivalent Ḣ d'hydrogène de l'eau et avec un équivalent Ē positif de l'atome ĒĒ² de chaleur pour former l'acide hydrochlorique. Celui-ci, mêlé avec le suc introduit, est *l'acide gastrique*, qui ne se trouve nulle part avant l'introduction des aliments, ou encore dans les cas où les nerfs de la huitième paire sont coupés immédiatement après cette introduction.

Des aliments A, la partie α azotée se dissout dans l'acide gastrique et le reste $A-\alpha$ est repoussé par les mouvements *péristaltiques* de l'estomac vers le pylore pour pénétrer dans le canal intestinal.

II. L'éloignement du chyle de l'estomac s'opère par une endosmose qu'entretient l'écoulement des équivalents positifs Ē qui sont déjà accumulés dans le chyle. Celui-ci entre dans les vases cholédoques, et repoussé toujours par les équivalents Ē, arrive au conduit du thorax où il s'écoule dans la veine azygos.

Dans les cas où sont coupés les nerfs de la huitième paire, les équivalents électriques Ē arrivent à l'estomac du mésentère, et l'envie de vomir est produite par leur écoulement en direction opposée par l'estomac. Ce courant, en remontant, entraîne dans l'estomac la bile du duodénum, qui remonte jusqu'à la bouche.

De pareilles envies de vomir sont produites chaque fois que s'interrompt l'écoulement des équivalents positifs du cerveau vers l'estomac, comme cela est produit par les vomitifs et par les maladies qui produisent un éloignement des équivalents électriques du cerveau vers les veines du mésentère, d'où ils arrivent à l'estomac comme dans le cas où sont coupés les nerfs de la huitième paire, ou dans le *choléra-morbus*.

II. — SÉPARATION DE L'ÉLECTRICITÉ DES ÉLÉMENTS DU CHYLE ET LEUR TRANSFORMATION EN EXCRÉMENTS.

Par la respiration il s'éloigne du sang, en une unité de temps, le poids p de carbone et d'hydrogène et il y pénètre un poids presque égal d'oxygène, comme cela a été constaté directement; car pour un équivalent C de carbone et un équivalent H d'hydrogène qui s'éloignent du sang il y pénètre un équivalent O d'oxygène. De sorte que les éléments matériels du chyle ne s'éloignent que par l'urine, parce que la bile ne s'évacue pas par le rectum, mais se mêle en plus grande quantité avec les parties éloignées de l'estomac; le chyle ainsi produit pénètre par endosmose dans les veines.

Le chyle χ qui entre dans le sang est différemment utilisé chez l'homme et chez les animaux, et même pendant chaque âge. Une partie a du chyle conserve ses équivalents électriques et reste dans le corps pour en faire augmenter le poids. 1° Pendant l'âge de jeunesse cette partie a fait croître les différents organes du corps. 2° Pendant l'âge de puberté la même partie a de chyle est consommée pour la reproduction; mais si celle-ci est suspendue sans que les mouvements soient plus multipliés, la partie a est consommée pour former la graisse. 3° Pendant l'âge de maturité la partie a du chyle devient insignifiante; elle disparaît même totalement, et tous les éléments du chyle, séparés de leurs équivalents électriques, s'éloignent sous forme d'excréments sans aucun changement dans le poids du corps. 4° Pendant la vieillesse, les équivalents électriques e séparés du chyle χ, ne sont plus suffisants, mais il s'en sépare une quantité e' des éléments χ' de la graisse et ces éléments matériels s'éloignent comme excréments, et c'est ainsi qu'il se manifeste une diminution du poids des corps qui continue jusqu'à la mort naturelle.

La partie $\chi - a$ du chyle se sépare d'abord de ses équivalents électriques e, et ainsi transformée en excréments, s'éloigne avec l'urine. Les équivalents électriques séparés du chyle et de l'oxygène $O\ddot{E}$ qui pénètre dans le sang, et encore les atomes $\Phi = \ddot{E}^2\bar{E}$ de lumière qui s'éloignent du carbone $C^2\bar{E}^6\Phi^3$ et de l'azote $H^3O^2\theta^3H\ddot{E}^2\Phi$ forment une quantité ε qui est utilisée : I. Chez l'homme 1° ε' pour la digestion, 2° ε'' pour les mouvements, 3° ε''' pour les fonctions sexuelles et 4° ε pour les fonctions intellectuelles. II. Chez les animaux, les fonctions intellectuelles font presque entièrement défaut, et, à cause de cela, la portion ε d'équivalents électriques se trouve répartie entre les trois autres fonctions, la digestion, les mouvements et les fonctions sexuelles.

A. Modifications des éléments matériels par la séparation des équivalents électriques.

Nous avons indiqué la périodicité d'accroissement et de décroissement du poids du foie et la relation entre cette périodicité et celle de l'éloignement de la bile ; cependant celle-ci est, durant le jour, plus abondante que durant la nuit ; cette différence indique la relation entre les mouvements et la production de la bile.

L'urée $C^2Az^2H^4O^2$ constitue presque la moitié de la partie des éléments séparés du sang et transformés en excréments ; comme la bile, de même l'urée augmente quand la nourriture consiste en viande, et elle diminue quand la nourriture consiste en graisse, pain et pommes de terre.

La nourriture et le chyle ne contiennent ni *urée* $= C^2Az^2H^4O^2$ ni *acide cholestéarique* $= C^{48}H^{40}O^{10}$, mais c'est le soufre

$S = C^2H^4$ qui disparaît du sang, qui entre dans le foie, et le sel gemme $NaClC^2H^6C^2O^3$ disparaît du sang. Dans le foie est produite la bile, et l'urée est produite non pas dans les reins, mais dans le sang, et dissoute dans l'eau, elle s'écoule par endosmose dans les uretères au travers des reins.

I. *Production de l'urée par la séparation des équivalents électriques.* Le chlore $Cl = C^2O^3$ du sel gemme est composé de mêmes éléments matériels que l'acide oxalique anhydre, mais leurs équivalents électriques diffèrent en ce que le carbone C^2 de l'acide contient les équivalents $\bar{E}^6 + 3\bar{E}^2\bar{E}$, tandis qu'ils manquent dans le carbone C^2 du chlore. La cause de la disparition du sel gemme est donc la décomposition du chlore, parce que la soude ne disparaît pas, mais qu'elle se combine avec l'acide phosphorique et produit un sel qui constitue une partie des excréments contenus dans l'urine.

Dans la chimie nous expliquerons de quelle manière les équivalents chimiques sont remplacés par leurs isodynames; ces équivalents sont indiqués par le signe #. Je suis forcé d'en faire mention pour prouver que l'urée $C^2Az^2H^4O^2$ et l'acide carbonique C^2O^4 sont *homoïdes*, parce que les deux atomes $2AzH^2$ d'*amide* sont *isodynames* à deux équivalents 2O d'oxygène.

L'ammoniaque AzH^3 est isodyname à trois atomes d'eau; s'il s'en éloigne un équivalent H d'hydrogène, le reste $AzH^3 - H = AzH^2$ est isodyname à un équivalent O d'oxygène, car celui-ci est aussi le reste de l'éloignement d'un équivalent H d'hydrogène d'un atome HO d'eau $HO - H = O$: c'est pour cela que, très-souvent, un équivalent H d'hydrogène est remplacé par l'atome $X = AzO^4 = AzO^5 - O$. L'équivalent d'azote Az obtenu par la séparation des trois équivalents H^3 d'hydrogène de l'ammoniaque est isodyname à trois équivalents O^3 d'oxygène $AzH^3 - H^3 = Az \# O^3$; ainsi le cyanogène C^2N est homoïde au chlore $Cl = C^2O^3$ et à l'acide oxalique anhydre C^2O^3.

La soude séparée du sel gemme se combine avec l'acide

phosphorique du chyle. L'acide urique $C^{10}Az^{4}H^{4}O^{6}$ est un combiné d'urée $C^{2}Az^{2}H^{4}O^{2}$ # $C^{2}Az^{4}H^{8}$ et d'oxyde 8CO. L'acide sulfurique, après la perte d'une partie du soufre dans le foie, s'éloigne avec l'urine sous forme de sels qui se trouvent déjà dans le chyle.

Le mouvement s'opère dans les individus par la consommation des équivalents électriques ε″ éloignés du chyle; mais dès que les éléments de celui-ci deviennent privés de leurs équivalents électriques, ils sont transformés en excréments. En effet les observations ont constaté un rapport direct entre le mouvement et la quantité de l'urée quand les aliments sont les mêmes.

Les artères rénales contiennent une plus grande quantité d'urée que les veines. Cela prouve que toute l'urée ne s'éloigne pas pour passer dans les *uretères*, mais seulement une partie, et celle-ci est plus grande quand la vessie et les uretères sont vides que quand ils sont pleins; cela provient de la résistance qu'éprouve l'urée du sang dans celui des uretères. Donc pour obtenir une plus grande quantité d'urée il faut une fréquente évacuation de la vessie, comme cela a été constaté par des observations répétées.

II. *Production de la bile par la décomposition du soufre.* L'introduction des aliments dans l'estomac s'opère en un espace de temps de quelques minutes. Leur éloignement de l'estomac dure plusieurs heures, et l'éloignement des masses non digérées a lieu en une fois par le rectum, tandis que celui des éléments du chyle s'opère par l'urine et la respiration graduellement et proportionnellement pour ainsi dire à chaque heure.

Tant qu'il arrive de l'estomac une quantité de chyle au sang plus grande que celle qui s'en éloigne par l'urine, l'excédant s'accumule dans le foie jusqu'au moment où la quantité χ' de chyle arrivée au sang est égale à celle χ'' qui s'en éloigne avec l'urine. Cet état dure jusqu'au moment où le chyle χ' qui arrive n'est plus suffisant à remplacer les éléments qui s'éloignent, et c'est alors que commence à s'éloigner du foie la masse de chyle qui s'est accumulée : le volume du foie diminue alors, et les éléments arrivent d'une part au sang et s'en éloignent avec l'urine après avoir été séparés de leurs équivalents électriques.

La disparition du soufre $S = C^{2}H^{4}$ ou $4\ S^{6} = 4\ C^{12}H^{24}$ et l'apparition de l'acide cholestéarique $C^{48}H^{40}O^{10}$ amènent à reconnaître q ie cet acide est un produit de l'acide sulfurique qui disparaît, et non pas de l'acide stéarique $C^{48}H^{47}O^{5}$ qui n'existe pas ou, au moins, qui ne disparaît pas du sang qui traverse le foie.

La périodicité du poids du foie et sa relation avec l'introduction de la nourriture dans l'estomac, sert ici à prouver que le foie, et même la rate, sont deux *régulateurs* du chyle qui arrive au sang de l'estomac, et s'en éloigne par l'urine, la perspiration et la respiration.

La bile et le sucre sont produits par la circulation électrique, et celle du sang dans le foie, ainsi que l'urée, est produite par les mouvements et la circulation du sang dans le corps. Pour cette raison quand, par suite d'obstruction du foie, la bile ne peut pas être conduite dans la vessie, elle est éloignée avec le sang pour pénétrer dans l'urine ou être déposée sur la surface du corps.

B. MODIFICATIONS DE LA DISTRIBUTION DU CHYLE PENDANT LES AGES DIFFÉRENTS.

1° De la quantité du chyle χ, une partie a reste dans le corps, et le reste $\chi - a$ s'éloigne ; ainsi, les organes où la graisse du corps augmente en poids de toute la partie a ; 2° Si a est nulle, le poids du corps reste le même, et 3° si la quantité χ du chyle est inférieure à celle $\chi + a$ qui s'éloigne, le poids du corps diminue.

I. *Causes de la diminution du poids du corps.* Toutes les maladies font diminuer la graisse et les muscles ; des mouvements fréquents, mais pas trop forcés, font diminuer la graisse, et les filets des muscles deviennent moins gros sans diminuer en nombre et sans porter préjudice aux autres fonctions. Mais, si le mouvement est forcé, il porte préjudice aux fonctions sexuelles et intellectuelles et même à la digestion.

II. *Cause de l'augmentation du poids du corps.* Les organes croissent pendant la jeunesse ; pendant l'âge de puberté, ils continuent de croître chez les individus mâles, tandis que chez les individus femelles, la partie *a* du chyle est consommée au profit du fœtus ou des petits. Cette partie *a* du chyle peut être convertie en graisse quand on arrête la reproduction, et en même temps les mouvements chez les animaux ; mais, chez l'homme, il faudrait arrêter de plus les fonctions intellectuelles.

On parvient toujours à produire un amaigrissement qui va jusqu'au marasme et même à la mort, en exagérant et forçant les mouvements, tandis que, pour produire l'engraissement chez les animaux, il faut qu'ils ne soient pas trop vieux, et chez les hommes, outre cette condition, il faut encore qu'ils se livrent modérément aux fonctions intellectuelles et sexuelles : ce sont là des conditions qu'il n'est pas toujours aisé d'obtenir de chaque individu.

Tous ces faits prouvent une liaison intime entre les éléments du chyle, les mouvements, les fonctions sexuelles et intellectuelles. Personne ne peut douter que les équivalents électriques ε séparés des éléments du chyle : 1° réduisent ces éléments en excréments d'urine, de perspiration et de respiration, et 2° qu'ils sont consommés en diverses parties, soit ε' pour la digestion, ε'' pour les mouvements, ε''' pour les fonctions sexuelles et ε pour les fonctions intellectuelles.

III. — MODE DE LA CONSOMMATION DES ÉQUIVALENTS ÉLECTRIQUES SÉPARÉS DU CHYLE.

Les observations récentes de M. Bois-Reymond ont servi à prouver directement une relation entre les mouvements du corps produits par les contractions des muscles et l'écoulement des équivalents électriques d'un circuit chimique. En examinant la figure 67, on voit que la barre transversale *a b* sert d'appui aux deux bras de l'opérateur : chacune des mains a un doigt plongé, 1° dans l'un des vases où est la lame de zinc et 2° dans l'autre vase d'eau acidulée où est la lame de cuivre; ces vases sont unis par les extrémités d'un fil très-long qui fait l'office d'un *rhoomètre*, dont l'aiguille est en repos quand les muscles des bras le sont aussi, ou quand ces muscles sont contractés également.

Figure 67.

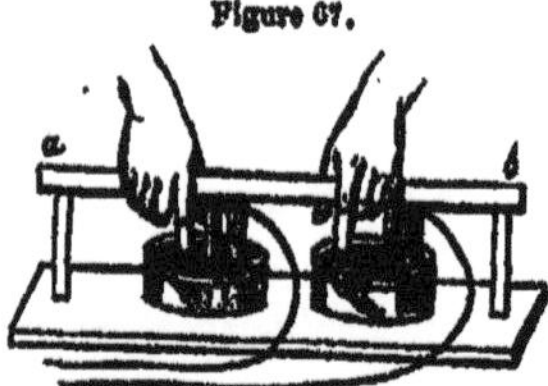

La déviation de l'aiguille n'apparaît que quand l'un des bras, le droit, par exemple, se contracte à l'exclusion de l'autre ; il s'opère alors, par le doigt de la main droite, un écoulement d'équivalents négatifs $\bar{E}$ du bras contracté, lesquels équivalents passent par le fil du rhoomètre et en sollicitent en direction opposée l'écoulement des équivalents positifs $\dot{E}$. Le même résultat a été encore obtenu, mais d'une manière plus marquée, quand M. Bois-Reymond, après avoir enlevé l'épiderme au moyen d'un léger vésicatoire, a placé les deux lames sur les plaies ; en ce cas, la déviation de l'aiguille était de 60° à 70°, tandis que précédemment elle n'était que de 2° à 3°, quand l'épiderme n'était pas encore enlevée. La déviation de l'aiguille ne disparaît pas immédiatement après la contraction des muscles, mais elle diminue lentement, ce qui prouve que les équivalents négatifs $\bar{E}$ continuent à s'écouler même quand la contraction n'existe plus. De cette manière on a directement constaté l'apparition d'un excédant d'équivalents négatifs par la contraction des muscles.

On connaît également la production de chaleur $\bar{E}\bar{E}^{2}$ par les mouvements du corps, chaleur dont la disparition s'opère lentement après l'interruption du mouvement. La propagation des équivalents électriques négatifs $\bar{E}$ ne peut donc pas être contestée; mais on est conduit à prouver comment s'opère la contraction des muscles, et comment d'elle est produite la chaleur ; c'est avec raison que tous les chimistes admettent que la chaleur animale a son origine dans les muscles, parce que la respiration, au lieu d'une élévation de température, ne produit qu'un affaissement qui fait que le sang a dans le ventricule gauche du cœur une température de 1° à 2° inférieure à celle qu'il a dans le ventricule droit.

D'une autre part, il est également constaté que les mouvements forcés nuisent à la digestion, aux fonctions sexuelles ou intellectuelles, et même au poids du corps. Ce sont donc des éléments de même nature que ceux qui se séparent du chyle pour le réduire en excrément ou qui se consomment pour entretenir la digestion, les mouvements et les fonctions sexuelles et intellectuelles. Ainsi, les équivalents électriques e se subdivisent en ε', ε'', ε''' et ε, dont une portion ne peut pas notablement augmenter sans nuire aux autres ; la masse électrique totale e ne peut pas davantage augmenter sans porter préjudice au poids total du corps.

Nous allons indiquer les consommations des équivalents électriques ε' pour la digestion, ε'' pour les mouvements, ε''' pour les fonctions sexuelles et ε pour la formation des sentiments et pour les fonctions intellectuelles, car les animaux ont des sentiments comme l'homme, mais il leur manque les fonctions intellectuelles.

Le *sommeil* a pour rôle de rétablir l'équilibre entre les équivalents électriques des fils de nerfs par lesquels s'opèrent ces quatre espèces de consommation d'équivalents électriques.

A. Production de la digestion par l'électricité.

Nous savons les causes qui font naître l'*appétit* et la *faim*, et de plus le mode suivant lequel a lieu la digestion ; nous ferons voir maintenant comment la digestion peut porter préjudice au mouvement et aux fonctions sexuelles et intellectuelles. Une quantité médiocre d'aliments se dissout facilement dans l'acide gastrique qui afflue dans l'estomac où l'amènent les équivalents électriques qui arrivent du cerveau par les nerfs de la huitième paire.

Si les aliments sont abondants, mais de qualités telles qu'ils forment une espèce de couples chimiques avec le liquide qu'on boit dans le cours et à la fin du repas, la digestion n'exige pas une grande quantité d'acide gastrique; tels sont les couples formés de substances végétales, de substances animales et de vin qui remplace l'eau acidulée.

Les aliments deviennent difficiles pour la digestion quand ils ne constituent pas des couples pareils, et quand, en même temps, ils sont introduits en très-grande quantité dans l'estomac. Pour être digérés, il leur faut beaucoup d'acide gastrique, et cette digestion s'opère avec une grande consommation d'équivalents électriques, conduits du cerveau, pour se combiner avec les équivalents négatifs des aliments dont la température doit s'élever à 37°.

La production de chaleur est si grande, que l'estomac ne pourrait tolérer l'ingestion d'un verre d'eau tiède pendant le repas, ou après, durant la digestion, sans se soulever et la rejeter aussitôt, souvent même avec les aliments.

Cette production de chaleur des substances animales et

végétales dans l'estomac devient évidente par l'effet que produisent dans l'estomac 1° l'ingestion d'eau pure à la glace, ou 2° celle de quelques sirops. Ces derniers aident la digestion et produisent sur l'estomac surchargé un véritable soulagement, tandis que l'eau pure à la glace fait l'effet d'un plomb, et fût-elle même en petite quantité, qu'elle ferait encore du mal et pourrait produire même une inflammation.

L'eau glacée sollicite la chaleur vers l'estomac, et cela fait que les équivalents positifs $\ddot{E}$ s'en éloignent et s'écoulent contre ceux qui sont conduits des nerfs de la huitième paire. Ainsi ces équivalents $\ddot{E}$ nuisent à l'estomac lui-même plutôt qu'à la digestion; tandis que la trop grande augmentation des aliments et de la quantité ε' d'équivalents électriques porte préjudice aux trois autres espèces de fonctions.

Les *diabétiques* ont généralement un vaste appétit, ingèrent une grande quantité d'aliments et boivent beaucoup d'eau très-froide; ils consomment les équivalents électriques ε' en abondance, mais la quantité e d'équivalents électriques est médiocre, parce que la plus grande partie du chyle χ pénètre sous la forme du sucre dans l'urine, et qu'à cause de cela leurs autres fonctions sont arrêtées.

Ceux qui souffrent d'autres maladies mangent peu, parce que la quantité e d'équivalents électriques, produits du chyle χ, est très-faible, et qu'en outre, une grande quantité de ces équivalents e est consommée pour produire la chaleur que consomme le sang.

B. Production des mouvements par l'électricité.

Les faits qui accompagnent les mouvements des animaux sont en nombre considérable et liés entre eux comme causes et effets par les lois physiques, de telle sorte qu'il est impossible de s'égarer dans leur arrangement d'où ressort en même temps leur explication.

1° L'accumulation des équivalents positifs Ē dans les globules qui constituent les filets des muscles fait subir à ceux-ci une contraction ; 2° le relâchement des globules s'opère par la combinaison d'un équivalent Ē, avec deux équivalents négatifs Ē² dont l'un Ē vient des nerfs cérébropètes et l'autre du sang versé hors des artères ; 3° les atomes ĒĒ² de chaleur produite se répandent vers la surface du corps et se consomment avec les vapeurs de la sueur ; 4° la consommation des équivalents électriques étant plus considérable que leur production opérée par les poumons, il en résulte une diminution qui se manifeste sous forme de *fatigue* ; 5° par le repos se trouve rétablie la quantité des iris ĒĒ éloignées de la circulation électrique, qui sont obtenues par la respiration, comme cela s'opère même chez les animaux engourdis ; mais la quantité Ē d'équivalents électriques éloignés des éléments du sang ou de ceux du chyle qui s'y trouve, ne peut être remplacée que par une nouvelle quantité de chyle ou par la nourriture qui ne peut pas manquer.

Le mécanisme des organes du mouvement est très-simple. 1° Deux os sont unis par une articulation et servent d'appui aux extrémités des muscles composés des filets qui consistent en globules. Les filets ne se rompent pas parce que, aux points *oo'* de contact, se trouvent, comme dans les cristaux, les équivalents électriques hétéronymes Ē et Ē qui n'exercent entre eux aucune répulsion, et cela fait éprouver aux globules de tous les autres points une répulsion R, excepté aux points *o* et *o'* de contact, d'où résulte pour les filets et les muscles une solidité qui leur permet de porter de grands poids sans se rompre.

Les muscles de chaque extrémité sont *antagonistes* ou internes et appelés *fléchisseurs*, ou externes et appelés *extenseurs*. 1° L'accumulation des équivalents positifs Ē dans les *fléchisseurs*, fait prendre aux globules la forme aplatie qui produit leur contraction sans qu'ils changent de volume, car en devenant plus gros ils deviennent moins longs. En même temps les muscles antagonistes extenseurs deviennent moins gros et plus longs, car les globules de leurs filets prennent la forme ovoïde.

Nous avons indiqué comment, par suite du manque de nourriture, les équivalents positifs Ē s'accumulent dans l'estomac, dans le cerveau et dans les nerfs cérébrofuges ou de mouvement qui les propagent vers les filets des muscles. Il ne nous reste plus qu'à montrer de quelle manière des muscles antagonistes sont alternativement chargés d'équivalents positifs Ē dont l'éloignement s'opère par la combinaison avec deux équivalents négatifs pour produire un atome de chaleur ĒĒ² qui laisse se détendre les filets de ceux-ci, quand se contactent ceux de leurs antagonistes.

Dans les expériences de M. Bois-Reymond ce sont les équivalents négatifs de la chaleur ĒĒ², qui se répandent du bras contracté et qui y sollicitent l'affluence des équivalents positifs Ē. On trouve même ici l'explication de ce cas singulier où la durée du courant se prolonge encore quelques minutes après l'interruption de la contraction, car la chaleur ne disparaît pas immédiatement avec l'interruption de l'effort.

I. *Rapports entre le mouvement et l'état de l'individu.* Les équivalents électriques ε″ qui ne sont pas consommés par les autres fonctions, restent accumulés dans le cerveau et les nerfs ; ils excitent l'individu à se livrer à des mouvements qui lui procurent une satisfaction comparable à celle d'un bon repas et d'un acte sexuel. Quand ce mouvement a duré un certain temps, on n'y trouve plus autant de plaisir. Une durée plus longue encore devient bientôt fatigante, et c'est dans la cessation de tout mouvement qu'on trouve alors un véritable plaisir.

II. *Rapport entre les mouvements et les autres fonctions.* Si les mouvements continuent sans trop d'interruptions, après la consommation des équivalents électriques ε'' ceux ε''' des fonctions sexuelles commencent à se consommer, puis ceux ε des fonctions intellectuelles, et enfin ceux ε' de la digestion. Si les mouvements continuent après la consommation des équivalents électriques e obtenus par le chyle χ, c'est alors la graisse qui fournit des équivalents électriques e' pour entretenir les mouvements, et ses éléments matériels s'éloignent par la respiration ; ce qui produit chez l'individu un amaigrissement marqué.

Les différents degrés du mouvement produisent sur les autres fonctions des effets qui dépendent du partage des équivalents électriques e. Les limites de ce partage ne sont pas fixées ; une certaine partie e'' peut être enlevée aux fonctions sexuelles, ou même toute cette portion ε'' pour être employée aux mouvements, sans affaiblir sensiblement l'individu, mais cette soustraction ne doit pas aller tellement loin qu'elle porte préjudice à la portion ε' affectée à la digestion, car alors, le chyle χ diminue en même temps que les équivalents électriques e.

C'est sur ces diverses modifications dans l'emploi des équivalents électrique ε', ε'' et ε''' qu'est basée la question de l'*élevage*, qui constitue une véritable industrie.

III. La *gymnastique* est une branche de l'éducation qui a pour but de régler la consommation des équivalents ε'' des mouvements, et de modérer la consommation des équivalents électriques ε''' des fonctions sexuelles, surtout celles des individus mâles.

C. FONCTIONS SEXUELLES ENTRETENUES PAR L'ÉLECTRICITÉ.

Nous avons fait voir comment le *sperme* électro-négatif devient chargé des équivalents positifs $\bar{E}$, et les ovaires qui sont moins électro-négatifs deviennent chargés d'équivalents négatifs Ē. Chaque acte de *coït* s'opère par des décharges électriques qui produisent un soulagement; celui-ci est d'autant plus grand que l'accumulation des équivalents électriques est plus considérable.

Nous avons aussi établi qu'une très-grande consommation des équivalents électriques ε''' ne peut pas avoir lieu entre individus du même couple, qui se réduisent mutuellement en un état d'équilibre, sans l'être en même temps avec les individus des autres couples.

Une très-grande consommation d'équivalents électriques ε''' aux fonctions sexuelles porte préjudice aux fonctions intellectuelles, aux mouvements et même à la digestion et à la nutrition, surtout quand les abus commencent dès l'âge de la jeunesse ou même de l'enfance.

D. Fonctions intellectuelles entretenues par l'électricité.

Le lecteur a vu que les sentiments sont des couples composés de deux segments dont : 1° l'un f est une tranche coupée du courant du fluide répandu d'un objet, et 2° l'autre ε est également une tranche coupée du courant électrique venant de la part de l'individu même. Les tranches ε sont les mêmes pour les sentiments de tous les organes de sensation; mais le fluide f est différent pour chaque organe; pour les yeux, c'est la lumière Φ; pour la surface du corps, c'est la chaleur Θ; pour les oreilles, ce sont les ondes sonores η; pour l'odorat, c'est l'électricité négative o; pour le goût, c'est l'électricité positive du contact s; et pour le tact, c'est le barogène β.

Les sentiments simples alogiques sont communs aux hommes et aux animaux; mais les hommes seuls possèdent les sentiments *logiques* qui sont des couples : 1° d'un sentiment de l'ouïe qui est le *mot*, et 2° d'un sentiment des organes produit des objets. Il a été aussi indiqué que les mots sont les représentants des objets qui sont employés dans l'intelligence à la place des objets. Les animaux ne possèdent pas d'intelligence parce qu'il leur manque le langage.

Les raisonnements rappellent, au moyen des mots, les sentiments des objets, qui font toujours se consommer une quantité ε d'équivalents électriques, quantité qui peut augmenter beaucoup et qui peut même nuire aux autres fonctions par la diminution des portions ε''', ε'' et ε' d'équivalents électriques; cela n'arrive jamais chez les animaux qui ne raisonnent pas.

Pour ne pas trop s'éloigner des limites d'une juste répartition des équivalents électriques e aux quatre fonctions différentes, il est nécessaire que les jeunes gens soient dirigés par des maîtres prudents qui leur font prendre l'habitude d'une vie réglée, laquelle est également nécessaire pour la santé et les mœurs; telle est l'objet de la *pédeutique*.

Pour pouvoir consacrer une quantité ε considérable d'équivalents électriques aux fonctions intellectuelles, il est absolument nécessaire qu'on s'éloigne le plus possible de l'état où vivent les animaux, et l'on y arrive en meublant l'intelligence d'une quantité considérable de sentiments logiques. On atteint ce but au moyen de l'instruction, qui est la *didactique*.

La *gymnastique* et la *pédeutique* ont été en usage dès la plus haute antiquité parmi les nations civilisées, et même avant l'apparition des sciences; elles sont même, encore aujourd'hui, en faveur dans l'Orient. Cependant chez beaucoup de nations, même des plus éclairées, l'instruction absorbe la plus grande partie de l'éducation, et cela à l'exclusion de la *gymnastique* et de la *pédeutique*, surtout parmi les classes aisées.

Chez les nations peu civilisées, un individu fait souvent plusieurs métiers et remplit des fonctions fort disparates entre elles. J'ai connu, en Servie, un individu qui présidait un tribunal dans la matinée, et qui, l'après-midi, retournait ferrer les chevaux à son atelier de maréchal.

Chez les nations civilisées, au contraire, une profession est généralement subdivisée en plusieurs branches dont s'acquittent divers individus.

Cette habitude de subdiviser le travail présente un grand avantage dans l'industrie; aussi a-t-elle été adoptée par les savants mêmes, qui considèrent les sciences comme des espèces de métiers, indépendants l'un de l'autre, et composés d'un chacun nombre *n* de faits qui se multiplient par une suite d'observations attentives. Quand les faits d'une branche d'observations deviennent trop nombreux pour être classés aisément dans l'intelligence des individus, on les subdivise encore, et c'est ainsi que naissent de nouvelles branches nommées *sciences*. On peut ainsi multiplier le nombre N — *n* de faits inconnus, car l'intelligence ne peut contenir qu'un nombre limité *n*.

Personne ne méconnaîtra cette vérité si évidente; en effet, pour l'humanité entière, il y a une multiplication réelle du nombre N de faits découverts, mais, pour chaque individu en particulier, cette multiplication de découvertes ne fait qu'augmenter et rendre plus sensible son ignorance relative, et nous pouvons exprimer par la différence N — *n* les faits qui lui restent inconnus.

La connaissance des faits en cet état brut diffère peu de celle qu'en possèdent les animaux; il y a même des personnes qui poussent le scepticisme jusqu'à mettre en doute l'existence du monde, et pourtant on ne pouvait réfuter leurs arguments, car on ne connaissait, 1° ni l'origine des faits cosmiques; 2° ni les lois suivant lesquelles d'un seul fluide ont été produits et se produisent continuellement ces faits.

Les faits cosmiques, ainsi produits, sont *tous* reliés entre eux comme causes et effets par les lois physiques, et il est impossible de les isoler où de les subdiviser. Grâce à ces lois physiques qui sont permanentes et faciles à saisir, on peut expliquer chaque fait qui se présente. Le nombre N des faits cosmiques est indéfini, comme l'est celui des opérations arithmétiques ; cependant aucune de ces opérations, quelque compliquée qu'on la suppose, n'est impossible pour celui qui connaît les quatre règles.

Le présent ouvrage, dans lequel nous croyons avoir clairement développé les vrais principes, ne peut manquer de donner au lecteur attentif et non prévenu une connaissance complète des lois physiques. Les savants, de nos jours, sont plongés dans un industrialisme qui peut bien, il est vrai, aider à la multiplication des faits acquis, mais qui les tiendra toujours éloignés de la vraie science, et n'aura en définitive d'autre résultat que de leur laisser ignorer toujours un nombre plus grand $N-n$ des faits cosmiques : c'est ce qu'ils seront forcés de reconnaître eux-mêmes.

Les faits que nous avons présentés jusqu'ici servent uniquement d'exemples pour l'application des lois physiques dont la connaissance peut seule rendre l'homme supérieur aux animaux et en même temps aux hommes qui ignorent ces lois. Quant aux physiciens qui seront bien pénétrés de la vérité des principes que nous avons posés, ils donneront sans difficulté l'explication de tout fait cosmique qu'on leur présentera à résoudre, semblables aux mathématiciens qui, s'appliquant sur les quatre règles de l'arithmétique, résolvent à l'instant les problèmes les plus compliqués.

APPENDICE.

CAUSE PHYSIQUE DES MALADIES, DE LEUR GERME ET DES PROPRIÉTÉS DYNAMIQUES DES MÉDICAMENTS.

Notre Traité sur l'électricité serait incomplet si l'on n'y trouvait le mode de la formation des germes des maladies et la relation intime entre ces germes et les propriétés des médicaments; rien ne touche l'homme plus particulièrement que la conservation de sa santé, et, sous ce rapport, l'homme se trouve dans un état d'infériorité vis-à-vis des animaux qui parcourent leur existence sans être, comme nous, soumis à une foule de maladies. La différence entre l'homme et l'animal ne consiste pourtant que dans l'absence d'intelligence chez celui-ci; mais on ne peut nier que c'est précisément cette faculté qui, toute précieuse qu'elle est, est pour l'homme une source continuelle de chagrins et de souffrances, quand on en a fait un mauvais usage; par contre, elle est aussi pour l'homme, quand il sait l'employer au bien, une source de jouissances pures et permanentes que ne connaît pas l'animal.

Les faits électriques se divisent en deux classes : *physiques* et *dynamiques*; car ils sont produits : 1° par la répulsion exercée sur les corps par les équivalents électriques positifs $\bar{E}$, ou 2° par les directions D des courants conservées dans les masses électriques SO, qui ont pour support

APPENDICE.

CAUSE PHYSIQUE DES MALADIES, DE LEUR GERME ET DES PROPRIÉTÉS DYNAMIQUES DES MÉDICAMENTS.

Notre Traité sur l'électricité serait incomplet si l'on n'y trouvait le mode de la formation des germes des maladies et la relation intime entre ces germes et les propriétés des médicaments; rien ne touche l'homme plus particulièrement que la conservation de sa santé, et, sous ce rapport, l'homme se trouve dans un état d'infériorité vis-à-vis des animaux qui parcourent leur existence sans être, comme nous, soumis à une foule de maladies. La différence entre l'homme et l'animal ne consiste pourtant que dans l'absence d'intelligence chez celui-ci; mais on ne peut nier que c'est précisément cette faculté qui, toute précieuse qu'elle est, est pour l'homme une source continuelle de chagrins et de souffrances, quand on en a fait un mauvais usage; par contre, elle est aussi pour l'homme, quand il sait l'employer au bien, une source de jouissances pures et permanentes que ne connaît pas l'animal.

Les faits électriques se divisent en deux classes : *physiques* et *dynamiques*; car ils sont produits : 1° par la répulsion exercée sur les corps par les équivalents électriques positifs $\bar{E}$, ou 2° par les directions D des courants conservées dans les masses électriques SO, qui ont pour support les particules matérielles *so*. On a donné le nom de *dynamiques* aux faits de cette nature, parce qu'on ne connaissait pas la conservation des directions des équivalents électriques, et leurs effets, qui consistent à faciliter l'écoulement des équivalents électriques ambiants.

Dans le partage qu'ils firent des faits découverts, 1° les physiciens et les chimistes s'approprièrent ceux qui sont produits par les répulsions des équivalents électriques positifs Ē, faits positifs qui peuvent être répétés volontairement et être soumis aux calculs mathématiques comme les faits de l'aérostatique et de l'hydrostatique.

2° Les *faits dynamiques* ont été subdivisés entre les physiologistes, les naturalistes, les pharmaciens, les pathologistes et les médecins. Ainsi que les faits physiques, de même les faits dynamiques ont pour cause l'écoulement des équivalents électriques, et il a été constaté qu'après chaque courant direct apparaît physiquement un courant inverse de la même espèce d'équivalents électriques.

Les courants électriques directs sont la cause des faits physiques ou chimiques, les courants électriques inverses sont la cause de faits dynamiques. Ces courants inverses, connus sous le nom d'*électricité polarisée*, sont restés inexplicables pour les physiciens, ce qui, en même temps, les a empêchés de parvenir à l'explication des faits dynamiques.

Les physiologistes, les naturalistes, les pharmaciens, les pathologistes et les médecins n'ont donc fait que partager entre eux des faits ayant pour cause différents cas de l'électricité polarisée.

I. Les *physiologistes* se sont bornés à l'observation des faits produits par les germes; faits qui deviennent perceptibles quand s'opère l'*incorporation* des directions D contenues dans les masses SO qui ont pour support les particules *so*. Cette incorporation s'opère par les arrêts des éléments matériels conduits par le courant externe qui suit la direction déterminée par la masse SO du germe électrique, car, dans le support *so*, il n'existe pas de directions pareilles.

II. Les *pathologistes* cherchent à constater que la rage, les endémies, les épidémies, et, en général, toutes les espèces de maladies ont pour cause des germes homoïdes qui produisent chez tous les individus atteints les mêmes séries de symptômes. L'existence de ces germes morbifiques ne date pas de celle du monde ; mais ils se produisent par des causes locales, et ils ne deviennent sensibles que dans les individus où ils obtiennent une incorporation électrique et non pas matérielle.

III. Les *naturalistes*, guidés par la découverte des pathologistes sur la production des germes par des causes locales, cherchent à constater l'existence de causes pareilles propres à produire les germes des plantes et des animaux de génération primitive, sans avoir besoin de germes préexistants. De cette manière les naturalistes sont parvenus à fixer une époque pendant laquelle ont été produits les germes des plantes et des animaux qui vivaient avant le déluge sur les continents.

Les plantes et les animaux actuels n'étaient pas alors sur les mêmes continents ; car on retrouve conservés dans les fossiles les restes des plantes et des animaux qui existaient antérieurement à ces continents, alors que les espèces actuelles n'y existaient pas ; cependant il ne résulte pas de là qu'ils n'aient pas existé dès cette époque sur les versants des montagnes élevées de la zone torride, qui seuls se trouvaient alors peuplés par les races humaines.

IV. Les *pharmaciens* cherchent à déterminer empiriquement les faits qui ont lieu chez les animaux quand les corps sont introduits dans l'estomac, dans les poumons ou dans le sang, surtout dans les cas où l'homme est atteint d'une maladie. Car mille substances des mêmes éléments chimiques exercent chacune des effets différents quand elles sont introduites dans le corps, et personne ne savait jusqu'à présent à quelle cause attribuer ces faits si différents.

V. Les *médecins* connaissent les maladies comme les pathologistes, et les médicaments comme les pharmaciens, et savent décider à quelle période des maladies il convient d'employer le médicament le plus efficace pour tuer le parasite morbifique qui est la cause de l'affection ; ce médicament, en effet, employé à propos, tue le parasite et guérit le malade ; mais il tue le malade quand il est employé avant ou après la vie du parasite morbique.

Ces parasites, comme toutes les espèces de corps organisés, ne peuvent obtenir une incorporation que par courants électriques externes ; tel est, dans le corps humain, le circuit où s'écoule la masse *e* d'équivalents électriques. Le corps commence à souffrir quand une partie *e'* de ces équivalents s'éloigne pour aller s'écouler en directions déterminées d'un germe *hétérogène* qui n'est pas celui de l'homme.

Le rôle du médecin est très-important, et cela 1° à cause de la grande étendue des connaissances qu'il doit posséder, et 2° à cause des écoulements rapides dans les âges différents, des parasites morbifiques, dont la destruction est d'autant plus avantageuse pour le malade, que se trouve moindre la quantité *e'* d'équivalents électriques employés dans leur incorporation ; καιρός ὀξύς, dit Hippocrate pour indiquer le temps court pendant lequel le médicament peut tuer le parasite morbifique.

1° *Médecins allopathes* est le nom qu'on donne à ceux qui cherchent à couper la maladie au moment où le germe morbifique trahit sa présence par le moindre signe ; ils saignent une ou plusieurs fois ; ils appliquent des sangsues, ils purgent, ordonnent des vomitifs, etc.

2° Les *médecins homœopathes* emploient des médicaments héroïques en doses très-petites, ou, comme ils disent, *infinitésimales*, mais toujours plus que suffisantes cependant pour contenir des supports *so* de germes SO électriques qui parcourent une vie soutenue par une quantité *e'* d'équivalents électriques qui se séparent de ceux e du circuit du malade, précisément comme se séparent ceux divisés par des parasites morbifiques ; pour cette raison, les homœopathes considèrent comme *antidotes* les substances qui, employées en grandes quantités, produisent les mêmes maladies qu'ils guérissent.

3° Les *magnétiseurs et fascinateurs* facilitent, 1° au moyen du regard concentré sur le patient, et 2° par les extrémités des doigts approchés, l'écoulement des équivalents électriques e' des nerfs cérébropètes du malade vers leur propre cerveau, et ces équivalents e', en retournant de la part du cerveau du magnétiseur, pénètrent dans les nerfs cérébrofuges du malade.

Cette dérivation des équivalents électriques e' ne diffère des deux précédentes qu'en ce que ces équivalents, en revenant du cerveau du magnétiseur, circulent dans les nerfs et les veines du malade comme à l'état normal, tandis que ceux qui reviennent des parasites s'arrêtent dans les nerfs et les veines du malade à cause de la nature différente de leurs germes.

I.—ÉTATS PATHOLOGIQUES PROVENANT DES FONCTIONS VITALES IRRÉGULIÈRES OU D'UNE DIÈTE MAL RÉGLÉE.

La quantité e d'équivalents électriques que produit le chyle χ de la nourriture éprouve, comme celle-ci, des variations très-faibles d'un jour à l'autre. Pour cette raison, une des quatre parties ε', ε'', ε''' et ε de ce chyle ne peut augmenter d'une manière notable sans porter préjudice aux trois autres ; si une diminution s'opère dans l'une de ces parties, elle ne tourne pas au bénéfice exclusif des trois autres, car il reste alors dans le corps une partie a de chyle qui devient de la graisse.

Cette division rigoureusement mathématique et l'emploi

de la masse totale ε d'équivalents électriques, sont réalisés dans toute leur étendue, aussi bien dans les cas où la subdivision est normale, que dans ceux où elle est irrégulière et anormale. Les quatre fonctions vitales sont entretenues par les portions ε', ε'', ε''' et ε; une cinquième fonction *parasite* est entretenue chez certains individus par une autre portion ε'''' d'équivalents; en ce dernier cas, les portions ε', ε'', ε''' et ε d'équivalents électriques subissent respectivement une diminution analogue.

I. **Mouvement.** Les contractions des filets des muscles et le rapprochement de leurs extrémités au corps sont produites par l'accumulation des équivalents électriques $q\bar{E}$ dans les globules des filets des muscles. Le relâchement des muscles *fléchisseurs* et l'extension des extrémités sont produites par la combinaison des équivalents positifs $q\bar{E}$ avec les doubles équivalents négatifs $2q\bar{E}$ pour produire les atomes $q\bar{E}\bar{E}^2$ de chaleur. La quantité $q\bar{E}$ d'équivalents négatifs arrive des poumons par les veines, et une quantité égale $q\bar{E}$ se sépare des éléments du sang qui se trouve versé hors des artères; les atomes $q\bar{E}\bar{E}^2$ de chaleur se répandent et d'autres nouveaux sont produits, par suite, comme effet du mouvement apparaît la chaleur, qui se répand sans élever beaucoup la température de la surface du corps. Le mouvement ainsi produit peut avoir trois degrés différents.

1° *Mouvement normal.* La quantité ε'' d'équivalents électriques produit en se consommant un plaisir et un soulagement analogues à ceux qu'on éprouve, 1° après avoir satisfait son appétit; 2° ou un désir sexuel; 3° ou encore après que l'on est parvenu à résoudre un problème dont on avait longtemps cherché la solution.

2° *Mouvement forcé.* Il s'exerce avec une grande portion ε'' d'équivalents électriques, et cela n'est possible que par la diminution des portions ε', ε''' et ε des trois autres fonctions. Le mouvement forcé et de longue durée produit une diminution très-prononcée sur toutes les autres fonctions; on voit même alors d'intrépides fumeurs qui perdent momentanément le goût de la pipe, comme cela arrive toujours dans les marches forcées.

Si de semblables marches sont fréquemment répétées, l'homme ou l'animal succombe par suite de faiblesse, parce que, en pareil cas, la portion χ du chyle devient insuffisante pour produire les équivalents ε électriques nécessaires à entretenir la digestion et les mouvements, et les autres fonctions se trouvent presque totalement supprimées.

3° *Mouvement peu prononcé.* Il procure une sensation agréable et est entretenu par une petite portion ε'' d'équivalents électriques, alors la différence $\varepsilon - \varepsilon''$ est grande, et quand elle n'est pas consommée, il en reste une partie dans la portion a du chyle qui, ne pouvant s'éloigner sous forme d'excréments, se dépose comme graisse dans le corps de l'individu qui mène une vie oisive et sédentaire; cela a lieu notamment quand les fonctions intellectuelles ne sont pas actives, ou quand l'individu oisif se livre en outre à l'usage du tabac, de l'opium ou de tout autre narcotique.

II. **Fonction sexuelle.** Cette fonction n'existe pas pendant la jeunesse et pendant la vieillesse; ainsi elle n'est pas d'une nécessité absolue pour la conservation de l'individu; elle sert seulement pour la conservation de l'espèce. Pour cette raison la suppression de cette fonction ne porte pas préjudice aux autres. Une trop grande consommation des équivalents ε''' est même presque impossible entre les individus d'un couple, et l'on a reconnu que l'épuisement complet du mâle ne peut guère provenir que d'un commerce fréquent avec un grand nombre de femelles.

III. **Fonction intellectuelle.** Cette fonction manque chez les animaux et les enfants; elle est faible encore chez les jeunes gens et chez le bas peuple, chez les paysans et chez les individus peu instruits qui mènent une vie monotone.

Cette fonction sublime, quand elle est appliquée à un but

utile, est la source de tout ce que l'homme fait de grand et de noble sur la terre ; au contraire, quand elle est mise au service des passions, elle est, pour l'humanité, la source d'une infinité de maux.

1° *Fonctions normales.* Les fonctions intellectuelles ne peuvent se trouver normales que dans le seul cas où les idées logiques sont conformes aux faits cosmiques, parce que des idées pareilles se forment des raisonnements qui ont pour résultat un fait qui a toujours une réalité au monde. Les individus qui s'occupent de beaux-arts, de mathématiques, qui se livrent à des observations empiriques, ne fatiguent jamais trop leur intelligence, et ainsi les équivalents ε consommés ne portent pas préjudice à ceux $e - \varepsilon$ qui se consomment par les trois autres fonctions.

2° *Exercice trop grand de la fonction intellectuelle.* Avant l'apparition de la fonction sexuelle, on amène souvent, par l'éducation, les enfants à employer une grande partie ε d'équivalents électriques e pour l'étude en laissant le reste $e - \varepsilon = \varepsilon' + \varepsilon''$ pour le mouvement et la digestion.

Vers l'âge de la puberté, une partie ε''' des équivalents e se sépare pour être employée aux fonctions sexuelles. Mais souvent on arrête cette séparation de la partie ε''' en forçant les jeunes gens à se plonger de plus en plus dans l'étude. Dans ce cas, les règles ne se montrent pas chez les jeunes filles, et la virilité ne se développe pas chez les garçons.

Si l'on arrête plus tard en partie l'exercice de la fonction cérébrale, on arrive difficilement à faire retourner les équivalents ε''' vers la fonction sexuelle, et cela, parce que ces équivalents électriques ε''' restent dans la partie a du chyle χ qui devient de la graisse et qui se dépose dans le corps de l'indvidu privé de la fonction sexuelle.

3° *Fonction intellectuelle peu exercée.* L'homme, dans ce cas, se rapproche en quelque sorte de la condition des animaux qui jouissent, pendant les trois âges de leur vie, d'un état de santé florissant ; seulement, chez ces individus, aussitôt les fonctions sexuelles cessées, il ne reste plus la portion ε d'équivalents nécessaires pour la période de vieillesse. Ces individus voient finir généralement leur existence presque aussitôt que les fonctions sexuelles sont entièrement supprimées.

IV. **Digestion.** Cette fonction n'éprouve d'interruption que celle que nous remarquons en hiver chez les animaux hibernants, et aussi chez les malades ; cette interruption de la digestion est, dans ces deux cas, l'effet d'un manque d'équivalents électriques ε' dans les nerfs de la huitième paire. La digestion est entretenue par les équivalents électriques ε', employés pour produire le chyle χ où sont contenus les équivalents électriques $e = \varepsilon' + \varepsilon'' + \varepsilon''' + \varepsilon$ qui entretiennent toutes les fonctions vitales.

1° *Digestion normale.* Une nourriture simple et des repas réguliers ne surchargent jamais l'estomac, et ce dernier lui-même avertit quand il est satisfait et qu'on doit cesser de manger. Les substances qui produisent peu de chyle et qui séjournent longtemps dans l'estomac produisent du dégoût ; aussi s'abstient-on d'en manger. Les animaux connaissent par l'odeur les substances de ce genre, parce que c'est l'électricité négative $\bar{E}$ qui entretient l'odeur et qui est contenue dans les aliments.

1° *Quantité trop grande de nourriture.* Il arrive quelquefois qu'on charge trop l'estomac, surtout après une abstinence un peu prolongée, et encore quand un dérangement quelconque a eu lieu dans l'ordre ou dans les heures des repas habituels. Outre la trop grande quantité, il y a encore des espèces de mets dont la même espèce d'électricité négative produit la consommation d'une quantité supérieure d'équivalents électriques. Tels sont par exemple, les mets trop gras.

Les substances acides chargées d'électricité positive sont également insupportables parce qu'elles ne sollicitent pas l'écoulement des équivalents ε' de la digestion nécessaire pour former le chyle. Les femmes enceintes ont, durant les premiers mois de la gestation, un excédant de menstrues qui, chez elles, remplace jusqu'à un certain point, la nourriture et leur tient lieu de chyle. Un manque habituel d'appétit résulte de cet excédant qui fait s'écouler les équivalents positifs ε' vers le sang. C'est ainsi qu'on voit se produire chez les femmes en cet état ces aberrations de goût qui les portent à rechercher toutes sortes de substances aigres ou acides dont les équivalents positifs s'écoulent également vers le sang. Dans l'état normal qui se rétablit vers la seconde moitié de la grossesse, les substances acides leur redeviennent insupportables.

2° *Excès de nourriture.* Cet excès attire vers l'estomac un excédant d'équivalents électriques ε' dont l'écoulement produit l'acide gastrique, de celui-ci une partie s'éloigne de l'estomac avec le superflu des aliments qui n'ont pas été digérés. Ainsi une nourriture très-abondante produit une forte consommation d'électricité ε', sans que le chyle qui en est produit soit toujours en proportion relative.

Par suite de cette diminution du chyle, diminue aussi la quantité e totale d'équivalents électriques et en même temps diminue la portion ε' de la digestion. Si donc on introduit de nouveau dans l'estomac un excès de nourriture, il apparaît une indigestion à cause de la diminution de la dite portion ε' d'équivalents électriques.

3° *L'insuffisance de nourriture* produit également une petite quantité $\chi - \chi'$ de chyle, mais ce cas diffère du précédent, car pour cette petite quantité $\chi - \chi'$ de chyle il se consomme une petite quantité d'équivalents électriques ε'. Par suite, quoique le chyle diminue en même temps que la quantité totale e d'équivalents électriques, la portion ε' de la digestion croît et ainsi ces équivalents électriques ε' se répandent des nerfs de la huitième paire au cerveau et de là aux nerfs cérébrofuges et aux filets des muscles pour entretenir les mouvements employés à la recherche de la nourriture comme cela a été prouvé.

Si l'abstinence ou la diminution de nourriture se prolonge, il se montre un affaiblissement général de toutes les fonctions. L'état d'assoupissement ne peut pas être produit, comme cela a lieu pour certains animaux en hiver, et l'interruption des fonctions amène celle de la circulation électrique et par suite elle amène la fin de la vie.

V. Traitement des maladies produites par une diète malréglée. Les animaux sont généralement exempts de ces sortes de maladies, très-fréquentes au contraire chez les hommes, surtout dans les classes aisées et parmi les nations dont la civilisation diffère le plus de celles des anciens. Il est donc évident que les maladies de ce genre ne tiennent ni aux climats, ni aux espèces, et qu'elles ont leur source dans la distribution anomale des équivalents électriques e entre les fonctions vitales, dont l'une ne peut trop augmenter sans porter préjudice aux autres.

Tous les animaux sauvages sont bien portants, tandis qu'une foule de maladies accablent les hommes qui ne suivent pas, pendant leur vie, un régime convenable; et si ces affections sont plus fréquentes parmi les classes aisées, cela prouve que ces classes se laissent volontiers aller à des excès plus fréquemment que le bas peuple; car on ne pourrait dire que les enfants du bas peuple sont mieux soignés que ceux des classes aisées.

Les maladies fréquentes et très-longues sont donc un produit artificiel de l'*éducation*, dont sont préservés les animaux à cause de leur manque d'intelligence, et la basse classe, parce qu'elle n'a pas les mêmes moyens que les riches de se satisfaire.

Les anciens envoyaient leurs enfants au *gymnase* d'où ils revenaient le soir pleins de santé et de vigueur; aujourd'hui ce sont les classes aisées qui envoient également leurs enfants au *gymnase*, et ils en reviennent la mémoire surchargée de *mots*, de phrases, de connaissances enfin, qui leur sont d'une nécessité absolue pour passer les examens et obtenir les diplômes, au moyen desquels ils se caseront d'une manière ou d'une autre. Quand on a atteint ce but, on se trouve délivré de toutes ces entraves extérieures, et c'est alors qu'on commence à agir librement et d'après les inspirations de sa propre intelligence; mais celle-ci n'est plus celle d'un jeune homme qui ressent en soi l'excédent d'équivalents électriques, et qui cherche à les employer à meubler cette même intelligence avec des mots qui sont les représentants des objets cosmiques bien connus, d'où ne provient jamais de raisonnement faux.

En Angleterre les formalités et les examens sont moins nombreux qu'en France et en Allemagne, pour cette raison l'éducation s'opère différemment; les jeunes gens n'obtiennent pas d'emploi sur la présentation d'un diplôme de faculté. Les membres de la Société royale ne sont pas payés par le gouvernement, c'est au contraire les membres qui contribuent aux frais.

L'éducation en Angleterre a un effet sanitaire trop prononcé pour être méconnu, et cela a lieu également pour les garçons et pour les filles. L'Anglais n'exige qu'une chose de sa femme, c'est de tenir ses enfants en bonne santé, laquelle, sous aucun prétexte, ne doit souffrir en rien de la part de l'instruction. Chez les autres nations, la mère, chargée du ménage ou des autres occupations de la vie commune, envoie ses enfants à l'école, où le précepteur les accable de leçons de toute sorte, parce qu'il sait que les enfant se tiendront plus tranquilles, feront moins d'escapades, et que les parents charmés ne manqueront pas de le récompenser dignement au grand jour des examens où ils viennent assister.

Nulle part la mortalité dans les grandes villes n'est moins grande qu'à Londres, et l'on ne peut pas attribuer cela à quelque avantage inhérent au climat; car celui de

Paris est sans contredit meilleur, et cependant dans cette capitale où la vie est même plus facile qu'à Londres, la fécondité des femmes atteint à peine la moitié de celles qui habitent Londres. Cette fécondité moins grande est une preuve physique des souffrances auxquelles sont soumises les femmes parisiennes, et comme cet état domine surtout chez les classes aisées, on ne peut mettre en doute que l'éducation ne soit la source de ces souffrances intimes et cachées. Cependant à en juger sur les apparences, on croit volontiers et l'on répète à tout propos que le bonheur est le partage des classes supérieures; mais si vous interrogiez les médecins et les confesseurs, et qu'il leur fût permis de vous répondre, quels terribles secrets ils vous révéleraient au sein des familles que la fortune semble avoir le plus favorisées!

Si l'on voulait développer ce thème, il fournirait aisément la matière d'un ouvrage considérable que tout autre auteur pourrait composer : quant à nous, nous n'avons ici d'autre but que d'amoindrir, en le signalant, le mal déjà produit, et nous conseillons aux parents, aux hommes d'état surtout, de s'arrêter dans une voie aussi funeste à la santé des jeunes générations : qu'ils ne craignent rien; en accordant un peu plus à l'hygiène de la jeunesse, ils ne porteront pas préjudice aux facultés intellectuelles. Aujourd'hui on cherche à abréger l'âge de jeunesse pour rendre les enfants mûrs avant le temps sous le rapport de l'intelligence, sans voir que du même coup on abrége d'autant le temps de leur vieillesse; si l'on imitait au contraire le système des anciens et des Anglais, on prolongerait à la fois l'âge de la jeunesse et celui de la vieillesse, en même temps qu'on épargerait aux individus bien des souffrances. Tout nous mène donc à reconnaître l'urgente nécessité de rouvrir les gymnases anciens et de ne recevoir dans les écoles que des enfants au-dessus de douze ans.

Les gymnases d'un pays étant publics seraient fréquentés

par les enfants des autres pays qui y acquerraient naturellement et presque sans s'en apercevoir, la connaissance des langues étrangères, comme le fait le peuple, sans même savoir lire ni écrire.

Quant aux individus qui sont déjà soumis aux maux que produit le mauvais régime résultant des causes précédemment indiquées, il n'y a qu'à modifier leur manière de vivre, ce qui peut se faire facilement par des excursions aux eaux minérales, et surtout par des voyages sur mer d'assez longue durée; on est alors forcé de se conformer au régime que suivent les autres voyageurs et de renoncer à certaines habitudes qui portent préjudice aux fonctions vitales.

A Athènes, outre le gymnase, il existe encore un rocher situé près de l'observatoire actuel, où était autrefois le temple de Εἰλείθυια ou Lucine, déesse qui présidait aux accouchements. Le versant oriental de ce rocher forme un plan incliné d'environ 35°, et long à peu près de 6 à 8 mètres : le poli qu'on remarque sur ce rocher résulte d'un usage ancien qui dure encore aujourd'hui.

Les femmes stériles s'y rendent en secret et s'asseyant à l'extrémité supérieure de la roche, elles se laissent glisser et arrivent à l'extrémité inférieure. Les médecins considèrent cet usage comme un préjugé, et quand des femmes du pays ont voulu prouver l'efficacité de cette pratique à S. M. la reine Amélie, les médecins consultés ont tourné d'abord en ridicule la proposition, sans se donner la peine d'examiner sérieusement les effets physiques qu'elle produit et qui sont les suivants.

La personne qui glisse éprouve, au moment où ses pieds atteignent le sol, une secousse qui va de l'abdomen vers le bassin et fait ainsi descendre la matrice. Dans les cas donc où la stérilité est l'effet d'une trop grande élévation de cet organe, l'exercice indiqué a pour but de faire diminuer cette élévation, et les femmes affectées de cet état pathologique en sont souvent guéries.

Ce fait servira à prouver qu'on ne doit pas facilement condamner les faits répandus parmi le peuple, et ne pas les déclarer faux *à priori*, parce qu'ils paraissent inexplicables au premier abord.

II. — FIÈVRES PRODUITES PAR DES GERMES MORBIDES.

Ces germes sont, comme ceux des plantes et des animaux, des directions des courants contenus dans la masse électrique SO qui a pour support les particules matérielles imperceptibles *so*. Comme les parties des plantes séparées sous forme de bouture contiennent le même germe que la semence, de même des particules matérielles imperceptibles, séparées des individus morbifiques, sont comme une sorte de bouture qui contiennent les germes morbifiques.

Les germes morbifiques sont engendrés dans les localités où arrivent en rencontre deux ou plusieurs espèces de courants des fluides impondérables. Ces localités sont notamment les marais et les eaux stagnantes des pays chauds; quand, pendant l'été, les débris des plantes et des animaux entrent en décomposition et donnent naissance à des courants des fluides électriques qui entraînent les particules matérielles et qui sont pour cela d'une nature différente des courants thermoélectriques qui se renouvellent jour et nuit, et qui ont pour cause : 1° la température supérieure de l'air pendant le jour, et 2° la température supérieure du sol pendant la nuit.

Ces courants thermoélectriques sont, comme les lacs, répandus sur toute la surface des continents, mais les plantes végètent et les animalcules multiplient et ensuite ils se putréfient plus rapidement dans les pays chauds, et en été, que dans les montagnes et en hiver. 1° Les germes des fièvres intermittentes sont produits en été dans les pays où sont grandes les amplitudes thermométriques annuelles;

2° les germes de *peste*, de *choléra-morbus* sont engendrés dans les pays chauds; 3° la *grippe* et les inflammations sont également favorisées par le brouillard de l'atmosphère quand elle est parcourue par des équivalents électriques denses.

Les espèces de germes morbifiques deviennent perceptibles dans leur incorporation qui est entretenue par les équivalents électriques *e* éloignés des animaux, des plantes ou des hommes, de sorte que des individus morbifiques sont des parasites homoïdes : c'est pourquoi ils atteignent de la même manière les individus, ainsi que les médecins ont pu s'en assurer.

Comme les plantes *lipocormes* poussent au printemps des racines sans avoir besoin d'être semées, de même font les fièvres intermittentes : en effet à la suite d'un accès qu'on peut considérer comme une maladie entière, il se forme de ses restes une autre maladie tout à fait pareille.

Les symptômes de chaque accès se répètent pendant les mêmes heures du jour, parce qu'ils sont produits des germes engendrés des courants thermoélectriques des jours et des nuits qui sont, aussi bien que les indicateurs des cadrans, soumis aux diverses positions qu'affecte le Soleil.

Les germes de la peste, du choléra-morbus, et de la grippe, etc., sont comme ceux des plantes qui ne poussent que des graines ou des boutures, et ne laissent pas de restes pour la formation de nouveaux individus; avec chaque accès se termine la maladie, si l'individu ne succombe pas.

Pour donner une explication plus claire de la nature de la maladie, j'ai choisi les fièvres intermittentes dont les symptômes sont bien connus de tout le monde, et dont le traitement est soumis aux plus grandes variations. L'explication des autres espèces de fièvres rentre dans celle des fièvres intermittentes.

A. Fièvres endémiques intermittentes, leur nature et leur traitement.

Il ne suffit pas d'avoir à sa disposition des champs et des semences pour obtenir des plantes, il faut encore semer ces dernières ; de même les parasites de germes morbifiques n'apparaissent que quand leurs directions se mettent en communication avec la circulation électrique animale qui commence de la manière suivante.

Une quantité $q\overset{\pm}{E}\bar{E}^2$ d'atomes de chaleur en densité supérieure s'écoule de quelque partie du corps vers l'air moins chaud, et elle en provoque une quantité égale $q\overset{\pm}{E}$ d'équivalents positifs d'un germe morbifique, quand il y en a dans l'atmosphère. Il s'écoule, du sang versé des artères, d'abord la chaleur, puis les équivalents négatifs $q\bar{E}$ des nerfs cérébrofuges, et les équivalents positifs $q\overset{\pm}{E}$ venant du germe restent arrêtés dans ces mêmes nerfs, dans les artères et les muscles.

Il est donc nécessaire de décrire séparément 1° la biographie des parasites morbifiques avec l'état de l'individu d'où ces parasites tirent leur alimentation ; 2° l'état de l'individu chargé d'équivalents $q\overset{\pm}{E}$ à l'état stationnaire ; et 3° la convalescence ou la crise pendant laquelle sont restitués les équivalents *e* consommés.

Nous indiquerons ensuite : 1° les moyens propres à interrompre la formation d'un parasite ; 2° ceux qui favorisent l'éloignement des équivalents électriques $q\overset{\pm}{E}$ arrêtés ; et 3° ceux dont le rôle est de restituer les équivalents *e* électriques du circuit animal.

1° *Trois états ou stades des fièvres.*

I. *Le prodrome ou avant-coureur* commence insensiblement par la déviation de la chaleur, puis des équivalents négatifs $\ddot{E}$ des nerfs cérébrofuges qui sollicitent de la part du germe les équivalents positifs $q\ddot{E}$ qui sont remplacés par ceux $q\ddot{E}$ des mêmes nerfs cérébrofuges.

Le *parasite* parcourt sa période d'incubation sans être aperçu par le malade qui commence pourtant à éprouver un certain état de malaise ; le pouls est un peu accéléré et dur. Pendant la période cosmique, le parasite parcourt trois âges, et avec chacun de ces âges augmente la quantité $q\ddot{E}$ d'équivalents électriques ; le pouls est plus accéléré, dur et serré ; les parois des petites veines viennent en contact et le sang s'éloigne de leurs extrémités qui prennent une température inférieure : des frissons courent de l'épine dorsale vers les extrémités à cause de l'éloignement des équivalents négatifs $q\ddot{E}$. Quand les filets des muscles deviennent chargés d'équivalents positifs $q\ddot{E}$, ils se contractent sans pouvoir être maîtrisés par les équivalents ε'' des nerfs de mouvement ou cérébrofuges, car ces équivalents passent dans le parasite.

La durée de la vie des parasites dépend, comme celle des plantes, des équivalents électriques qui l'entretiennent ; c'est surtout la période d'incubation qui dure souvent quelques jours, mais la durée de la période cosmique et de ses âges ne surpasse jamais vingt-quatre heures.

On sait que les parasites morbifiques vont cesser d'exister quand on remarque un temps d'arrêt dans les frissons et surtout quand se montre la chaleur. Alors le malade a le maximum des équivalents $q\ddot{E}$ électriques arrêtés dans les filets de ses nerfs et de ses veines ; tandis que les équivalents négatifs $q\ddot{E}$ se trouvent dans le sang, dont la nature n'est plus la normale, le sang d'une saignée reçoit de l'air les équivalents positifs $q\ddot{E}$, se coagule, et de son albumine il se forme une croûte ou membrane d'une épaisseur de quelques millimètres.

II. *La période de chaleur* ou *coction* est produite par les équivalents $q\ddot{E}$ positifs arrêtés dans les filets qui se combinent avec

$2q\bar{E}$ négatifs des éléments du sang pour former $q\bar{E}E^2$ atomes de chaleur. Cette chaleur se montre également chez les enfants soumis à la fascination; la durée de cette période et son intensité dépendant de la quantité $q\bar{E}$ d'équivalents électriques arrêtés et de celle $2q\bar{E}$ des équivalents négatifs contenus dans le sang et dans ses éléments.

L'individu succombe, quand cette quantité $2q\bar{E}$ d'équivalents électriques n'est pas suffisante pour terminer la coction en faisant s'éloigner les équivalents $q\bar{E}$ en forme d'atomes $\bar{E}E^2$ de chaleur. Ainsi le sang contient les équivalents négatifs qui se combinent avec les équivalents positifs de l'air et amènent la formation d'une couche solide et épaisse à la surface du sang provenant d'une saignée. Cette propriété n'existe pas dans le sang à l'état normal et elle disparaît aussitôt que la convalescence se prononce.

La coction se termine quand l'éloignement de la chaleur devient plus facile par sa combinaison avec l'eau du sang pour produire la sueur dans laquelle sont dissous quelques-uns des éléments des excréments; ceux-ci commencent à apparaître même dans l'urine.

III. *La crise ou convalescence* est l'éloignement des éléments du sang réduits en éléments d'excréments; on commence alors à permettre au malade quelque nourriture légère dont le chyle χ sert à rétablir les équivalents e; il sépare une grande partie ε' de ces derniers pour la digestion, et le reste $e-\varepsilon'$ est très-médiocre; mais ensuite augmente le chyle χ et la quantité e d'équivalents, et ainsi croît la différence $e-\varepsilon'$ dont se séparent les deux portions ε'' et ε d'équivalents qui entretiennent les mouvements volontaires et la fonction intellectuelle. La portion ε''' d'équivalents de la fonction sexuelle apparaît la dernière.

Les *fumeurs* et les *priseurs* perdent entièrement le goût du tabac tant que dure l'absence d'équivalents électriques e; il ne leur revient que quand la quantité e d'équivalents devient assez forte pour qu'il puisse s'en séparer une cinquième portion ε'''' qui s'accumule dans les nerfs formés proprement pour cette fonction *parasite;* elle mérite ce nom, parce que la portion ε'''' d'équivalents qui l'entretient est contractée aux quatre autres ε', ε'', ε''' et ε dont chacune en devient tributaire quoiqu'elles soient destinées pour entretenir l'individu ou le genre humain.

La durée de la convalescence dépend de celle de la coction et encore de la graisse qui s'est trouvée déposée dans le corps avant la maladie et qui a été consommée pendant la coction pour fournir les équivalents négatifs $2q\bar{E}$, quand ceux contenus dans le sang n'ont pas été suffisants.

Les convalescents après la renaissance de l'appétit, sentent bientôt l'envie de quitter le lit et de faire quelques mouvements; ils reçoivent un poids de nourriture plus grand que celui qui est éloigné par les excréments, parce qu'une partie a de l'albumine est employée à remplacer la graisse et un nombre des filets des muscles qui ont disparu pendant la coction; pour cette raison les portions d'équivalents électriques ε'', ε''' et ε croissent moins lentement que l'appétit. La convalescence est terminée quand sont rétablis ces filets des muscles et une partie de la graisse.

2° *Traitement propre à chacun des trois stades.*

Après avoir constaté l'état du malade pendant la durée des prodromes, du stade de chaleur et de la crise, nous ne comprendrions pas qu'il pût se rencontrer deux médecins et même deux personnes étrangères à cet art qui ne fussent pas d'accord sur le traitement à employer, quand il est bien établi dans laquelle de ces trois périodes se trouve le malade.

Un traitement rationnel et par suite une guérison certaine ne sont à coup sûr possibles que pendant le premier stade qui est celui des prodromes : pendant ce stade le parasite morbifique éloigne les équivalents e du circuit animal et les rangent à l'état stationnaire 1° $q\overset{+}{E}$ dans les filets des veines et des nerfs, et 2° $q\overset{-}{E}$ dans la masse du sang.

1° Avant la maladie le sang, alors à l'état normal, est parcouru par les équivalents électriques $\overset{+}{E}$ et $\overset{-}{E}$ qui maintiennent sa circulation également normale. 2° Pendant le stade de prodromes les équivalents positifs $q\overset{+}{E}$ s'arrêtent dans les nerfs et les parois des veines, et les équivalents négatifs $q\overset{-}{E}$ s'accumulent dans le sang. 3° Pendant la période de chaleur ou de réaction, cet état du sang se maintient encore et ne commence à disparaître que vers la fin de ce *stade*. Enfin 4°, pendant la crise le sang contient un excédant d'éléments matériels convertis en éléments excrémentitiels, et l'on ne trouve plus alors dans le sang d'excédant d'équivalents négatifs $q\overset{-}{E}$ qui contienne un déficit de chyle; tous ces états du sang ont été constatés directement par mille observations.

I. *Traitement des fièvres pendant la période prodromique.* Après que l'on a constaté que les germes sont la cause des fièvres, si l'on veut couper une fièvre dès son apparition, il suffit d'empêcher le parasite morbifique de parcourir tous ces trois âges : on y parvient en interrompant son incorporation qu'entretient la consommation des équivalents électriques *e* du circuit animal. Ainsi donc pour tuer le parasitte, le seul moyen indiqué et déjà constaté par l'usage, est la soustraction des équivalents électriques *e*, ce qu'on obtient de la manière suivante :

Pour interrompre la vie d'une plante ou d'un animal, il y a deux moyens : 1° tuer et détruire directement l'individu; ou 2° le faire mourir par défaut de nourriture, résultat qu'on peut produire par la soustraction des éléments matériels de la nourriture elle-même, ou par celle des équivalents électriques qui conduisent ces éléments.

A. C'est le cas qui se présente ici où il s'agit de faire périr les parasites morbifiques auxquels on ne peut soustraire que les équivalents électriques *e* du circuit animal.

1° Le plus court moyen est de faire diminuer leur quantité e, et pour cela il faut pratiquer une large saignée qu'on ne doit pas craindre de réitérer, si les frissons de la période algide ne cessent pas. 2° Il faut augmenter à un très-haut degré la portion ε'' d'équivalents des mouvements, comme cela est en usage chez le peuple bas en *Hongrie*, en *Dacie* et dans la *Thrace*, où les fièvres sont endémiques et intermittentes. 3° Une émotion violente ou une surprise portent souvent préjudice aux autres fonctions et en même temps à l'incorporation des parasites morbifiques; on fait tourner cette circonstance au profit du fiévreux, en lui jetant brusquement un vase d'eau fraîche, ou en le faisant tomber dans l'eau par un coup subit.

B. Les médicaments eux-mêmes n'agissent que par une augmentation de la portion ε' d'équivalents dirigés vers l'estomac. Quand celui-ci contient une masse considérable d'éléments ou quand les substances médicales sont chargées de grandes masses d'équivalents négatifs $q\bar{E}$, elles font affluer une quantité égale d'équivalents de la portion ε' affectée à la digestion. Les substances médicales dont nous parlons ici sont notamment les alcaloïdes : la *quinine*, la *pipérine*, l'*atropine*, la *strychnine*, la *vératrine*, etc.

Ce ne sont pas seulement les masses d'équivalents négatifs $q\bar{E}$, de ces substances qui sollicitent les équivalents électriques positifs $q\ddot{E}$ vers l'estomac et vers le chyle, mais ce sont en même temps les directions pareilles à celles de germes qui font abandonner aux équivalents électriques e le germe parasite pour en alimenter un autre moins éloigné qui ne produit pas l'arrêt d'une aussi grande quantité d'équivalents électriques $q\ddot{E}$.

Parmi les germes des substances médicales, ce sont ceux de l'arsenic dont l'incorporation est la plus prompte : c'est pour cela que de très-petites doses de cet agent font cesser des fièvres opiniâtres qui avaient résisté à tous les autres moyens thérapeutiques; cet effet est obtenu, parce que les équivalents *e* sont éloignés de l'individu parasite et consommés pour la production d'un autre, et non pas pour servir aux fonctions normales; car celles-ci sont alors plus lentement rétablies.

On voit par là que l'arsenic est un des médicaments les plus héroïques, quand il est employé pendant la période d'incubation ou pendant l'âge de jeunesse du parasite morbifique; mais que, ce dernier parvenu à l'âge de maturité, l'arsenic n'est plus un médicament; il devient un poison s'il est administré après la fin des prodromes.

Les homœopathes cherchent toujours les substances dont les germes s'incorporent dans le corps à la manière de celui de l'arsenic; ils savent que des substances pareilles sont toutes des médicaments héroïques, mais ils ignoraient l'époque précise de leur emploi.

Les allopathes, au contraire, savent assez bien distinguer les époques convenables à l'emploi des saignées, des vomissements, des purgatifs, des calmants, etc. Pour cette raison, les allopathes réussissent mieux quand il s'agit de fièvres, d'inflammations et de maladies épidémiques, et les homœopathes traitent mieux les maladies affectant le système nerveux : non pas qu'ils suivent un système bien arrêté, mais en procédant, pour ainsi dire par tâtonnements.

II. *Traitement des fièvres pendant la période de chaleur.* Il ne s'agit plus maintenant de tuer le parasite, comme cela était nécessaire il n'y a qu'un moment. Il faut, au contraire, se bien garder de contrarier les formations des atomes $\dot{E}\dot{E}^2$ de chaleur et leur écoulement; s'il y a un reste *e'* d'équivalents électriques, il faut se garder de le diminuer par des saignées intempestives, par des purgatifs ou des vomitifs, ou encore produire ce résultat par un nouveau refroidissement.

Pendant la durée de la période prodromique, alors que la respiration est altérée, le même air doit être respiré plusieurs fois et même on doit essayer d'interrompre la respiration pour quelques instants. C'est précisément le contraire qui doit avoir lieu pendant la période de chaleur; la chambre du malade doit être fréquemment aérée de manière que les poumons reçoivent constamment un air pur et renouvelé; une seule personne doit rester auprès du malade et lui donner à boire, non de l'eau pure, mais une tisane contenant quelques substances végétales et albumineuses très-étendues.

De même que les médecins anciens, ceux de nos jours savent très-bien que, pendant la durée du stade de chaleur, ils doivent s'abstenir de toute intervention qui ferait plus de mal que de bien. Le pouls est encore dur, petit et accéléré; mais l'apparition de chaleur, la cessation des tremblements et des frissons montrent suffisamment qu'il est temps de suspendre l'emploi de tous les médicaments qu'on avait administrés durant la période prodromique.

Vers la fin de la chaleur, le pouls continue à être accéléré, mais il redevient plus plein, plus large, et il n'est plus aussi dur; l'odeur acide qui se répand avec la sueur indique le commencement de la crise.

III. *Traitement pendant la convalescence.* L'état du malade pendant la crise et la convalescence est comparable à celui dans lequel on se trouve après avoir épuisé presque entièrement ses équivalents électriques e par suite de mouvements forcés et de longue durée; on sent alors le besoin de repos. Dans ce réveil de toutes les autres fonctions, celle qui se montre la première est l'appétit produit par la portion ε' d'équivalents qui ont pu affluer vers l'estomac par les nerfs de la huitième paire.

Une quantité modérée d'une nourriture légère produit le chyle χ dont les équivalents e se répandent dans les portions ε', ε'' et ε affectées à la digestion, au mouvement et aux fonctions intellectuelles; le malade quitte le lit, se promène, et commence même à lire quelque peu; enfin, il voit reparaître le désir de fumer ou priser, s'il a l'une ou l'autre de ces habitudes.

Les obstructions du foie et de la rate qui subsistent souvent après les fièvres quotidiennes sont un effet des crises incomplètes; car un nouvel accès commence avant que la crise du précédent soit entièrement terminée. Les mêmes obstructions sont également produites quand les médicaments fébrifuges sont employés avant la fin de la crise ou avant le commencement des prodromes de l'accès suivant.

B. FIÈVRES ÉPIDÉMIQUES, PESTE, CHOLÉRA-MORBUS, ETC.

On sait que les germes morbifiques de ces fièvres prennent naissance dans certaines localités humides des pays chauds. Les germes des maladies endémiques ont leur sphère d'action bornée aux environs desdites localités humides, et n'existent pas au delà de ces limites. Les germes des épidémies sont transportés par l'air ou par le contact, et ils s'incorporent chez les individus dont les équivalents électriques ont dévié pour se mettre en communication avec eux, précisément comme cela a lieu pour l'incorporation des germes des fièvres intermittentes.

Les périodes de chaleur et la crise se succèdent; mais dans ces épidémies les durées sont plus longues, surtout le stade de chaleur. Pour cette raison, les individus succombent fréquemment pendant les prodromes, à cause de l'épuisement rapide des équivalents électriques *e*. Cette consommation arrive le plus souvent pendant le stade de chaleur, et la convalescence elle-même marche fort lentement.

Comme on l'a vu pour les fièvres intermittentes, de même la peste, le choléra-morbus, les fièvres inflammatoires, etc., ne sont susceptibles de traitement que pendant la durée de leur période prodromique, dont la marche est souvent si rapide qu'elle se termine par une issue fatale avant qu'aucun secours ait pu être apporté au malade. Aussi serait-il utile que, dans les pays où l'on est sujet à ces terribles fièvres, chacune portât sur soi le médicament le plus efficace et qui a été recommandé par les médecins.

Choléra-morbus. Le refroidissement qui signale le début de l'invasion est très-court; les signes prodromiques sont une sorte de frisson instantané qui disparaît bientôt; l'éloignement des équivalents ε' de la digestion se manifeste par une *oppression* dans l'estomac; l'éloignement des équivalents ε'' des nerfs cérébrofuges est indiqué par un *abattement* profond, et l'éloignement des équivalents ε des nerfs cérébropètes est représenté par le *vertige* qui s'empare du malade.

On guérit généralement ces sortes de fièvreux en leur administrant un gramme environ de poivre infusé dans une cuillerée d'eau-de-vie; c'est un médicament fort en usage dans les principautés danubiennes, parce qu'il est aisé de se le procurer. On eut à se louer de cet agent thérapeutique en 1848, alors que l'épidémie sévissait dans les villages et surtout dans les villes placées le long du Danube et des rivières qui y affluent, localités où règnent si souvent les fièvres intermittentes.

Les nausées sont produites par les équivalents électriques qui remontent du mésentère vers l'estomac, et entraînant la bile, la font remonter jusqu'à la bouche. Le froid et l'éloignement du sang des extrémités apparaissent quand $q\bar{E}$ venant du parasite morbifique s'arrêtent aux filets des nerfs et des artères; le pouls est alors accéléré, petit et dur; le tremblement commence quand les équivalents $q\bar{E}$ augmentent et restent accumulés dans les filets des muscles; le parasite morbifique touche alors à la fin de sa vie, et les traitements qui étaient indiqués quelque temps auparavant sont maintenant contre-indiqués, car ils seraient plus qu'inutiles, ils seraient nuisibles.

Les signes du stade de chaleur se montrent par la disparition graduelle du froid; les nausées continuent encore quelque temps, à cause de l'absence des équivalents ε' de digestion; souvent l'ingestion de quelques petits morceaux de glace calme cette agitation; d'autres fois c'est à la morphine, par voie endermique, qu'on est forcé de recourir pour faire cesser le vomissement.

Les médicaments contre les nausées produisent des effets réels, parce que leur but est, d'une part, d'empêcher la consommation des équivalents ε'' de mouvement en direction vers l'estomac, et, de l'autre, parce qu'au moyen de *frictions* opérées sur les extrémités et sur l'abdomen, on cherche à donner à ces équivalents électriques ε'' une direction normale.

Le traitement indiqué par les symptômes pendant le stade de chaleur varie suivant les individus; en effet, ces symptômes sont en rapport avec l'âge de l'individu et avec ses fonctions habituelles. On voit rarement arriver aux hôpitaux des malades qui sont encore au milieu de la période prodromique : en général, on n'y traite que symptomatiquement pendant la durée de la période de chaleur.

Dans ces fièvres, la crise et la convalescence sont lentes, mais les récidives sont rares; et les individus, une fois arrivés à cet état, peuvent se considérer comme hors de danger.

Peste orientale. Les germes de cette épidémie ne se propagent pas par l'air comme ceux des fièvres intermittentes et du choléra-morbus; mais il faut nécessairement un contact de vêtements, et non pas simplement de métaux ou de bois. Cela prouve que les germes peuvent s'incorporer même dans les équivalents électriques des substances qui servent à la confection des vêtements; mais ils périssent bientôt sans laisser de traces, si l'on a la précaution de soumettre ces objets à une sévère quarantaine.

L'avant-coureur de la peste est également marqué par un frisson, du froid, et quelquefois par des tremblements et du vertige; sa durée est courte, et la période réactive se montre accompagnée généralement d'une congestion au cerveau très-douloureuse. Les germes de la peste peuvent donner en même temps naissance à plusieurs générations de parasites, ce qui n'est pas sans apporter une grave perturbation dans les symptômes de cette maladie pendant la durée du stade de chaleur, qui continue même quand la crise se manifeste par des abcès glandulaires.

On ne connaît pas encore parfaitement quel traitement on doit appliquer aux individus atteints de cette espèce de germe, les saignées pratiquées dès le principe n'ont pas paru, jusqu'à présent, défavorables à cette maladie; les bains chauds doivent aussi diminuer les germes parasites en voie de formation. On n'a pas, que nous sachions, essayé l'arsenic fractionné en petites doses et employé dès le commencement de la maladie, soit à l'intérieur, soit à l'extérieur, par le moyen des bains.

Cette idée nous est suggérée 1° par l'usage que les mahométans font de l'arsenic dans leurs bains, mais dans un autre but; 2° par la mortalité moindre chez eux que chez les autres nations, quand ils sont également atteints de la même épidemie; et cependant les mahométans n'emploient aucun préservatif, ainsi que le font les chrétiens qui vont jusqu'à éviter tout contact avec les malades.

C. Fièvres des germes de rage, de vérole, de curare, etc.

La salive des chiens enragés, le venin de la vipère, le virus vénérien, le suc des arbres d'où l'on extrait le curare, etc., contiennent des germes comme les boutures; ces germes ne peuvent pénétrer par leurs équivalents électriques dans le circuit du sang quand les substances qui sont leur support parcourent l'estomac et le canal intestinal. Les équivalents électriques pénètrent dans ceux des aliments et périssent sans demeurer davantage dans leur support et sans faire apparaître aucun parasite.

De pareils parasites se forment quand les supports nommés ci-dessus se trouvent en communication avec les équivalents *e* du circuit animal ; pour cette raison, il faut qu'il y ait quelque entamure de l'épiderme et un contact entre les supports des germes et les équivalents *e* du circuit. Si la salive du chien hydrophobe reste sur la surface externe de l'épiderme, le germe peut s'y conserver un laps de temps pour ainsi dire indéfini, si quelque occasion favorable ne le fait pas pénétrer dans l'épiderme, ce qui cause alors la rage.

Les parasites morbifiques sont ici produits comme les plantes par bouture; les équivalents électriques ε'' de mouvement venant des parasites morbifiques aux filets des muscles n'obéissent plus aux équivalents électriques ε de la fonction intellectuelle, mais ils dépendent de la fonction animale dont la salive s'est séparée. Ainsi la salive des chiens ou des loups enragés donne naissance à des parasites qui mettent en communication les écoulements des équivalents électriques *e* entre l'homme et le chien ou les loups.

Le venin de la vipère engendre une torpeur pareille à celle produite par l'acide hydrocyanique et le curare. Parmi tous les animaux, le chien est celui qui s'attache le plus à l'homme ; et donne même des preuves d'intelligence bien supérieure à celle des singes. De cette communication des écoulements des équivalents électriques *e* entre le circuit électrique de l'homme et du chien résulte la preuve de l'origine commune des germes de l'homme et des animaux, comme cela va être expliqué par la suite.

Le curare réprime la circulation électrique comme le font le venin de la vipère et l'acide hydrocyanique ; c'est la sensibilité ou les nerfs cérébropètes qui cessent de conduire les équivalents ε vers le cerveau, tandis que les nerfs cérébrofuges continuent de conduire ceux des équivalents ε

qui vont du cerveau vers les extrémités des veines, de sorte que le sang arrive au ventricule droit du cœur et aux poumons, mais il ne s'en éloigne plus. La mort est ici produite par la suppression de la circulation des équivalents *e* électriques, tout à fait comme cela a lieu dans les autres cas.

Le virus vénérien produit des parasites qui se multiplient et font diminuer les équivalents *e* électriques et, par suite, diminuent toutes les fonctions vitales entretenues par les portions ε', ε'', ε''' et ε de ces équivalents.

Comme il est impossible de reconnaître à la vue d'une semence ou d'un œuf l'individu qui en naîtra après l'incubation de leur germe, de même il est impossible de connaître par les moyens chimiques, dans la salive du chien enragé et dans le venin de la vipère, les directions qui y sont contenues et qui, incorporées, produisent la mort, tandis qu'introduites dans l'estomac, ces substances délétères perdent ces directions et s'éloignent après avoir été réduits en éléments d'excréments.

D. Fièvres inflammatoires, grippe, pneumonie, etc.

Le sang versé hors des extrémités des artères est entraîné par les équivalents électriques des nerfs cérébrofuges vers les racines des veines. Dans le cas où une masse d'air froid et chargée d'équivalents $q\ddot{E}$ positifs vient en contact avec la membrane muqueuse des narines, de la trachée-artère et des bronches, les atomes $q\ddot{E}\ddot{E}^2$ de chaleur s'y écoulent et en sollicitent l'écoulement d'équivalents positifs $q\ddot{E}$ qui ne prennent pas leur direction vers les extrémités des veines, mais se répandent vers le sang d'où la chaleur s'éloigne pour y solliciter ces équivalents $q\ddot{E}$ de la part de l'air.

Le sang versé des extrémités des artères y reste alors accumulé, sans pouvoir désormais être entraîné par le courant des nerfs cérébrofuges ; ce courant est même cause que les lymphes qu'il conduit s'y arrêtent, et ainsi il en résulte une suppression des équivalents qĖ qui s'accumulent dans les filets des nerfs, des veines et des muscles, précisément comme dans le cas de la formation des parasites morbifiques. On peut considérer comme un parasite de cette nature, la masse stagnante du sang, car elle est la cause de la suppression de la circulation électrique.

I. Le *prodrome* peut être ici mieux distingué; il a même une durée assez longue pour que le médecin puisse intervenir quand il est encore assez loin de sa fin. Le stade de chaleur une fois commencé, les symptômes changent; cet état dure plusieurs jours et habituellement c'est le septième jour que la crise apparaît; cette périodicité hebdomadaire, que les médecins désignent par le nom de septénaire, indique une relation intime entre les phases de la Lune et le circuit animal, comme les périodes horaires des fièvres intermittentes indiquent une liaison entre les genres morbifiques et la révolution diurne de la Terre.

Les éléments du sang arrêté hors de la circulation s'éloignent d'une quantité de leurs équivalents électriques et forment comme une masse muqueuse qui pénètre la membrane pour s'en éloigner ensuite. Une autre partie des éléments du sang a été convertie en éléments excrémentitiels qui sont évacués par la sueur ou par l'urine.

II. ***Traitement des fièvres inflammatoires.*** Les allopathes réussissent dans ces sortes de fièvres, généralement mieux que les homéopathes, pourvu qu'ils puissent agir avant que la fin de l'époque prodromique soit nettement dessinée. Ils commencent le traitement en saignant à l'instant même : ce n'est pas le moment d'avoir recours à un chirurgien. On applique simultanément des sangsues à l'endroit où il se montre une forte douleur, et souvent la saignée est répétée plusieurs fois en quelques heures; le médecin ne doit pas quitter le malade avant la fin de la période des prodromes.

Il existe encore une pratique populaire et d'une efficacité surprenante, quoique repoussée par les médecins, c'est l'interruption momentanée et fréquente de la respiration. De cette manière on ne produit qu'une diminution d'équivalents électriques *e* du circuit, précisément comme cela est obtenu par la saignée où avec le sang est éloignée une quantité d'équivalents électriques afin de diminuer ceux qui restent arrêtés dans les filets des nerfs, des veines et des muscles.

Ainsi donc de même que les saignées, les interruptions fréquentes de la respiration sont indiquées durant l'avant-coureur de toutes les fièvres : ce procédé ne doit être négligé par personne, parce qu'il peut toujours être appliqué facilement : un simple voile de gaze, tel qu'en portent les dames, est d'une grande utilité et suffit très-bien dans ce but.

A la fin des prodromes, les parties stagnantes du sang se trouvent séparées de celles qui sont en circulation; elles sont même contenues dans une enveloppe dont une partie se trouve du côté de la membrane muqueuse; mais quand le refroidissement a eu lieu par l'épiderme, il n'en est plus de même. La transformation du sang en pus ou en masse muqueuse s'opère toujours par l'éloignement d'une quantité d'équivalents électriques, et pour cela il faut un certain espace de temps, qui finit lorsque commence l'évacuation de ces masses.

Durant la période de chaleur, cette masse de sang désagrégée ne peut s'éloigner que dans le cas où elle se trouve dans un abcès, mais ne peut se faire dans les pneumonies et dans la grippe où il est nécessaire d'attendre; le traitement, dans ce cas, se borne à combattre les symptômes dont la toux est le plus marqué; cependant les malades doivent s'efforcer, autant que possible, de retenir cette toux qui les fatigue, et ils se borneront à se moucher légèrement et sans faire d'efforts.

Si l'affection est catarrhale et limitée aux narines, il faut respirer par la bouche et rarement par le nez. Quand la toux est très-forte, les narcotiques sont indiqués, et les boissons doivent toujours contenir quelque substance végétale, car l'eau pure ne suit pas, dans les endormoses, les mêmes lois que celle qui contient des substances mucilagineuses ou un peu d'albumine.

Les malades succombent, vers la fin de la période de chaleur, par l'épuisement des équivalents électriques *e* dans la production des atomes $q\bar{E}\bar{E}^2$ de chaleur qui s'éloignent. L'état de surexcitation nerveuse et le délire indiquent la diminution des équivalents électriques de la portion *e* affectée à la fonction intellectuelle.

Pendant cette période, il ne convient pas de saigner; loin de là, on donne au malade quelque aliment léger : quant aux sels, ils sont d'une utilité au moins douteuse; ce n'est que durant la période prodromique qu'ils peuvent être mis en usage.

III. — MALADIES DES ORGANES LÉSÉS.

Chaque organe peut éprouver une lésion soit extérieure, soit intérieure : il se produit de là dans ses fonctions des altérations qui nuisent à la marche normale des autres.

1° Le *commencement* de l'écoulement d'une quantité supérieure d'équivalents $q\bar{E}$ positifs par les nerfs cérébropètes cause une sensation de *douleur*; 2° celle-ci est également produite par l'*interruption* de l'écoulement, quand il s'opère par les nerfs cérébrofuges. Ces diverses anomalies des écoulements électriques sont produites dans les organes quand la circulation électrique *q* éprouve une résistance qui donne naissance à des accumulations et à des décharges alternatives d'équivalents électriques.

I. **Dents gâtées.** Toutes les fonctions étant normales, la circulation électrique l'est aussi, et la dent gâtée ne fait autre chose, sinon qu'arrêter pour un moment les équivalents électriques qË, qui s'en éloignent dès que leur accumulation est devenue très-considérable.

Traitement. La dent arrachée, la douleur cesse, parce que les accumulations électriques ne s'y opèrent plus. Cet effet ne peut être obtenu par aucun médicament, car tous ne sont que des palliatifs, et les meilleurs d'entre eux sont ceux qui amènent la plus longue interruption dans les accumulations et les décharges électriques, et, par conséquent, dans la douleur.

II. **Obstruction du foie et de la rate.** La fonction de ces organes est une partie intégrante de la digestion, car le chyle trouve une place dans les veines et dans les artères quand une partie égale du sang s'accumule dans le foie et la rate. Cette dérivation du sang ne peut avoir lieu quand il s'est accumulé dans le foie une quantité d'éléments réduits à l'état d'excréments trop compactes pour se mêler avec le sang, et être dirigés de là vers les veines, le canal intestinal ou vers l'épiderme.

Les individus qui souffrent de ces affections sentent que le chyle reste plus longtemps dans l'estomac, parce qu'ils éprouvent une pesanteur ou une pression qui dure plusieurs heures après le repas; plus tard cette pesanteur disparaît et l'appétit renaît; mais après un nouveau repas, on voit se répéter la même série des symptômes.

Traitement. La quantité de nourriture doit être beaucoup diminuée mais les repas rendus plus fréquents, si l'on veut délivrer le malade de cette oppression habituelle. Si la température du pays est trop élevée, on envoie le malade dans une région plus tempérée. De légers frottements dissipent souvent les éléments de sécrétion; pour cette raison les purgatifs végétaux sur l'emploi desquels on insiste, éloignent ces éléments. Le même effet est également obtenu par les eaux minérales.

Tout le régime à suivre, après le traitement, consiste à

soumettre le convalescent à une diète modérée, et à le préserver avec soin de l'atteinte des fièvres intermittentes.

III. **Arthrite.** Les éléments de l'acide oxalique ou de quelques autres substances de l'urine, s'arrêtent souvent dans les articulations des individus qui mènent une vie sédentaire. Ces dépôts opposent une résistance aux équivalents électriques Ē du circuit animal, et il s'y opère ainsi des accumulations et des décharges électriques fréquentes d'où naissent les douleurs souffertes par le malade.

Cet état diffère peu des deux précédents qui sont également l'effet des éléments de sécrétion qui sont la cause des fréquentes accumulations et décharges des équivalents électriques qui se manifestent partout par le symptôme de la douleur; celle-ci augmente devient, pour les dents, tout à fait insupportable, quand elles sont mises en contact avec l'eau froide qui fait augmenter les équivalents Ē positifs de la part de l'eau froide vers les nerfs cérébropètes; mais ensuite la douleur diminue.

Traitement. La chaleur locale et les bains chauds sont utiles pour dissoudre les dépôts des éléments réduits en excréments; les purgatifs chassent aussi ces éléments par le canal intestinal. Quand l'éloignement s'opère de cette manière, le malade ne sent rien, mais si cet éloignement a lieu par les reins, il ne se fait souvent pas sans difficulté, pance qu'il s'y forme des calculs qui ont peine à s'échapper par les uretères. Les douleurs sont produites comme dans les articulations par la résistance qu'exercent ces masses à l'écoulement des équivalents électriques.

Le bi-carbonate de potasse amène la dissolution des calculs oxaliques qui s'éloignent facilement; mais il s'en reforme de nouveaux, et il est nécessaire de répéter la cure trois ou quatre fois par an. Une guérison radicale n'est possible que chez les individus qui changent leur manière de vivre, et souvent il faut aussi changer de climat.

III. **Rhumatismes.** Il y a peu d'individus, surtout parmi

les chasseurs, qui vieillissent sans ressentir quelque attaque de rhumatisme, et cela à cause des fréquentes occasions auxquelles ils s'exposent. Ces occasions sont de la même nature que celles des inflammations, et c'est pour cela que les rhumatismes sont considérés comme des inflammations chroniques, sans que l'on sache en quoi consiste la différence entre celles-ci et les inflammations aiguës.

Les inflammations chroniques se terminent le plus souvent par l'éloignement des éléments du sang réduits en éléments d'excréments ou en pus; mais dans les cas où ces éléments ne sont pas très-abondants, on voit se rétablir la circulation électrique sans qu'ait lieu l'éloignement des éléments de sécrétion qui restent alors circonscrits dans les filets des veines, des nerfs ou des muscles.

Dans les cas où cette circulation s'opère sans interruptions pour produire des accumulations et des décharges électriques, il n'y a pas de douleurs, et celles-ci ne se montrent que dans les cas où il se produit de semblables accumulations et décharges électriques, comme cela arrive lorsque, le temps devant changer, on voit augmenter l'intensité magnétique que produit la densité des équivalents électriques, qui parcourent l'atmosphère; en même temps le baromètre baisse, et c'est la vitesse de cet abaissement qui est en rapport direct avec l'intensité magnétique et avec les élancements rhumatismaux. Cette coïncidence entre ces exacerbations et les mouvements qui affectent les instruments météorologiques, ne laisse aucun doute sur l'identité de la cause qui produit ces trois espèces de faits, lesquels paraissent pourtant d'une nature différente entre eux.

Ce sont les masses d'air chaud en contact avec les masses d'air froid dans l'atmosphère qui font s'écouler les atomes $q\breve{E}\ddot{E}^2$ de chaleur vers la masse de l'air froid dont s'écoulent les équivalents $q\ddot{E}$ positifs. Un atome double $Az^2\ddot{E}^2$ d'azote combiné avec un équivalent $O\ddot{E}$ d'oxygène, produit quatre atomes $4HO$ d'eau et un atome $\breve{E}\ddot{E}^2$ de chaleur. Il se forme des espaces raréfiés dans l'atmosphère qui provoquent le courant ascendant, et celui-ci fait diminuer la pression atmosphérique indiquée par l'abaissement du baromètre.

L'intensité du magnète indique l'écoulement des équivalents électriques $q\overset{+}{E}$ et les exacerbations rhumatismales sont produites par les accumulations d'une partie de ces équivalents $q\overset{+}{E}$ dans les éléments des excréments qui restent arrêtés dans les filets des veines, des nerfs et des muscles.

Traitement. Les allopathes sont restés sur ce point fort en arrière des homœopathes, parce qu'ils ne possèdent pas les moyens d'éloigner les éléments imperceptibles des excréments; les moyens thérapeutiques qu'ils emploient, tels que les résolutifs, les purgatifs, les dérivatifs, etc., ne peuvent pas produire l'éloignement de ces éléments stationnaires et presque isolés, car les courants artificiels s'écoulent par la voie latérale déjà ouverte par le courant du circuit.

Les homœopathes ne craignent pas d'employer des substances d'une grande énergie et même des poisons : seulement ils les administrent à des doses infinitésimales pour faire apparaître l'incorporation des germes qu'ils contiennent. Ces incorporations produisent une déviation de l'écoulement des équivalents électriques *e* sans qu'il s'opère aucun dérangement dans le circuit animal.

Ces traitements homœopatiques diffèrent peu de ceux où l'on a recours à la fascination et au magnétisme animal, moyens très-répandus parmi le bas peuple des pays chauds où on en obtient des résultats très-favorables, surtout quand on pratique en même temps des frictions énergiques sur les parties malades.

Résumé. Parmi les sciences naturelles, c'est la *médecine* qui nous a fourni les faits les plus saillants, lesquels nous ont servi ici comme preuves directes de toutes les explications des propriétés des fluides composés d'équivalents électriques positifs $\overset{+}{E}$ et négatifs $\overset{-}{E}$. Ces faits ont été cités ici par nous pour indiquer aux lecteurs les extrêmes limites de l'électrostatique, car c'est dans ces limites que nous trouverons tout ce qui est du domaine des sciences physiques et naturelles et des sciences métaphysiques et morales, sciences qui, dans l'avenir, se résumeront toutes dans une science unique appelée *Panépistème*.

FIN DE L'ÉLECTROSTATIQUE.

GLOSSAIRE

DES MOTS GRECS EMPLOYÉS DANS CET OUVRAGE.

AÉRONAUTE, voyageur dans l'air. (RR. ἀήρ, air; ναύτης, matelot.)

ANAPOSYNTHÈTE, indécomposable. (RR. ἀ, *privatif;* ἀποσύνθετος, décomposable.)

ANISOPYCNE, n'ayant pas la même densité. (RR. ἄνισος, inégal; πυκνός, dense.)

ANISOTHERMIE, inégalité entre les températures des deux corps. (RR. ἄνισος, inégal; θερμός, chaud.)

APHLOGISTE, incombustible. (RR. ἀ, *privat.;* φλογιστὸς, combustible.)

ARÉOÉLECTRIQUE, électronégatif, composé ou chargé d'aréoélectricité.

ARÉOÉLECTRICITÉ, électricité résineuse composée d'aréosyzygues.

ARÉOSYZYGUES, équivalents qui constituent le fluide de l'électricité résineuse; ils sont indiqués par le signe $\bar{E}$ et ont le même volume que les pycnosyzygues $\overset{+}{E}$, mais dans ceux-ci est contenue la masse $e + e'$ du fluide primitif appelé *électre*, tandis que dans le volume des aréosyzygues n'est contenue que la masse e. (RR. ἀραιός, raréfié; σύζυγος, équivalent.)

ARISTÉROSTROPHE, suivant des tours qui vont de la droite en haut et descendent vers la gauche. (RR. ἀριστερὸς, de la main gauche; στρέφειν, tourner.)— Voir **DEXIOSTROPHE**.

BAROGÈNE, fluide qui afflue de l'espace *céleste* vers l'espace *énastre*; les masses μ des fluides impondérable, par la portion β^n de barogène qu'ils ont reçue, sont devenues corps pondérables. Ce *barogène* remplace dans l'espace l'éther qu'y supposaient les physiciens. (RR. βάρος, poids; γενᾶν, produire.)

BAROSTATIQUE, lois de statique appliquées au fluide barogène ou à la pesanteur.

BAROSYZYGUES, équivalents du fluide barogène dont l'unité β est contenue dans un équivalent H d'hydrogène, 8β ou β^8 équivalents sont contenus dans l'équivalent O d'oxygène. (RR. βάρος, poids; σύζυγος, équivalent.)

BOUCHE. Ce mot est employé à la place du mot *pôle*.

CYMATOSE, propagation des fluides ayant pour cause l'élasticité ou l'orgasme qui est une tendance à augmenter de volume en produisant des ondes continuelles. (R. κυματοῦν.)

CYME, périphérie ou surface sphérique occupée par un fluide. (R. κῦμα, onde.)

DIASTOLE, expansion de fluides ayant pour cause la répulsion orgasmatique ou l'élasticité de ces mêmes fluides. (R. διαστέλλειν, élargir.)

ECCHALYBOSE, transformation du fer en acier, comme exaérose, transformation de l'eau en air. (ἐκ, *prépos.;* χάλυψ, acier.)

ECMAGNÉTOSE, transformation du fer ou de l'acier en magnète.— Voir **ECCHALYBOSE**.

EXÉLECTROSE, transformation de la chaleur et de la lumière en électricité par la décomposition des atomes $\overset{+}{E}\overset{-}{E}^2$ de chaleur et des atomes $\overset{+}{E}^2\overset{-}{E}$ de la lumière. — Voir ECCHALYBOSE.

ÉLECTRE, fluide primitif répandu dans l'espace céleste infini et divisé par une action suprême en deux parties inégales $M + m$ et M comprimées inégalement pour acquérir les volumes égaux v et v et les densités $D + \delta$, D différentes. Le globe dense contenant la masse $M + m$ devint une *pycnosphère*, et le globe le moins dense contenant la masse M devint une *aréosphère*. L'*orgasme* est la tendance à rebrousser chemin pour se répandre de nouveau dans l'espace céleste infini, ce qui n'est possible qu'en un espace de temps infini. (R. ἤλεκτρον, ambre.)

ÉLECTRODYSHODE, mauvais conducteur pour l'électricité. (R. δύσοδος, chemin difficile.)

ÉLECTROHODE, à la place de l'électrohode formé comme πρόοδος; conducteur d'électricité; qui n'est pas *électrodyshode*. (R. ὁδός, voie.)

EXAÉROSE. — Voir ECCHALYBOSE.

ÉLECTROLYTÈRE, vase contenant un liquide électrolyte. (R. ἠλεκτρολυτήριον.)

ÉLECTROSOMATIQUE, combiné l'un équivalent matériel et l'autre électrique; tels sont tous les corps indécomposables. (R. σῶμα, matière.)

ÉLECTROSTATIQUE, les lois statiques appliquées aux écoulements du fluide électrique, comme cela a lieu pour les gaz. — Voir AÉROSTATIQUE.

GÉOHÉLICE, les hélices sur la surface de la Terre obtenues par l'absorption de la chaleur arrivent du Soleil dont les rayons décrivent une hélice. (RR. γῆ, terre; ἕλιξ, hélice.)

HYPOLEMME, reste indécomposable après la séparation de quelques équivalents d'un nombre n d'atomes des combinés; ces hypolemmes sont les 60 corps indécomposables qui sont tous électrosomatiques. (R. ὑπολείπειν.)

ISOMÉGÈTHE, de la même grandeur ou du même volume. (R. ἴσος, égal; μέγεθος, grandeur.)

ISOSYZYGUE, d'un nombre égal d'équivalents. (RR. ἴσος, égal; σύζυγος, équivalent.)

ORGASME. — Voir ÉLECTRE.

PERITTOSYGUE, qui n'est pas isosyzygue. (RR. περισσός, impair; συγία, paire.)

PHOTOIDE, qui est combiné comme les atomes $\overset{+}{E}^2\overset{-}{E}$ de la lumière des deux équivalents positifs et d'un équivalent négatif.

PHOTOSTATIQUE, état de la lumière obéissant aux lois statiques comme l'air et l'eau. — Voir ÉLECTROSTATIQUE et BAROSTATIQUE.

PHOTOZEUGME, combiné d'équivalents électriques ou atome $\overset{+}{E}^2\overset{-}{E}$ dont consiste la lumière. (RR. φῶς, lumière; ζεῦγμα, assemblage.)

POLYARITHME, nombreux. (RR. πολὺς, grand; ἀριθμός, nombre.)

POLYIDE, de beaucoup d'espèces. (RR. πολὺς, grand; εἶδος, espèce.)

PYCNOÉLECTRIQUE, électropositifs qui contient un excédant de *pycnoélectricité*.

PYCNOÉLECTRICITÉ, électricité positive ou vitrée composée d'équivalents $\overset{+}{E}$ appelés *pycnosyzygues*, qui contient l'électre $e + e'$ en densité $D + \delta$ supérieure à celle D de l'électre e contenu dans les équivalents négatifs $\overset{-}{E}$. (RR. πυκνὸς, dense; ἠλεκτρικὴ, électricité.) — Voir ARÉOÉLECTRICITÉ.

PYCNOSYZYGUE. (RR. πυκνὸς, dense; σύζυγος, équivalent.) — Voir PYCNOÉLECTRICITÉ.

RHOOMÈTRE, à la place de rhéomètre. (RR. ῥοῦς, courant; μέτρον, mesure.)

SOMATIQUE, matériel. (R. σῶμα, matière.)

SYSTOLE, accumulation d'un fluide repoussé pour former une onde. (R. συστέλλειν, resserrer.)

THERMOIDE, combiné de la forme $\overset{+}{E}\overset{-}{E}^2$ où entrent deux équivalents négatifs $\overset{-}{E}^2$ et un positif $\overset{+}{E}$. — Voir PHOTOIDE.

THERMOSTATIQUE. — Voir PHOTOSTATIQUE.

THERMOZEUGME. — V. PHOTOZEUGME.

ZEUXE, l'action de la jonction. (R. ζεύγνυμι, accoupler.)

ZEUGME, le produit de la jonction ou de l'action *zeuxe*.

TABLE DES MATIÈRES.

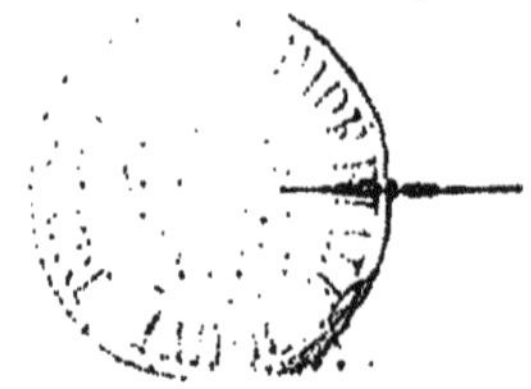

FIN DE LA TABLE DES MATIÈRES.

Paris. — Imprimé par E. Thunot et Cᵉ, 26, rue Racine.

TABLE DES MATIÈRES.

I

Réforme de la physique par la découverte de la stœ[illegible]trique.

Paris. — Imprimé par E. Thunot et Ce, 26, rue Racine.

www.ingramcontent.com/pod-product-compliance
Ingram Content Group UK Ltd.
Pitfield, Milton Keynes, MK11 3LW, UK
UKHW011958240726
13965UKWH00001B/23